中国页岩气勘探开发技术丛书

页岩气水平井压裂技术

何 骁 桑 宇 郭建春 范 宇 等编著

石油工业出版社

内 容 提 要

本书在简要介绍川南页岩气基本情况及国内页岩气压裂现状的基础上，重点阐述了页岩气压裂实验评价、压裂设计、压裂工艺及工具、入井材料、工厂化压裂、现场作业、压裂后评估等相关技术，对页岩气水平井压裂技术在川南页岩气典型区块的应用情况进行了总结，并分析了目前页岩气压裂面临的挑战和发展方向。

本书对全面了解页岩气压裂技术现状具有指导意义。可为从事页岩气完井压裂的广大科研人员、工程设计人员、管理人员以及大专院校师生提供参考和借鉴。

图书在版编目（CIP）数据

页岩气水平井压裂技术 / 何骁等编著 .—北京：石油工业出版社，2021.5

（中国页岩气勘探开发技术丛书）

ISBN 978-7-5183-4463-5

Ⅰ . ① 页… Ⅱ . ① 何… Ⅲ . ① 油页岩 – 水平井 – 油层水力压裂 – 研究 Ⅳ . ① TE243

中国版本图书馆 CIP 数据核字（2020）第 267327 号

出版发行：石油工业出版社
（北京安定门外安华里 2 区 1 号　100011）
网　址：www. petropub. com
编辑部：（010）64523710　　图书营销中心：（010）64523633
经　　销：全国新华书店
印　　刷：北京中石油彩色印刷有限责任公司

2021 年 5 月第 1 版　2021 年 5 月第 1 次印刷
787 × 1092 毫米　开本：1/16　印张：29.5
字数：600 千字

定价：236.00 元

《中国页岩气勘探开发技术丛书》

《页岩气水平井压裂技术》

编写组

组　长：何　骁

副组长：桑　宇　郭建春　范　宇

成　员：（按姓氏笔画排序）

马辉运　王　汉　王　良　王永辉　王星皓　尹　强
邓友超　石孝志　叶长青　田助红　冉　立　付玉坤
付海峰　朱仲义　乔　雨　任　勇　任国辉　刘　丹
刘友权　刘彧轩　孙兆岩　严玉忠　严星明　杨　欢
杨　芳　杨　柳　杨　蕾　杨云山　杨立峰　杨昕睿
杨登波　李　伟　李　明　李　嘉　李玉飞　李军龙
李妍僖　李奔驰　李雪飞　闵　建　汪于博　沈　骋
宋　毅　宋雯静　张柟乔　张俊成　张家振　张清彬
陈　浩　陈　娟　陈建波　陈雅溪　陈鹏飞　林盛旺
易新斌　岳文翰　周　浪　周　朗　周小金　周长林
周拿云　赵志恒　荆　晨　胡　洋　段希宇　修乃岭
秦　毅　桂俊川　钱　斌　高新平　郭兴午　唐　凯
唐　庚　黄　玲　黄　琦　黄浩勇　梁天成　彭　欢
彭钧亮　董　莎　韩慧芬　景　扬　景　源　喻成刚
曾　波　曾　然　曾凡辉　蒲军宏　路千里　熊　颖
潘　登

序

FOREWORD

美国前国务卿基辛格曾说："谁控制了石油，谁就控制了所有国家。"这从侧面反映了抓住能源命脉的重要性。始于 20 世纪 90 年代末的美国页岩气革命，经过多年的发展，使美国一跃成为世界油气出口国，在很大程度上改写了世界能源的格局。

中国的页岩气储量极其丰富。根据自然资源部 2019 年底全国"十三五"油气资源评价成果，中国页岩气地质资源量超过 100 万亿立方米，潜力超过常规天然气，具备形成千亿立方米的资源基础。

中国页岩气地质条件和北美存在较大差异，在地质条件方面，经历多期构造运动，断层发育，保存条件和含气性总体较差，储层地质年代老，成熟度高，不产油，有机碳、孔隙度、含气量等储层关键评价参数较北美差；在工程条件方面，中国页岩气埋藏深、构造复杂，地层可钻性差、纵向压力系统多、地应力复杂，钻井和压裂难度大；在地面条件方面，山高坡陡，人口稠密，人均耕地少，环境容量有限。因此，综合地质条件、技术需求和社会环境等因素来看，照搬美国页岩气勘探开发技术和发展的路子行不通。为此，中国页岩气必须坚定地走自己的路，走引进消化再创新和协同创新之路。

中国实施"四个革命，一个合作"能源安全新战略以来，大力提升油气勘探开发力度和加快天然气产供销体系建设取得明显成效，与此同时，中国页岩气革命也悄然兴起。2009 年，中美签署《中美关于在页岩气领域开展合作的谅解备忘录》；2011 年，国务院批准页岩气为新的独立矿种；2012—2013 年，陆续设立四个国家级页岩气示范区等。国家层面加大页岩气领域科技投入，在"大型油气田及煤层气开发"国家科技重大专项中设立"页岩气勘探开发关键技术"研究项目，在"973"计划中设立"南方古生界页岩气赋存富集机理和资源潜力评价"和"南方海相页岩气高效开发的基础研究"等项目，设立了国家能源页岩气研发（实验）中心。以中国石油、中国石化为核心的国有骨干企业也加强各层次联合攻关和技术创新。国家"能源革命"的战略驱动和政策的推动扶持，推动了页岩气勘探开发关键理论技术的突破和重大工程项目的实施，加快了海相、海陆过渡相、陆相页岩气资源的评价，加速了页岩气对常规天然气主动接替的进程。

中国页岩气革命率先在四川盆地海相页岩气中取得了突破，实现了规模有效开发。纵观中国石油、中国石化等企业的页岩气勘探开发历程，大致可划分为四个阶段。2006—2009 年为评层选区阶段，从无到有建立了本土化的页岩气资源评价方法和评层选区技术体系，优选了有利区层，奠定了页岩气发展的基础；2009—2013 年为先导试验阶段，掌握了平台水平井钻完井及压裂主体工艺技术，建立了“工厂化”作业模式，突破了单井出气关、技术关和商业开发关，填补了国内空白，坚定了开发页岩气的信心；2014—2016 年为示范区建设阶段，在涪陵、长宁—威远、昭通建成了三个国家级页岩气示范区，初步实现了规模效益开发，完善了主体技术，进一步落实了资源，初步完成了体系建设，奠定了加快发展的基础；2017 年至今为工业化开采阶段，中国石油和中国石化持续加大页岩气产能建设工作，2019 年中国页岩气产量达到了 153 亿立方米，居全球页岩气产量第二名，2020 年中国页岩气产量将达到 200 亿立方米。历时十余年的探索与攻关，中国页岩气勘探开发人员勠力同心、锐意进取，创新形成了适应于中国地质条件的页岩气勘探开发理论、技术和方法，实现了中国页岩气产业的跨越式发展。

为了总结和推广这些研究成果，进一步促进我国页岩气事业的发展，中国石油组织相关院士、专家编写出版《中国页岩气勘探开发技术丛书》，包括《页岩气勘探开发概论》《页岩气地质综合评价技术》《页岩气开发优化技术》《页岩气水平井钻井技术》《页岩气水平井压裂技术》《页岩气地面工程技术》《页岩气清洁生产技术》共 7 个分册。

本套丛书是中国第一套成系列的有关页岩气勘探开发技术与实践的丛书，是中国页岩气革命创新实践的成果总结和凝练，是中国页岩气勘探开发历程的印记和见证，是有关专家和一线科技人员辛勤耕耘的智慧和结晶。本套丛书入选了“十三五”国家重点图书出版规划和国家出版基金项目。

我们很高兴地看到这套丛书的问世！

中国工程院院士 胡文瑞

前言

PREFACE

非常规油气资源的有效动用与开发，成为近年来全球能源格局产生重大变化的关键。北美地区页岩气产量占比由2000年的4%增长至2018年的64%，展示了页岩气的巨大潜力。我国页岩气开发起步较晚，但是近年内发展迅速。中国石油2006年在国内率先开展页岩气藏地质综合评价和野外地质勘查，2010年钻成国内第一口页岩气直井威201井并压裂获气。“十二五”末期开始，国内在焦石坝、长宁、威远、昭通等区块开始页岩气规模建产。2018年全国页岩气产量突破100亿立方米，达到108.81亿立方米，中国成为世界第二大页岩气生产国。2020年，中国石油西南油气田公司页岩气年产量突破100亿立方米，建成国内首个年产百亿立方米页岩气产量的气区。

目前，中国页岩气开发对象主要为四川盆地龙马溪组页岩。四川盆地龙马溪组页岩储层地质、工程和地表条件与北美相比具有显著的差异。页岩地质年代更加古老、埋藏较深、页岩成熟度较高、经历了多期构造运动改造、地表条件复杂、开发区域人口稠密、环境敏感。中国的页岩气开发不能照搬北美的技术和开发模式，需要立足于中国页岩气藏自身特点，走适合中国的页岩气开发之路。

压裂在页岩气开发中起着举足轻重的作用。从我国第一口页岩气井威201井压裂开始，我国的页岩气压裂走过了十多年的发展历程，压裂技术的不断发展和完善，有力地支撑了中国页岩气规模有效开发。为了全面系统展现中国页岩气压裂技术近十年来的发展历程和探索实践，我们编写了本书。

全书共分十章，由长期从事页岩气压裂技术研究和现场实施的工程技术人员编写，主要包含绪论、页岩压裂实验评价、地质工程一体化压裂设计、水平井分段压裂工艺及工具、压裂入井材料、山地环境工厂化压裂、页岩气压裂现场作业、压裂后评估、页岩气水平井压裂技术应用以及页岩气压裂面临的挑战及发展方向等。

本书由何骁担任编写组组长，由桑宇、郭建春、范宇担任编写组副组长。本书第一章由桑宇、景扬、沈骋、宋毅、陈娟、景源、杨蕾等编写；第二章由彭钧亮、付海峰、彭欢、韩慧芬、闵建、高新平、王良、黄玲、秦毅等编写；第三章由郭建春、桑宇、曾波、曾凡辉、黄浩勇、郭兴午、周朗、蒲军宏、易新斌、刘彧轩、路千里、赵志恒、王星皓、桂俊川等编写；第四章由付玉坤、马辉运、喻成刚、邓友超、田助红、李明、汪于博、杨云山、尹强、周小金、杨欢、荆晨、冉立、刘丹等编写；第五章由宋毅、熊颖、李伟、刘友权、陈鹏飞、陈雅溪、朱仲义、黄琦等编写；第六章由钱斌、石孝志、郭兴午、张柟乔、任勇、孙兆岩、胡洋等编写；第七章由范宇、郭兴午、唐凯、周小金、林盛旺、岳文翰、任国辉、潘登、曾然、段希宇、杨登波、李奔驰、唐庚、周浪、李玉飞、乔雨、陈浩、王汉、周长林、张家振、陈建波、张清彬、李妍僖等编写；第八章由王永辉、黄浩勇、严玉忠、梁天成、叶长青、修乃岭、严星明等编写；第九章由宋毅、岳文翰、宋雯静、杨蕾、杨昕睿、董莎、杨芳、张俊成、李雪飞、李军龙、李嘉等编写；第十章由周小金、周拿云、杨立峰、张俊成、熊颖、曾凡辉等编写。

本书的出版得到了“十三五”国家科技重大专项“大型油气田及煤层气开发——长宁—威远页岩气开发示范工程”（2016ZX05062）和中国石油天然气股份有限公司重大科技专项“西南油气田天然气上产300亿立方米关键技术研究与应用”等项目的资助。本书的出版得到了中国石油西南油气田公司、西南石油大学、中国石油川庆钻探工程有限公司、中国石油勘探开发研究院、中国石油集团测井有限公司等单位的领导、专家及工程技术人员的大力支持帮助，卢拥军和王欣对稿件进行了审查，提出了建设性的修改意见，在此一并表示衷心感谢。

由于作者水平有限，书中难免有不足之处，敬请广大读者批评指正。

目 录

CONTENTS

第一章

绪 论

目前，中国页岩气开发对象主要为四川盆地龙马溪组海相页岩。四川盆地龙马溪组页岩储层地质、工程和地表条件与北美相比具有显著的差异，对页岩气压裂也提出了挑战。本章主要介绍了中国南方海相页岩的基本特征、压裂面临的难题以及压裂技术现状。

第一节 南方海相页岩气藏基本特征

一、区域地质特征

1. 构造特征

中国南方总面积约 $227 \times 10^4 km^2$，可划分为 3 大地块和 6 大造山带，分别为扬子地块、下扬子地块和华北地块；华南造山带、秦岭—大别—苏鲁造山带、三江造山带北段、三江造山带中南段、粤海造山带和环太平洋造山带。

扬子地块是中国南方最主要的构造单元，又可进一步划分为上扬子地块、中扬子地块和下扬子地块 3 个二级单元。四川盆地是上扬子地块 9 个三级构造单元的重要组成部分，可以进一步划分为川西低缓断褶带、川北平缓断褶带、川中平缓断褶带、川西南低缓断褶带、川南低缓断褶带和川东隔挡式构造带 6 个四级构造单元。

2. 沉积相特征

早寒武世筇竹寺期和晚奥陶世五峰期—早志留世龙马溪期，中国南方基本处于陆表海内部及边缘环境之中，受到周边古陆和水下隆起不同程度的影响，整体表现为较深水的陆棚—斜坡—盆地沉积环境，局部陆棚内分布有深水拉张槽，古陆周边存在少量滨岸—潮坪环境。水体大致具有由西向东、自南向北逐渐变深的趋势，可将该时期内的沉积相划分为三个相、四个亚相及十余个微相，对应的沉积模式如图 1–1 所示。其中页岩沉积环境分布广泛，在低能的较深水环境中均可形成。

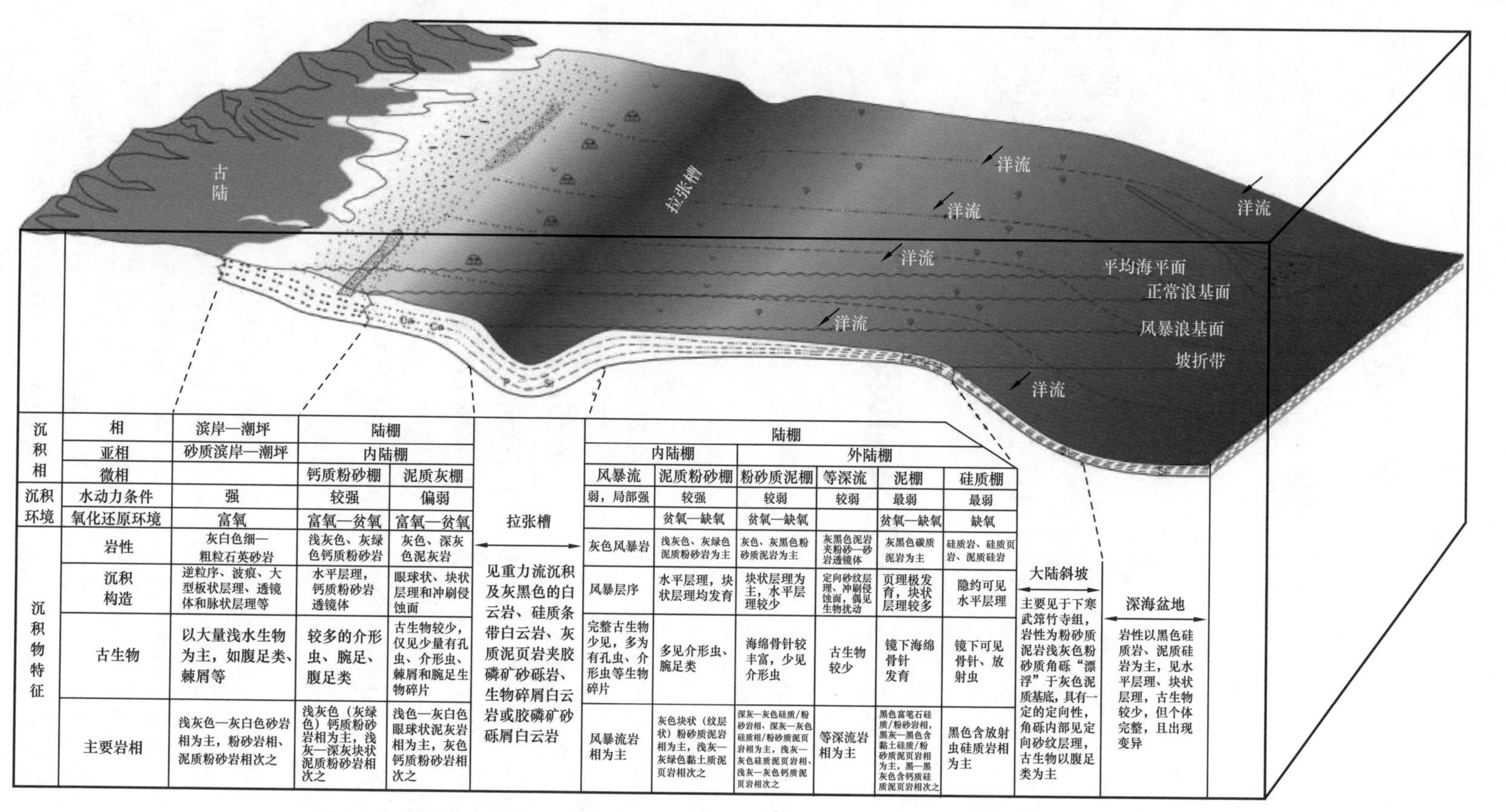

沉积相	相	滨岸—潮坪	陆棚		拉张槽	陆棚						大陆斜坡	深海盆地
	亚相	砂质滨岸—潮坪	内陆棚			内陆棚		外陆棚					
	微相		钙质粉砂棚	泥质灰棚		风暴流	泥质粉砂棚	粉砂质泥棚	等深流	泥棚	硅质棚		
沉积环境	水动力条件	强	较强	偏弱		弱，局部强	较强	较弱	较弱	最弱	最弱		
	氧化还原环境	富氧	富氧—贫氧	富氧—贫氧			贫氧—缺氧	贫氧—缺氧		贫氧—缺氧	缺氧		
沉积物特征	岩性	灰白色细—粗粒石英砂岩	浅灰色、灰绿色钙质粉砂岩	灰色、深灰色泥灰岩	见重力流沉积及灰黑色的白云岩、硅质条带白云岩、灰质泥页岩夹胶磷矿砂砾岩、生物碎屑白云岩或胶磷矿砂砾屑白云岩	灰色风暴岩	浅灰色、灰绿色泥质粉砂岩为主	灰色、灰黑色粉砂质泥岩为主	灰黑色泥岩夹粉砂—砂岩透镜体	灰黑色碳质泥岩为主	硅质岩、硅质页岩、泥质硅岩	主要见于下寒武筇竹寺组，岩性为粉砂质泥岩浅灰色粉砂质角砾“漂浮”于灰色泥质基底，具有一定的定向性，角砾内部见定向砂纹层理，古生物以腹足类为主	岩性以黑色硅质岩、泥质硅岩为主，见水平层理、块状层理，古生物较少，但个体完整，且出现变异
	沉积构造	逆粒序、波痕、大型板状层理、透镜体和脉状层理等	水平层理，钙质粉砂岩透镜体	眼球状、块状层理和冲刷侵蚀面		风暴层序	水平层理，块状层理均发育	块状层理为主，水平层理较少	定向砂纹层理、冲刷侵蚀面，偶见生物扰动	页理极发育，块状层理较多	隐约可见水平层理		
	古生物	以大量浅水生物为主，如腹足类、棘屑等	较多的介形虫、腕足、腹足类	古生物较少，仅见少量有孔虫、介形虫、棘屑和腕足生物碎片		完整古生物少见，多为有孔虫、介形虫等生物碎片	多见介形虫、腕足类	海绵骨针较丰富，少见介形虫	古生物较少	镜下海绵骨针发育	镜下可见骨针、放射虫		
	主要岩相	浅灰色—灰白色砂岩相为主，粉砂岩相、泥质粉砂岩相次之	浅灰色（灰绿色）钙质粉砂岩相为主，浅灰—深灰块状泥质粉砂岩相次之	浅色—灰白色眼球状泥灰岩相为主，灰色钙质粉砂岩相次之		风暴流岩相为主	灰色块状（纹层状）粉砂质泥岩相为主，浅灰—灰绿色黏土质泥页岩相次之	深灰—灰色硅质/粉砂岩相、深灰—灰色硅质相/粉砂质泥页岩相为主，浅灰—灰色硅质泥页岩相、浅灰—灰色钙质泥页岩相次之	等深流岩相为主	黑色富笔石硅质/粉砂岩相，黑灰—黑色含黏土硅质/粉砂质泥页岩相为主，黑—黑灰色含钙质硅质泥页岩相次之	黑色含放射虫硅质岩相为主		

图 1-1　中国南方早寒武世筇竹寺期和晚奥陶世五峰—早志留世龙马溪期沉积立体模式图

3. 埋深和面积

上扬子地区是中国南方页岩气勘探开发主要地区，该区页岩发育层系较多，如下寒武统牛蹄塘组、上奥陶统五峰组—下志留统龙马溪组、石牛栏组、上二叠统龙潭组、上三叠统须家河组等。下寒武统页岩地层，川南—川东南地区埋深2000～4500m，滇东北—黔北—渝东南—湘西地区埋深多为500～3000m，川东—鄂西埋深1500～5000m，川北地区埋深2000～5000m；对于五峰组—龙马溪组页岩地层，川西地区埋深较大，一般为5000m以深，川东和渝东地区埋深为3000～4000m，川南—川东南和鄂西地区埋深为2000～3500m，鄂西地区埋深1500～2000m，滇东—黔北—渝东南—渝东北—湘西等地区埋深为500～2000m（张金川等，2016）。根据川南地区大量页岩气勘探开发资料，长宁、威远、泸州、渝西、昭通五区块埋深4500m以浅可工作面积$1.8\times10^4km^2$，资源量$9.6\times10^{12}m^3$（表1–1）。

表1–1 川南地区五峰组—龙马溪组优质页岩地层埋深与面积统计

地区	埋深＜3500m		埋深3500～4000m		埋深4000～4500m		合计		
	面积 km^2	资源量 10^8m^3	面积 km^2	资源量 10^8m^3	面积 km^2	资源量 10^8m^3	面积 km^2	资源量 10^8m^3	资源丰度 $10^8m^3/km^2$
长宁	1064	5299	1102	5488	1022	4995	3188	15782	4.98
威远	838	3504	2641	11982	3570	16763	7049	32249	4.17
泸州	47	382	961	7813	2189	17512	3197	25707	8.13
渝西	67	342	700	3570	3054	15056	3821	18968	5.1
昭通	965	3520	0	0	0	0	965	3520	3.65
合计 / 年均	2981	13047	5404	28853	9835	54326	18220	96226	5.21

4. 断裂特征

断裂特征及发育规模对页岩气有重要控制作用，同时对页岩气钻井、压裂施工造成重要影响。中国南方海相页岩储层地质年代老，经历多期构造运动、断层发育（图1–2）。

5. 地层剖面

从区域地质调查研究成果来看（图1–3），在华南地层区，从南华系、震旦系、寒武系至二叠系、三叠系的海相地层中，总共发育了6套黑色页岩，从下至上分别为南华系的大塘坡组、震旦系的陡山沱组、寒武系的筇竹寺组、奥陶系的五峰组、志留系的龙马溪组以及二叠系的大隆组。由于奥陶系的五峰组和志留系的龙马溪组基本上为

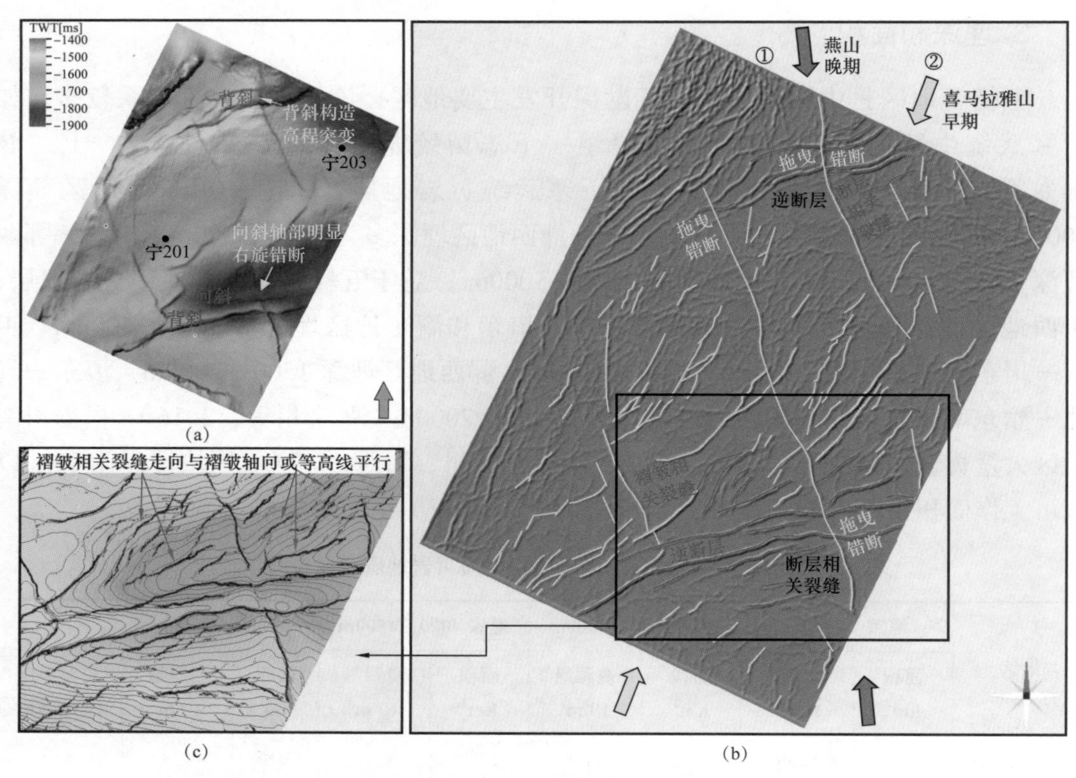

图 1-2　燕山晚期和喜马拉雅早期构造幕断裂系统分期与配套

（a）目的层底界主要次级构造特征；（b）燕山晚期构造幕和喜马拉雅早期构造幕断裂特征（底图为蚂蚁体地震属性正交分解第二主成分图）；（c）燕山晚期构造幕褶皱相关裂缝分布特征（目的层底界蚂蚁体地震属性与等 T_0 构造叠合图）

连续沉积，目前将其作为一个统一的勘探开发单元对待。本书涉及中国南方页岩气的重点层位为下古生界寒武系筇竹寺组和奥陶系五峰组—志留系龙马溪组两套页岩储层；从研究区域上来看，这两套页岩储层主要分布于华南地层区的扬子地层分区，目前作为页岩气研究程度较高的区域主要集中在中上杨子地区，即四川盆地及其周缘地区。

6. 储层分类

页岩储层受控因素多，大致可以分为生气潜力、储集物性、宜开采性和含气性等四大类别，分别选取总有机碳含量（TOC）、有效孔隙度、脆性矿物含量、总含气量 4 个参数作为静态页岩储层评价代表，分为优质页岩储层、富有机质页岩储层和有效页岩储层（表 1-2）。

四川盆地五峰组—龙一$_1$亚段优质页岩厚度分布稳定，横向分布连续、具有往地层剥蚀线减薄、沉积中心增厚趋势，普遍为 5～65m，越靠近威远古隆起剥蚀线厚度越薄，越往沉积中心泸州地区厚度最大。威远区块优质页岩厚度分布为 20～45m，威

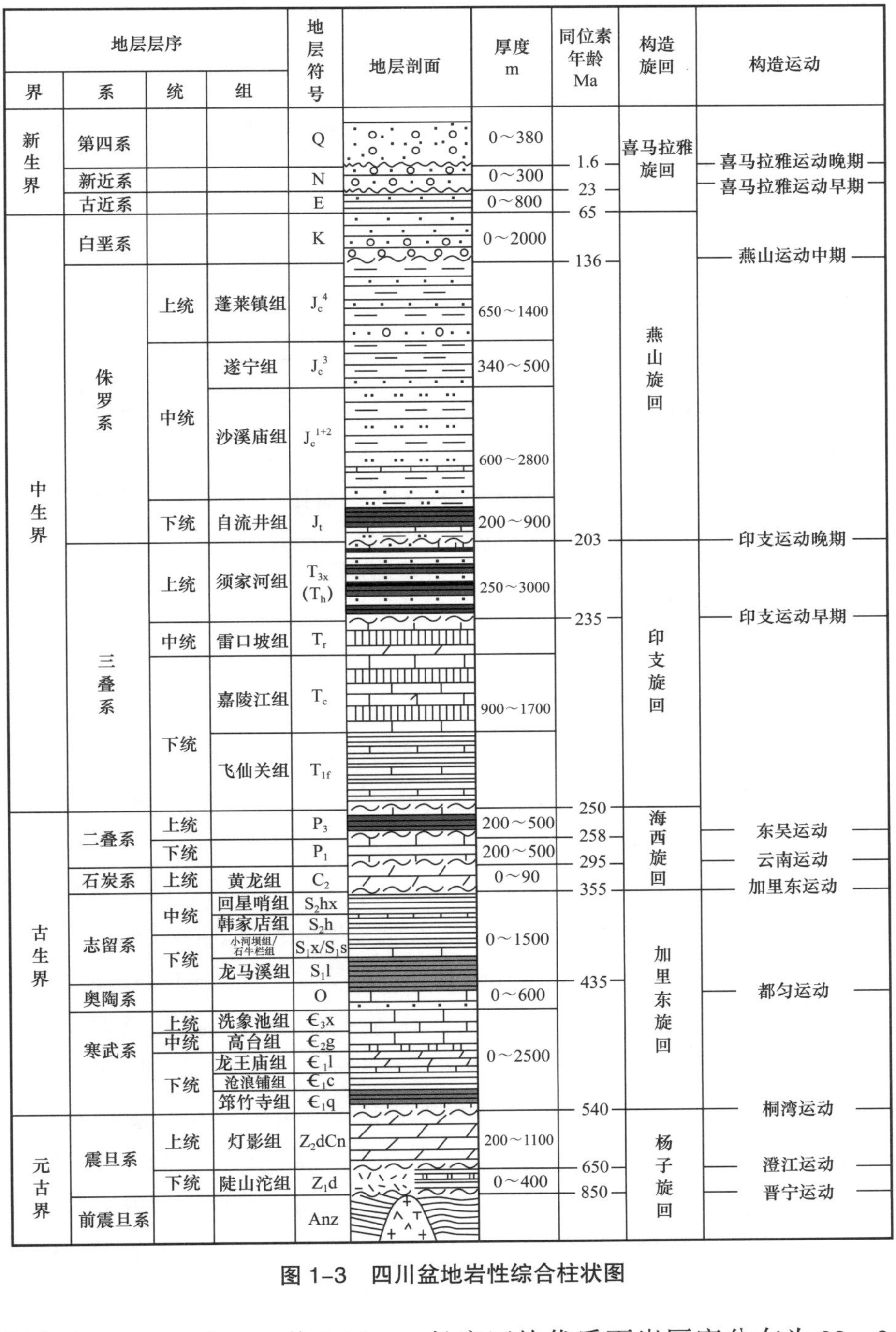

界	系	统	组	地层符号	厚度 m	同位素年龄 Ma	构造旋回	构造运动
新生界	第四系			Q	0～380	1.6	喜马拉雅旋回	喜马拉雅运动晚期
	新近系			N	0～300	23		喜马拉雅运动早期
	古近系			E	0～800	65		
中生界	白垩系			K	0～2000	136	燕山旋回	燕山运动中期
	侏罗系	上统	蓬莱镇组	J_c^4	650～1400			
		中统	遂宁组	J_c^3	340～500			
			沙溪庙组	J_c^{1+2}	600～2800			
		下统	自流井组	J_t	200～900	203		印支运动晚期
	三叠系	上统	须家河组	T_{3x} (T_h)	250～3000	235	印支旋回	印支运动早期
		中统	雷口坡组	T_r				
		下统	嘉陵江组	T_c	900～1700			
			飞仙关组	T_{1f}		250		
古生界	二叠系	上统		P_3	200～500	258	海西旋回	东吴运动
		下统		P_1	200～500	295		云南运动
	石炭系	上统	黄龙组	C_2	0～90	355		加里东运动
	志留系	中统	回星哨组	S_2hx	0～1500		加里东旋回	
			韩家店组	S_2h				
		下统	小河坝组/石牛栏组	S_1x/S_1s				
			龙马溪组	S_1l		435		都匀运动
	奥陶系			O	0～600			
	寒武系	上统	洗象池组	€$_3$x	0～2500			
		中统	高台组	€$_2$g				
		下统	龙王庙组	€$_1$l				
			沧浪铺组	€$_1$c				
			筇竹寺组	€$_1$q		540		桐湾运动
元古界	震旦系	上统	灯影组	Z_2dCn	200～1100	650	杨子旋回	澄江运动
		下统	陡山沱组	Z_1d	0～400	850		晋宁运动
	前震旦系			Anz				

图 1-3　四川盆地岩性综合柱状图

201 井厚度为 31.5m，自 201 井 37.6m；长宁区块优质页岩厚度分布为 22～36m，宁 203 井 26.5m，宁 208 井 21.3m；大足地区优质页岩厚度分布为 6～28m，王家 1 井 7.6m，足 201 井 27m；泸州区域厚度最大，平均为 50～69m，阳 101 井 57m，阳深 1 井 63m。

表 1-2 页岩储层分类标准

参数	页岩储层		
	优质页岩	富有机质页岩	有效页岩
TOC，%	≥2	1～2	0.5～1
有效孔隙度，%	≥3	2～3	1～2
脆性矿物含量，%	≥55	45～55	30～45
总含气量，m^3/t	≥2	1～2	0.5～1

综合北美页岩气区块和国内页岩气区块储层参数对比认为，四川盆地五峰组—龙一$_1$亚段各小层页岩储层品质好，与北美主要页岩气储层可比性较高，储层参数相当，但与北美页岩气存在差异，具体表现为有机质演化程度较高、储层埋深大、地层压力系数高、同时地层受多期构造运动作用，地貌条件复杂。

二、储层地质特征

1. 储集空间及孔隙结构

页岩孔隙度是控制游离气含量的关键参数之一。四川盆地各井五峰组—龙马溪组孔隙度纵向分布具有一致性，即底部五峰组—龙一$_1$亚段孔隙度（平均值 5.53%）高于上部龙一$_2$亚段（平均值 3.96）；据测井资料统计，优质页岩段孔隙度平均值为 2.9%～7.2%，平均为 4.7%。整体来看，四川盆地优质页岩段孔隙度具有自四面向中部减少的趋势，盆地北部威远区块、南部长宁地区及东部均呈局部高值。

页岩气的储集空间主要包括显微孔隙和裂缝两大类。页岩中的孔隙主要包括有机孔、矿物粒间孔、黏土矿物晶体结构层间微孔等（图 1-4）；按孔隙大小，可将其分为微孔（＜1nm）、中孔（2～50nm）和宏孔（＞50nm）。通过对四川盆地页岩样品的 FIB-SEM 扫描结果显示，龙马溪组页岩有机质孔隙与非有机质孔隙均发育，且比较分散。但有机质孔隙的相对集中度比非有机质孔隙的相对集中度高，非有机质孔隙呈零星状分布，有机质孔隙或被黏土包裹，或与黏土矿物、黄铁矿形成混杂形式。裂缝是页岩气储层中重要的储集空间类型，按其成因可分为构造缝和成岩缝。前者是与构造应力有关的裂缝，通常规模相对较大，以宏观裂缝为主。后者是在成岩过程中形成的，一般规模较小，以微裂缝为主。

2. 渗透性

页岩渗透率极低，从而使得其气体产出缓慢，虽然页岩开发主要靠压裂来提高储层渗透率，但是天然存在的裂缝对提高渗透率从而影响页岩气藏资源量仍然具有重要的意义。通过岩心样品分析，测得威远页岩基质渗透率分布为 1.06×10^{-5}～6.14×10^{-4}mD，平均 1.60×10^{-4}mD，同时水平渗透率远大于垂向渗透率，长宁基质渗透率为（0.714～1.48）$\times10^{-4}$mD，平均 1.02×10^{-4}mD，反映页岩储层天然渗透性极低，属于典型超致密性储层。

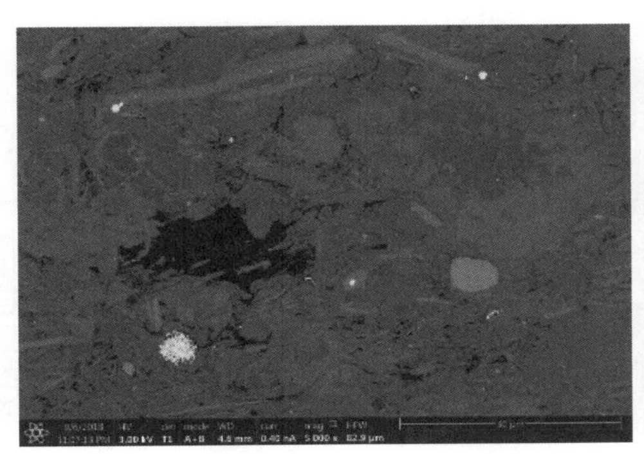

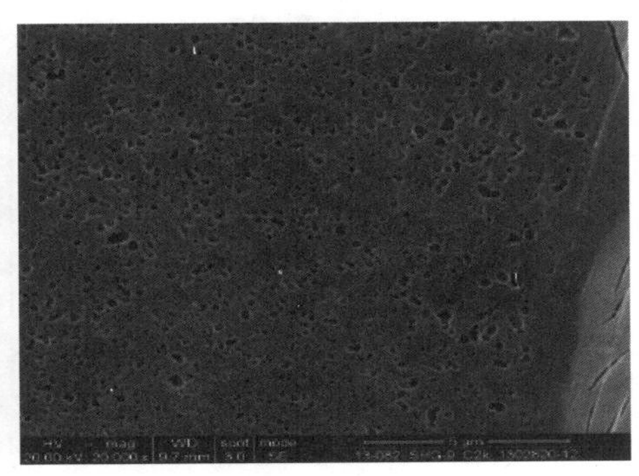

(a) 有机孔及内部孔隙

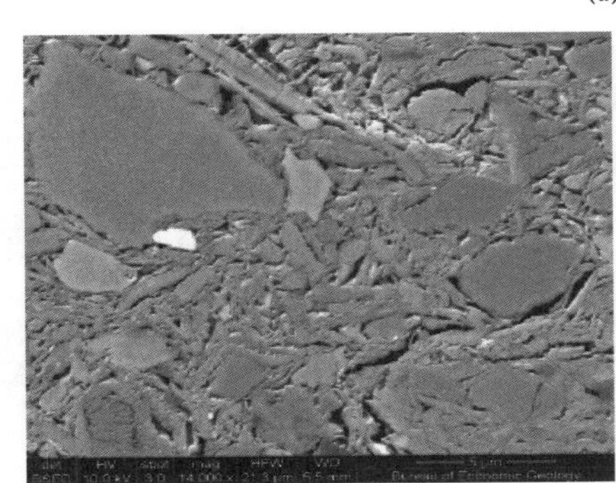

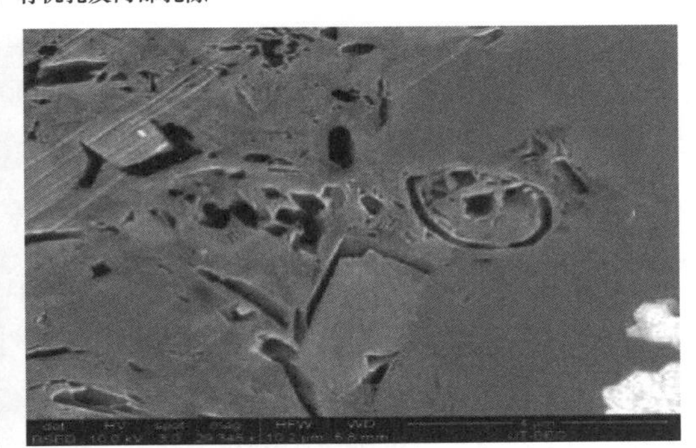

(b) 无机孔及内部孔隙

图 1–4　页岩储层典型微观孔隙结构

3. 有机质含量

页岩中的有机质是天然气生产的物质基础，通常用有机碳含量（TOC）这一参数来表征。页岩有机碳含量越高，生烃潜力就越大。另外，TOC 越高，其生烃作用后产生的有机孔隙也会越多，为页岩气富集提供了吸附的介质和游离的孔隙。统计结果表明，页岩的吸附气含量和总含气量与 TOC 呈明显的正相关关系，页岩储层品质的优劣主要受 TOC 的控制。因此，TOC 越高的地区对页岩气成藏越有利。根据长宁—威远示范区页岩中 TOC 与总含气量之间相关关系（图 1–5），TOC 越高，储层品质越好。从整个示范区范围来看，高伽马页岩层段与 TOC 值大于 2.0% 的富有机质页岩层段具有较好的一致性。龙马溪组底部伽马值最高的龙一$_1$下亚段页岩储层段的 TOC 值一般在 3% 以上，也是储层质量最佳的层段。

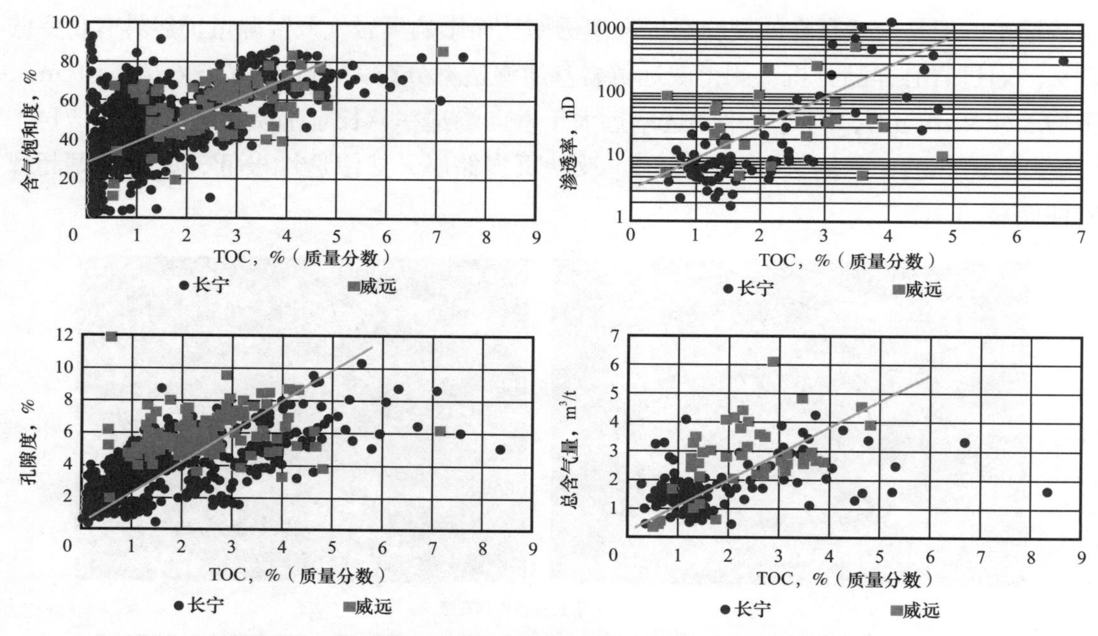

图 1-5　长宁—威远示范区龙马溪组页岩储层参数相互关系

4. 含气性

页岩含气量是计算原始含气量的关键参数，对页岩含气性评价、资源储量预测具有重要的意义。对各小层现场实测含气量数据进行统计，测试结果表明五峰组—龙一$_1$亚段实测总含气量范围为 1.53～3.86m^3/t，各小层均表现出较好的含气性，总体上表现为 1 小层含气性最好。四川盆地典型井宁 203 井五峰组—龙一$_1$亚段页岩总含气量为 2.46～4.06m^3/t，平均为 2.96m^3/t；龙一$_2$亚段页岩总含气量为 1.11～1.90m^3/t，平均为 1.56m^3/t；龙二段页岩总含气量为 0.95～1.33m^3/t，平均为 1.11m^3/t。威 201 井五峰组—龙一$_1$亚段现场解吸含气量较好，往上含气量有降低趋势，五峰组—龙一$_1$亚段页岩总含气量为 1.21～5.01m^3/t，平均为 2.78m^3/t；龙一$_2$段页岩总含气量为 0.29～1.09 m^3/t，平均为 0.55m^3/t。

5. 矿物组成

脆性矿物含量直接关系到页岩孔隙和裂缝的发育情况，往往页岩脆性强，容易在外力作用下形成天然裂隙和诱导裂隙，有利于渗流；脆性矿物含量是影响页岩基质孔隙和微裂缝发育程度、含气性及压裂改造方式等的重要因素。页岩中黏土矿物含量越低，石英、长石、方解石等脆性矿物含量越高，岩石脆性越强，在人工压裂外力作用下越易形成天然裂缝和诱导裂缝，形成多树状—网状结构缝，有利于页岩气开采。而高黏土矿物含量的页岩塑性强，吸收能量以形成平面裂缝为主，不利于页岩体积改造。四川盆地龙马溪组脆性矿物类型主要为石英、长石、碳酸盐矿物（方解石和白云石）。据测井资料统计，五峰组—龙一$_1$段脆性矿物含量平均值为55.3%～83.0%，平均为68.8%，硅质（石英和长石）含量平均值为40.5%～65.5%，平均为52.4%，其中石英最为普遍，含量相对最高，平均值均大于30%；碳酸盐矿物含量仅次于硅质，平均值范围2.0%～34.4%，平均为16.4%。

6. 岩石力学及地应力

岩石力学贯穿了页岩气勘探开发全过程，在地质勘探、钻井技术、完井工程、固井工程、体积压裂改造等都与岩石力学密切相关。

四川盆地五峰组—龙一$_1$段岩石力学特性参数测试结果显示，页岩总体显示较高杨氏模量及较低泊松比的特征，其中杨氏模量为10.96～38.09GPa，平均为29.1GPa；泊松比为0.17～0.29，平均为0.22（表1-3）。利用Rickman公式对四川盆地海相页岩的岩石力学脆性指数进行计算，结果表明四川盆地页岩储层岩石力学脆性指数达到了43～65.2，平均为56.1，反映四川盆地海相页岩五峰组—龙马溪组一段脆性指数总体较高。

表1-3　四川盆地长宁地区五峰组—龙马溪组一段实测岩石力学参数及脆性指数

井名	层系	杨氏模量，GPa	泊松比	岩石力学脆性指数	矿物脆性指数
威201	五峰组—龙马溪组一段	31.29	0.18	63.4	54.4
威203		10.96	0.29	43.0	29.5
威204		20.27	0.17	65.2	47.3
宁201		36.19	0.21	58.2	55.4
宁203		26.2	0.20	59.8	48.9
宁213		36.09	0.25	51.0	51.7
宁215		37.75	0.25	51.0	52.9
宁216		37.7	0.25	50.8	52.8
宁217		38.09	0.19	62.0	58.6
自201		19.97	0.22	56.0	42.5
足201		25.56	0.22	56.2	46.6
平均值		29.1	0.22	56.1	49.1

四川盆地龙马溪组页岩地应力大小测试结果显示，最大水平主应力为39.8～98.0MPa，平均为72.3MPa；最小为30.8～80.6MPa，平均为64.0MPa；水平地应力差为5.0～13.1MPa，平均为8.3MPa，中等大小，有利于裂缝多点起裂或不规则延伸，

形成网状裂缝，反映四川盆地海相页岩五峰组—龙马溪组一段页岩具有较好的可压裂性。川南埋深超过4000m的深层页岩气水平应力差在20MPa左右，对复杂裂缝的形成提出了较大挑战。

第二节　南方海相页岩气压裂面临的地质特征与难题

四川盆地龙马溪组页岩储层和北美主要页岩气产气盆地的多数参数基本相当，但研究发现，四川盆地与北美相比至少存在四方面较大差异[1,2]（表1-4）。（1）四川盆地所处扬子地台经历的构造运动次数多而且剧烈，页岩气藏经历的改造历史和保存条件差异显著。（2）四川盆地页岩气有利区有机质演化程度处于高—过成熟阶段，而美国页岩气主要处于高成熟阶段，页岩气藏的成藏条件会有哪些变化目前还不十分清楚。（3）四川盆地页岩气藏埋深小于3000m的范围相对较少，部分页岩储层埋深超过5000m，而美国泥盆系、密西西比系页岩埋深范围介于1000～3500m。（4）四川盆地页岩气有利区多处于丘陵—低山地区，地表条件比北美地区复杂得多，而且人居密度远远大于北美地区、井位多与风景名胜区、自然保护区、城镇规划区等相邻，工厂化作业、清洁化生产等实施难度远超过北美地区。

表1-4　四川盆地与北美页岩气地质参数对比表

页岩气区块	Marcellus	Barnett	Haynesville	川南地区五峰组—龙马溪组			
				威远区块	长宁区块	泸州区块	渝西区块
盆地名	阿巴拉契亚	沃斯堡	北路易斯安那	四川盆地	四川盆地	四川盆地	四川盆地
层位	泥盆系	石炭系	侏罗系	志留系	志留系	志留系	志留系
埋藏深度，m	1291～2591	1981～2591	3000～4700	1500～4000	2000～4000	3000～4500	4000～4500
TOC，%	3～12	2.0～7.0	2～6	3.4～3.8	3.6～4.4	2.8～3.3	3.0～3.2
有效页岩厚度，m	15～61	15～61	61～107	20～45	25～35	32～65	29～66
总含气量，m^3/t	1.7～2.8	8.5～9.9	2.8～9.4	2.0～7.5	5～7.5	2.9～4.6	3.6～5.7
压力系数	1.01～1.34	1.41～1.44	1.6～2.1	1.2～2.0	1.2～2.0	1.8～2.3	1.8～2.0
干酪根类型	Ⅰ—Ⅱ型	Ⅰ—Ⅱ型	Ⅰ—Ⅱ型	Ⅰ型	Ⅰ型	Ⅰ型	Ⅰ型
R_o，%	1.5～3.0	1.1～2.2	1.8～2.5	1.8～3.0	2.3～2.9	2.3～3.0	2.3～3.0
孔隙度，%	10	4～5	4～12	4.5～7.5	3.5～7.0	4.4～5.7	3.4～5.9
脆性矿物含量，%	20～60		65～75	57～71	66～80	55～72	52～68
构造复杂程度	简单	简单	简单	简单—中等	中等—复杂	中等—复杂	中等—复杂

一、埋藏深，有机质成熟度高

中国南方主力页岩储层奥陶系五峰组—下志留统龙马溪组埋深主要在2000～4500m，相较于美国Marcellus、Barnett主力页岩埋藏更深，地层年代更加古老，经历更加漫长的热演化史，热成熟度更高。页岩的高成熟度不是制约页岩气聚集的主要因素，相反，成熟度越高越有利于页岩气的生成，进一步地，页岩的产气率随TOC、R_o、脆性指数以及页岩中天然裂缝发育程度的增加而增加。特别是当页岩的有机质成熟度处在高成熟热成因气窗范围内时，页岩气井产量明显增加。通过反射率测定分析，示范区龙马溪组页岩热成熟度已达高成熟—过成熟阶段，经页岩沥青反射率换算的镜质组反射率R_o一般分布为2.0%～2.5%，产出天然气均属干气。

二、构造运动强烈，储层非均质性强

中国南方海相页岩储层地质年代老，经历多期构造运动，在这些构造复杂的强变形断褶区，由于构造挤压变形作用强烈、断裂发育，地质条件十分复杂。以威远页岩气田为例，所处构造隶属于川西南古中斜坡低褶带，以古隆起为背景，发育威远背斜构造。五峰组底界地震反射构造图显示，区域整体表现为由北西向南东方向倾斜的大型宽缓单斜构造，局部发育鼻状构造。复杂构造运动区无疑导致储层强非均质性，不利于页岩气保存，同时也对钻井完井造成较大工程风险。

三、纵向层系多，钻完井技术挑战大

川南龙马溪组页岩气储层埋深普遍较大，钻遇目的层之前需穿越多套复杂地层，易诱发多种复杂事故，直井段提速与长水平段钻进技术挑战大。其中，须家河组、嘉陵江组、茅口组为易漏地层；飞仙关—梁山组为易掉块/井径扩大地层，自流井组、龙潭组、茅口组为易阻卡地层；韩家店组—龙马溪组为易溢流、易漏失、易垮塌地层。

目前，采用油基钻井液体系钻揭龙马溪组，基本满足安全钻井需要。但龙马溪组水平段仍然存在井壁失稳、井漏频发、气显示强烈、溢流井涌多发且漏喷同存等井下复杂和风险，造成堵漏困难、起下钻阻卡严重、旋转导向工具落井、侧钻、进尺报废等钻井复杂情况，且在不同井区钻井复杂情况呈不同类型，严重影响钻井工程和井控安全，影响钻井全面提速。

四、水平应力差更大，形成复杂裂缝更加具有挑战

页岩致密特性决定了储层基质的传导性远低于裂缝传导性，需要尽可能“打碎”储层，形成复杂裂缝，增大储层改造体积，从而改善储层渗流能力。页岩储层微裂

缝、页理等力学弱面发育，缝网扩展模式由水力裂缝与天然裂缝之间的相交力学作用决定[3-5]，基于大尺寸真三轴水力压裂模拟实验[6]与水力裂缝转向理论研究[3, 7]，研究认为较低的水平主应力差有利于实现裂缝转向形成缝网，而较大的水平主应力差将形成以主缝为主的单一裂缝。与北美页岩储层地应力场相比，川南地区龙马溪组页岩储层整体应力更高、水平应力差更大，因此南方海相页岩气形成复杂裂缝能力更加困难。

五、山地环境、人口稠密，工厂化作业难度高

与北美地势平坦、人口稀少的页岩气压裂井场相比，我国南方有利页岩气储层均分布于丘陵、山地地区，不利于建设大面积井场，且地面相对海拔变化大、道路弯曲，压裂车、水罐、大型输砂器，以及其他作业保障车辆等输运、安装难度大，从而对工厂化压裂作业模式、压裂施工速度产生严重影响，同时井场周围人口稠密，不利于24小时工厂化压裂作业条件，进一步制约了压裂作业效率（图1–6）。

(a) 丘陵、山地环境，人口稠密（中国四川）

(b) 平原环境，人口稀疏（北美地区）

图1–6 页岩气压裂井场条件差异

第三节 南方海相页岩气压裂技术现状

一、页岩气压裂理论发展

1. 技术内涵

目前，页岩气压裂主要包括了“体积压裂”和“缝网压裂”两大理论。

1）体积压裂

体积压裂，即体积改造，在2006年，由吴奇[8]借鉴北美页岩气开发成果并提

出，是页岩气革命1.0时代的重要产物和里程碑。广义上指的是提高储集层渗流能力和储集层泄油面积的水平井分段改造模式，狭义上指的是通过压裂手段迫使页岩产生网络裂缝的改造技术，可定义为通过压裂的方式将具有渗流能力的有效页岩“打碎”，形成裂缝网络，使裂缝壁面与页岩基质的接触面积最大，使得油气从任意方向基质向裂缝的渗流距离“最短”，极大地提高了页岩整体渗透率，实现对页岩在长、宽、高三维方向的“立体改造”。

体积压裂是目前我国南方海相页岩气压裂的主流理论。体积压裂强调了五方面内涵：（1）“打碎”储层，营造出“人造”渗透率；（2）“创造”人造缝网，实现剪切破坏、错断和滑移的集合；（3）缩短“渗流距离”是核心，强调基质流体向裂缝运移存在最短距离，大幅降低基质中气体流动的驱动压差；（4）适用于高脆性指数的页岩储层；（5）分段多簇射孔作业是实现体积压裂的技术体现。

从五大理论内涵可见，体积压裂强调页岩气压裂须形成改造维度广的裂缝网络，提高渗流能力，使得整个页岩气储层基质都有大概率与裂缝连通的机会。因此，体积压裂的技术设计内涵包括：（1）利用裂缝间距优化措施形成更具网络化的裂缝；（2）非均匀布簇提高改造效率；（3）优化支撑剂铺置模式提升渗流效果。从十余年南方海相页岩气开发历程来看，采用“大排量、大液量、高加砂强度、分段多簇”的压裂模式使得增产效果取得了阶梯式的不断提升，印证了该理论的重要指导意义。

2）缝网压裂

缝网压裂酸化概念最初由赵金洲[1]在2004年提出，用于酸压技术，实现官渡构造带和川西构造带碳酸盐岩酸化压裂应用并取得高产；在页岩气等致密气储层研究初期提出缝网压裂理论概念。缝网压裂实现了狭义的体积压裂升级，可定义为优先考虑页岩气储层原位地质特性，探索形成足够发育的水力裂缝并最终呈现出网络形态最大化的改造技术，将储层地质与储层改造相结合的理论体系。与体积压裂不同的是，缝网压裂强调的不是“最短”渗流距离，而是形成的水力裂缝足够多，足够密集，促使单位体积储层内的岩石所赋存的资源能够最大限度被开采出来；也不强调长、宽、高方向的立体改造，而是适合我国山地复杂条件的全井段、全尺度的改造，即最终表现出段间、簇间无盲区的改造模式。

缝网压裂的提出一度打破了川南地区页岩气压裂技术的瓶颈，具有以下几方面内涵：（1）丰富了储层压裂品质的评价机制，充分考虑了沉积、成岩作用对储层可压性的影响机制，实现了最优钻完井层位的识别；（2）地质工程多元耦合实现全井段无缝改造，实现了资源充分动用和井位部署最优化；（3）强调最大限度攫取单位体积资源量，实现降本增效目的；（4）精细化了体积压裂的“逆向思维”，将逆向的维度由段细化到簇。

从上述内涵分析可知，缝网压裂更贴合川南区块复杂地理与地质条件的页岩气压裂，其技术设计内涵相比体积压裂实现了向一体化设计更进一步的迈进。因此，在未来的页岩气压裂过程中，应充分应用地质问题工程化、工程问题简单化的思路，融合体积压裂与缝网压裂理论和技术内涵，实现更高效的作业模式。

页岩气压裂理论近年来取得了较快的发展，促进了压裂技术的再次革命。针对页岩气压裂国内外学者在页岩可压性评价、人工裂缝与天然裂缝相互作用机理、多裂缝扩展的影响、压裂返排机理等方面取得了较大进展。

2. 页岩可压性评价

可压性指储层水力压裂过程中具有能够被有效改造并获得增产能力的性质，可用来表征储层有效改造的难易程度[9]。为使得储层改造效果尽可能达到最优化，规避盲目开采，页岩气储层可压性的科学评价成为首要工作且至关重要。页岩气储层可压性受多种因素影响，各因素间同时存在相互联系。页岩储层可压性的因素分析研究日趋成熟，主要包括矿物组分及其对应的岩石力学性质、天然弱面、地应力、沉积成岩作用等方面[10, 11]。其中，矿物组分评价立足于石英、长石、方解石、白云石、黄铁矿等脆性矿物，建立三端元模型实现评价；岩石与断裂力学评价则通过岩石力学参数、断裂力学参数实现评价[7, 12–16]；天然弱面评价多依靠天然裂缝、层理以及预判与水力裂缝相交发生扩展的程度来实现对储层的改造能力评估；地应力评价以原始地应力场为主要参数[17]，用以判别形成复杂缝网的施工强度。此外，在矿场实践过程中不断认识到单因素的页岩可压性评价不能满足需要，可压性评价应该是多元化和综合的。目前常用的综合评价方法主要包括成岩作用—矿物—岩石力学综合评价[9]、矿物—岩石力学—地应力综合评价[4]、成岩作用—矿物—天然弱面综合评价[18]、岩石力学综合评价[19]、储集物性—矿物—岩石力学综合评价等方面[20]。南方海相页岩气储层可压性评价从多方面入手，基于成熟的矿物组分与岩石力学评价技术，并逐渐重视储层与矿物机理、压裂裂缝规模预测等方面对可压性的影响，可进一步实现更有效、全面的页岩储层可压性评价。

3. 页岩压裂裂缝扩展机理

1）裂缝扩展模型研究现状

常规裂缝扩展模型可分为三类：二维裂缝扩展模型、拟三维裂缝扩展模型和全三维裂缝扩展模型。目前应用最广泛的二维裂缝扩展模型为 PKN 模型和 KGD（CGD）模型，这两个模型都是在 Carter 面积公式的基础上考虑水力裂缝长度以及宽度变化发展而来。为准确描述页岩储层水力裂缝的真实形态，Warpinski 等提出裂缝网络概念，基于这种思想，许多学者逐步发展了许多非常规裂缝扩展模型，主要包括线网模型、UFM 模型、扩展有限元模型、FPM 模型、混合有限元模型等。这些模型重点考虑的因素主要体现在两个方面：一是天然裂缝对水力裂缝扩展的影响；二是多裂缝扩展时产生的应力干扰。

2）天然裂缝（层理）对裂缝扩展的影响

人工裂缝与天然裂缝相遇后会出现以下三种情况：沿天然裂缝张开、被天然裂缝捕获、穿过天然裂缝[21]。Beugelsdijk 等研究了天然裂缝对人工裂缝的影响。结果表明，当存在较大水平主应力差，或者液体黏度较高、排量较大时，人工裂缝的扩展受到天然裂缝的影响较小；而在较小的水平主应力差下，天然裂缝更容易与天然裂缝相交。Renshaw 和 Pollad 基于线弹性力学理论建立判定准则，用来预测天然裂缝与人工裂缝相交后是否继续延伸，并通过实验加以验证。Warpinski 等提出了新的人工裂缝与天然裂缝相互作用准则，预测遭遇处人工裂缝是否会被天然裂缝捕获，即天然裂缝面发生剪切滑移破坏，人工裂缝沿着天然裂缝面延伸；还是天然裂缝面发生张开破坏。

3）多裂缝扩展时产生的应力干扰

诱导应力干扰由 Sneddon 等首先提出并推导出了解析解，最初应用在岩土工程上。2004 年，Fisher 等通过微地震监测到水平井中压裂裂缝扩展长度存在变化，认为裂缝诱导应力的存在会阻碍中间裂缝的正常扩展。在水平井分段压裂裂缝扩展过程中会受到裂缝产生的应力干扰，是非常规裂缝扩展模型与常规裂缝扩展模型存在的主要区别之一，因此研究裂缝诱导应力场是研究多裂缝扩展的基础。压裂过程中裂缝内部存在着一定的净压力，裂缝挤压储层岩体在地层中产生大小不等的诱导应力，这种现象被称为裂缝“应力阴影”效应。由于应力干扰的存在会改变裂缝受力状态，水平井分段压裂多裂缝延伸时应力相互影响更为显著。经过对裂缝诱导应力场几十年来的不断研究，目前已经推导出了许多诱导应力场的计算方法，主要分为解析法、半解析法和数值法三大类[22-24]。

4. 页岩产能预测方法

1）页岩气赋存及运移机理

相比常规油气藏，页岩气藏主要有以下几点区别：（1）赋存方式多样：页岩气除了赋存于孔隙和裂缝中的游离气，纳微米孔隙壁上赋存大量吸附气，还有部分气体溶解于干酪根和水体中；（2）运移机理复杂：由于页岩气天然储渗空间（包括有机质纳米孔隙、微孔隙、地层天然微裂缝）和压裂后形成的复杂裂缝网络具有多尺度性，导致气体在流动过程中存在多重运移机理（包括气体吸附—脱附、扩散、渗流和滑脱效应等）。

页岩气的产出过程涉及多种流态条件下的微观运移机理，具体包括游离态页岩气的黏性流、滑脱效应、Knudsen 扩散，吸附态页岩气的脱附作用、表面扩散作用和溶解态页岩气的扩散作用。页岩气的产出过程同时涉及不同渗流尺度之间的跨越：从微纳米孔隙运移到天然裂缝，再渗流到人工裂缝，最终流向水平井筒。随着运移尺度的变化，页岩气在不同孔隙中的运移规律不同，此时常规气藏的水动力连续性模型（达西定律）不再适用于页岩气的多尺度空间运移过程。

国内外学者对页岩气在多尺度空间的运移模型进行了探索研究，目前描述页岩气多尺度空间运移模型可以分为两类：第一类是修正边界滑脱条件来考虑多种运移机理，这类方法的缺点是含有较多经验系数，其中一些经验系数必须通过实验才能获得；第二类是将多种运移机理按相应贡献权重进行叠加，对于贡献权重系数采用直接线性相加的方法获得，此外也有部分学者通过经验公式或分析模拟得到贡献权重系数的表达式。但是，目前的页岩气多尺度空间运移模型并没有全面考虑在不同流态下的多重微观运移机理，即黏性流、脱附、扩散作用和滑脱效应的综合作用[25, 26]。

2）页岩气压裂后产能预测模型

页岩气藏产能模型研究是裂缝参数优化的基础，其研究方法总体上同样可分为三大类：数值模拟方法、解析方法和半解析方法。目前学者们主流采用半解析方法。半解析方法的研究对象是离散单元，通过对每一个离散单元建立起储层—离散单元—井筒的渗流方程，然后将每个离散单元的压力、流量关系方程组装起来，从而得到储层—缝网—水平井筒整个系统的渗流方程组，代入约束条件即可求解得到单个离散单元的流量贡献，从而叠加得到整个压裂水平井的总产能。

现有的关于页岩气的微观流动所建立的运移模型各不相同，对于气体的流动机制还没有形成统一的认识，对于微观与宏观的结合也是页岩气产能模拟亟待解决的问题之一。同时，页岩气产能预测模型研究面临复杂裂缝形态表征和多变的渗流模式的问题，而现有模型在裂缝形态上没有考虑不规则的压裂改造区域以及网状裂缝不规则分布的情况。此外，目前采用解析方法及半解析方法建立的产能模型大多假设为单相渗流，而实际上由于压裂液大部分存在于地层中，因此对页岩气藏气水两相流动规律的研究也是以后的研究重点。

5. 页岩气压裂后返排机理

1）页岩气藏压裂后返排特征

由于在地质特征、压裂缝面积、压裂液性能等方面的差异，页岩气藏表现出截然不同于常规储层的压后返排特征：压裂液返排率低、产气量与返排率呈负相关关系、闷井后产水量降低而产气量增加、返排液气水比曲线呈“V”形等。以上特殊的返排现象说明压裂液在页岩孔隙中的运移机理不同于常规储层。

页岩组分复杂、微观结构特殊，尤其是黏土含量高、黏土孔缝和层理发育。水相吸入对微观结构会产生特殊的影响。目前在吸水对页岩物性参数的影响是否有利方面尚无一致认识。传统观点认为页岩吸水引起侵入区含水饱和度增加、黏土膨胀充填孔隙，降低基质和天然裂缝的渗透率；近年来，另一种观点认为吸水后黏土膨胀、孔隙压力增加、力学强度弱化等因素会诱发微裂缝的起裂扩展，进而改善页岩的渗透性[27]。

页岩压裂后返排存在两个最突出的工程问题：（1）对页岩压后返排率（吸水强弱）的关键控制因素认识不清；（2）返排率的高低（吸水量大小）对地层物性的影响规律认识不清。由于存在以上两个问题，现场返排制度优化目标不明确，如是否需要闷井还存在争论。

2）页岩气藏压后返排控制机理

页岩压裂液返排率的控制因素主要包括页岩气藏自发渗吸效应、压裂裂缝中气水两相的不稳定驱替和重力分异、次级裂缝中水相滞留。其中自发渗吸效应是页岩气藏压裂后返排规律不同于常规储层的主要因素。

自发渗吸（简称自吸）指的是多孔介质在毛细管压力驱动下自发地吸入某种润湿液体的过程。该定义最初指的是毛细管自吸，即反映的是动力为毛细管力的现象。针对页岩储层，自吸的动力除了毛细管力，还有渗透压等作用力。对页岩水相自吸的研究主要以实验为主，主要包括页岩自吸能力的影响因素分析、自吸后页岩诱导裂缝宏观分析、自吸作用力的定性讨论三个方面。

目前，实验研究主要集中于自吸能力的影响因素上，尽管分析了岩样组分、液体类型、各向异性、自吸方式、电测参数等方面，但在页岩多重孔隙混合润湿性、孔隙尺度及孔径分布、考虑围压自吸监测等方面研究较少。在承载围压条件下，对自吸后诱导微裂缝、孔隙度、渗透率变化规律认识有限。在诱导裂缝破坏机理分析方面，均观测到微裂缝的产生，宏观分析较多，微观分析、定量分析较少。在自吸作用力方面，实验观测到毛细管力和渗透压力共同影响自吸过程，但尚未结合页岩孔径分布、复杂矿物组分、多重孔隙，开展页岩毛细管力和渗透压力定量表征及实验对比分析。

页岩返排及自吸的理论研究较少，目前主要采用油藏数值模拟器，模拟分析工作制度对水相置换、返排动态和气水生产的影响。结果表明，毛细管力、渗透压力、相渗曲线改变是控制气水动态的主要机制。通过增加裂缝复杂程度和关井时间可以增强气水置换，返排率降低，产气增加。

目前返排动态研究中的毛细管力都采用与含水饱和度的拟合关系来间接考虑，并非基于真实岩石孔径分布的毛细管力计算模型。对于渗透压的模拟文献较少，尤其是渗透压中关键参数半透膜效率并无定量模型描述。目前的返排模拟仅能考虑多相之间渗流置换，尚无法考虑页岩自吸后诱导微裂缝等破坏行为及对地层物性的影响。

自吸模型方面，目前研究页岩自吸的自吸模型较少。但在传统砂岩或其他多孔介质方面，主要有 LW 模型系列、Handy 模型系列、Terzaghi 模型系列、分形自吸模型几类模型。Handy 模型和 Terzaghi 模型为宏观半经验性模型，无法反映微观流动特征；LW 模型从毛细管流动出发，物理意义明确，分形模型可解决孔隙跨尺度问题，值得借鉴。目前的自吸模型仅考虑了毛细管力，对页岩的基本结构特征、流动特征、渗透压等尚无考虑。

在页岩返排及自吸优化方面，急需明确水相在页岩复杂微观孔隙结构条件下的自吸流动规律，以及吸入水相对页岩物性（微观结构）的物理化学作用，最后形成自吸流动与力学变化的动态耦合预测方法，为返排优化提供定量指导。

二、我国页岩气压裂技术发展历程

我国页岩气勘探开发以长宁—威远国家级页岩气示范区、涪陵国家级页岩气示范区为典型代表。2006 年，中国石油西南油气田在国内率先开展页岩气地质综合评价与野外地质勘查；2010 年，中国石油在长宁—威远示范区完成了中国第一口页岩气直井——威 201 井的压裂施工并成功获气；2011 年 7 月，中国石油完成了国内第一口页岩气水平井的分段压裂；2013 年，开展了国内第一个页岩气水平井组平台工厂化压裂。我国页岩气压裂技术经过五个阶段发展，在消化、吸收引进技术的基础上，通过自主攻关与试验，形成了基于各页岩气区块地质特征的集压裂设计技术、水平井分段工艺、可回收滑溜水压裂液体系、关键分段工具、分簇射孔工艺为一体的页岩气体积压裂关键技术[28-36]。

1. 直井压裂阶段

我国第一口页岩气井——威 201 井于 2009 年 12 月 18 日成功开钻。作为中国石油针对页岩气开发的第一口评价井，该井以直井方式完井，完钻井深为 2840m，压裂施工段为下志留统龙马溪组（1503.6～1543.3m）与下寒武统筇竹寺组（2652.0～2704.0m），标志着我国页岩气进入实质性勘探开发阶段。

在该井压裂改造之前，我国从未专门针对页岩储层开展加砂压裂设计、施工，相关工艺技术、施工经验缺乏，因此该井基本沿袭了北美页岩气压裂设计理念、参数。此阶段，北美针对直井大型压裂技术工艺主要体现“两大、两小”特征，压裂液体系以滑溜水为主（陈作等，2010）。其中“两大”是指：（1）大排量，即施工排量＞$10m^3/min$；（2）大液量，即单井注入液量 2271～$5678m^3$。“两小”是指：（1）小粒径支撑剂，其粒径一般为 70/100 目和 40/70 目，并以陶粒为主；（2）低砂比，平均砂液比为 3%～5%，最高砂液比不超过 10%。最终该井对筇竹寺组注入地层总液量 $1800.51m^3$，支撑剂 $16.7m^3$，套管压力 63.5～64.4MPa，施工排量 $6.4m^3/min$，最高砂浓度 $58kg/m^3$；龙马溪组注入地层总液量 $2035.94m^3$，支撑剂 $102.2m^3$，套管压力 36.1～40.0MPa，施工排量 10.1～$10.2m^3/min$，最高砂浓度 $244kg/m^3$。

该井压裂试气成功后，陆续开展了宁 201 井、宁 203 井等直井压裂施工，为下一阶段页岩气水平井多段压裂改造积累了宝贵经验，揭开了中国页岩气体积压裂序幕。

通过页岩气直井压裂改造作业，中国石油初步形成了针对川渝地区页岩气储层特征的体积压裂设计方法，初步建立了我国页岩气体积压裂的基本技术路线。

2. 引进国外水平井分段压裂技术

威 201 井大型水力压裂证实，直井压裂方式无法满足页岩气商业开采要求。为此，2011 年，中国石油部署了国内第一口页岩气水平井——W201-H1、长宁地区第一口页岩气水平井——N201-H1，其水平段长度分别为 1079m 和 1190m，完钻层位龙马溪组，目的是评价下志留统龙马溪组页岩气水平井产能状况，并形成配套钻完井技术。

借鉴北美水平井分簇、多段压裂经验，开展水平井压裂技术探索、试验阶段。主要设计思路：（1）按照大致均分的思路进行分段，段长 80～100m；（2）大排量、大液量、高前置液比、小粒径支撑剂、低砂浓度、段塞式注入；（3）入井材料以滑溜水为主，100 目石英砂 +40/70 目低密度中强度陶粒；（4）首段连续油管射孔，后续段电缆泵送桥塞 + 分簇射孔联作工艺；（5）微地震实时监测；（6）开展自主研发滑溜水、复合桥塞现场试验；（7）开展拉链压裂和同步压裂现场试验。主要设计压裂参数：分段数 12～17 段，单段长度为 80～100m，每段 3 簇，簇长为 1m，簇间距 20～35m，孔密 16 孔 /m，单段液量 1800m^3 左右，单段砂量 80～120t，排量 10～12m^3/min。

W201-H1 井作为中国第一口页岩气水平井，2011 年 5 月 25 日至 7 月 2 日，通过 24 小时不间断作业，完成了 11 段压裂施工作业，本次压裂施工应用了井下微地震监测技术，对现场施工方案进行了即时调整，优化了施工段数、射孔参数和施工规模。现场施工实现了即供、即配、即注连续施工工艺，泵注压力最高 69MPa，注入排量最高 17.2m^3/min、平均 16m^3/min，注入 100 目石英砂 102.26m^3、40～70 目石英砂 482.37m^3，挤入地层酸量 91.65m^3、降阻水量 23563.74m^3，总液量 23655.39m^3，主压裂泵注时间 1817min。

以 N201-H1 井为例，该井为长宁区块第一口页岩气水平井，2012 年 4 月 10 日至 4 月 18 日，根据现场情况，由设计施工 12 段调整为实际施工 10 段，最终压裂施工泵注液量 21605m^3，支撑剂 568.12t，最高砂浓度 163kg/m^3，最大排量 11.9m^3/min。通过本井压裂实践，实现了水平井分段压裂设计技术、连续油管 + 射孔枪射孔工艺、电缆 + 射孔枪分簇射孔、复合桥塞坐封分隔、大液量大排量高泵压泵注、连续混配、桥塞钻磨以及井下微地震监测等多种工艺协同配合，成功实施了水平井分段压裂施工。

W201-H1、N201-H1 等我国最早期一批页岩气水平井创造了国内页岩气水平井压裂段数最多、泵注压力最高、单井用液量最大、施工排量最大、连续施工时间最长等多项纪录，为压裂工艺、压裂设备、大型压裂施工现场组织管理，以及相关配套措施积累了宝贵经验，标志着我国初步建立了页岩气水平井分段压裂工艺方法，为我国水平井体积压裂技术大规模推广奠定了基础。同时，N201-H1 井压裂后测试产量达 $15 \times 10^4 m^3/d$，成为国内第一口具有商业价值的页岩气井，揭示了中国页岩气水平井分段压裂技术的工业前景。

3. 先导性试验，自主水平井压裂阶段

通过引进国外技术与理念，虽然成功开展数口页岩气直井（如威 201、宁 201）与水平井（如 W201-H1、N201-H1 等）压裂作业，但针对我国页岩气地面与储层复杂地质、工程特征的主体压裂技术尚未形成，且同时面临压裂费用高、单井产量低等实现商业化开发的难题。为此，中国石油在前期成功经验积累之上，选择自主发展路线，通过威 204、威 205、长宁 H2 平台、长宁 H3 平台等先导性试验，基本确定了关键施工参数，建立了适合川南山区、丘陵等复杂地面条件的“拉链式”工厂化压裂模式，如长宁 H3 平台历时 7.6 天，总共进行 24 段拉链式作业，平均每天压裂 3.2 段；形成了“大液量、大排量、小粒径支撑剂、低砂浓度”的水平井压裂设计方法，确定了“复合桥塞 + 电缆传输分簇射孔联作”的分段压裂改造工艺，通过持续攻关研究，实现了分簇射孔技术及可钻式复合桥塞关键工具国产化，并解决了降阻剂性能、连续混配、返排液回收再利用等技术难题，实现了压裂液国产化。

通过持续的压裂攻关研究与现场试验，成功压裂了一批高产井，如 YS108H1-1、NH2-2 水平井测试产量分别为 $20.9 \times 10^4 m^3/d$、$21.0 \times 10^4 m^3/d$，且试验水平井平均测试产量达 $11.2 \times 10^4 m^3/d$，较第二阶段大幅提高，标志着突破了页岩气压裂技术难关。

4. 示范区推广应用及技术完善阶段

在先导试验阶段，大规模体积压裂后单井测试产量差异大，尽管 2 口井获得 $20 \times 10^4 m^3/d$ 以上测试产量，但有 60% 试验水平井测试产量低于 $10 \times 10^4 m^3/d$，仍面临主体技术不完善、高产模式不明确、技术可复制性差等商业化开发难题。为进一步提高体积压裂后裂缝复杂程度，获得更高压后产量，中国石油按照地质工程一体化的理念深化地质认识，开展参数优化试验。主要做法：（1）结合三维地质模型和测井解释成果，优化压裂设计；（2）提高施工排量、缩短分段段长；（3）开展压裂液、分段工具等试验，以提高缝内净压力、增加作业时效。通过一年技术攻关，形成了自主主体工艺及关键参数，长宁地区平均单井测试产量达 $23.6 \times 10^4 m^3/d$，最高测试产量 $35 \times 10^4 m^3/d$，井均最终可采储量（EUR）达 $1.15 \times 10^8 m^3$，并在 2016 年如期建成长宁—威远国家级页岩气示范区，有效支撑了 3500m 以浅页岩气规模效率开发（图 1-7）。

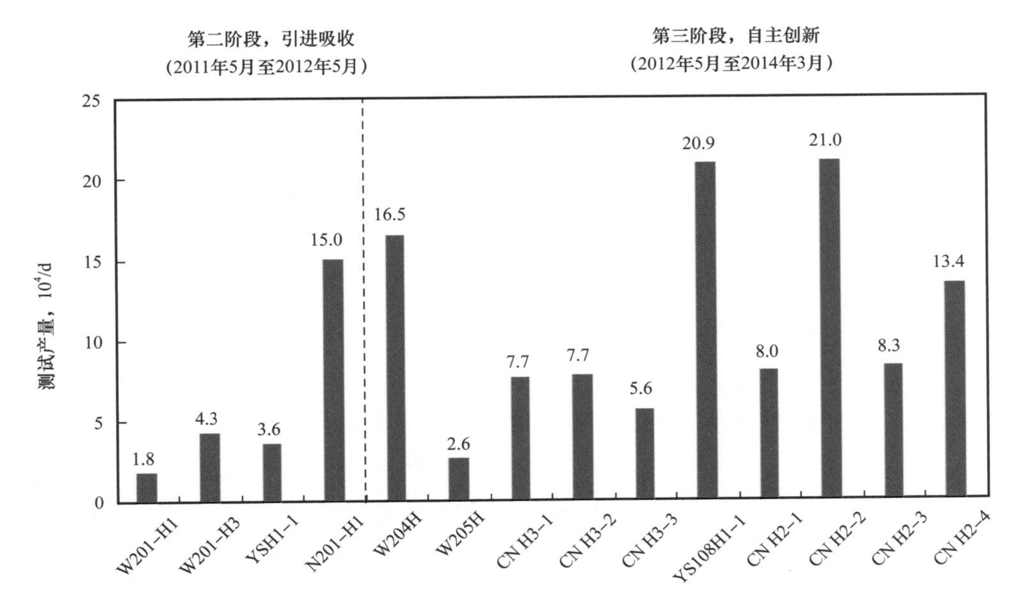

图 1-7 先导性试验阶段页岩气水平井压后测试产量对比

5. 深层页岩气压裂突破阶段

中国石油矿权范围内页岩气资源主要集中在 3500m 以深，川南页岩气 3500m 以深资源量占比 86%。但对于 3500m 以深页岩气主体压裂技术尚未形成，其难点主要体现在：（1）高地层破裂压力、高水平应力差及高闭合压力，导致压裂施工压力高，难以形成复杂缝网，且裂缝导流能力保持难度大；（2）现有压裂设备、射孔、液体、排采设备不能满足高施工压力（＞100MPa）、高温（140℃）等深层条件，以及井深超过 6000m 时连续油管作业能力受限。

在 3500m 以浅压裂主体技术基础之上，西南油气田按地质工程一体化思路加深地质认识，探索针对性工艺技术。通过大量技术攻关与现场试验，已初步形成适合于 3500m 以深页岩气压裂主体技术，具体表现为：（1）采用密切割、段内多簇分段、大排量施工、低黏滑溜水，以及暂堵转向等工艺技术，实现了深层复杂裂缝网络压裂目标；（2）采用高强度加砂、大粒径高强度支撑剂，基本满足了深层裂缝导流能力需求；（3）通过大液量、高排量施工，有效提高了深层页岩气储层改造体积。截至 2020 年 3 月，西南油气田深层页岩气已完成钻井压裂 64 口井，平均测试产量 $25 \times 10^4 m^3/d$，不同区块压裂后均获高产井。泸州区块泸 203 井（垂深＞3800m）最高测试产量 $137.9 \times 10^4 m^3/d$，渝西区块足 203 井（垂深＞4100m）最高测试产量 $21.3 \times 10^4 m^3/d$，后续实施的 Y101H1-2 井、Y101H2-8 井、Y101H4-5 井压后均获得高产，实现了深层页岩气压裂技术的复制推广，深层页岩气开发取得实质性突破。

三、我国页岩气压裂技术现状

1. 体积压裂设计

水平井分段压裂技术是开发页岩气最有效的手段，但是如何形成复杂裂缝网络，提高储层改造体积，将页岩气藏改造为“人工气藏”，根据体积压裂理论，体积压裂设计尤为重要。

1）设计理念与技术对策

基于地质工程一体化设计理念，同时融合前期页岩气压裂现场试验，参考北美最新设计理念，围绕制造复杂缝网的目标，西南油气田页岩气体积压裂的主要技术对策如下。

（1）改造理念：总体以扩大波及体积，形成复杂裂缝为目标，采用“大液量、大排量、大砂量、低黏度、小粒径、低砂比”的改造模式，根据各改造段的储层地质特征，采用“一井一策，一段一策”的方案。

（2）压裂工艺：电缆分簇射孔 + 桥塞分段压裂工艺。

（3）压裂液体系：为提高裂缝复杂程度，同时为了降低滤失，减少天然裂缝发育的影响，采用低黏滑溜水体系；针对裂缝发育井段和井筒清洁需要，可注入一定量的胶液。

（4）支撑剂优选：为降低施工风险，支撑剂选用 70/140 目石英砂 +40/70 目陶粒组合方式，70/140 目石英砂用于支撑微裂缝，40/70 目陶粒支撑主裂缝，提高导流能力；针对天然裂缝发育段、加砂较为困难段，可采用 50/100 目的小粒径陶粒替代一定量的 40/70 目陶粒，降低施工风险。

（5）泵注方式：主体采用段塞式加砂。

（6）在施工控制压力下，尽可能大排量施工，施工排量 $14m^3/min$ 以上，针对受天然裂缝影响的施工段排量控制在 $12m^3/min$ 左右。

（7）射孔工艺及参数：第一段采用连续油管射孔，其余段均采用电缆泵送射孔。每段分 3 簇、每簇长度 1m，孔密 16 孔 /m，总孔数 48 孔。

（8）压后按照控制、平稳、连续的原则进行排液，宜适当延长小油嘴排液时间，防止支撑剂回流，以及减少压力波动导致的储层应力敏感。

2）主要压裂设计软件

目前，应用较广泛的压裂设计软件主要有 StimPlan、Gohfer、Meyer 软件。这几种软件均能实现小型压裂测试分析、三维裂缝几何形态、网络裂缝模拟、产能评价分析等功能，对页岩气水平井体积压裂设计、分析和功能优化起到非常重要的作用。

（1）StimPlan 模拟三维压裂设计软件：能够将地质建模、多裂缝岩石力学和流体力学完整考虑在内，集水力裂缝模拟、施工过程模拟、施工压力预测、产量预测、经济优化、压裂液及支撑剂数据库等多种功能于一体。

（2）Gohfer 全三维压裂及酸化设计与分析软件：采用三维网格结构算法，动态计算和模拟三维裂缝的扩展。计算过程中充分考虑了地层各相异性、多相流多维流动、支撑剂输送、压裂液流变性及动滤失、酸岩反应等有关因素，能够计算和模拟多个射孔层段等井况的非对称裂缝扩展，是目前唯一采用剪切滑移弹性力学模型的全三维压裂模拟软件。

（3）Meyer 软件：目前广泛使用的模拟工具，可进行小压测试分析、三维裂缝几何形状模拟、产能分析、经济优化、裂缝网络压裂设计与分析、还可以针对实时和回放数据进行模拟。

2. 页岩气压裂主体工艺及作业模式

1）主体工艺

为了提高单井产量，提高开发效益，页岩气藏均采用水平井进行开发。水平井压裂工艺的选择必须立足实现对整个水平井段的有效改造，提高储量动用程度。

页岩气水平井分段压裂工艺的选择主要依据改造工艺的需要。相比常规储层，页岩气储层物性差，需要立足于对全井段进行有效改造，尽可能形成复杂裂缝和提高储层改造的体积。为满足形成复杂裂缝和提高波及体积的目的，多采用桥塞封隔器分段 + 分簇射孔工艺、滑溜水 + 低密度陶粒、大液量大排量注入，同时为了实现对全井段有效改造，一般要求分段级数不受限制。此外，为了井筒后期作业需要，一般希望改造后能够实现井筒全通径。

目前，水平井分段压裂工艺国内主要有双封单压分段压裂、固井滑套分段压裂、水力喷射分段压裂、裸眼封隔器分段压裂、速钻桥塞分段压裂等。液体胶塞分段压裂可以代替封隔器等工具进行分段压裂改造。通过高强度的液体胶塞封堵不压裂的井段，然后对目的层进行压裂，压裂施工完成后，在控制时间内胶塞破胶返排。液体胶塞分段压裂多用于解决复杂结构水平井、套管变形井、段间距过小、井下有落物等无法使用机械封隔器和其他分段改造工艺施工井的分段压裂难题。

国内页岩气水平井分段压裂主要采用泵送桥塞 + 分簇射孔分段压裂技术，该工艺目前已成为长宁—威远页岩气示范区主体技术。

2）工厂化压裂模式

由于页岩气开发需要采用水平井钻井和多级水力压裂技术，开发成本较高。为实现页岩气低成本商业化开采，国外提出了“工厂化”的概念，即将井场或平台作为一个联合作业的工厂，在一个平台上布多口水平井（即多井平台），将钻井、固井、射孔、多级压裂等施工视为流水线作业上的一个个工序，在同一井场完成多口井的钻井、完井和投产，进而达到提高作业效率、降低作业成本的目的。国内外页岩气水平井组工厂化压裂作业模式主要有单井压裂、拉链压裂和同步压裂，如图 1–8 所示。相比之下，单井逐段压裂最为原始，改造效率相对较低；拉链式和同步压裂不仅可以缩减作业时间，还能有效利用段间、井间的应力干扰，最大限度实现资源挖掘。

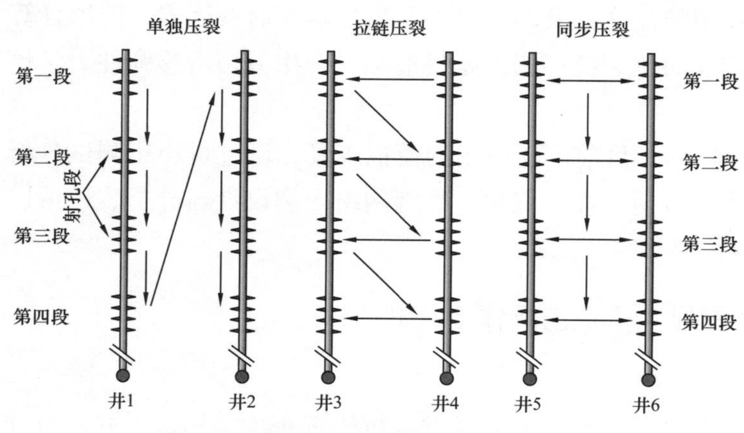

图 1–8　页岩气水平井组工厂化压裂模式

3. 配套工具

我国页岩气水平井分段压裂施工中，电缆泵送桥塞 + 分簇射孔分段压裂工艺已得到大规模推广应用。与之配套的工具包括桥塞、固井滑套等。其中，桥塞可分为速钻桥塞、大通径桥塞、可钻大通径桥塞、可溶桥塞四种类型。可溶桥塞相对于其他类型的桥塞具有不用钻磨、能够保持井筒全通径、复杂易处理等优点，是目前矿场实践广泛应用的分段工具。而固井滑套在应用时，分段压裂级数不受限制，通径大、压裂施工摩阻低，可以选择性地开关目的层，有利于后期测试、修井作业，可实现选择性开采，是一种集压裂、生产于一体的新型增产技术。

4. 压裂液体系

在页岩气体积压裂过程中，使用的压裂液体系包括酸液、滑溜水压裂液，以及线性胶 / 弱交联压裂液。酸液主要采用工业盐酸，具体配方一般为 15% 盐酸 +0.1% 助排剂 + 0.3% 黏土稳定剂 +2.0% 铁离子稳定剂 +1.0% 缓蚀剂。线性胶或弱交联液主要目的是清洗井筒残砂，或在易砂堵泵注阶段用于提高压裂液携砂能力。水基压裂液是以水作溶剂或分散介质，向其中加入稠化剂、添加剂配制而成的，具有黏度高、悬砂能力强、滤失低、摩阻低等优点。而滑溜水作为页岩气增产改造主体压裂液，承担着造复杂缝网、输送支撑剂的功能。滑溜水作为页岩气藏增产改造使用最为广泛的主体压裂液，具有裂缝导流能力伤害小、成本较低、形成复杂缝网能力更强、返排液易回收重复利用等优点。

参考文献

[1] 赵金洲，任岚，沈骋，等．页岩气缝网压裂理论与技术研究新进展［J］．天然气工业，2018，38（3）：1–14.

[2] 马新华，谢军．川南地区页岩气勘探开发进展及发展前景［J］．石油勘探与开发，2018（1）：161–169.

[3] 赵金洲，任岚，胡永全．页岩储层压裂缝成网延伸的受控因素分析［J］．西南石油大学学报（自然科学版），2013，35（1）：1–9.

[4] 赵金洲，许文俊，李勇明，等．页岩气储层可压性评价新方法［J］．天然气地球科学，2015，26（6）：1165–1172.

[5] 赵金洲，任岚，胡永全，等．裂缝性地层水力裂缝非平面延伸模拟［J］．西南石油大学学报（自然科学版），2012，34（4）：174–180.

[6] 陈勉，周健，金衍，等．随机裂缝性储层压裂特征实验研究［J］．石油学报，2008，29（3）：431–434.

[7] 赵金洲，李勇明，王松，等．天然裂缝影响下的复杂压裂裂缝网络模拟［J］．天然气工业，2014，34（1）：68–73.

[8] 吴奇，胥云，张守良，等．非常规油气藏体积改造技术核心理论与优化设计关键［J］．石油学报，2014，35（4）：706–714.

[9] 沈骋，任岚，赵金洲，等．页岩储集层综合评价因子及其应用——以四川盆地东南缘焦石坝地区奥陶系五峰组—志留系龙马溪组为例［J］．石油勘探与开发，2017，44（4）：649–658.

[10] Rickman R，Mullen M J，Petre J E，et al. A practical use of shale petrophysics for stimulation design optimization：all shale plays are not clones of the Barnett shale［C］.Denver，colorado：SPE Annual Technical Conference and Exhibition，2008. DOI：http：//dx.doi.org/10.2118/ 115258–MS.

[11] 刘致水，孙赞东．新型脆性因子及其在泥页岩储集层预测中的应用［J］．石油勘探与开发，2015，42（1）：117–124.

[12] 陈治喜，陈勉，金衍．岩石断裂韧性与声波速度相关性的试验研究［J］．石油钻采工艺，1997，19（5）：56–60，75.

[13] 金衍，陈勉，张旭东．利用测井资料预测深部地层岩石断裂韧性［J］．岩石力学与工程学报，2001，20（4）：454–456.

[14] 陈建国，邓金根，袁俊亮，等．页岩储层Ⅰ型和Ⅱ型断裂韧性评价方法研究［J］．岩石力学与工程学报，2015，34（6）：1101–1105.

[15] Olson J E，Bahorich B，Holder J. Examining hydraulic fracture natural fracture interaction in hydrostone block experiments［C］.Woodlands，Texas：SPE Hydraulic Fracturing Technology Conference，2012. DOI：http：//dx.doi.org/10.2118/152618–MS.

[16] 赵金洲，杨海，李勇明，等．水力裂缝逼近时天然裂缝稳定性分析［J］．天然气地球科学，2014，

25（3）：402-408.

[17] 沈骋，赵金洲，任岚，等．四川盆地龙马溪组页岩气缝网压裂改造甜点识别新方法 [J]．天然气地球科学，2019，30（7）：937-945.

[18] 沈骋，谢军，赵金洲，等．泸州—渝西区块海相页岩可压性演化差异 [J]．中国矿业大学学报，2020，49（4）：742-754.

[19] 张晨晨，王玉满，董大忠，等．四川盆地五峰组—龙马溪组页岩脆性评价与“甜点层”预测 [J]．天然气工业，2016，36（9）：51-60.

[20] 赵金洲，沈骋，任岚．一种页岩气缝网综合可压性评价方法：中国，201910476694 [P]．2019-06-03.

[21] 李勇明，许文俊，赵金洲，等．页岩储层中水力裂缝穿过天然裂缝的判定准则 [J]．天然气工业，2015，35（7）：49-54.

[22] 李勇明，王琰琛，赵金洲，等．考虑多缝应力干扰的页岩储层压裂转向角计算模型 [J]．天然气地球科学，2015，26（10）：1979-1983.

[23] 赵金洲，陈曦宇，刘长宇，等．水平井分段多簇压裂缝间干扰影响分析 [J]．天然气地球科学，2015，26（3）：533-538.

[24] 时贤，程远方，蒋恕，等．页岩储层裂缝网络延伸模型及其应用 [J]．石油学报，2014，35（6）：1130-1137.

[25] 李志强，赵金洲，胡永全，等．页岩气压裂水平井产能模拟与布缝模式 [J]．大庆石油地质与开发，2015，34（5）：162-165.

[26] 胡永全，蒲谢洋，赵金洲，等．页岩气藏水平井分段多簇压裂复杂裂缝产量模拟 [J]．天然气地球科学，2016，27（8）：1367-1373.

[27] 张海杰，蒋裕强，周克明，等．页岩气储层孔隙连通性及其对页岩气开发的启示——以四川盆地南部下志留统龙马溪组为例 [J]．天然气工业，2019，39（12）：22-31.

[28] 梁兴，王高成，徐政语，等．中国南方海相复杂山地页岩气储层甜点综合评价技术——以昭通国家级页岩气示范区为例 [J]．天然气工业，2016，36（1）：33-42.

[29] 谢军．关键技术进步促进页岩气产业快速发展——以长宁—威远国家级页岩气示范区为例 [J]．天然气工业，2017，37（12）：1-10.

[30] 谢军．长宁—威远国家级页岩气示范区建设实践与成效 [J]．天然气工业，2018，38（2）：1-7.

[31] 张东晓，杨婷云．页岩气开发综述 [J]．石油学报，2013，34（4）：792-801.

[32] 邹才能，董大忠，王玉满，等．中国页岩气特征、挑战及前景（二）[J]．石油勘探与开发，2016，43（2）：166-178.

[33] 王红岩，刘玉章，董大忠，等．中国南方海相页岩气高效开发的科学问题 [J]．石油勘探与开发，2013，40（5）：574-579.

[34] 钱斌，张俊成，朱炬辉，等．四川盆地长宁地区页岩气水平井组“拉链式”压裂实践 [J]．天然气

工业，2015，35（1）：81–84.
[35] 郭彤楼. 中国式页岩气关键地质问题与成藏富集主控因素 [J]. 石油勘探与开发，2016，43（3）：317–326.
[36] 郑有成，范宇，雍锐，等. 页岩气密切割分段＋高强度加砂压裂新工艺 [J]. 天然气工业，2019，39（10）：76–81.

第二章

页岩压裂实验评价

页岩气藏由于其特殊的地质特征，如低孔、超低渗透、层理和微裂缝发育、黏土矿物含量高等，导致其实验评价需要配套特殊的实验设备，需要完善现有非常规油气藏实验评价方法或者创新实验评价技术。本章首先介绍了页岩实验评价岩心加工制备方法，并对页岩特殊实验评价方法及结果进行了详细阐述。

第一节　页岩制样方法

页岩岩心致密、层理面发育、微裂缝局部发育、易脆，在取样过程中，由于钻取岩心设备的震动、冷却水沿裂缝面的侵蚀都可能带来岩心的脆裂，增加取样失败的可能性。

由于页岩的特殊性，对岩石物理实验技术也提出了更高的要求。对页岩岩样的加工采用传统的钻取方法也是可以达到一定的成功率，但是弊端太多，已不适应当前实验要求，如用钻取机干钻，钻取机工作时产生振动偏大，易造成胶结作用较弱的页岩在钻取中层理断裂或者松散，难以钻取完整，成功率极低，即使钻取成功也容易引起加工诱导缝，最终影响对储层内部孔隙结构的分析，同时干钻不利于钻头散热，易损坏设备；如用配备水冷却装置的钻取机钻取则易造成页岩水化，无法获得实验所用岩心。

为了提高页岩实验岩心取样成功率，页岩岩心样品制备应当具有小功率、低转速，以保证小剪切力和低摩擦力，尽可能减少对页岩颗粒结构的冲击与对裂缝的撕裂；排除以水、油作为冷却介质；力求自动化，解放人员，减少手工操作量及操作难度。

一、制样方法

1. 岩心的选择与保存

对于井场钻取的岩心，首先进行描述。取样时，对样品性质有要求的，尽可能保持页岩的天然含水量、含气量、物理状态等。可用薄膜、锡纸和蜡重新密封好岩心，贮存在 4℃的冰箱中。这种方法可以很好地保持样品的天然含水量。

对于工程实验，如岩石力学、地应力、导流能力等，选择合适的天然岩心用于实

验是很关键的一步。根据地质指标参数对层段的划分，在地质“甜点”段内，根据制样需求选择 5cm、10cm、20cm 段岩心。

2. 页岩样品的制备

根据实验类型加工岩心主要有：（1）柱状岩心，直径 2.54cm，长度 5～6cm，钻取方向：垂直于层理、平行于层理；（2）立方体样品，50cm × 50cm × 50cm，钻取方向：垂直于层理；（3）长方体样品，长 17.78cm × 宽 3.81cm × 高 2.54cm；（4）圆柱形样品，直径 3.8cm，高 1.5cm，钻取方向：垂直于层理。

二、制样设备

页岩的颗粒胶结作用弱且脆性强，对于这类容易破碎的岩石取心，使用带有液氮冷冻作用的钻取机和切割机进行制样。将需钻取岩样的疏松易碎的页岩整体放入封闭的液氮储罐中浸泡 10min 左右，使其达到一定的强度，然后通过钻取机或切割机制样，获得实验所用的岩心。在钻取过程中仍须使用液氮作为冷却液循环排出钻取产生的岩屑，同时冷却钻头产生的热量。

1. 液氮冷冻钻取机

液氮冷冻钻取机用于实验室从松散岩样冷冻后的岩心中钻取小圆柱标准岩样，钻取岩心规格：ϕ25mm × 80mm、ϕ38mm × 80mm，也可用于普通非松散岩样的钻取，如图 2-1 所示。

2. 液氮冷冻切割机

液氮冷冻切割机用于实验室从松散岩样冷冻后的岩心中切割小圆柱标准岩样，切割岩心规格：ϕ25mm、ϕ38mm，也可用于普通非松散岩样的切割，如图 2-2 所示。

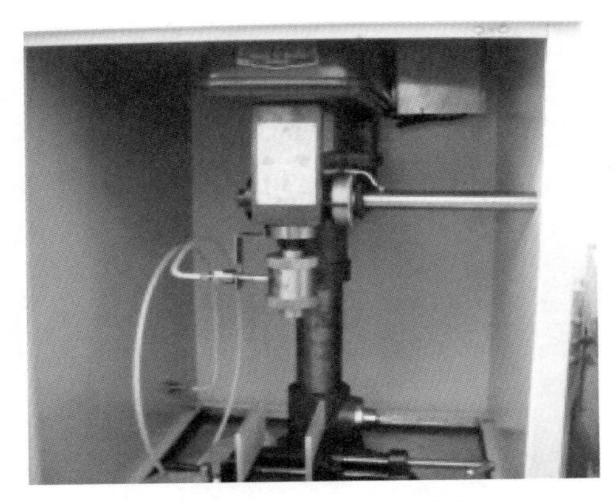

图 2-1 液氮冷冻钻取机

图 2-2 液氮冷冻切割机

3. 全自动磨片机

全自动磨片机具有可编程、微机自动控制、数控电机；体积小、机械钢性强，噪声小，速度可调、运转平稳等特点。能适用于金属、岩石的精细磨制，如图 2-3 至图 2-7 所示。

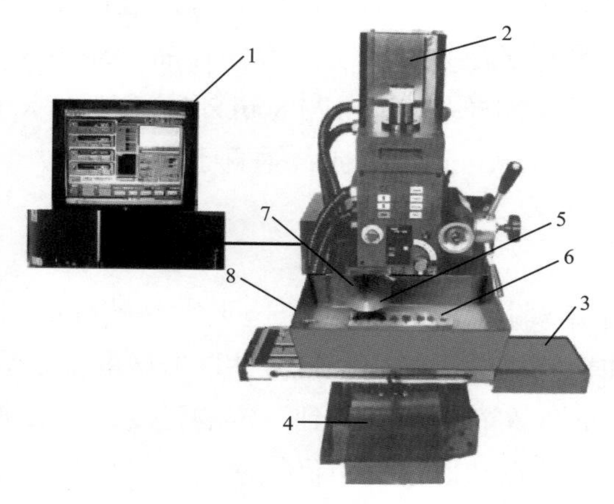

图 2-3　全自动磨片机结构图

1—数控系统；2—Z 轴（立柱）；3—X 轴电机；4—Y 轴电机；5—岩心磨头；6—载玻片夹具；7—冷却水系统；8—水槽

图 2-4　全自动磨片机实样

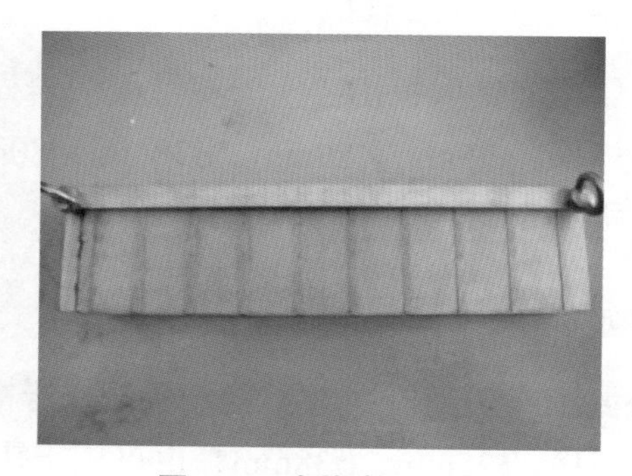

图 2-5　岩片磨制夹具

图 2-6　全自动磨片机磨制头

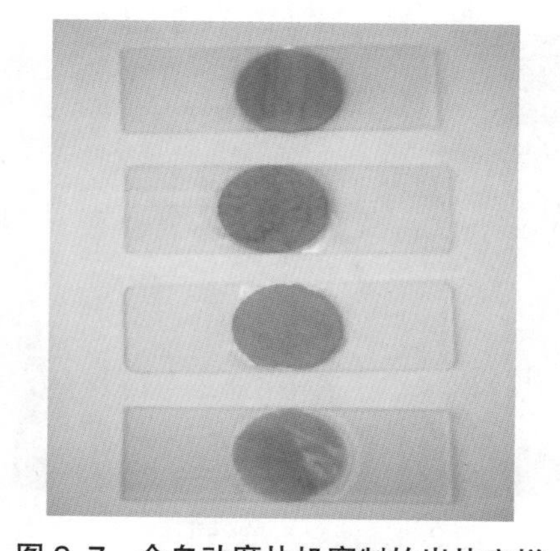

图 2-7　全自动磨片机磨制的岩片实样

第二节　岩石力学特征实验

页岩层理面发育，微裂缝发育，岩石易脆，评价页岩岩石力学性质不能采取常规的取样及钻取方式。选取裂缝及层理不发育层段取心，对层面、裂缝发育的岩心用特殊胶粘结，固结岩心后再用低震动钻取设备进行取样，取样方式采取横向、纵向两种方式。实验均采用标准 ASTM D7012—14E1《压力及温度变化下原状岩心样品抗压强度及弹性模量标准测试方法》。结果可用于页岩储层的裂缝扩展、延伸及可压性研究评价，为压裂设计提供技术支撑[1-12]。

一、单轴抗压实验

在单轴条件下测试页岩样品，轴向连续压缩过程的应力 / 应变连续数据，处理计算实验数据后，得单轴条件下页岩抗压强度、杨氏模量、泊松比等，结合不同围压下的抗压强度绘制应力莫尔圆获得内聚力及摩擦角。实验结果是井壁稳定分析、压裂设计等的重要输入参数。

1. 实验原理

当页岩样品在无围压条件下，在纵向压力作用下出现压缩破坏时，单位面积上所承受的载荷称为岩石的单轴抗压强度，即样品破坏时的最大载荷与垂直于加载方向的截面积之比。利用式（2–1）计算岩心单轴抗压强度：

$$\sigma_c = \frac{P_c}{A} \tag{2-1}$$

式中　σ_c——单轴抗压强度，MPa；

P_c——破坏时的载荷，MPa；

A——岩样的截面积，cm^2。

实验过程中采集应力（即轴压）和轴向、径向应变，取轴向应力—应变曲线上近似直线部分的平均斜率为杨氏模量，在轴向应力—应变曲线的直线段部分用线性最小二乘法拟合，其直线段部分的斜率即为杨氏模量，如图 2–8 所示。

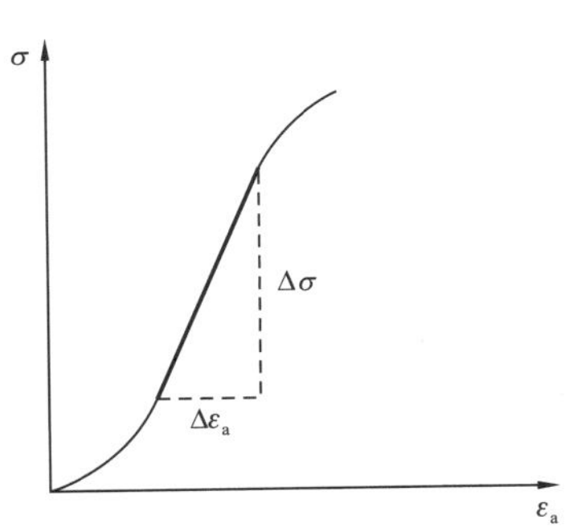

图 2–8　计算杨氏模量示意图

$$E = \frac{\sigma}{\varepsilon} \tag{2-2}$$

式中　E——杨氏模量，MPa；

σ——轴向应力，MPa；

ε——轴向应变，无量纲。

$$\gamma = \frac{\varepsilon_t}{\varepsilon} \tag{2-3}$$

式中 γ——泊松比，无量纲；

ε_t——径向应变，无量纲；

ε——轴向应变，无量纲。

2. 实验设备及实验方法

以美国 GCTS 公司的多功能岩石力学仪为例，美国 GCTS 公司生产的液压伺服力学系统（型号：RTR–2000），如图 2–9 所示。

图 2–9 多功能岩石力学仪

选取各组段样品，分别加工成直径 2.54cm，长度直径比为 2.0∶1～2.5∶1 的圆柱状岩心，端面磨平。将样品置于岩石力学设备的加载框架内，以连续加载的方式向岩心施加载荷至岩心破裂，可实时记录荷载、应力、位移和应变值，同步绘制荷载—位移、应力—应变曲线。

3. 应用实例

选取龙马溪储层段样品，其中水平取样 2 个，垂直取样 3 个，分别加工成直径 2.54cm 长度 6.00cm 的圆柱状岩心，端面磨平。实验结果见表 2–1。

龙马溪岩样实验结果表明，水平方向取样的岩样平均杨氏模量为 4.70×10^4MPa，单轴抗压强度 69.18MPa，平均泊松比为 0.227；垂直方向取样的岩样平均杨氏模量为 2.99×10^4MPa，单轴抗压强度 151.92MPa，平均泊松比为 0.175。

表 2-1　单轴岩石力学实验结果

样号	取样方式	密度，g/cm^3	层位	抗压强度，MPa	杨氏模量，10^4MPa	泊松比
1	垂直	2.623	龙马溪	138.07	3.045	0.140
2	水平	2.616	龙马溪	68.964	6.136	0.256
3	垂直	2.620	龙马溪	117.396	2.368	0.128
4	垂直	2.532	龙马溪	200.312	3.568	0.257
5	水平	2.508	龙马溪	69.404	3.257	0.198

二、三轴抗压实验

实验施加围压、孔压、温度分别模拟地应力、孔隙压力、地层温度。记录轴向连续加载全过程数据，绘制应力—应变曲线可直观反应页岩在地层温度、压力条件下的弹性、塑性特征。通过实验数据分析计算得页岩三轴抗压强度、杨氏模量、泊松比等力学参数，实验结果是页岩本构关系建立的重要依据，同时实验结果也是测井分析结果标定的基准值。

1. 实验原理

在三轴抗压实验中，三轴抗压强度、杨氏模量、泊松比的计算方法参考单轴抗压实验中相关参数的计算方法。

2. 实验设备及实验方法

岩石三轴抗压强度实验装置，采用与单轴岩石力学相似的液压伺服力学系统，增加三轴压力室和围压、孔压控制系统，如图 2-10 所示，能够模拟深部地下岩体所处的应力、孔隙压力及温度条件。设备参数：轴向最大加载载荷 2000kN，围压最大 200MPa，孔隙压力最大 200MPa，温度最高 200℃。

(a) 三轴压力室

(b) 围压和孔隙压力控制柜

图 2-10　岩石三轴抗压强度实验装置

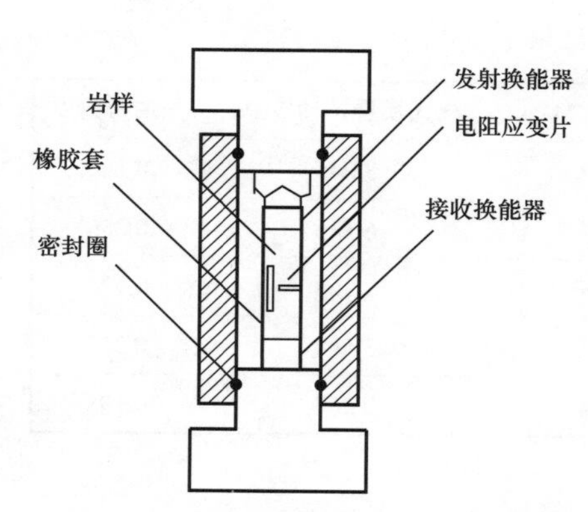

图 2-11 岩石三轴实验压力室示意图

将岩样放置在压力室内，如图 2-11 所示，通过液压油给岩心施加侧向压力，通过压机液缸给岩心施加轴向应力。实验过程中保持围压恒定，逐渐增加轴向载荷，直到岩石破坏。这样可得到岩石加载过程中轴向应变、径向应变随轴向应力的变化曲线，同时得到岩心破坏时轴向应力和围压值。

3. 应用实例

选取龙马溪组样品，其中水平取样 7 个，垂直取样 5 个，分别加工成直径 2.54cm、长度 6.00cm 的圆柱状岩心，端面磨平。实验结果见表 2-2。

表 2-2 三轴岩石力学实验结果

样号	取样方式	层位	围压，MPa	抗压强度，MPa	杨氏模量，10^4MPa	泊松比
1	水平	龙马溪	15	150	4.772	0.258
2	水平	龙马溪	30	203	4.866	0.181
3	垂直	龙马溪	30	212	2.835	0.18
4	水平	龙马溪	30	211	4.585	0.189
5	垂直	龙马溪	30	201	2.784	0.158
6	水平	龙马溪	40	65	3.496	0.233
7	水平	龙马溪	15	304	5.087	0.15
8	垂直	龙马溪	15	287	3.91	0.161
9	水平	龙马溪	40	306	5.495	0.173
10	垂直	龙马溪	40	244	5.004	0.217
11	水平	龙马溪	30	247	5.061	0.181
12	垂直	龙马溪	30	272	3.961	0.148

统计水平方向龙马溪组岩样，平均三轴抗压强度 236.8MPa，平均杨氏模量 4.98×10^4MPa，平均泊松比 0.18；垂直方向龙马溪组岩样，平均三轴抗压强度 243.2MPa，平均杨氏模量 3.70×10^4MPa，平均泊松比 0.17。

三、抗压强度各向异性实验

页岩在沉积过程形成典型的层理特征，同时组成的矿物结晶颗粒具有不同大小以及不同的组合方式，造成页岩中具有不同层次的结构构造和定向排列，所以页岩具有

明显的各向异性。对于存在明显层理和天然裂缝的页岩，只有在考虑其各向异性后，才能正确认识页岩的力学特征和破裂失效特征，用以指导页岩气水平井的水力压裂设计优化。

1. 实验原理

抗压强度各向异性实验评价过程中，参考单轴抗压实验中相关参数的计算方法。

2. 实验设备及实验方法

为研究页岩的强度各向异性，按一定的β角方向取样（β角为层理面与岩样端面间的夹角）。β角从0°～90°，每隔30°取1个样，岩心取样示意图如图2-12所示，共计4个样。岩样上下端面的不平行度小于0.2mm。抗压强度各向异性实验方法，参考单轴/三轴抗压实验中相关实验方法。

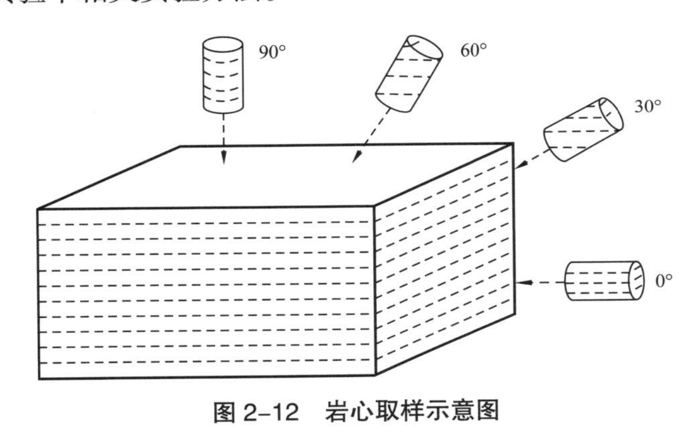

图2-12 岩心取样示意图

3. 应用实例

实验所用岩心取自龙马溪组页岩。按照实验要求，把岩心加工成直径25mm，长度50mm两端齐平的小圆柱。实验结果见表2-3，页岩强度各向异性如图2-13所示。

表2-3 不同层理角度页岩单轴和三轴抗压实验结果

层理角度，(°)	围压，MPa	抗压强度，MPa	杨氏模量，10^4MPa	泊松比
0	0	118	2.491	0.224
	10	160	4.294	0.284
	20	211	5.251	0.316
	30	233	5.645	0.322

续表

层理角度，(°)	围压，MPa	抗压强度，MPa	杨氏模量，10^4MPa	泊松比
30	0	54	2.171	0.139
	10	79	2.885	0.248
	20	110	3.242	0.123
	30	140	3.788	0.253
60	0	106	1.679	0.203
	10	144	2.461	0.176
	20	149	2.467	0.168
	30	183	2.629	0.167
90	0	118	1.409	0.267
	10	155	2.291	0.225
	20	174	2.277	0.163
	30	193	2.404	0.158

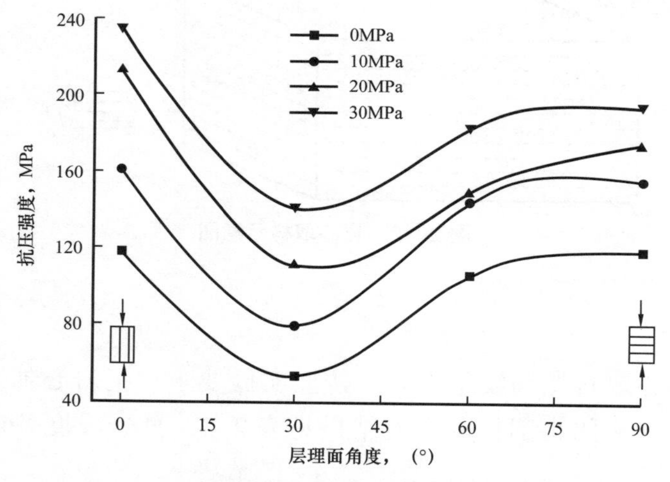

图 2-13　页岩的抗压强度随层理角度变化情况

由图 2-13 可知，单轴压缩时，页岩的抗压强度在 0° 和 90° 时最高，30° 时最低，呈现两边高、中间低的 U 形变化规律。三轴压缩时，随着围压的不断升高，0° 页岩的压缩强度增加速率较快，为最高值，90° 次之，30° 为最小值，总体上仍呈现两边高、中间低的 U 形变化规律。因此，受层理面影响，页岩的压缩强度呈现显著的各向异性特征。

页岩的强度各向异性与其破裂模式密切相关。图 2-14 展示了不同层理角度页岩在单轴和三轴压缩时的典型破裂形态。

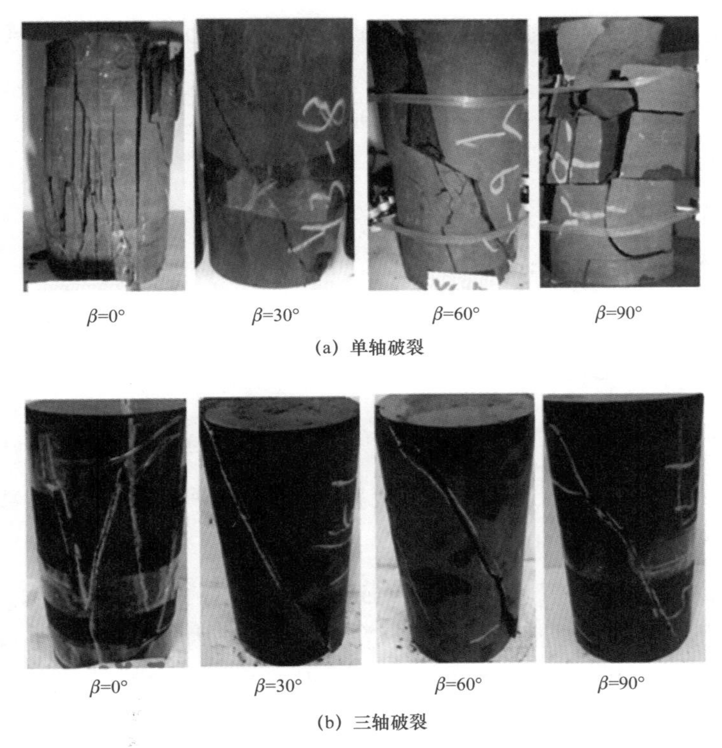

β=0°　　β=30°　　β=60°　　β=90°

(a) 单轴破裂

β=0°　　β=30°　　β=60°　　β=90°

(b) 三轴破裂

图 2-14　典型的页岩样品破裂样式图

总体来看，层理面为页岩地层的薄弱面，其层状沉积结构和层间的弱胶结作用是造成力学特性、强度特征和破裂模式各向异性的主要原因。沿层理面的剪切滑移是页岩地层井壁易失稳的重要原因之一。在水力压裂过程中，层理面过弱时，压裂液易沿层理进入储层，首先压开地层中的层理面，难以形成裂缝网络，达不到良好的压裂效果。

四、抗拉强度力学实验

采用巴西劈裂实验，间接获得页岩的抗拉强度，测试结果是破裂压力计算的主要输入参数，对井壁崩落预测、裂缝起裂计算等均有重要意义。

1. 实验原理

岩石的抗拉强度是岩石试样在单轴拉力作用下抵抗破坏的能力，或极限强度，它在数值上等于破坏时的最大拉应力。抗拉强度是岩石力学性质的重要指标之一。由于岩石的抗拉强度远小于其抗压强度，故在受载时，岩石往往首先发生拉伸破坏，这一点在工程中有着重要意义。由于直接拉伸实验受夹持条件等限制，岩石的抗拉强度一般均由间接实验得出。

由弹性理论可以证明，圆柱或立方形试件劈裂时的抗拉强度由式（2–4）确定：

$$\sigma_x = \frac{2F_{max}}{1000\pi DL} \tag{2-4}$$

式中 σ_x——岩石抗拉强度，MPa；

F_{max}——破坏时轴向载荷，kN；

D——岩样直径，mm；

L——岩样厚度，mm。

2. 实验设备及实验方法

采用国际岩石力学学会（ISRM）推荐并为普遍采用的间接拉伸法（劈裂法）测定岩样的抗拉强度，岩石抗拉强度实验装置如图 2–15 所示。设备参数：适用岩心直径 25.4mm、50.8mm，长度 10～20mm。

实验采用巴西劈裂法测试岩石抗拉强度，样品直径为 50.8mm，厚度为直径的 0.25～0.75 倍。测试时将样品安装于巴西劈裂专用夹具内，如图 2–16 所示。启动加载程序，以 0.03～0.05 MPa/s 的速率连续加载，直至破坏，记录岩样的破坏载荷。

图 2–15　巴西抗拉强度实验装置

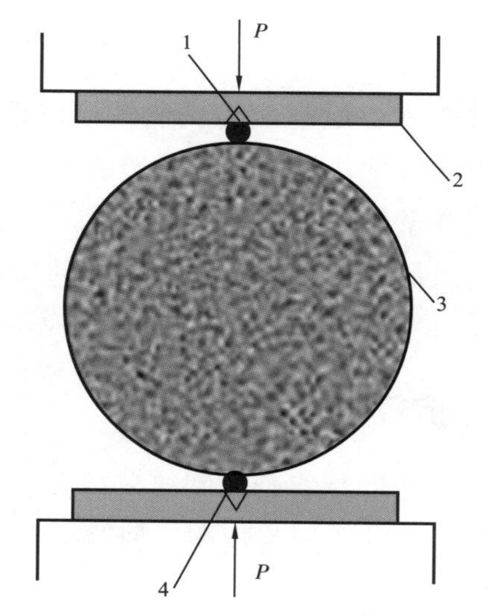

图 2–16　岩石抗拉强度实验装置示意图

1—“V”形凹槽；2—垫板；3—岩石试样；4—钢制压条

3. 应用实例

选取龙马溪组样品，其中水平取样 3 个，垂直取样 3 个，分别加工成直径 50.8mm、长度 14.00mm 的圆柱状岩心，端面磨平。实验结果见表 2–4。

表 2-4　岩石巴西抗拉强度实验结果

样品编号	取样方式	地层	样品直径，mm	样品长度，mm	抗拉强度，MPa
1	垂直	龙马溪	50.8	14	9.41
2	水平	龙马溪	50.8	14	3.26
3	垂直	龙马溪	50.8	14	8.77
4	水平	龙马溪	50.8	14	2.70
5	垂直	龙马溪	50.8	14	9.24
6	水平	龙马溪	50.8	14	2.86

实验结果表明，龙马溪组垂直方向取样的平均巴西抗拉强度为 9.14MPa，龙马溪组水平方向取样的评价巴西抗拉强度为 2.94MPa。取样方式的不同，导致抗拉强度差异较大，仍然是以页岩储层水平层理发育，导致水平向取样在低加载情况下更易破裂。

五、表面划痕实验

表面划痕实验是在样品不足的情况下用来测试岩石强度和弹性模量的有效手段之一，划痕实验的优势在于不需要对试样进行加工，实验条件要求不高，且结果准确，可以直接在现场进行，并且不对样品本身产生破坏。

1. 实验原理

划痕强度实验主要用来测量无侧限抗压强度，该方法主要通过测试切割岩石表面的正应力和切应力，利用能量损耗来计算单轴抗压强度，对于较硬的页岩可以产生连续的抗压强度剖面。记录实验曲线及极限值和平均值，使用该方法主要是可以对单轴抗压实验获取的抗压强度进行校正。该实验通过压头对试样表面反复摩擦，然后通过传感器获取划痕时的声发射信号、载荷的变化量、切向力的变化量，如图 2-17 所示，再通过正应力和剪应力来计算岩石的抗压强度。

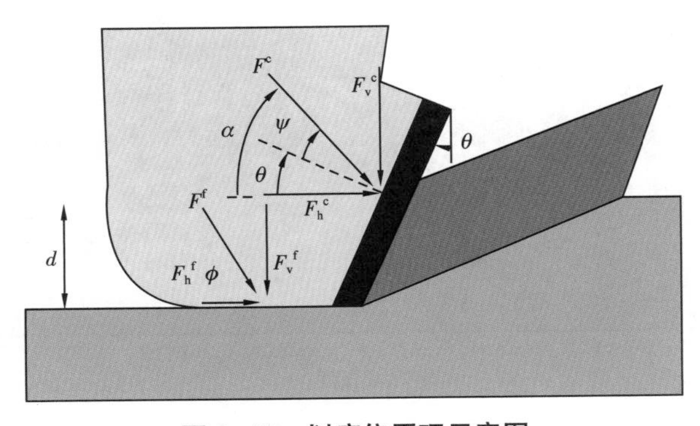

图 2-17　划痕仪原理示意图

图 2-18　岩石强度划痕测试仪

2. 实验设备及实验方法

划痕强度实验所用的岩石强度划痕测试仪为美国 TerraTek 公司的岩石强度划痕测试仪，如图 2-18 所示。该设备通过在岩心表面刻划一定深度，并及时测定刀头应力传感器组件的受力大小，从而评价岩心的力学特性，最终得到岩心样品沿刻划方向上的非均质性实验结果。设备参数：样品最大直径 200mm，最大长度 1m，刀头刻划速度 0.2～30mm/s。

3. 应用实例

选取龙马溪组样品，开展表面划痕实验。实验结果见表 2-5 和图 2-19。

表 2-5　页岩划痕实验结果

层位	岩心深度，m	抗压强度					
		UCS 高值		UCS 低值		UCS 平均值	
		psi	MPa	psi	MPa	psi	MPa
龙马溪	3628.01～3628.13	10837	74.72	9781	67.44	10309	71.08
	3628.43～3628.58	11871	81.85	11716	80.78	11794	81.32
	3628.58～3628.75	10897	75.13	10661	73.51	10779	74.32
	岩心划痕强度平均值	11201	77.24	10719	73.91	10961	75.57

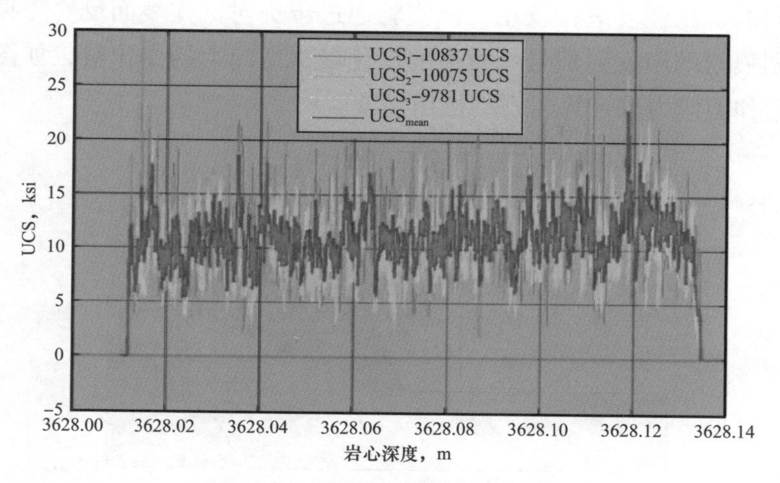

图 2-19　龙马溪岩样划痕强度图

对于较硬的页岩可以产生连续的抗压强度剖面，再结合井深数据，可以得到划痕强度随井深变化情况，如图 2-20 所示。

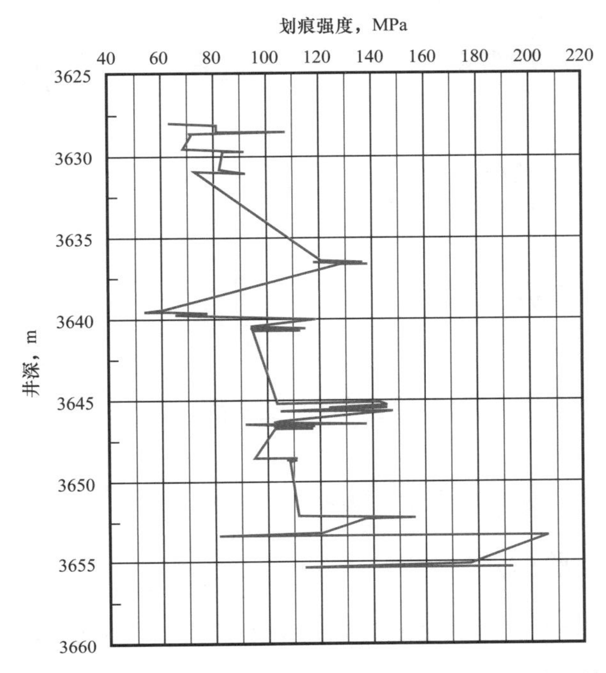

图 2-20 某页岩气井龙马溪岩样的划痕强度随井深变化情况

六、断裂韧性实验

页岩压裂过程中，水力裂缝的起裂和延伸受页岩自身断裂韧性的影响，当裂缝尖端应力强度因子达到或者超过页岩的断裂韧性值时，裂缝开始扩展。水平井段的水力裂缝起裂和延伸扩展涉及Ⅰ型（张开型）和Ⅱ型（划开型），以及Ⅰ—Ⅱ复合型断裂，研究页岩断裂韧性对定量评价页岩储层可压裂性有重要作用。

1. 实验原理

用于测试岩石断裂韧性的测试方法主要有三点弯曲法、圆盘法、短棒法、水压致裂法等。由于岩石试样中不易预制尖锐裂纹，裂纹长度也难以测量，因此不能直接套用比较成熟的用于金属材料的测试规范，而必须开发特殊的试件和方法。同时，国际上的岩石断裂专家共同提出用 V 形切口试样进行Ⅰ型断裂实验。它的优点在于试件不需要预裂，也不需要测定裂纹长度。

采用易于加工和测试的人字形切槽巴西圆盘试样，该试样能充分考虑页岩的特性，人字形切口可以确保裂纹从尖端部位开裂引发裂纹，且有利于裂纹的稳定扩展，可用于较精确地测试岩石的断裂韧性。目前通常使用巴西圆盘实验测试Ⅰ型和Ⅱ型岩石断裂韧性。巴西圆盘断裂韧性试件尺寸如图 2–21 所示，圆盘半径为 R，厚度为 B，初始裂缝长为 $2a$，裂缝与加载方向夹角为 θ。

巴西圆盘试件测试 Ⅰ 型和 Ⅱ 型断裂韧性的计算公式分别如下：

$$K_{\mathrm{I}}=\frac{P\sqrt{a}}{RB\sqrt{\pi}}N_{\mathrm{I}} \tag{2-5}$$

$$K_{\mathrm{II}}=\frac{P\sqrt{a}}{RB\sqrt{\pi}}N_{\mathrm{II}} \tag{2-6}$$

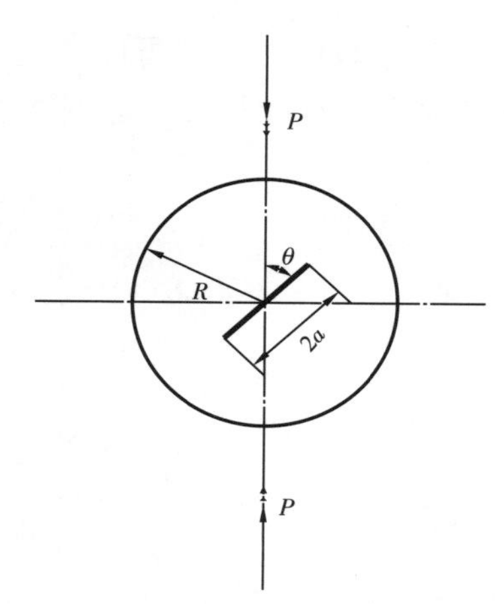

图 2–21　巴西圆盘断裂韧性试件尺寸

式中　P——径向加载载荷，kN；

N_{I}，N_{II}——分别为 Ⅰ 型和 Ⅱ 型应力强度系数，无量纲；

K_{I}，K_{II}——分别为 Ⅰ 型和 Ⅱ 型断裂韧性，$\mathrm{MPa \cdot m^{1/2}}$。

2. 实验设备及实验方法

人字形切槽巴西圆盘试样测量断裂韧性的实验设备及实验方法，参考抗拉强度力学实验。

加工前岩心为圆柱状，需要对其进行切片处理。运用切割机将岩心柱切割为 2.5cm 左右的岩心盘并将两端磨平。预制缝的加工精度是确保断裂韧性准确性的基础，为此采用水力刀切割技术进行造缝。水射流从圆盘中央穿透后，沿径向移动射流喷嘴，移动位移为 0～0.8cm，从而保证整条裂缝为 1.6cm，这样对于直径为 5.6cm 左右的圆盘来说，可以确保 a/R 小于 0.3。

3. 应用实例

采用龙马溪组页岩岩心。直缝切槽巴西圆盘实验测得 Ⅰ 型和 Ⅱ 型断裂韧性结果分别见表 2–6、表 2–7 和图 2–22。

表 2–6　龙马溪组页岩 Ⅰ 型断裂韧性测试结果

直径，cm	厚度，cm	裂缝，cm	载荷，kN	断裂韧性，$\mathrm{MPa \cdot m^{1/2}}$
5.56	2.09	1.60	9.492	0.824
4.86	2.48	1.60	10.275	0.862
4.88	2.03	1.60	7.410	0.754
5.59	2.04	1.60	10.152	0.897

续表

直径，cm	厚度，cm	裂缝，cm	载荷，kN	断裂韧性，$MPa \cdot m^{1/2}$
5.60	2.24	1.60	10.770	0.868
5.56	2.43	1.60	10.079	0.752
5.57	2.75	1.60	11.739	0.774

表 2-7　龙马溪组页岩Ⅱ型断裂韧性测试结果

直径，cm	厚度，cm	裂缝，cm	载荷，kN	断裂韧性，$MPa \cdot m^{1/2}$
5.57	2.13	1.60	2.432	0.373
4.87	2.05	1.60	6.111	1.127
5.59	1.78	1.60	8.451	1.549
5.58	2.64	1.60	5.266	0.650
5.63	2.67	1.60	8.502	1.028
5.66	2.25	1.60	7.760	1.092
5.58	1.99	1.60	5.586	0.916

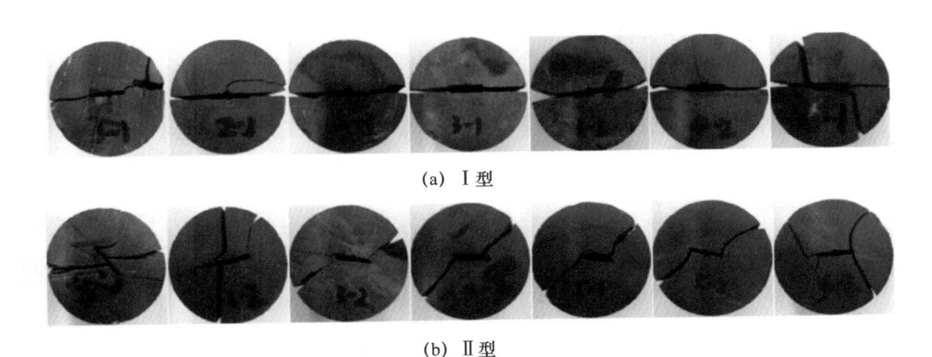

(a)　Ⅰ型

(b)　Ⅱ型

图 2-22　页岩断裂韧性破坏

实验结果表明，龙马溪组页岩Ⅰ型断裂韧性随深度变化不明显，页岩发生拉伸破坏的难易程度相差无几，计算Ⅰ型断裂韧性在 $0.82MPa \cdot m^{1/2}$ 左右，而Ⅱ型断裂韧性数据离散性较大，表明龙马溪组页岩发生剪切断裂的难度不相同，差异性强，排除奇异点后Ⅱ型断裂韧性在 $1.14MPa \cdot m^{1/2}$ 左右。

当预制裂缝与加载方向夹角 $\theta=0°$ 时，页岩破坏后试样如图 2-22（a）所示。断裂形式为劈裂型，沿着预制缝方向贯穿整个圆盘，产生的岩石块体数目较少，符合拉伸破坏的形式，测试结果符合Ⅰ型断裂韧性。当预制裂缝与加载方向夹角 $\theta=30°$ 时，页岩破坏后试样如图 2-22（b）所示。断裂形式为剪切型，破坏裂纹与预制缝呈一定角度贯穿整个圆盘试样。岩样破裂形式较复杂，形成的岩石块体数目较多，裂纹类型主要为剪切缝，符合Ⅱ型断裂韧性测试结果。

页岩Ⅰ型和Ⅱ型断裂韧性均与岩石密度、声波时差呈正比，与页岩所含泥质含量成反比。即页岩中有机质（TOC）含量或黏土矿物越多，页岩断裂韧性越小，页岩起裂后越容易向前延伸。

第三节　地应力特征实验

水平井钻井和体积压裂是页岩气开发的核心技术，这两项核心技术的发展都依赖着页岩储层地应力特征评价。在页岩储层压裂改造中，储层地应力特征、岩石力学特征决定着水力裂缝的形态、方位、高度和宽度，影响着压裂的增产效果，而地应力剖面分析则对水平井井眼方位、射孔井段、施工规模、施工工艺等参数的确定具有指导意义。

一、地应力大小实验

地应力大小的测试方法有岩心实验、现场试验、测井资料解释、数值模拟计算等4种方式。目前，地应力大小的测试通常采用声发射实验。下面以声发射为例，详细介绍页岩地应力大小的实验方法。

1. 实验原理

声发射实验是指岩石在重复加载过程中，如果没有超过先前的最大应力，则很少有声发射产生，只有当加载应力达到或超过先前所施加的最大应力后，才会产生大量声发射，也称为凯塞尔效应。一般采用与钻井岩心轴线垂直的水平面内，增量为45°的方向钻取三块岩样，如图2-23所示，测出三个方向的Kaiser点处正应力，而后求出水平最大、最小主应力；由与岩心轴线平行的垂向岩样Kaiser点处的地应力确定垂向地应力。

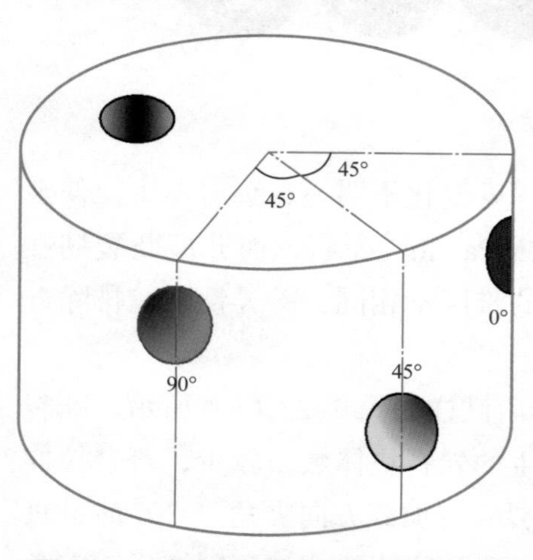

图2-23　声发射实验岩心取样示意图

2. 实验设备及实验方法

声发射测试系统由声发射压头、信号采集通道、前置信号放大器及信号处理软件构成，美国GCTS公司的AE声发射测试系统，如图2-24所示。设备参数：可实时采集单轴或三轴AE事件，并与外部数据采集系统连接，确保和应力应变等

参数同步采集，数字控制脉冲器和接收器，包括反混淆过滤，自动切换来选择 P 波和 S 波传感器，20MHz 采样率，12 位分辨率，0—10V DC 输出，8 通道数据采集仪，± 10V DC 输入，超声波晶体置入压头中，耐压 200MPa，耐温 200℃。

图 2-24　声发射测试系统

采用不同方向取心的岩心进行声发射实验，可以得到不同方向的地应力大小。步骤如下：

（1）根据研究需要，按指定的方向钻取直径 25.4mm，直径与长度之比为 1∶2 的柱状岩心。

（2）岩心干燥、照相、量尺寸。

（3）用热缩胶筒将岩心固定在上下压头之间。

（4）将声发射探头安装在岩心指定位置。

（5）以恒定的应力或应变速率对轴向连续加载，直到达到预先定义的轴向应力值。

（6）采集应力及声发射信号数据。

3. 应用实例

利用地应力测试仪，分别取 Y1 井五峰组、龙马溪组地层样品开展 3 套次实验，测试结果见表 2-8。

表 2-8　地应力大小实验结果

井号	层位	井深，m	三向主应力，MPa			三向主应力梯度，MPa/m		
			水平最大	水平最小	垂向	水平最大	水平最小	垂向
Y1 井	龙一$_1^2$	3836.72～3836.94	109.73	94.39	99.76	0.0286	0.0246	0.0260
	龙一$_1^1$	3837.63～3837.84	109.78	94.68	99.95	0.0286	0.0247	0.0260
	五峰	3845.34～3845.54	110.36	95.37	99.98	0.0287	0.0248	0.0260

二、地应力方向实验

通过地应力方向实验，可明确地应力与天然裂缝、水力裂缝的关系，为压裂改造方案的优化设计提供依据。利用声发射原理，开展室内实验，确定水平最大主应力方位，同时井下取心多是非定向取心。如果方位不能回归地理方位，所有的测试都是徒劳的。因此，地应力方向很重要的一项工作就是岩心定向，回归岩心标志线相对地理北极的方位角。目前岩心定向主要有两种方式，一是现场定向取心，优点是定向准确度高，但其致命弱点是成本高。故多采用第二种方式，即室内实验评价，采用古地磁岩心定向实验技术。

1. 实验原理

古地磁岩心定向就是通过古地磁仪测定岩石磁化时的地磁场方向来实现。因为任何岩心所处的地层在形成时或稍后，都会受到地球偶极子场引起的磁场磁化，并与当时地磁场一致，古地磁岩心定向就是利用古地磁仪（磁力仪和退磁仪）来分离和测定岩心的磁化变迁过程，用 Fisher 统计法确定与岩心对应的不同地质年代的剩磁方向，用以恢复岩心在地下所处的原始方位。

2. 实验设备及实验方法

古地磁测试仪，黏滞剩磁测量仪器主要由弱磁空间、热退磁、旋转磁力仪、岩心无磁切割机钻取工具、数据采集组成，英国 Bartington 的 Ms2 古地磁测试仪（图 2-25）。热退磁仪的最大温度为 800℃。热退磁仪烘箱内的剩余磁场小于 10Nt，温控误差小于 ±2℃。

图 2-25　古地磁测试仪

实验过程中，首先将断开的岩心按照原样组合在一起，在岩心柱面上绘一条平行于岩心轴线并标有方向的标志线，如图 2–26 所示。将截取的岩心加工制成直径 25mm、高 25mm 的标准试样。步骤是将圆柱面标志线延长到岩心截面上，然后在截面上绘出多条平行于标志线的线，以保证最终试样绘有标志线。将绘制标志线的大岩心置于钻床上，调好水平夹固，沿轴向钻取小岩心，再切成直径 25mm、高 25mm 标准样品。将端面上的平行标志线过轴心绘于圆柱面上，此时标准试样绘制完毕。

古地磁岩心定向测量以水平分量确定北极方位，采用右手坐标系，*Z* 轴向下为正。磁偏角 *D* 体现出地理北极方位角，如图 2–27 所示。因为 *X* 轴通过标志线，*D* 是水平向量 ***H*** 与 *X* 轴的夹角，所以 *D* 决定标志线的地理方位。

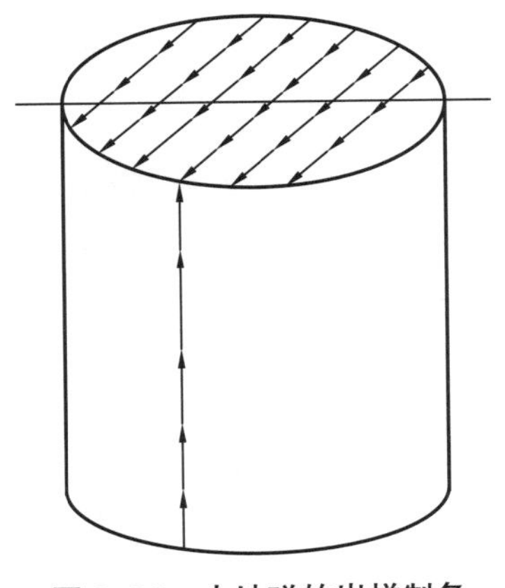

图 2–26　古地磁的岩样制备

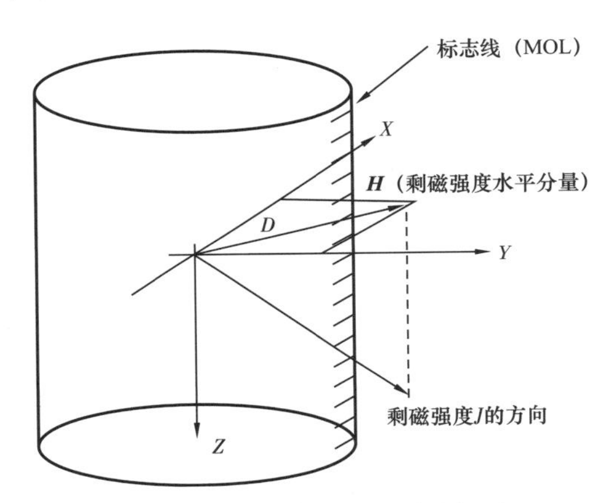

图 2–27　古地磁岩样的坐标系

古地磁岩心剩磁向量测定由计算机进行程序控制，并把测试结果绘制成各种图件，其中有退磁过程曲线、单样测试正交投影图等。由观察这些图件，可清楚地了解到测试过程、剩磁强度和水平向量变化规律。

3. 应用实例

选取 Y1 井五峰组、龙马溪组样品开展 3 套次实验测试，测试结果见表 2–9。

表 2–9　地应力方向实验结果

井号	层位	井深，m	水平最大主应力方向（NE）
Y1 井	龙一$_1^2$	3836.72～3836.94	N125°E
	龙一$_1^1$	3837.63～3837.84	N115°E
	五峰	3845.34～3845.54	N121°E

第四节 页岩脆性实验

页岩的脆性能够明显影响井壁的稳定性及压裂效果，是评价储层可压性的关键指标，对甜点优选、压裂射孔簇选择具有重要意义。

一、矿物法脆性

岩石脆性是岩石力学性质的一种表现，矿物成分是影响力学性质的内部因素，因此岩石矿物成分与脆性之间必然有直接的相关性，是根据矿物成分来表征岩石脆性的基本依据。

1. 实验原理

通过绘制石英、方解石、黏土的三元相图，将石英含量作为页岩脆性指数，在其他条件相同的情况下具有较高的产量。即页岩脆性指数采用公式（2–7）计算。

$$B_{\text{compo}}=\frac{F_{\text{sb}}}{F_{\text{sb}}+F_{\text{wd}}} \tag{2-7}$$

式中 B_{compo}——页岩矿物脆性指数，%；

F_{sb}——脆性矿物含量（石英），%；

F_{wd}——塑矿物含量（方解石、黏土），%。

2. 实验设备及实验方法

矿物法脆性利用X衍射仪，如图2–28所示，按照SY/T 5163—2010《沉积岩中黏土矿物和常见非黏土矿物X射线衍射分析方法》中规定的方法测定页岩样品中的黏土矿物、石英、长石、方解石、白云石、黄铁矿的质量百分含量。设备参数：采用Theta/theta立式测角仪，Theta角度范围为2°～160°，角度精度为0.0001，Cu靶为标准尺寸光管。

图2–28　X射线衍射仪

按公式（2–8）计算页岩矿物脆性指数，计算结果取整。

$$B_{\text{M2}}=\left(X_{\text{quartz}}+X_{\text{dolomite}}+X_{\text{calcite}}+X_{\text{feldspar}}+X_{\text{pyrite}}\right)\times 100 \tag{2-8}$$

式中 B_{M2}——页岩矿物脆性指数（脆性矿物法），无量纲。

基于矿物组分分析实验，利用表 2–10 测定及评价页岩脆性的方法。

表 2–10　页岩矿物脆性指数（脆性矿物法）等级划分表

页岩矿物脆性指数	评价等级
$B_{M2} \geqslant 70$	好
$60 \leqslant B_{M2} < 70$	较好
$40 \leqslant B_{M2} < 60$	中
$B_{M2} < 40$	差

3. 应用实例

北美 Barnett 页岩石英含量为 24%～62%，总黏土矿物含量为 0%～30%，部分深度段的白云母、长石、方解石等矿物占比较大，整体呈现较好的脆性特征。董大忠等总结了中国陆域自前寒武纪到新近纪发育的丰富的富有机质页岩，分别形成于海相、海陆过渡相和陆相三大沉积环境。通过公开文献中的国内外页岩矿物分析实验数据，绘制页岩矿物组成对比图，如图 2–29 所示。

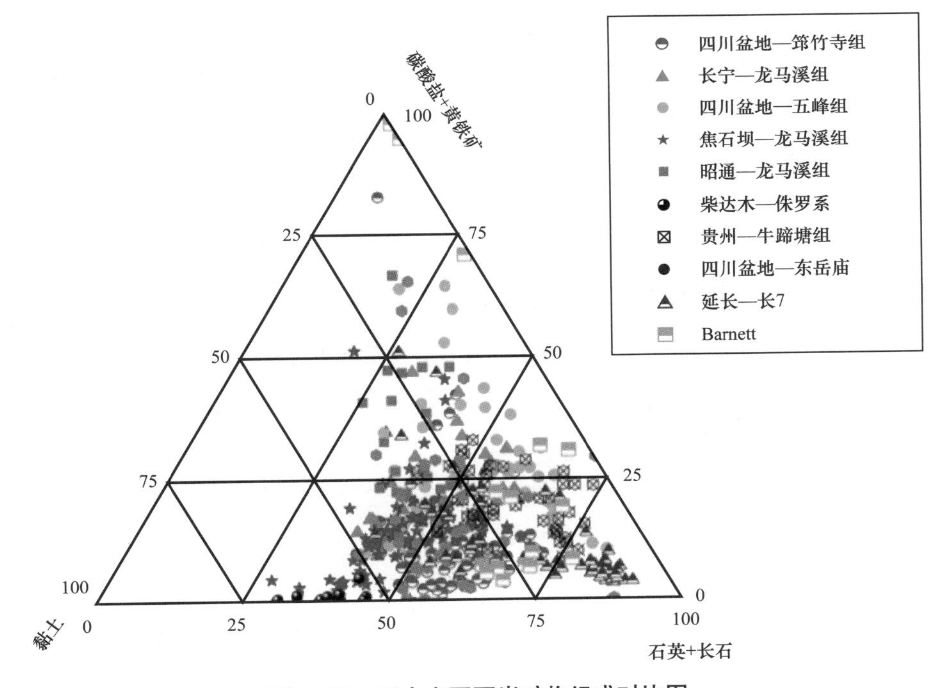

图 2–29　国内主要页岩矿物组成对比图

从图 2–29 中可看出四川盆地五峰组黏土矿物含量较低，碳酸盐分布范围广，龙马溪组页岩组成不同区块间有明显差异，焦石坝龙马溪组页岩石英含量高于其他地区。

二、“泊—杨”法脆性

1. 实验原理

岩石力学参数对页岩储层岩石的脆性具有重要作用和影响，泊松比反映了岩石在应力作用下的破裂能力，杨氏模量反映了岩石破裂后的支撑能力。杨氏模量越高、泊松比越低，页岩的脆性越强。

2. 实验设备及实验方法

按照三轴抗压实验的实验设备及方法，测定页岩样品的静态杨氏模量和静态泊松比。

页岩岩石力学脆性指数按公式（2–9）计算页岩岩石力学脆性指数，计算结果取整。

$$B_{YB}=\frac{(E_s-E_{min})/(E_{max}-E_{min})+(\nu_{max}-\nu_s)/(\nu_{max}-\nu_{min})}{2}\times 100 \tag{2-9}$$

式中 B_{YB}——页岩岩石力学脆性指数，无量纲；

E_s——样品静态杨氏模量，MPa；

E_{min}——区域内页岩静态杨氏模量下限，MPa，一般取值 0.7×10^4MPa；

E_{max}——区域内页岩静态杨氏模量上限，MPa，一般取值 5.5×10^4MPa；

ν_{max}——区域内页岩静态泊松比上限，无量纲，一般取值 0.40；

ν_s——样品静态泊松比，无量纲；

ν_{min}——区域内页岩静态泊松比下限，无量纲，一般取值 0.10。

按照页岩岩石力学脆性指数，评价页岩脆性等级，见表 2–11。

表 2–11　页岩岩石力学脆性指数等级划分表

页岩岩石力学脆性指数	评价等级
$B_{YB}\geqslant 65$	好
$55\leqslant B_{YB}<65$	较好
$30\leqslant B_{YB}<55$	中
$B_{YB}<30$	差

3. 应用实例

收集了长宁、威远、涪陵、昭通等多个页岩气主力区块有利层位，涵盖了龙马溪组、五峰组、筇竹寺组三个主要勘探开发层位。数据统计分析分别获得杨氏模量及

泊松比概率统计分布图（图 2-30 和图 2-31），99.24％的杨氏模量统计落在 Rickman 建议的杨氏模量上限为 5.5×10^4MPa、下限为 0.7×10^4MPa 之间，统计泊松比数据 99.5％落在 Rickma 建议的泊松比 0.10～0.40 范围内。并且从计算公式可以看出杨氏模量及泊松比的上下限取值仅影响岩石力学脆性指数的相对大小，并不改变整体规律。因此国内同样采用杨氏模量上限为 5.5×10^4MPa，下限为 0.7×10^4MPa；泊松比上限为 0.40，下限为 0.10。

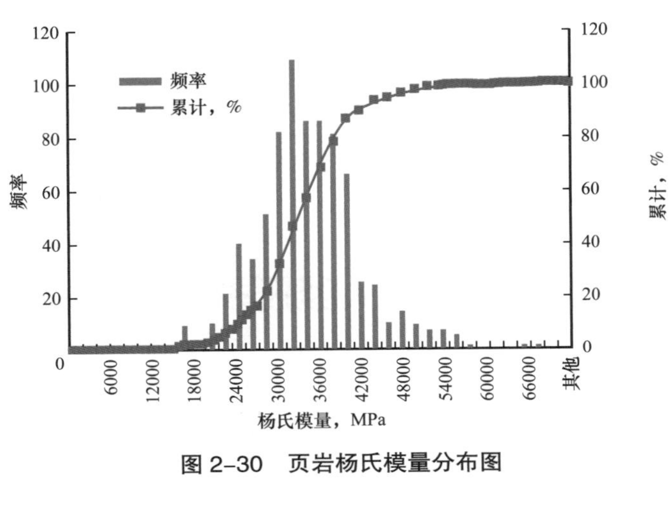

图 2-30 页岩杨氏模量分布图

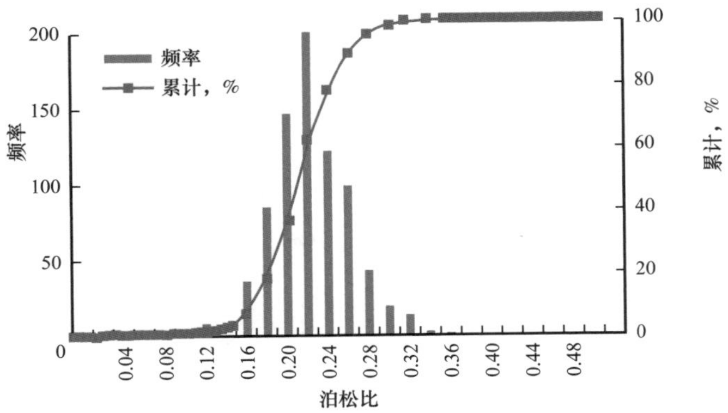

图 2-31 页岩泊松比分布图

三、不同方法的对比分析

统计发现，现有的脆性衡量方法有 20 多种，H. Honda 和 Y. Sanada 提出以硬度和坚固性差异表征脆性；V. Hucka 和 B. Das 建议采用试样抗压强度和抗拉强度的差异表示脆性；A. W. Bishop 则认为应从标准试样的应变破坏试验入手，分析应力释放的速度进而表征脆性。这些方法大多针对具体问题提出，适用于不同学科，无统一的说法，亦尚未建立标准测试方法。共识是岩石在破坏时表现出以下特征则为高脆性：（1）低应变时即发生破坏；（2）裂缝主导的断裂破坏；（3）岩石由细粒组成；（4）高抗压/抗拉强度比；（5）高回弹能；（6）内摩擦角大；（7）硬度测试时裂纹发育完全。

对矿物法脆性和“泊—杨”法脆性而言，由于方法的原理不同，导致两种方法存在一定的适用性。岩石脆性是岩石力学性质的一种表现，矿物成分是影响力学性质的内部因素，因此岩石矿物成分和脆性之间必然有直接的相关性。但矿物法只考虑了岩石矿物组成，容易忽略成岩过程对岩石的影响，即使具有相同矿物组成的岩石，由于力学环境不同，也可能表现出差异极大的脆性破裂特征。“泊—杨”法脆性受页岩地层取心以及后期实验岩样制备过程中形成的微裂缝及破裂面对破裂程度的影响，但应用测井解释参数可以克服岩心实验不足的问题，因此“泊—杨”法脆性能获取整个地层的脆性剖面，是应用最多的评价方法。

第五节　页岩大型压裂物模实验

页岩储层多含有天然裂缝、层理或节理等，压裂改造储层介质复杂，水力裂缝的延伸中易发生扭曲、错位、剪切滑移和多裂缝等情况，传统的裂缝起裂延伸规律理论和数值模拟手段已难以满足复杂地质储层条件，极大制约了储层改造工艺技术的有效实施，迫切需要新的理论和方法[13-17]。

在现场的强劲需求下，一系列新理论、新技术应运而生，但其合理性与科学性亟需矿场试验或室内实验研究的检验与支持。由于开展矿场试验成本较高，技术难度大等问题，该研究手段始终无法得到推广，因此室内实验研究就显得尤为重要。水力压裂物模实验技术是业界公认的研究裂缝起裂延伸机理的有效手段[1-5]，可直观揭示不同地质条件下裂缝起裂与延伸规律，认识对裂缝起裂及延伸的影响因素，为现场工艺优化设计提供有效指导。

一、实验原理

全三维水力压裂物模实验技术是研究裂缝起裂延伸机理的有效手段，通过室内实验，基于相似理论设计，将现场井、储层以及施工工艺搬进实验室，直观揭示不同地质条件和工程条件下的裂缝起裂与延伸形态，深化对裂缝起裂延伸机理的认识规律，为数值模型建立和工艺优化设计提供实验依据，最终研究目的是指导现场建立更高效的储层改造工艺技术，如图2-32所示。

为了弥补以往实验室只能观察裂缝最终形态的缺陷，借鉴现场微地震监测的成功经验，近年来物模实验技术与室内声发射诊断技术进行了有效结合。其技术原理如下，裂缝扩展的本质是岩石被劈开产生破裂，组成岩石的颗粒胶结状态遭到破坏，

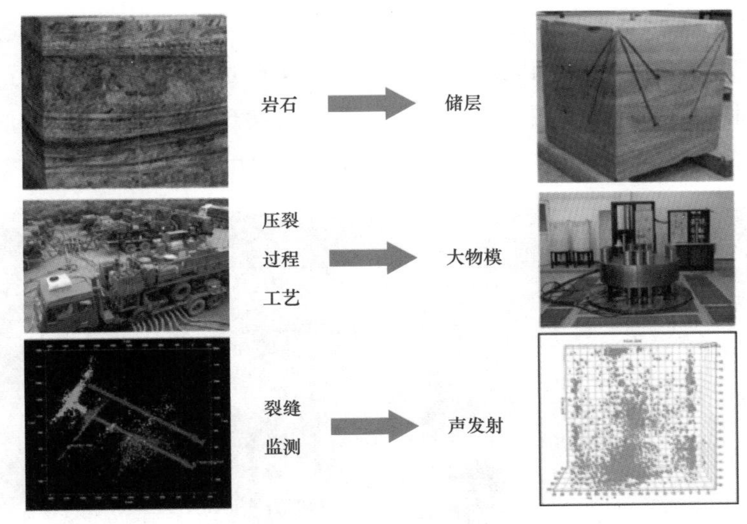

图 2-32　大物模实验研究思路

会伴随有大量声发射事件发生，埋置在岩样表面的多个声波探头，接收到声发射事件信号，通过对声发射事件 AE（Accoustic event）的定位就可以推测出不同时刻裂缝前缘空间位置即达到监测裂缝动态扩展的目的。由于声波探头埋置的位置不同，距离声波事件的距离就不同，从而导致对同一声事件的接收时间也就不同，通过声波探头坐标数据、声波速度数据，以及接收时间数据可以计算出某一声事件坐标及发生时间。

二、实验设备及实验方法

在前人工作的基础上，中国石油勘探开发研究院于 2011 年开展了大型全三维物理模拟实验技术的研发。提出了大尺度（762mm × 762mm × 914mm）、高压（82MPa）、三层加压、三向应力加载的水力压裂物理模拟实验系统设计方案。配套研发了微小枪身射孔、多级携砂泵注装置，形成了大尺度物模声发射测试及解释方法，建成了大尺度水力压裂物理模拟实验系统，开发了一套实验测试技术。目前建设成的实验系统，可以进行超大岩块的全三维应力加载水力压裂实验，整体实验技术已经达到国际领先水平，也是国内目前唯一一套可开展大尺度压裂的实验系统。通过该装置可以开展如下领域的研究工作：裂缝起裂研究、压裂改造体积研究、复杂裂缝系统压裂、酸压模拟研究、射孔模拟研究、页岩储层完井与压裂。

实验系统主要功能部件包括应力加载框架、围压系统、井筒注入系统、数据采集及控制系统和声发射监测系统，如图 2-33 所示。其中应力加载框架允许岩样的最大尺寸为 762mm（长）× 762mm（宽）× 914mm（高）。围压系统可对岩石样品实现三向主应力的独立加载，最高加载围压可达 69MPa。井筒注入系统可实现前置液—携砂液—顶替液多级流体交替连续泵注，还可以模拟纤维暂堵压裂、段塞式加砂压裂等特殊泵注工艺。实时控制系统可以对压力曲线、泵注排量、围压数据进行实时采集，也可对泵注压力和排量进行实时控制。声发射系统可实现水力裂缝扩展过程中声事件的实时定位，进而达到对水力裂缝扩展形态实时监测的目的。

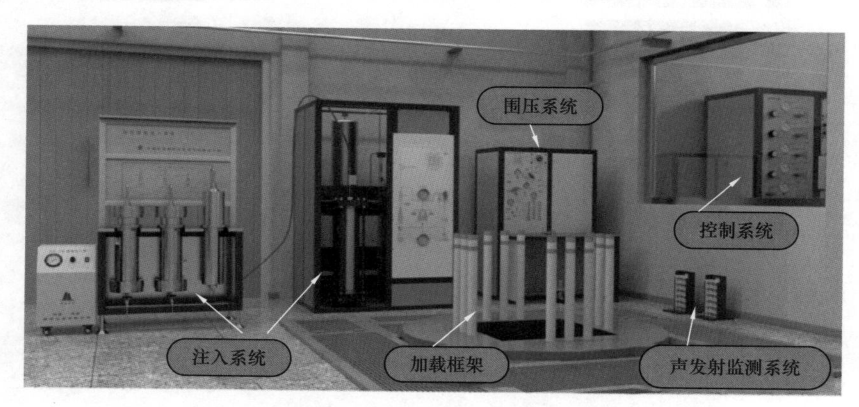

图 2-33　大型水力压裂物理模拟实验系统

1. 大尺度样品制备

超大尺度的岩样（762mm × 762mm × 914mm）压裂实验在国内尚属首次，因此在实验系统运行之初，就面临着岩石取样难、加工难的双重难题。对天然岩样而言，虽然不同储层的露头剖面非常多，但经实地考察，能够取到大小为 $1m^3$ 左右的完整大石块非常困难。尤其是对于天然裂缝发育的非常规储层如煤岩、页岩等，层理发育且松散，在岩样制备过程中极易损坏，或风化而不能长时间保存，如图 2-34 所示。

图 2-34　天然样品制备

目前已经形成了一套集岩样选取、绳锯切割、水泥包裹、垂直钻孔取心和传感器掩埋的大尺度岩样制备技术系列，有效解决了样品取样和制样等难题，为开展物理模拟实验奠定了基础，其技术流程如图 2-35 和图 2-36 所示。

图 2-35　水泥样品制备

图 2-36　大尺度样品制备流程

对于某些特定的研究储层，由于未有合适的天然露头或者天然样品的尺寸较小，往往很难直接制备出满足大尺度物理模拟实验要求的天然岩石样品；同时即便能够取到合适样品，但由于数量极为有限，只能定性地进行考察且随机性较大，很难得出规律性的认识结论。从上述两个方面来说，进行人工样品制备技术的研发极其必要。目前已经形成了一整套完备的人工样品制备技术系列，为了模拟不同储层的岩石力学物性，需要对水泥配方进行实验，调配出符合特定物性的水泥样品。这里所模拟的物性主要是针对岩石的抗压强度、杨氏模量、渗透率参数。另外对于某些特定岩样的制备，如多层包裹、储隔层模拟的样品，包裹水泥的力学性质与内部岩石样品的性质差异很大，在 $1m^3$ 左右的样品内应力场存在不同程度的衰减问题，即施加在岩样表面的围压不再等同于岩样内部场的真实地应力。因此在进行实验方案设计时，需要采用有限元方法，设计合理的表面围压加载值，即建立相应应力衰减数值模拟方法。

2. 水力压裂射孔模拟

水力压裂射孔模拟实验具体流程操作如下。

（1）岩样加工。

将岩样在岩石切割机上加工，尺寸为 762mm × 762mm × 914.4mm。

（2）钻井孔。

在钻床上用 ϕ32mm 的钻头，钻取井筒深度为 500mm。

（3）预制裂缝切割。

用预制裂缝割刀在裸眼部分切割出一个深为 3.2mm 的沟槽，制造应力点，使裂缝沿预定方向裂开。

（4）预制传感器的孔和线槽。

首先按图纸要求在岩样上标注南、北、西、东四个面。按图纸要求在岩样的五个面上画出 24 个传感器的位置。用手电钻钻 ϕ31.5mm、深 25mm 的孔，底面要平整。用无齿锯切出深约 10mm、宽约 10mm 的沟槽，以便于导线的引出。

（5）封井底。

井底用 BROWNELLS RESIN 1 份与 BROWNELLS HARDENER 1 份的 AB 胶充分混合，往井底倒入 25.4mm 高胶柱，根据井筒直径计算用胶量。

（6）固井。

把 Scotch–weld Epoxy Adhesive 2216 B/A 胶（灰胶 2/3，白胶 1/3）混合均匀，先倒入井筒约 100mm，将套管（套管底端用纸板堵上）慢慢放入井筒。最后使套管在岩样表面以上留有 50mm，完成固井。

（7）布置传感器。

将预先安装好的传感器按 1～24 的顺序用胶（LOCTITE EPOXY）粘接在钻好的孔内，测量 24 个传感器的准确位置，输入电脑，测试传感器的信号检测安装情况是否完好，传输信号有无误差，如果有误差进行修正，再测试。然后用橡皮泥将传感器的周围填满，同样用橡皮泥把传感器的导线固定在槽内，最后用腻子把槽填平。

（8）岩样的安装。

将已装载好的岩样放入加载框架内。首先吊装编号为 1#、3#、5#、7# 的楔板（内侧板）放在岩样四周，再吊四组加压板分别放在楔板与 U 形罐之间。分别将 4 块特氟

龙板放置在加压板与U形罐之间。分别吊编号为2#、4#、6#、8#的楔板（外侧板）放在最外层的四周。连接井口输入管线，上紧。吊装顶盖，将8个千斤顶均匀地摆放在顶盖上，连接顶部和围压管线。安装上盖，交替加压紧固螺栓，直到压紧为止。

（9）开始实验。

按照实验设计向井筒注入流体直至岩样破裂且裂缝稳定延伸，同时对岩样声波资料进行采集。

（10）卸载并起出岩样。

采用直接观察注入中压力动态以及用声波资料对裂缝形态等进行分析，为了观察岩样内部裂缝延伸情况，通常将岩样按需求进行切割进一步观察。

3. 实验数据处理解释

实验数据主要包括泵注压力、排量、三向地应力和声发射定位数据。由于声发射采集定位分析和泵注压裂实验数据采集由两个独立的控制系统完成，因此为了实验结束后有利于对裂缝起裂扩展的客观分析，有必要将上述两个系统的数据进行统一整合，即实现泵注压力、排量和声发射监测在同一界面上实时显示，必要时还要对声发射点进行三维空间展示。如图2–37所示，将模拟裂缝起裂和扩展的声发射信号响应和泵注压力随时间的同步变化进行了有机结合，可以清晰地显示声发射点与注入压力的对应关系。

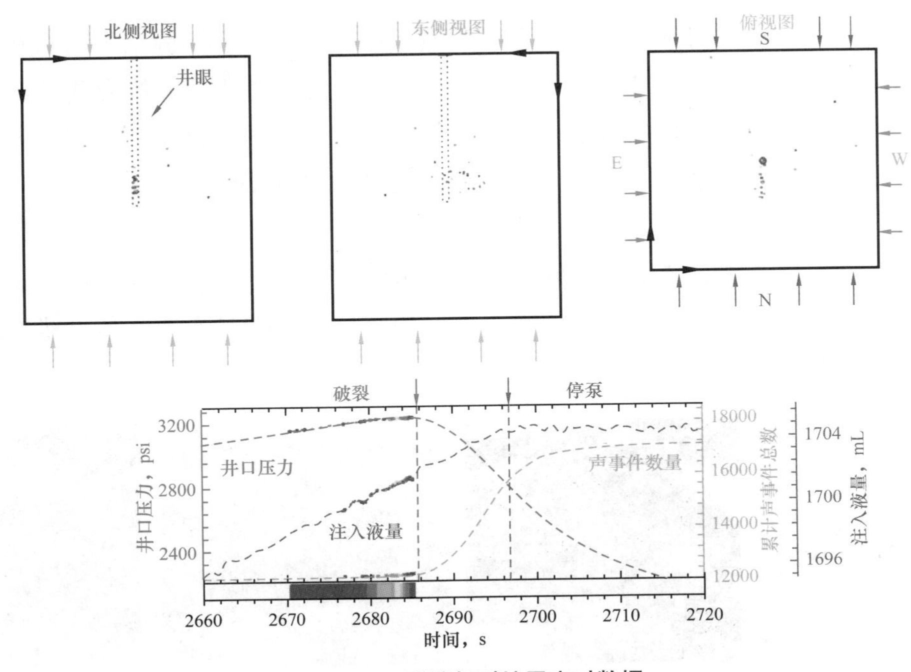

图2–37 裂缝起裂扩展实时数据

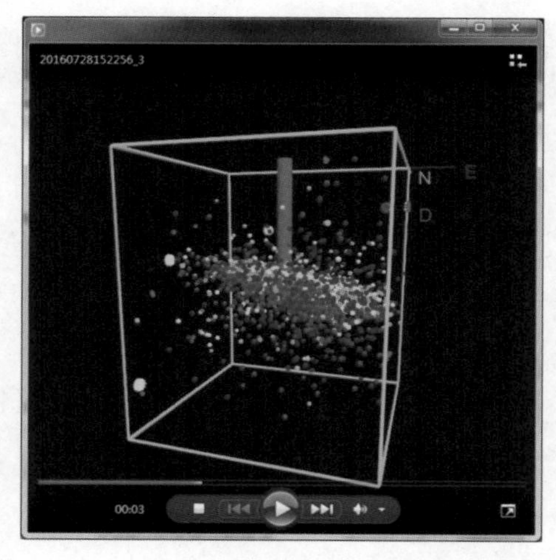

图 2-38 裂缝动态起裂扩展声事件的空间分布

另外，声发射事件点的三维可视化也是数据处理很重要的一个方面，它既是一种解释工具，也是一种裂缝形态的间接演示工具。可以把声发射精确定位的结果形象生动地表现出来，方便解释和分析，更好地研究裂缝的起裂、扩展和延伸机理。图 2-38 展示裂缝动态扩展过程中声发射事件点的空间分布。

通过上述两个方面的数据处理，实现了在同一张图上三维动态显示声发射事件（三维空间位置、声发射率、声发射累计数量、振幅和能量）与泵注施工的信息（排量、泵注压力）之间的关系，为后续的压裂效果分析和评估提供了有效的科研手段。

三、应用实例

1. 影响水力裂缝形态的地质因素分析

1）天然裂缝的影响

为了考察天然裂缝对水力裂缝形态的影响，将页岩大物模实验结果与石灰岩、煤岩压裂结果进行对比。如图 2-39 所示，由于均质石灰岩内部无天然裂缝分布，压裂形成单一的双翼对称径向裂缝形态；煤岩储层由于天然层理的分布且煤层的上覆地应力小，因此造成多条水平层理的开启，同时未见明显的垂直主裂缝。1 号和 4 号页岩实验结果为相同实验条件下的 I 型、Ⅱ型两类页岩水力裂缝形态。由于天然裂缝发育导致 I 型页岩水力压裂裂缝形态空间复杂，压裂液沟通天然微裂缝或层理；Ⅱ型页岩致密，天然裂缝相对不发育，水力压裂产生一条明显主缝同时沟通一条天然裂缝，整体裂缝形态较 I 型单一。

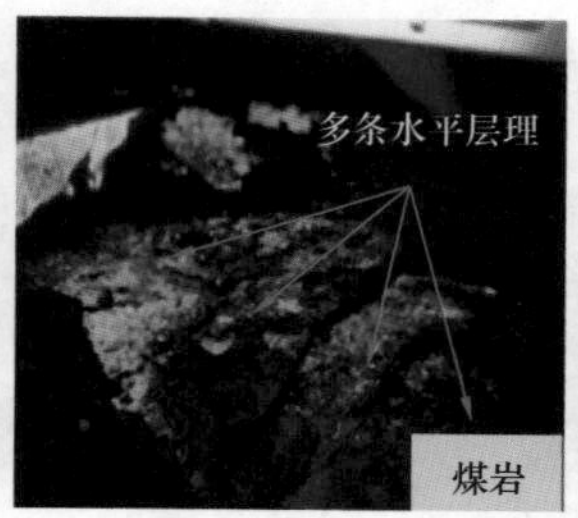

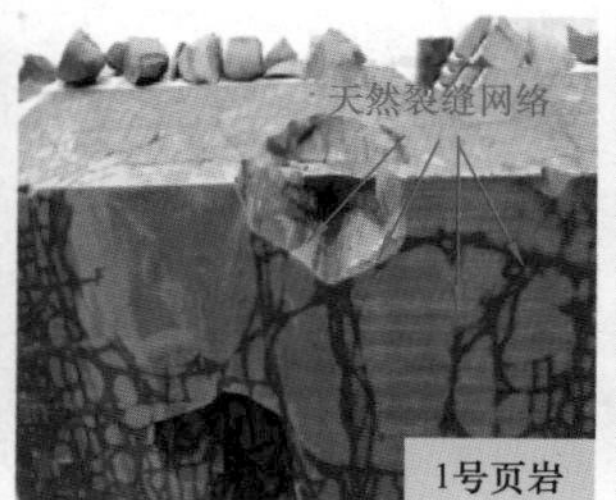

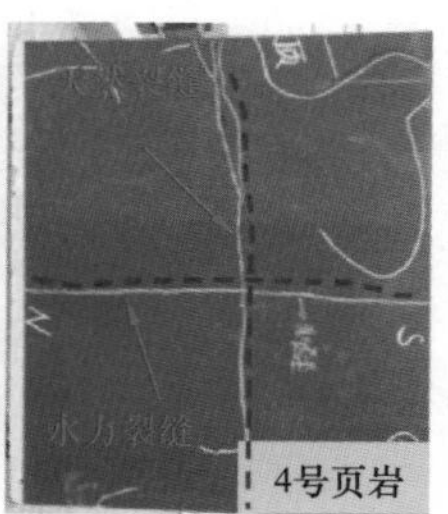

图 2-39 不同类型岩样水力裂缝形态

由此可以看出，天然裂缝或水平层理的存在是形成水力压裂多裂缝的前提条件，如石灰岩与煤岩、页岩的对比所示。另外，天然裂缝的空间分布形态又决定了水力裂缝的形态以及发育程度，如页岩和煤岩对比，煤岩中虽然引起了多条水平层理的开启，形态不如页岩复杂；而Ⅰ型页岩的裂缝展布特征更接近于空间复杂缝网形态。在体积改造设计中对非常规储层的地质评价特别是天然裂缝形态发育及展布特征规律的研究十分必要。

声发射破裂机制分析。利用平均频率与RA值的分析方法分别对致密砂岩，煤岩和页岩的裂缝破坏机制进行了分析，结果如图2-40所示。长庆砂岩主要以张性破裂为主，能看到明显的事件点聚集；而落在剪切破裂区域的事件点相对很零散，不具有一定量的规模。山西煤岩事件点总体数量要少些，煤岩材质相对疏松，节理、割理相对发育，声波传播过程中衰减严重，所以可观测到的声发射事件数量要少些。事件点整体分布较为离散，RA值从低到高均有分布，没有明显界限，但能看出落在剪切破裂区域的事件点与砂岩比较多，略低于张性破裂区域的事件点数量。四川页岩在张性破裂区事件点有明显的集中，在剪切破裂区事件点也有明显分布，呈条带状分布，但比煤岩的要少些。所以，可以看出煤岩最易产生剪切破裂，页岩次之，砂岩不易产生剪切破裂，以张性破裂为主。

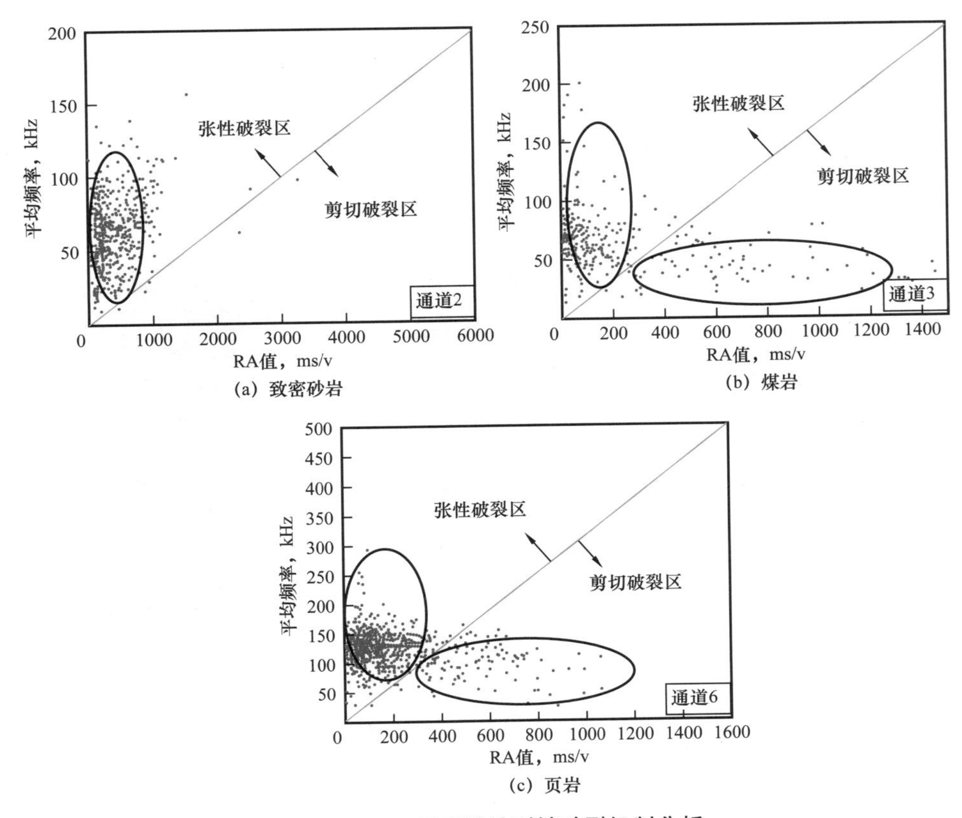

图2-40　不同岩性的裂缝破裂机制分析

天然裂缝的存在是水力压裂实现多裂缝的前提，而天然裂缝的空间展布形态又决定了水力裂缝的复杂程度。黏土含量较高的Ⅰ型页岩，天然裂缝数量明显多于Ⅱ型页岩，天然裂缝形态也更为复杂，水力压裂裂缝形态呈现多分枝缝网特征；而在Ⅱ型页岩中，水力裂缝沟通有限的天然裂缝，整体裂缝形态较Ⅰ型单一。

2）地应场对水力压裂裂缝扩展的影响

地应力是油田开发方案设计、水力压裂裂缝扩展规律分析、地层破裂压力和地层坍塌压力预测的基础数据。地层间或层内不同岩性岩石的物理特性、力学特性和地层孔隙压力异常等方面的差别，造成了层间或层内地应力分布的非均匀性。而水平地应力对于水力压裂裂缝起裂压力、起裂位置及裂缝扩展、裂缝形态起着重要的作用，是影响水力压裂裂缝扩展的一个重要因素。本节分别利用不同岩性的实验样品，开展了6组不同应力差条件下的压裂实验对比。

实验结果如图2-41所示，在天然裂缝发育的砂岩中，当两向水平应力差值为0时，水力裂缝与天然裂缝相沟通，形成多方向扩展的裂缝形态；当两向水平应力差值增大到7MPa时，只形成了一条沿着最大水平主应力方向延伸的裂缝。在纤维暂堵的实验结果显示，当两向水平应力差值为2.5MPa时，通过纤维暂堵可以实现水力裂缝形态的大幅度转向，与原缝成90°；当两向水平应力差值增大到7.5MPa时，纤维暂堵后压裂裂缝与原缝的延伸方向基本相同，即未起到暂堵效果，由此可见在暂堵工艺中，水平应力差值对裂缝延伸方向的影响也是十分明显的。在对龙马溪组页岩样品的压裂结果显示，当水平应力差值为3MPa时，水力裂缝沟通了天然裂缝，使得裂缝形态较复杂；当水平应力差值增大到7MPa时，水力裂缝形态单一，穿过天然裂缝，形成沿着最大主应力方向延伸的主缝，并未造成天然裂缝的开启。

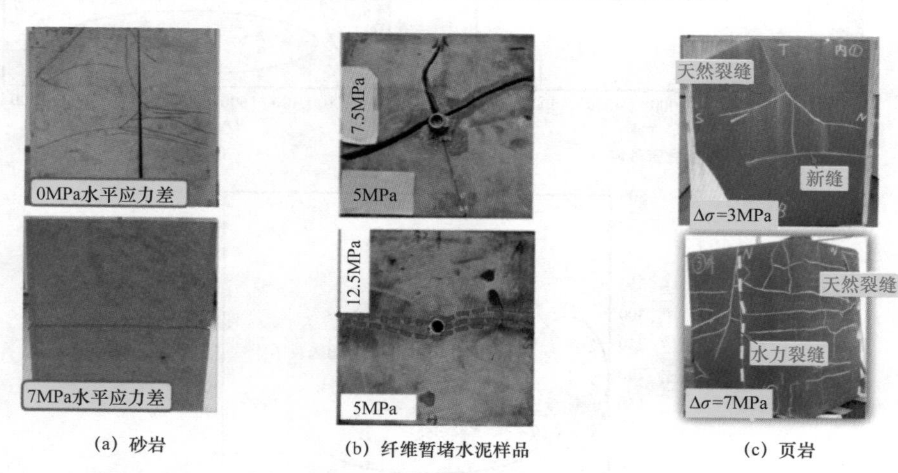

（a）砂岩　（b）纤维暂堵水泥样品　（c）页岩

图2-41　不同岩性和地应力差条件下的裂缝形态对比

通过开展上述实验，有力证实了低水平应力差是形成复杂水力裂缝形态有利地质因素，裂缝形态随着两向水平应力差值的降低而复杂。

2. 影响水力裂缝形态的工程因素分析

在天然裂缝发育的地质条件下，施工参数的合理性直接决定了水力裂缝形态的复杂程度。这里所讨论的施工参数包括流体黏度、排量以及对应的施工流体净压力。为了研究方便，将施工压力与地应力场对裂缝形态的影响统一采用无量纲施工净压力 $p_{net,\ D}$ 参数表示，理论上该值越高说明天然裂缝的开启程度越高或者水力裂缝转向的趋势也就越大。利用Ⅱ型页岩样品，开展了 4 组对比性实验，见表 2–12 和图 2–42 所示，考察在相同的地质条件下，黏度、排量以及无量纲净压力对裂缝形态的影响。

表 2–12 大尺度水力压裂实验基本参数

实验编号	岩石类型	σ_V，σ_H，σ_h，MPa	黏度，mPa·s	排量，cm^3/s	$p_{net,\ D}$
1	Ⅰ页岩	24，24，10	5	8.33	0.21
2	Ⅱ页岩	13，13，10	5	166.67	3.02
3	Ⅱ页岩	13，13，10	150	1.00	3.6
4	Ⅱ页岩	24，24，10	5	8.33	0.12
5	Ⅱ页岩	24，24，10	150	8.33	0.14
6	A 水泥	13，13，7	5	1.00	0.33
7	B 水泥	13，13，7	50	5.00	0.10

注：σ_V，σ_H，σ_h 分别为上覆应力、水平最大主应力、水平最小主应力；无量纲施工净压力 $p_{net,\ D}=(p-\sigma_h)/(\sigma_H-\sigma_h)$，其中 p 为井口压力。

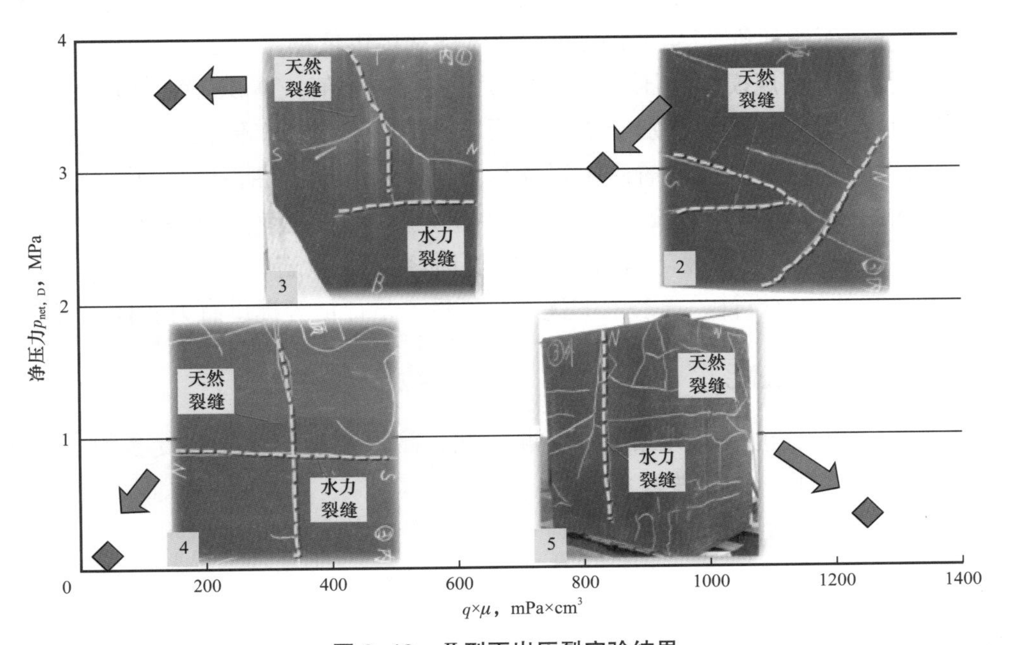

图 2–42 Ⅱ型页岩压裂实验结果

实验结果显示，当黏度、排量较低时，无量纲施工净压力也比较低，数值为0.12，在形成水力裂缝的同时，压裂液更多地沿着少数胶结较弱的天然层理或大裂隙滤失，并未造成天然裂缝的开启，因此裂缝形态较简单，如5号实验；随着黏度、排量的提高，无量纲施工净压力大幅提高为3.6，此时在形成水力裂缝的同时，引起了天然裂缝的开启，水力裂缝与天然裂缝相沟通，使裂缝形态复杂化，如4号实验；当黏度、排量进一步提高后，净压力虽然无明显提高，甚至略有降低至3.0，但引起了更多的天然裂缝开启，裂缝形态复杂程度达到最大，如3号实验；当黏度、排量再次提高后，净压力出现大幅降低至0.33，形成单一水力裂缝，虽与天然裂缝交叉，但没有压裂液进入，裂缝形态单一，如6号实验。

由此可知，裂缝形态的复杂程度并不总是随着排量、黏度的升高而增加的，而是存在一定界限。原因是在排量或黏度增长初期，压裂液易向天然裂缝中渗流，随着更多的天然裂缝的沟通和开启，施工净压力逐渐升高，使形态复杂化；当排量或黏度过高时，压裂液很难或来不及沟通天然裂缝，水力裂缝形态单一，施工净压力降低。此外，从纵坐标与裂缝形态对比，不难发现，随着施工净压力的升高，裂缝形态复杂有所提升，进一步证实了常规认识。

第六节　液体实验评价

为了发挥压裂液在施工过程中传递压力、形成和延伸裂缝，压裂液应具备以下特点：较低的摩阻、较小的压缩系数、较高的液体效率、黏度稳定。因此需要对液体的基本性能进行全面的评价，为方案设计、液体优选提供依据[18-22]。

页岩需要通过大规模体积压裂才能获得工业开采价值。体积压裂中需要上万立方米的压裂液是页岩气藏压裂有别于常规气藏压裂的特点之一。但很难通过使用常规方法（如渗透率的变化）来定量描述压裂液与页岩储层的配伍性，使得页岩气藏压裂设计、压后评估中很少考虑压裂液与储层配伍性差异所产生的影响。采用页岩膨胀、毛细管吸收时间（CST）对压裂液与储层配伍性进行研究，为页岩气藏钻井过程中的井壁稳定性、压裂方案的优化设计、压裂液的优选、压后产量评估等提供有力的技术支撑。

一、液体基本性能

液体的基本性能包括表观黏度、交联时间、耐温耐剪切性、流变参数、黏弹性、静态滤失、破胶性能、降阻率等。

1. 实验原理

1）基液的表观黏度

线性胶和冻胶压裂液中，均需要加入不同量的稠化剂，从而得到不同黏度的基

液，基液的表观黏度的大小是保证压裂液具有良好耐温、抗剪切性能的基础。

2）交联时间

交联剂种类及用量对压裂液的交联时间、耐温抗剪性能，地层基质渗透率及支撑裂缝导流能力均有较大影响。交联剂的选用由聚合物上可交联的官能团和聚合物所处水溶液环境共同决定。

3）耐温耐剪切性

由于压裂液在进入地层过程中以及进入地层后，剪切作用引起的剪切降解以及温度升高引起的热降解将导致聚合物分子链发生断裂，使压裂液表观黏度降低，而表观黏度是影响压裂液能否压开地层、在地层中造缝能力以及携带支撑剂能力强弱的重要因素，所以需要对压裂液的耐温抗剪性能进行评价。

4）流变参数

交联后的压裂液冻胶的流变性参数是压裂设计所需的重要参数，对裂缝几何形状的形成有着直接影响。测量不同剪切速率下其相应的剪切应力，按幂律流体的数学模型进行回归，测得压裂液在该温度下的流动特征指数 n 和稠度系数 K。

$$\lg \mu_a = \lg K + (n-1)\lg \gamma \tag{2-10}$$

式中　μ_a——某一剪切速率对应的表观黏度值，mPa·s；

K——稠度系数，Pa·s^n；

n——流动特征指数，无量纲；

γ——剪切速率，s^{-1}。

5）黏弹性

目前，压裂液的黏弹性已经逐渐引起人们的重视，并认为除了表观黏度之外，压裂液的黏弹性也是影响其携砂能力的重要参数之一，弹性越好，压裂液的携砂性能越好。通过测量不同振荡频率下的储能模量（G'）和损耗模量（G''），可以了解在不同振荡频率下液体的弹性结构和黏性结构，其中储能模量对应弹性结构，损耗模量对应黏性结构。

6）静态滤失

实验中对滤失系数的测量有静态滤失系数和动态滤失系数，静态滤失用压裂液通过滤纸来测定，动态滤失通过压裂液流动经过岩心壁面来测定。动态滤失系数测定中所使用的动态滤失仪的实验条件与地层条件基本相似，但实验较为复杂，目前仍然大量采用静态滤失法评价压裂液的滤失性能。

7）破胶性能

破胶性能包括破胶时间、破胶后的黏度、破胶液的表面张力和界面张力。可以确定压裂施工中破胶剂的用量和压后关井所需要的时间，直接影响施工结束后破胶液的返排和压裂施工的增产效果。

8）降阻率

压裂液从泵出口经地面管线、井筒管柱和射孔孔眼进入裂缝，在每个流动通道内都会因为摩阻而产生压力损失，计算这些压力损失并分析其影响因素，对确定施工压力和成功压裂都十分重要。

压裂液在一定速率下流经一定长度和直径的管路时都会产生一定的压差，可根据压裂液与清水压差的差值来计算滑溜水的降阻性能。

$$DR=\frac{\Delta p_1-\Delta p_2}{\Delta p_1}\times 100\% \tag{2-11}$$

式中 DR——室内压裂液对清水的降阻率，%；

Δp_1——清水流经管路时的稳定压差，Pa；

Δp_2——压裂液流经管路时的稳定压差，Pa。

记录支撑剂沉降时间与沉降距离关系，支撑剂在压裂液中的静态沉降速率 = 沉降距离 / 沉降时间。

2. 实验设备及实验方法

为满足压裂液各项性能评价要求，需要配备相应的实验评价设备，实验方法主要参考行业标准 SY/T 5107—2016《水基压裂液性能评价方法》、NB/T 14003.1—2015《页岩气 压裂液 第 1 部分：滑溜水性能指标及评价方法》中关于水基压裂液和滑溜水相关实验方法，下面就相关实验设备及实验方法进行介绍。

1）表观黏度

基液的表观黏度通常用六速旋转黏度计测定，主要由动力部分、变速部分、样品杯、转筒、测量部分等组成，如图 2-43 所示，设备参数：剪切速率梯度为 $5s^{-1}$，$10s^{-1}$，$170s^{-1}$，$340s^{-1}$，$511s^{-1}$，$1022s^{-1}$；测量范围 1～300mPa·s，测量精度 ±4%。测量时实验样品倒入六速旋转黏度计，设置相应的转速，即可测出样品的表观黏度数值。

图 2-43　六速旋转黏度计

2）交联性能

测定交联时间的方法通常使用挑挂法。将配好的基液倒入烧杯后，在玻璃棒不断搅拌的情况下加入适量的交联剂，加入交联剂后按下秒表计时并继续按同一方向继续搅拌液体，直至形成能均匀挑挂的冻胶，如图 2-44 所示，同时记录交联后形成冻胶的强度、弹性、挂壁及外观是否光滑等。

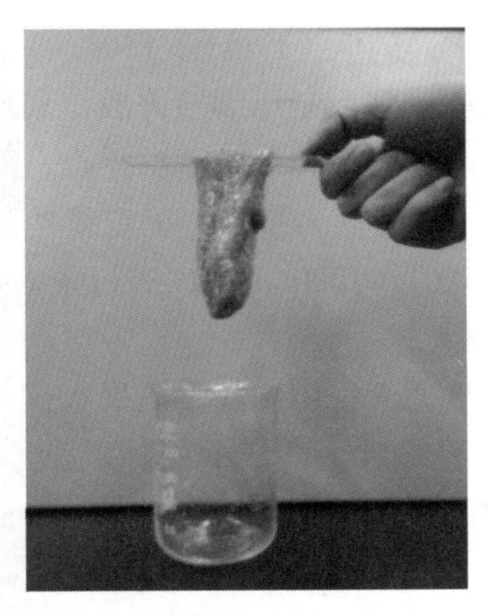

图 2-44 压裂液与携砂液的挑挂性

3）耐温耐剪切、流变参数、黏弹性

耐温耐剪切、流变参数、黏弹性均可采用高温高压流变仪测定，主要由空气压缩机、温控系统、流变测量系统、软件系统四大部分组成，如图 2-45 所示。设备参数：最小扭矩 0.005μN·m，最大扭矩 200mN·m，扭矩分辨率 0.5μN·m，最大升温速率 5℃ /min，温度 0～200℃。

图 2-45 流变仪

耐温耐剪切实验中将配制好的压裂液装入流变仪的样品杯中，从室温开始实验，同时转子在剪切速率 170s^{-1} 条件下转动，达到测试的温度后，保持剪切速率和温度不变，耐温抗剪评价实验时间为 2h。

流变参数实验中将配好的压裂液按要求装入流变仪测试系统的样品杯中，加热到所需测定温度，同时转子在剪切速率 170s^{-1} 下转动，待温度达到测定温度后开始测量，剪切速率由高到低（$170s^{-1}$、$150s^{-1}$、$125s^{-1}$、$100s^{-1}$、$75s^{-1}$、$50s^{-1}$、$25s^{-1}$）。

黏弹性实验中将配制压裂液冻胶，利用流变仪测定压裂液黏弹性。设置振荡测量模式，放好样品，安好转子，调整零点，降下升降台，开始测量。测试程序设定：首先，在 0.1Hz 下进行应力扫描，确定线性黏弹区；其次，在线性黏弹区内选定一应力值，在频率为 0.01～10Hz 范围内进行频率扫描，确定振荡频率与 G′、G″的关系。

4）静态滤失

静态滤失性通常采用高温高压失水仪，主要由耐腐蚀不锈钢质液杯、电加热套自动恒温控制，不锈钢外壳，外加热保温层等组成，如图 2–46 所示。设备参数：温度最高 200℃，工作压力为 4.2MPa 或 7.1MPa，滤失面积 $22.6cm^2$。

图 2–46　高温高压失水仪

在高温高压失水仪滤筒底部放置 2 片圆形滤纸，将配好的压裂液冻胶装入滤筒中，设定滤筒温度，给滤筒施加初始压力和回压，用氮气压力源将实验压差设为 3.5MPa 的回压，用量筒收集滤液，同时记录不同时间的滤失量。压裂液形成的滤饼，如图 2–47 所示。

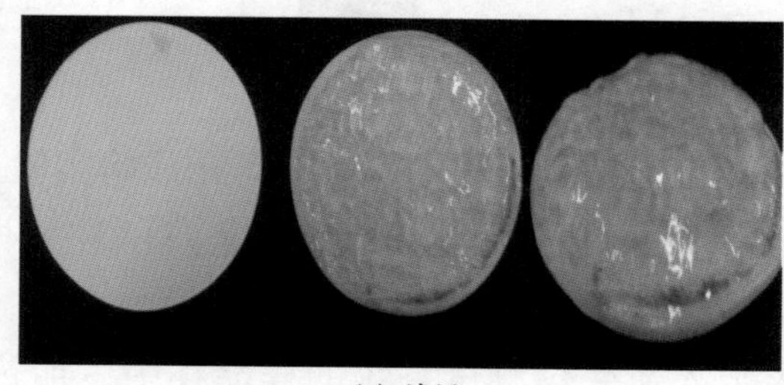

（a）滤纸

（b）裂缝壁面

图 2–47　压裂液形成的滤饼

5）破胶性能

破胶液的表面张力和界面张力采用表面张力仪测量，表面张力仪主要由扭力丝、铂金环、支架、杠杆架、蜗轮付等组成，如图 2–48 所示。设备参数：测量范围 0～200.0mN/m，分辨率 0.1mN/m。用全自动表面张力仪测量破胶液的表面张力，利用界面张力仪测量破胶液与煤油的界面张力。

6）降阻率

降阻率采用开路摩阻仪测量，开路摩阻仪主要由储液罐、动力泵、测试管线、压差传感器、流量计、数据采集及记录系统等组成，如图 2–49 所示。符合行业标准的开路摩阻仪设备参数：耐压 5.0MPa，液体黏度 1～100mPa·s，最大线速度 25m/s（10mm 管径中），管径 8mm、10mm、12mm，流量计量程 0～160kg/min，压差 0.5MPa、2.5MPa、5.0MPa。在循环储液罐中加入测试所需的清水量，调整动力泵转速达到设定线速度或雷诺数，待排量和温度稳定后，读取该线速度或雷诺数下清水的压差。然后按照相同程序测试压裂液流经该管路的压差。

图 2–48 表面张力仪

图 2–49 开路摩阻仪

3. 应用实例

典型冻胶性能参数见表 2–13。

表 2–13 典型冻胶性能参数

项目	技术要求	性能参数范围
基液表观黏度，mPa·s	10～100	30～60
交联时间，s	15～300	25～500
耐温抗剪切能力（表观黏度），mPa·s	≥50	50～150

续表

项目		技术要求	性能参数范围
黏弹性	储能模量，Pa	≥1.5	2～5
	损耗模量，Pa	≥0.3	1～4
破胶性能	破胶时间，min	≤720	120～600
	破胶液表观黏度，mPa·s	≤5	1～5
	破胶液表面张力，mN/m	≤28	22～28
	破胶液与煤油界面张力，mN/m	≤2	0.4～1.5
静态滤失性	滤失系数，10^{-3}m·min$^{1/2}$	≤1	0.3～1.0
	初滤失量，10^{-2}m^3/m^2	≤5	2～5
	滤失速度，10^{-4}m/min	≤15	3～10
残渣含量，mg/L		≤600	50～400
压裂液破胶液与地层水配伍性		无絮凝、无沉淀	无絮凝、无沉淀

典型线性胶性能参数见表 2-14。

表 2-14　典型线性胶性能参数

项目		技术要求	性能参数范围
基液表观黏度，mPa·s		10～80	30～60
耐温抗剪切能力（表观黏度），mPa·s		≥5	5～10
破胶性能	破胶时间，min	≤120	30～60
	破胶液表观黏度，mPa·s	≤5	1～3
	破胶液表面张力，mN/m	≤28	22～30
	破胶液与煤油界面张力，mN/m	≤2	0.4～1.5
残渣含量，mg/L		≤600	10～200
降阻率，%		≥50	50～60
压裂液破胶液与地层水配伍性		无絮凝、无沉淀	无絮凝、无沉淀

典型滑溜水性能参数见表 2-15。

表 2-15　典型滑溜水性能参数

项目	技术要求	性能参数范围
pH 值	6～9	6～8
运动黏度，mm^2/s	≤5	1～3

续表

项目	技术要求	性能参数范围
表面张力，mN/m	<28	24～28
与煤油界面张力，mN/m	<2	0.4～1.5
降阻率，%	≥70	65～75
防垢率	≥90	92～98
滑溜水添加剂的配伍性	室温和储层温度下均无絮状现象，无沉淀产生	室温和储层温度下均无絮状现象，无沉淀产生
与返排液配伍性	与返排液混合放置后无沉淀物，无絮凝物，无悬浮物	与返排液混合放置后无沉淀物，无絮凝物，无悬浮物

二、页岩膨胀实验

页岩储层中黏土矿物吸水膨胀，影响井壁稳定性、压裂施工结束后期生产。因此，开发前需要对储层中页岩的膨胀性、胶结物中黏土的膨胀性进行评价。

1. 实验原理

通过对页岩进行粉碎制成100目细粉，再加压制成直径为2.54cm、长度3.00cm的柱状岩心，采用现场用钻完井液、压裂液等，模拟储层温度测量其线性膨胀率。

判断页岩的敏感程度参照标准NB/T 14022—2017《页岩水敏性评价推荐做法》，页岩的敏感程度评价指标见表2–16。

表2–16　页岩线性膨胀水敏程度评价指标

V_t（页岩的线性膨胀率），%	敏感程度
$V_t \leq 3.0$	弱
$3.0 < V_t \leq 4.0$	中等偏弱
$4.0 < V_t \leq 6.0$	中等偏强
$V_t > 6.0$	强

2. 实验设备及实验方法

页岩膨胀实验所用膨胀仪如图2–50所示。设备参数：温度室温～150℃，压力0～30MPa，位移变化量0～25mm。

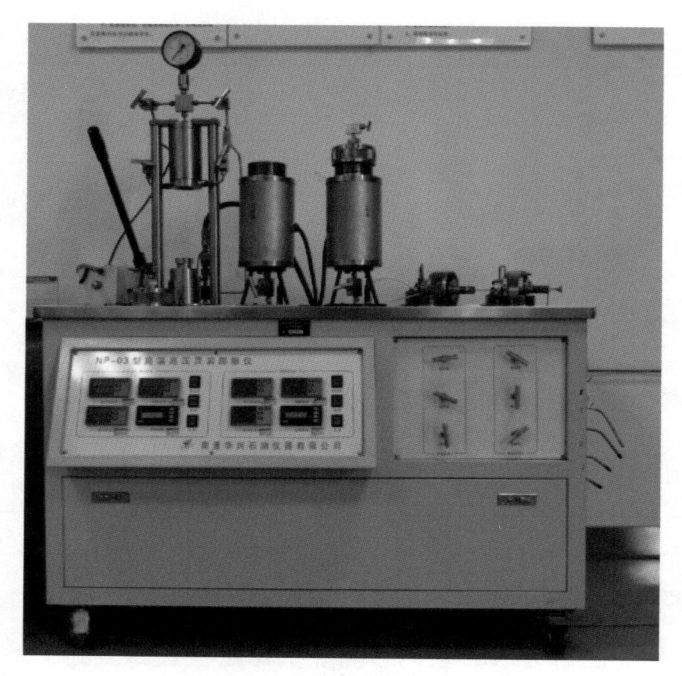

图 2-50 页岩膨胀仪

随着压裂液与黏土矿物接触时间的增加，黏土膨胀，高度增加，由传感器感应出的试样轴向位移信号，通过计算机系统将膨胀量随时间的关系曲线记录下来。当黏土矿物的膨胀量基本稳定时，最大的膨胀量与黏土样品的初始高度之比为最大膨胀率。泥页岩膨胀率计算公式：

$$E=\frac{h_t-h_0}{h_0} \tag{2-12}$$

式中 E——膨胀率，%；

h_t——黏土样品在 t 时刻的高度，mm；

h_0——黏土样品的初始高度，mm。

具体实验步骤如下。

（1）岩样制备。将线性膨胀测量筒装满岩粉放入制样筒，以匀速加压至 4MPa，稳压 5min。制得岩饼留于线性膨胀测量筒中备用。

（2）设备预热。接通电源，打开设备控制面板开关，开启控制计算机，预热 15min。

（3）工作液预热。向溶液储罐中加入 500mL 待测工作液，打开储罐加热开关，设定温度至实验温度。

（4）位移传感器安装。将制备好岩饼的测量筒放入测试室，装好位移传感器。

（5）吸液膨胀，将工作液加入测试室，启动控制软件，记录位移初始值；开启加

温开关，升温至实验温度；接通加压氮气流程，以小于 0.1MPa/s 的速度增压至实验压力；应确保实验过程中温度、压力恒定。

（6）结束实验，数据采集 16h 后，停止采集数据，导出实验数据。

（7）数据处理按式（2–12）计算实验 16h 页岩线性膨胀率。

3. 应用实例

页岩膨胀实验结果见表 2–17，实验结果表明：X01 井龙马溪组页岩膨胀率 2h 实验结果和 16h 后实验结果差距不大，说明在作用时间 2h 后，该区块龙马溪组页岩膨胀率已经达到其最大膨胀率的 90% 以上；不含防膨剂滑溜水和清水实验结果接近，加入了防膨剂滑溜水的实验结果略小，这说明防膨剂对膨胀有一定的抑制作用，但效果不明显。

表 2–17　X01 井膨胀性实验数据表

实验液体	实验室时间，h	温度，℃	压力，MPa	膨胀率，%
滑溜水	2	72	10	3.34
	16	72	10	3.65
防膨滑溜水	2	72	10	2.45
	16	72	10	2.73
清水	2	72	10	3.60
	16	72	10	3.90

三、毛细管吸收时间（CST）实验

在页岩气勘探开发过程中，CST（Capillary Suction Time）技术可突破常规敏感性实验难以开展的困境，研究页岩在不同试剂中的分散特征，判断不同配比钻井液对页岩的伤害，优选分散抑制性聚合物试剂，针对性配制入井液，制定相应压裂排采方案，保证页岩气排采过程中孔道通畅，提高产气量。

1. 实验原理

毛细管吸收时间是指通过仪器测定各种试液或配浆渗过特制滤纸一定距离所需的时间。在页岩胶体分散性研究中，一般是指用不同试液与页岩颗粒配置成一定比例的配浆渗过特制滤纸 5mm 距离所需的时间。页岩分散质量测定实验可以测出页岩在各种液体中的分散数量和分散速度。

根据累计剪切时间不同（一般为 20s，60s，120s），可以测定一组 CST 值，得出该页岩样品的一次线性方程和 CST 分散性实验曲线。

$$Y=mX+b \tag{2-13}$$

式中 Y——浆液通过滤纸渗透 5mm 距离所需时间，即 CST，s；

m——斜率，表示页岩在溶液中的分散速度；

X——剪切时间，s；

b——截距，表示瞬时分散的胶体粒子量（初分散）。

CST 比值作为敏感程度的评价指标，按式（2-14）进行计算 CST 比值：

$$C=b_{\mathrm{w}}/b_{\mathrm{k}} \tag{2-14}$$

式中 C——CST 比值，无量纲；

b_{w}——工作液的 b 值，s；

b_{k}——2% KCl 溶液的 b 值，s。

按标准 NB/T14022—2017《页岩水敏性评价推荐做法》，判断页岩的水敏感性程度评价指标见表 2-18。

表 2-18 页岩 CST 水敏程度评价指标

C（CST 比值）	敏感程度
$C\leqslant0.5$	无
$0.5<C\leqslant1.0$	弱
$1.0<C\leqslant1.2$	中等偏弱
$1.2<C\leqslant1.5$	中等偏强
$C>1.5$	强

图 2-51 毛细管吸收时间测定仪

2. 实验设备及实验方法

CST 毛细管吸收时间测定仪如图 2-51 所示，可以自动记录因分散而丧失的质量与时间的关系，并可评估实验液体抑制页岩分散的能力。设备参数：转速 5700r/min，测试时间 0～500s。

CST 毛细管吸收时间测定仪装置进行页岩分散实验程序如下。

（1）岩粉测量。称取岩粉（15 ± 0.1）g/ 份若干份。

（2）仪器准备。连接设备，接通电源，预热 15min。

（3）滤纸安装。在测试台底座上依次放上 CST 标准滤纸、带电极测试板、圆柱漏斗，确保电极、漏斗与滤纸接触充分。

（4）制备岩粉浆液。将岩粉倒入恒速搅拌仪，量取100mL待测工作液与之混合，在5700r/min速度下剪切20s。

（5）测试浆液CST值。使用注射器吸取3mL浆液，注入圆柱漏斗中，记录CST值。

（6）测试不同剪切时间的CST值。将剩余浆液在5700r/min速度下，再剪切60s测定CST值，而后再将剩余浆液在相同条件下继续剪切120s测试CST值。

（7）2% KCl溶液对比实验。重复（1）～（6）测试2% KCl（质量分数）溶液与岩粉制成浆液的CST值。

（8）相同岩粉及工作液应至少进行三组实验。在相同剪切时间下各组实验测得的CST值偏差超过10%时，应增加实验组数；待测工作液黏度应小于5mPa·s，为预防异常数据点的出现，每个数据重复实验4次。

3. 应用实例

实验选取X03井（2380.77～2381.02m）龙马溪组岩心，通过选取清水、2% KCl、含防膨剂滑溜水、不含防膨剂滑溜水四种液体分别实验评价页岩的分散能力。X03井龙马溪组CST实验结果见表2-19和图2-52。

表2-19 X03井CST分散性实验数据表

剪切时间，s	CST值，s			
	清水	2%KCl	1# 滑溜水（含防膨剂）	2# 滑溜水（不含防膨剂）
20	16.0	14.8	9.7	9.2
60	15.2	15.1	10.6	10.1
120	15.5	15.4	12.0	11.9
m	0.0037	0.0059	0.0227	0.0269
b	15.079	14.705	9.2632	8.5965

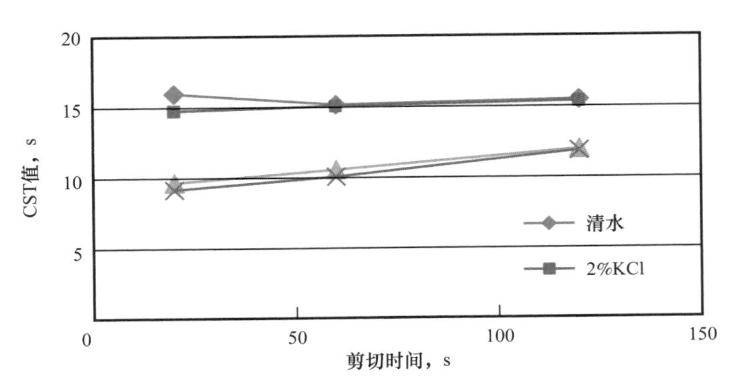

图2-52 X03井CST分散性实验曲线图

第七节　支撑剂评价

支撑剂作为水力压裂技术中的关键材料，对提高油气采收率有着重要的影响。在同一储集层、同一裂缝几何尺寸的条件下，压裂的增产效果完全取决于支撑剂的性能和裂缝的导流能力。

一、支撑剂物性评价实验

压裂支撑剂性能的检测项目主要包括密度、圆度和球度、浊度、粒径分析和破碎率等指标。通过支撑剂的物理性能评价，可以为支撑剂的优选提供直接参考。

1. 实验原理

1）密度

支撑剂的密度包括体积密度、视密度、绝对密度。体积密度是描述充填一个单位体积的支撑剂质量，包括支撑剂体积和孔隙体积，体积密度可以用于确定充填裂缝或装满储罐所需的支撑剂质量。

视密度是不包括支撑剂之间孔隙体积的一种密度，通常用低黏度液体来测量，液体润湿了颗粒表面，包括液体不可触及的孔隙体积。

绝对密度是不包括支撑剂中的孔隙和支撑剂之间的孔隙体积。

2）圆度和球度

评估支撑剂常见颗粒形状的参数是圆度和球度，用于对支撑剂的特性描述。球度是支撑剂颗粒近似球状程度的一个量度。圆度是支撑剂颗粒角隅锐利程度或颗粒曲度的一个量度。目前确定圆度和球度使用最广泛的方法是使用 Krumbien/Sloss 图版，如图 2–53 所示。现在也有采用照相计算或数字技术来确定支撑剂的圆度和球度。

3）浊度

浊度是为了确定支撑剂样品中悬浮颗粒的数量，或是否存在的其他细微分离的物质。一般来说，浊度测试是测量悬浮物的光学性质，即液体中悬浮颗粒分散和吸收光线的性能。浊度值越高，悬浮颗粒越多，结果用 FTU 或 NTU 来表示，如图 2–54 所示。

4）粒径

粒径的实验目的是评价支撑剂的粒径范围、粒径组成及其平均直径。

5）酸溶解度

为评价支撑剂在遇酸时的适宜性，因此需要开展支撑剂酸溶解度实验，支撑剂酸溶解度实验首选用 12%：3%的 HCl：HF 溶液。12%：3%的 HCl：HF 溶液主要溶解

的支撑剂表面的碳酸盐、长石、铁等氧化物及黏土等杂质，同时也可以根据储层实际情况，选择盐酸、有机酸等开展酸溶解度实验。支撑剂在酸液中，一定温度条件下，反应一定时间后支撑剂质量的降低值，即为酸溶解度。

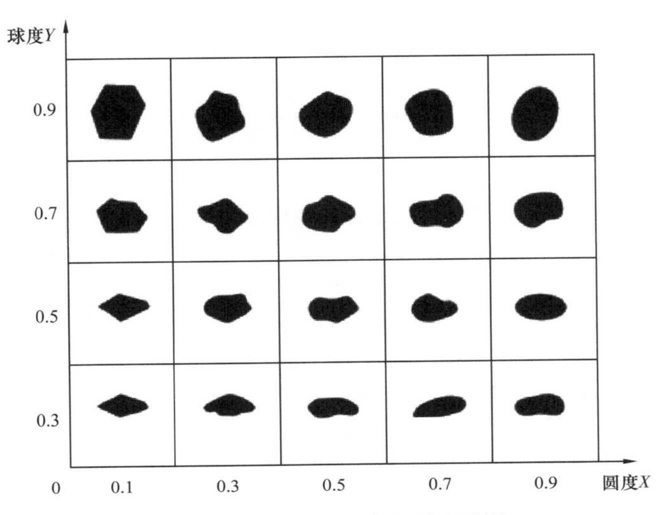

图 2-53　支撑剂圆度和球度模板

图 2-54　不同浊度值的支撑剂浊度液，图中数值的单位为 FTU

6）破碎率

破碎率是指一定体积的支撑剂在额定压力下破碎质量的多少，是支撑剂的重要实验项目之一，也是衡量支撑剂产品质量的主要依据，并以破碎率的高低作为评价支撑剂优劣的重要指标，不同支撑剂的微观破碎形态如图 2-55 所示。

2. 实验设备及实验方法

为满足支撑剂各项性能评价要求，需要配备相应的实验评价设备，下面就相关实验设备进行介绍。

(a) 破碎率1.8%

(b) 破碎率10.3%

(c) 破碎率20.1%

图 2-55　不同破碎率条件下支撑剂微观破碎形态

1）密度

体积密度采用体积密度仪测定，主要由漏斗架、截流阀、黄铜圆筒、托盘四部分组成，如图 2-56 所示。符合行业标准的体积密度仪设备参数：托盘尺寸 304mm × 304mm，截流阀为 ϕ34.9mm 的橡皮球，黄铜圆筒容量 100cm^3。

绝对密度采用的仪器如图 2-57 所示。设备参数：样品的体积为 0.1～100mL，重复性为 ±0.01%，精度为 ±0.03%。

体积密度实验过程中，首先保证支撑剂样品充分混合，选择具有代表性样品约 200g，倒入体积密度仪三角架中的漏斗中，拉开橡皮球，待支撑剂样品落满黄铜圆筒后，用尺子沿黄铜圆筒顶部一次刮平。用天平称得黄铜圆筒内支撑剂样品的质量。支撑剂样品的质量除以黄铜圆筒的体积，即为支撑剂体积密度。

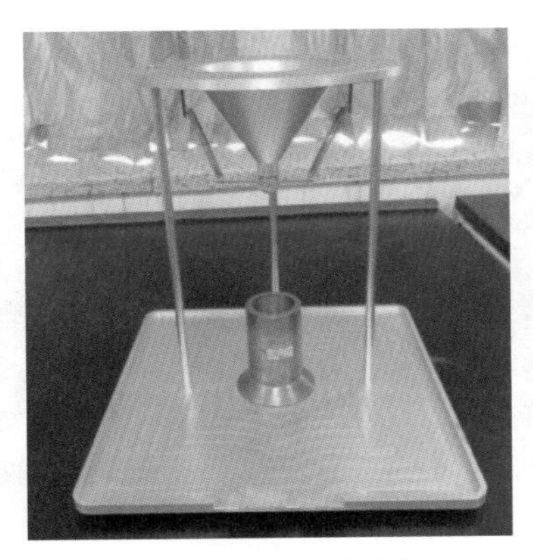

图 2-56 体积密度仪

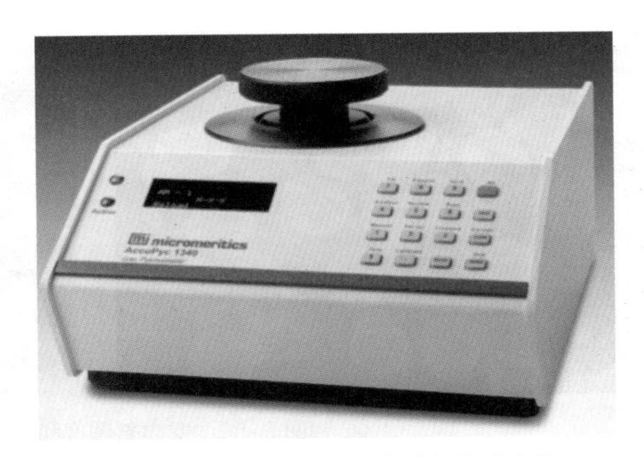

图 2-57 AccuPyc1330 自动气体密度瓶

视密度实验过程中，首先称量视密度瓶的质量，再称出瓶内装满水后的质量，并在瓶内加适量的支撑剂样品，最后在装有支撑剂样品的瓶内装满水，排除气泡，从而可以计算出支撑剂的视密度。

绝对密度实验过程中，若使用微晶粒学 AccuPyc1330 自动气体密度瓶，或与之相似的惰性气体的仪器，则应遵循厂家的用法说明。推荐测量 5 次，净化 10 次。

2）圆度和球度

圆度和球度采用光学显微镜测量，光学显微镜主要由光学系统、照明装置、机械装置三部分组成，如图 2-58 所示。符合行业标准的光学显微镜：放大倍数为 10～100 倍。

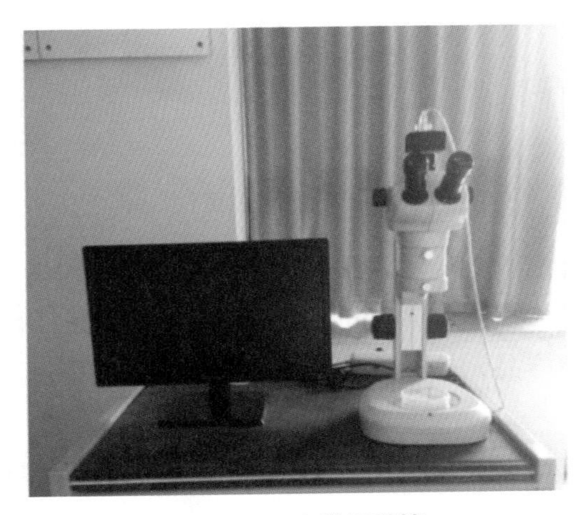
图 2-58 光学显微镜

将样品平铺在一个合适的地方，然后用低倍放大镜观察这些样品，放大倍数应为 10～40 倍的显微镜或者与之相当的仪器。如果支撑剂微浅色，则选用深色的背景，反之亦然。随机选择至少 20 粒支撑剂，用于评估支撑剂颗粒的圆度和球度，如图 2-59 所示。

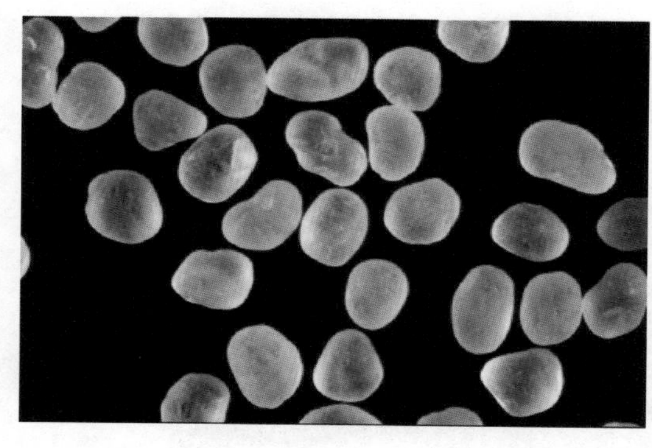

图 2-59　支撑剂圆度和球度实验照片

3）浊度

浊度通常采用散光式光电浊度仪测试，主要由钨丝灯、监测散射光的 90° 检测器、透射光检测器三大部分组成，如图 2-60 所示。设备参数：量程 0～200FTU，精度 0.001FTU。

图 2-60　光电浊度仪

首先在 250mL 广口瓶内放入天然石英砂支撑剂 30g 或陶粒支撑剂 40g，然后在广口瓶内倒入 100mL 蒸馏水，静止 30min。再用手水平往复摇动 0.5min，60 次，放置 5min，取出制备好的液体样品，按浊度仪的要求进行测量，确定支撑剂的浊度。

4）粒径

粒径采用筛网和拍击式振筛机，振筛机用于提供旋转和拍击，筛网用于筛分，其中筛网由工作筛组和主筛组组成，拍击式振筛机由机座、传动部分、套筛固定装置等部分组成，部分筛网和拍击式振筛机如图 2-61 所示。筛网性能要求：孔径为 75～4750μm，需要满足 GB/T 6003.1—2012《试验筛　技术要求和检验　第 1 部分：金属丝编织网试验筛》标准的技术要求，直径为 200mm。振筛机设备参数：转速约 290r/min，拍击次数约 156taps/min，顶锤高度约 33.4mm，计数器的精确度为 ±5s。

(a) 筛网

(b) 拍击式

图 2-61 振筛机

首先应根据支撑剂产品的粒径规格，选择相应的筛网组合，不同粒径规格的筛网组合见表 2-20。

表 2-20 不同支撑剂产品粒径规格所对应的筛网组合

支撑剂目数	6/12	8/16	12/18	12/20	16/20	16/30	20/40	30/50	40/60	40/70	70/140
粗体为规格上限，μm	4750	3350	2360	2360	1700	1700	1180	850	600	600	300
	3350	**2360**	**1700**	**1700**	**1180**	**1180**	**850**	**600**	**425**	**425**	**212**
	2360	2000	1400	1400	1000	1000	710	500	355	355	180
粗体为规格下限，μm	2000	1700	1180	1180	**850**	850	600	425	300	300	150
	1700	1400	**1000**	1000	710	710	500	355	**250**	250	125
	1400	**1180**	850	**850**	600	**600**	**425**	**300**	212	**212**	**106**
	1180	850	600	600	425	425	300	212	150	150	75
	底盘	底盘	底盘	底盘	底盘	底盘	底盘	底盘	底盘	底盘	底盘

确定筛网组合后，将每个筛子称重并记录筛重，将 80～100g 支撑剂样品撒到顶筛，然后给这组筛网加配底盘，放入振筛机中振筛 10min。最后从振筛机中取出筛网组合，称量每个筛子和底盘中保留的支撑剂样品，计算支撑剂的粒径分布和平均直径、中值直径。

5）*破碎率*

破碎率采用破碎室和压力试验机，破碎室由活塞和破碎腔组成，其洛氏硬度为 43HRC 或更高；压力试验机由主机、伺服系统、载荷传感器、位移传感器、减速机、控制系统等组成，压力试验机至少需要能提供 200MPa 的压力，压力机配备压板，在给破碎室加压时能够保持平行，如图 2-62 所示。破碎室性能参数：活塞长度为 88.9mm，直径为 50.8mm，洛氏硬度为 45HRC；压力试验机设备参数：最大试验力 800kN，试验力示值准确度 ±1%，对破碎室最大压力 400MPa，位移测量范围为 100mm，位移分辨力为 0.001mm。

(a) 破碎室

(b) 压力机

图 2-62 破碎实验所用破碎室和压力机

首先确定支撑剂样品非压实的体积密度，不同体积密度的支撑剂样品用于破碎实验的质量也不同，实验所需样品质量为支撑剂体积密度数值的 24.7 倍。然后根据支撑剂产品的粒径规格，选择适用于支撑剂样品规格的顶筛和底筛的目数，对实验样品进行筛选，将遗留在顶筛和底盘内的样品全部倒掉，仅留下底筛内的样品用于破碎率实验。将称出的样品倒入破碎室内，破碎室内支撑剂铺置面应尽可能平，将破碎室活塞插入装有称出的支撑剂样品的破碎室里。

将破碎室放入压力试验机内，令其正对压力机扶正盘之下，根据实验要求，设定相应的实验压力，破碎实验应力分级参照见表 2-21。

表 2-21 行业标准对支撑剂破碎实验的破碎应力分级参照表

支撑剂类型	破碎应力，MPa	
	最小	最大
人造支撑剂（压裂）	35	103
天然支撑剂（压裂）	14	35

以平稳的速率给破碎室的活塞加压，加载时间为 1min，保持 2min。卸载压力后，将破碎室从压力试验机中取出，将破碎室底部的样品全部刮出来，确保倒出全部样品。

将样品倒入适用于支撑剂样品规格的顶筛和底筛的筛网中，放入振筛机内并振筛

10min，仔细地称出底盘中破碎材料的质量。底盘中破碎材料的质量除以破碎实验中支撑剂样品质量，即为破碎率。在同样的破碎应力下进行 3 次实验，将平均值作为实验结果。

6）酸溶解度

酸溶解度采用塑料烧杯和抽滤机，抽滤机由真空泵和过滤器组成。符合行业标准的抽滤机，如图 2–63 所示。设备参数：抽速 20L/min，真空度 120mbar[1]，过滤器为聚四氟乙烯材质。

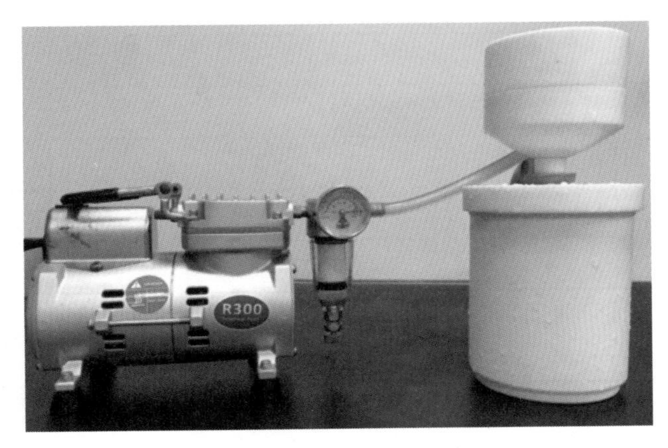

图 2–63 酸溶解度用抽滤机

支撑剂酸溶解度的实验方法如下：

（1）按标准配制 12% HCl+3% HF 溶液；

（2）将漏斗、定性滤纸、一定量的支撑剂在 105℃下烘干，在干燥器冷却 30min 后，称取 5g 支撑剂倒入聚乙烯烧杯中，漏斗和定性滤纸称重后备用；

（3）量取 100mL 配好的酸液，倒入聚乙烯杯中，将盛有酸液和支撑剂的聚乙烯烧杯置于 66℃的水浴锅内 30min，不要搅拌；

（4）将支撑剂和酸混合液从聚乙烯烧杯中移至过滤设备，并确保支撑剂颗粒全部转移；

（5）开启抽滤设备，用 20mL 的蒸馏水真空抽滤 3 次，至 pH 值为中性；

（6）将支撑剂、漏斗、滤纸一起在 105℃条件下烘干一定时间后，放至干燥器内冷却，称量记录；

（7）计算酸溶解度。

3. 应用实例

典型石英砂性能参数见表 2–22，典型陶粒性能参数见表 2–23。

[1] 1bar=0.1MPa。

表 2-22　典型石英砂性能参数

实验项目	技术要求	性能参数范围
筛析，%	大于顶筛的样品的质量≤0.1	0.2～1
	留在中间范围内的样品的质量≥90	85～99
	留在底筛上的样品的质量≤1.0	0～1.2
球度	≥0.6	0.6～0.7
圆度	≥0.6	0.6～0.7
酸溶解度，%	≤7.0	0.5～5.0
浊度，FTU	≤150	50～150
体积密度，g/cm^3		1.40～1.50
视密度，g/cm^3		2.60～2.65
破碎率，%	＜9（35MPa 应力下）	7.2～11.6

表 2-23　典型陶粒性能参数

实验项目	技术要求	性能参数范围
筛析，%	大于顶筛的样品的质量≤0.1	0～0.1
	留在中间范围内的样品的质量≥90	89～98
	留在底筛上的样品的质数≤1.0	0～1.0
球度	≥0.7	0.7～0.9
圆度	≥0.7	0.7～0.9
酸溶解度，%	≤7.0	2.5～8.0
浊度，FTU	≤100	20～50
体积密度，g/cm^3		1.50～1.80
视密度，g/cm^3		2.70～3.0
破碎率，%	＜9（69MPa 应力下）	3.5～7.0
	＜9（86MPa 应力下）	8.0～11.0

二、支撑裂缝导流能力实验

页岩储层压裂施工过程中将大量的支撑剂泵入地层，使得裂缝在储层闭合应力的作用下仍能保持张开状态并提供较高的导流能力。支撑剂的有效使用影响着裂缝导流

能力的强弱进而决定了压裂效果的好坏，支撑剂的种类、粒径、嵌入、铺置方式、闭合压力对支撑裂缝短期导流能力影响较大。

支撑裂缝长期导流能力是影响页岩气压后产能的重要因素，能否形成较高的支撑裂缝长期导流能力是水力压裂作业的关键，导流能力越大，水力压裂的效果越好、有效期越长。研究表明：油藏条件下，支撑裂缝导流能力会受到支撑剂破碎、地层微粒运移、压裂液伤害、垢沉淀、支撑剂溶解和运移等因素综合影响而逐渐降低。短期导流能力仅能评价和优选支撑剂，而困难、费时、昂贵的长期导流能力测试方法也不利于优化压裂施工设计以延长压裂井有效期，增加水力压裂的经济效益。针对导流能力伤害机理，考虑支撑剂铺置方式、支撑剂压缩变形、支撑剂蠕变嵌入和流体流动条件下压力溶蚀成岩作用的长期导流能力，可定量研究支撑裂缝长期导流能力随时间的变化情况，能评价各因素对长期导流能力的影响程度，不仅能为正确评价和选择支撑剂提供可靠的依据，同时也能指导气井的合理开发。

1. 实验原理

在一定的闭合压力下使流体流过支撑剂充填层，在不同闭合压力条件下流体流过支撑剂充填层时，要测量支撑剂充填缝宽、压差和流量。计算出支撑剂充填层的导流能力和渗透率。每个闭合压力下可进行三种流量实验，实验结果是三种流量实验的平均值。在要求的流量和室温条件下，需要避免非达西流或惯性影响。一种闭合压力下的三个流量实验做完后，可将闭合压力增加至另一个值，等候一定的时间以使支撑剂充填层达到半稳态，再使用三种不同流量做实验，取得所需的数据，确定在此条件下的支撑剂充填层的导流能力。重复此程序直到设计的闭合压力和流量全部实验完毕。

2. 实验设备及实验方法

支撑裂缝短期导流能力实验是通过将一定量的支撑剂铺置在支撑导流室中，如图 2–64 所示。再将支撑导流室接入支撑导流仪流程中，流程如图 2–65 所示。评价不同流量下流体通过支撑剂充填层两端的压差，从而确定导流能力的大小。

天平部分用来测量流过裂缝的流量 Q，压力传感器用来测量流体流过时裂缝两端的压差 Δp，位移计用来测量不同闭合压力下的裂缝宽度 W_f，取 ΔS_1 和 ΔS_2 的平均值。因此支撑剂充填层的渗透率 K 和裂缝宽度 W_f 的乘积，即为不同闭合压力下支撑裂缝的导流能力。

首先根据达西公式测出支撑剂充填层的渗透率：

$$K=\frac{Q\mu L}{A\Delta p} \tag{2-15}$$

式中 K——支撑裂缝渗透率，D；

Q——裂缝内流量，cm^3/s；

μ——流体黏度，mPa·s；

L——支撑剂充填层测试段长度，cm；

A——支撑剂充填层横截面积，cm^2；

Δp——压差，kPa。

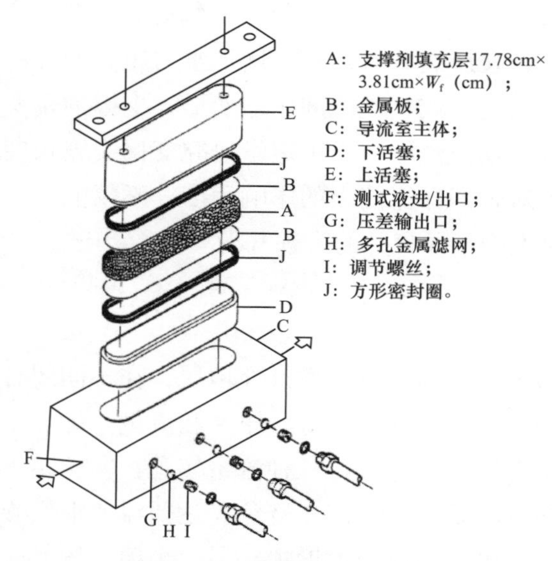

图 2-64 支撑导流室示意图

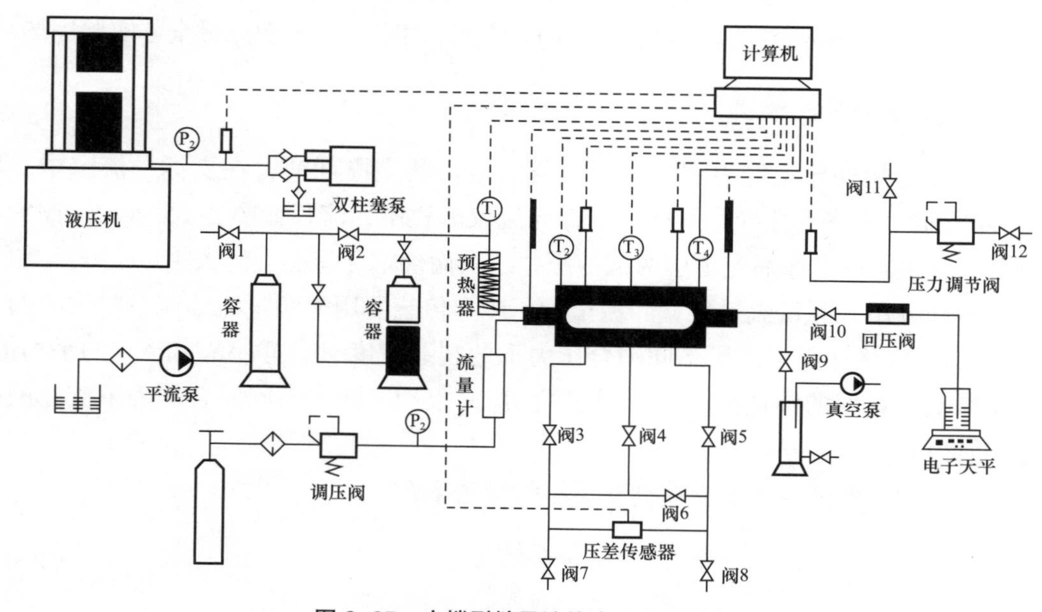

图 2-65 支撑裂缝导流能力实验流程图

支撑裂缝导流能力实验所用支撑裂缝导流仪如图 2–66 所示，设备参数：最大闭合压力 120MPa，液体最大流量 10mL/s，流动介质为液体或气体。

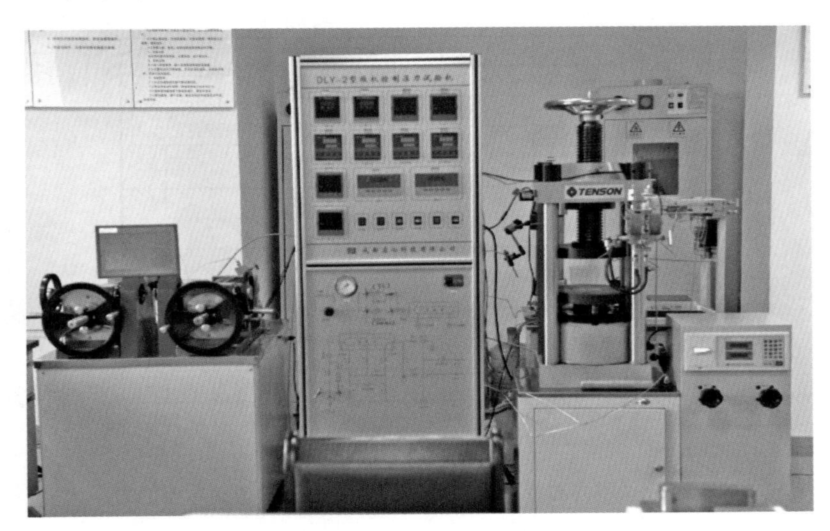

图 2–66　支撑裂缝导流仪

长期导流能力与短期导流能力的实验准备步骤基本一致，短期导流能力侧重于导流能力在不同闭合压力下的变化情况，而长期导流能力侧重于在某一闭合压力下，导流能力随时间的变化情况。

支撑裂缝长期导流能力，需要确定在某一闭合压力下进行实验，具体压力数值需要根据地层压力、流体压力综合确定。在确定闭合压力条件下流体流过支撑剂充填层时，要测量支撑剂充填缝宽、压差和流量。计算出支撑剂充填层的导流能力和渗透率。直到达到设计的实验时间全部实验完毕。

长期导流能力实验过程中根据目标层位温度设定实验温度，待温度达到设定温度并稳定后（变化 ±1℃），将压力增加至实验目标压力；设定注入速度为 2～4mL/min 之间，并开始记录实验数据，测试至少维持（50±2）h。

3. 应用实例

1）支撑剂充填层短期导流能力

不同粒径支撑剂的导流能力实验时，铺砂浓度通常采用 0.5kg/m^2、2.5kg/m^2 或 5.0kg/m^2，闭合压力从 6.9MPa 开始，每个压力点测试 1h，流体流量 2～5mL/min。

在 5.0kg/m^2 铺砂浓度条件下，3 种粒径陶粒在不同闭合压力下的短期导流能力测试结果如图 2–67 所示。

由图 2–67 可以看出，随着闭合压力升高，40/70 目陶粒导流能力下降显著，平均每 14.5MPa 下降 15D·cm；50/100 目陶粒平均每 14.5MPa 下降 5D·cm；70/140 目陶粒平均每 14.5MPa 仅下降 1D·cm。说明 70/140 目陶粒导流能力受闭合压力增大的影响最低，变化平缓。粒径越低，导流能力绝对值越低，受闭合应力的影响也低。

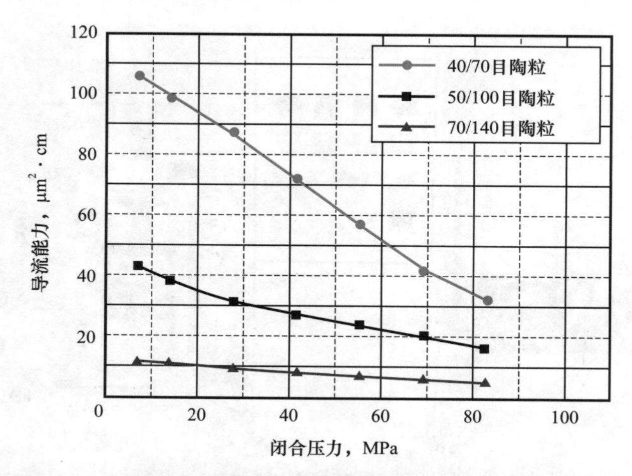

图 2-67　不同粒径陶粒在不同闭合压力下的短期导流能力

2）支撑剂充填层长期导流能力

选用 3 种不同厂家的 40/70 目陶粒支撑剂，铺砂浓度采用 2.5kg/m²，闭合压力为 52MPa，实验时间为 50h，流体流量 2～4mL/min，支撑剂充填层长期导流能力如图 2-68 所示。

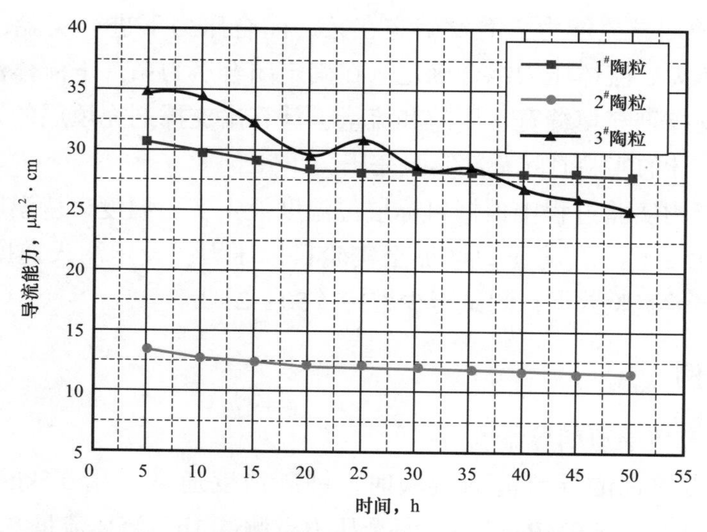

图 2-68　不同陶粒在同一闭合压力下的长期导流能力

由图 2-68 可以看出，当闭合压力为 52MPa，铺砂浓度为 2.5kg/m² 时，在实验初期 1# 和 3# 陶粒均表现出较高的导流能力；前 30h 内，导流能力下降速度较快，30h 以后，3 种支撑剂的导流能力下降幅度变小。分析认为，支撑裂缝长期导流能力随

着时间增加，支撑裂缝导流能力缓慢降低，实验50h后陶粒导流能力为初始值的70%～90%。整个支撑剂充填层长期导流能力下降规律表现出“前快、中慢、后稳”的规律。

三、支撑剂缝内流动规律模拟实验

在滑溜水用于页岩气压裂中，由于滑溜水黏度低，携砂能力差，支撑剂输送困难，在施工过程中过高的支撑剂浓度容易造成砂堵，支撑剂浓度过低会使缝内铺砂浓度降低，影响压裂后的改造效果。并且由于页岩储层微裂缝发育，压裂时会造成滑溜水的大量滤失，进一步加剧了支撑剂输送的困难。导致在压裂施工中，常出现支撑剂沉降在裂缝底部，在裂缝上部以及远离井筒端没有支撑剂铺置的情况，影响压裂增产措施的效果。因此，水力压裂中支撑剂的铺置对压裂施工效果的成功与否至关重要，对支撑剂铺置的预测也是设计和评价水力压裂的关键。

1. 实验原理

实验根据相似性原理，选取某一页岩气压裂施工现场实践，根据现场施工作业的泵入排量、压开后裂缝的实际尺寸等信息，规定实验室平行板内流速与现场裂缝内流速相等，再根据现有的裂缝模型装置尺寸，换算出实验泵入排量。

为保证现场人工裂缝与实验平板中具有相同的流体动力学特征，根据雷诺相似原则将现场排量转换为实验排量，计算公式见式（2–16）：

$$V_e = \frac{V_f}{h_f \times w_f \times 2} \times h_e \times w_e \tag{2-16}$$

式中　V_e——室内实验排量，m^3/min；

V_f——现场排量，m^3/min；

h_f——人工裂缝高度，m；

w_f——人工裂缝宽度，mm；

h_e——平板装置的高度，m；

w_e——平板间的宽度，mm。

2. 实验设备及实验方法

支撑剂缝内流动可视化实验装置流程如图2–69所示，该实验装置主要由供液和泵送系统、混砂系统、可视裂缝系统、液体回收系统、数据采集与控制系统5部分组成。其中可视裂缝系统的缝宽为6mm、长度为6000mm、高度为600mm。动力输送系统最大排量为200L/min，可完成压裂支撑剂缝内沉降规律工程模拟。该装置模拟压裂中一段人工裂缝，使用动力输送系统将携砂液以不同速度注入可视裂缝系统，通过可视裂缝系统的透明有机玻璃即可清晰观察压裂液或携砂液在裂缝中的流动状态以及支撑剂运移和铺置状况，利用数据采集与控制系统中高分辨率录像机进行实验过程的拍摄，记录不同实验条件下整个实验过程中支撑剂缝内沉降规律。

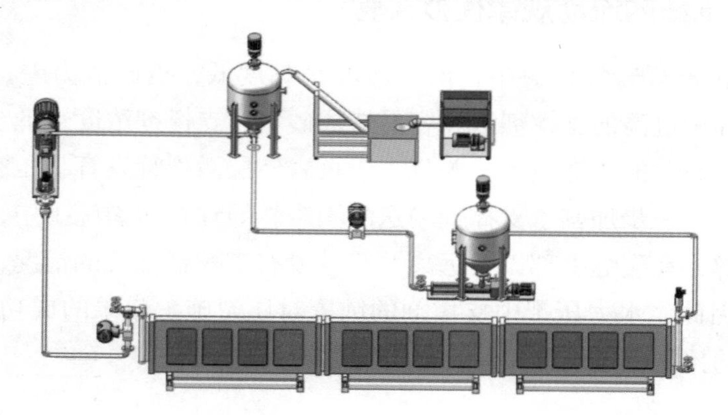

图 2–69 支撑剂缝内流动可视化实验装置流程图

支撑剂缝内流动可视化实验装置如图 2–70 所示，设备参数：裂缝高度 0.6m，裂缝宽度 0.01m，裂缝长度 2m、4m、6m 可调，砂浓度 0～700kg/m^3，液体黏度 1～100mPa·s，最大排量 12m^3/h，压力不大于 1.2MPa。

图 2–70 支撑剂缝内流动可视化装置

为保证实验数据的准确可靠，支撑剂缝内流动状态可视化实验装置采用如下实验流程：

（1）连接实验仪器，确保实验装置的密封性，启动支撑剂缝内流动状态可视化实验装置控制柜，将数据清除归零。

（2）关闭混砂罐出口阀门，注入实验所需的压裂液用量（稍过量），若需提高压裂液的黏度，则计算并称量好所需添加剂的用量，打开混砂罐搅拌器，加入所需添加剂，此时无需加入支撑剂颗粒。

（3）打开混砂罐出口阀门，启动螺杆泵，向模拟裂缝内注入压裂液，待压裂液充满整个裂缝，此时裂缝中的压裂液相当于实际压裂施工中的前置液。

（4）计算并称量实验所需支撑剂颗粒用量，加入输砂装置。为保证整个实验过程中保持稳定的砂浓度，调节输砂装置的输送速度，保证其和混砂罐内压裂液混合达到动态平衡。调节实验所需的泵频率，开启螺杆泵，在电脑客户端开启数据采集软件系统，实验开始。

（5）从支撑剂颗粒开始进入裂缝的时刻计时，直到所配制的混砂液全部泵送完毕，关停搅拌器、螺杆泵及输砂器，关闭电脑客户端的数据采集系统，实验结束。整个实验过程中，用高清摄像机全程记录沙堤的形态和相关参数。

（6）用清水大排量冲洗裂缝模拟系统，在液体回收系统中，砂子和压裂液分离后，将支撑剂颗粒收集晾晒以便重复利用，压裂液则统一回收处理。

支撑剂铺置表征参数通常可以分为平衡高度、沙堤前缘距缝口距离、沙堤前缘坡度。

1）平衡高度

支撑剂颗粒进入裂缝后，随着时间的推移，沙堤会逐渐堆积，直到沙堤不再增高时。此时形成的沙堤高度即为平衡高度，从压裂液泵入裂缝开始计时，沙堤达到平衡高度所需的时间即是平衡时间。

携砂液进入裂缝后，携砂液中的支撑剂颗粒受到浮力、重力和流体携带力的综合作用，当压裂液黏度较低时，支撑剂颗粒受到的浮力小于重力，支撑剂颗粒开始沉降，在裂缝底部形成沙堤。随着支撑剂的不断沉降，沙堤的高度不断增加，流过沙堤顶部的面积减少，所以流速增大，使部分支撑剂颗粒处于悬浮状态，颗粒停止沉降，这时裂缝中的流速被称为平衡流速，平衡流速是携带支撑剂的最小流速。

平衡流速是携带砂子的最低流速，裂缝中实际的流动速度和平衡速度之间的差值必然会影响沙堤的堆起速度。缝内流速达到平衡流速时，沙堤达到平衡高度，此时沙堤不再增高。

2）沙堤前缘距缝口距离

当携砂液进缝速度达到一定值后，由于裂缝进口速度大，会存在入口效应，这种情况下，沙堤并不全是从裂缝进口就开始堆积，靠近裂缝入口的地方会有无砂区的存在，而且不同泵入条件下的沙堤前缘距缝口距离会不同，L_{eq} 是沙堤前缘距离裂缝入口的长度，该参数决定了沙堤斜坡前的无砂区距离，如图 2-71 所示。

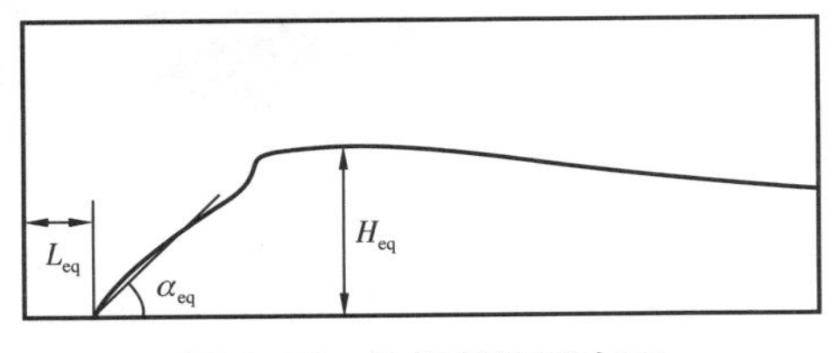

图 2-71　沙堤前缘形态图

合理控制 L_{eq} 能避免在井底周围产生缩颈现象。在压裂现场实际施工中，如果裂缝入口处支撑剂没有进行有效铺置，当压裂液返排后，裂缝内压力降低，有可能导致裂缝入口完全闭合，即使支撑剂在裂缝中后部进行了有效铺置，也会大大降低压裂施工的效果。所以，应该尽量减小该参数值，保证压裂施工的良好效果。

3）沙堤前缘坡度

用 α_{eq} 表示平衡状态时沙堤前缘的坡度值。该参数用来描述平衡状态时，井底附近支撑剂颗粒的填砂程度，如图 2–71 所示。

该参数值越大越好，坡度越大，则井底附近铺砂程度越好，可以大大提高裂缝的导流能力。

3. 应用实例

为研究不同液体对支撑剂缝内流动规律的影响，在总支撑剂量及支撑剂浓度相同的情况下，开展不同黏度对支撑剂沉降规律的影响研究，实验中液体分别为滑溜水、线性胶、冻胶（表 2–24）。

表 2–24　不同液体对支撑剂铺置的影响实验方案

序号	排量，L/min	支撑剂类型	压裂液类型
1	60	40/70 目陶粒，体积密度 1.50g/cm^3	滑溜水
2	60	40/70 目陶粒，体积密度 1.50g/cm^3	线性胶
3	60	40/70 目陶粒，体积密度 1.50g/cm^3	冻胶

不同黏度下的支撑剂铺置规律如图 2–72 所示。

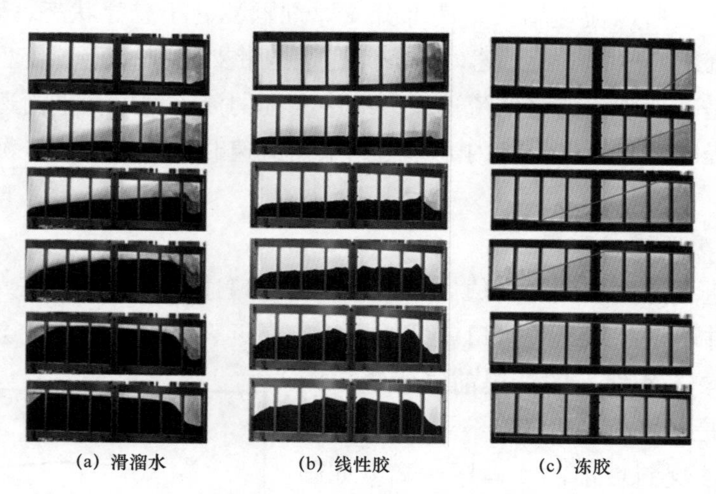

(a) 滑溜水　(b) 线性胶　(c) 冻胶

图 2–72　不同黏度下沙堤的形成过程

由图 2–72 可以看出，当液体依次为滑溜水和线性胶时，黏度分别为 1mPa·s、30mPa·s，沙堤达到平衡高度时间分别为 4.0min、3.0min，黏度为 1mPa·s、30mPa·s，

沙堤平衡高度分别为405mm、315mm。由于高黏冻胶携砂能力强，支撑剂在裂缝中均匀向前推进，沉降速率慢，在破胶前未能形成沙堤形态。

四、支撑剂优选

近年来，国际油气价格持续低迷，降本增效已成为页岩气开发的主旋律。北美除钻完井提速增效外，减少陶粒用量，同时增加天然石英砂在压裂施工中所占比例，大幅降低了压裂材料费用，实现了低气价下页岩气的效益开发。

与常规气藏压裂相比，目前水平井分段压裂形成复杂体积缝网是页岩气有效开采的关键技术之一，复杂体积缝网依靠支撑剂支撑并成为页岩气渗流的重要通道。虽然陶粒支撑剂的导流能力明显高于石英砂支撑剂。但国外通过对研究不同支撑剂用量下不同类型支撑剂对气井净收益的研究表明，在相同支撑剂用量下，由于陶粒价格较高，成本增加，陶粒支撑剂的净收益反而低于石英砂支撑剂，不利于当前油价环境下的页岩气效益开发。因此需要根据页岩储层对支撑剂性能、导流能力的需求，开展支撑剂优选。

1. 数值模拟

长宁区块龙马溪组优质段页岩基质渗透率为（0.7～1.5）$\times 10^{-4}$mD，平均1.0×10^{-4}mD（表2–25）。

表2–25　长宁区块部分页岩基质渗透率测试结果

区块	井号	渗透率范围，mD
长宁	宁201	3.18×10^{-5}～2.42×10^{-4}
	宁203	1.09×10^{-5}～4.50×10^{-5}
	宁208	5.21×10^{-6}～7.15×10^{-4}
	宁209	2.36×10^{-6}～1.25×10^{-3}
	宁210	2.13×10^{-5}～1.48×10^{-4}
	宁211	9.50×10^{-5}～6.02×10^{-4}
	宁212	5.30×10^{-5}～2.96×10^{-4}

模型参数：水平段长为1500m，基质渗透率为2.36～1250nD，簇间距为25m，分支缝间距为25m，主支撑缝长为100m，压力系数为2.0，井底流压为5MPa。

根据长宁页岩基质渗透率范围，选择三个基质渗透率数值1.0×10^{-4}mD，2.4×10^{-4}mD、6.0×10^{-4}mD；模拟不同裂缝导流能力对单井产量的影响，表明分支裂缝导流能力对产量的影响小于主裂缝导流的影响。如图2–73和图2–74所示。

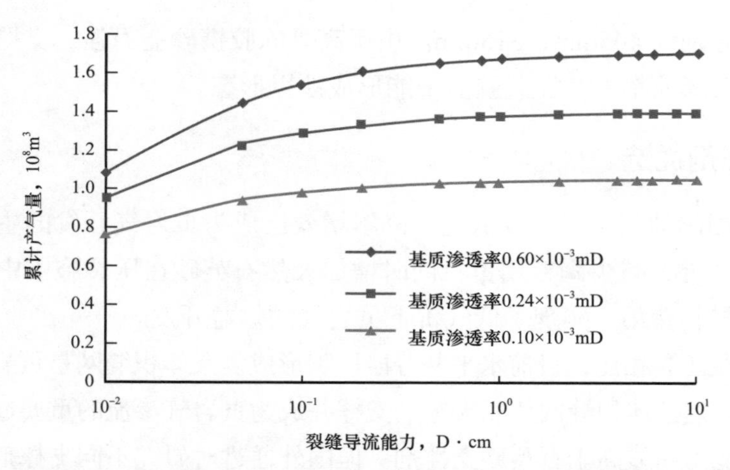

图 2-73　单井不同主裂缝导流 3 年末的累计产气量图（分支裂缝导流能力 0.05D·cm）

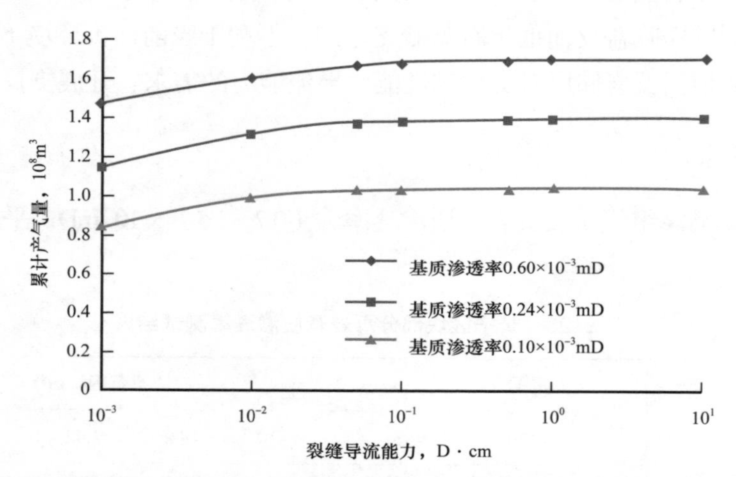

图 2-74　单井不同分支裂缝导流 3 年末的累计产气量图（主裂缝导流能力 1.0D·cm）

2. 现场生产

长宁 H9、H12 平台用支撑剂破碎率较高，导流能力在闭合压力 69MPa 时为 1.2～2.8D·cm，生产数据见表 2-26 及图 2-75。生产数据表明，1.2～2.8D·cm 的导流能力能满足页岩气井生产的技术需求。

表 2-26　长宁平台生产数据

井号	测试产量，10^4/d	年累计产量，10^4m^3	目前产量，10^4m^3/d	投产时间
CN H9-4	25	2282	4.07	2016 年 1 月
CN H12-1	19.45	2078	3.965	

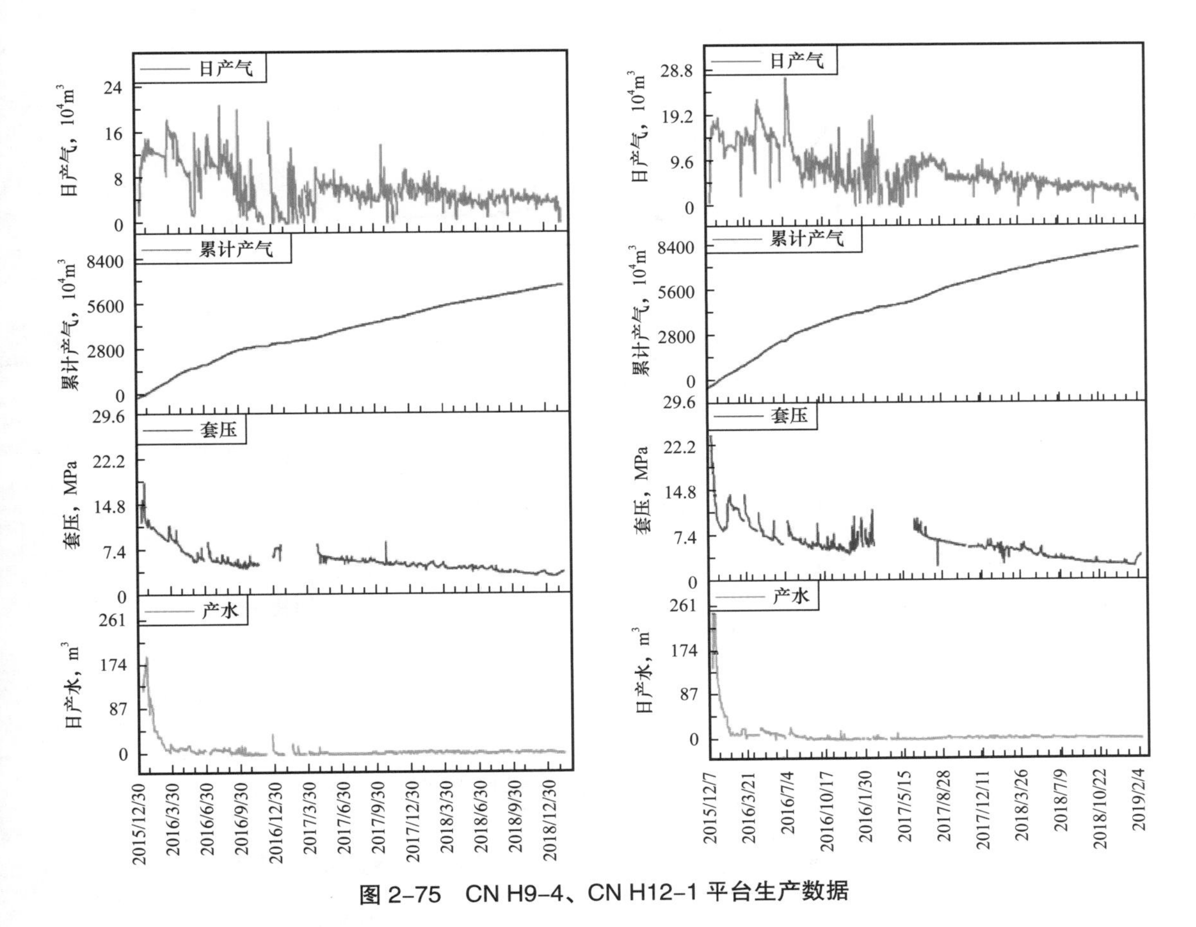

图 2-75 CN H9-4、CN H12-1 平台生产数据

为了进一步量化页岩储层对支撑剂导流能力的需求，以长宁—威远为例，研究页岩气井对支撑导流能力的技术需求。导流能力和产量关系见式（2-17）。

$$p_e - p_{wf} = \frac{q_f \mu B}{2\pi K_h h} \ln\left[\frac{R_e}{X_f} + \sqrt{1+\left(\frac{R_e}{X_f}\right)^2}\right] + \frac{q_f \mu B}{2\pi K_f w_f} \ln\frac{h}{2r_w} \qquad (2-17)$$

表 2-27 不同井的基质有效渗透率

区块	井号	基质有效渗透率，mD
长宁	CN H10-3	0.0035
威远	WY 204H2-4	0.0045
	WY 204H6-6	0.0002

基于宁 209 井基质渗透率，利用压裂软件模拟不同主缝及分支缝的导流能力对累计产量的影响。

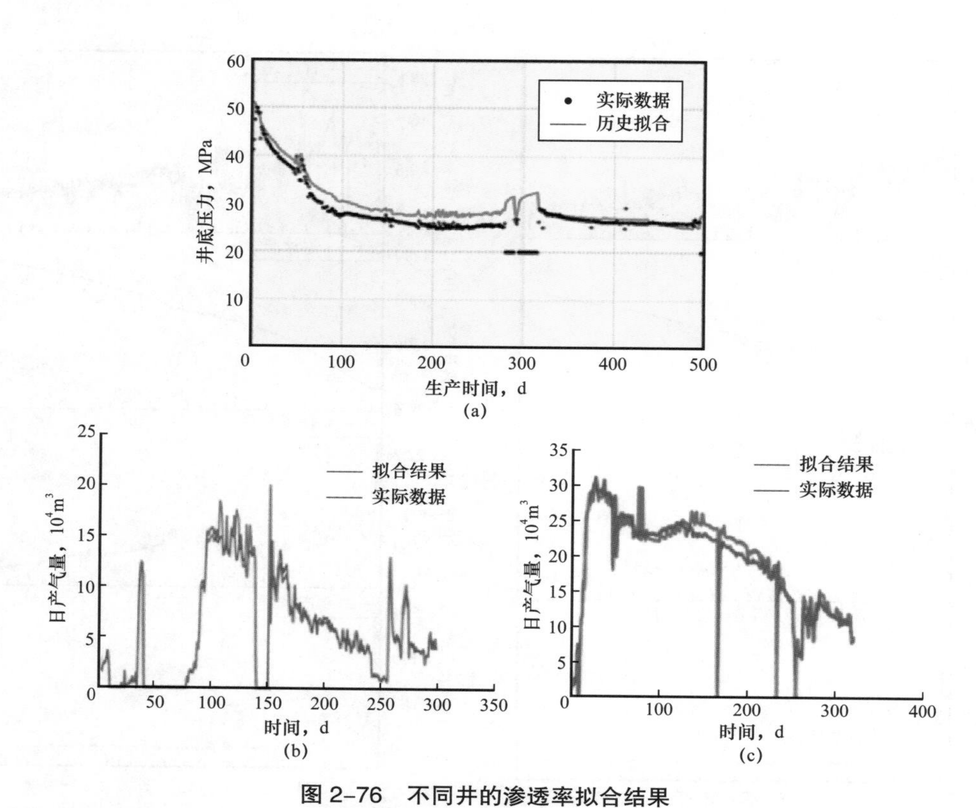

图 2-76　不同井的渗透率拟合结果

表 2-28　不同基质渗透率下，不同主裂缝及分支裂缝对导流能力的需求

井号	基质渗透率，nD	不同裂缝对导流能力的需求	
		主裂缝导流能力，D·cm	分支裂缝导流能力，D·cm
宁 209	2.36	≥0.1	≥0.05
	1250	≥1	≥0.1

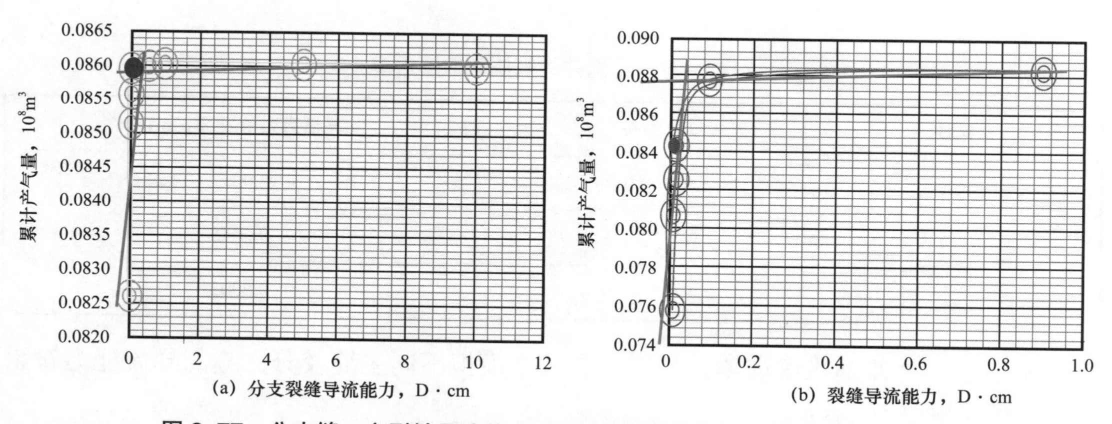

图 2-77　分支缝、主裂缝导流能力对累计产量影响（基质渗透率 2.36nD）

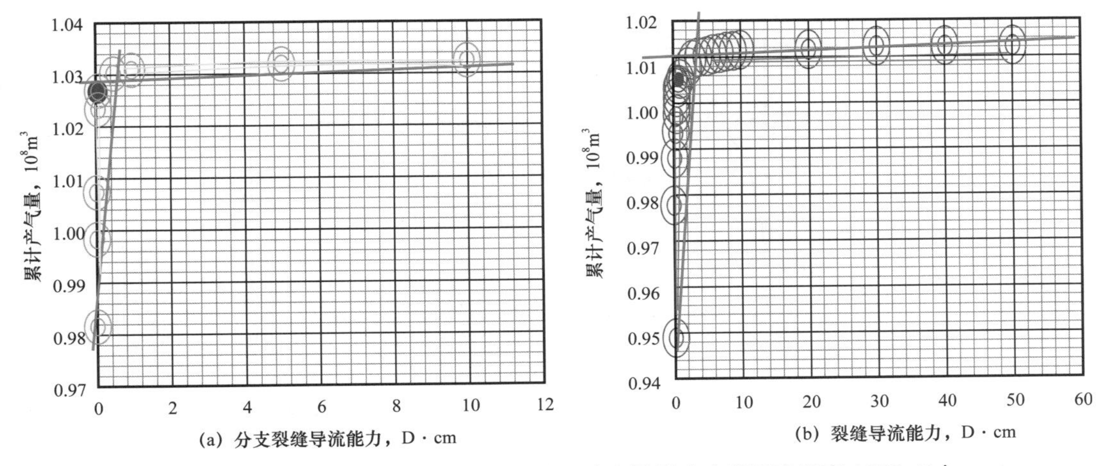

图 2-78　分支缝、主裂缝导流能力对累计产量影响（基质渗透率 1250nD）

因此，为满足不同基质渗透率页岩储层的生产需求，支撑裂缝的导流能力应大于 1.0D · cm。

第八节　压后返排实验

页岩气储层具有脆性高、渗透率低、天然微裂缝发育等特点，通过大规模水力压裂可以形成复杂的裂缝网络，增大裂缝面与页岩基质的接触面积，从而实现页岩气的工业开采。而页岩气井返排率普遍较低，压后返排特征差异较大，压裂液大量残留于页岩中会与页岩相互作用，影响裂缝的扩展、返排率及压裂液中离子成分的变化。

一、返排液矿化度及离子含量

大量的文献表明，返排液的矿化度及离子含量特征对分析压裂效果及优化返排措施具有重要意义[24, 25]。水力压裂施工工程中，压裂液由清水、支撑剂和少量其他添加剂组成。除了返排液回收再利用之外，由于压裂液中添加剂用量少，其总矿化度是有限的，例如氯化钾（1%～7%），作为黏土稳定剂以减少黏土膨胀和黏土颗粒运移。然而，返排液的成分，特别是总矿化度，总是明显不同于注入的压裂液。矿场分析显示，页岩气井压裂液返排液通常具有较高的矿化度，如图 2-79 所示。现场监测长宁区块返排液离子含量变化，返排液的阳离子含量随时间的变化如图 2-80 所示，随着返排时间的增加，Na^+、K^+、Ca^{2+}、Mg^{2+} 的含量均有所增加，返排达到一定时间后，离子含量的增加变缓，趋于稳定。

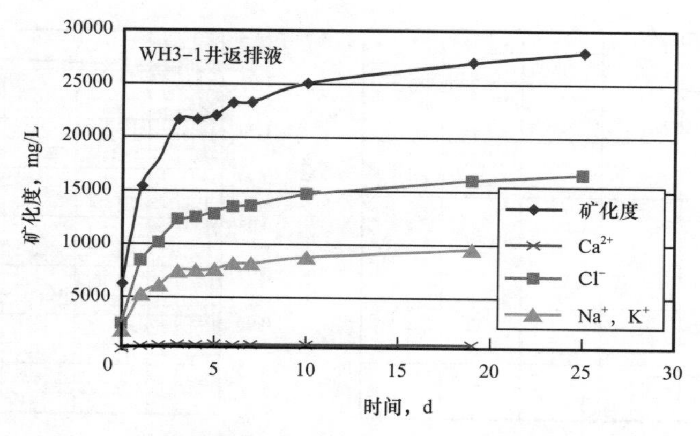

图 2-79　四川盆地威远区块某页岩气井返排液矿化度变化趋势

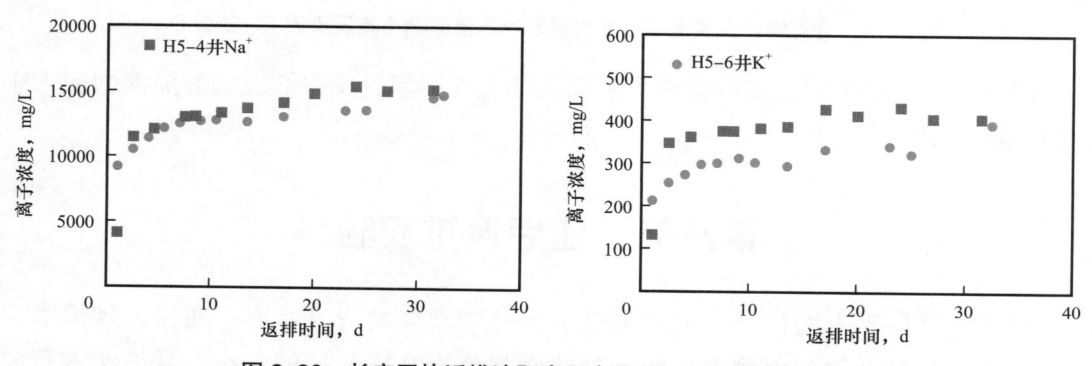

图 2-80　长宁区块返排液阳离子含量随返排时间的关系图

1. 实验原理

返排液水质分析中，离子色谱仪的工作原理是输液泵将流动相以稳定的流速（或压力）输送至分析体系，在色谱柱之前通过进样器将样品导入，流动相将样品带入色谱柱，在色谱柱中各组分被分离，并依次随流动相流至检测器。抑制型离子色谱则在电导检测器之前增加一个抑制系统，即用另一个高压输液泵将再生液输送到抑制器，在抑制器中流动相的背景电导被降低，然后将流出物导入电导检测池，检测到的信号送至数据系统记录、处理和保存，从而分析出相应的离子浓度。

对于微量金属元素，采用原子吸收光谱仪进行测定，原子吸收是指呈气态的原子对由同类原子辐射出的特征谱线所具有的吸收现象。当辐射投射到原子蒸气上时，如果辐射波长相应的能量等于原子由基态跃迁到激发态所需要的能量时，则会引起原子对辐射的吸收，产生吸收光谱。基态原子吸收了能量，最外层的电子产生跃迁，从低能态跃迁到激发态。原子吸收光谱根据郎伯—比尔定律来确定样品中化合物的含量。已知所需样品元素的吸收光谱和摩尔吸光度，以及每种元素都将优先吸收特定波长的光，因为每种元素需要消耗一定的能量使其从基态变成激发态。检测过程中，基态原子吸收特征辐

射，通过测定基态原子对特征辐射的吸收程度，从而测量待测元素含量。

2. 实验设备及实验方法

水质分析实验采用的离子色谱仪，主要由流动相容器、高压输液泵、进样器、色谱柱、检测器和数据处理系统等组成。瑞士万通公司Metrohm883离子色谱仪如图2–81所示。设备参数：色谱泵最大运行压力50MPa，色谱泵流速0.001～20mL/min，色谱泵最小分度值0.001mL/min，离子色谱仪洗脱液浓度范围0～100%，有效进样体积0.5～11mL，测量范围0～15000μs/cm无区段切换。

图2–81　离子色谱仪

水质分析实验采用的原子吸收光谱仪主要由光源、原子化系统、分光系统和检测系统组成。美国PE公司PinAAcle900T原子吸收光谱仪如图2–82所示。设备参数：波长189～900nm自动选择，实时双光束光路设计，8个灯架，自动设定元素测定的波长/狭缝/灯电流/灯的最佳位置等条件，内置8个空心阴极灯和4个无极放电灯电源，检出限Cu小于0.9pg，分辨率0.2nm。

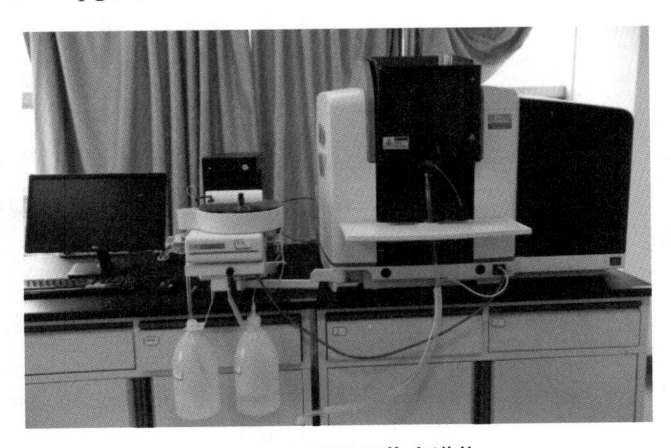

图2–82　原子吸收光谱仪

残余聚合物浓度主要利用烧杯、烘箱、过滤等通用设备。

重复利用中的抗盐性、返排水配制滑溜水的降阻率所需实验设备，采用滑溜水评价中相关降阻率实验设备，在此不重复介绍。

离子色谱仪进行水质分析，实验方法如下：

（1）准备淋洗液、色谱柱，启动仪器预热。

（2）打开软件：调用方法为“阴/阳离子分析”，点击“启动硬件”，预热30～60min直至纵坐标放在1范围内基线平衡。

（3）建立标准曲线：首先建立相应离子的标准曲线，随后开展样品的离子成分及含量测定。使用离子色谱仪进行检测，检测前对离子色谱仪测量精度进行检验校正。例如：配置1000g/mL的NaCl溶液测定Cl^-含量，同时配置50g/mL的Mg^{2+}溶液测定Mg^{2+}含量，实验结果如表2-29所示，可以看出，离子色谱仪离子含量测量误差小，能够满足实验要求。

表2-29　离子色谱仪测试精度验证

溶液类型	离子种类	理论值，mg/L	测量值，mg/L	误差，%
Cl^-溶液	Cl^-	393.16	399.57	1.63
Mg^{2+}溶液	Mg^{2+}	50	48.72	2.60

（4）准备样品：用0.45μm孔径的过滤膜过滤后放入进样架，未知浓度的样品还需先稀释100～1000倍后再进样，避免浓度太高污染系统。

（5）开始测定：点击工作平台中的“测量序列”，输入名称、样品类型、样品位、进样次数后，点击“开始”进行分析处理。

（6）数据分析，将分析实验的结果与标准曲线对比，从而确定溶液中相应离子的浓度。

3. 应用实例

页岩压裂中压裂液的水含量一般都大于90%，而页岩含大量黏土矿物，遇压裂液时会与其发生相互作用，返排液矿化度及离子组成的变化能间接地反映气井的返排阶段和储层改造效果。将页岩粉末用压裂液浸泡，测试浸泡过程中的矿化度和离子组成变化。

1）实验样品

取长宁区块页岩6～16目岩样颗粒70g，岩样矿物成分及黏土矿物成分见表2-30和表2-31。实验流体为200mL蒸馏水，浸泡过程如图2-83所示。

表 2-30　长宁区块页岩矿物成分

岩心编号	井号	主要矿物百分含量，%							
		石英	正长石	斜长石	方解石	白云石	铁白云石	硬石膏	黏土矿物
yx-2013-151-01	宁 212	49.62	0.00	5.89	14.53	0.00	0.00	0.42	29.54
yx-2013-146-08	宁 212	49.98	0.00	6.67	14.60	0.00	0.00	1.37	27.38
yx-2017-35-08	宁西 202	65.37	2.38	2.82	14.33	0.00	1.00	0.00	14.11
yx-2017-36-01	宁西 202	75.01	0.00	3.05	12.82	0.00	0.50	0.00	8.63
yx-2017-42-01	宁西 202	68.88	0.00	3.77	12.92	0.00	7.09	0.00	7.34

表 2-31　长宁区块页岩黏土矿物成分

岩心编号	井号	高岭石，%	绿泥石，%	伊利石，%	伊 / 蒙间层，%
yx-2013-151-01	宁 212	21.7	52.2	16.0	10.1
yx-2013-146-08	宁 212	10.9	67.3	7.3	14.5
yx-2017-35-08	宁西 202	0.6	5.5	65.9	28.0
yx-2017-36-01	宁西 202	8.2	3.9	3.9	83.9
yx-2017-42-01	宁西 202	4.2	2.2	12.8	80.8

图 2-83　页岩颗粒浸泡实验

2）实验步骤

室温条件下（25℃恒温），将岩样颗粒放入蒸馏水中，在不同时间节点测试溶液的电导率（对于无机盐溶液，电导率可近似认为与溶液矿化度线性正相关），并取水样分析水样的离子组成。

3）实验结果

由表2-32、图2-84可知，浸泡溶液中主要的阳离子为Na^+，与压裂液返排液的主要阳离子类型相同；浸泡溶液的主要的阴离子为SO_4^{2-}，而压裂液返排液的主要阴离子为Cl^-，主要原因可能是在室内浸泡条件下，空气中的氧气发生氧化作用，将页岩颗粒中黄铁矿的低价硫元素氧化为了SO_4^{2-}，而地层条件总体为缺氧条件，导致氧化作用不明显。

表2-32　长宁区块页岩颗粒浸泡溶液离子组成分析

岩样编号	浸泡时间 h	阳离子，mg/L				阴离子，mg/L				总矿化度 mg/L
		Na^+	K^+	Ca^{2+}	Mg^{2+}	F^-	Cl^-	NO_3^-	SO_4^{2-}	
yx-2013-145-01	12	73.98	4.01	2.38	1.13	0.75	19.105	0.96	87.66	189.975
	48	141.27	7.87	2.86	1.39	2.375	22.955	1.445	124.28	304.445
	120	162.11	11.01	2.06	1.22	1.51	26.485	1.38	148.88	354.655
	240	246.11	18.33	2.93	1.86	1.45	27.35	1.245	259.9	559.175
yx-2013-146-08	12	114.96	10.16	1.84	0.77	0.595	19.795	1.365	244.82	394.305
	48	126.45	13.93	2.3	1.54	0.885	20.22	1.9	284.11	451.335
	120	157.85	18.54	3.92	2.38	1.4	22.2	1.06	330.91	538.26
	240	203.35	30.79	6.22	4.18	1.05	29.93	0.95	525.51	801.98
yx-2017-34-10	12	32.83	2.92	1.31	0.51	0.635	23.96	0.785	8.61	71.56
	48	43.95	4.37	2.6	1.49	0.68	24.45	0.635	9.905	88.08
	120	73.43	8.51	3.1	2.3	2.46	25.845	0.675	15.45	131.77
	240	75	12.18	3.2	2.38	2.42	29.975	0.675	19.925	145.755

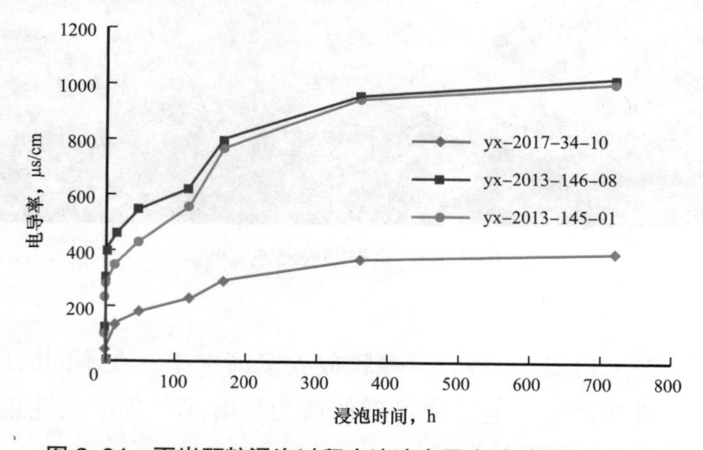

图2-84　页岩颗粒浸泡过程中溶液电导率随时间变化曲线

二、页岩自吸及起裂评价

对于页岩气井，页岩自吸吸水后的积极作用和消极作用通常是同时存在的。在明确压裂液滞留分布的基础上，如何根据压裂液赋存位置的差异，最大化积极作用，最小化消极作用，是优化页岩气井关井时间和返排制度的关键。页岩自吸实验评价方法主要有两种，一种是常温常压下页岩自吸实验评价方法，另一种是围压条件下的页岩自吸实验评价方法。

1. 实验原理

选取井下页岩岩心，通过常温常压下或围压条件下的页岩自吸实验，每隔一段时间对岩心进行称重或直接通过精密计量泵记录泵入岩心中的流体体积，绘制页岩重量随时间变化关系，获取页岩自吸量及自吸速率等参数。

2. 实验设备及实验方法

1）常温常压下页岩自吸实验装置

实验装置如图 2-85 所示。将 80℃下烘干的页岩岩样完全浸没于液体中，同时用一条不透水、无弹性、极细（0.128mm）的鱼线将样品悬挂于分析天平之下，并将岩心质量随着时间的变化（1min 记录一次）传输至计算机。

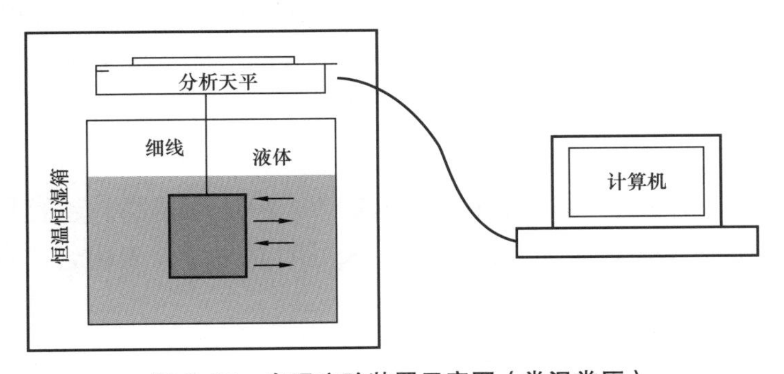

图 2-85 自吸实验装置示意图（常温常压）

2）围压条件下的页岩自吸实验装置

采用的岩心流动仪设备如图 2-86 所示。在岩心上加载围压，采用岩心端面自吸的方式，研究围压条件下页岩自吸能力及其影响因素的大小。

具体实验步骤如下：

（1）选取实验岩样，在 60℃条件下充分烘干后称重，之后再采用氦气 / 氮气测量岩样的初始孔隙度和渗透率。

（2）将岩样放入全岩心夹持器，室温条件下设定围压 3MPa，应力条件下岩心老化 12h，以消除应力敏感的影响。

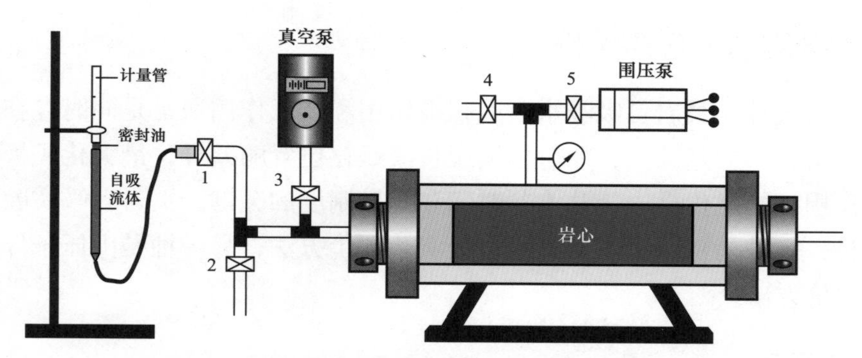

图 2-86　自吸实验装置示意图（高温高压无注入压差）

（3）岩心上游端连接精密流量泵，恒压模式下向岩心注入流体（若泵入压力设置为 0.1MPa 或微小压差，可视为围压条件下的岩心依靠毛细管力作用的纯自吸过程；若泵入流压较高，则可视为压差和毛细管力共同作用下的页岩渗吸过程）。

（4）每隔一段时间对岩心进行称重或直接通过精密计量泵记录泵入岩心中的流体体积，数据采集的时间间隔为 1h、3h、5h、12h、24h、48h、72h……，整个过程持续约 20d，或至实验曲线达到平衡。

（5）绘制页岩重量随时间变化关系，获取自吸量及自吸速率等参数。

3. 应用实例

页岩对压裂液的自吸作用受多种因素的影响，通过裂缝复杂程度、黏土矿物含量、接触面积和浸泡时间等因素测算对页岩自吸量的影响，实验所用岩样均为四川盆地长宁区块龙马溪组井下页岩。

1）缝网复杂程度

如图 2-87 和图 2-88 所示，岩样裂缝越复杂，渗透率越高，越容易发生破裂（岩样 1-3），渗透率低且裂缝不发育的岩样 1-1 未见明显裂缝，表明岩样本身的裂缝发育程度是影响其吸水发生裂缝扩展的关键。

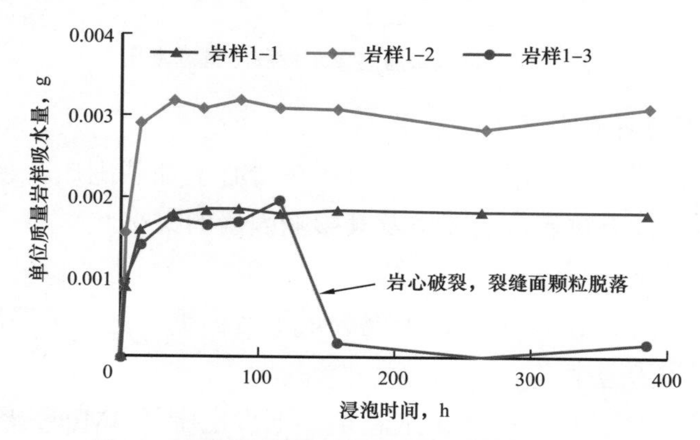

图 2-87　不同裂缝裂缝复杂程度岩样自吸曲线

(a) 岩样1-1

(b) 岩样1-2

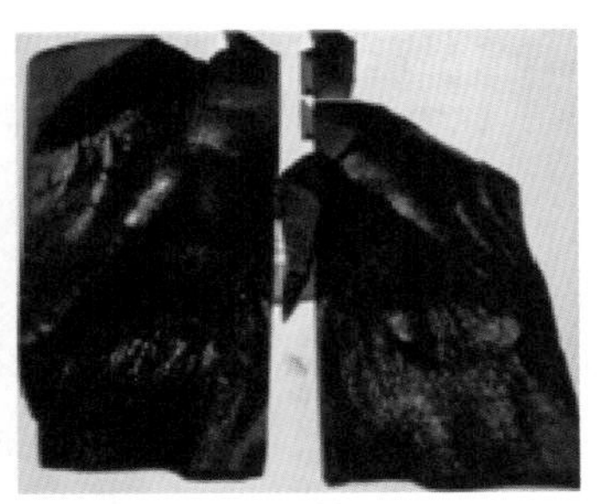

(c) 岩样1-3

图 2-88　不同裂缝裂缝复杂程度岩样自吸后照片

2）黏土矿物含量

实验结果由表 2-33 和图 2-89 可知：岩样与吸入水相作用后，伊 / 蒙间层矿物（水化膨胀性强）含量高的岩样更容易发生水化起裂作用（岩样 2-1），伊 / 蒙间层矿物含量低则不易产生裂缝（岩样 2-2）。

表 2-33　不同黏土矿物含量岩样基础参数

岩样编号	长度 cm	直径 cm	干重 g	孔隙度 %	渗透率 mD	黏土矿物含量 %	黏土矿物相对含量，%			
							高岭石	绿泥石	伊利石	伊 / 蒙间层
岩样 2-1	3.01	2.50	37.0107	0.07	3.65×10^{-3}	8.85	4.2	2.2	12.8	80.8
岩样 2-2	5.63	2.50	69.5109	0.07	1.44×10^{-3}	6.54	2.4	14.6	30.3	52.6
岩样 2-3	5.05	2.50	63.4021	0.07	9.23×10^{-3}	7.58	17.5	35.8	32.5	14.2

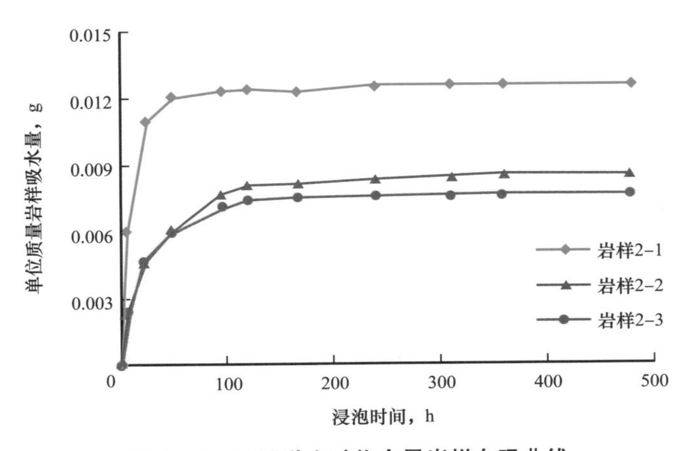

图 2-89　不同黏土矿物含量岩样自吸曲线

3）自吸接触面积

实验结果如图 2-90 和图 2-91 所示，在岩样物性相近的条件下，有效自吸面积对自吸量有极大的影响，致密基块岩样的自吸平衡时间明显大于裂缝发育岩样。

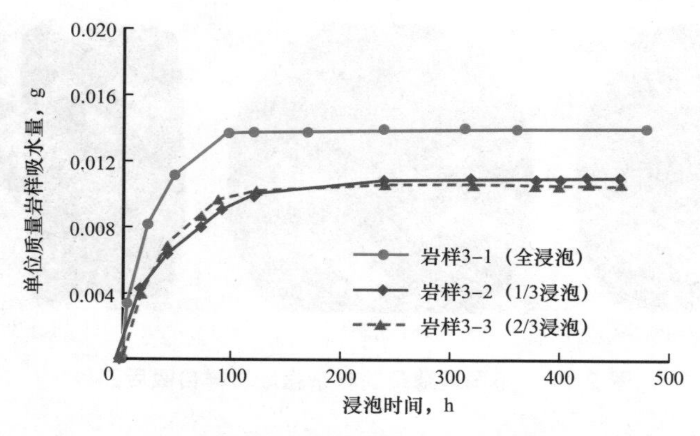

图 2-90　不同接触面积岩样自吸曲线

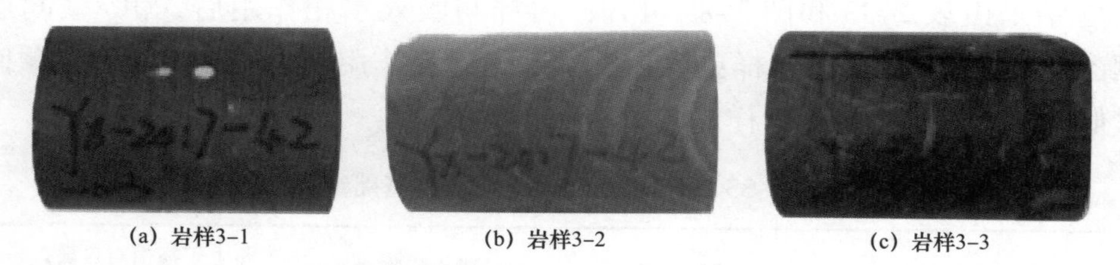
(a) 岩样3-1　(b) 岩样3-2　(c) 岩样3-3

图 2-91　不同接触面积自吸岩样照片

4）自吸接触时间

实验结果由表 2-34、图 2-92 和图 2-93 可知：岩样在后一轮的自吸量总是大于前一轮，主要是自吸作用使岩样内部产生了新的微裂缝，使得岩样的有效自吸面积增大，自吸量也升高。自吸前后图片对比显示，自吸后岩样新增了肉眼可见的微裂缝。

表 2-34　岩样基本参数

岩样编号	长度，cm	直径，cm	干重，g	孔隙度，%	渗透率，mD	自吸流体类型
岩样 4-1	6.05	2.50	76.8730	0.22	8.38×10^{-3}	滑溜水压裂液

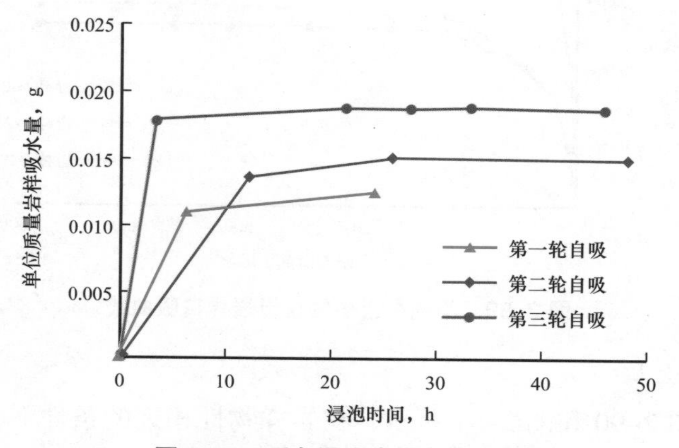

图 2-92　反复浸泡岩样自吸曲线

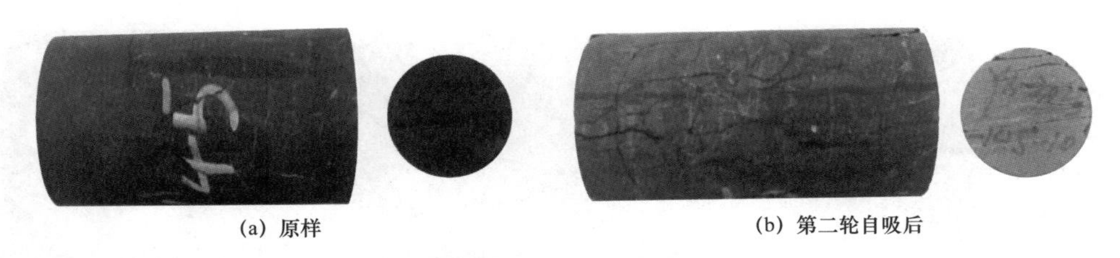

图 2-93 浸泡岩样图片

5）自吸曲线特征

页岩自吸曲线表现出类似的特征，每个剖面分为三个区域：初始线性自吸区（区域 1），过渡区（区域 2）和扩散区（区域 3），如图 2-94 所示。

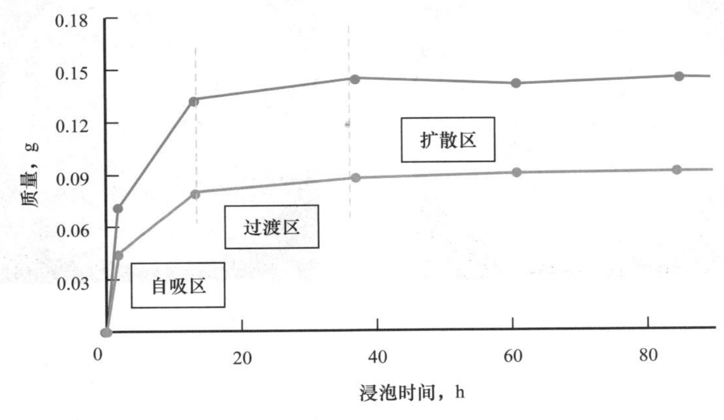

图 2-94 自吸曲线特征

区域 1 中的斜率代表了自吸速率（*A*i），此时毛细管压力可能是主要驱动力。随着含水饱和度的增加，毛细管压力减少，吸水过程开始进入区域 2。在区域 3 中，岩石的孔隙被充满，然后自吸转入稳定的阶段，自吸水有很小变化。然而，不同致密岩石的曲线特征各不相同，这可能是由于孔隙结构和黏土矿物成分造成的。

自吸速率 *A*i–exp 可以通过自吸区域斜率获得。自吸速率和孔隙度正相关，岩石孔隙尺寸大，孔隙度高，因此，与小孔径相比，大孔径有更高的自吸速率。在初始阶段，毛细管接触液体，毛细管压力和惯性力量起主导作用，黏滞阻力作用不大。水会优先进入小孔径。尽管如此，在后期，毛细管压力和黏滞阻力往往趋于平衡状态。大孔径中水的移动比在小孔中更快，这个可通过 Lucas–Washburn 公式解释。

6）页岩吸水致裂

页岩吸水后还可能发生不同程度的裂缝起裂和扩展现象，如图 2–95 和图 2–96 所示。这种扩展可能不会导致岩体的宏观破裂，但能够使岩体内部产生大量新的微裂缝 / 缺陷，或者使原有的微裂缝发生进一步的扩展，从而显著改善页岩基块渗透性，并使岩石强度降低。

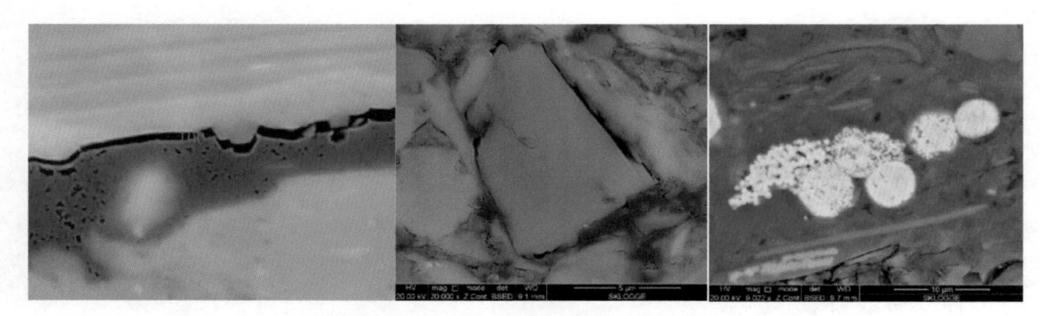

图 2-95　龙马溪组页岩裂缝发育特征

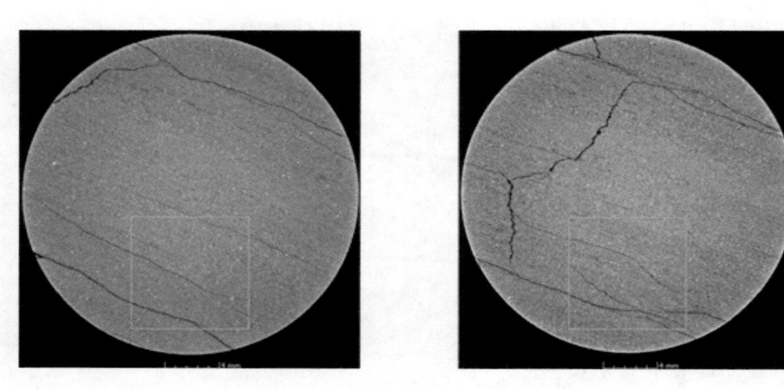

图 2-96　自吸岩样自吸前后对比

由上述可知，页岩储层脆性矿物和黏土矿物含量较高，吸水后常发生水化破裂，分析关井期间页岩自吸压裂液对裂缝起裂扩展的影响。

当自吸流体进入页岩后，页岩吸水后的水化作用会显著降低岩石的抗拉强度。显然，当页岩吸水弱化岩石强度之后，裂缝尖端的最大周向应力就可能超过岩样此时的抗拉强度，从而造成岩样中裂缝的起裂延伸。

参考文献

[1] Liu Yuzhang，Cui Mingyue，Ding Yunhong，et al. Experimental investigation of hydraulic fracture propagation in acoustic monitoring inside a large-scal polyaxial test [C]. IPTC 17095，2013.

[2] Wang Yonghui，Fu Haifeng，Liang Tiancheng，et al. Large-scale physical simulation experiment research for hydraulic fracturing in shale [C]. SPE 172631，2015.

[3] 陈勉，庞飞，金衍. 大尺寸真三轴水力压裂模拟与分析 [J]. 岩石力学与工程学报，2000 (S1)：868-872.

[4] Warpinski N R，Clark J A，Schmidt R A，et al. Laboratory investigation on the effect of in situ stresses on hydraulic fracture containment [C]. SPE 9834，1981.

[5] Beugelsdijk L J，Pater C J，Sato K，et al. Experimental hydraulic frature propagation in a multi-fractured medium [C]. SPE 59419，2000.

[6] Meng Chunfang，De Pater. Hydraulic fracture propagation in pre-fractured natural rocks [C]. SPE

140429，2011.
[7] 郭印同，杨春和，贾长贵，等 . 页岩水力压裂物理模拟与裂缝表征方法研究 [J] . 岩石力学与工程学报，2014，33（1）：52–59.
[8] 张士诚，郭天魁，周彤，等 . 天然页岩压裂裂缝扩展机理试验 [J] . 石油学报，2014，35（3）：496–503.
[9] Roberto S R，Larry B，Sid G，et al. Defining three regions of hydraulic fracture connectivity in unconventional reservoirs help designing completions with improved long–term productivity [C] . SPE 166505，2013.
[10] Crouch S L，Starfield A M，Rizzo F，Boundary element methods in solid mechanics [C] .1983，50.
[11] Adachi J，Siebrits E，Peirce A，et al. Computer simulation of hydraulic fractures [J] . International Journal of Rock Mechanics and Mining Sciences，2007，44：739–757.
[12] Daneshy A A. Analysis of off–balance fracture extension andfall–off pressures [C] . SPE 86471，2004.
[13] 刘洪，罗天雨，王嘉淮，等 . 水力压裂多裂缝起裂模拟实验与分析 [J] . 钻采工艺，2009，32（6）：11.
[14] 李芷，贾长贵，杨春和，等 . 页岩水力压裂水力裂缝与层理面扩展规律研究 [J] . 岩石力学与工程学报，2015，34（1）：12–20.
[15] 翁定为，付海峰，包力庆，等 . 水平井平面射孔实验研究 [J] . 天然气地球科学，2018，29（4）：572–578.
[16] 付海峰，张永民，王欣，等 . 基于脉冲致裂储层的改造新技术研究 [J] . 岩石力学与工程学报，2017，36（Z2）：4008–4017.
[17] 刘玉章，付海峰，丁云宏，等 . 层间应力差对水力裂缝扩展影响的大尺度实验模拟与分析 [J] . 石油钻采工艺，2014，4（22）：88–92.
[18] 彭欢 . 一种新型低伤害压裂液的研制及性能评价 [D] . 成都：西南石油大学，2014.
[19] 万仁溥，罗俊英 . 采油技术手册：修订本 . 压裂酸化工艺技术 . 第九分册 [M] . 北京：石油工业出版社，1998.
[20] 俞绍诚 . 水力压裂技术手册 [M] . 北京：石油工业出版社，2010.
[21] 周长林，彭欢，桑宇，等 . 页岩气 CO_2 泡沫压裂技术 [J] . 天然气工业，2016，36（10）：70–76.
[22] 何春明，才博，卢拥军，等 . 瓜胶压裂液携砂微观机理研究 [J] . 油田化学，2015，32（1）：34–38.
[23] 牟绍艳 . 压裂用支撑剂相关改性技术研究 [D] . 北京：北京科技大学，2017.
[24] Zolfaghari A，Noel M，Dehghanpour H，et al. Understanding the origin of flowback salts：A laboratory and field study [C] . SPE/CSUR Unconventional Resources Conference–Canada，2014.
[25] Zolfaghari A，Holyk J，Tang Y，et al. Flowback chemical analysis：An interplay of shale–water interactions [C] . SPE Asia Pacific Unconventional Resources Conference and Exhibition，2015.

第三章

地质工程一体化压裂设计

与北美页岩气田相比，川南页岩气的地质工程条件更加复杂，呈现“一薄、两低、三高、三发育”的特征［即靶体厚度薄，仅3～5m，平均孔隙度低仅为4%，渗透率低（0.00001～0.0001mD），水平应力差高（10～20MPa）、闭合压力高（90～120MPa）和杨氏模量高（40～60GPa），微幅构造、小断层和天然裂缝发育］，导致部署设计难度大、提高靶体钻遇率难度大、形成压裂复杂缝网难度大，早期单井产量低。针对复杂的地质工程条件，如何提高单井产量和EUR是页岩气勘探开发的重大问题。

为破解川南页岩气效益规模开发面临的难点，西南油气田公司在十余年页岩气勘探开发探索实践中[1-2]，创新形成了地质工程一体化工作方法，解决了各种复杂开发难题，大幅提高了单井产量和EUR，实现了高产井的批量复制，支撑了中国石油在川南地区页岩气勘探开发取得了重大进展。经过10余年的探索实践，首次系统提出了适用于川南不同地质条件、不同储层特征、不同工程条件的地质工程一体化工作方法：以地质工程一体化关键技术为基础，在井位部署、钻井设计和实施、压裂设计和实施、气井生产管理等页岩气井全生命周期中，开展“一体化研究、一体化设计、一体化实施和一体化迭代”，做到“定好井、钻好井、压好井和管好井”，达到“高储层品质、高钻井品质、高完井品质”，实现“高产量、高EUR、高采收率”目标，具体如图3-1所示。

页岩气地质工程一体化主要由三个部分组成。

第一部分是地质工程一体化工作方法。指开展地质工程一体化研究、地质工程一体化设计、地质工程一体化实施和地质工程一体化迭代，是开展地质工程一体化高产井培育的必备条件，具体如下。

（1）开展地质工程一体化研究：通过三维地质建模、三维地应力建模，建立同时具有地质和工程属性的一体化三维模型，实现精细化、定量化标准。

（2）开展地质工程一体化设计：开展水力裂缝精细模拟和气井生产动态预测，并结合生产实际，进行开发技术政策优化、井位部署、钻井设计、压裂设计、生产动态预测。

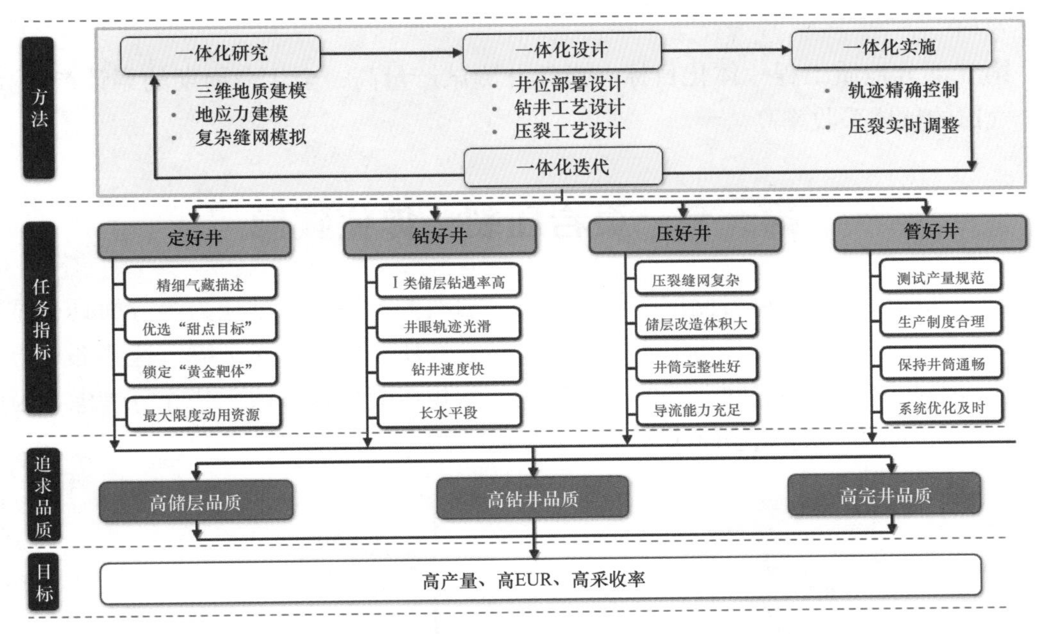

图 3-1　页岩气地质工程一体化工作思路图

（3）开展地质工程一体化实施：针对钻井实施，利用精细的三维地质导向模型和地质导向流程，提前预判和调整，确保 I 类储层钻遇率高；针对压裂实施，结合复杂缝网预测模型和压裂施工数据，实时调整压裂工艺参数，确保压裂实施效果。

（4）开展地质工程一体化迭代：① 根据钻井的实钻资料，不断迭代更新时深转换的速度场模型；② 根据实钻的水平井轨迹数据和更新后的深度域模型，不断迭代更新三维构造和层面模型；③ 根据现场地应力测试、压裂施工数据、三维地质模型，不断迭代更新三维地应力模型；④ 根据压裂施工曲线和微地震监测数据、三维地应力模型，不断迭代复杂缝网模型；⑤ 根据气井生产数据、复杂缝网模型，不断迭代更新气井产能预测模型。

第二部分是地质工程一体化任务。指在井位部署、钻井设计和实施、压裂设计和实施、气井生产管理等页岩气井全生命周期中具体任务，是开展地质工程一体化高产井培育的实施保障，具体如下。

（1）井位部署的任务：开展精细气藏描述，优选“甜点目标”，锁定“黄金靶体”，最大限度动用资源。

（2）钻井的任务：确保 I 类储层钻遇率高、井眼轨迹光滑、钻井速度快、水平段长度足够长。

（3）水力压裂的任务：确保压裂缝网复杂、储层改造体积大、井筒完整性好、裂缝导流能力充足。

（4）生产的任务：确保测试产量规范、生产制度合理、保持井筒通畅、系统优化及时。

第三部分地质工程一体化目标。指气井测试产量高，全生命周期的累计产量高，整个气田的整体采收率高。

第一节　页岩压裂一体化建模

与常规储层不同，页岩储层在储层物性、岩石力学参数、地应力等方面具有显著的非均质性，且广泛发育几何形态、产状、破裂性质不同的天然裂缝，这些都是影响页岩气水平井体积压裂缝网形态的关键因素，常规压裂模拟方法无法充分考虑。因此需要开展页岩压裂一体化建模研究（图 3-2）。

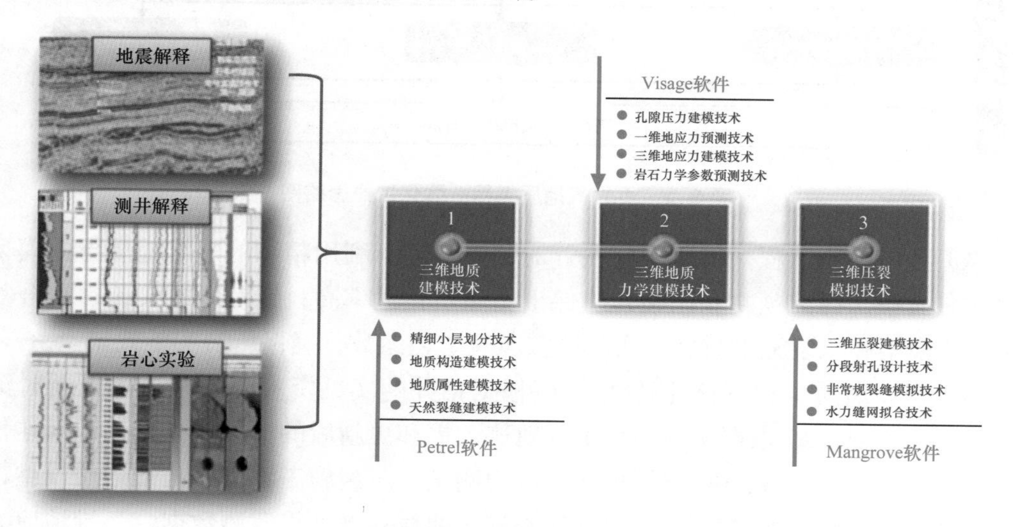

图 3-2　地质工程一体化压裂模拟研究思路

在水力压裂优化设计方面，通常使用商业压裂软件有 Mangrove 软件、FracproPT 软件、StimPlan 软件、GOHFER 软件和 Meyer 软件等。Mangrove 软件是斯伦贝谢公司开发的一套基于油藏工作平台 Petrel 的非常规储层完井与增产设计软件。

以长宁区块地质工程一体化压裂模拟为例，介绍地质工程一体化压裂模拟的应用情况。

一、三维地质力学建模

常规压裂设计主要基于单井的地应力模型。由于川南地区页岩储层在平面上具有很强的非均质性，且井周地应力分布复杂，易导致水力裂缝无法均匀扩展，因此压裂设计中必须考虑三维地应力场的分布，进行差异化设计才能提高压裂效果。

为了描述三维地应力场，必须开展三维地质力学建模研究。主体思路是先以室内

或现场实测数据为基础，结合单井测井数据，建立单井地应力剖面；再以单井地应力剖面为约束，结合三维地质建模和地震解释数据开展有限元模拟，建立三维地质力学模型，基本流程如下（图 3–3）。

（1）通过单井岩石力学预测软件，利用室内实验数据和现场测井数据，建立单井的地质力学模型和岩石力学参数模型。

（2）利用 Petrel 软件，结合单井的岩石力学参数模型、三维地质模型、三维地震解释数据，建立三维岩石力学参数模型。

（3）在地质模型和岩石力学参数模型的基础上，利用 Petrel 地质力学模块和 VISAGE 模拟器开展平台和全区的三维地应力建模。

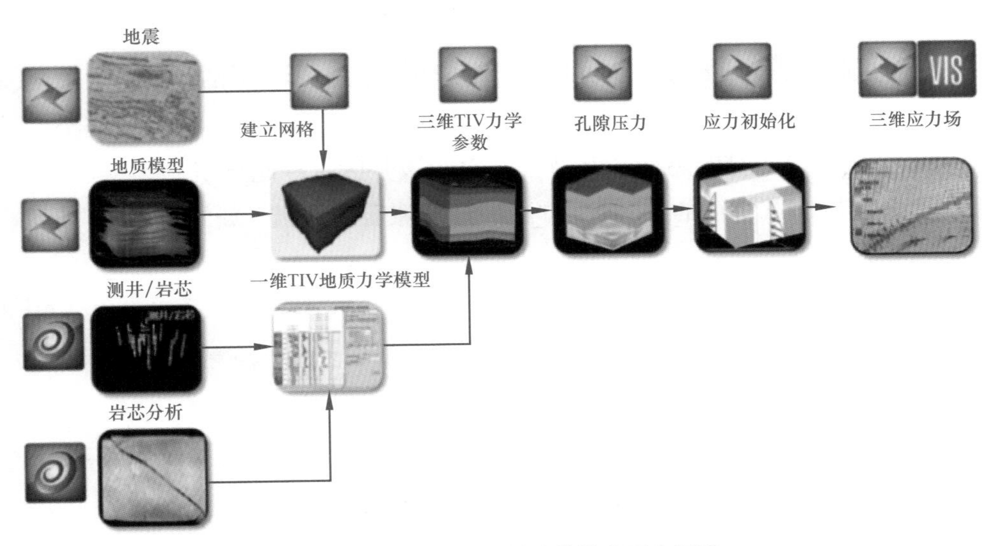

图 3–3　三维地质力学建模技术研究思路

1. 单井岩石力学剖面建立

1）孔隙压力预测

孔隙压力预测的目的是确定不同深度的地层孔隙中流体所承受的压力。对于已钻过的井，可用 RFT（重复地层测试仪）或 MDT（模块式地层动态测试仪）等测得孔隙流体压力，也可由试井或微注测试解释得到孔隙流体压力。这种方法得到的数据直接、可靠，但通常数据点很少，不能得到连续的剖面。

常规孔隙压力预测方法主要有等效深度法、*dc* 指数法、Eaton 法，Bowers 法等。一般认为，页岩的超压机制主要是生烃憋压，导致储层岩石卸载，局部裂缝带超压主要为压力传递；储层岩石卸载会导致声波有明显变化，但对密度影响十分有限。通过建立声波与密度的关系曲线可以获得页岩储层异常高压分析图，如图 3–4 所示。

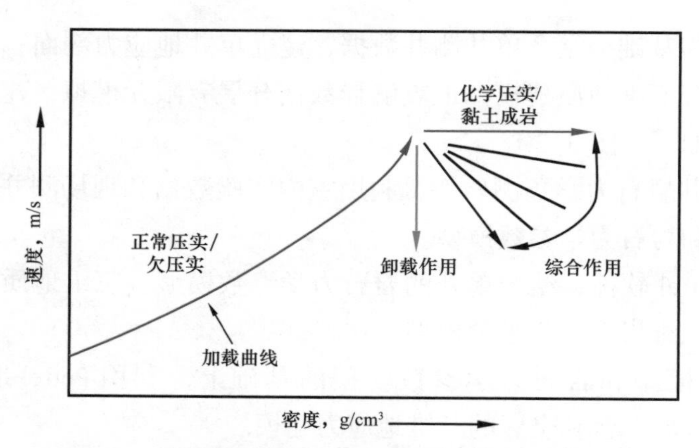

图 3-4　页岩储层异常高压分析图（Hoesni，2004）

孔隙压力预测的第一步通常是明确异常高压机理，选择合适的孔隙压力预测模型。首先针对宁 201 井和宁 203 井两口直井的声波和密度数据开展异常高压计量分析。根据研究发现长宁地区有明显的憋压卸载特征，表明该井区主控超压机制为憋压卸载。因此，采用考虑憋压卸载特征的 Bowers 方法进行孔隙压力预测，如式（3-1）所示。

$$\sigma' = \sigma_{\max}\left[\frac{1}{\sigma_{\max}}\left(\frac{v_{\mathrm{p}} - v_0}{A}\right)^{1/B}\right]^U \tag{3-1}$$

式中　σ'——上覆地层有效压力，psi；

$\sigma_{\max}$——经验系数，无量纲；

v_{p}——纵波速度，ft/s；

v_0——经验系数，ft/s；

B——经验系数，无量纲；

U——经验系数，无量纲。

以长宁地区已实测的 3 口井数据为基础，通过地应力建模软件，建立适合长宁地区的地层孔隙压力预测模型。基于纵波速度的孔隙压力计算公式为

$$p_{\mathrm{p}} = \sigma_{\mathrm{v}} - 5470 \times \left(\frac{v_{\mathrm{p}} - 5000}{12770}\right)^{1.3} \tag{3-2}$$

式中　p_{p}——孔隙压力，psi；

σ_{v}——上覆岩层压力，psi；

v_{p}——纵波速度，ft/s。

2）*岩石力学参数预测*

地质力学性质参数包括岩石的弹性参数和岩石强度参数，是地应力计算、井壁稳定性分析、压裂模拟的基础。

（1）岩石的弹性参数。

根据纵波时差、横波时差和密度测井数据得到岩石力学动态参数［式（3–3）］：

$$
\begin{aligned}
G_{\mathrm{dyn}} &= \frac{\rho_{\mathrm{b}}}{\left(\Delta t_{\mathrm{s}}\right)^2} \\
K_{\mathrm{dyn}} &= \rho_{\mathrm{b}}\left[\frac{1}{\left(\Delta t_{\mathrm{c}}\right)^2}\right]-\frac{4}{3}G_{\mathrm{dyn}} \\
E_{\mathrm{dyn}} &= \frac{9G_{\mathrm{dyn}}\times K_{\mathrm{dyn}}}{G_{\mathrm{dyn}}+3K_{\mathrm{dyn}}} \\
\nu_{\mathrm{dyn}} &= \frac{3K_{\mathrm{dyn}}-2G_{\mathrm{dyn}}}{6K_{\mathrm{dyn}}+2G_{\mathrm{dyn}}}
\end{aligned}
\tag{3-3}
$$

式中　G_{dyn}——动态剪切模量，GPa；

K_{dyn}——动态体积模量，GPa；

E_{dyn}——动态杨氏模量，GPa；

ν_{dyn}——动态泊松比，无量纲；

ρ_{b}——体积密度，g/cm^3；

Δt_{s}，Δt_{c}——分别为横波和纵波时差，μs/ft。

考虑页岩的横观各向同性特征，利用 Sonic Scanner 测井或者 ThruBit 测井测量的斯通利波、快速横波和慢速横波，基于 MANNIE 假设，可以得到各向异性地层的刚度矩阵。

$$
\boldsymbol{C}=\begin{bmatrix}
C_{11} & C_{12} & C_{13} & 0 & 0 & 0 \\
C_{12} & C_{22} & C_{23} & 0 & 0 & 0 \\
C_{13} & C_{23} & C_{33} & 0 & 0 & 0 \\
0 & 0 & 0 & C_{44} & 0 & 0 \\
0 & 0 & 0 & 0 & C_{55} & 0 \\
0 & 0 & 0 & 0 & 0 & C_{66}
\end{bmatrix}
\tag{3-4}
$$

式中　C_{11}、C_{12}、C_{13}、C_{33}、C_{55}——页岩的刚度系数，GPa。

刚度系数满足式（3–5）：

$$
\begin{aligned}
& C_{11}=C_{22}\neq C_{33} \\
& C_{44}=C_{55}\neq C_{66} \\
& C_{12}\neq C_{13}=C_{23} \\
& C_{12}=\xi C_{13} \\
& C_{13}=\xi C_{33}-2C_{55}
\end{aligned}
\tag{3-5}
$$

式中 ζ——岩心刻度系数，无量纲。

基于上述得到的页岩各向异性刚度矩阵，可以分别计算岩石纵向、横向的动态杨氏模量和泊松比。

$$
\begin{aligned}
E_{\mathrm{v}} &= C_{33} - 2\frac{C_{13}^{\ 2}}{C_{11} + C_{12}} \\
E_{\mathrm{h}} &= \frac{\left(C_{11} - C_{12}\right)\left(C_{11}C_{33} - 2C_{13}^{\ 2} + C_{12}C_{33}\right)}{C_{11}C_{33} - C_{13}^{\ 2}} \\
\nu_{\mathrm{v}} &= \frac{C_{13}}{C_{11} + C_{12}} \\
\nu_{\mathrm{h}} &= \frac{C_{33}C_{12} - C_{13}^{\ 2}}{C_{33}C_{11} - C_{13}^{\ 2}}
\end{aligned}
\tag{3-6}
$$

式中 E_{v}——动态垂向杨氏模量，GPa；

E_{h}——动态横向杨氏模量，GPa；

ν_{v}——动态垂向泊松比，无量纲；

ν_{h}——动态横向泊松比，无量纲。

用上述声波资料计算的弹性模量是动态的，与岩石的静态力学性质之间有一定的差距，需要用实验室数据将动态弹性模量和强度转换成静态参数。以宁 201 井等 4 口井的岩心实验数据为基础，建立动态转换关系。

（2）岩石的强度参数。

岩石力学强度参数包括抗压强度、抗剪强度和抗拉强度，强度参数是压裂设计的基础岩石力学参数。岩石的抗压强度通常以单轴抗压强度（UCS）来表征，通过开展岩石单轴压缩实验可以得到。岩石的抗剪强度可以通过内聚力和内摩擦角（FANG）来表征，而这两个参数可以通过三轴抗压强度实验得到。岩石的抗拉强度（TSTR）可以通过开展巴西劈裂实验得到。由于室内实验只能获得单点的数据，为了获得单井连续剖面的岩石强度参数模型，通过实验测定岩石的强度参数，结合测井数据建立区域内单井的强度参数，为三维地应力模拟奠定基础。

根据经验公式利用岩石杨氏模量确定岩石抗压强度和内摩擦角，抗拉强度定为抗压强度的 10%；利用实验数据对计算数据进行修正，建立区域内单井岩石力学参数模型。

图 3-5 给出了 2 口导眼井的单轴抗压强度、抗拉强度和内摩擦角。与杨氏模量的变化一致，进入宝塔组后岩石的强度显著增加，相对于目的层（龙马溪组）更难发生破坏。

3）地应力预测

地应力在非常规油气藏的页岩气全生命周期中都具有显著作用，是链接地质与工程的纽带。主要分为上覆岩层压力、最大水平地应力和最小水平地应力。

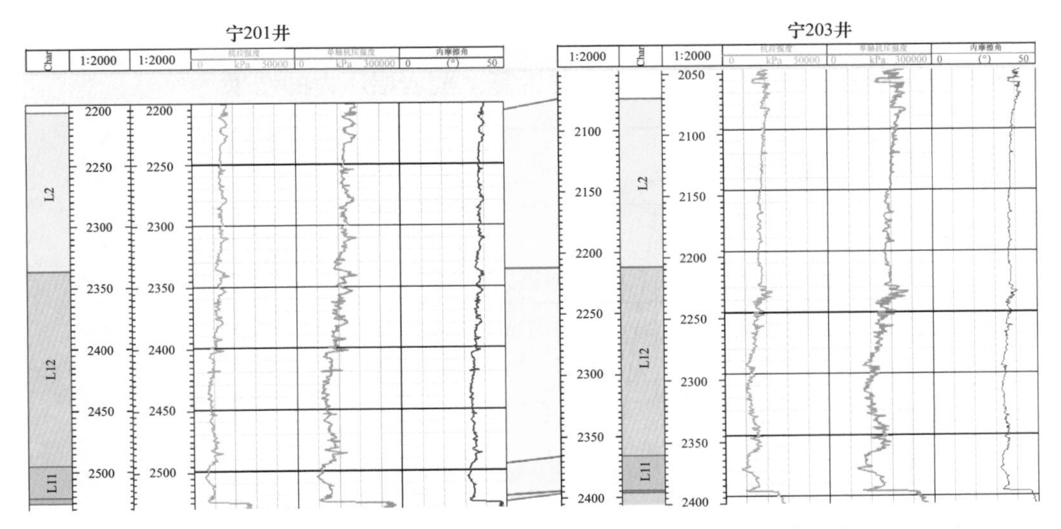

图 3-5 直井的单轴抗压强度（UCS）、抗拉强度（TSTR）和内摩擦角（FANG）

上覆岩层压力主要是由岩石自重产生，所以通常根据密度测井数据计算上覆岩层压力，在没有密度测井或测井质量差的层段利用指数曲线外推密度；最大水平向地应力和最小水平地应力由岩体自重、地质构造运动、地层流体压力及地层温度变化产生，因此，水平地应力计算需要针对区域特征建立单井地应力计算模型，并利用瞬时停泵压力、微注测试结果或室内测试数据等标定最小水平地应力，利用井眼图像和岩石破坏模型来校正最大水平地应力，形成区块的单井地应力计算模型；最终根据密度、声波等测井数据计算得到单井的地应力剖面。

（1）上覆岩层压力。

上覆岩层压力通过对地层密度进行积分计算得到。典型的地层密度通过电缆测井或利用岩心的密度得到。

$$\sigma_z = \int_0^z \rho_z g \mathrm{d}z \tag{3-7}$$

式中 σ_z——上覆岩层压力，MPa；

ρ_z——密度测井值，g/cm^3；

g——重力加速度，m/s。

在没有密度测井或测井质量差的层段可利用指数曲线外推：

$$\rho_z = \rho_{sur} + A_0 \left(\mathrm{TVD} - \mathrm{AG}\right)^{\alpha} \tag{3-8}$$

式中 ρ_{sur}——缺失的上覆岩层密度，g/cm^3；

A_0，α——参数，无量纲；

TVD——垂深，m；

AG——钻台面离地面高度，m。

图 3–6 给出了宁 201 井利用密度测井计算上覆岩层压力的结果。

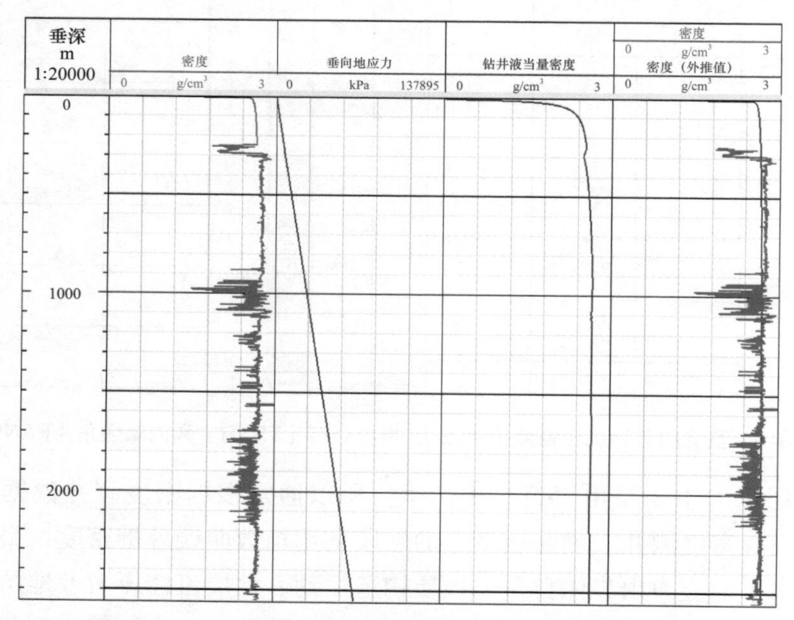

图 3–6　宁 201 井利用密度测井数据计算上覆岩层压力

（2）水平地应力。

为了获得单井地应力解释数据，必须开展水平地应力计算。以测井数据为基础，利用水平地应力模型进行计算，并利用矿场测试结果或室内实验测试结果进行标定，建立单井地应力计算模型，最后利用井眼图像和岩石破坏模型来校正，提高模型的精度。

在油田地应力的测量方面，主要有三种方法。

① 资料分析方法。如河流变迁、板块作用、地形起伏、地质构造和震源机制，这些资料可以定性地给出大范围的应力场分布与特点，但很难进行精细的应力场研究。

② 矿场测试法。就是在野外现场直接进行地应力测试，目前页岩气储层地应力测试方法有微注测试、小型压裂测试、套芯应力解除等，最常用的就是微注测试方法。这些方法可以给出比较精确的应力测量结果，但是不能给出沿井身的连续地应力剖面。

③ 岩心分析方法。就是对井底岩心开展室内地应力测试实验。目前地应力测试方法主要有凯塞尔效应法、差应变测试法。受页岩岩心微裂缝发育的影响，目前主要采用声发射方法。

在油田地应力的计算方面，本书采用多孔弹性模型，利用各向异性方法计算单井地应力。

$$\sigma_{\mathrm{h}}-\alpha p_{\mathrm{p}}=\frac{E_{\mathrm{horz}}}{E_{\mathrm{vert}}}\frac{\nu_{\mathrm{vert}}}{1-\nu_{\mathrm{horz}}}\left(\sigma_{v}-\alpha p_{\mathrm{p}}\right)+\frac{E_{\mathrm{horz}}}{1-\nu_{\mathrm{horz}}^{2}}\varepsilon_{\mathrm{h}}+\frac{E_{\mathrm{horz}}\nu_{\mathrm{horz}}}{1-\nu_{\mathrm{horz}}^{2}}\varepsilon_{\mathrm{H}} \tag{3-9}$$

式中　σ_h——最小水平主应力，MPa；

p_p——孔隙压力，MPa；

α——Biot 系数，无量纲；

ε_h，ε_H——构造应力系数，无量纲；

v_{horz}，v_{vert}——各向异性水平和垂直方向静态泊松比，无量纲；

E_{horz}，E_{vert}——各向异性水平和垂直方向静态杨氏模量，MPa。

图 3-7 给出了 2 口直井的三个主应力分布（红色为最大水平主应力，绿色为最小水平主应力，蓝色为垂向应力）。通过对压裂数据的分析，得到压裂的停泵压力估算值，作为最小水平主应力的最大值校核；对最大水平主应力，则通过井眼稳定性分析，调整最大水平主应力，使计算得到的井眼破坏与成像测井的结果基本一致。

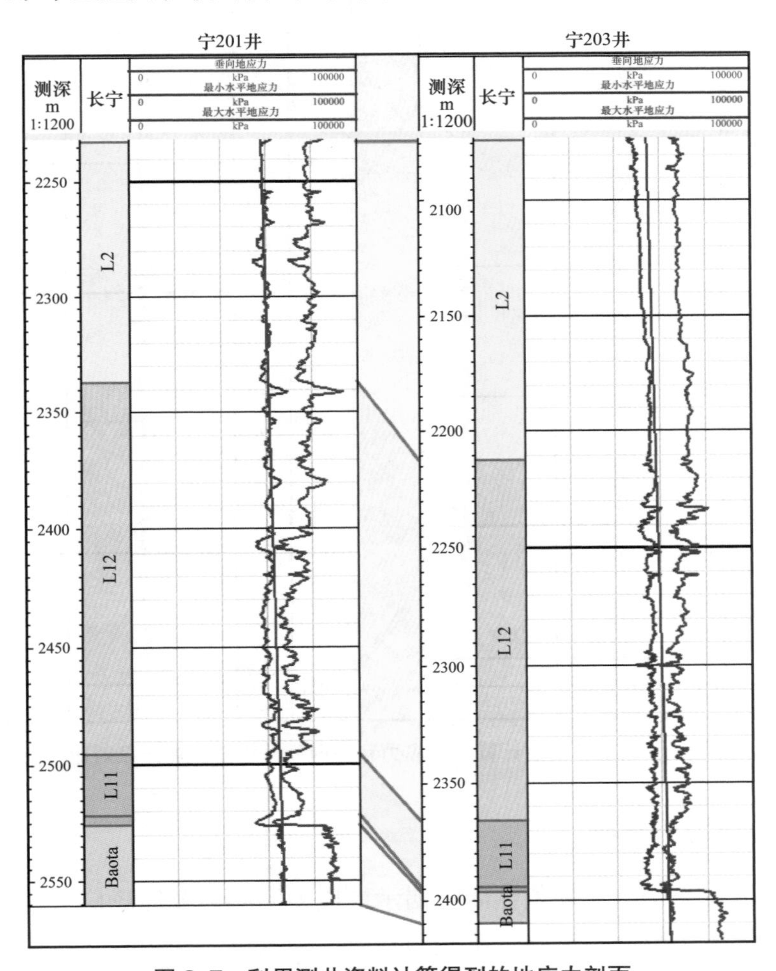

图 3-7　利用测井资料计算得到的地应力剖面

2 口直井的三轴应力在龙一$_1$和五峰内呈走滑断层特征（垂向应力居中），并且最大、最小水平主应力差别大，区域构造应力强。进入宝塔组后，水平应力明显升高，表明宝塔组在压裂施工时是很好的应力阻挡层。

对比各向同性和 TIV 模型结果可知，TIV 模型计算出来的地应力比各向同性模型结果稍高（图 3–8）。而且，不同井二者差别不同，可能与岩性和储层物性变化有关。

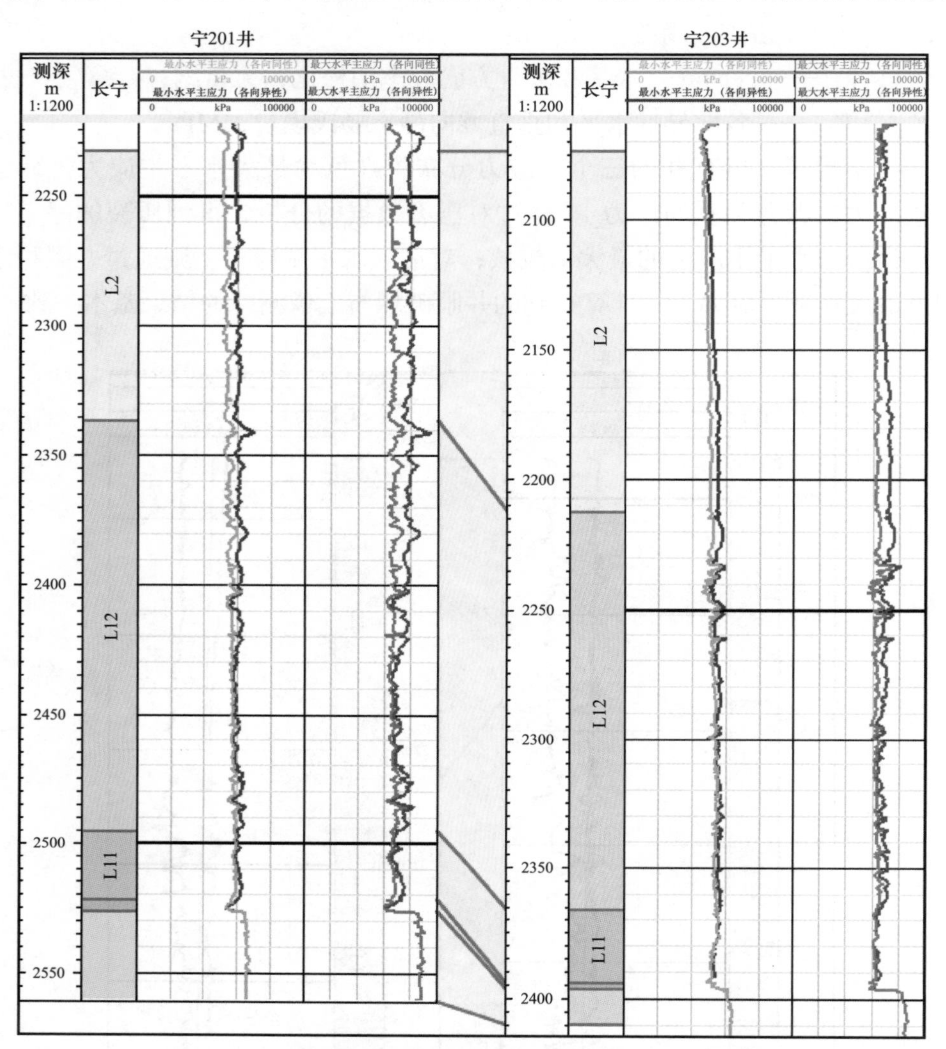

图 3–8　TIV 模型计算的地应力和各向同性模型计算结果对比

2. 三维地质力学建模

为了三维地应力场的非均值性能够揭示地质力学参数及原场应力在三维空间的变化规律，以三维地震数据为基础，单井测井数据为约束，利用有限元模拟的方法建立三维地质力学模型，为压裂设计以及压后评估提供可靠的力学模型。

三维地质力学模型建立的基本流程如下：

（1）根据三维地质模型建立三维有限元网格。

（2）利用地震反演结果及单井岩石力学剖面研究成果确定三维地质力学参数，包括杨氏模量、泊松比、单轴抗压强度、摩擦角及抗拉强度。

（3）模型中集成断层及裂缝带。

（4）确定三维孔隙压力体。

（5）利用三维地质力学有限元模拟软件确定原场应力，包括最小水平主应力、最大水平主应力及上覆岩层压力。

以长宁 H9 平台模型为例，介绍三维地质力学精细建模的方法。

1）三维有限元网格

在建立有效的三维地质力学有限元网格时，应当要综合考虑以下几个方面：

（1）输入数据的分辨率。有限元计算的结果受到输入数据的分辨率的制约。如果有限元网格的分辨率大于输入数据的分辨率，并不能真正提高结果的精度，而是造成时间和资源的浪费。

（2）输出数据的分辨率。三维地质力学的结果要用在钻井优化、储层评价及压裂设计等过程中，必须有满足使用需求的分辨率，否则结果没有指导意义。

（3）网格规模的大小。目前商用服务器能够求解的有限元方程自由度约在千万级别，过大的网格规模将使得计算无法进行。

（4）网格的质量。有限元网格应当充分反映变形特征，在重点关注区域，如储层范围内，应当适当进行加密；此外网格应当尽量规则，扭曲、拉长的网格不利于反映储层变形特征和提高求解精度。

综合考虑上述要求后，为精细模拟龙马溪组中的薄页岩储层，在龙马溪、五峰和宝塔段区域采用的网格大小为 15m × 15m × 0.5m（横向 × 横向 × 垂向），共计 742 万单元。此外，为了正确模拟储层所在的边界条件，需要在储层部位之外添加上覆岩层、下伏岩层及侧面岩层。为控制网格总数，单元尺度逐渐放大，整体模型的总单元数达到 1188 万。图 3–9 给出了研究区域的三维有限元网格。右边为研究范围内储层的模型，左边为增加了上覆岩层、下伏岩层及侧面岩层的整体模型。

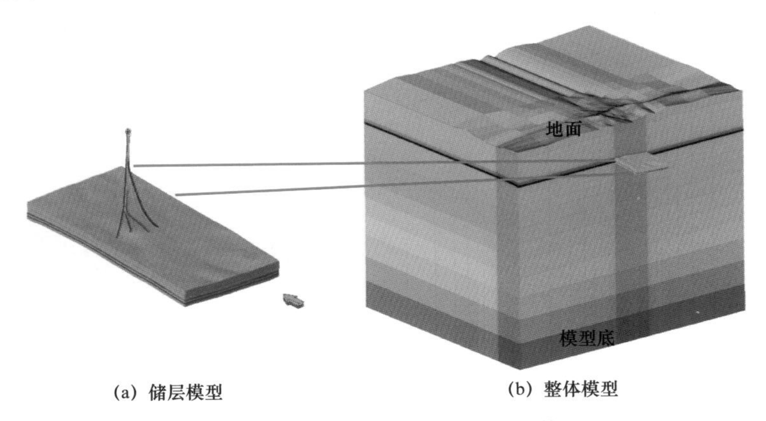

(a) 储层模型　　(b) 整体模型

图 3–9　H9 平台三维有限元网格

2）三维地质力学参数模型

在三维有限元网格建立之后，为了在储层范围内达到对力学参数的垂向分辨率（0.5m）要求，以更精细的刻画三维应力结果沿深度的变化特征，采用井震结合的方法，以反演得到的波阻抗三维体为控制，对导眼井的各向异性地质力学参数进行三维展布，最终确定三维的地质力学参数模型。图 3-10 给出了储层（龙一$_1^3$层至五峰组）的垂向和横向杨氏模量的分布。从图 3-10 中可以看出，H9 平台地层横向杨氏模量均值约为 26.5GPa，表明岩石相对较软弱。图 3-11 显示了泊松比的分布，储层泊松比范围为 0.15～0.3。图 3-12 给出了单轴抗压强度的分布，其分布规律与杨氏模量相似，范围为 50～130MPa。图 3-13 给出了摩擦角的分布，储层的摩擦角范围为 30°～40°。

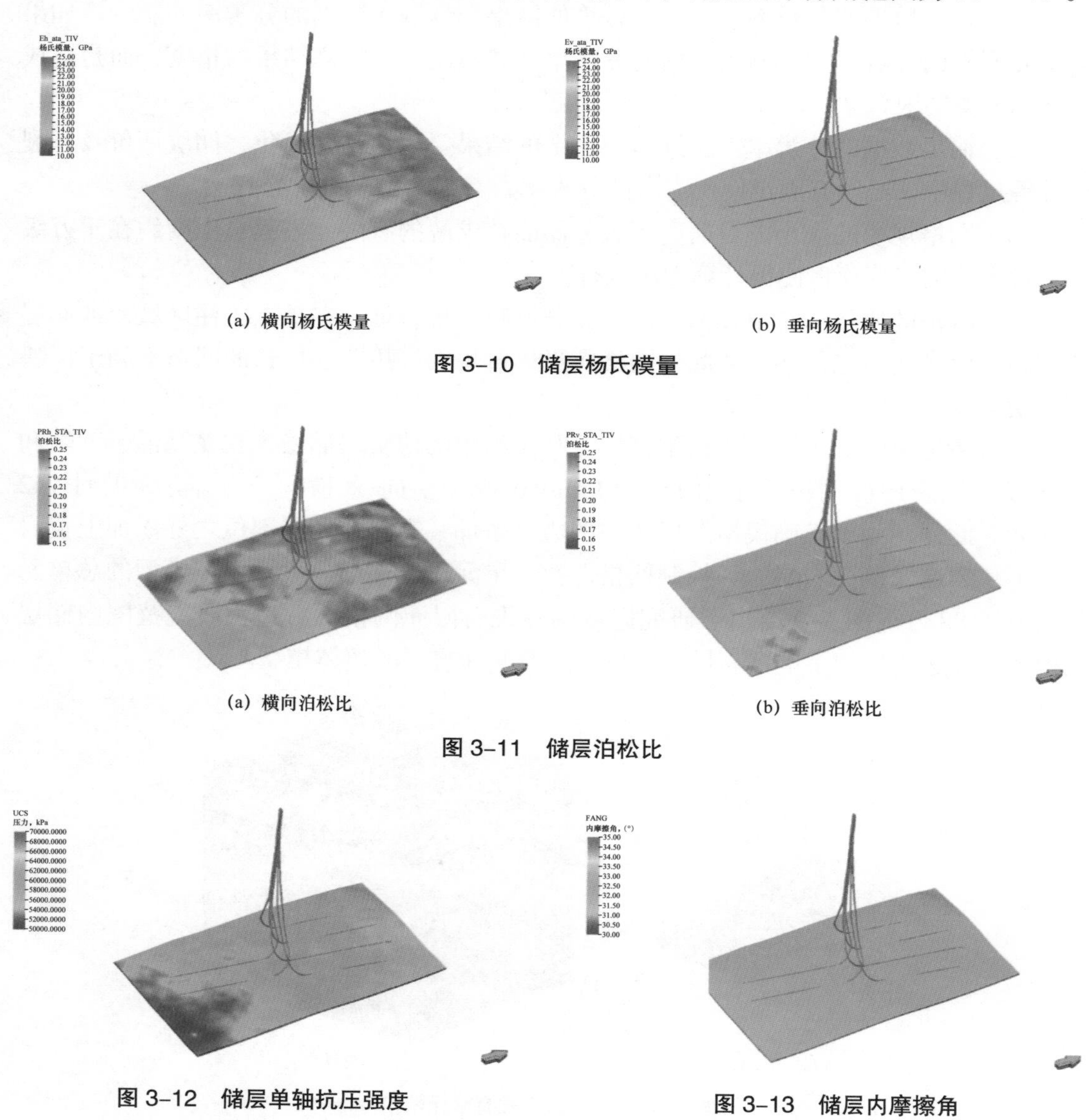

(a) 横向杨氏模量　(b) 垂向杨氏模量

图 3-10　储层杨氏模量

(a) 横向泊松比　(b) 垂向泊松比

图 3-11　储层泊松比

图 3-12　储层单轴抗压强度

图 3-13　储层内摩擦角

得到三维地质力学参数后，需要对其进行质量控制，即通过与研究单井地质力学参数的对比确定其合理性。具体做法为在三维地质力学参数体中沿井轨迹抽取地质力学参数（各向同性杨氏模量、横向杨氏模量、垂向杨氏模量、各向同性泊松比、横向泊松比、垂向泊松比等），并将其与单井解释的地质力学参数进行对比，若其大体匹配则计算得到的三维地质力学参数是合理的。

图 3–14 给出了宁 201 井单井和三维地质力学参数及岩石强度的对比（红线为单井，填充为三维）。从图 3–14 中可以看出，在整个井段上单井和三维力学参数匹配很好。

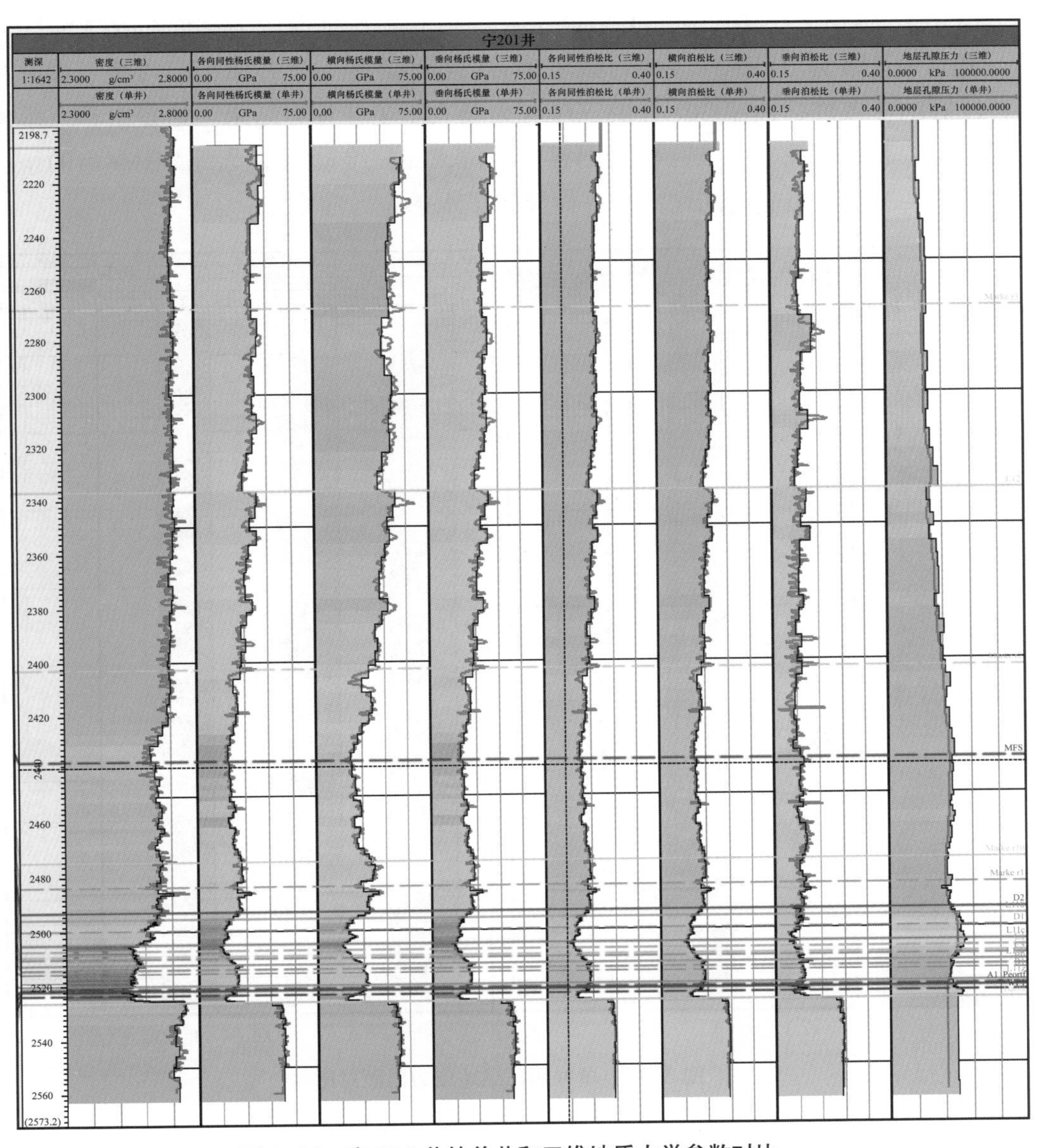

图 3–14　宁 201 井的单井和三维地质力学参数对比

3）三维地应力模型

在三维地应力模拟中，三维地质模型所受应力包括三种。第一种为重力荷载，第二种为孔隙压力荷载，第三种为边界荷载。在所用的有限元软件中，原地应力由这三类荷载共同作用。需要注意到，边界荷载仅加载到模型的边界上，模型内部的应力方向和大小会随局部荷载和地质力学性质而改变。边界荷载的大小一般根据单井的地应力数据做预估，通过反复对比三维地质力学模型和单井岩石力学解释结果，确定最终合适的边界载荷。

图 3–15 给出了宁 201 井和 CNH9–2 井的单井和三维地应力剖面对比（红线为一维，填充为三维）。从图 3–15 中可以看出，CNH9–2 井的单井原场应力和三维原场应力有较好的一致性，而宁 201 井的三维应力场大于单井计算结果。这是由于三维模型考虑了地表起伏，而宁 201 井位于山谷低部位，在三维模型中受到周围高山的挤压作用，导致了三维上覆应力的增大，进而导致了水平应力的增大。

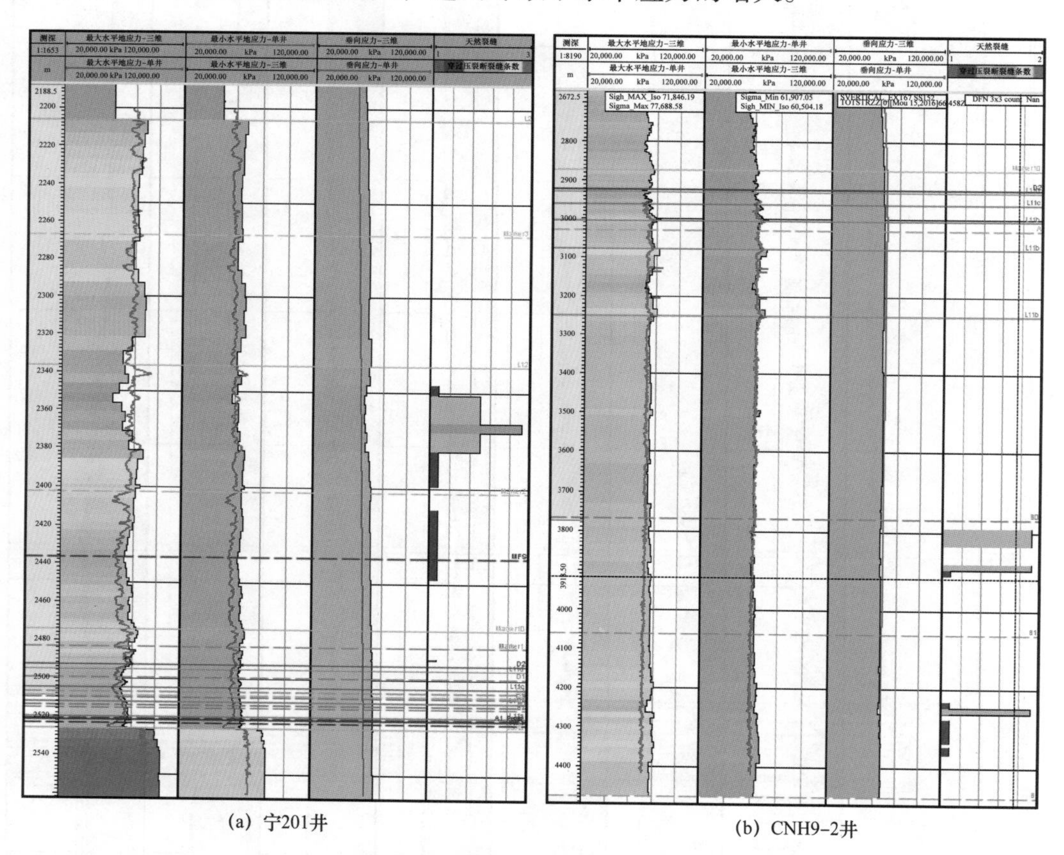

图 3–15 单井和三维地应力剖面对比

图 3–16 给出了目的层（龙一$_1^3$至五峰段）的平均最大、最小水平主应力剖面，受地质结构的影响，地层深部位置（从侧）的主应力较高，最大主应力的方向为北西

西—南东东向（约北东 115°）。同时，在断层和主要裂缝带的附近，原场应力受到不连续面的影响，应力方向略微偏转且数值降低。

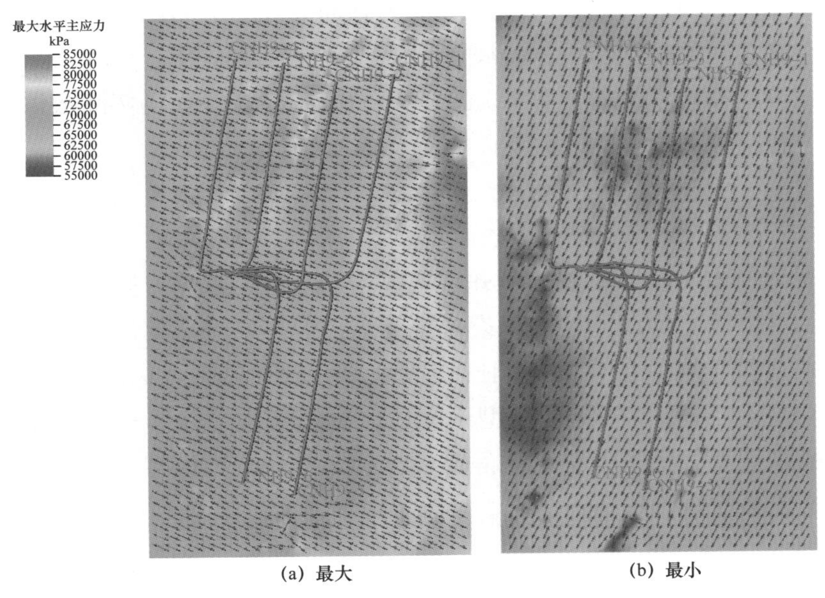

图 3-16　H9 平台龙一$_1^3$至五峰段水平主应力大小、方向

二、页岩气藏三维压裂模拟

页岩气藏三维压裂模拟是页岩气压裂一体化建模的核心，也是从地质到工程过渡的核心技术，基本流程如图 3-17 所示。

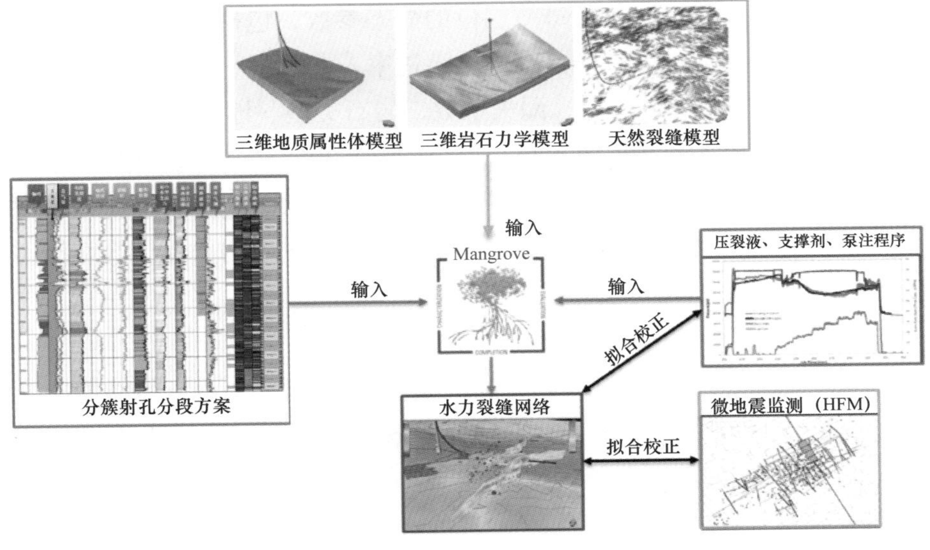

图 3-17　三维地质力学建模技术研究思路

（1）基于天然裂缝和三维岩石力学模型，考虑井眼轨迹和压裂工程数据，建立三维压裂模拟模型。

（2）考虑天然裂缝、储层非均质性、应力各向异性、应力阴影等因素，以及水力裂缝和天然裂缝之间的相互作用，开展体积压裂复杂缝网模拟。

（3）根据微地震监测数据、停泵压力、压裂施工曲线等现场实测数据，开展水力裂缝拟合校正和精细刻画。

1. 三维压裂模拟模型建立

常规压裂模拟主要基于单井的测井解释数据和地应力数据，同一层位具有相同垂深和地应力，可以满足均质储层的压裂模拟需求。但页岩气藏储层非均质强，且受地层倾角的影响，位于同一层位的不同压裂段垂深有较大差距，最大可达300m，地应力相差8～10MPa。导致常规压裂模型不能适应页岩气水平井体积压裂要求，必须建立三维压裂模拟模型，引入三维地质静态模型和三维地应力模型，并输入压裂相关的入井材料、施工泵注等资料。

1）压裂井的建立

需要输入页岩气压裂井在三维空间的井眼轨迹，包括井口坐标、补心高度、钻头直径、套管尺寸和强度、井斜角、方位角、井深等数据。

2）三维地质静态模型和三维地应力模型的输入

由于建立的三维地质模型和三维地应力模型通常是井区或平台模型，开展压裂模拟前需要根据压裂模拟的需要（单井压裂模拟、平台井压裂模拟和井区井压裂模拟）选择输入三维地质模型和三维地应力模型的大小，避免运算量过大，影响计算效率。

三维地质模型导入的数据包括每一层位的静态参数，包括小层垂深、厚度、含气饱和度、含水饱和度、基质渗透率、有机质渗透率、孔隙度、黏土含量、岩石压缩系数、热传导系数、热容、层理密度、漏失系数、岩石类型、地层温度等参数。

三维地应力模型导入的数据包括每一层位的岩石力学参数，包括最大水平地应力方向、上覆岩层压力、最大水平地应力、最小水平地应力、上覆岩层压力梯度、地层孔隙压力、地层孔隙压力梯度、破裂压力梯度、杨氏模量、泊松比、内摩擦角、内聚力、抗拉强度、抗压强度、天然裂缝刚度等参数。

3）入井材料性能输入（压裂液和支撑剂）

这部分需要输入压裂液和支撑剂的性能，其中压裂液主要输入压裂液的厂家、类型、密度、黏度、不同排量下的摩阻系数等参数；支撑剂主要输入支撑剂厂家、类型、粒径、颗粒直径、体密度、视密度、不同压力下的裂缝导流能力等参数。

4）分段分簇射孔方案输入

针对待压裂井，需要开展分段分簇射孔方案设计。可以通过单井的测井解释数

据，从完井品质和储层品质两个方面来划分，差异化设计选择最优的射孔位置，确保每簇裂缝都能顺利起裂。针对已压裂井开展压后评估，就只需要将实际压裂分段射孔位置输入模型中即可，输入的参数包括每一段的顶界和底界，射孔簇的顶深和底深、射孔编号、孔眼数、簇间距、射孔弹直径、射孔长度和相位角等参数（图 3-18）。

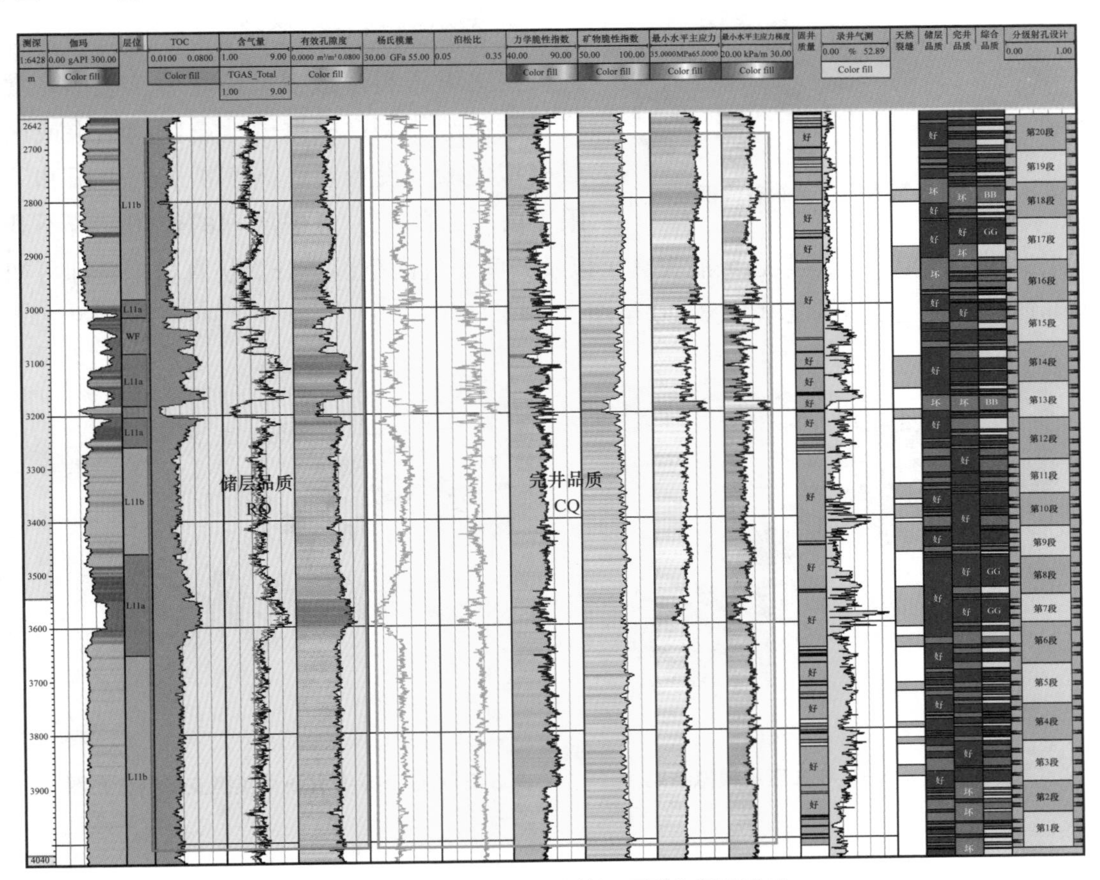

图 3-18　页岩气水平井精细压裂分段设计图

5）压裂施工的泵注程序输入

针对待压裂井，需要开展压裂施工的泵注程序设计，通过对比不同泵注程序下裂缝扩展形态和储层改造效果，精细化设计每一段的泵注程序，确保每簇裂缝都能顺利起裂。针对已压裂井开展压后评估，需要将实际压裂施工泵注程序的秒点数据输入模型中。需要注意的是为了满足压裂模拟计算要求，需要对秒点数据的异常数据和分段段塞重新处理，同时需要将地面加砂浓度转化为井底加砂浓度。

6）天然裂缝模型输入

天然裂缝形态是影响水力压裂效果的关键参数，可以直接从三维地质模型中导入

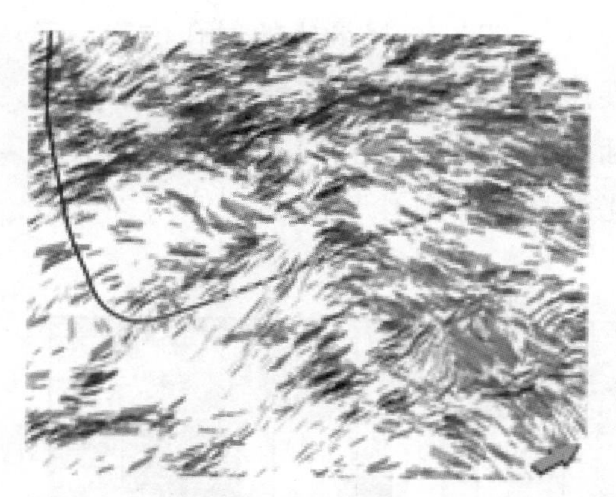

图 3-19　页岩气水平井天然裂缝模型图

天然裂缝数据，包括裂缝长度、强度、角度等数据（图 3-19）。为防止计算量过大，需要对原有的天然裂缝模型编辑，选择合适的天然裂缝模型大小。

2. 复杂裂缝仿真模拟

在三维压裂模拟模型建立后，选择非常规复杂裂缝模型；根据微地震监测结果或区域模拟经验，设置裂缝高度扩展的上限和下限（由于未能充分考虑层理的作用，若不开展此步骤，模拟的裂缝形态可能失真）以及井间干扰的范围，开展仿真模拟，即可初步得到复杂裂缝裂缝形态（图 3-20 至图 3-24）。

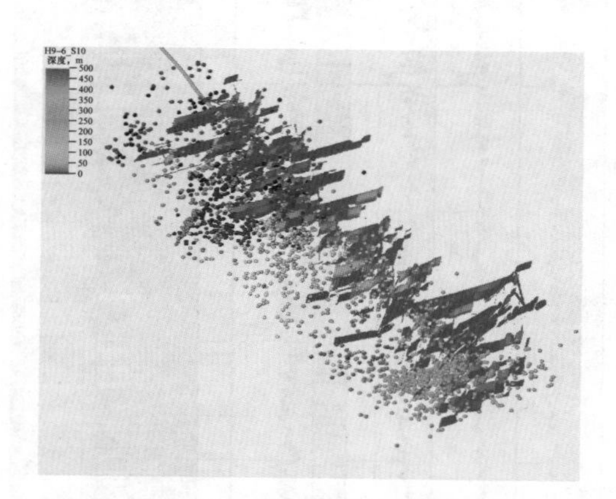

图 3-20　CNH9-5 井压裂模拟结果

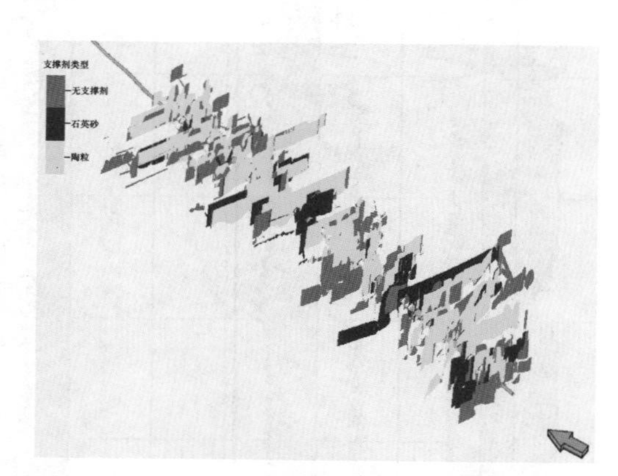

图 3-21　CNH9-5 井不同类型支撑剂分布图

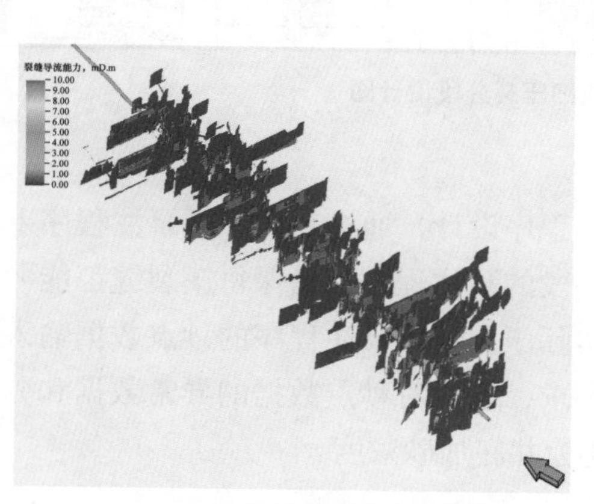

图 3-22　CNH9-5 井裂缝导流能力分布图

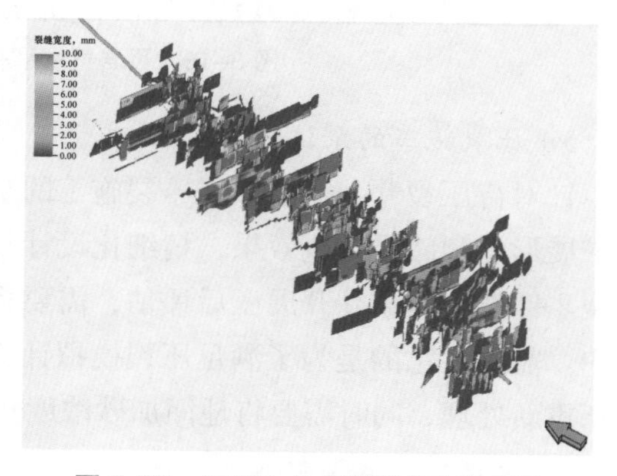

图 3-23　CNH9-5 井裂缝宽度分布图

3. 压裂缝网拟合反演

复杂裂缝仿真计算初步完成后，需要开展利用两部分数据拟合反演，提高压裂模拟的精度（图 3–25 和图 3–26）。

（1）根据停泵压力对最小水平地应力进行校正；根据实际施工的泵注程序、压力数据进行施工压力分析拟合，对压裂液摩阻、地应力大小进行校正。

（2）使用微地震监测的详细事件点数据，对水力裂缝几何尺寸、地应力方向进行校正。

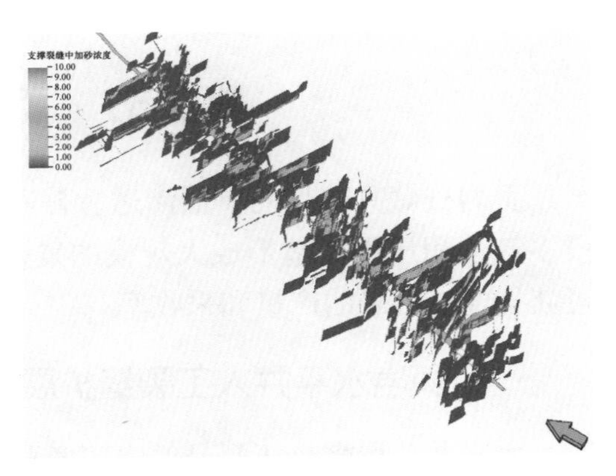

图 3–24　CNH9–5 井支撑裂缝中加砂浓度分布图

图 3–25　微地震裂缝高度标定图

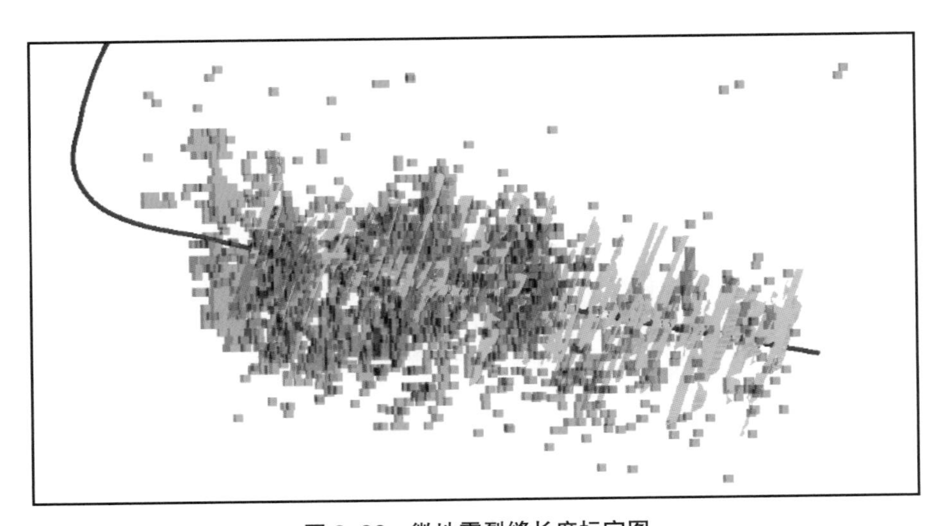

图 3–26　微地震裂缝长度标定图

第二节　页岩缝网压裂机理

页岩气藏具有低孔、低渗透、普遍发育有天然裂缝的特征。通过对页岩水平井分段多簇体积压裂改造形成大规模的复杂裂缝网络带，给页岩气流动提供充分的通道，可获得经济可采的产量和采收率。

一、页岩水平井人工裂缝扩展模拟

水平井分段多簇压裂是低渗致密页岩储层高效开发的重要增产措施之一[3]。通过在各段进行多簇射孔，在压裂后形成多条裂缝，继而增大致密、超低渗透储层的导流能力，提高油气生产能力。目前水平井分段多簇压裂技术得到了现场广泛应用，但在射孔簇参数选择、簇间距优化等方面仍然以测井数据及邻井资料为依据，仍处于现场实践和经验摸索的阶段。虽然基于压后产能模拟可优化裂缝射孔参数及簇间距等，但都必须提前假定裂缝的几何尺寸、导流能力等参数，忽略了在分段多簇压裂过程中多条裂缝同时延伸的力学干扰对裂缝形态的影响。随着页岩压裂技术的发展，通过有效控制成本（工厂化作业、滑溜水压裂、可钻桥塞等），尽可能在增加裂缝条数的前提下优化射孔参数和保证裂缝宽度是实现有效增产的关键。

与常规裂缝扩展不同，多条裂缝同时扩展时，由于诱导应力干扰的客观存在改变了地层应力场分布，从而引起了多裂缝延伸方向发生变化；同时裂缝延伸方向的改变又会反过来影响多裂缝内流体压力分布和流量分配。说明了多裂缝扩展模型的应力场和流体场在计算过程中是一个不可分离的整体，需耦合求解。多裂缝扩展主要包括裂缝诱导应力场干扰模型、流体流动模型以及裂缝扩展准则三个部分。其中，裂缝诱导应力场干扰模型涉及弹性力学问题；流体流动模型包括裂缝内流体流动和井筒中流体流动，涉及流体力学问题；裂缝扩展判定准则涉及断裂力学问题（图 3–27）。因此，水平井分段多簇压裂裂缝扩展是一个涉及多学科的复杂问题[4]。

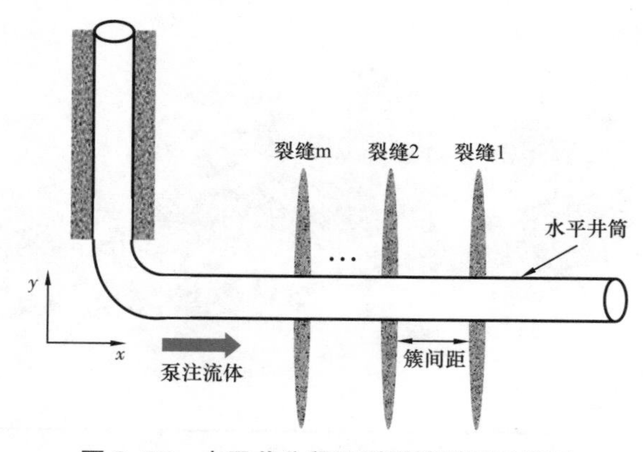

图 3–27　水平井分段压裂裂缝扩展示意图

二、页岩水平井复杂缝网扩展规律

1. 扩展规律分析

按照段内以 3 簇裂缝压裂的模式为例，分析水平井分段多簇压裂裂缝扩展在应力干扰下的裂缝形态、应力分布以及流量分配等问题，基本参数见表 3–1。

表 3–1　基本参数表

基本参数	取值	基本参数	取值	基本参数	取值
弹性模量，MPa	30000	压裂液黏度，mPa·s	10	裂缝高度，m	30
泊松比	0.2	注入排量，m^3/min	15	裂缝簇间距，m	25
最大水平主应力，MPa	42	泵注液量，m^3	100	滤失系数，m·$min^{1/2}$	5×10^{-4}
最小水平主应力，MPa	40	初始裂缝方位角，(°)	90	断裂韧性，MPa·$m^{1/2}$	4

3 簇裂缝扩展时泵注结束后的裂缝形态如图 3–28 所示。从图 3–28 中可以看出，中间裂缝在外侧两裂缝的应力干扰下扩展长度最短，第 1 条裂缝扩展长度略大于第 3 条裂缝，同时中间裂缝的宽度小于外侧两裂缝。外侧两裂缝均向外侧偏转，这是因为外侧裂缝受到其他两裂缝的剪切应力均在同一个方向，使得外侧裂缝均向外偏转以平衡剪切应力；而中间裂缝基本上不发生偏转，其原因是中间裂缝受到外侧两裂缝的剪切应力方向相反且大小基本相同，导致了中间裂缝几乎不受到剪切应力的作用。

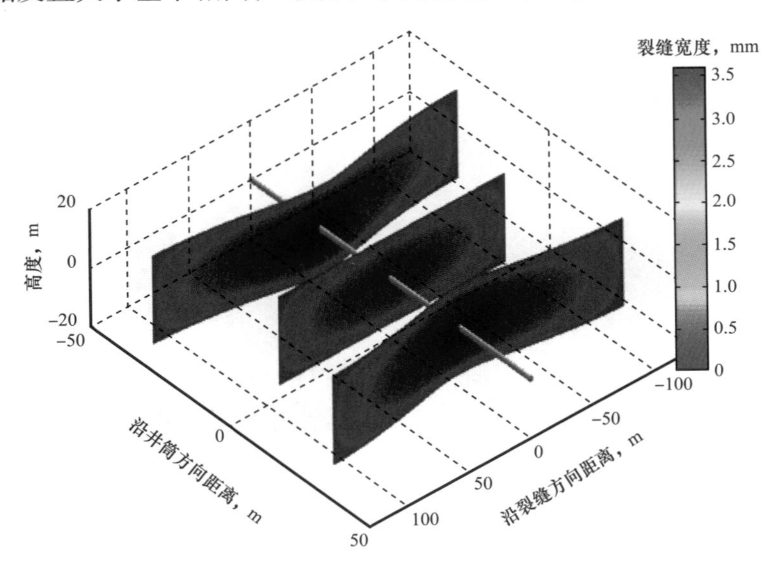

图 3–28　簇裂缝扩展时裂缝形态

从图 3–29 和图 3–30 中可以看出，3 簇裂缝扩展时原地层最小水平主应力和最大水平主应力方向上地应力分布规律。如图 3–29 所示，最小水平主应力方向上的应力场在3簇裂缝之间地层中较大，在第2条裂缝附近达到最大值；在裂缝尖端处由于应力集中效应使得地层应力较低；离裂缝较远的地层中地应力与原地应力场几乎没有变化，说明了在该区域受到的裂缝应力干扰较小。如图3–30所示，最大水平主应力方向上的应力场只在3簇裂缝附近处的区域应力干扰较大，在其他区域的应力干扰较小。结合两图分析，可以发现裂缝应力干扰的范围在最小水平主应力方向上远大于最大水平主应力方向，这就导致了地层主应力差会有所降低[5]。

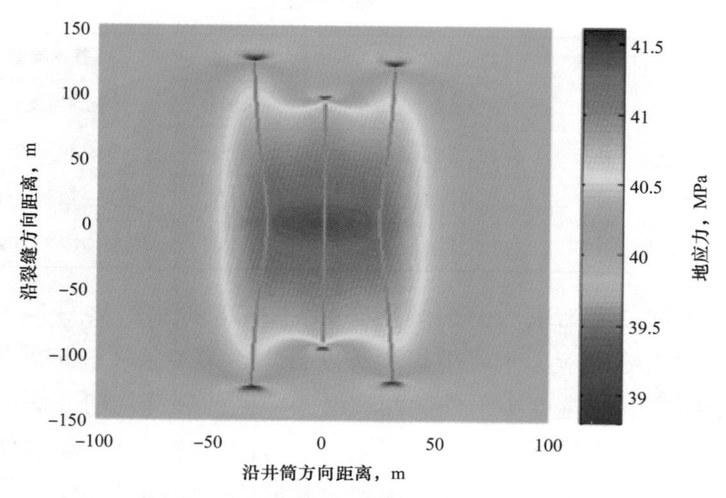

图3–29　最小水平主应力方向地应力分布

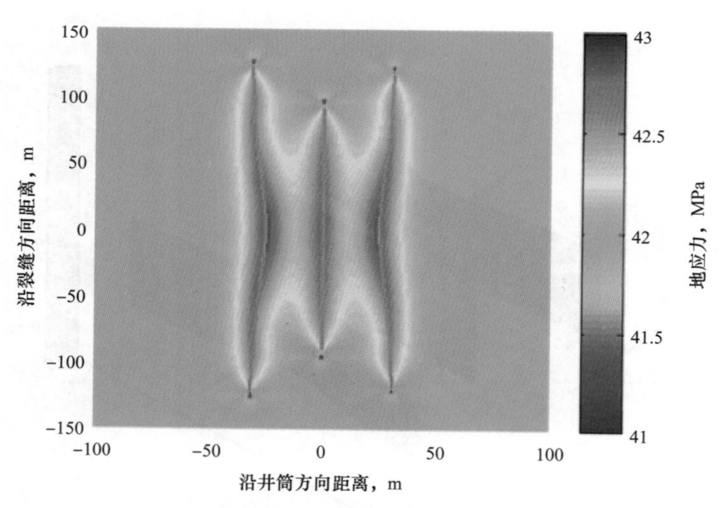

图3–30　最大水平主应力方向地应力分布

3簇裂缝扩展时地层受到的剪切应力如图3–31所示。外侧两裂缝均受到剪切应力的作用而向外发生偏转，中间裂缝几乎没有受到剪切应力，其偏转的幅度较小。同时外侧两裂缝受到的剪切应力大小基本相等方向相反，使得外侧两裂缝朝着相反的方向偏转。

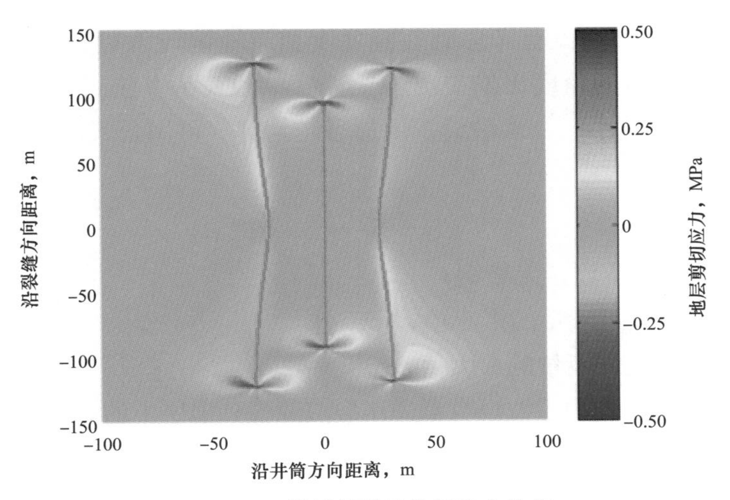

图 3-31　簇裂缝地层剪切应力分布

在扩展结束后 3 簇裂缝的累计进液量所占比例如图 3-32 所示，由于裂缝的应力干扰，第 2 条裂缝扩展受阻导致其进液量始终处于劣势，最终第 3 条裂缝进液量最多，第 1 条裂缝次之，第 2 条裂缝最低。

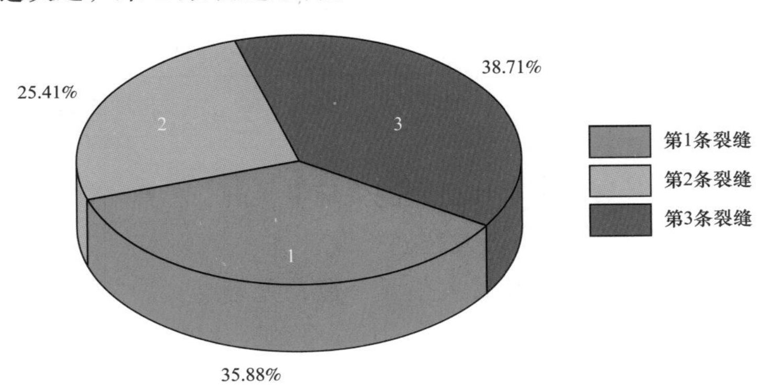

图 3-32　簇裂缝累计注入液量百分比

2. 裂缝均匀系数

多裂缝扩展时裂缝形态存在非均匀性，外侧裂缝因受到应力干扰较小而延伸较快，裂缝长度和宽度均比内侧裂缝更大；同时外侧裂缝受到的剪切应力较大，导致了其更容易发生向外偏转，这些因素最终造成了多裂缝的扩展形态存在差异性。目前普遍的观点认为多裂缝扩展时所有裂缝是否都能齐头并进是影响非常规油气藏产量的重要因素，当多裂缝扩展形态越均匀时，越有利于提高压裂效果和压后油气产量。

目前，国内外并没有明确提出多裂缝扩展形态均匀程度的定量表征方法，仅从定性的角度上提出了一些认识。其中一种观点认为多裂缝扩展长度之间的差异越小，则多裂缝扩展形态越均匀，显然这种定性的判断方法比较粗糙，仅考虑到裂缝形态在裂缝长度上的非均匀性，而没有考虑到裂缝宽度和裂缝偏转角对裂缝均匀程度的影响。Wu 等从各裂缝进液量的角度出发提出了一种简单的表示方法，该方法认为进入各裂缝进液量之间的差异越小时，多裂缝扩展形态越均匀。可用公式表示为

$$\xi=\frac{Q_{\min}}{Q_{\max}} \tag{3-10}$$

式中 ξ——裂缝均匀系数，无量纲；

$Q_{\min}$——各裂缝进液量的最小值，m³；

$Q_{\max}$——各裂缝进液量的最大值，m³。

式（3-10）的裂缝均匀系数没有考虑压裂液滤失到地层中的影响，也没有揭示出裂缝形态与各裂缝扩展均匀程度的本质关系，需在此基础上进行改进和修正。从各裂缝进液量比例出发，同时考虑压裂液滤失对多裂缝扩展均匀程度的影响，推导出采用裂缝形态参数定量表征裂缝扩展均匀程度的方法。认为当进入各裂缝用于增加裂缝体积的液量差异越小时裂缝形态越均匀，并定义裂缝均匀系数为各裂缝用于造缝液量的最小值与最大值之比，通过裂缝形态参数表示裂缝均匀系数。可用式（3-11）表示：

$$\xi=\frac{Q_{\min}-Q_{滤失}^{\min}}{Q_{\max}-Q_{滤失}^{\max}}=\frac{\int_0^{l_{\min}}hw_{\min}\mathrm{d}l}{\int_0^{l_{\max}}hw_{\max}\mathrm{d}l}=\frac{h\sum_{i=1}^{n_{\min}}w_{i,\min}a_i}{h\sum_{i=1}^{n_{\max}}w_{i,\max}a_i} \tag{3-11}$$

式中 $Q_{滤失}^{\min}$，$Q_{滤失}^{\max}$——各裂缝最小和最大滤失液量，m³；

$l_{\min}$，$l_{\max}$——各裂缝最小和最大裂缝长度，m；

$n_{\min}$，$n_{\max}$——各裂缝最小和最大单元个数，无量纲；

$w_{i,\min}$，$w_{i,\max}$——最大和最小裂缝的第 i 个单元体宽度，m；

a_i——第 i 个单元体长度，m。

考虑到多裂缝扩展时外侧裂缝会向外发生较大偏转，而内侧裂缝一般偏转较小。裂缝偏转角的存在会使得各裂缝在垂直井筒方向的投影长度发生变化，在一定程度上提高了多裂缝均匀程度，考虑裂缝偏转角对裂缝均匀系数的影响并对式（3-11）修正得

$$\xi=\frac{h\sum_{i=1}^{n_{\min}}w_{i,\min}a_i\cos\theta_{i,\min}}{h\sum_{i=1}^{n_{\max}}w_{i,\max}a_i\cos\theta_{i,\max}}=\frac{\sum_{i=1}^{n_{\min}}w_{i,\min}a_i\cos\theta_{i,\min}}{\sum_{i=1}^{n_{\max}}w_{i,\max}a_i\cos\theta_{i,\max}} \tag{3-12}$$

式中 $\theta_{i,\min}$，$\theta_{i,\max}$——在最小和最大进液量裂缝中第 i 个单元体裂缝偏转角，（°）。

裂缝均匀系数全部通过裂缝形态参数（缝长、缝宽、裂缝偏转角）定量表征。如图 3-33 所示，裂缝均匀系数还可表示为横、纵坐标与裂缝宽度曲线所围成的面积最小值与最大值之比。以 3 簇裂缝扩展为例，第 2 条裂缝所围成的面积最小，即图中的

红色区域；第 3 条裂缝围成的面积最大，即图中的绿色区域，那么裂缝均匀系数就等于红色区域面积与绿色区域面积之比。该比值的取值范围在 0 到 1，当该值越接近 0 时，说明各裂缝形态差异越大，裂缝扩展得越不均匀；当该值越接近 1 时，说明各裂缝形态差异越小，多裂缝扩展得越均匀。

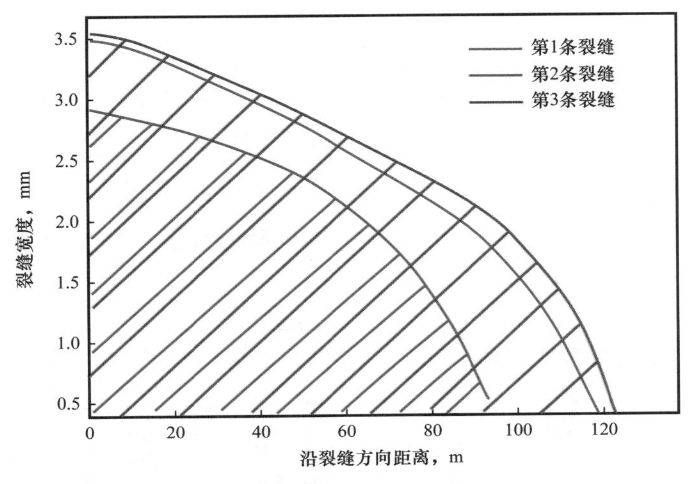

图 3-33　裂缝均匀系数几何意义示意图

同时，为了定量表征多裂缝在缝长和缝宽方向上的扩展均匀程度，从裂缝均匀系数中提取出缝长影响因子和缝宽影响因子，即在图 3-33 中缝长影响因子表示为各裂缝横坐标的最小值与最大值之比，缝宽影响因子表示为各裂缝纵坐标的最小值与最大值之比。

$$\xi_l = \frac{l_{f,\min}}{l_{f,\max}} = \frac{\sum_{i=1}^{n_{\min}} a_i \cos\theta_{i,\min}}{\sum_{i=1}^{n_{\max}} a_i \cos\theta_{i,\max}} \tag{3-13}$$

$$\xi_w = \frac{w_{\min}}{w_{\max}} \tag{3-14}$$

式中　ξ_l，ξ_w——缝长影响因子和缝宽影响因子，无量纲；

$l_{f,\min}$，$l_{f,\max}$——各裂缝长度在垂直方向上的最小值和最大值，m；

$w_{\min}$，$w_{\max}$——各裂缝井筒处宽度的最小值和最大值，m。

3. 压裂参数对裂缝扩展的影响

在各簇射孔参数相同条件下，中间裂缝由于受到外侧裂缝的应力干扰较大而导致其扩展受阻，扩展过程中始终处于弱势地位。同时，在多裂缝扩展中如果能够降低中间裂缝扩展阻力，那么就有利于提高多裂缝扩展均匀程度。减少中间裂缝扩展阻力主要从射孔摩阻和裂缝应力干扰两个方面考虑，射孔摩阻的主要影响因素是孔眼直径和孔眼数量，而裂缝应力干扰主要影响因素是裂缝簇间距。本节主要分析多裂缝扩展时不同的压裂施工参数对裂缝均匀系数的变化规律，在相同的各簇裂缝射孔参数和单独改变中间裂缝射孔参数下优化多裂缝扩展中压裂施工参数。

1）液体排量

从图 3-34 中可以看出，当液体排量不断增大时，中间裂缝进液量比例不断增加，而外侧两裂缝进液量比例则逐渐降低。裂缝均匀系数随着液体排量的增大而不断增加，当液体排量从 9m³/min 增加到 21m³/min 时其对应的裂缝均匀系数从 0.56 增加到 0.68，说明了液体排量对多裂缝扩展均匀程度有着重要影响。为了保证多裂缝扩展均匀程度更高，在实际压裂施工中应采用高液体排量施工，建议 3 簇裂缝液体排量在 15～18m³/min。

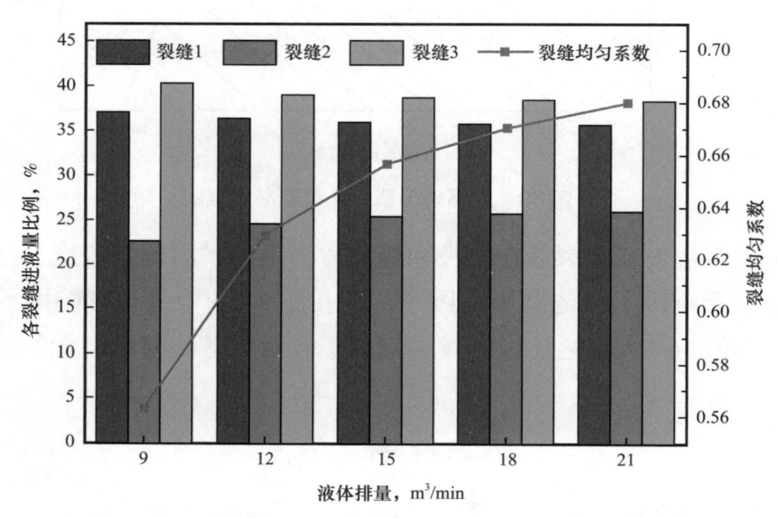

图 3-34　不同液体排量下裂缝进液量和裂缝均匀系数变化规律

2）液体黏度

从图 3-35 中可以看出，压裂液黏度不断增大时，中间裂缝进入液量比例略有减小，外侧两裂缝进液量比例略有增加。裂缝均匀系数随着压裂液黏度的增大而有所减小，但减小的幅度很低。当液体黏度从 10mPa·s 到 100mPa·s 时，其对应的裂缝均匀系数从 0.65 下降到 0.62，说明了在低黏度压裂液下多裂缝扩展得更加均匀，在压裂施工时应尽量采用低黏度压裂液。

3）孔眼直径

（1）3 簇裂缝孔眼直径相同。

从图 3-36 中可以看出，多裂缝扩展时随着射孔孔眼直径的增加，中间裂缝的进液量比例逐渐降低，而外侧两裂缝进液量比例则逐渐上升。裂缝均匀系数随着孔眼直

径的增加而下降，当孔眼直径从 10mm 增加到 18mm 时，其裂缝均匀系数从 0.65 降低到 0.49。说明了孔眼直径对多裂缝扩展均匀程度影响较大，当各簇裂缝孔眼直径越小时越有利于多裂缝均匀延伸。

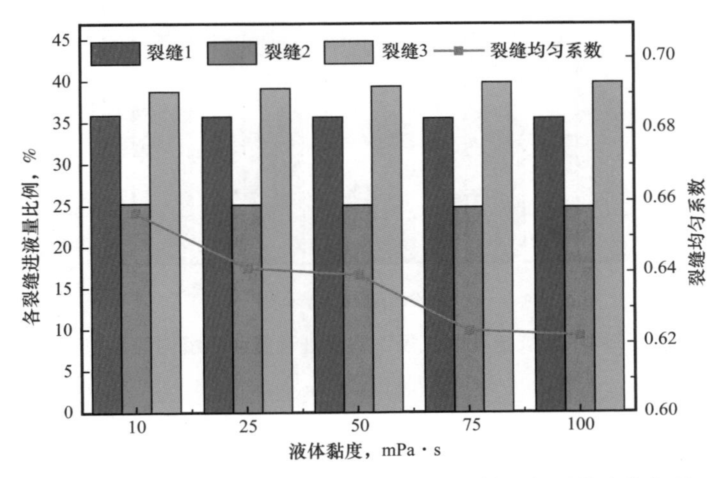

图 3-35 不同液体黏度下裂缝进液量和裂缝均匀系数变化规律

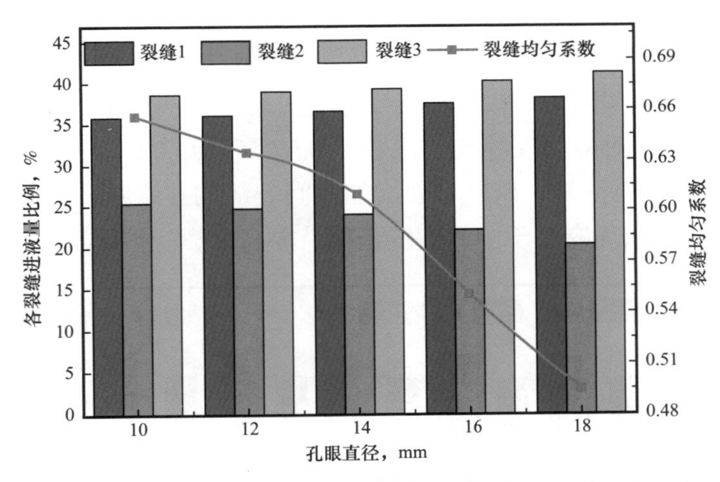

图 3-36 不同孔眼直径下裂缝进液量和裂缝均匀系数变化规律

（2）3 簇裂缝孔眼直径不同。

从图 3-37 中可以看出，当中间裂缝孔眼直径逐渐增大时，外侧两裂缝进液量比例均不断下降，而中间裂缝的进液量比例不断增加。当中间裂缝孔眼直径为 10～16mm 时，裂缝均匀系数随着中间裂缝孔眼直径的增加而不断上升；当孔眼直径超过 16mm 后，其值随着孔眼直径的增加而下降。当孔眼直径为 16mm 时，其值达到最大为 0.94，此时多裂缝扩展得十分均匀，因此中间裂缝存在最优的孔眼直径使得裂缝均匀程度最大。

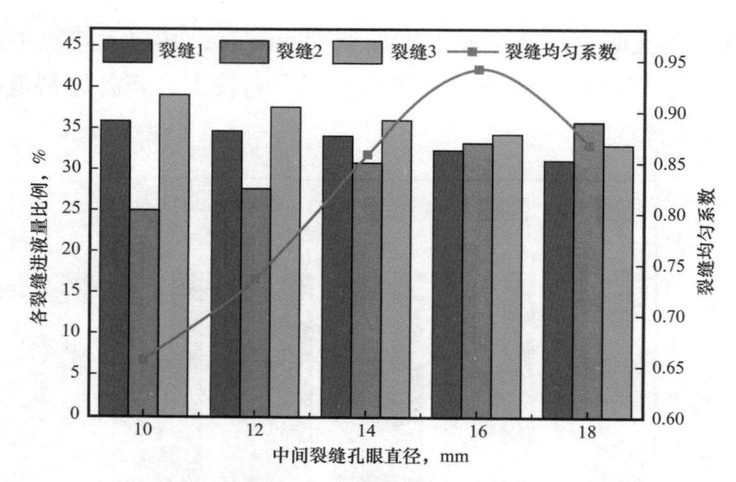

图 3-37　不同中间裂缝孔眼直径下裂缝进液量和裂缝均匀系数变化规律

4）孔眼数量

（1）3 簇裂缝孔眼数量相同。

从图 3-38 中可以看出，当孔眼数量增大时，中间裂缝进液量比例略有减小，外侧两裂缝进液量比例略有增加，但变化幅度不大。裂缝均匀系数随着孔眼数量的增大而略有减小，这是因为当孔眼直径增大时每簇裂缝射孔摩阻减小，降低了其在总压降中的比例，一定程度上增大了中间裂缝与外侧两裂缝之间的差异。当孔眼数量从 16 孔增加到 24 孔时，其对应的裂缝均匀系数从 0.67 降低到 0.63，总体上来说孔眼数量对裂缝均匀系数的影响不大。如果单独增加中间裂缝的孔眼数量可降低其孔眼摩阻、进而增加其净压力，从而有利于中间裂缝延伸，提高多裂缝扩展均匀程度。

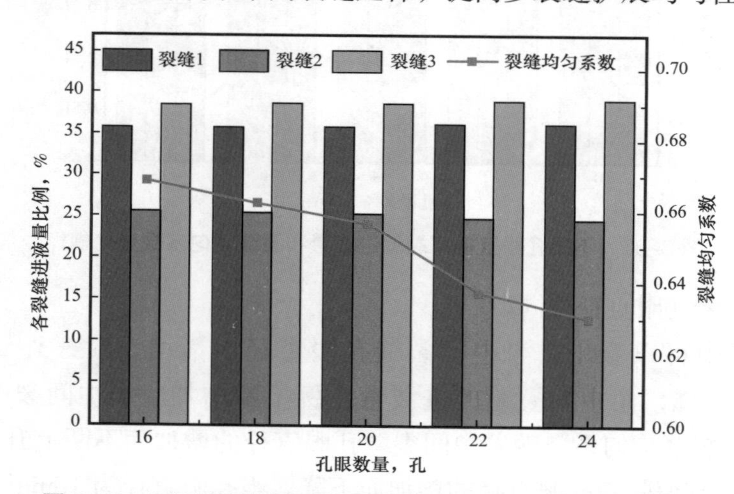

图 3-38　不同孔眼数量下裂缝进液量和裂缝均匀系数变化规律

（2）3 簇裂缝孔眼数量不同。

减小中间裂缝射孔摩阻还可通过增加其孔眼数量来实现，当单独增加中间裂缝的

孔眼数量时，有利于中间裂缝延伸。在外侧两裂缝孔眼数量都保持 20 孔不变的情况下，分别增加中间裂缝孔眼数量模拟多裂缝扩展。

从图 3–39 中可以看出，当中间裂缝孔眼数量增大时，外侧两裂缝进液量比例均略有下降，中间裂缝的进液量比例不断增加。随着中间裂缝孔眼直径的增大，裂缝均匀系数不断上升，当中间裂缝孔眼数量从 20 孔增加到 28 孔时，其对应的裂缝均匀系数从 0.65 增加到了 0.79。同时可看出单独增加中间裂缝孔眼直径时明显大于单独增加中间裂缝孔眼数量时的裂缝均匀系数，说明了单独增加中间裂缝孔眼直径时的射孔压降明显比单独增加孔眼数量低，因此增加中间裂缝孔眼直径对提高多裂缝扩展均匀程度的贡献更大。

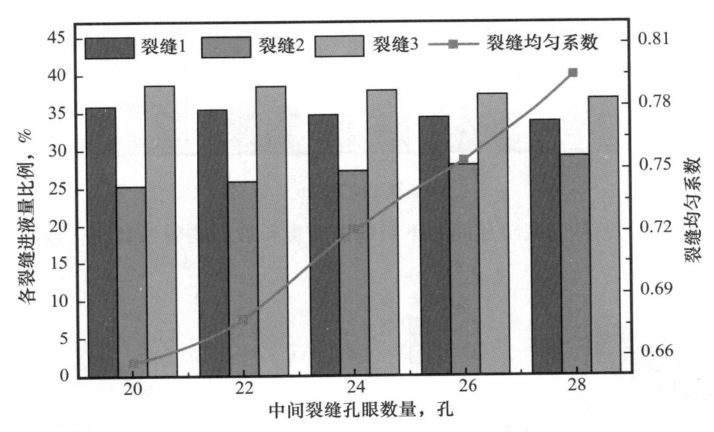

图 3–39　不同中间裂缝孔眼数量下裂缝进液量和裂缝均匀系数变化规律

5）裂缝簇间距

（1）等簇间距。

从图 3–40 中可以看出，在不同裂缝簇间距下各簇裂缝进液量和裂缝均匀系数有所不同。当裂缝簇间距增大时中间裂缝进液量不断增大，而外侧两裂缝进液量则逐渐降低。裂缝均匀系数随着裂缝簇间距的增大而不断增加，当裂缝簇间距从 10m 增加到 40m 时，其对应的裂缝均匀系数从 0.58 增加到 0.67，说明了裂缝簇间距严重地影响着多裂缝扩展均匀程度。在其他参数保持不变的情况下，裂缝均匀系数在裂缝簇间距在 10～30m 增加得较为明显，而在 30～40m 增加幅度较小。说明了在本文算例中，裂缝簇间距在 30～40m 时，多裂缝扩展均匀程度较高。

（2）非等簇间距。

在 3 簇裂缝总间距不变的情况下，分析裂缝簇间距不同组合下裂缝均匀系数变化规律。当总间距为 50m 时分别模拟非等簇间距下多裂缝扩展裂缝形态，如图 3–41 所示。从图中可以看出，当 3 簇裂缝为非等簇间距组合时，由于簇间距不同使得外侧两裂缝在中间裂缝处的应力干扰不相等，导致了中间裂缝也会发生较大幅度的偏转，其偏转方向与裂缝簇间距较大的裂缝偏转方向相同。这是因为当裂缝簇距离较远时对中间裂缝的应力干扰较小，中间裂缝就容易朝着应力干扰较小的方向延伸。与中间裂缝距离较大的外侧裂缝受到的应力干扰最小，使得其扩展长度和宽度均最大。中间裂缝离外侧裂缝越近时其受到的应力干扰越大，裂缝偏转得更加剧烈，不利于提高多裂缝扩展均匀程度。

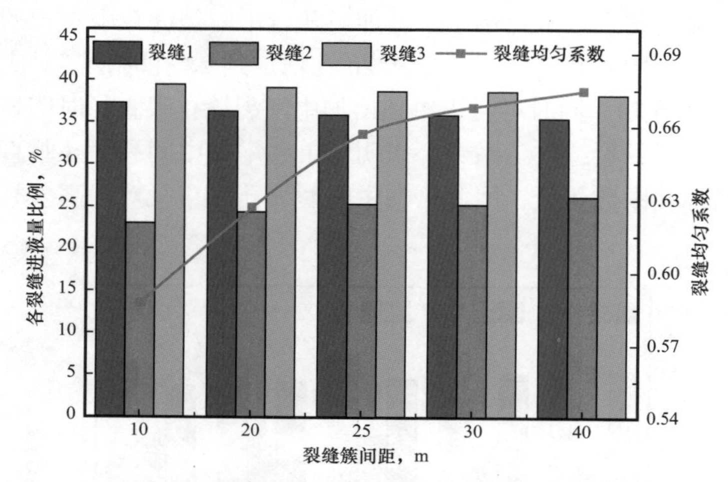

图 3-40　不同裂缝簇间距下裂缝进液量和裂缝均匀系数变化规律

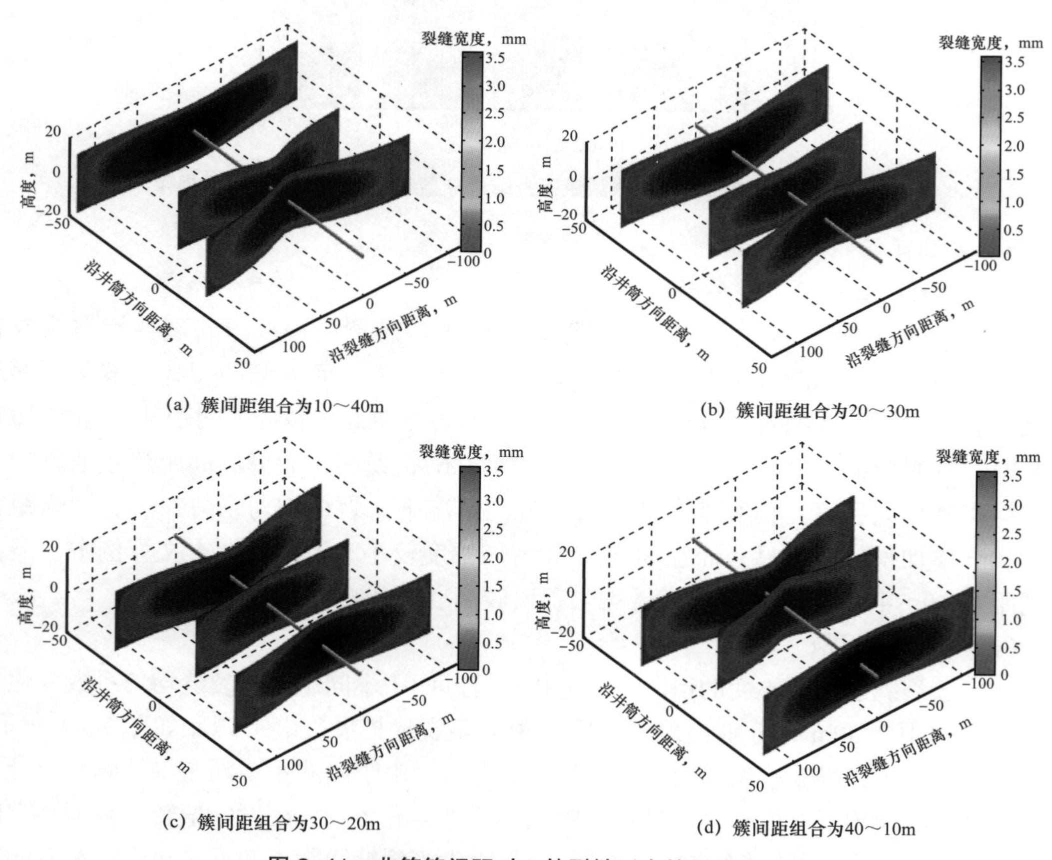

图 3-41　非等簇间距对 3 簇裂缝形态的影响规律

从图 3–42 中可以看出，当第一条与第二条裂缝簇间距不断增大时，第一条裂缝进液量比例不断增加，相应地第三条裂缝进液量比例逐渐减小，而中间裂缝的进液量比例几乎不变。由于第三条裂缝无井筒摩阻，使得同等条件下其进液量比例比第一条裂缝略大。裂缝均匀系数随着第一条与第二条裂缝簇间距的增加先增大后减小，当两条裂缝簇间距相等时裂缝均匀系数达到最大。也就是说在均质储层中非等簇间距下多裂缝扩展时的裂缝均匀系数始终小于等簇间距下的裂缝均匀系数，因此在地层为均质储层时应尽量保持等簇间距布缝，避免出现单一裂缝过量延伸而影响压裂改造效果。

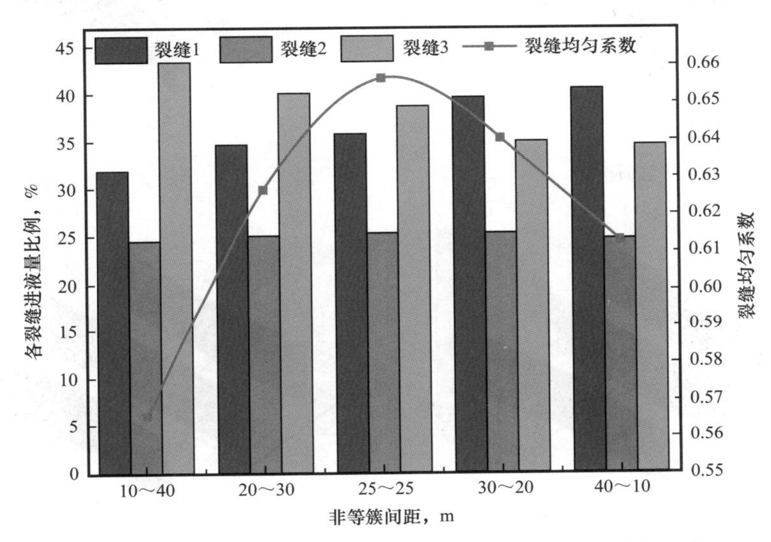

图 3–42　非等簇间距下裂缝进液量和裂缝均匀系数变化规律

当 3 簇裂缝射孔参数条件相同情况下，最优裂缝簇间距为 30～40m，与裂缝应力干扰影响范围基本一致，说明了当裂缝应力干扰基本可以忽略时多裂缝扩展均匀程度较高。然而在实际压裂施工中人们总想在裂缝扩展均匀的情况下使裂缝簇间距更小，因此，可在改变中间裂缝射孔参数下进一步优化裂缝簇间距，模拟中间裂缝孔眼直径为 12.5mm 时不同裂缝簇间距下的多裂缝扩展形态变化规律。

取裂缝簇间距为 10m、20m、30m、40m 时模拟多裂缝扩展形态，如图 3–43 所示。从图中可以看出，在等簇间距下当单独增加中间裂缝孔眼直径时的裂缝形态与孔眼直径都相等时相比，中间裂缝扩展的长度和宽度明显增加，极大地增加了多裂缝扩展均匀程度。随着裂缝簇间距不断增大，中间裂缝扩展的长度和宽度都不断增加，外侧两条裂缝偏转角降低，这些变化都有利于提高多裂缝扩展均匀程度。

从图 3–44 中可以看出，随着裂缝簇间距的不断增大，外侧两条裂缝进液量比例均下降，中间裂缝进液量比例则不断上升。裂缝均匀系数随着裂缝簇间距的增加而不断增大，刚开始时裂缝均匀系数随着裂缝簇间距的增大而增加且幅度较大，而当簇间距超过 30m 以后，裂缝均匀系数增加的幅度逐渐趋于平稳。因此在中间裂缝孔眼直径为 12.5mm 时，裂缝簇间距为 25～30m 的裂缝均匀系数最优，多裂缝扩展均匀程度较高。

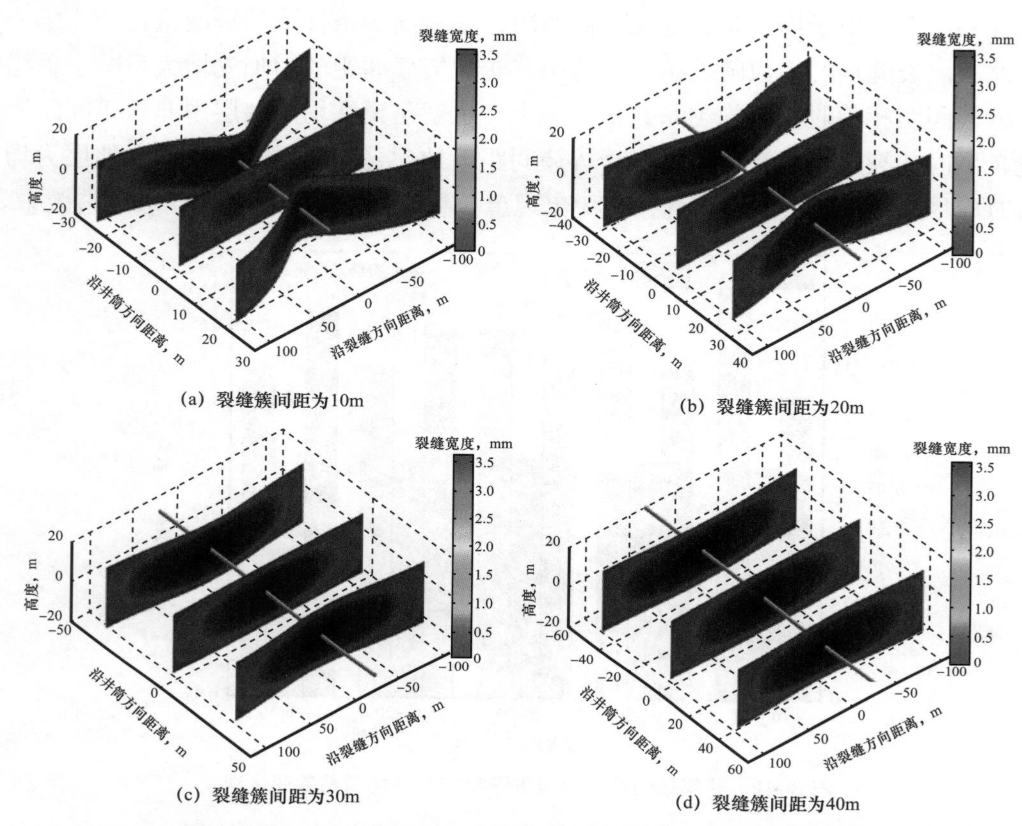

(a) 裂缝簇间距为10m
(b) 裂缝簇间距为20m
(c) 裂缝簇间距为30m
(d) 裂缝簇间距为40m

图 3-43 中间裂缝孔眼直径为 12.5mm 时裂缝簇间距对 3 簇裂缝形态的影响规律

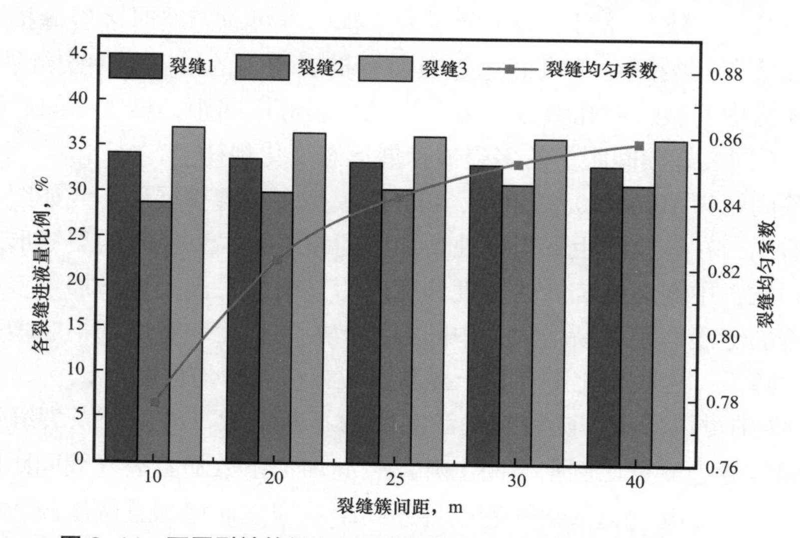

图 3-44 不同裂缝簇间距下裂缝进液量和裂缝均匀系数变化规律

第三节　水平井压裂设计

页岩气水平井压裂设计是随页岩气开发而提出的一个新问题，与常规压裂设计具有较大的区别，这是由页岩储层与常规储层本身的差异决定的。例如，页岩储层相对常规储层具有非均质与各向异性强、黏土含量高的特征，水平层理及层理缝发育。页岩气水平井压裂设计与常规气井压裂设计最大的不同在于其裂缝形态的不确定性，目前国内外针对这一问题开展了一些研究，如在水力裂缝参数设计上主要基于离散裂缝模型和双重介质模型，应用油藏数值模拟软件根据压后产能来进行优化。

一、可压性评价

现有的页岩气储层评价方法可分为定性的实验评价法和定量的系数评价法两大类。其中实验评价方法就是对页岩岩心进行一系列的室内实验，仔细观察记录实验现象与结果，并将获得的一系列实验参数与北美页岩参数、相邻区块进行对比，从而对目标区域的页岩进行可压性评价，这种方法准确性较高。系数评价方法又可分为脆性指数法与可压性指数法，其中应用最广的是脆性指数法。该方法利用页岩储层脆性指数来表征可压性；可压性指数法则是将多种影响因素通过一定的数学方法进行整合，最终得出一个系数值来评价储层的可压性。

目前，随着国内对页岩气勘探开发的不断深入与研究，国内学者也通过自己的研究建立了一些新的页岩气可压性评价方法。例如，国内学者赵金洲提出依靠压后形成复杂缝网的概率指数和获得较大储层改造体积的概率指数来定义储层的可压性。这一方法的理论基础是地层中形成裂缝网络的复杂程度与地层岩石的脆性、天然弱面的发育情况密切相关。岩石脆性越高，天然弱面越发育，且压裂时闭合的天然弱面越易开启，则地层中形成的裂缝网络就越复杂。储层改造体积大小主要取决于岩石断裂韧性和天然弱面被穿透性，断裂韧性越小、且初次相交时天然裂缝面能被水力裂缝穿透，获得较大的储层改造体积的概率就越大。只有储层改造体积与裂缝网络复杂程度处于最优状态时，页岩储层的可压性才是最好的。

国内学者蒋廷学提出了基于压裂施工参数的页岩可压性指数评价方法。学者认为基于脆性指数的可压性评价方法虽然考虑近井筒的特征参数，如破裂压力、地质甜点指标、岩心分析数据，但不能反映远井筒地层可压性情况。远井筒地层情况是无法靠测井、取心实验分析得到的，只能依靠压裂施工参数反演出来。基于此理论，提出了利用压裂施工参数来表征远井地带储层可压性指数的方法，压裂参数主要包括加砂量、液量、排量等。

二、水平井非均匀分段

由于页岩裂缝形态复杂，要考虑的因素多，因此在设计上与常规井相比，水平井优化设计更复杂、更困难，而压裂设计中的一项关键参数就是水平井的分段。常规井分段设计通常是利用油藏数值模拟来确定实现经济产量的分段数，进而根据分段数与水平段的长度进行分割。但是此类方法并不适用于页岩气储层，因为这种分段方法并没有考虑页岩储层在压裂过程是否满足其工程条件的可压性，或者说是能否通过压裂改造形成所期望的具有一定复杂程度的网络裂缝。因此，对于页岩储层的改造而言，合理的分段设计是水力压裂成功的重要保证。在北美 Eagle ford 盆地的页岩气开发者，早已通过多口井的压后评价，证明了根据水平段长度进行简单的几何均匀分段设计，其压裂改造后（17 口井）井均各射孔簇的产能贡献率为 63%，也即有 37%左右的射孔簇对产能没有贡献，而采用储层物性相似性的分段设计压后井均达到 82%。

针对川南龙马溪组页岩气储层特征以及水平段钻遇小层的差异，页岩气水平井主要采取非均匀分段方法进行水平段的分割设计。而非均匀分段的核心就是根据页岩气水平井轨迹实际穿行储层的情况，根据其 *RQ*（储层品质参数）、*CQ*（完井品质参数）进行分段设计，而这种设计分段的结构势必导致各改造段间距存在差异，出现非均匀性。

1. 水平井压裂段划分原则

川南龙马溪页岩气水平井非均匀分段的原则主要考虑页岩气水平井轨迹穿行的地层岩性特征、岩石矿物组成、全烃显示、自然伽马、电阻率和孔隙度、天然裂缝发育等参数，除了以上地质参数外，还需考虑工程条件，如固井质量、井斜度等。总体原则是将穿行地质属性相近的小层分为 1 段（尽可能不跨 2 个及以上的小层），天然裂缝发育处单独一段。

2. 非均匀分段实例

长宁—威远示范区水平井分段间距基本按照 60～80m 进行分段，目的是在较短的段间距情况下，形成一定的应力干扰，提高裂缝的复杂程度。分段设计不仅需要参考测井解释资料，同时利用三维地震预测结果进行综合分析，同时还需考虑水平段轨迹穿行的小层情况，如图 3-45 所示。Z202-H1 井共设计 29 段，最小段间距 30.8m，最长段间距 78m。另外，本井水平段主要钻遇龙一$_1^1$和五峰两个小层。因此，在兼顾分段段长的同时，还需将同一小层划分为一段。

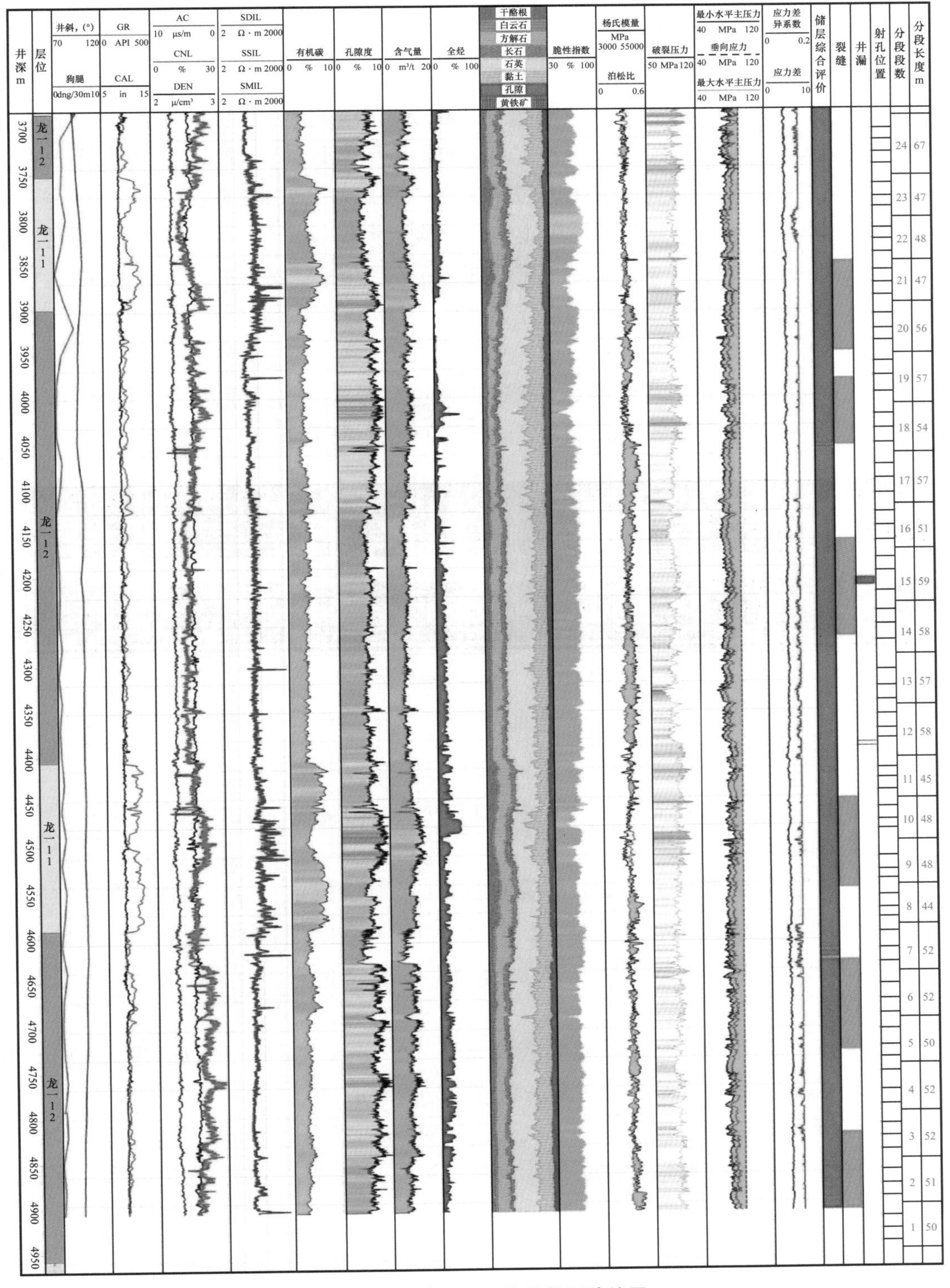

图 3-45　Z202-H1 井分段设计结果

三、个性化射孔

常规油气藏水平井一般采用均匀的布孔方式，即水平段全部射开。由于页岩气水平井水平段长度相对较长，一般都超过1000m，川南龙马溪组页岩气水平井普遍在1500～1800m，个别井达到2000～2500m，如果按照常规油气藏的射孔方式至少在作业成本上已不能满足页岩气水平井开发的需要（常规射孔方式采用油管传输、需要作业井架），同时常规射孔一次下井只能实现一次点火作业，作业效率也无法满足。基于上述原因，传统的射孔工艺技术不能满足页岩气藏的高效完井要求。分簇射孔技术应运而生，该技术在井口带压的情况下，能够一次下井完成多个产层的电缆射孔作业或一次桥塞坐封和多次射孔作业。

所谓分簇射孔即使用复合桥塞对拟改造段进行分段，每段分成若干簇，电缆一次下井将射孔管柱输送至目的层完成多簇射孔，如图3-46所示。

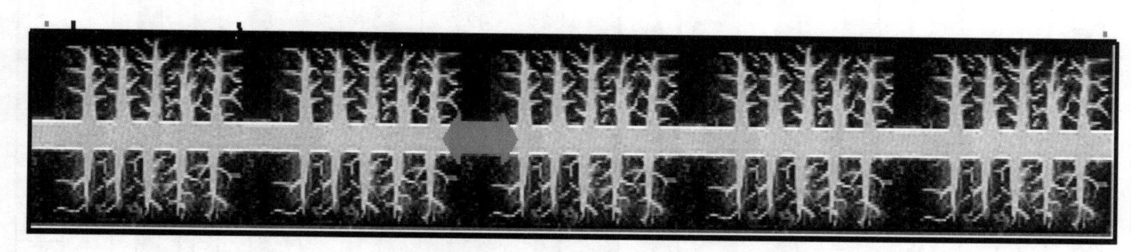

图3-46　水平井分簇射孔

1. 射孔位置的选择

结合国外和四川的施工经验，主要根据以下三个方面来优化射孔簇位置。

1）储层物性

国外开发经验表明，页岩气藏储层的裂缝发育、含气饱和度等物性参数直接影响页岩气井的产量。因此，水力压裂能够充分的改造高含气饱和度的区域，并充分沟通地层的天然裂缝，形成高导流能力的缝网是获得高产气井的关键。因此，需要根据储层物性差异调整射孔段。

（1）物性好的区域应尽量与差的区域分开，在一个改造段中同时射开物性相差很大的区域，会造成物性较差的区域无法获得充分的改造。

（2）在天然裂缝发育区域、高含气量区域对一个改造段内合理布置射孔簇，确保水力压裂裂缝在这些区域形成和延伸，有利于沟通储层并激活储层天然裂缝，并提高该段气产量。

2）岩石脆性

岩石脆性对于页岩气压裂能否形成复杂的裂缝至关重要。岩石脆性直接影响着压裂裂缝的形状，高脆性岩石易于形成网状的复杂裂缝，同时脆性也深刻影响着压裂施

工工艺的选择。所以要选择高脆性的层段布置射孔簇。

3）应力差异

原地应力条件是优化完井射孔设计的重要参数。原地应力主要包含地层孔隙压力、上覆岩层压力、水平最大主应力和水平最小主应力，如图 3-47 所示。

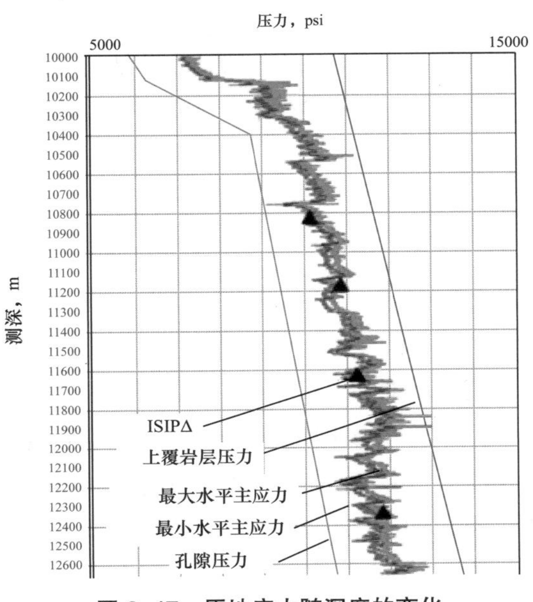

图 3-47　原地应力随深度的变化

图 3-47 中，ISIP（瞬时关井压力）被标定为地层闭合压力的上限，近似为水平最小主应力上限。所以对于水力压裂造缝，水平最小主应力直接影响着压裂施工压力。

由于页岩的非均质性，沿水平段井筒的页岩层也存在着明显的应力差异。

图 3-48 是 W201-H1 井水平最小主应力沿水平段井筒大小变化情况。这导致了在井筒不同的部位，近井地带存在不同的裂缝闭合压力，这会在地层中产生应力屏障效应。

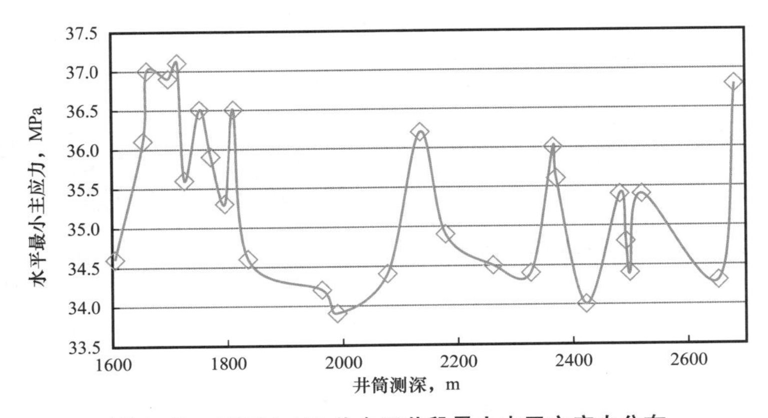

图 3-48　W201-H1 井水平井段最小水平主应力分布

（1）如果选择在高应力区域射孔，会大幅提高压裂施工压力，也可能出现造缝失败。同时，由于缺乏足够的流体注入速率，导致没有能力泵送设计浓度的压裂支撑剂，会产生无效裂缝网。

（2）如果射开段同时存在高应力区和低应力区，将可能造成无法改造高应力区，而低应力区被过度改造。

因此，针对页岩气藏水平井的射孔，必须结合应力差异进行合理分段，尽量避免高应力区域与低应力区域在一个压裂改造段。每个改造段射孔簇位置应尽量分布在低应力的区域。

2. 定向射孔的应用

由于川南页岩气优质页岩层厚度相对较薄，水平井在钻井过程中可能出现井眼轨迹偏离优质储层，穿越至产层的上方或下方。同时，国内外已充分证明页岩气藏体积压裂改造过程中水力裂缝缝高延伸有限，这是由页岩储层其本身发育的层理地质特征所决定的。基于以上两个原因，需采用定向分簇射孔对偏离层段进行定向射孔，最大可能诱导水力裂缝向最优质页岩层延伸，实现对设计靶体的最大限度改造，获得最优效果。此外，为了降低压裂起裂压力，需要根据地层最大和最小主应力方向来进行针对性的射孔。利用定向分簇射孔技术，在页岩气水平井中成功应用，解决了井眼轨迹偏离优质储层的射孔难题。

定向分簇射孔工艺技术是在原有分簇射孔技术基础上，采用特殊的动态导电装置，重心偏移定向射孔等技术，实现了水平井分簇射孔定向功能。

如图 3-49 和图 3-50 所示，从图中可以看出，通过对井轨迹偏移最佳小层的改造段进行定向射孔，体积改造后其微地震事件点主体沿井筒下方延伸，实现了最初定向射孔设计目的。

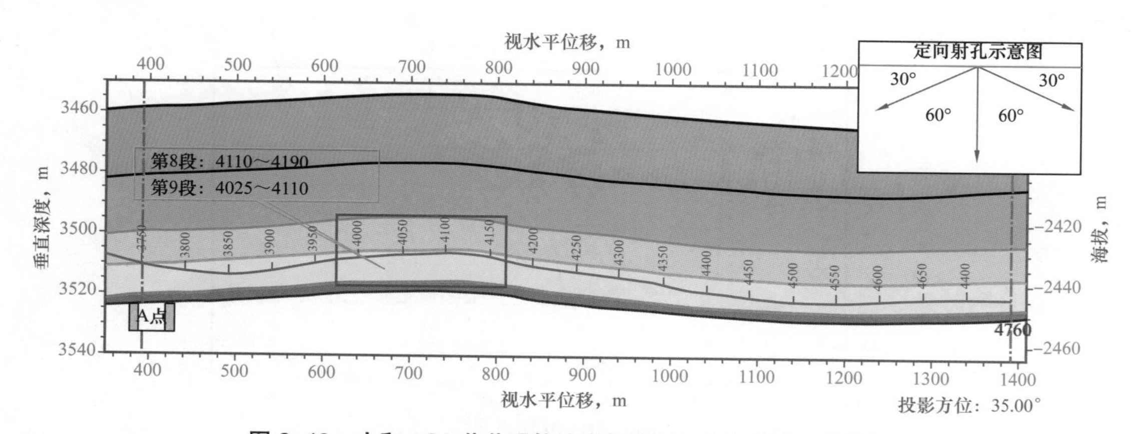

图 3-49　太和 1C1 井井眼轨迹穿行情况与定向射孔工艺选择

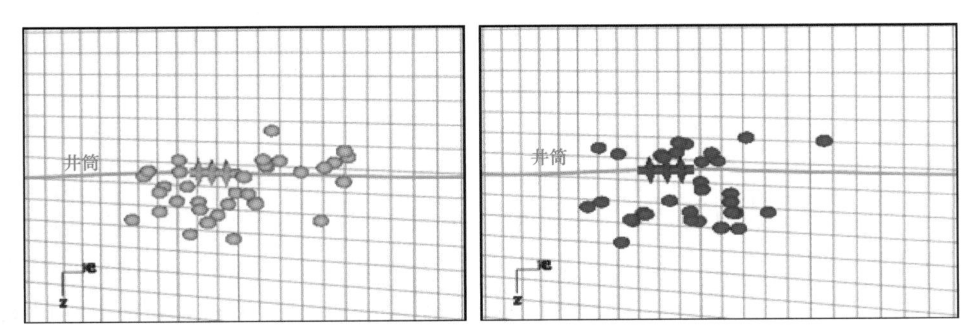

图 3–50　太和 1C1 井定向射孔段微地震解释结果

采用定向射孔技术，能有效提高射孔孔眼的开启率，降低压裂施工时近井地带摩阻，降低压裂施工井口压力，有助于提高改造效果。

3. 平台井射孔优化

目前，页岩气水平井射孔工艺主要采用分簇射孔、根据测井解释和三维地震对储层物性的预测结果，优选射孔簇位置；同时综合考虑单孔进液量及孔眼摩阻、孔眼效率等因素，优化设计射孔簇长度、簇数以及孔密等。

在对平台页岩气水平井组进行射孔优化设计时，除了考虑每口井本身的物性特征外，还需考虑相邻水平井之间在压裂过程中水力裂缝之间的影响，即同平台水平井之间水力裂缝应力阴影问题。北美页岩气开发者已经通过采用微地震监测的方式证明了这一点，如图 3–51 所示。图中展示了 Barnett 页岩气同一个平台 4 口水平井的同时压裂作业情况，该井组采用的压裂施工工序是：先压裂中间井的，再压裂两侧的水平井。从图 3–51 可以看出，中间压裂后，微地震监测结果表明其形成的微地震事件点主要集中在改造段的周围，裂缝在井眼两侧的延伸距离相当；但是 1 井压完后，微地震事件点主要还是向 1 井的外侧延伸。表明相邻水平井压后形成的水力裂缝对邻井压裂时具有明显的应力阴影作用。

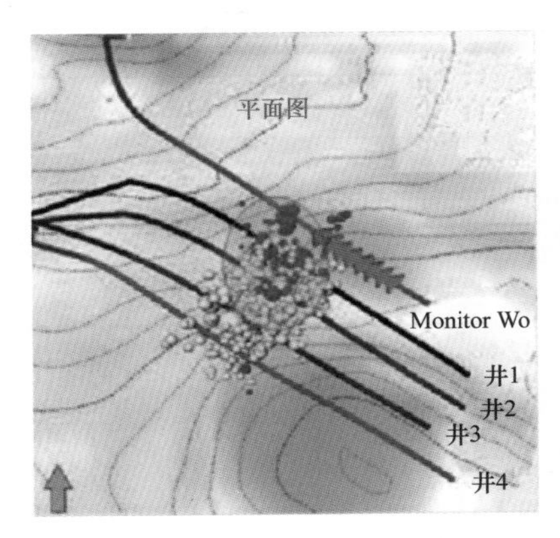

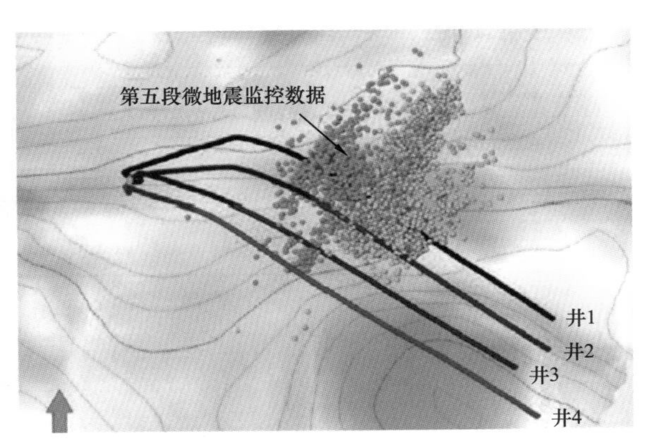

图 3–51　Barnett 页岩气水平井组微地震监测结果

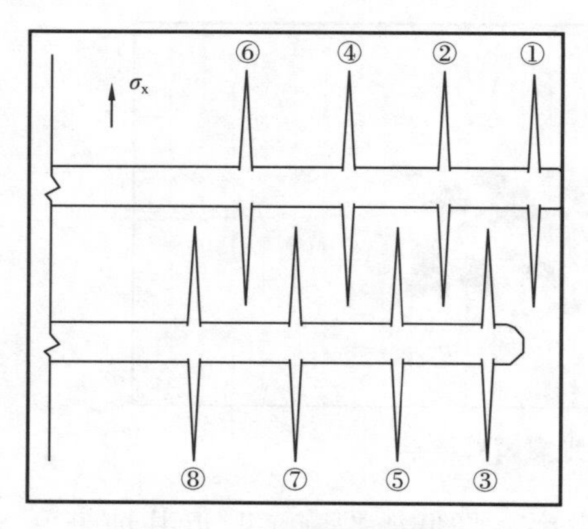

图 3-52 错位射孔示意图

针对这一情况，川南页岩气平台井在射孔优化设计时，充分考虑了相邻井应力阴影作用。通过优化设计射孔工艺及其参数，将应力阴影的负面影响变为正面作用，获得更加复杂的裂缝网络，采用了相邻井之间的错位射孔方式，如图 3-52 所示。

在 CNH2 井组上半支 4 口采用错位射孔方式（图 3-53）。从压后微地震监测结果显示，相邻井采用错位射孔后，充分实现了体积改造。同时采用地面测斜仪监测结果分析了 4 口水平井压后形成裂缝的复杂程度（各口井主要的裂缝形态及其所占的比例、多裂缝系数、裂缝复杂指数）。从表 3-2 可知，多裂缝系数大，裂缝条数多，水平层理张开较多，裂缝形态复杂程度高。

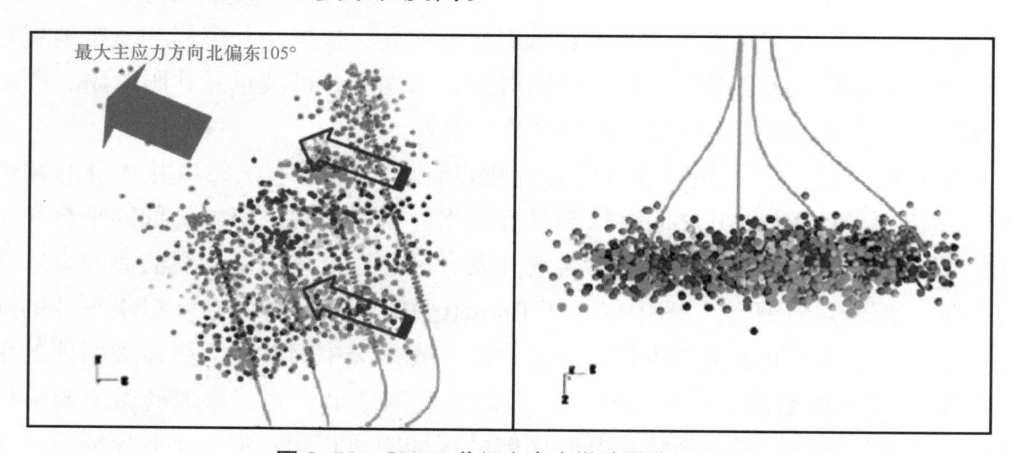

图 3-53 CNH2 井组上半支微地震监测结果

表 3-2 CNH2 井组裂缝复杂程度分析

井号	多裂缝系数	裂缝复杂指数
CNH2-1	3.7	0.66
CNH2-2	3.2	0.83
CNH2-3	4.6	0.71
CNH2-4	3.2	0.76

4. 射孔参数设计

1）射孔簇长度

页岩气井在压裂过程中，在一级压裂中要避免一个射孔簇上形成复杂初始裂缝，

最佳的结果是在一个射孔簇处形成一条较宽的主导缝，原因有三点：

（1）如果初始起裂、延伸过程中，射孔簇上形成复杂的多条裂缝，将带来高注入压力和低注入速率，使该处射孔簇造缝困难。

（2）射孔簇形成初始主导缝，这有利于提高初始裂缝静压，促使裂缝往前延伸，并不断诱导产生复杂的裂缝。

（3）有利于在近井筒附近产生高缝宽、高导流能力的裂缝体系，防止脱砂，有利于后续储层流体向井筒汇集。

因此，必须降低一个射孔簇上形成复杂裂缝的出现概率，解决的方法就是控制射孔簇的长度。国外通过研究证明，射孔段长度应当小于井眼直径的 4 倍，这样最有利于在射孔簇上形成一条单一的裂缝。

表 3-3 单井射孔簇长的效果分析

井号	钻井井眼，mm	理想簇长，mm	射孔簇长
W201-H1	215.9	863.6	设计、施工（1.5m） 其中 8～12 段（2m）
W201-H3	215.9	863.6	设计（701mm），施工（1m）
N201-H1	215.9	863.6	设计（1m），施工（700mm）

单井射孔簇长见表 3-3。可以看出，W201-H1 井射孔簇长大大高于理论的最佳簇长，影响了近井筒压裂效果，尤其第 8 段到第 12 段（簇长 2m）。这些区域近井筒附近没能产生强微地震信号，缺乏沟通能力较好的裂缝。W201-H3 井和 N201-H1 井射孔簇接近理想簇长，微地震显示，近井筒附近压裂效果好。

2）射孔孔径及孔密

在增产措施施工中，射孔孔眼摩阻的大小对施工压力存在明显影响，尤其在页岩气分簇射孔，大排量压裂情况下，这种影响更为明显。因此，需要降低孔眼摩阻，而单从射孔角度来说，孔径和孔密对孔眼摩阻有直接影响。

孔眼摩阻计算采用式（3-15）和式（3-16）：

$$p_{\text{pfr}} = 22.45Q^2 \frac{\rho}{D_{\text{en}}^2 d^4 C_{\text{R}}^2 h^2} \tag{3-15}$$

$$C_{\text{p}} = \left(1 - \mathrm{e}^{-2.2d/\mu 0.1}\right)^{0.4} \tag{3-16}$$

式中 p_{pfr}——孔眼摩阻，MPa；

h——射开厚度，m；

Q——泵排量，m^3/min；

ρ——压裂液密度，g/cm^3；

D_{en}——孔眼密度，孔 /m；

d——孔眼直径，mm；

C_p——排出系数，无量纲；

μ——压裂液的表观黏度，cP。

如果加砂压裂时液体中不含磨损性材料，C_p 一般为 0.5～0.6；液体中含有磨损性材料时，C_p 一般为 0.6～0.7，孔密 D_{en} 越高，p_{pfr} 将越低，孔径越大，p_{pfr} 也将越小。

以 W201-H1 井施工数据为例，计算分析结果如图 3-54 所示。随着孔径的增加，孔眼摩阻在最初也急剧下降，当孔径达到 12mm 的时候，这种影响逐渐趋缓。因此采用大孔径射孔弹是有必要的。随着孔密增加，射孔数相应增加，孔眼摩阻急剧下降，当达到 30 孔 / 段后，这种下降变得缓慢。

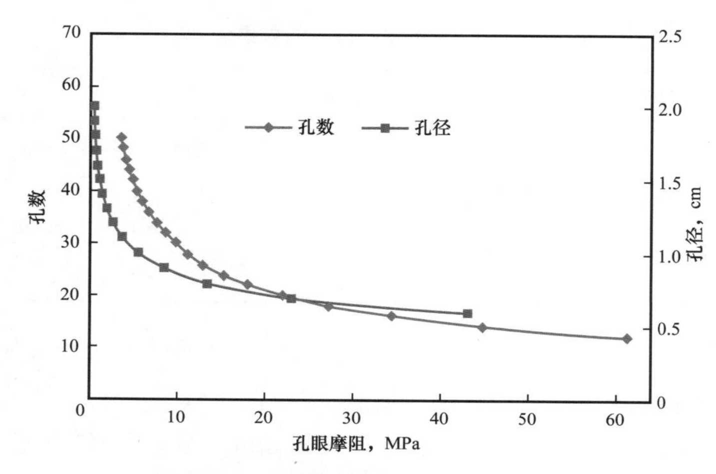

图 3-54　孔眼摩阻与孔数和孔径的关系

表 3-4　页岩气水平井孔眼摩阻计算

井号	每段簇数	每簇射孔数	孔密，孔 /m	孔眼摩阻，MPa
W201-H1	4	12	8	4.0
W201-H3	3	6	6	9.2
N201-H1	3（4）	14	20	2.2（1.7）

分析三口井孔眼摩阻发现（表 3-4），W201-H3 井孔密低，每段簇数少，摩阻偏大。W201-H1 井孔密较低，但每段四簇，射孔总摩阻低；而 N201-H1 井高孔密，采用 3 簇射孔，依旧保持了很低的孔眼总摩阻。目前段内多簇压裂在页岩气井压裂中广泛应用，北美单段压裂簇数达到了 10 簇以上，多簇压裂射孔时要充分考虑多簇裂缝扩展的影响，同时要考虑限流的影响。一般多簇裂缝扩展时中间簇裂缝扩展会受到抑制，可以考虑非均匀布孔设计方法，确保多簇裂缝均能有效开启。如果射孔孔眼较

多，需要考虑压裂过程中暂堵转向工艺，确保每簇裂缝均能有效扩展。

3）射孔相位

裂缝起裂受到井筒附近地应力场的强烈影响。按照主应力的大小，地应力场可以分为三类：垂直应力为最大主应力（$S_v>S_{Hmax}>S_{Hmin}$）、垂直应力为中间主应力（$S_{Hmax}>S_v>S_{Hmin}$）、垂直应力为最小主应力（$S_{Hmax}>S_{Hmin}>S_v$）。

图 3–55 显示了三种不同地应力场下，水平井筒指向最大和最小水平主应力方向时候，沿井筒周向上的破裂压力分布，其中横轴角度以井筒横截面正北方向为起点。

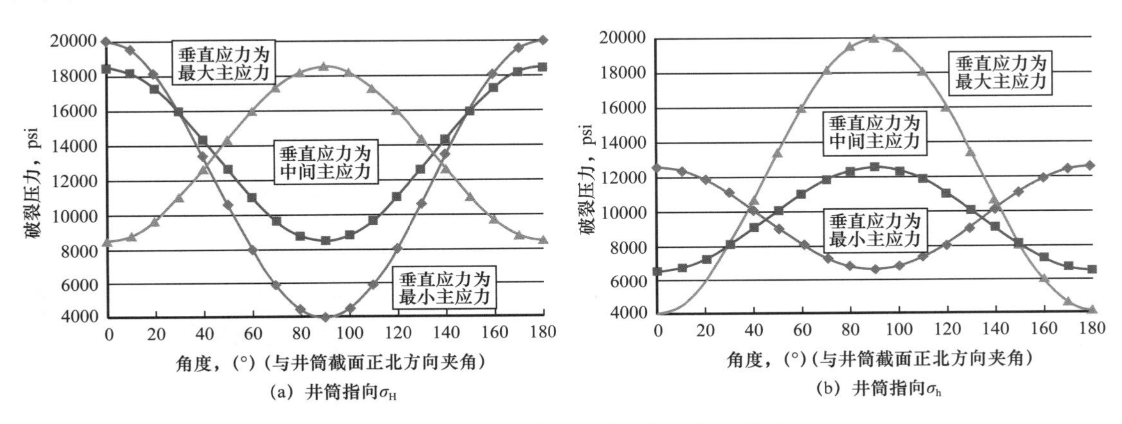

图 3–55　破裂压裂与方位、地应力的关系

通过分析可得到以下结论：

（1）井筒指向 σ_H 的时候，垂直主应力为最大或中间主应力（S_1 或 S_2）的时候，水平井筒顶部和底部（θ=0° 或 180°）有最小破裂压力，两侧有最大的破裂压力（θ=90° 或 270°）；垂直主应力为最小主应力（S_3）的时候，水平井井筒两侧有最小破裂压力（θ=90° 或 270°），顶部和底部有最大破裂压力（θ=0° 或 180°）。

（2）井筒指向 σ_h 的时候，垂直主应力为最小或中间主应力（S_3 或 S_2）的时候，水平井筒顶部和底部有最大破裂压力，两侧有最小的破裂压力；垂直主应力为最大主应力（S_1）时候，水平井井筒两侧有最大破裂压力，顶部和底部有最小破裂压力。

（3）以上两点结论实际上可以解释为，在井筒横截面上，最小破裂压力所在位置其实指向横截面上最大主应力方向，即在该方向上最先破裂，如图 3–56 所示。

在上述理论的基础上，分析射孔孔眼与最大主应力方向的夹角与破裂压力存在关系，计算如图 3–57 至图 3–60 所示。

从图 3–57 至图 3–60 中可以发现，随着夹角增大，最大拉应力在孔眼位置发生偏移，主要指向最大主应力方向，当夹角超过到 47° 时候，最大拉应力已经不在孔眼上，说明已经不在孔眼处起裂。

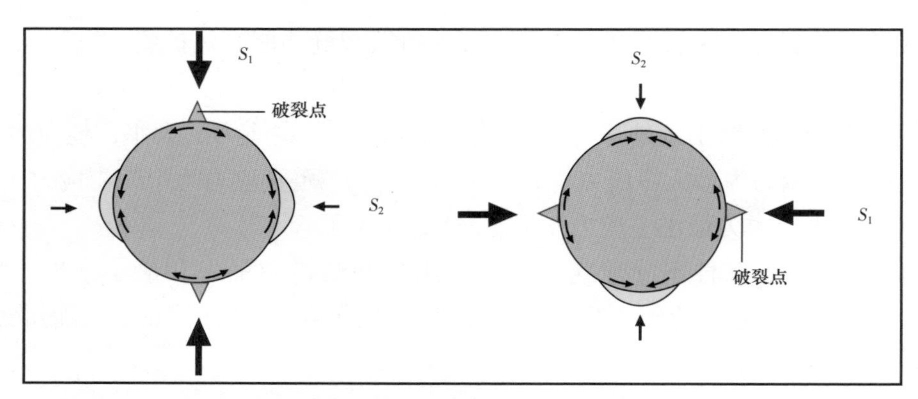

图 3-56 水平井筒破裂点位置与主应力的关系

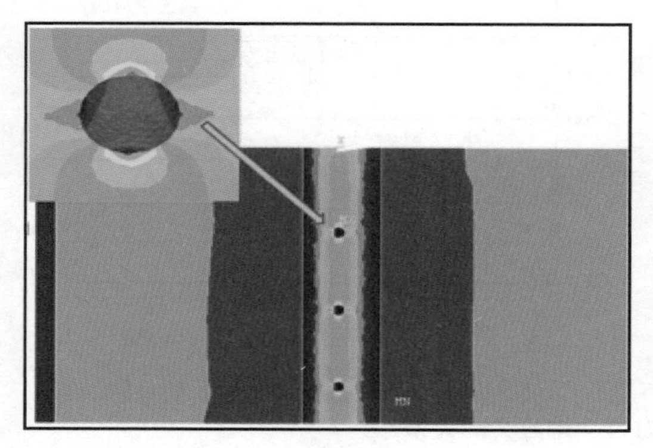

图 3-57 应力云图

孔眼与最大主应力方向夹角（0°）

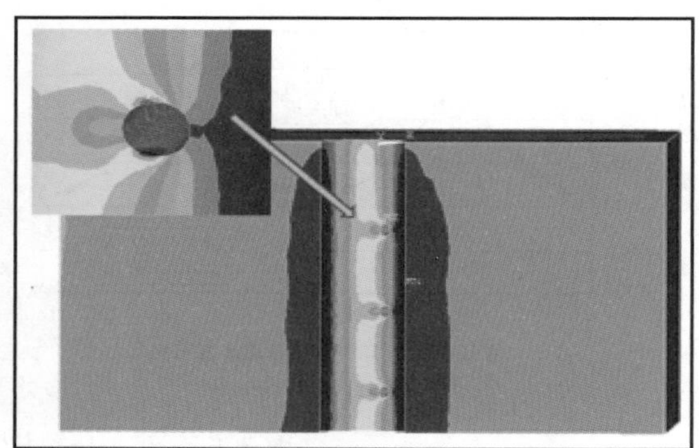

图 3-58 应力云图

孔眼与最小破裂压力方向夹角（30°）

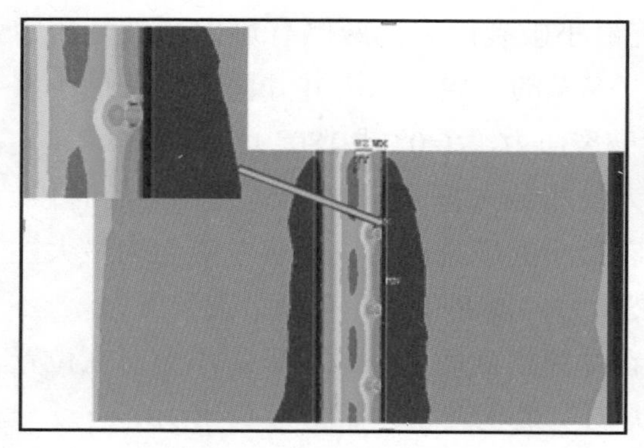

图 3-59 应力云图

孔眼与最小破裂压力方向夹角（47°）

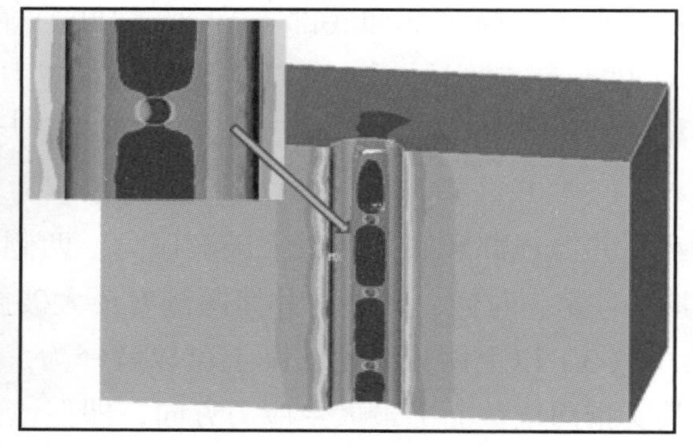

图 3-60 应力云图

孔眼与最小破裂压力方向夹角（90°）

图 3-61 计算数据表明，在 30° 以前，破裂压力随夹角增大而增大，但相对平缓；30°～47° 时破裂压力急剧增大；47° 以后，破裂压力变化很小，这时裂缝已经不在孔眼上开始。

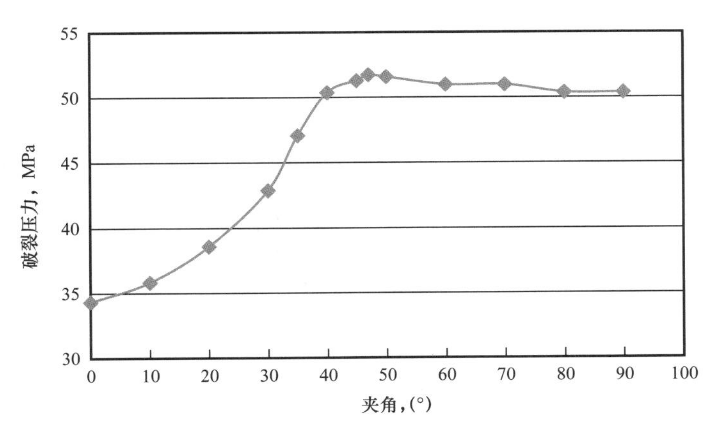

图 3-61 孔眼和最小破裂压力方向夹角与破裂压力关系

基于以上分析，可以认为理论上最佳的射孔应设计指向最低破裂压力的位置，即采用定方位射孔，可以大大提高压裂施工处理效率。当不采用定方位射孔时候，应尽量让较多的孔眼与井筒截面最大主应力方向夹角小于 30°。

如图 3-62 所示，60° 和 120° 相位平均破裂压力最低，并且从几何学上分析，在一个螺旋内，60° 相位角一般至少两孔处于与井筒截面最大主应力夹角 30° 以内，而 120° 最多只有一孔。故 60° 相位角有更多有效的孔。因此，60° 相位角是最有利于水力压裂的相位角，当前已完成的三口水平井均采用了 60° 相位射孔，有利于水力压裂改造。

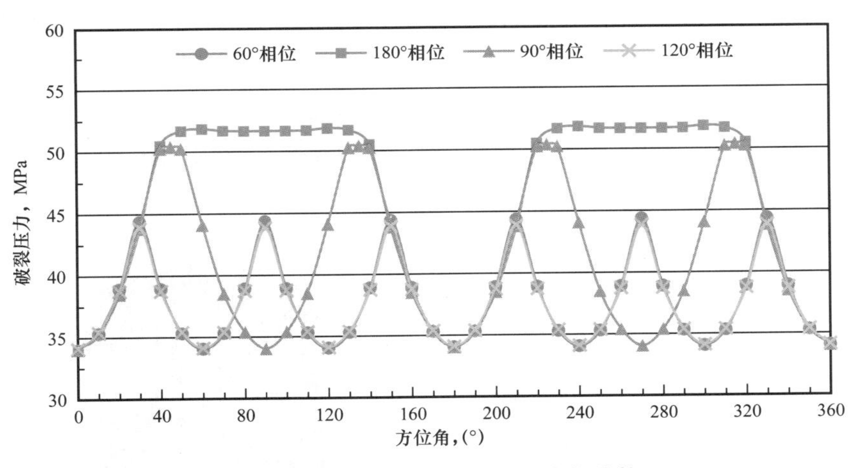

图 3-62 各个相位下破裂压力变化趋势

5. 特殊射孔工艺

在采用套管完井、水力压裂的前提下，射孔工艺设计的主要关注点有三个方面。第一就是在井壁上尽可能获得更大的流通泄流面积，第二是降低地层破裂压力，进而降低水力压裂施工时的实施难度，第三是科学地引导水力裂缝的延伸方向，诱导压裂裂缝，促进缝网系统的有效形成。

目前，国内外页岩气水平井主要采用常规的以 60° 为相位的螺旋分簇射孔工艺。该工艺技术具有改造效果好、增产优势明显，尤其是针对页岩、致密砂岩等气藏，压后易形成复杂的裂缝网络。然而，国内外研究以及现场微地震监测表明，水平井压后效果在很大程度上取决于水平井井眼轨迹方向与压后水力裂缝方向的关系，只有当水力裂缝垂直于水平井眼时，其压后效果最佳。采用常规分簇射孔技术射孔后，压裂时水力裂缝沿着垂直于地层最小主应力的方向扩展，裂缝延伸方向不能控制，在水平井分段压裂中极有可能造成相邻改造段水力裂缝的串通，尤其是层理发育的页岩储层，从而导致整口水平井水力裂缝体积受限，最终影响改造效果。因此，保证压后水力裂缝延伸方向垂直于水平井井筒轴向才能获得预期的水力裂缝网络。在对体积改造效果不断追求更佳效果的前提下，除了不断对体积压裂工艺及其主要参数进行优化，同时对其相应配套的射孔工艺也不断改进。例如，最近几年新兴的定面射孔、等孔径射孔等工艺，在一定程度上提高了体积压裂改造效果。

1）定面射孔工艺

（1）定面射孔概念。

定面射孔技术采用特殊的超大孔径射孔弹与布弹方式，每簇有 3 发射孔弹，射孔后，在垂直于套管轴向同一横截面上形成多个孔眼（图 3-63）。而多个孔眼在套管同一截面上呈圆周排布可形成沿井筒径向的应力集中，与常规螺旋布孔方式相比，有利于破碎岩石，从而降低地层破裂压力。同时，压裂时水力裂缝更易沿着破裂应力集中的面向垂直于水平井筒的方向扩展，从而控制近井筒水力裂缝的延伸方向，避免相邻改造段之间的水力裂缝相互串通，提高裂缝的整体改造体积。该工艺由斯伦贝谢公司非常规油气技术中心的 Iran Walton 在对比研究 Longitudinal Fracture（传统纵向压裂）与 Transverse Fracture（横向平面压裂）之间的差异的基础上提出。

图 3-63　定面射孔示意图

（2）定面射孔原理。

定面射孔的原理是利用物体应力集中能使其产生疲劳裂纹（诸如岩石等脆性材料）、发生静载断裂的现象（图 3-64）。

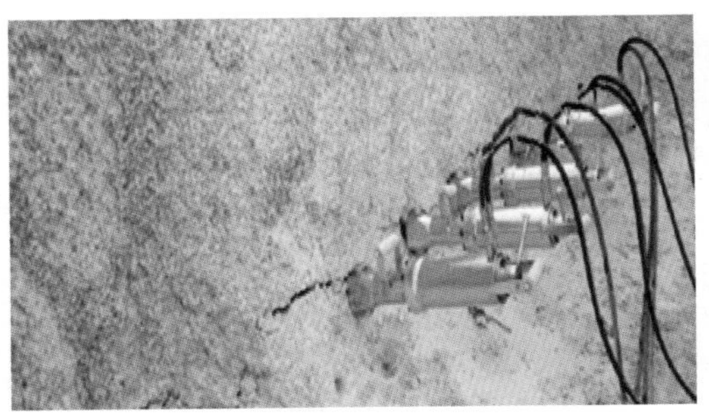

图 3-64　地面物模试验

由于岩石是典型的脆性材料，射孔后，孔边的应力将远远大于无孔时的应力，射孔孔眼周围呈现应力集中的现象，而应力集中的大小和影响范围与射孔弹、能量分布是密切相关的（图 3-65）。尤其是对于页岩这类脆性高的岩石，因无屈服阶段，当载荷增加时，应力集中处的最大应力一直领先，首先达到强度极限并产生裂缝。裂缝方向取决于应力的大小和方向，应力集中大小和作用范围又与射孔孔眼直径、相位角度有关，同一平面内多孔眼的应力相叠加，有利于裂缝的扩张和连通。孔眼根部起裂的裂缝更宽、裂缝通道也更光滑，更有利于压裂施工和控制裂缝方向（图 3-66）。

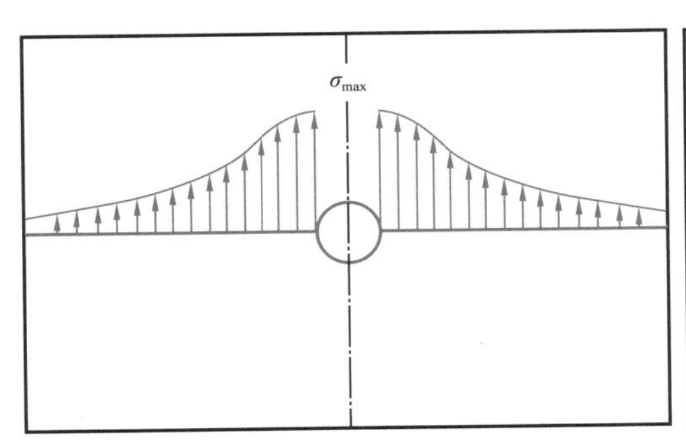

(a) 单孔眼周向应力分布

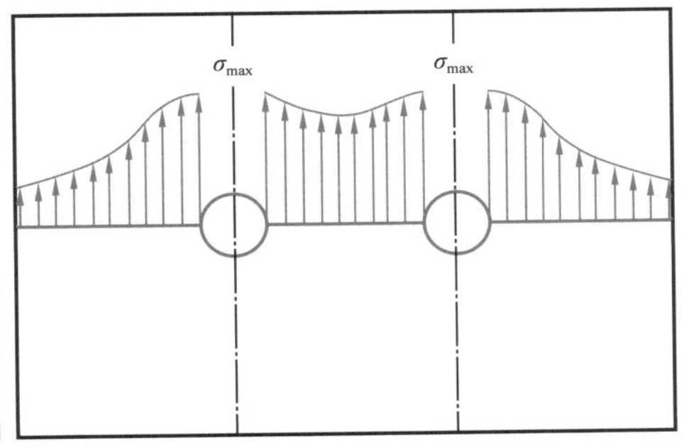

(b) 多孔眼周向应力分布

图 3-65　单孔和处于同一平面下多孔周向应力分布示意图

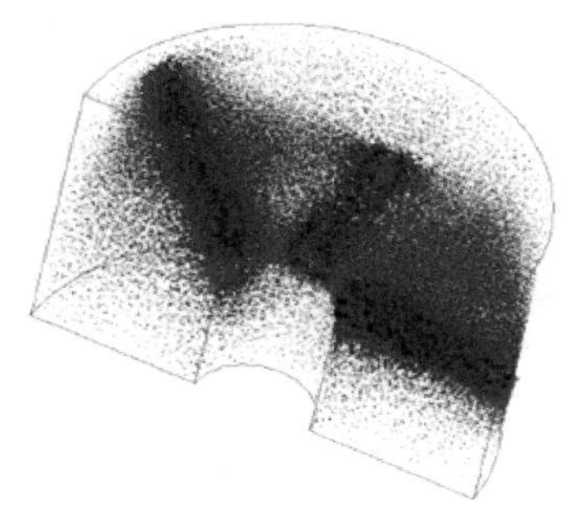

(a) 定面射孔

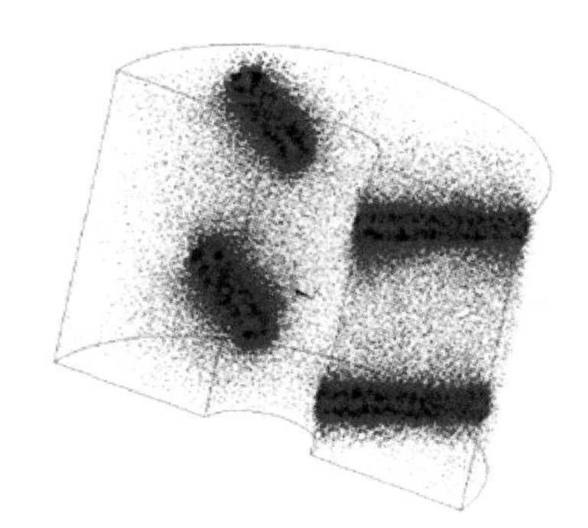

(b) 常规螺旋射孔

图 3-66　定面射孔与常规螺旋射孔应力分布模拟平面图（30MPa 压力加载时）

（3）定面射孔特点。

定面射孔射孔枪采用特殊的分簇布弹方式，每小簇为 3 发弹，可在同一段内套管内一个平行的井筒径向压裂通道；采用大孔径聚能射孔弹结合深穿透射孔弹，保证尽可能大的水力压裂泄流面积和穿深；枪内分簇布弹的簇数可按照单井的水力压裂设计要求配套设计；可用于水平井全井段整体射孔后再分段压裂，也可用于电缆输送分段选发射孔与压裂联作工艺。

（4）应用情况。

定面射孔工艺最早在国内主要是应用于致密砂岩气藏。2013 年定面射孔技术在吉林油田现场应用 23 口井，施工层数达 61 层，射孔成功率 100%。射孔后进行水力压裂，地层破裂压力明显降低，投产后，采用定面射孔的水平井产液量和产油量比采用常规射孔的水平井有明显提高，取得良好的应用效果。国内学者建立了水平井定面射孔局部地应力计算模型分析了定面射孔水力裂缝起裂特征：对于正断层和逆断层这两种地应力场类型，采用定面射孔方式，均可实现裂缝首先在射孔平面上起裂，正断层型地应力场条件下可形成宽而短的垂直缝，逆断层型地应力场条件下易形成长而窄的转向缝。同时，其采用定面射孔压裂的起裂压力均较螺旋射孔低。

定面射孔工艺逐步被应用于页岩气体积压裂改造中。目前已普遍应用于川南页岩气水平井体积改造中。现场应用过程中，长宁区块第一段射孔采用定面射孔较多，与相邻的层段螺旋射孔相比，CNH3-4、CNH2-7 井表现在排量一致的情况下，定面射孔起裂压力比螺旋射孔要低 3MPa、8MPa（图 3-67）。

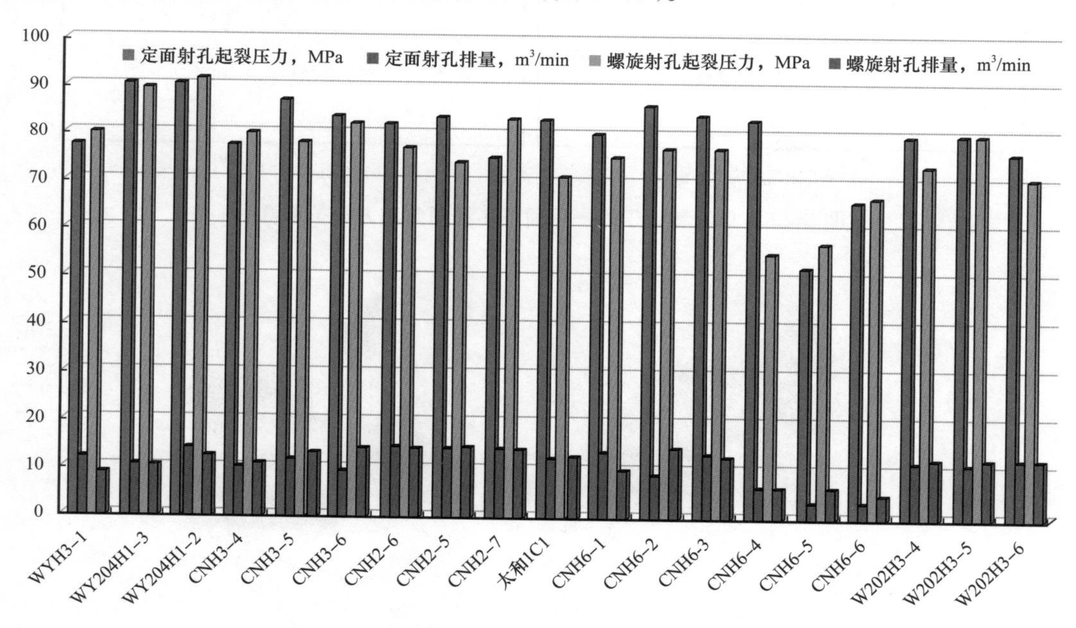

图 3-67　定面射孔工艺在川南页岩气应用情况

2）等孔径射孔工艺

等孔径射孔工艺是近年来新研发的一种射孔孔径受间隙影响较小的新工艺，其核心即为等孔径的射孔弹。通过对装药结构、药型罩配方、压罩工艺改进，实现了在水平段射孔时其孔眼直径近似相等，如图 3–68 和图 3–69 所示。

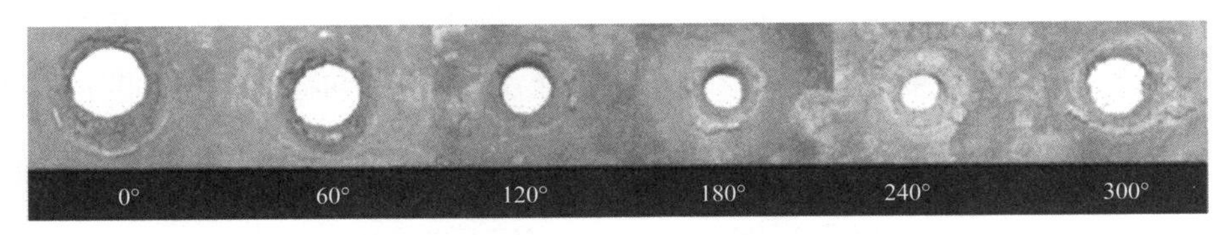

图 3–68　常规射孔工艺孔眼形状

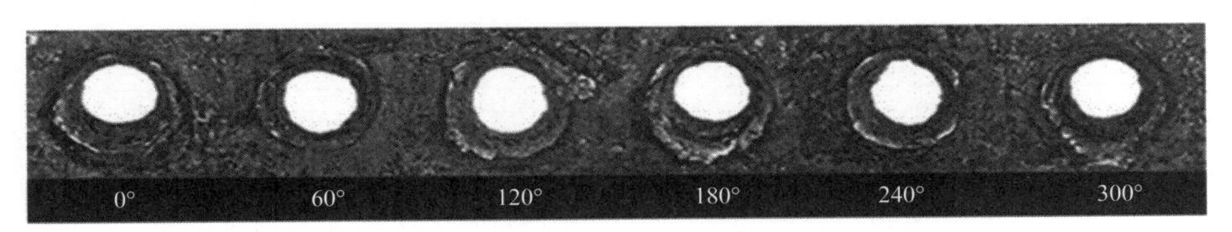

图 3–69　等孔径射孔工艺射孔孔眼形状

由图 3–68 和图 3–69 对比可以看出，在水平井水平段中进行射孔时，如果采用常规射孔工艺，孔眼在井筒圆周不同的角度位置其孔眼直径的大小是不一样的，这是由于射孔枪在水平段中无法实现完全居中造成的，如图 3–70 所示。

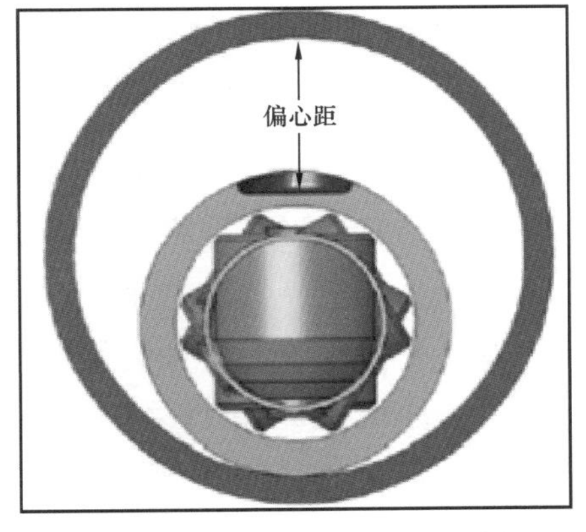

图 3–70　常规射孔工艺水平井射孔剖面图

由于孔眼摩阻与直径的 4 次方的倒数成正比，孔眼直径越小，射孔孔眼摩阻呈几何级增长，大幅增加了后期水力压裂时的地层破裂压力，并且孔眼直径越小越容易发生砂堵。近年来随着中国非常规油气的不断发展，尤其是页岩气开发，地层本身所需的破裂压力大以及体积压裂所需的大排量，常规射孔工艺的孔眼不均匀性导致在压裂过程中难以实现孔眼均匀开启，甚至出现无法起裂的情况，国内许多专家和研究人员也对此进行了分析和研究。谢荣华等研究了水平井筒上下方向射孔不均匀的问题，定量分析了偏心射孔对水平井压裂裂缝起裂及延伸的影响；袁吉诚等认为在新的油气开发形式下，射孔已不再是提高产能的最终手段，射孔应该积极配合后期压裂作业，提出应加强对等孔径射孔技术关注的建议。

等孔径射孔工艺最早是由斯伦贝谢公司研发并提出的，即 StimStream 压裂专用射孔弹，在北美页岩气成功应用，现场压裂施工时可降低 1000psi（约 7MPa）；哈里伯顿公司随后也研制了等孔径射孔弹，在美国西南部的24个地区进行了使用并评价，发现可以降低井口破裂压力500～1000psi。而国外亨廷公司开发的等孔径射孔弹，经验证可以大幅提高压裂施工时注水速率即施工排量，有利于降低破裂压力。

目前，川南页岩气水平井多口井已应用等孔径射孔工艺。对比同平台使用常规89型射孔弹和等孔径射孔弹进行射孔后地层破裂压力、施工压力（表3–5）。计算得出，采用等孔径射孔弹后相比常规射孔弹其破裂压力降低了23%，平均施工压力降低了25%。

表3–5　等孔径射孔工艺与常规射孔工艺破裂压力和施工压力比较

井号	破裂压力，MPa	施工压力，MPa	射孔工艺
WX–1	84	77	常规射孔工艺
WX–2	83	78	常规射孔工艺
WX–3	82	73	常规射孔工艺
WX–4	64	60	等孔径射孔工艺
WX–5	63	54	等孔径射孔工艺
WX–6	64	58	等孔径射孔工艺

四、压裂规模设计

1. 压裂规模设计原则

页岩属于超低渗透岩层，气体难以通过基质直接渗流至井眼。北美页岩气藏之所以能实现有效开发，其关键是通过“水平井＋多段压裂改造”技术，在页岩层内形成多条裂缝或裂缝网络，改善了气体渗流通道，提高了泄流面积和改造的储层体积（SRV）。

水平井多段改造单井优化设计的总体思路首先是确定“提高产量、控制储量、采出程度（净现值）”设计目标，根据设计目标明确“提高改造的储层体积（SRV）、形成与储层匹配的人工裂缝（复杂程度和导流能力），低伤害、低成本”为设计原则，进一步确定设计方法。

在设计方法中重点开展压前地质评估，评估内容包括两项：一个是可压性评估，另一个是可产性评估。基于两类关键参数的评估，确定改造的技术模式，然后利用气藏数值模拟、水力裂缝模拟，结合施工材料优选，确定实施方案（图3–71）。

整个体积改造的设计是以甜点分析为基础、压裂裂缝与气藏匹配为关键、综合多方面因素优化为主线，强调地质、气藏、工程的一体化，贯穿了储层评估、气藏模拟、裂缝扩展研究、施工参数模拟、工艺优化、经济优化等多个环节（图3–72）。

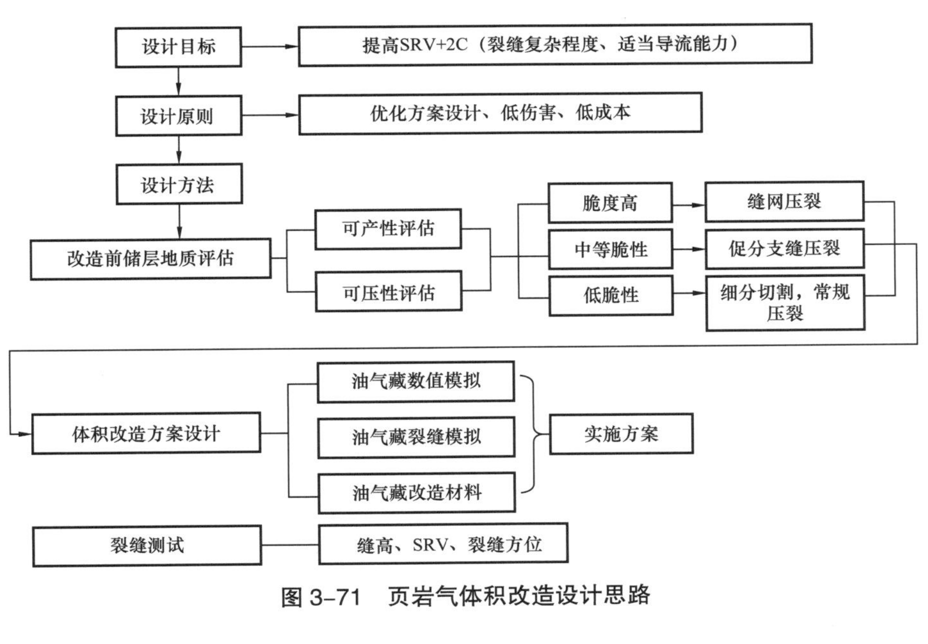

图 3-71　页岩气体积改造设计思路

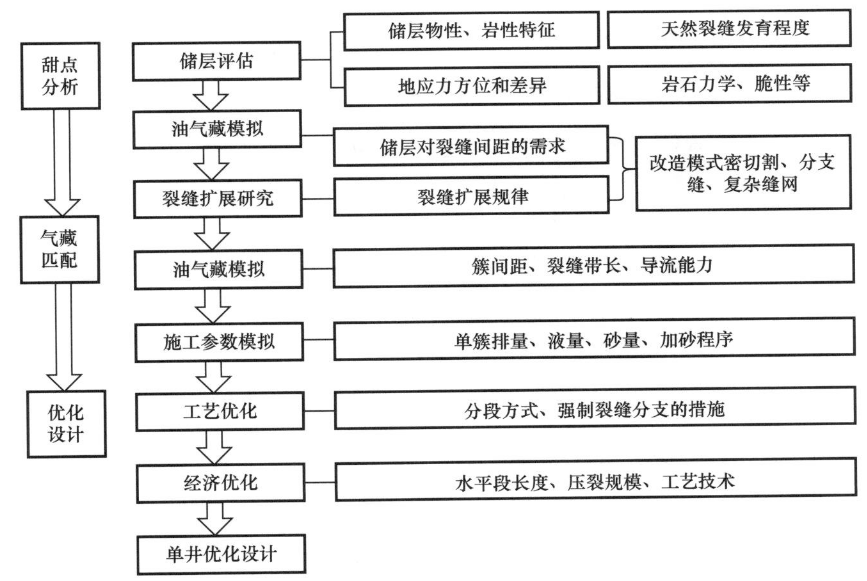

图 3-72　一体化制定压裂设计流程

2. 压裂规模优化设计方法

页岩气体积改造的目标是构建具有合适导流和体积的人工裂缝网络。因此在设计之初须对储层裂缝需求进行分析和优化。在裂缝需求分析和优化中，一般存在两种优化目标，一个是经济目标，另一个是产出量目标。此处主要介绍以产量为目标的压裂规模优化方法。

采用等效导流能力和局部网格加密方法，构建包含主缝和分支缝的裂缝网络系统，建立符合实际储层特点的地质模型，通过气藏数值模拟方法，开展裂缝间距、裂缝长度、主裂缝和分支裂缝导流能力等裂缝参数优化。基于优化结果，通过水力裂缝扩展模拟，进一步优化和明确压裂施工中的排量、液量、支撑剂量等参数（图 3–73）。

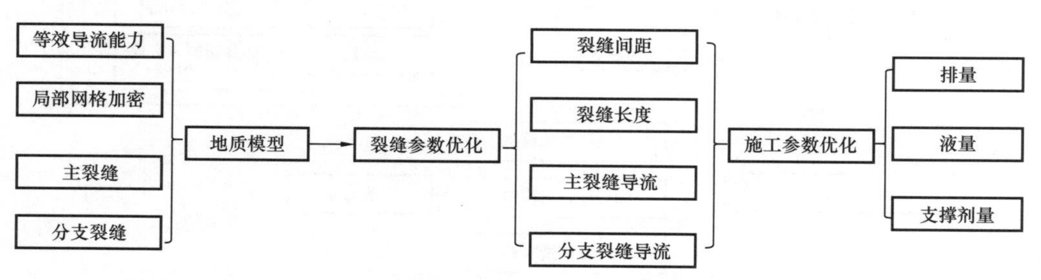

图 3–73　优化设计目标

1）缝网间距优化

对于双翼对称裂缝压裂优化设计，可以通过气藏数值模拟获取间距和产能的关系，并以产量的拐点作为优化结果（图 3–74）。

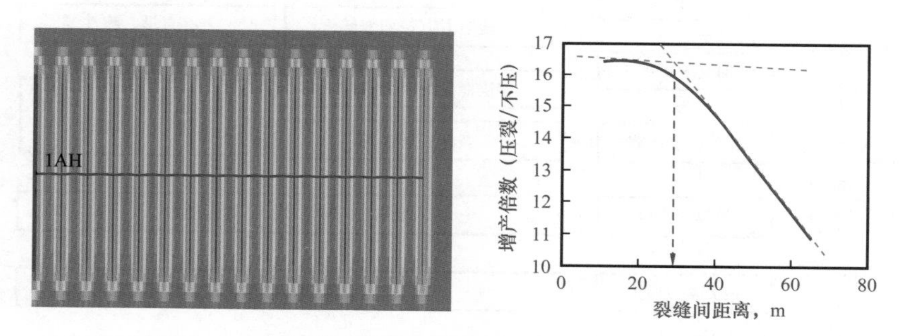

图 3–74　水平井分段双翼对称缝压裂优化参数选择实例

对于缝网或有分支缝情况的间距优化，要结合基质向裂缝的渗流距离以及能够产生缝间干扰距离确定裂缝间距。根据气藏的流体属性，计算了不同渗透率下 30 年末的流体渗流距离，下面例子中的储层渗透率为 100～200nD，则通过图 3–75（左图）可以初步估算，该页岩储层需要 6～13m 半径的裂缝，则缝间距就可以确定为 12～26m。通过裂缝间应力干扰计算，该储层如果要通过缝间干扰促使压裂裂缝网络更复杂，则裂缝距离需小于 20m。因此综合考虑渗流距离和干扰距离，裂缝间距应控制在 20m 以内为宜。

2）缝网长优化

对于常规分段（含细分切割）压裂，裂缝呈现对称双翼裂缝状态，此时以最大采出程度和井控储量作为优化目标，进行裂缝长度的优化（图 3–76）。

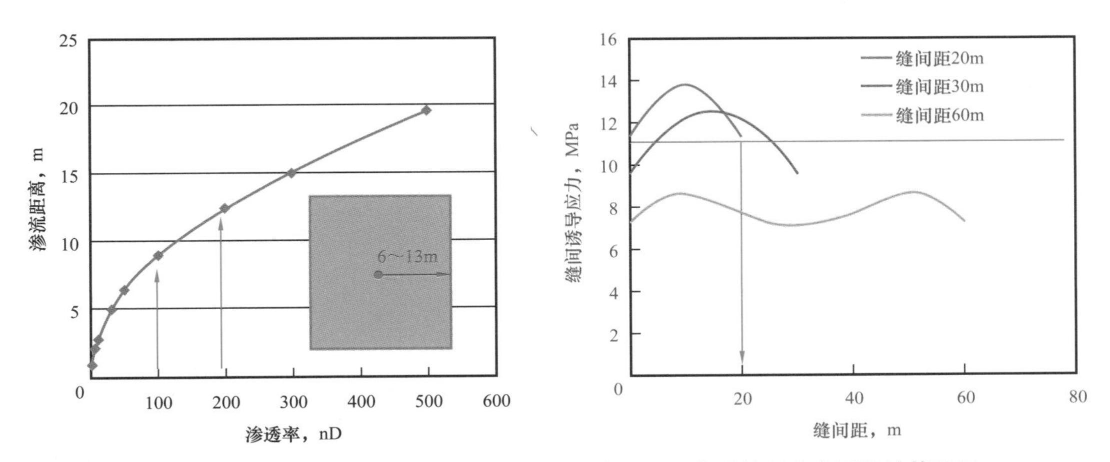

图 3-75 储层内某点 30 年末流体的渗流距离以及两条裂缝间应力干扰计算结果

（A 储层两向水平主应力差 11MPa）

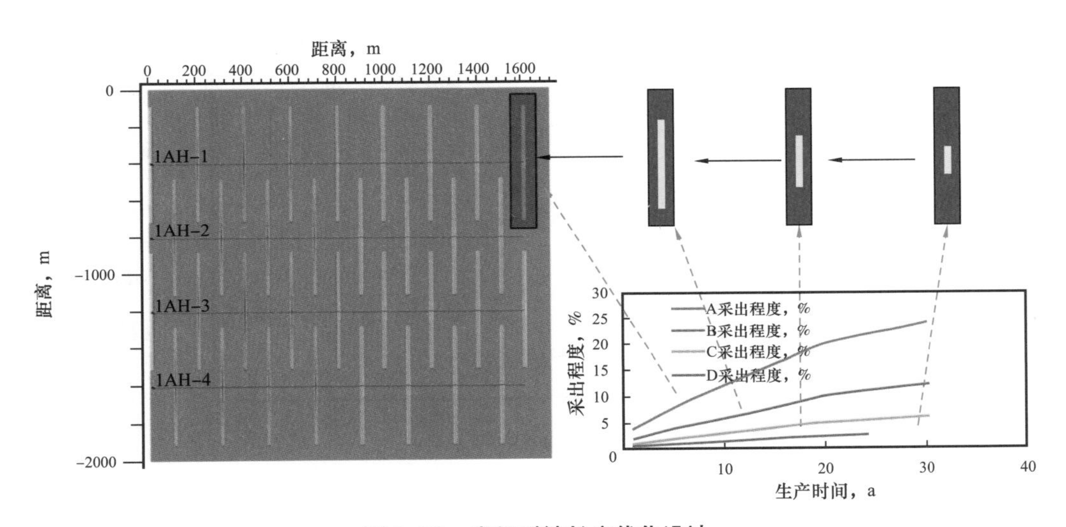

图 3-76 常规裂缝长度优化设计

对于缝网或者分支缝，则以缝网能够控制的 SRV 与累计产量关系为依据（图 3-77），以改造体积对应的最大产量为目标，确定最佳 SRV。此处 SRV 即指位于储层内的改造体积，是裂缝网络宽度、缝长、高度三者的乘积。通过缝间距优化和水平井筒长度可以获得裂缝网络宽度，裂缝高度则是来自于储层基本属性，因此也就可以得到储层裂缝网络的优化长度。

3）缝网导流优化

对于常规分段双翼对称裂缝，模拟裂缝不同导流下的产能或增产倍比，也是以拐点确定储层所需的裂缝导流（图 3-78）。

对于缝网或分支缝，需要以同样的方法进行优化，只不过要分别优化，在模拟工作量大的时候可以采用正交设计方案的形式进行优化（图 3-79）。

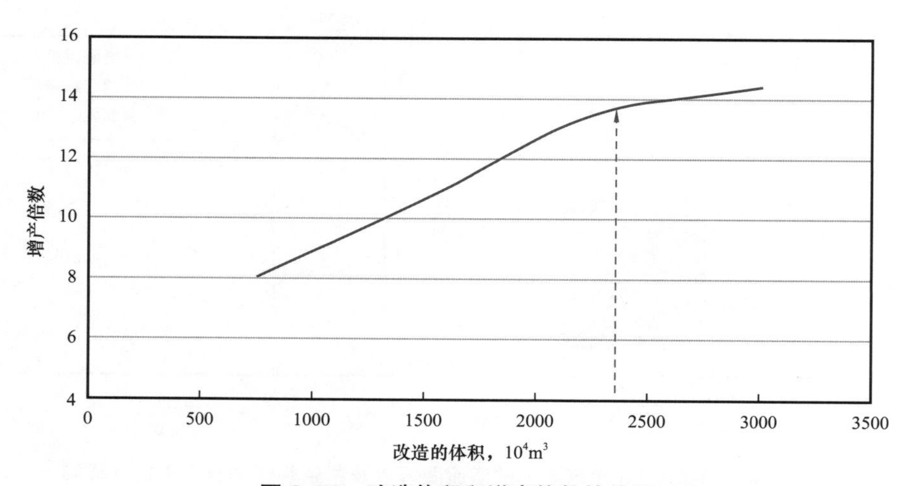

图 3-77　改造体积和增产倍数的关系

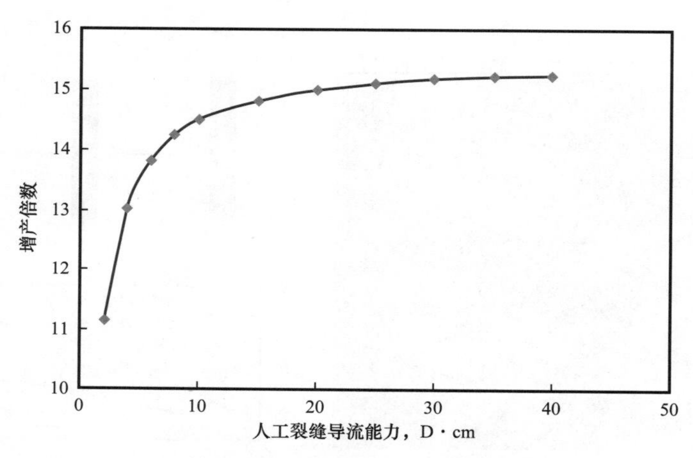

图 3-78　双翼对称裂缝裂缝导流优化

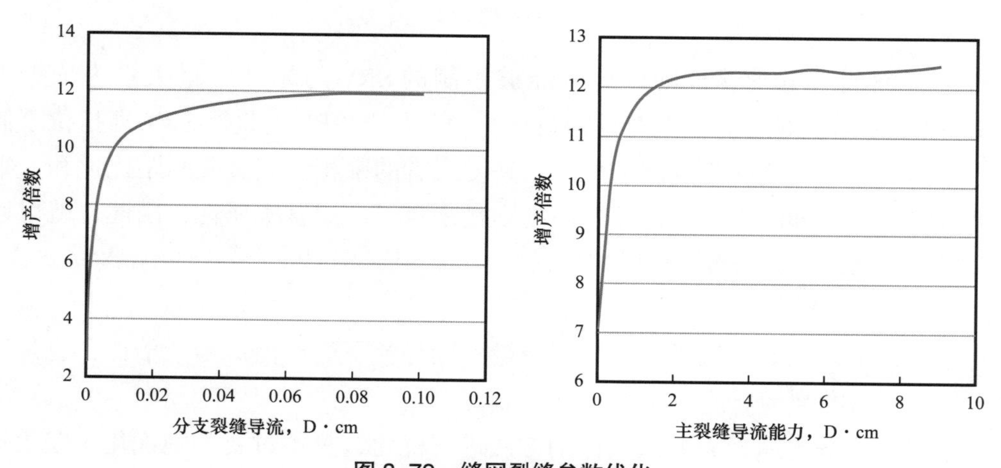

图 3-79　缝网裂缝参数优化

在工艺技术选择时，有些页岩储层的脆性指数低、难以形成复杂裂缝，在工艺选择和压裂施工时应考虑缝间干扰。对于可产生复杂缝网的储层，需要采用高净压力、高密度完井等促使裂缝复杂化的工艺技术。

3. 压裂液类型及用量设计

基于大规模压裂低成本需求，结合储层敏感性、储层弱面发育情况、储层脆性特征、施工工艺需求（工艺上需要形成的裂缝形态）、施工排量、配置方式等因素，并根据水源情况综合确定液体体系以及添加剂成分。

液体类型要保证低摩阻、低伤害、可在线连续混配、可重复再利用、成本低且安全环保，水源可以采用河水，或者是周围就近压裂井的返排液重复利用（图 3–80）。

脆度	液体类型	黏度	排量	砂比	裂缝形态
70%	滑溜水	↓	↑	↓	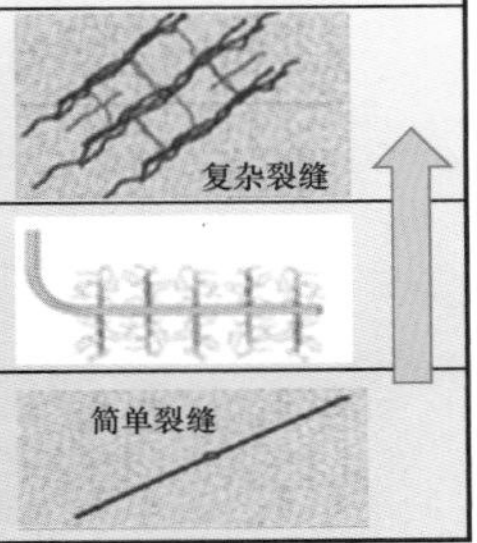 复杂裂缝
60%	滑溜水				
50%	混合压裂				
40%	线性胶				
30%	交联冻胶				简单裂缝
20%	交联冻胶				

图 3–80　液体优选准则表

液体使用量的优化须结合井网的特性以及地层的需求，井间距越大，则需求裂缝半长越大、液体用量越大；储层天然裂缝越发育，液体滤失越大，则液体用量越大。结合现场平台井的井间距，以 350～400m 为例，对不同液量所改造的体积（SRV）进行裂缝模拟，结果表明：如果要实现 75m（缝带宽）× 380m（缝带长）× 50m（缝带高）的储层覆盖，需 1800～2000m^3/ 段压裂液量（图 3–81）。

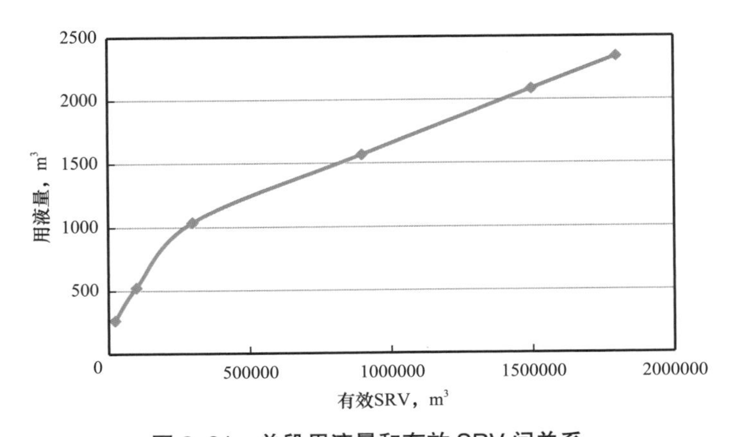

图 3–81　单段用液量和有效 SRV 间关系

4. 支撑剂类型及用量设计

支撑剂类型和粒径的优选是压裂设计中的重要环节，也是保证压裂效果的关键。支撑剂选择时，需要结合工艺所选用的液体黏度，并结合施工排量、裂缝缝宽，地层的有效闭合压力来最终确定支撑粒径和类型，并在现有的材料库中，选择廉价合格的支撑剂。

水力裂缝宽度与施工排量、地层最小水平主应力、杨氏模量、泊松比等因素有直接关系，根据目标井的储层参数及施工工艺参数，可以计算出裂缝的宽度，从而为优选支撑剂类型提供依据（图 3–82）。

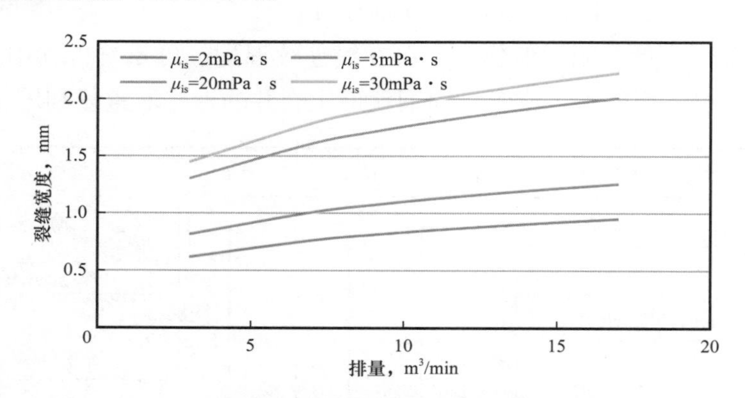

图 3–82　缝宽与排量的关系图

（μ_{is}=2mPa · s 表示液体黏度为 2mPa · s，μ_{is}=3mPa · s 表示液体黏度为 3mPa · s，μ_{is}=20mPa · s 表示液体黏度为 20mPa · s，μ_{s}=30mPa · s 表示液体黏度为 30mPa · s）

生产过程中支撑剂主要承受着地层的有效闭合应力，即地层闭合应力和流压的差值。页岩气生产是一个长期过程，由于压裂时往地层中泵入大量的液体，地层压力升高，液体滤失低，形成的复杂裂缝缓慢闭合；返排产水阶段有效闭合应力缓慢上升，产气阶段有效闭合应力趋于稳定。根据页岩储层的闭合应力以及生产时的井底流压，可针对性地优选支撑剂类型（图 3–83）。

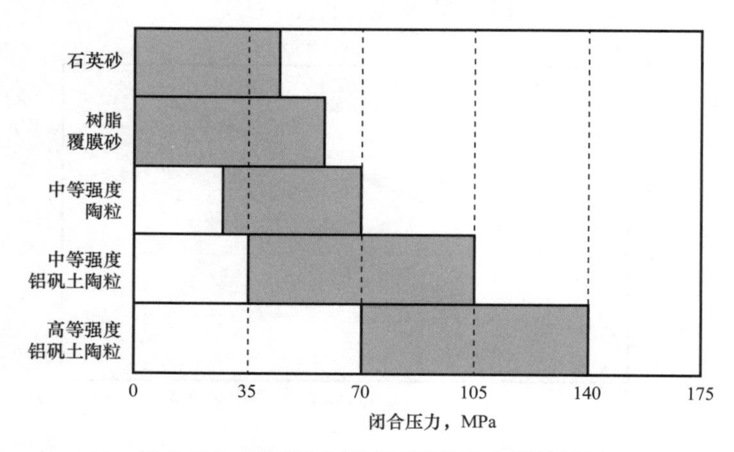

图 3–83　不同闭合压力下推荐的支撑剂类型

页岩储层一般天然裂缝较发育，经过压裂充分改造，形成了裂缝网络。为了使页岩储层达到最佳改造效果，需对整个改造缝网实现有效的饱和支撑。优选 70/140 目支撑剂用于填充分支裂缝以及转角裂缝（图 3-84）。以井距 400m、段长 75m、裂缝高度 50m 进行支撑剂量的设计，则支撑剂体积优化为 $80m^3$/ 段。

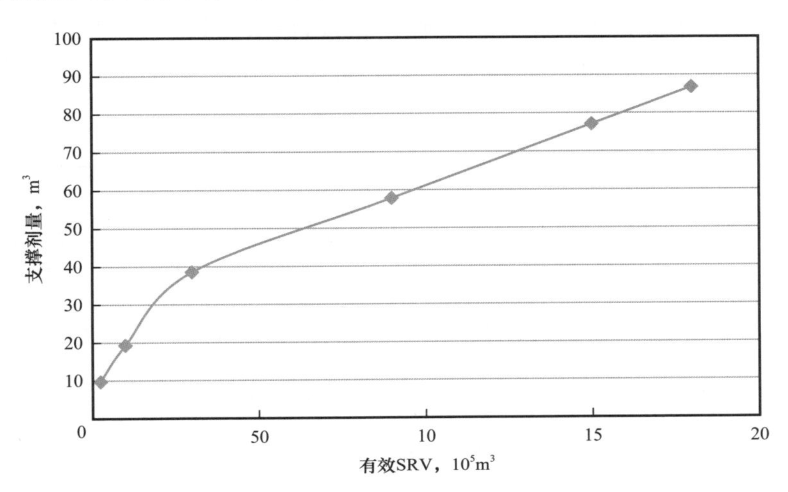

图 3-84　支撑剂和支撑的 SRV 间关系曲线

第四节　页岩气压裂泵注程序设计

一口井或者一段压裂施工泵注程序代表的是压裂工程师对其设计理念的集合与体现，同时也是设计理念是否能顺利实现的基础。不仅包含了压裂工程师对储层特征的理解，同时还涵盖了与之相匹配的施工排量、液体体系、支撑剂类型、施工规模等压裂参数。另外，压裂工程师更希望通过泵注程序的顺利实施，形成预期的裂缝形态、裂缝体积及裂缝导流能力。泵注程序设计虽然是压裂工艺设计的最后一步，但也是压裂施工作业的第一步，可看作是压裂施工作业的指导思想，其重要意义不言而喻。

泵注程序设计除根据储层本身的特征设计施工排量、液体体系、支撑剂、施工规模外，还需对井筒条件、设备能力进行综合考虑。即在能最大限度实现最优的人工裂缝系统外，还必须保证所设计的泵注程序能安全、顺利的实施。泵注程序必须具有科学性和可实施性，如果一个泵注程序每一阶段的参数都设计得非常完美，但是现场或者井筒条件无法满足，这样的泵注程序是无意义的。

一、页岩气压裂泵注程序发展

由于页岩气储层本身的特征与常规气藏储层具有较大差异，决定了其压裂改造的理念具有本质的不同，本书及很多著作都有较多的阐述，在此不再赘述。在页岩气初期的开发中，页岩气压裂的泵注程序主要采用段塞加砂的主体模式，这主要因选择低黏滑溜水作为压裂液体系而决定的。由于滑溜水黏度低，与传统的交联压裂液不同，本身不具备携带能力，施工过程中支撑剂很容易沉降在水力裂缝中形成沙堤，易出现砂堵，故初期从事页岩气压裂的工程师在设计泵注程序时，采用支撑剂段塞与液体段塞交替注入的方式，即一定液量的携砂液后，紧跟注入一定量的净压裂液，如图 3-85 所示。

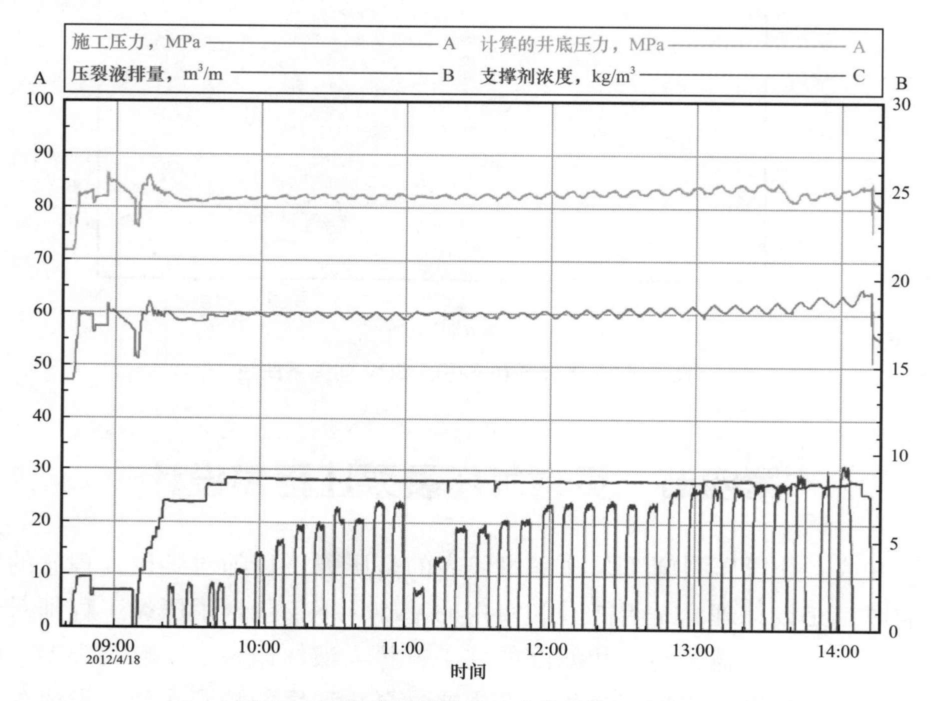

图 3-85　段塞式泵注程序（哈里伯顿设计）

随着认识的不断加深及工艺技术的进步，页岩气压裂的施工泵注程序也发生了较大的变化。虽然压裂液主体还是采用低黏度的滑溜水，但是彻底放弃了最初的段塞式泵注方式，主要采用连续加砂的模式。相对初期的段塞加砂模式，连续加砂泵注方式大大提高了液体的使用效率，在加入同等加砂强度的条件下，连续加砂泵注方式较段塞式泵注方式可节约 500m³ 压裂液。泵注时间、注入液量大大降低，一定程度上提高了压裂作业效率及降低了压裂成本。表 3-6 展示了北美典型的连续加砂泵注程序。

二、压裂泵注设计

一个科学、成功的泵注程序应综合考虑储层特征、压裂液体系、支撑剂类型、射

孔参数、井筒条件、设备配备和施工安全等因素，在保证可顺利实施的情况下，最大限度地发挥泵注程序的作用以实现最优的水力裂缝参数，这也是压裂工程师必须要考虑的一个重要因素。

在液体体系、支撑剂类型、施工规模、施工排量等关键压裂参数确定的情况下，泵序的设计主要从以下 4 个阶段考虑。

第一个阶段，通常在矿场作业过程中也称为对储层的预处理阶段。这一阶段的主要目的是对井筒或者储层进行处理，降低主压裂施工难度。目前川南页岩气最主要的做法是前置酸液，清洁射孔孔眼及降低储层的破裂压力。当然并不是所有井或者所有改造段都会前置酸液，酸液是否使用、用多少都取决于室内岩心实验的分析结果，即储层中矿物组分的情况。

第二个阶段是前置液阶段。在前置液泵注设计这一环节，主要考虑以下几点。（1）前置液的类型。一般来说页岩压裂主体采用低黏滑溜水，针对个别储层也会采用传统的交联压裂液，例如储层泊松比值较高、塑性强的储层，或者设计者想在水力裂缝缝高方面有更高的追求。（2）前置液的用量。由于页岩压裂主要采用低黏的滑溜水，而滑溜水较传统的交联压裂液其滤失系数更大，所以必须考虑其液体的效率。由于滑溜水较传统的交联压裂液滤失系数更大，也就意味着在页岩压裂时需尽量精确计算前置液量，否则过多的液体作为前置液将是无用的。目前主要采用专业压裂软件如 Meyer、Mangrove 等进行压裂模拟计算。（3）施工排量的考虑。这个需要设计者根据储层的特征进行优化设计，目前主要有两种模式。一种是快速提升施工排量至设计值，一种是阶梯提升排量至设计值。快速提升排量有利于快速在井底建立较高的压力，尽可能提高各簇、各孔眼的开启率，保证多簇射孔条件下的均匀压裂。这种前置液泵注方式是一种主体通用的，但针对个别储层，这种方式将使后续的加砂反而变得困难。国内学者室内研究发现，针对页岩层理比较发育的储层，前置液阶段如果快速提升施工排量，起裂压力较高、形成的水力裂缝更单一[6, 7]。其主要原因是滑溜水压裂液黏度较低，压裂液首先向井筒周围层理面大量渗滤，憋起高压后层理面瞬间完全开启，不仅压力高，而且主要形成沿层理面开启的单一裂缝。另一类储层也不宜使用快速提排量的泵注方式，即天然裂缝发育的储层。矿场试验证明，在天然裂缝发育储层前置液阶段如果快速提升排量，很容易造成后续加砂困难。分析其主要原因是，快速提升排量后，很容易沟通天然裂缝并实现多维度的转向[8–11]，进而在近井筒附近形成较为复杂的人工裂缝系统，不仅弯曲裂缝较多，而且造成弯曲摩阻也较高。如果支撑剂粒径选择不当，很容易造成支撑剂在弯曲缝桥堵。如图 3–86 所示，第 1 个 70/140 目石英砂段塞发生砂堵。

随后采用阶梯提升排量泵注前置液的方式，并配合胶液，在该井的后续段顺利地实现了压裂施工，如图 3–87 所示。

表 3-6　北美典型的连续加砂泵注程序表

序号	排量 m³/min	液体						支撑剂				施工时间 min
		类型	阶段量 m³	阶段净液量 m³	携砂量 m³	累计净液量 m³	粒径	类型	砂浓度 kg/m³	阶段量 t	累计量 t	
1	1.589	滑溜水	3.2	3.2	3.2	3.2	N/A		0	–	0	2
2	3.178	15%稀盐酸	15.1	15.1	15.1	18.3	N/A		0	–	–	7
3	15.89	滑溜水	56.8	56.7	56.7	59.9	N/A		0	–	–	10
4	15.89	滑溜水	83.3	83.3	85.0	143.2	100	石英砂	29.95	2 50	2.50	16
5	15.89	滑溜水	83.3	83.3	86.9	226.4	100 目	石英砂	59.9	4.99	7.49	21
6	15.89	滑溜水	83.3	83.3	88.7	309.7	100 目	石英砂	89.85	7.49	14.98	26
7	15.89	滑溜水	83.3	83.3	90.6	393.0	100 目	石英砂	119.8	9.99	24.97	31
8	15.89	滑溜水	75.7	75.6	83.9	468.6	100 目	石英砂	149.75	11.35	36.32	36
9	15.89	滑溜水	90.9	90.7	100.7	559.3	40/70 白砂	石英砂	149.75	13.62	49.94	42
10	15.89	滑溜水	60.6	60.5	68.5	619.9	40/70 白砂	石英砂	179.7	10.90	60.84	46
11	15.89	滑溜水	45.4	45.4	52.3	665.3	40/70 白砂	石英砂	209.65	9.53	70.37	48
12	15.89	滑溜水	41.6	41.6	48.9	706.9	40/70 白砂	石英砂	239.6	9.99	80.36	51
13	15.89	滑溜水	56.8	56.7	56.7	763.7	N/A		0	–	80.36	55
14	6.356	转向剂	56.8	56.7	56.7	820.4	N/A	PLA	0	–	80.36	64
15	15.89	滑溜水	56.8	56.7	56.7	877.1	N/A		0	–	80.36	67
16	15.89	滑溜水	83.3	83.3	85.0	960.4	100 目	石英砂	29.95	2.50	82.86	72
17	15.89	滑溜水	83.3	83.3	86.9	1043.7	100 目	石英砂	59.9	4.99	87.85	78
18	15.89	滑溜水	83.3	83.3	88.7	1126.9	100 目	石英砂	89.85	7.49	95.34	83
19	15.89	滑溜水	83.3	83.3	90.6	1210.2	100 目	石英砂	119.8	9.99	105.33	88
20	15.89	滑溜水	75.7	75.6	83.9	1285.8	100 目	石英砂	149.75	11.35	116.68	93
21	15.89	滑溜水	90.9	90.7	100.7	1376.6	40/70 白砂	石英砂	149.75	13.62	130.30	99
22	15.89	滑溜水	60.6	60.5	68.5	1437.1	40/70 白砂	石英砂	179.7	10.90	141.19	102
23	15.89	滑溜水	45.4	45.4	52.3	1482.5	40/70 白砂	石英砂	209.65	9.53	150.73	105
24	15.89	滑溜水	41.6	41.6	48.9	1524.2	40/70 白砂	石英砂	239.6	9.99	160.72	108
25	15.89	滑溜水	66.3	66.3	66.3	1590.4	N/A	冲洗液		–	160.72	112
总计	滑溜水体积：1590.4m³。100 目石英砂：72.64t；40/70 石英砂：88.08t；施工时间：1h52min											

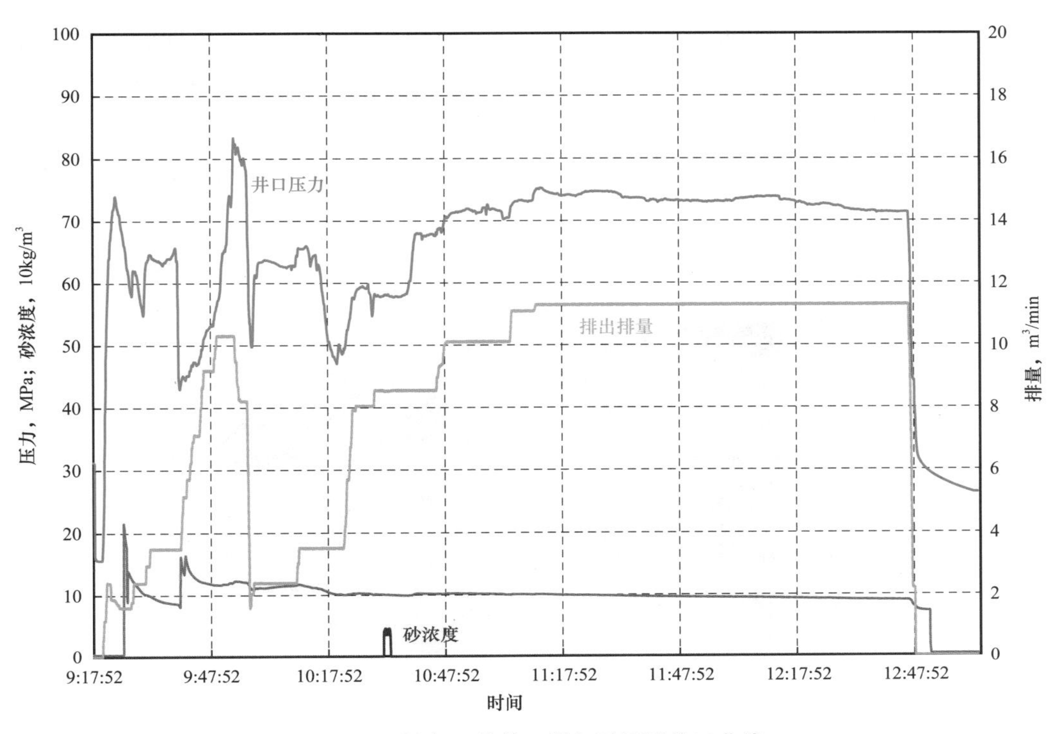

图 3-86　川南 Y 井第 9 段加砂压裂施工曲线

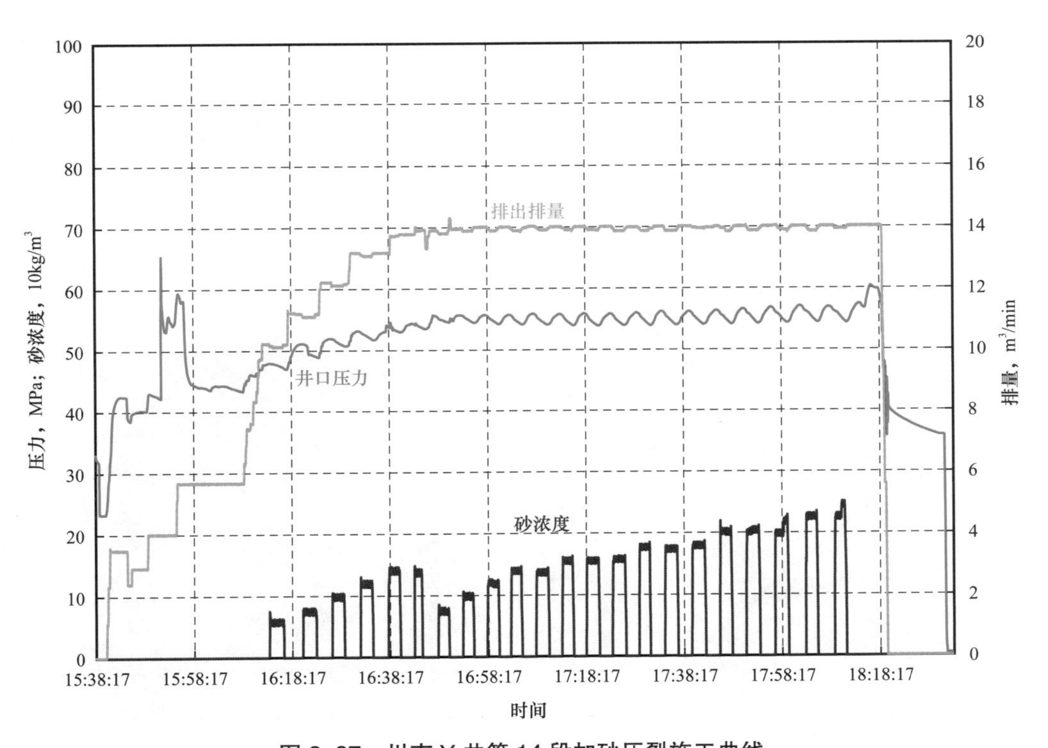

图 3-87　川南 Y 井第 14 段加砂压裂施工曲线

第三个阶段是支撑剂泵注阶段。这个阶段是最核心的，通过合理的设计每个阶段支撑剂的浓度、支撑剂注入段塞的长度，确保在设计的液量规模下完成设计支撑剂的加入。其中最关键的是如何设计支撑剂的浓度及其相应的长度。由于低黏滑溜水体系本身不具备携带支撑剂的能力，也就决定了支撑剂在裂缝中的铺置及运移特征，如图 3-88 所示[12]。

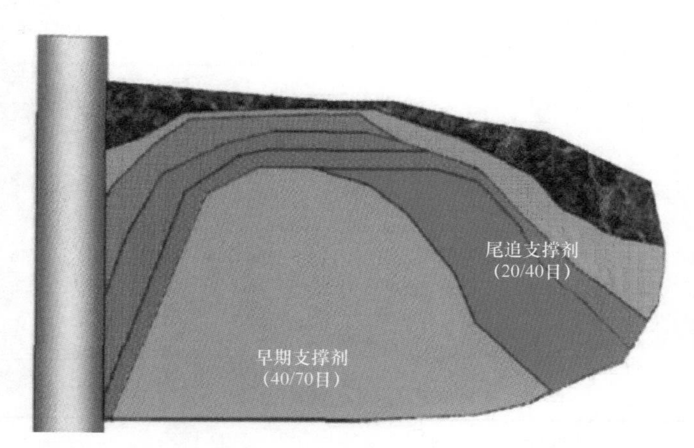

图 3-88 页岩滑溜水压裂支撑剂在裂缝中的铺置及运移示意图

国内外学者也通过室内实验证明了采用低黏压裂液进行输砂时支撑剂的沉降及运移规律。支撑剂在裂缝近井地带会形成一个沙堤，后续持续输砂时，如果设计浓度与泵注的速度不再使沙堤继续增加而达到平衡，这时继续加砂也是没有砂堵风险的，而这一状态下的沙堤被称作平衡沙堤。为了量化这一概念，学者采用了“平衡沙堤水平”（EDL），EDL 的值由沙堤的平衡高度 / 裂缝高度，由国外学者 Msalli A. Alotaibi 等提出[13]（图 3-89）。

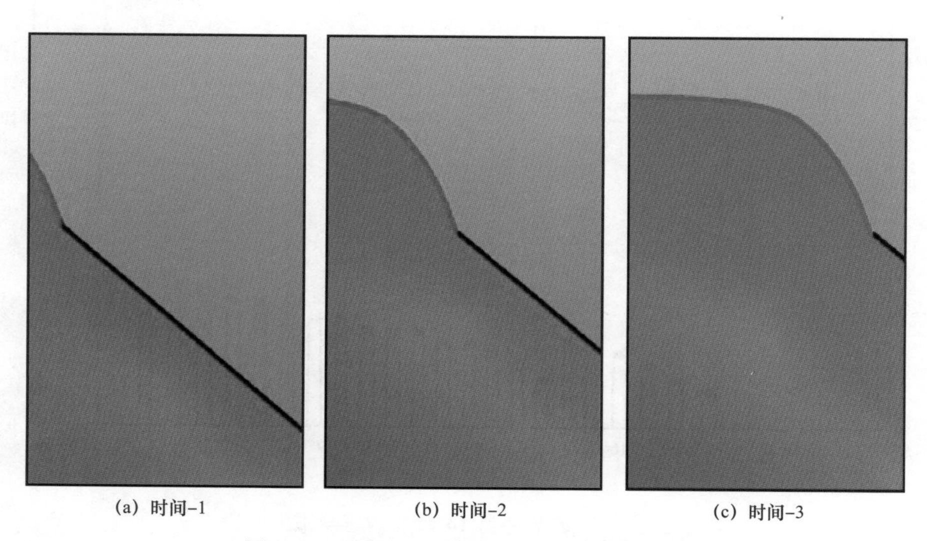

(a) 时间-1　　(b) 时间-2　　(c) 时间-3

图 3-89 展示了平衡沙堤形成过程示意图

$$\mathrm{EDL}=123.9\times(C)^{-0.2657}\times\left(\frac{v}{C}\right)^{\left(8.84\times10^{-2}\times C-0.1865\right)} \tag{3-17}$$

式中　v——携砂液进入缝口的初始流速，ft/min；

C——支撑剂的浓度（砂比），ppg[1]。

公式（3–17）是研究者根据室内试验回归得出的，具有一定的参考意义，同时为支撑剂的泵注设计提供了理论计算依据，尤其是针对采用低黏滑溜水压裂连续泵注支撑剂。

目前，川南页岩气主体支撑剂的泵注浓度均是由低到高逐渐提升。对于常用的70/140 石英砂的泵注，在川南页岩气中通常是以 60～80kg/m^3 浓度开始，最高砂浓度主体 260kg/m^3，对 40/70 目陶粒则主要从 40～60kg/m^3 开始，最高砂浓度 200kg/m^3。

第四个阶段是顶替阶段。完成设计的加砂程序后，应立即泵入顶替液，以确保携砂液全部进入地层裂缝中；目前的页岩气井压裂多采用泵送桥塞分段压裂工艺，为了泵送桥塞的顺利，避免压裂过程中井筒沉砂等带来的不利影响，顶替过程中多按照 2 倍井筒容积实施。

第五节　页岩水平井压后产量预测

压后产量预测是压裂设计的基础，也是压后评价的关键数据。本节在介绍页岩孔隙中气体赋存特征和页岩气多尺度运移机理基础上，重点阐述了页岩气井体积压裂多尺度非线性渗流模型和压后产量预测方法。

一、页岩孔隙中气体赋存特征

页岩气以游离态、吸附态、溶解态三种方式赋存于页岩中，游离态自由气存在于裂缝及孔隙中，吸附气吸附于页岩孔隙壁面和页岩固体颗粒表面（包括有机质颗粒、黏土矿物颗粒及干酪根等），而溶解气则赋存于干酪根中，储层的压力条件会控制 3 种状态气体的数量和转化，如图 3–90 所示。

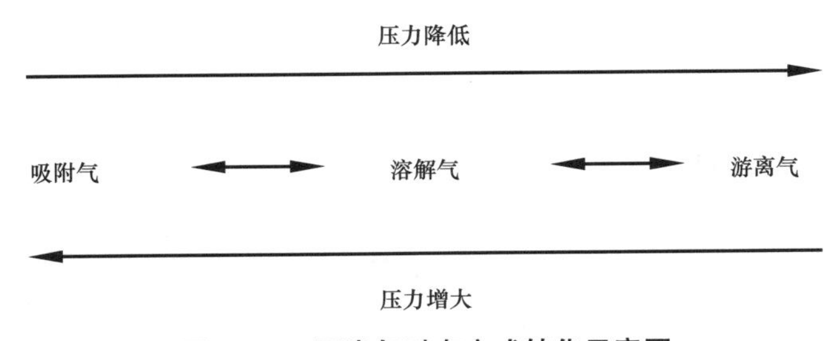

图 3–90　页岩气赋存方式转化示意图

[1] ppg——磅 / 加仑［美］，1ppg=0.1198g/cm^3。

1. 游离态页岩气

游离态页岩气是指以游离状态存在于基质孔隙、微裂缝和水力裂缝中的气体。游离气在页岩气中的含量主要受构造条件、孔隙大小及其密度影响，游离气在纳米级孔隙气体中的状态方程可表达为

$$pV = ZnRT \tag{3-18}$$

式（3–18）也可以写为气体密度的表达形式：

$$\rho = \frac{pM}{ZRT} \tag{3-19}$$

式中 p——气体压力，Pa；
V——气体体积，m^3；
T——气体热力学温度，K；
Z——气体偏差系数，无量纲；
R——气体常数，8.314J/（mol·K）；
n——气体物质的量，mol；
M——气体的摩尔质量，g/mol。

2. 吸附态页岩气

吸附态页岩气是指以吸附态形式赋存于孔隙壁面和页岩固体颗粒表面的气体。由于页岩发育有大量的纳米级孔隙，巨大的比表面积为吸附态页岩气提供了良好的赋存条件。研究表明，吸附态页岩气占总储量的20%～80%，吸附气含量还与总有机碳含量（TOC）呈正相关关系，即吸附气含量随着TOC增加而增加。这是因为TOC越高，页岩发育的纳米级孔喉数量越多，从而提供的比表面积越大（图3–91）[14]。

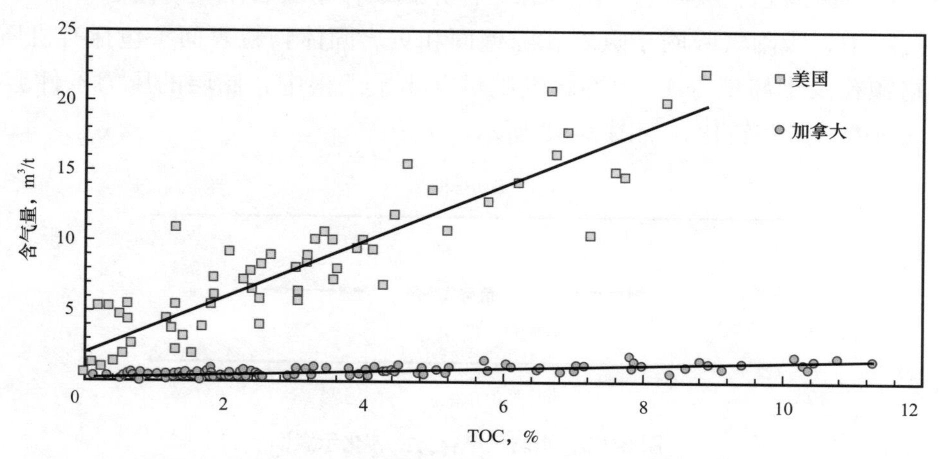

图3–91 美国和加拿大页岩气藏吸附气含量与TOC关系

吸附态页岩气吸附性主要由以下三个因素确定：（1）页岩储层性质，具体包括页岩组成、结构等；（2）吸附气体性质，即页岩气的组成、物性等；（3）环境条件，具体包括储层的温度、压力等。在储层条件一定时，页岩气的吸附和脱附是一个动态平衡的过程，当储层温压条件发生变化时，这种平衡状态被打破。具体来讲，吸附气量呈现出随着储层温度的下降而增加，随着储层压力的下降而减少的变化趋势。页岩气的开发过程中温度场的变化范围很小，因此页岩气在储层中的吸附—脱附过程可以视为等温过程。

研究表明，页岩气的吸附—脱附过程可以采用 Langmuir 型等温吸附曲线，其数学模型可表示为

$$G = G_{\mathrm{L}} \frac{p}{p_{\mathrm{L}} + p} \tag{3-20}$$

式中　G——吸附或脱附气量，$\mathrm{m^3/m^3}$；

G_{L}——Langmuir 吸附体积，$\mathrm{m^3/m^3}$；

p_{L}——Langmuir 压力，Pa；

p——地层压力，Pa。

3. 溶解态页岩气

溶解态页岩气是指以溶解状态赋存于页岩孔隙水体及干酪根中的气体，其溶解度一般较低，研究表明溶解态页岩气可以用物理化学中平衡溶解条件下的 Henry 定律表示：

$$p_{\mathrm{b}} = K_{\mathrm{c}} C_{\mathrm{b}} \tag{3-21}$$

式中　p_{b}——气体平衡蒸气分压，Pa；

C_{b}——气体溶解度，$\mathrm{mol/m^3}$；

K_{c}——亨利常数，$\mathrm{Pa \cdot m^3/mol}$。

大部分学者在研究页岩气赋存机理时都只考虑了空隙中的吸附气和裂缝中的游离气，且研究表明溶解气的含量很少，因此在考虑页岩气运移机理时可忽略溶解气的作用。

二、页岩气藏多尺度运移机理

页岩气在储层中的流动是一个从纳微米孔隙到天然裂缝，再到人工裂缝，最后流向水平井井筒的多尺度流动过程。随着渗流尺度增加，页岩气在不同孔隙类型中的流动规律则不同。因此，只有全面了解气体在纳米级孔隙、微米级孔隙和微裂缝中的微观流动机理，才能从宏观上深入研究页岩气藏中气体流动规律及建立相应的产能预测

模型提供坚实的理论基础。

1. 多尺度运移流态划分

页岩气产出过程中主要考虑游离气和吸附气的运移。

1）游离气运移

（1）黏性流动。

（2）滑脱流动。

（3）Knudsen 扩散。

2）吸附气运移

（1）吸附气脱附。

（2）吸附气表面扩散。

对于页岩气，上述运移机制同时存在，是一个相互影响、相互制约的整体过程。同时，孔径、压力、温度也会对运移机制产生显著的影响，影响程度可以采用无量纲量—Knudsen 数表征。Knudsen 数 Kn 被定义为气体平均自由程 λ 和孔喉尺寸 d 的比值，并且广泛用来判断流体是否适合连续假设的无量纲量。Knudsen 数定义表达式为

$$Kn=\frac{\lambda}{d} \tag{3-22}$$

其中，气体平均分子自由程的表达式为

$$\lambda(p,T)=\frac{k_{\mathrm{B}}T}{\sqrt{2\pi}\delta^2 p} \tag{3-23}$$

式中 λ——平均分子自由程，nm；

d——孔喉直径，nm；

k_{B}——玻尔兹曼常数，1.3805×10^{-23}J/K；

T——温度，K；

δ——气体分子碰撞直径，m。

根据式（3-23）计算了不同温度条件下甲烷气体平均分子自由程与压力的关系曲线，计算结果如图 3-92 所示，可以看出甲烷气体的分子平均自由程随着温度和压力的变化而发生改变。在温度为 300K、350K、400K 条件下，随着温度的升高，甲烷分子运动更加剧烈，从而甲烷的平均分子自由程变大，但在不同温度条件下差异较小。页岩气藏开发过程中地层温度变化较小，因此在研究页岩气体运移时可以忽略温度变化。相比之下，平均分子自由程对压力变化情况较为敏感，随着压力的减小，平均分子自由程迅速增大，这种变化趋势在低压条件时尤为明显，因此在研究页岩气体运移时不可忽略气藏压力变化的影响。

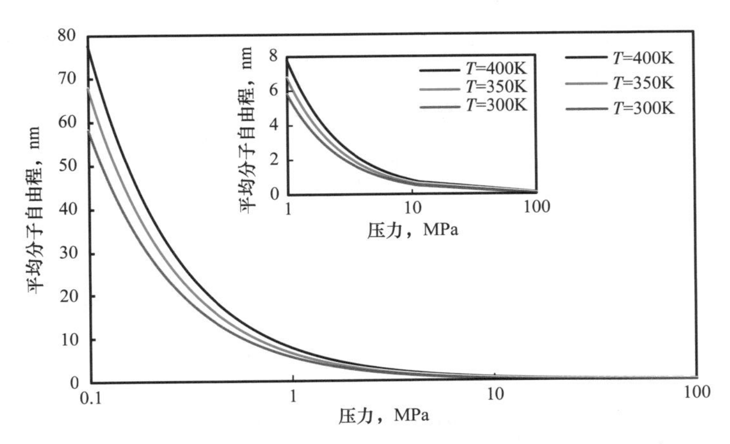

图 3-92　甲烷气体平均分子自由程关系曲线（d=50nm）

将式（3-23）代入式（3-22），可以得到更加详细的 Kn 表达式：

$$Kn(p,T)=\frac{k_{\mathrm{B}}T}{\sqrt{2}\pi\delta^{2}p}\cdot\frac{1}{d} \tag{3-24}$$

根据 Knudsen 数的数值可以把气体流动形态分为连续流、滑脱流、过渡流、自由分子流四类（表 3-7）。

表 3-7　气体流动阶段划分表

Knudsen 数	$Kn\leqslant0.001$	$0.001<Kn\leqslant0.1$	$0.1<Kn\leqslant10$	$Kn>10$
流态	连续流	滑脱流	过渡流	自由分子流

根据式（3-24）计算了微米级孔隙在不同压力条件下对应的 Knudsen 数及相应流态，计算结果如图 3-93 所示。当储层压力在 5～30MPa 变化时，微米级孔隙在孔隙半径为几微米时出现滑脱流，其余主要对应的流态为连续流，这表明在微米级孔隙（或者更大孔隙）中气体渗流流态为连续流。

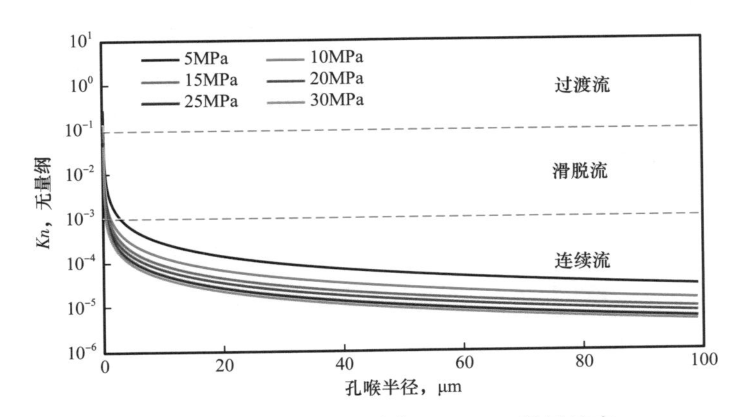

图 3-93　微米级孔隙对应 Knudsen 数及流态

根据式（3–24）计算了纳米级孔隙在不同压力条件下对应的Knudsen数及相应流态，计算结果如图3–94所示。选取储层压力变化范围为5～30MPa，纳米孔隙对应流态为滑脱流和过渡流。当孔隙尺度较小时，纳米孔隙流态为过渡流，随着压力和孔隙半径的增大，气体流态逐渐由过渡流向滑脱流转变，这表明在纳米孔隙中气体流态主要为过渡流和滑脱流。

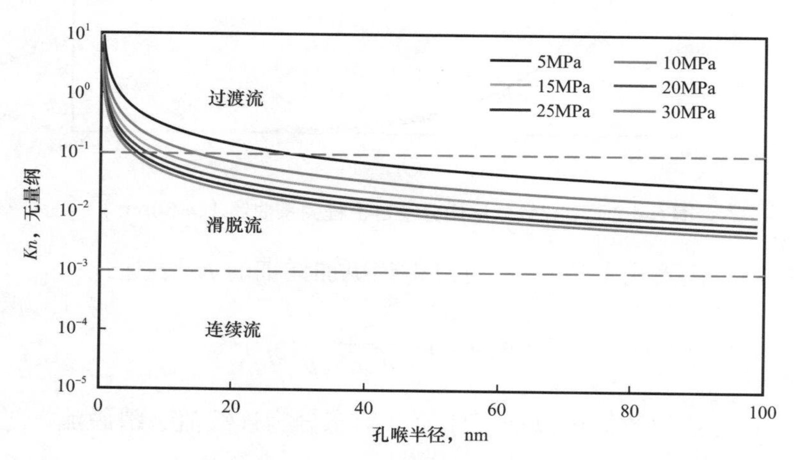

图3–94　纳米级孔隙对应Knudsen数及流态

图3–95给出了不同尺寸孔隙在不同压力条件下所对应的Knudsen数及流态，根据该图可以对不同储层中的流态进行划分：

（1）对于页岩储层微米级孔隙（或者更大尺度孔隙），页岩气体渗流大多处于连续流状态，此时可以采用连续介质渗流理论进行描述。当孔隙尺度只有几个微米时，随着孔隙尺度和压力的降低，会出现滑脱流现象，此时需要采用气体滑脱渗流方程进行描述。

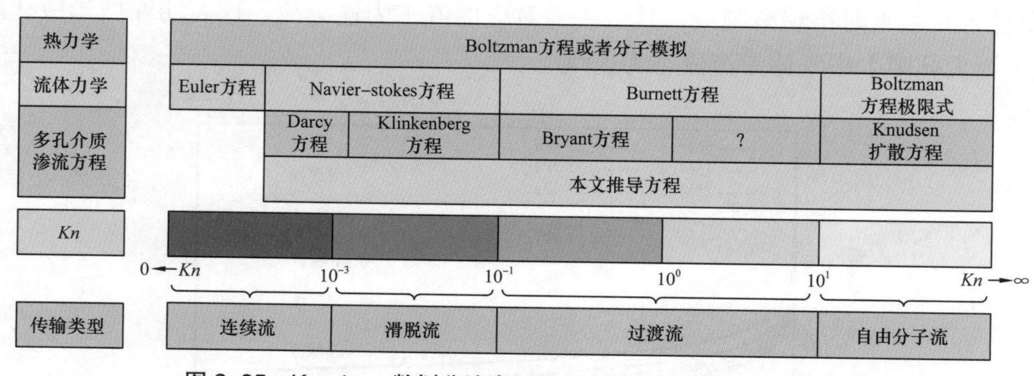

图3–95　Knudsen数划分流态以及各个流动阶段的控制方程[15]

（2）对于页岩储层纳米级孔隙，此时气体流态为过渡流和滑脱流。随着孔隙尺度和压力的降低，在纳米孔隙中存在由过渡流向滑脱流逐渐转变的过程，此时连续介质

渗流理论不再适用。在对页岩纳米孔气体运移机理进行描述时，必须考虑气体的过渡流和滑脱流状态。

根据页岩气在不同Knudsen数下的渗流阶段，绘制了相应的流态划分图版。由图3–95可以看出，当$Kn<10^{-3}$时，气体渗流满足无滑脱效应的连续流，分子与孔喉壁面的作用可以忽略，可将气体考虑为连续流体，采用达西方程进行描述。当$10^{-3}<Kn<10^{-1}$时，气体渗流为具有滑脱效应的连续流状态，此时气体与孔喉壁面之间的作用不可忽略，可采用Klinkenberg方程对滑脱边界进行修正。当$10^{-1}<Kn<10$时，气体分子平均自由程和孔喉直径属于同一数量级，此时气体与孔喉壁面之间的碰撞作用非常重要，此时连续流假设不再适用，气体分子在这个区域内的运动更接近于Knudsen扩散和滑脱流的组合。当$Kn>10$时，气体分子相互之间的碰撞对于分子运移不再重要，此时气体分子与孔喉壁面的碰撞是影响气体分子运动的主要因素，气体分子属于自由分子流状态，满足Knudsen扩散方程。

如果对不同流态的页岩气渗流过程分别采用图3–96中对应的描述方程，则建立的渗流模型非常复杂，还必须考虑不同流态之间的耦合，渗流模型求解难度大，因此有学者提出了采用统一方程描述不同流态的方法。Adzumi基于实验研究，引入了一个贡献系数ε，将总流量表达为黏性流加上自由分子流修正的形式，其表达式为[16]

$$N_{\mathrm{Tol}}=N_{\mathrm{Viscous}}+\varepsilon N_{\mathrm{Free}} \tag{3–25}$$

式中　N_{Tol}——总的质量通量，kg/（m²·s）；

N_{viscous}——连续流质量通量，kg/（m²·s）；

N_{Free}——自由分子流质量通量，kg/（m²·s）；

ε——贡献系数，无量纲，取值范围0.7～1。

Mohammad在Adzumi的研究基础上，将总的质量流量表达为黏性流和自由分子流的叠加形式，其表达式为[17]

$$N_{\mathrm{Tol}}=\left(1-\varepsilon\right)N_{\mathrm{Viscous}}+\varepsilon N_{\mathrm{Free}} \tag{3–26}$$

$$\varepsilon=C_{\mathrm{A}}\left[1-\exp\left(\frac{-Kn}{Kn_{\mathrm{Viscous}}}\right)\right]^{S} \tag{3–27}$$

式中　C_{A}——常数，无量纲，一般取值为1；

Kn_{Viscous}——从连续流到拟扩散流开始过渡的Knudsen数，一般取值为0.3；

S——常数，一般取值为1。

页岩气主要由游离态和吸附态方式赋存于页岩储层中，考虑游离态页岩气发生黏性流、滑脱效应和Knudsen扩散，吸附态页岩气发生表面扩散和解吸作用，分别建立相应的质量传输方程。通过引入贡献系数ε的方法，将不同传输机理叠加起来，从而得到能够统一描述多流态质量传输过程的页岩气表观渗透率模型。

2. 游离气运移机理

游离气赋存于基质孔隙及裂缝中，主要发生黏性流（图 3–96）、滑脱（图 3–97）及 Knudsen 扩散（图 3–98）作用。

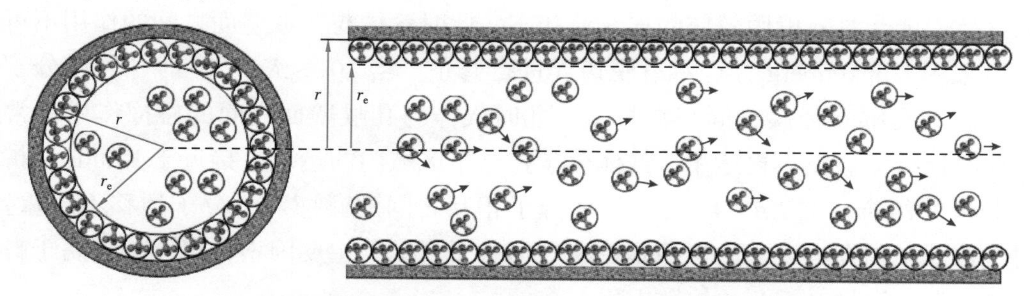

图 3–96 黏性流示意图（蓝色箭头表示进行黏性流传输的气体分子）

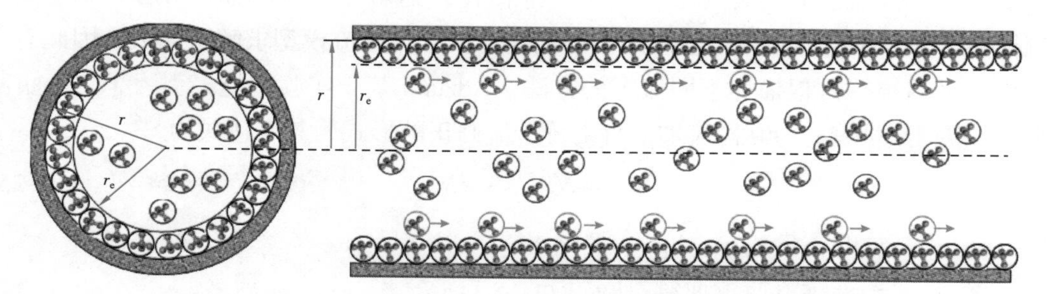

图 3–97 滑脱效应示意图（绿色箭头表示进行滑脱效应传输的气体分子）

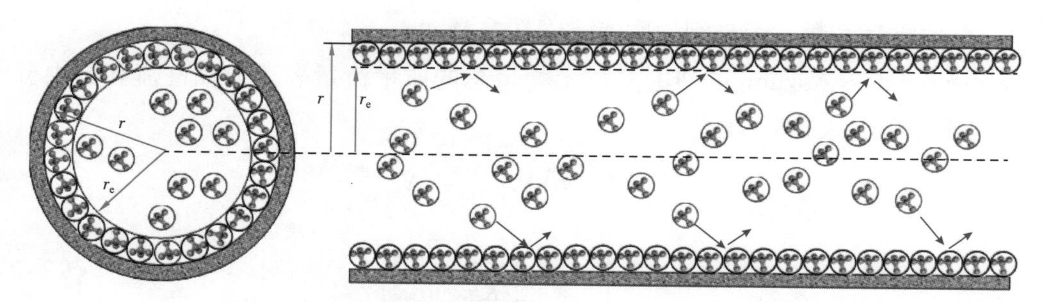

图 3–98 Knudsen 扩散示意图（紫色箭头表示 Knudsen 扩散的分子）

1）黏性流

当页岩气体平均运动自由程 λ 远远小于孔隙直径 d 时，即 Knudsen 数远小于 1 时，气体分子的运动主要受分子间碰撞支配，此时分子与壁面的碰撞较少，气体分子间的相互作用要比气体分子与孔隙表面（孔隙壁）的碰撞频繁得多，气体以连续流动为主，可采用黏性流质量运移方程描述。

页岩发育有大量的纳米级孔隙，可将纳米孔隙视为毛细管模型，页岩则可视为由毛细管和基质组成。当不考虑吸附气存在对毛细管半径的影响时，对于喉道半径为 r 的单根毛细管，其固有渗透率可表示为[18]

$$K_{\mathrm{D}}=\frac{r^2}{8} \tag{3-28}$$

在单组分气体之间存在压力梯度所引起的黏性流动，可以用达西定律来表示描述黏性流的质量运移方程：

$$J_{\mathrm{vicious}}=-\rho\frac{K_{\mathrm{D}}}{\mu}=-\rho\frac{r^2}{8\mu}\nabla p \tag{3-29}$$

式中　J_{vicious}——黏性流质量流量，kg/（$\mathrm{m^2\cdot s}$）；

ρ——气体密度，kg/m^3；

r——孔隙喉道半径，m；

μ——气体黏度，Pa·s；

p——孔隙压力，Pa；

∇——压力梯度算子符号；

K_{D}——固有渗透率，μm^2。

对于页岩气在纳米管中的运移，当考虑吸附气存在对纳米孔半径的影响时，纳米孔喉有效半径减小（图 3–97），因此考虑吸附气影响时纳米孔喉的有效半径可表达为

$$r_{\mathrm{e}}=r-d_{\mathrm{m}}\frac{p}{p+p_L} \tag{3-30}$$

式中　r_{e}——纳米孔喉有效半径，m；

d_{m}——气体分子直径，m；

p_{L}——郎格缪尔压力，MPa。

将式（3–30）代入式（3–29），可得

$$\begin{aligned}J_{\mathrm{vicious}}&=-\rho\frac{1}{8\mu}\left(r-d_{\mathrm{m}}\frac{p}{p+p_L}\right)^2\nabla p\\&=-\rho\frac{K_{\mathrm{D}}}{8\mu}\left(1-\frac{d_{\mathrm{m}}}{r}\frac{p}{p+p_L}\right)^2\nabla p\end{aligned} \tag{3-31}$$

由于页岩中存在一定数量的微米级孔隙和大量的微裂缝，以及完井工程实现的大尺度人工裂缝和次生裂缝网络，而此类孔隙的尺度往往相对较大。根据前文的流态划分结果，气体在微米级孔隙及裂缝中的流动都处于连续流阶段，都可以采用式（3–71）描述该过程。式（3–19）中的页岩固有渗透率 K_{D} 一般采用实验室测定方法得到。

2）滑脱效应

当页岩孔隙尺度减小，或者气体压力降低，此时气体分子自由程增加，气体分子自由程与孔隙直径的尺度具有可比性，气体分子与孔隙壁面的碰撞不可忽略。在 $10^{-3}<Kn<10^{-1}$ 时，由于壁面页岩气分子速度不再为零，此时存在滑脱现象，如图 3–98 所示。

Klinkenberg 等[19]最早发现油气渗流的滑脱效应现象，他在研究中发现低压状态气体的流动速度比达西公式计算的流动速度大，把这种现象归结为壁面处气体滑脱效应所致，并提出了计算公式：

$$K_{slip}=K_D\left(1+\frac{b_k}{p_{aver}}\right) \tag{3-32}$$

式中 K_{slip}——考虑滑脱效应渗透率，m^2；

b_k——滑脱系数，与气体性质、孔隙结构相关，Pa；

p_{aver}——岩心进出口平均压力，Pa。

为了能将滑脱效应在渗流方程中使用，国内外学者通过实验或者理论的方式得到了滑脱系数的不同表达式，见表 3–8。

表 3–8 不同学者研究的滑脱系数表达式

编号	滑脱系数表达式	作者
1	$b_k=4c\lambda p_{aver}/r$	Klinkenberg 等[19]
2	$b_k=(8\pi RT/M_g)^{0.5}\mu/r(2/\alpha-1)$	Javadpour 等[20]
3	$b_k=\mu[\pi RT\varphi/(\tau M_g k_d)]^{0.5}$	Civan 等[21]
4	$b_k=3\pi D_k T\mu(2r^2-1)$，$D_k=2/3r[8RT/(\pi M_g)]^{0.5}$	王等[22]
5	$b_k=\alpha Kn+4Kn/(1-bKn)+4\alpha Kn^2/(1-bKn)$	Deng 等[23]

采用学者使用较多的第 2 种滑脱系数表达式，通过引入无量纲滑脱系数 F 来修正纳米孔隙滑脱效应，代入式（3–32），得到考虑滑脱效应的渗透率修正形式为

$$K_{slip}=K_D(1+F)=K_D\left[1+\left(\frac{8\pi RT}{M}\right)^{0.5}\frac{\mu}{p_{avg}r}\left(\frac{2}{\alpha}-1\right)\right] \tag{3-33}$$

式中 F——滑脱速度修正因子，无量纲；

M——摩尔质量，g/mol；

p_{avg}——平均压力，在圆形单管中为进出口平均压力，Pa；

α——切向动量调节系数，无量纲，取值为 0～1。

3）Knudsen 扩散

当孔道直径减少或者分子平均自由程增加（在低压下），Kn 大于 10 时，气体分

子更容易与孔隙壁面发生碰撞而不是与其他气体分子发生碰撞，这意味着气体分子达到了几乎能独立于彼此的点，称为 Knudsen 扩散（图 3–99）。

对于圆形单根毛细管，当毛细管一端气体分子密度为ρ，另一端为真空时气体由于 Knudsen 扩散产生的自由分子流流量为

$$J_{\text{knudsen}}=\alpha_{\text{D}} v \rho_{\text{N}} \tag{3-34}$$

式中 J_{knudsen}——Knudsen 扩散质量流量，kg/（s·m^2）；

α_{D}——无量纲概率系数；

v——平均分子速度，m/s；

ρ_{N}——气体分子密度，kg/m^3。

当圆管两端都有气体，圆管传输的净流量与圆管两端的气体密度成正比，式（3–34）可写为

$$J_{\text{knudsen}}=\alpha_{\text{D}} v\left(\rho_{\text{in}}-\rho_{\text{out}}\right) \tag{3-35}$$

式中 ρ_{in}——圆管进口处气体密度，kg/m^3；

ρ_{out}——圆管出口处气体密度，kg/m^3。

根据气体动力学理论，气体的平均分子运动速度为

$$v=\sqrt{\frac{8RT}{\pi M}} \tag{3-36}$$

对于直径为d、长度为L的圆形长直管（$L \gg d$），α_{D}为$d/3L$，将式（3–36）代入到式（3–35）中，可得

$$J_{\text{knudsen}}=\frac{d}{3L}\sqrt{\frac{8RT}{\pi M}}\left(\rho_{\text{in}}-\rho_{\text{out}}\right) \tag{3-37}$$

将式（3–37）写为偏微分形式，则

$$J_{\text{knudsen}}=-\frac{d}{3}\sqrt{\frac{8RT}{\pi M}}\frac{\mathrm{d}\rho}{\mathrm{d}L} \tag{3-38}$$

Javadpour 等定义了纳米孔隙中的 Knudsen 扩散系数 D_{k}，表达式为

$$D_{\text{k}}=\frac{2r}{3}\left(\frac{8RT}{\pi M}\right)^{0.5} \tag{3-39}$$

因此，Knudsen 扩散质量运移方程可写为

$$J_{\text{knudsen}}=-\rho\frac{D_{\text{k}}}{p}\nabla p \tag{3-40}$$

式中 J_{knudsen}——Knudsen 扩散质量流量，kg/（m^2·s）；

D_k——Knudsen 扩散系数，m^2/s。

3. 吸附气运移机理

吸附气以吸附态形式赋存于孔隙壁面和页岩固体颗粒表面，会在压力梯度或浓度梯度作用下发生解吸附作用、表面扩散作用（图 3–99）。

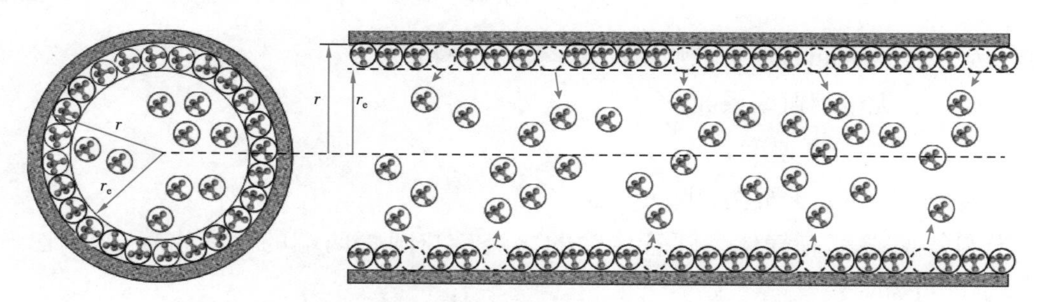

图 3–99　页岩气解吸附示意图（红色箭头表示解吸的气体分子）

1）页岩气解吸附

由于 Langmuir 等温吸附模型形式简单、应用方便，在页岩气吸附附脱模型中被广泛采用。Langmuir 等温吸附模型假设在一定温度和压力条件下，壁面吸附气和自由气处于瞬间动态平衡，其表达式为

$$G = G_L \frac{p}{p_L + p} \tag{3-41}$$

式中　G_L——Langmuir 吸附体积，m^3/m^3；

G——吸附或脱附气量，m^3/m^3；

p_L——Langmuir 压力，Pa；

p——地层压力，Pa。

式（3–41）可表示为吸附质量的表达形式：

$$q_{ads} = \frac{\rho M}{V_{std}} \frac{V_L p}{p + p_L} \tag{3-42}$$

式中　q_{ads}——页岩单位体积的吸附量，kg/m^3；

V_{std}——页岩标况下摩尔体积，m^3/mol；

p_L——Langmuir 压力，Pa；

V_L——Langmuir 体积，m^3/kg。

在开发过程中，地层压力逐渐下降，若 t_1 时刻地层压力为 p_1，t_2 时刻地层压力为 p_2，则可计算出地层压力由 p_1 下降为 p_2 时吸附态页岩气的脱附量：

$$\Delta q_{ads} = \frac{\rho M V_L}{V_{std}} \left(\frac{p_1}{p_1 + p_L} - \frac{p_2}{p_2 + p_L} \right) \tag{3-43}$$

2）表面扩散作用

页岩气在微纳米孔隙表面不仅存在脱附效应，还存在沿吸附壁面的运移，即表面扩散作用（图 3-100）。不同于压力梯度或浓度梯度作用的其他运移方式，页岩气表面扩散在吸附势场的作用下发生运移，影响页岩气表面扩散的因素很多，包括压力、温度、纳米孔壁面属性、页岩气体分子属性、页岩气体分子与纳米孔壁面相互作用等。

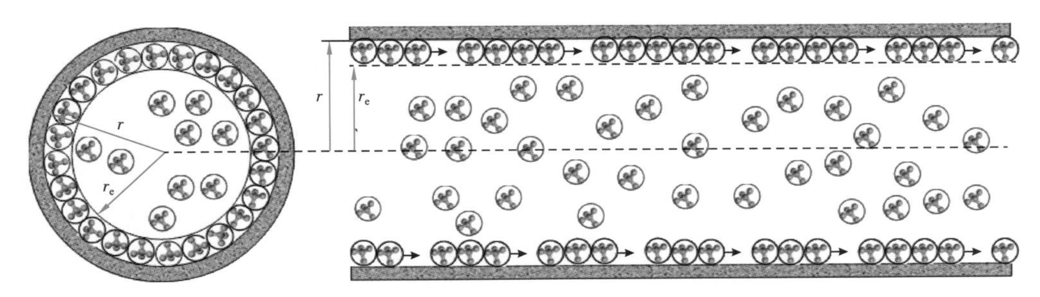

图 3-100 表面扩散作用示意图（黑色箭头表示进行表面扩散的分子）

根据 Maxwell-Stefan 的方法，表面扩散气体运移的驱动力是化学势能梯度，其表达式为[24]

$$J_{\text{surface}} = -L_{\text{m}} \frac{C_{\text{s}}}{M} \frac{\partial \psi}{\partial l} \tag{3-44}$$

式中 J_{surface}——表面扩散质量流量，kg/（$\text{m}^2 \cdot \text{s}$）；

L_{m}——迁移率，mol·s/kg；

ψ——化学势，J/mol；

C_{s}——吸附气浓度，md/m^3。

当气体为理想气体时，化学势 ψ 可表示为压力 p 的形式：

$$\psi = \psi_0 + RT \ln p \tag{3-45}$$

式中 ψ_0——参考状态的化学势，J/mol。

当表面扩散气体运移方程表达为浓度梯度的形式时，等于表面扩散系数与浓度梯度的乘积形式，式（3-44）可写为

$$J_{\text{surface}} = MD_{\text{s}} \frac{\text{d}C_{\text{s}}}{\text{d}l} \tag{3-46}$$

式中 D_{s}——表面扩散系数，m^2/s；

C_{s}——吸附气浓度，mol/m^3。

吸附气体覆盖率定义为孔隙壁面吸附气浓度与孔隙壁面最大吸附浓度（孔隙压力无限大时吸附态页岩气的浓度）的比值，根据 Langmuir 等温吸附模型，吸附气体覆盖率 θ 可表示为

$$\theta=\frac{C_{\mathrm{s}}}{C_{\mathrm{smax}}}=\frac{V}{V_{\mathrm{L}}}=\frac{p}{p+p_{\mathrm{L}}} \tag{3-47}$$

式中 θ——吸附气体覆盖率，小数；

C_{smax}——吸附气最大吸附浓度，mol/m^3；

V——单位质量页岩实际吸附气体积，m^3/kg。

式（3-47）可写为

$$C_{\mathrm{s}}=C_{\mathrm{smax}}\frac{p}{p+p_{\mathrm{L}}} \tag{3-48}$$

将式（3-48）代入式（3-46），可得到满足 Langmuir 等温吸附方程的页岩气表面扩散质量运移方程：

$$J_{\mathrm{surface}}=-MD_{\mathrm{s}}\frac{C_{\mathrm{smax}}p_{\mathrm{L}}}{\left(p+p_{\mathrm{L}}\right)^2}\nabla p \tag{3-49}$$

3）模型对比与分析

结合前文研究结果可知，页岩气在微纳米尺度的流态为连续流、滑脱流和过渡流，为了描述不同尺度条件下多种流态的质量运移方程，通过引入贡献系数的形式，建立一个可以描述全尺度多流态的质量运移方程。

考虑游离态页岩气黏性流、滑脱流、Knudsen 扩散和吸附气脱附、表面扩散作用，其总的传输质量为这几种运移模式引起的传输质量的叠加之和。考虑多尺度条件下页岩气多重运移机制，总的质量传输方程可写为

$$\begin{aligned}J_{\mathrm{tol}}&=\left(J_{\mathrm{vicious}}+J_{\mathrm{slip}}\right)(1-\varepsilon)+J_{\mathrm{knudsen}}\varepsilon+J_{\mathrm{surface}}\\&=-\frac{\rho}{\mu}\left[K_{\mathrm{D}}\left(1-\frac{d_{\mathrm{m}}}{r}\cdot\frac{p}{p+p_L}\right)^2F(1-\varepsilon)+D_{\mathrm{k}}\frac{\mu}{p}\varepsilon+MD_{\mathrm{s}}\frac{\mu}{\rho}\frac{C_{\mathrm{smax}}p_L}{\left(p+p_L\right)^2}\right]\nabla p\end{aligned} \tag{3-50}$$

为了便于使用，页岩气多尺度运移模型可以转化为视渗透率模型的形式，式（3-50）可表达为表观渗透率 K_{app} 与固有渗透率 K_{D} 的关系式：

$$\begin{aligned}K_{\mathrm{app}}&=K_{\mathrm{D}}\left[\left(1-\frac{d_{\mathrm{m}}}{r}\frac{p}{p+p_L}\right)^2+\left(\frac{8\pi RT}{M}\right)^{0.5}\frac{\mu}{p_{\mathrm{avg}}r}\left(\frac{2}{\alpha}-1\right)\right](1-\varepsilon)+\frac{2r}{3}\left(\frac{8RT}{\pi M}\right)^{0.5}\frac{\mu}{p}\varepsilon+MD_{\mathrm{s}}\frac{\mu}{\rho}\frac{C_{\mathrm{smax}}p_{\mathrm{L}}}{\left(p+p_{\mathrm{L}}\right)^2}\\&=K_{\mathrm{D}}\left[\left(1-\frac{d_{\mathrm{m}}}{r}\frac{p}{p+p_L}\right)^2+F\right](1-\varepsilon)+D_{\mathrm{k}}\frac{\mu}{p}\varepsilon+MD_{\mathrm{s}}\frac{\mu}{\rho}\frac{C_{\mathrm{smax}}p_{\mathrm{L}}}{\left(p+p_{\mathrm{L}}\right)^2}\end{aligned} \tag{3-51}$$

由式（3-51）可以看出，页岩表观渗透率并不是一个恒定值，而是随孔隙直径、压力等发生变化的，即页岩表观渗透率在实际生产过程中是变化的。但目前在研究产能时大多假设渗透率为恒定值，这种方法是不合适的。

为了便于式（3-51）的实际使用，可以采用实验室测定的页岩固有渗透率为 K_{D}，

然后代入式（3–51）中的其他参数进行校正，从而得到不同孔隙尺度和压力条件下的页岩表观渗透率。需要说明的是，在对渗透率进行校正时，式（3–51）中的 p_{avg} 和 p 都取为校正条件下的压力值。

相比 Javadpour 等[20]建立的表观渗透率模型，本模型引入了表面扩散项对质量运移的影响，然后借鉴前人贡献系数的处理方式，考虑游离态页岩气黏性流、滑脱流、Knudsen 扩散和吸附气脱附、表面扩散作用，建立了统一流态的多尺度质量传输方程。

4）表观渗透率影响因素分析

图 3–101 为渗透率修正系数 K_{app}/K_D 随温度和压力的变化曲线，可以看出温度对渗透率修正系数的影响很小，而压力对渗透率修正系数影响较大，特别是在低压条件下这种影响尤为明显。这是由于随着压力变小，气体平均分子自由程增大，气体分子的渗流逐渐偏移达西线性渗流，这也解释了在页岩储层中需要对渗透率进行修正的原因。同时，也表明在校正渗透率时参数应尽可能符合地层实际情况，以避免微小的压力变化产生的渗透率校正误差。

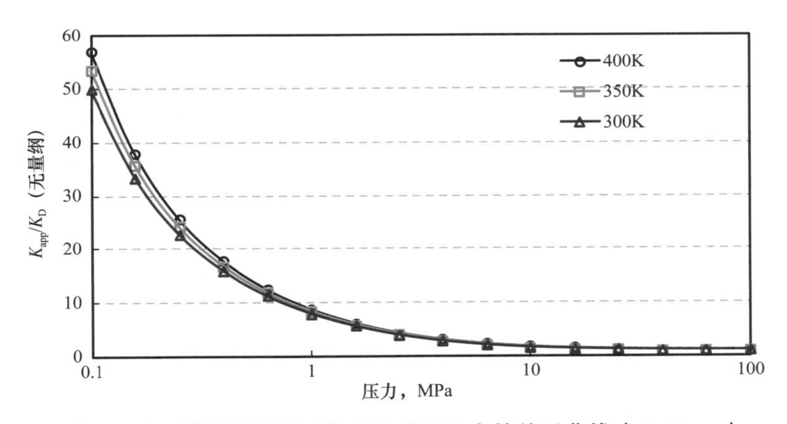

图 3–101　渗透率修正系数与温度和压力的关系曲线（d=50nm）

图 3–102 为渗透率修正系数 K_{app}/K_D 与相对分子质量的关系变化曲线。页岩气体相对分子质量与气体组分有关，一般在 20～40g/mol 范围内变化，可以看出气体相对分子质量对渗透率修正系数影响较小，在压力较高时对渗透率修正系数几乎没有影响。在低压条件下随着相对分子质量的增大渗透率修正系数略微增加，且渗透率修正系数随压力增大而减小。

图 3–103 为在不同压力条件下，渗透率修正系数 K_{app}/K_D 随孔隙直径变化的关系曲线图。可以看出，随着孔隙直径增大，渗透率修正系数 K_{app}/K_D 比值逐渐变小。当孔隙直径大于 1000nm 时，页岩的表观渗透率与固有渗透率的差异变得很小，渗透率修正系数 K_{app}/K_D 趋近于 1。然而当孔隙直径位于泥页岩的平均孔隙分布范围内，即 1nm＜d＜1000nm 时，表观渗透率要比传统的固有渗透率大 1～2 个数量级，这也解释了页岩储层采用固有渗透率模型预测的产量总是比实际产量低的原因。

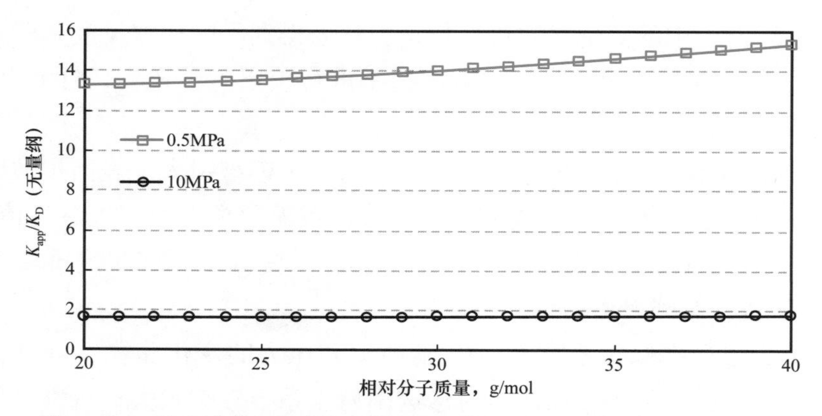

图 3-102 渗透率修正系数与相对分子质量的关系变化曲线（d=50nm）

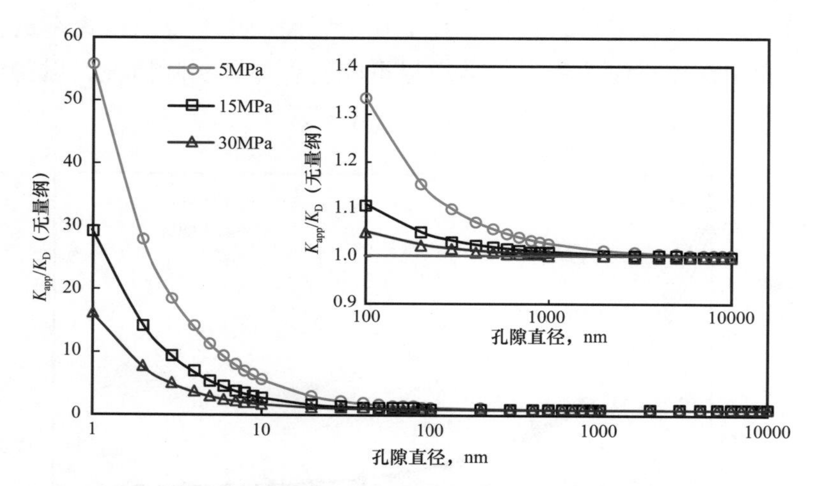

图 3-103 渗透率修正系数随孔隙直径变化曲线

图 3-104 计算了不同储层温度下，渗透率修正系数 K_{app}/K_D 随孔隙压力变化的关系曲线。可以看出，渗透率修正系数 K_{app}/K_D 在 300×10^3、350×10^3、400×10^3 时相互之间差异较小，表明储层温度对 K_{app}/K_D 的影响较小，而孔隙压力对 K_{app}/K_D 影响较大。当储层压力较低时，气体分子的平均自由程增大，因此气体流动逐渐偏离达西流动。同时，计算结果也揭示了在页岩气藏开采过程中，随着储层压力的逐渐下降，页岩气体非达西流动效应越来越强，因此需要校正页岩的固有渗透率。

根据式（3-51）分别计算了不同运移机理流量占总流量的百分比：黏性流量、滑脱流量、Knudsen 扩散流量和表面扩散流量［其中图 3-105（b）为局部放大图］。根据图 3-105 可以得到不同储层压力下，孔隙中的黏性流量、滑脱流量、Knudsen 扩散流量和表面扩散流量随孔隙直径的变化曲线。可以看出，随着孔隙直径增加，黏性流量对气体流动的贡献逐渐增强，表面扩散流量对气体流动的贡献逐渐减弱，而 Knudsen 扩散、滑脱效应对微观气体在孔隙中的流动作用先逐渐增强后减弱。

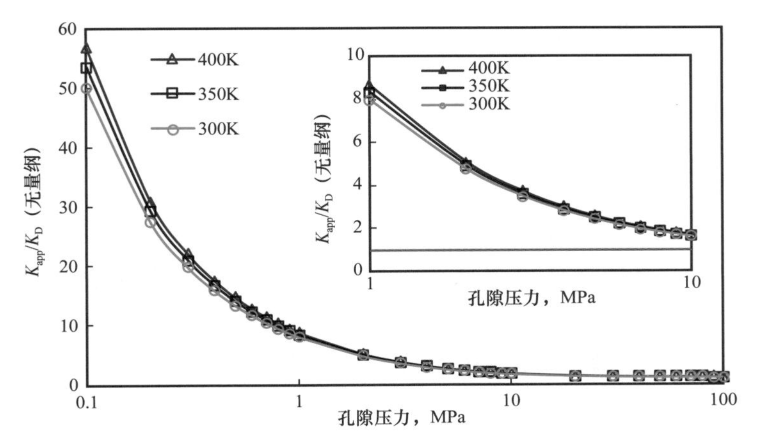

图 3-104 K_{app}/K_D 随孔隙压力变化曲线（d=50nm）

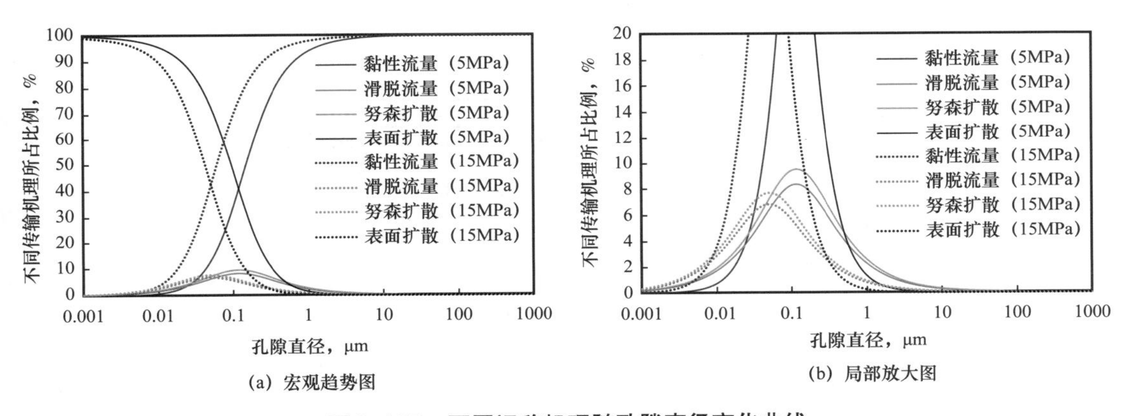

图 3-105 不同运移机理随孔隙直径变化曲线

三、页岩气井体积压裂多尺度非线性渗流模型

目前，对页岩压裂改造提及最多的就是如何实现体积压裂，即在储层中形成渗透率较高的 SRV（Stimulated Reservoir Volume）缝网区域，实现沟通基质与水平井筒的目的。前人在处理缝网系统渗流时，主要采用双重介质或者提高缝网区域渗流率两种方式[25]，将缝网整体作为研究对象，通过线性流模型来模拟缝网系统的影响。页岩气在压后储层中首先由基质区域渗流到缝网区域，再由缝网区域渗流到水平井筒，是一个跨越多尺度孔隙介质的渗流过程。

在建立的多尺度综合渗透率模型基础上，采用点源函数思想，结合镜像反映原理、Poisson 求和及 Newman 积分原理等推导了封闭边界箱形气藏点源函数。考虑缝网离散段相互干扰、流量非均匀分布特点，采用时间离散技术动态描述微纳尺度表征参数（储层渗透率、气体物性参数等）变化，建立了储层—缝网耦合的多尺度压裂水平井非稳态产能模型。

1. 页岩气藏储层渗流模型

基于表观渗透率模型，综合考虑页岩气多重运移机理，建立了封闭箱形气藏中由储层渗流到缝网系统离散单元的渗流模型。

1）物理模型

基本假设条件：（1）储层为封闭箱形均质页岩气藏，一口压裂水平井被垂直裂缝分割成若干段；（2）页岩气体微可压缩，在储层中流动为等温流动，忽略重力影响；（3）忽略水平井筒压降，气体通过基质区域流入改造缝网区，再通过缝网区域最终流入水平井筒；（4）考虑页岩气多种运移方式：黏性流、滑脱效应、克努森扩散、表面扩散、吸附脱附效应（图 3–106）。

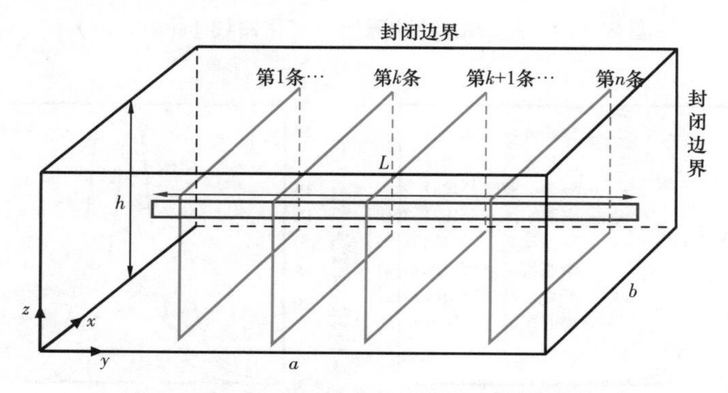

图 3–106　封闭箱形气藏压裂水平井物理模型

在页岩基质渗流系统中，由于涉及不同微纳尺度孔隙的运移机理，采用表观渗透率模型来描述在基质中的渗流过程。在页岩气渗流过程中，页岩气首先经过基质区流向缝网改造区，再由缝网改造区最终流向水平井筒。

2）数学模型

根据 Newmna 乘积方法，可将一维情形的瞬时源函数通过求积方法得到三维瞬时源函数形式，构成相应的 Green 函数表达式：

$$m(x,y,z,t)=m_i-\frac{1}{\phi C_t}\int_0^{t-t_0}q(x_0,y_0,z_0,t)S(x,\tau)S(y,\tau)S(z,\tau)\mathrm{d}\tau \tag{3–52}$$

其中：

$$\begin{aligned}
S(x,\tau)&=1+2\sum_{n=1}^{\infty}\exp\left(-\frac{n^2\pi^2\chi(t-\tau)}{{x_e}^2}\right)\cos\frac{n\pi x}{x_e}\cos\frac{n\pi x_w}{x_e}\\
S(y,\tau)&=1+2\sum_{n=1}^{\infty}\exp\left(-\frac{n^2\pi^2\chi(t-\tau)}{{y_e}^2}\right)\cos\frac{n\pi y}{y_e}\cos\frac{n\pi y_w}{y_e}\\
S(z,\tau)&=1+2\sum_{n=1}^{\infty}\exp\left(-\frac{n^2\pi^2\chi(t-\tau)}{{z_e}^2}\right)\cos\frac{n\pi z}{z_e}\cos\frac{n\pi z_w}{z_e}
\end{aligned} \tag{3–53}$$

式中 $m(x,\ y,\ z,\ t)$——储层中坐标点(x_0,y_0,z_0)以 $q(x_0,\ y_0,\ z_0,\ t)$ 定质量流量生产($t-t_0$)时间后在坐标点(x,y,z)的瞬时拟压力,$MPa^2/(Pa\cdot s)$;

m_{imi}——原始地层拟压力,$MPa^2/(Pa\cdot s)$;

ϕ——储层基质孔隙度,无量纲;

C_t——流体压缩系数,MPa^{-1};

t——从开始生产时 t_0 后计量的生产时间,ks;

$S(x,\ \tau)$,$S(y,\ \tau)$,$S(z,\ \tau)$——分别为 x、y、z 方向的格林函数;

τ——连续生产的持续时间,ks;

n——表示计数单位,无量纲;

χ——导压系数,$m^2\cdot MPa/(Pa\cdot s)$,$\chi=K/\mu C_t\phi$;

K——储层基质渗透率,D;

μ——流体黏度,$Pa\cdot s$;

x_w——封线汇在 x 方向上的坐标,m;

y_w——封线汇在 y 方向上的坐标,m;

z_w——封线汇在 z 方向上的坐标,m;

x_e——封闭边界箱形气藏区域在 x 方向上的两边界分别位于 $x=0$ 和 $x=x_e$;

y_e——封闭边界箱形气藏区域在 y 方向上的两边界分别位于 $y=0$ 和 $y=y_e$;

z_e——封闭边界箱形气藏区域在 z 方向上的两边界分别位于 $z=0$ 和 $z=z_e$。

根据真实气体状态方程,可以求出储层条件下气体体积系数,从而计算出地面标准状况下的产量:

$$m_{imi}-m=\frac{\rho_{sc}}{2p_{sc}}\frac{T_{sc}Z_{sc}}{TZ}\left(p_{ini}^2-p^2\right) \tag{3-54}$$

将式(3-54)代入式(3-52),可得到封闭边界箱形气藏的点源函数(图 3-107):

$$p_{ini}^2-p^2=\frac{2qp_{sc}ZT}{\phi C_t Z_{sc}T_{sc}}\int_0^t\left[S(x,\tau)S(y,\tau)S(z,\tau)\right]\mathrm{d}\tau \tag{3-55}$$

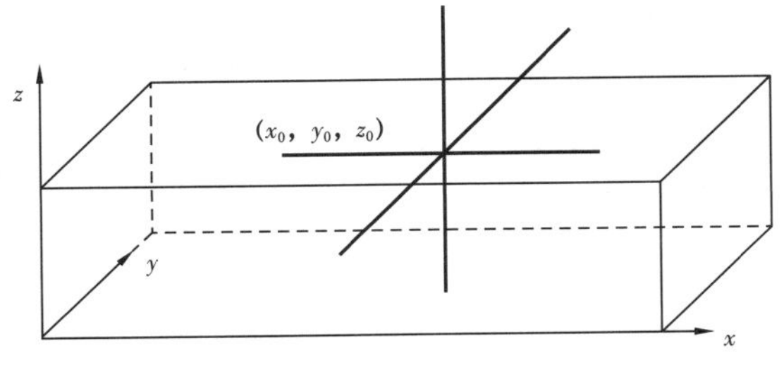

图 3-107 x、y、z 三个方向直线源乘积为点源示意图

式中　p_{sc}——标准状况下的压力，MPa；

T_{sc}——标准温度，K；

T——储层温度，K；

Z_{sc}——标准状况下的天然气偏差系数，无量纲。

假设水平井筒位于封闭气藏的中心，裂缝完全穿透储层，因此整个系统的三维流动可视为二维平面流动（忽略 z 方向变化），如图 3-108 所示。在空间上采用离散裂缝方法，可将缝网区域离散为若干个点源，改造区的压力响应则可以通过每个点源生产时的压力响应叠加得到。地层中位置为 O（$x_{fk+1,j}$，y_{fk+1}）处由点源 M（$x_{f,i}$，y_{kf}）（产量为 $q_{fk,i}$）产生的压力响应可表达为

$$\Delta p^2_{f(k+1),j}(t)=p_i^2-p^2_{f(k+1),j}=\frac{2\mu p_{sc}ZT}{abhT_{sc}}\int_0^{t-t_0}q_{fk,i}(x_0,y_0,z_0,t)S(x,\tau)S(y,\tau)S(z,\tau)\mathrm{d}\tau \quad (3-56)$$

式中　a，b，h——分别为封闭箱形气藏的长、宽、高，m。

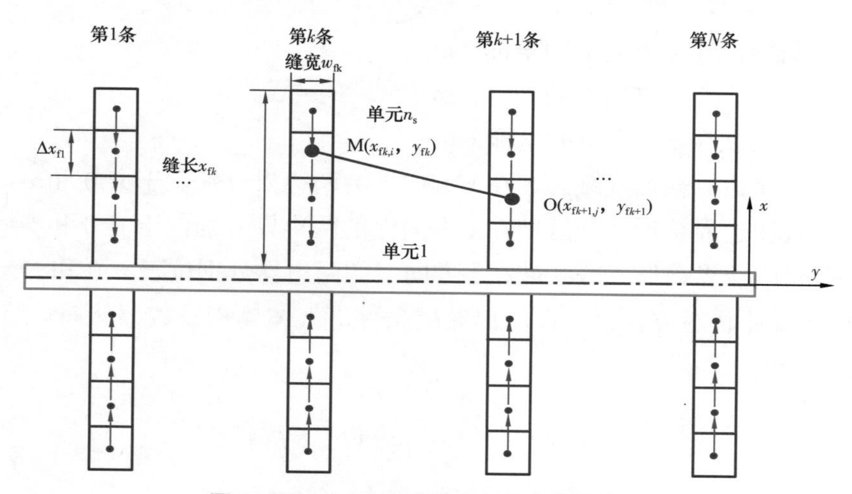

图 3-108　xy 平面分段及离散缝网示意图

在多级压裂水平井中存在 N 个缝网区条带时，每个缝网区离散为 $2n_s$ 个微元段，可得到 $N\times2n_s$ 个离散单元生产时在地层某点 O 处产生的压力响应方程：

$$\begin{aligned}\Delta p^2_{f(k+1),j}(t)=p^2_{ini}-p^2_{f(k+1),j}&=\sum_{k=1}^{N}\sum_{i=1}^{2n_s}\frac{\mu p_{sc}ZT}{2\pi K_{app}hT_{sc}}\int_0^{t-t_0}q_{fk,i}(x_0,y_0,z_0,t)S(x,\tau)S(y,\tau)S(z,\tau)\mathrm{d}\tau\\&=\sum_{k=1}^{N}\sum_{i=1}^{2n_s}\left[q_{fk,i}F_{fki,f(k+1),j}(t)\right]\end{aligned} \quad (3-57)$$

式中　$p_{f(k+1),j}$——第 k+1 缝网区第 j 微元段中心处压力，MPa；

N——缝网条带数；

n_s——每个缝网区离散段数；

$q_{\mathrm{f}k,\ i}$——第 k 缝网区第 i 离散单元的产量，$\mathrm{m^3/s}$；

（$x_{\mathrm{f}k,\ i}$，$y_{\mathrm{f},\ k}$）——第 k 缝网区第 i 离散单元坐标；

（$x_{\mathrm{f}k+1,\ j}$，$y_{\mathrm{f},\ k+1}$）——第 k+1 缝网区第 j 离散单元坐标；

K_{app}——储层表观渗透率，mD；

k——缝网编号；

i，j——离散单元编号；

h——储层厚度，m；

η——地层导压系数，$\eta=K/(\mu C_{\mathrm{t}}\phi)$；

C_{t}——流体压缩系数，$\mathrm{MPa^{-1}}$。

其中，$F_{\mathrm{f}ki,\mathrm{f}(k+1),j}(t)=\dfrac{\mu p_{\mathrm{sc}}ZT}{2\pi hT_{\mathrm{sc}}}\int_0^{t-t_0}S(x,\tau)S(y,\tau)S(z,\tau)\mathrm{d}\tau$，表示（$x_{\mathrm{f}k,\ i}$，$y_{\mathrm{f},\ k}$）位置处离散单元对（$x_{\mathrm{f}k+1,\ j}$，$y_{\mathrm{f},\ k+1}$）位置处离散单元的影响。

2. 缝网渗流模型

页岩非常致密，渗透率很低，采用常规方式开采一般表现为低产或者无自然产能。往往需要采用水平井钻井技术与大规模水力压力技术结合进行经济开发，以追求形成具有较高渗透率缝网改造区。通过微地震监测，可以获取改造区域的形状和大小。由于微地震解释的缝网形态大多为矩形分布，因此大部分学者在描述缝网形态时都采用矩形模型，本书也假设缝网形态为矩形模型进行研究。此外，根据页岩储层压裂的气—水两相生产特征，这里假设页岩储层内为气体单相流动，压裂缝网内为气—水两相流动。

1）物理模型

对于页岩气在缝网内的渗流，先前许多学者都采用线性流模型来模拟，但这种线性流模型存在未考虑缝网相互干扰、流量非均匀分布的缺陷，且所有的缝网参数必须一致，这样的假设条件比较苛刻，与实际情况差异较大。本书考虑缝网形态为矩形分布，考虑缝网离散段相互干扰、流量非均匀分布特点，建立了缝网系统渗流模型（图 3–109）。

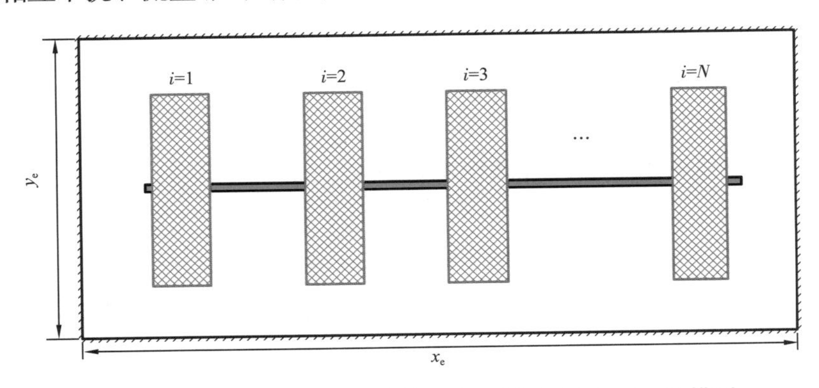

图 3–109 考虑矩形缝网形态的页岩气藏压裂水平井物理模型

由于在缝网区域孔隙尺度较大，渗透率相对较高，气体主要以游离态形式存在，故在缝网区域仅考虑页岩气体黏性流，缝网渗透率采用 K_f 表示，采用一维线形流动描述页岩气在缝网区中流动。采用空间离散方法，将缝网离散为若干矩形微元段，如图 3-110 所示。

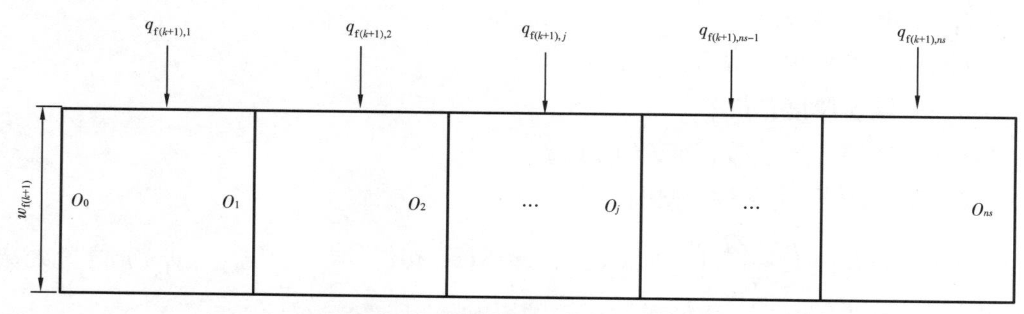

图 3-110 离散缝网内流动单元示意图

2）数学模型

（1）气相流动。

根据达西定律，可得到第 k+1 缝网区第 j 离散单元从缝网区域渗流到水平井筒过程：

$$\begin{aligned}
\Delta p_{f(k+1),j-0}^2 &= p_{f(k+1),j}^2 - p_{f(k+1),0}^2 \\
&= \frac{2\mu p_{sc} ZT}{K_{f(k+1)} w_{f(k+1)} h T_{sc}} \Delta x_{f(k+1),1} q_{f(k+1),1} + \frac{2\mu p_{sc} ZT}{K_{f(k+1)} w_{f(k+1)} h T_{sc}} \left(\Delta x_{f(k+1),1} + \Delta x_{f(k+1),2}\right) q_{f(k+1),2} + \cdots \\
&\quad + \frac{2\mu p_{sc} ZT}{K_{f(k+1)} w_{f(k+1)} h T_{sc}} \left(\Delta x_{f(k+1),1} + \Delta x_{f(k+1),2} + \cdots + \Delta x_{f(k+1),j}\right) q_{f(k+1),j} \\
&\quad + \frac{2\mu p_{sc} ZT}{K_{f(k+1)} w_{f(k+1)} h T_{sc}} \left(\Delta x_{f(k+1),1} + \Delta x_{f(k+1),2} + \cdots + \Delta x_{f(k+1),j}\right) q_{f(k+1),j+1} + \cdots \\
&\quad + \frac{2\mu p_{sc} ZT}{K_{f(k+1)} w_{f(k+1)} h T_{sc}} \left(\Delta x_{f(k+1),1} + \Delta x_{f(k+1),2} + \cdots + \Delta x_{f(k+1),j}\right) q_{f(k+1),n_s} \\
&= \frac{2\mu p_{sc} ZT}{K_{f(k+1)} w_{f(k+1)} h T_{sc}} \left\{ \sum_{i=1}^{j} \left(q_{f(k+1),i} \sum_{j=1}^{i} \Delta x_{f(k+1),j} \right) + \sum_{n=j+1}^{n_s} \left[q_{f(k+1),n} \left(\sum_{i=1}^{j} \Delta x_{f(k+1),i} \right) \right] \right\}
\end{aligned} \tag{3-58}$$

式中 $K_{f(k+1)}$——第 k+1 缝网区渗透率，mD；

h——储层厚度，m；

$w_{f(k+1)}$——第 k+1 缝网区缝网宽度，m。

（2）水相流动。

考虑离散裂缝单元间的相互干扰和流量沿裂缝的不均匀分布，根据 Darcy 定律可得第 k+1 条人工裂缝第 j 微元段（点 $O_{f(k+1),j}$）到井筒（点 $O_{f(k+1),0}$）间产生的水相压降损失 $\Delta p_{wf(k+1),j-0}$ 为

$$
\begin{aligned}
\Delta p_{\mathrm{wf}(k+1),j-0} &= p_{\mathrm{wf}(k+1),j} - p_{\mathrm{wf}(k+1),0} \\
&= \frac{\mu_{\mathrm{w}} B_{\mathrm{w}}}{K_{\mathrm{wf}(k+1)} h_{\mathrm{f}(k+1)}} \frac{\Delta x_{\mathrm{f}(k+1),1}}{w_{\mathrm{f}(k+1),1}} q_{\mathrm{f}(k+1),1} + \frac{\mu_{\mathrm{w}} B_{\mathrm{w}}}{K_{\mathrm{wf}(k+1)} h_{\mathrm{f}(k+1)}} \left(\frac{\Delta x_{\mathrm{f}(k+1),1}}{w_{\mathrm{f}(k+1),1}} + \frac{\Delta x_{\mathrm{f}(k+1),2}}{w_{\mathrm{f}(k+1),2}} \right) q_{\mathrm{wf}(k+1),2} \\
&\quad + \mathrm{L} + \frac{\mu_{\mathrm{w}} B_{\mathrm{w}}}{K_{\mathrm{wf}(k+1)} h_{\mathrm{f}(k+1)}} \left(\frac{\Delta x_{\mathrm{f}(k+1),1}}{w_{\mathrm{f}(k+1),1}} + \frac{\Delta x_{\mathrm{f}(k+1),2}}{w_{\mathrm{f}(k+1),2}} + \mathrm{L} + \frac{\Delta x_{\mathrm{f}(k+1),j}}{w_{\mathrm{f}(k+1),j}} \right) q_{\mathrm{wf}(k+1),j} \\
&\quad + \frac{\mu_{\mathrm{w}} B_{\mathrm{w}}}{K_{\mathrm{wf}(k+1)} h_{\mathrm{f}(k+1)}} \left(\frac{\Delta x_{\mathrm{f}(k+1),1}}{w_{\mathrm{f}(k+1),1}} + + \frac{\Delta x_{\mathrm{f}(k+1),2}}{w_{\mathrm{f}(k+1),2}} + \mathrm{L} + \frac{\Delta x_{\mathrm{f}(k+1),j}}{w_{\mathrm{f}(k+1),j}} \right) q_{\mathrm{wf}(k+1),j+1} \\
&\quad + \mathrm{L} + \frac{\mu_{\mathrm{w}} B_{\mathrm{w}}}{K_{\mathrm{wf}(k+1)} h_{\mathrm{f}(k+1)}} \left(\frac{\Delta x_{\mathrm{f}(k+1),1}}{w_{\mathrm{f}(k+1),1}} + \frac{\Delta x_{\mathrm{f}(k+1),2}}{w_{\mathrm{f}(k+1),2}} + \mathrm{L} + \frac{\Delta x_{\mathrm{f}(k+1),j}}{w_{\mathrm{f}(k+1),j}} \right) q_{\mathrm{wf}(k+1),ns}
\end{aligned} \tag{3-59}
$$

式中　$p_{\mathrm{wf}(k+1),i}$——第 k+1 条人工裂缝第 j 个离散裂缝单元的水相压力，Pa；

$K_{\mathrm{wf}(k+1)}$——第 k+1 条人工裂缝水相有效渗透率，mD；

$q_{\mathrm{wf}(k+1),i}$——第 k+1 条人工裂缝第 i 个离散裂缝单元的水相产量，$\mathrm{m^3/s}$。

（3）辅助方程。

任意时刻裂缝系统中气相压力和水相压力满足：

$$p_{\mathrm{cf}(k+1),j} = p_{\mathrm{gf}(k+1),j} - p_{\mathrm{wf}(k+1),j} \tag{3-60}$$

与孔隙尺寸分布对多孔介质毛细管行为的影响类似，裂缝的宽度变化对毛细管压力也有明显的影响。由于与天然裂缝的相对作用，部分水力的延伸受到限制，导致毛细管压力相对较高，在非平面裂缝的流动模型中不能忽略。在每个离散裂缝单元中的毛细管力满足 Young–Laplace 方程：

$$p_{\mathrm{cf}(k+1),i} = \frac{2\gamma\cos\theta}{w_{\mathrm{f}(k+1),i}} \tag{3-61}$$

式中　$p_{\mathrm{cf}(k+1),j}$——第 k+1 条人工裂缝第 j 个离散裂缝单元的毛细管压力，Pa；

γ——气水相的界面张力，N/m；

θ——气水两相接触角，（°）。

通过式（3–61）即可将每个离散裂缝单元中气相压力和水相压力联系起来。此外，任意时刻裂缝系统中气相有效渗透率和水相有效渗透率还应满足以下关系：

$$K_{\mathrm{wf}(k+1)} = K_{\mathrm{f}} K_{\mathrm{rw}(k+1)}(s_{\mathrm{w}}) \tag{3-62}$$

$$K_{\mathrm{wf}(k+1)} = K_{\mathrm{f}} K_{\mathrm{rg}(k+1)}(s_{\mathrm{g}}) \tag{3-63}$$

$$s_{\mathrm{w}} + s_{\mathrm{g}} = 1 \tag{3-64}$$

式中　$K_{\mathrm{rw}(k+1)}(s_{\mathrm{w}})$——第 k+1 条人工裂缝水相相对渗透率，mD；

$K_{\mathrm{rg}(k+1)}(s_{\mathrm{g}})$——第 k+1 条人工裂缝气相相对渗透率，mD。

3. 多尺度页岩气藏压裂水平井产能模型

由于在上一节建立的源函数假设条件为定产量生产，而在压裂水平井产能研究中，更多情况是定井底流压生产，压裂水平井产量会随着储层压力降低而逐渐减小，实际生产过程为变产量生产过程。采用时间离散方法，将生产过程离散为一个个微小时间段，在每一个微小时间段内视为定产生产，从而实现非稳态产能模型求解，其示意图如图 3-111 所示。

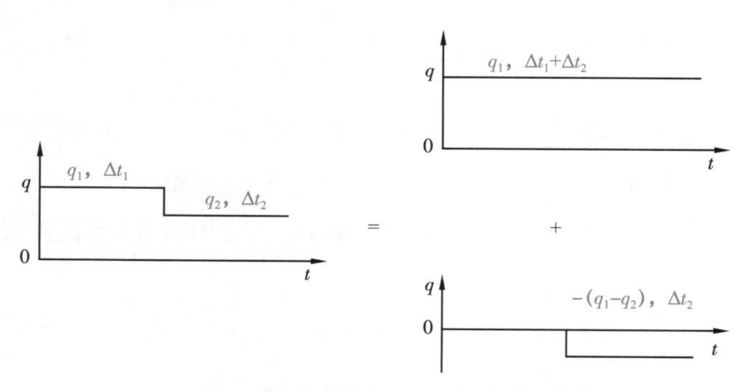

图 3-111　变产量生产与定产量生产转化示意图

1）瞬态产能模型

气体从储层渗流到水平井筒的过程可以视为储层渗流和缝网内渗流两个过程，而气体在储层中渗流和气体在缝网中渗流时可以考虑在交界面处压力流量相等，将两个过程叠加起来，从而建立地层压力和井底流压的关系表达式；由于假设水平井筒无压降，因此在缝网与水平井筒交界处的压力都相等，从而建立储层—缝网—水平井筒的渗流方程。

$$\begin{aligned} {p^2}_{\mathrm{ini}} - {p^2}_{\mathrm{wf}} &= \frac{2\mu p_{\mathrm{sc}}ZT}{K_{\mathrm{f}}hT_{\mathrm{sc}}} \times q_n \frac{\Delta x_n}{w_n} + \frac{2\mu p_{\mathrm{sc}}ZT}{K_{\mathrm{f}}hT_{\mathrm{sc}}} \times q_{n-1}\left(\frac{\Delta x_n}{w_n}+\frac{\Delta x_{n-1}}{w_{n-1}}\right)+\cdots+\frac{2\mu p_{\mathrm{sc}}ZT}{K_{\mathrm{f}}hT_{\mathrm{sc}}} \\ &\times q_k\left(\frac{\Delta x_n}{w_n}+\frac{\Delta x_{n-1}}{w_{n-1}}+\cdots+\frac{\Delta x_k}{w_k}\right)+\frac{2\mu p_{\mathrm{sc}}ZT}{K_{\mathrm{f}}hT_{\mathrm{sc}}} q_{k-1}\left(\frac{\Delta x_n}{w_n}+\frac{\Delta x_{n-1}}{w_{n-1}}+\cdots+\frac{\Delta x_k}{w_k}\right)+\cdots+\frac{2\mu p_{\mathrm{sc}}ZT}{K_{\mathrm{f}}hT_{\mathrm{sc}}} \\ &\times q_1\left(\frac{\Delta x_n}{w_n}+\frac{\Delta x_{n-1}}{w_{n-1}}+\cdots+\frac{\Delta x_k}{w_k}\right)+\sum_{j=1}^{2n_{\mathrm{s}}}\frac{2q_{(j,t)}p_{\mathrm{sc}}ZT}{\phi C_{\mathrm{t}}abhT_{\mathrm{sc}}}\int_0^{\tau}\left\{\left[1+2\sum_{n=1}^{\infty}\exp\left(-\frac{n^2\pi^2\chi(t-\tau)}{{x_{\mathrm{e}}}^2}\right)\cos\frac{n\pi x}{x_{\mathrm{e}}}\cos\frac{n\pi x_w}{x_{\mathrm{e}}}\right]\right. \\ &\left.\times\left[1+2\sum_{n=1}^{\infty}\exp\left(-\frac{n^2\pi^2\chi(t-\tau)}{{y_{\mathrm{e}}}^2}\right)\cos\frac{n\pi y}{y_{\mathrm{e}}}\cos\frac{n\pi y_w}{y_{\mathrm{e}}}\right]\times\left[1+2\sum_{n=1}^{\infty}\exp\left(-\frac{n^2\pi^2\chi(t-\tau)}{{z_{\mathrm{e}}}^2}\right)\cos\frac{n\pi z}{z_{\mathrm{e}}}\cos\frac{n\pi z_w}{z_{\mathrm{e}}}\right]\right\}\mathrm{d}\tau \\ &= \sum_{m=k+1}^{n_{\mathrm{s}}}\frac{2q_{m,JL}\mu x_{\mathrm{f}}p_{\mathrm{sc}}ZT}{K_{\mathrm{f}}w_m n_{\mathrm{s}}T_{\mathrm{sc}}}+\frac{q_{k,JL}\mu x_{\mathrm{f}}p_{\mathrm{sc}}ZT}{K_{\mathrm{f}}w_k n_{\mathrm{s}}T_{\mathrm{sc}}}+\sum_{j=1}^{2n_{\mathrm{s}}}\frac{2q_{(j,t)}p_{\mathrm{sc}}ZT}{\phi C_{\mathrm{t}}abhT_{\mathrm{sc}}}\int_0^{t-t_0}S(x,\tau)S(y,\tau)S(z,\tau)\mathrm{d}\tau \end{aligned} \tag{3-65}$$

式（3-65）可表达为

$${p^2}_{\mathrm{ini}} - {p^2}_{\mathrm{wf}} = qF(t) \tag{3-66}$$

2）非稳态产能模型

页岩气的开发过程是一个压力 p 逐渐降低的过程，随着时间 t 的增长，气体密度、

偏差系数、体积系数等都会随压力 p 而发生变化（图 3-112）。采用时间离散技术，通过封闭箱形气藏物质平衡方程，求得每一个离散时间段下的压力 p，即可实现气体密度、偏差系数、体积系数等表征系数的动态考虑。

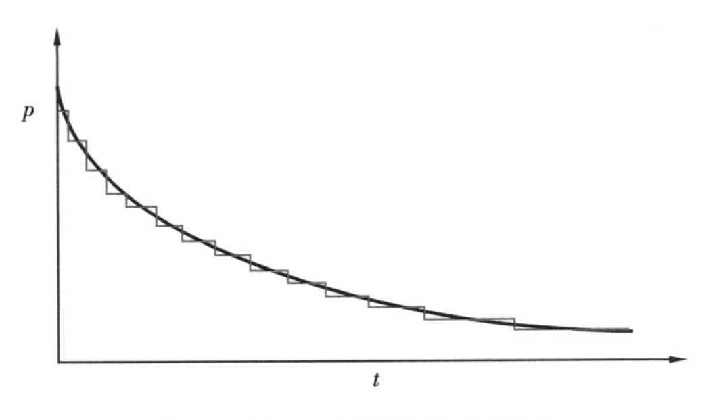

图 3-112　时间离散示意图

（1）页岩气藏物质平衡方程。

在地面标准状况下（压力 0.1MPa，温度 293.5K），页岩气藏基质中的游离气量可表示为

$$G_{\mathrm{m}}=\frac{V_{\mathrm{m}}}{B_{\mathrm{gi}}} \tag{3-67}$$

式中　G_{m}——地下储集页岩气体积折算到地面标准状况下的体积，m^3；

V_{m}——页岩基质储集空间的体积，m^3；

B_{gi}——页岩气在原始地层压力和温度下的体积系数，无量纲。

页岩气藏基质的体积可表示为

$$V_{\mathrm{t}}=\frac{V_{\mathrm{m}}}{\phi_{\mathrm{m}}} \tag{3-68}$$

式中　V_{t}——页岩储层视体积，m^3。

根据朗格缪尔等温吸附理论，页岩气藏的吸附气体积（地面标准状况下）可表示为

$$G_{a}=V_{\mathrm{t}}\rho_{\mathrm{s}}\frac{V_{\mathrm{L}}p_{\mathrm{imi}}}{p_{\mathrm{L}}+p_{\mathrm{imi}}} \tag{3-69}$$

式中　G_{a}——页岩气基质中吸附气在地面标准状况下的体积，m^3；

ρ_{s}——页岩基质的密度，$\mathrm{kg/m}^3$。

联立式（3-67）至式（3-69），解得

$$G_{a}=\frac{G_{\mathrm{m}}B_{\mathrm{gi}}}{\phi_{\mathrm{m}}\left(1-S_{\mathrm{w}}\right)}\rho_{\mathrm{s}}\frac{V_{\mathrm{L}}p_{\mathrm{imi}}}{p_{\mathrm{L}}+p_{\mathrm{imi}}} \tag{3-70}$$

随着页岩气的不断被采出，地层压力下降，基质孔隙收缩，裂缝中气体膨胀（体积压裂区考虑为定容气藏），储层中剩余游离气量为

$$G_{\mathrm{m}}'=G_{\mathrm{m}}\frac{B_{\mathrm{gi}}}{B_{\mathrm{g}}}\left(1-C_{\mathrm{m}}\Delta p\right) \tag{3-71}$$

式中　G_{m}'——基质剩余游离气在地面标准状况下的体积，m^3；

C_m——页岩基质的压缩系数，MPa^{-1}；

B_g——当前压力下的页岩气体积系数，无量纲。

根据朗格缪尔等温吸附理论，可得到页岩气藏剩余的吸附气量：

$$G'_a = \frac{G_m B_{gi}}{\phi_m} \rho_s \frac{V_L p}{p_L + p} \tag{3-72}$$

根据物质平衡原理，在地面标准状况下，原始地层压力下的基质中的游离气量、原始地层压力下的吸附气量之和等于采出气量、当前地层压力下基质中的游离气量、当前地层压力下的吸附气量之和，即

$$G_m + G_a = G_p + G'_m + G'_a \tag{3-73}$$

$$G_m + \frac{G_m B_{gi}}{\phi_m} \rho_s \frac{V_L p_{imi}}{p_L + p_{imi}} = G_p + G_m \frac{B_{gi}}{B_g}(1 - C_m \Delta p) + \frac{G_m B_{gi}}{\phi_m} \rho_s \frac{V_L p}{p_L + p} \tag{3-74}$$

式中　G_p——页岩气累计产出量，m^3。

令 $C_{cm} = \frac{C_m + C_w S_w}{1 - S_w}$，经整理得到页岩气藏物质平衡方程：

$$\frac{p_{imi}}{Z_{imi}}\left[G_m - G_p + \frac{G_m B_{gi} \rho_s}{\phi_m}\left(\frac{V_L p_{imi}}{p_L + p_{imi}} - \frac{V_L p}{p_L + p}\right)\right] = \frac{p}{Z}\left[G_m (1 - C_{cm} \Delta p)\right] \tag{3-75}$$

采用离散方法，可以得到每一个时间步长下的地层压力，通过相邻两个时间步长之间的地层压力之差即可计算得到在每个步长之下的吸附气解吸气量，从而得到页岩气藏最终压裂水平井产量。

（2）气体物性参数动态变化。

考虑气体物性参数随开发过程的变化，气体密度 ρ 可表示为

$$\rho = \frac{pV}{nZRT} \tag{3-76}$$

气体偏差系数的变化式可由拟对比压力和拟对比温度表示：

$$Z = 0.702 p_{pr}^2 e^{-2.5T_{pr}} - 5.524 p_{pr} e^{-2.5T_{pr}} + 0.044 T_{pr}^2 - 0.164 T_{pr} + 1.15 \tag{3-77}$$

式中　p_{pr}——拟对比压力，无量纲；

T_{pr}——拟对比温度，无量纲。

其表达式为

$$p_{pr} = \frac{p}{p_c} \tag{3-78}$$

$$T_{pr} = \frac{T}{T_c} \tag{3-79}$$

式中　p_c——气体临界压力，MPa；

T_c——气体临界温度，K。

气体黏度的变化式可表示为

$$\mu=10^{-7}\Lambda\exp\left[X\left(10^{-3}\rho\right)^{Y}\right] \quad (3-80)$$

其中，

$$\Lambda=\frac{\left(9.379+0.01607M\right)\left(1.8T\right)^{1.5}}{209.2+19.26M+1.8T}$$

$$X=3.448+\frac{986.4}{1.8T}+0.01009M$$

$$Y=2.447-0.2224X$$

（3）时间叠加方法。

若 $t=2\Delta t$，根据时间叠加原理，式（3-77）可以写成

$$\begin{cases} p_{\text{ini}}^2-p_1^2=q_1F_{1,1}\left(2\Delta t\right)+\left[q_1\left(\Delta t\right)\right]F_{1,1}\left(\Delta t\right)+q_2F_{1,2}\left(2\Delta t\right)+\left[q_2\left(\Delta t\right)\right]F_{1,2}\left(\Delta t\right)+\cdots+q_nF_{1,n}\left(2\Delta t\right)+\left[q_n\left(\Delta t\right)\right]F_{1,n}\left(\Delta t\right) \\ p_{\text{ini}}^2-p_2^2=q_1F_{2,1}\left(2\Delta t\right)+\left[q_1\left(\Delta t\right)\right]F_{2,1}\left(\Delta t\right)+q_2F_{2,2}\left(2\Delta t\right)+\left[q_2\left(\Delta t\right)\right]F_{2,2}\left(\Delta t\right)+\cdots+q_nF_{2,n}\left(2\Delta t\right)+\left[q_n\left(\Delta t\right)\right]F_{2,n}\left(\Delta t\right) \\ \cdots \\ p_{\text{ini}}^2-p_n^2=q_1F_{n,1}\left(2\Delta t\right)+\left[q_1\left(\Delta t\right)\right]F_{n,1}\left(\Delta t\right)+q_2F_{n,2}\left(2\Delta t\right)+\left[q_2\left(\Delta t\right)\right]F_{n,2}\left(\Delta t\right)+\cdots+q_nF_{n,n}\left(2\Delta t\right)+\left[q_n\left(\Delta t\right)\right]F_{n,n}\left(\Delta t\right) \end{cases} \quad (3-81)$$

同理，$t=3\Delta t$ 时，可以写成

$$\begin{cases} p_{\text{ini}}^2-p_1^2=q_1F_{1,1}\left(3\Delta t\right)+\left[q_1\left(2\Delta t\right)-q_1\left(\Delta t\right)\right]F_{1,1}\left(2\Delta t\right)+\left[q_1\left(3\Delta t\right)-q_1\left(2\Delta t\right)\right]q_1F_{1,1}\left(\Delta t\right) \\ +q_2F_{1,2}\left(3\Delta t\right)+\left[q_2\left(2\Delta t\right)-q_2\left(\Delta t\right)\right]F_{1,2}\left(2\Delta t\right)+\left[q_2\left(3\Delta t\right)-q_2\left(2\Delta t\right)\right]q_2F_{1,2}\left(\Delta t\right) \\ +\cdots+q_nF_{1,n}\left(3\Delta t\right)+\left[q_n\left(2\Delta t\right)-q_n\left(\Delta t\right)\right]F_{1,n}\left(2\Delta t\right)+\left[q_n\left(3\Delta t\right)-q_n\left(2\Delta t\right)\right]q_2F_{1,n}\left(\Delta t\right) \\ p_{\text{ini}}^2-p_2^2=q_1F_{2,1}\left(3\Delta t\right)+[q_1\left(2\Delta t\right)-q_1\left(\Delta t\right)]F_{2,1}\left(2\Delta t\right)+\left[q_1\left(3\Delta t\right)-q_1\left(2\Delta t\right)\right]q_1F_{2,1}\left(\Delta t\right) \\ +q_2F_{2,2}\left(3\Delta t\right)+\left[q_2\left(2\Delta t\right)-q_2\left(\Delta t\right)\right]F_{2,2}\left(2\Delta t\right)+\left[q_2\left(3\Delta t\right)-q_2\left(2\Delta t\right)\right]q_2F_{2,2}\left(\Delta t\right) \\ +\cdots+q_nF_{2,n}\left(3\Delta t\right)+\left[q_n\left(2\Delta t\right)-q_n\left(\Delta t\right)\right]F_{2,n}\left(2\Delta t\right)+\left[q_n\left(3\Delta t\right)-q_n\left(2\Delta t\right)\right]q_2F_{2,n}\left(\Delta t\right) \\ \cdots \\ p_{\text{ini}}^2-p_n^2=q_1F_{n,1}\left(3\Delta t\right)+\left[q_1\left(2\Delta t\right)-q_1\left(\Delta t\right)\right]F_{n,1}\left(2\Delta t\right)+\left[q_1\left(3\Delta t\right)-q_1\left(2\Delta t\right)\right]q_1F_{n,1}\left(\Delta t\right) \\ +q_2F_{n,2}\left(3\Delta t\right)+\left[q_2\left(2\Delta t\right)-q_2\left(\Delta t\right)\right]F_{n,2}\left(2\Delta t\right)+\left[q_2\left(3\Delta t\right)-q_2\left(2\Delta t\right)\right]q_2F_{n,2}\left(\Delta t\right) \\ +\cdots+q_nF_{n,n}\left(3\Delta t\right)+\left[q_n\left(2\Delta t\right)-q_n\left(\Delta t\right)\right]F_{n,n}\left(2\Delta t\right)+\left[q_n\left(3\Delta t\right)-q_n\left(2\Delta t\right)\right]q_2F_{n,n}\left(\Delta t\right) \end{cases} \quad (3-82)$$

以此类推，$t=n\Delta t$ 时可以写为

$$p_{\text{ini}}^2-p_{\text{wf}}^2\left(n\Delta t\right)=\sum_{k=1}^{N}\sum_{i=1}^{2n_s}\left\{q_j\left(\Delta t\right)F_{i,j}\left(n\Delta t\right)+\sum_{k=2}^{n}\left\{q_j\left(k\Delta t\right)-q_j\left[\left(k-1\right)\Delta t\right]\right\}F_{i,j}\left(n-k+1\right)\Delta t\right\} \quad (3-83)$$

3）模型求解

在每个离散时间段内，即 $t=n\Delta t$ 时，整个渗流系统都有 $N\times2n_s$ 个离散单元，对于

每一个缝网离散单元，都可以写出其相应的储渗—缝网离散单元—水平井筒的渗流方程，将 $N\times2n_s$ 个离散单元组合在一起，则构成对应矩阵形式，可表达为

$$\boldsymbol{Aq}=\boldsymbol{B} \tag{3-84}$$

$$\boldsymbol{A}=\begin{bmatrix} \begin{matrix}0.5\alpha_1+\alpha_2\\+\cdots+\alpha_{n_s}\end{matrix} & \beta_{2,1} & \beta_{3,1} & \beta_{4,1} & \cdots & \beta_{2n_s,1} \\ \begin{matrix}0.5\alpha_2+\alpha_3\\+\cdots+\alpha_{n_s}+\beta_{1,2}\end{matrix} & \begin{matrix}0.5\alpha_2+\alpha_3\\+\cdots+\alpha_{n_s}\end{matrix} & \beta_{3,2} & \beta_{4,2} & \cdots & \beta_{2n_s,2} \\ & \cdots & & & & \\ 0.5\alpha_{n_s}+\beta_{1,n_s} & 0.5\alpha_{n_s}+\beta_{2,n_s} & 0.5\alpha_{n_s}+\beta_{3,n_s} & 0.5\alpha_{n_s}+\beta_{4,n_s} & \cdots & \beta_{2n_s,n_s} \\ & \cdots & & & & \\ \beta_{1,2n_s} & \cdots & \beta_{2n_s-3,2n_s} & \beta_{2n_s-2,2n_s} & \beta_{2n-1,2n} & \begin{matrix}0.5\alpha_{2n_s}+\alpha_{2n_s-1}\\+\cdots+\alpha_{n_s+1}\end{matrix} \end{bmatrix} \tag{3-85}$$

其中 $\boldsymbol{q}=\begin{bmatrix} q_1\\ q_2\\ \cdots\\ q_{2n-1}\\ q_{2n_s}\end{bmatrix}$； $\boldsymbol{B}=\begin{bmatrix}\Delta p\\ \Delta p\\ \cdots\\ \Delta p\\ \Delta p\end{bmatrix}$

式中 $\alpha_j=\dfrac{2\mu x_f p_{sc}ZT}{n_s k_f w_j hT_{sc}}$——第 j 缝网区单位离散段内压降系数，MPa/m³；

$\beta_{j,k}=\dfrac{2q_{(j,t)}p_{sc}ZT}{\phi C_t abhT_{sc}}S(x,\tau)S(y,\tau)S(z,\tau)$——缝网中第 j 离散单元对第 k 离散单元的压降系数，MPa/m³。

对于式（3-82），一共由 $N\times2n_s$ 个方程组成，其中每个离散段流量为未知数，即存在 $N\times2n_s$ 个未知数，构成封闭线性方程组。由于方程个数与未知数是相等的，因此数学模型是可解的。可以求解得到某个时刻 t 每个离散单元的流量，从而叠加得到压裂水平井产量：

$$Q=\sum_{k=1}^{N}\sum_{i=1}^{2n_s}q_{\tau k,i} \tag{3-86}$$

具体计算步骤如下。

（1）统计页岩储层、压裂水平井以及缝网改造区的基本参数。

（2）采用时间和空间离散技术，将人工裂缝离散成若干个裂缝单元，并确定每个离散单元的位置坐标。

（3）计算某一时刻的储层渗流系数矩阵，用辛普森积分法和 Gauss-Seidel 迭代法计算得到该时刻下每个离散单元的气相流量和压力。

（4）通过 Young–Laplace 方程得到各个裂缝单元的水相压力，根据缝网区域水相渗流方程组反演得到每个离散单元的水相流量，然后由该时刻产液量计算改造区的含水饱和度，进入下一时刻计算。

（5）重新计算储层压力、气相和水相有效渗透率和油管物性参数，重复步骤（3）和步骤（4），得到每个时刻下离散裂缝单元的流量和压力，完成非稳态产量的计算。

（6）当储层压力低于井底流压，或达到预设时间时，停止迭代，计算结束。

VB 程序的计算流程图如图 3–113 所示。

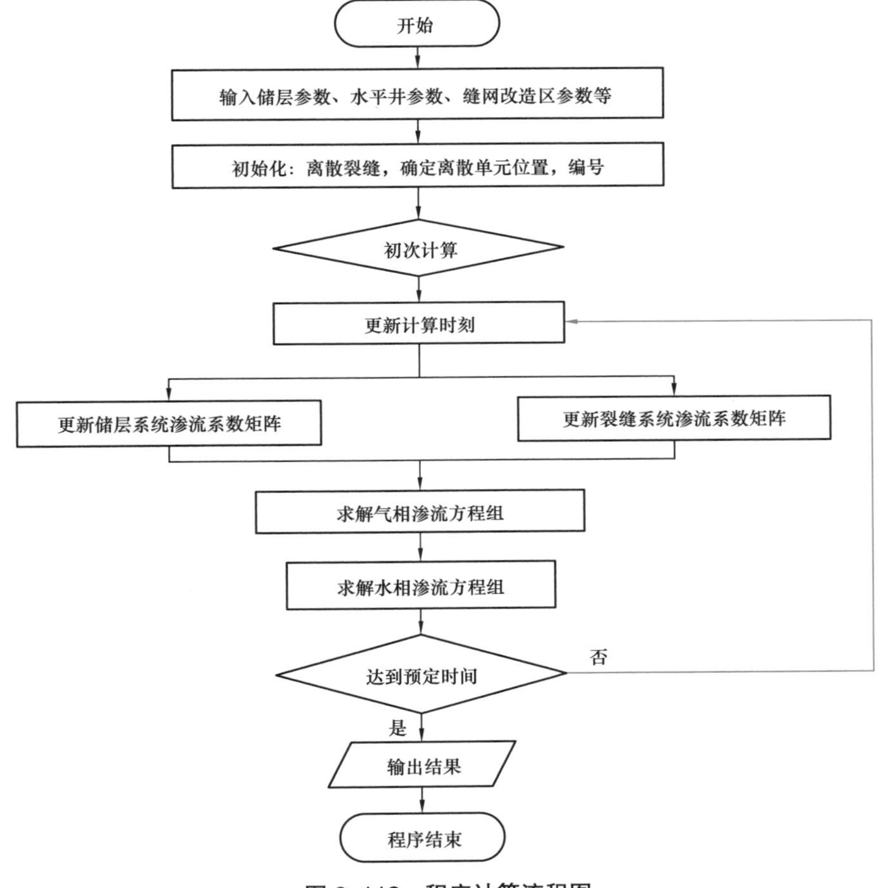

图 3–113　程序计算流程图

4. 体积压裂水平井产能影响因素分析

根据建立的多尺度页岩气藏压裂水平井产能模型，首先开展了与现场生产数据及其他理论模型计算结果的验证工作，然后对离散缝网的产量分布特征进行了分析，最后对影响压裂水平井产量的多尺度效应、储层参数、缝网参数等因素进行了敏感性分析。

1）模型验证

为了验证建立的气水两相非稳态产能模型的有效性，以川南地区龙马溪组一口实际的页岩气压裂水平井 XA 为例计算产能，模型计算所需的基础参数见表 3-9。

表 3-9 压裂水平井 XA 基本参数

参数	单位	数值	参数	单位	数值
气藏长度	m	2000	气体相对密度	无量纲	0.6
气藏宽度	m	500	气体摩尔质量	kg/mol	0.016
气藏厚度	m	40	气体黏度	mPa·s	0.0184
储层温度	K	384	Langmuir 体积	m^3/m^3	8.0
孔隙度	%	6.3	Langmuir 压力	MPa	5.0
地层压力	MPa	53.2	气体常数	J/（mol·K）	8.314
井底流压	MPa	40	表面最大浓度	mol/m^3	25040
水平井长度	m	1440	表面扩散系数	m^2/s	2.89×10^{-10}
裂缝段数	段	21	含气饱和度	无量纲	0.7
缝网长度	m	90	气体压缩系数	MPa^{-1}	0.044
缝网区宽度	m	40	基质压缩系数	MPa^{-1}	0.0001
缝网区渗透率	mD	30	裂缝初始含水饱和度	无量纲	0.85
主裂缝宽度	m	0.006	基质初始含水饱和度	无量纲	0.3
主裂缝渗透率	D	10	井筒半径	m	0.107

（1）日产气量对比。

图 3-114 反映了建立的页岩气藏气水两相产能预测模型的计算结果与现场压裂水

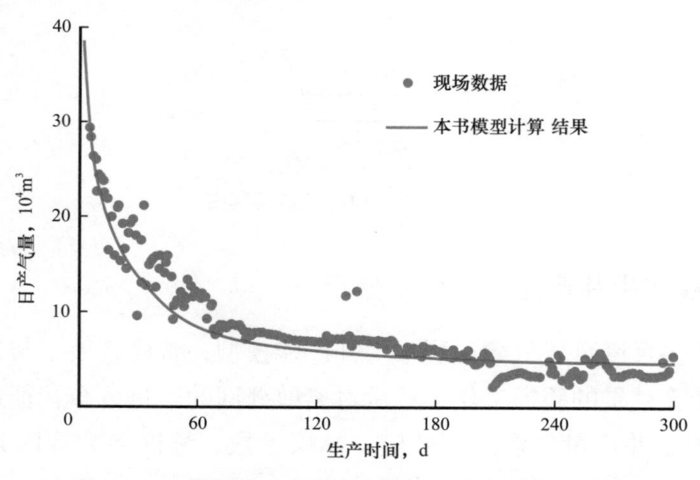

图 3-114 模型日产气量与川南 XA 井生产数据对比

平井的生产数据的对比。从日产量和累计产量对比曲线可以看出，模型计算结果与水平井 XA 生产数据变化趋势一致，且两者之间吻合度高，说明了页岩气藏压裂水平井非稳态渗流模型的可靠性。

（2）累计产量对比。

由图 3–115 可以看出，压裂水平井日产气量呈“L”形下降。生产初期，页岩气的产量高，最大产量达 $37.5\times10^4m^3/d$，此时产出气主要来自缝网改造区和基质区的游离气，气体渗流阻力小。随着生产的进行，基质中的气体经缝网改造区逐渐流入井筒，由于基质渗透性极差，渗流阻力随波及区域的增加而增大，压裂区中不能及时补充气体，页岩气产量迅速降低。生产 150 天时的产量约为 $6.8\times10^4m^3/d$，与生产初期相比，产量递减了约 80%。生产 180 天后，压力波由裂缝区域向基质区域传播，压裂波传播减慢，同时页岩储层中吸附气不断解吸出来，气井产量逐渐趋于平缓，流动达到拟稳态阶段。

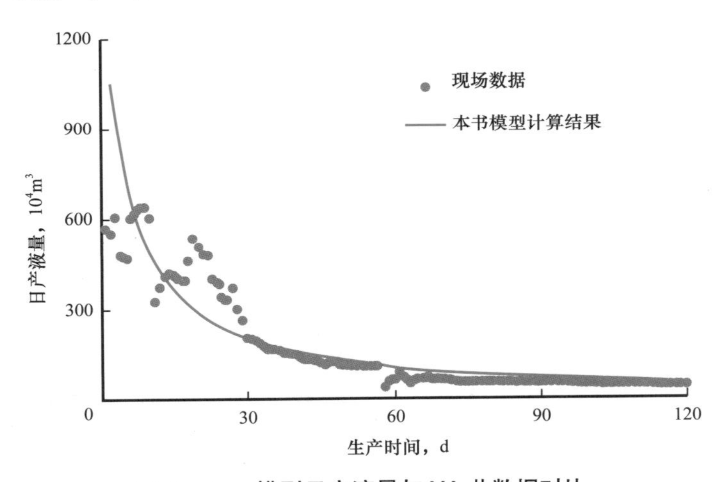

图 3–115　模型日产液量与 XA 井数据对比

图 3–115 反映了模型计算的页岩气压裂水平井日产液量与现场返排数据的对比，可以看出，模型计算结果与现场数据趋势一致，在排液中后期拟合程度高。从图 3–115 可以看出，页岩气压裂水平井在返排过程中的日产液量整体呈“L”形分布，且下降迅猛。返排 60 天后，日产液量从初期 $700m^3/d$ 迅速降至不足 $80m^3/d$，递减率达到 88%左右。但随着生产的继续进行，返排液量逐渐趋于一个较小值，但不为零，说明气水两相渗流伴随着页岩气压裂水平井的生产长期存在。

2）*产量分布特征*

基于建立的页岩气藏压裂水平井气水两相非稳态产能预测模型，结合长宁地区一口实际的压裂水平井 XB，采用表 3–10 中页岩气藏基本参数和表 3–11 的页岩孔径分布频率，分析储层表观渗透率的变化和产能影响因素。其中 XB 井孔隙度 0.048，改造段数 13 段。

表 3-10　页岩气藏基本参数表

参数	单位	数值	参数	单位	数值
气藏长度	m	1500	含气饱和度	无量纲	0.7
气藏宽度	m	600	气体摩尔质量	kg/mol	0.016
气藏厚度	m	60	气体黏度	mPa·s	0.0184
储层温度	K	340	Langmuir 体积	sm^3/m^3	7.0
岩石密度	kg/m^3	2500	Langmuir 压力	MPa	4.5
孔隙度	无量纲	0.048	动量调节系数	无量纲	0.85
初始压力	MPa	30	气体的相对密度	无量纲	0.6
井底流压	MPa	20	表面最大浓度	mol/m^3	25040
水平井长度	m	900	表面扩散系数	m^2/s	2.89×10^{-10}
裂缝段数	段	13	临界温度	K	190
缝网长度	m	90	临界压力	MPa	4.59
缝网区宽度	m	30	气体常数	J/（molK）	8.314
缝网区渗透率	mD	20	气体压缩系数	MPa^{-1}	0.044
主裂缝宽度	m	0.006	基质压缩系数	MPa^{-1}	0.0001
主裂缝渗透率	D	5	裂缝初始含水饱和度	无量纲	0.7
井筒半径	m	0.107	基质初始含水饱和度	无量纲	0.3
地层水密度	kg/m^3	1100	地层水体积系数	m^3/m^3	1
地层水黏度	mPa·s	0.12	地层水压缩系数	MPa^{-1}	5.8×10^{-4}

XB 井页岩孔径分布频率见表 3-11 和图 3-116。从图 3-116 可以看出，XB 井岩样无机孔尺寸主要介于 2～300nm，而有机孔尺寸小于 40nm，无机孔尺寸大于有机孔，且无机孔含量大于有机孔含量，孔隙结构以无机孔为主。

表 3-11　页岩孔径分布频率

孔径，nm	<2	2～3	6～5	6～10	10～20	20～40	40～60	60～100	100～300	>300
无机孔分布频率，%	0	5.3	12.8	15.32	7.21	5.01	5.43	5.2	4.21	4.44
有机孔分布频率，%	1.5	8.2	7.9	7.5	5.4	1.58	0	0	0	0
总孔隙分布频率，%	1.5	13.5	20.7	22.82	13.61	7.59	5.43	5.2	4.21	4.44

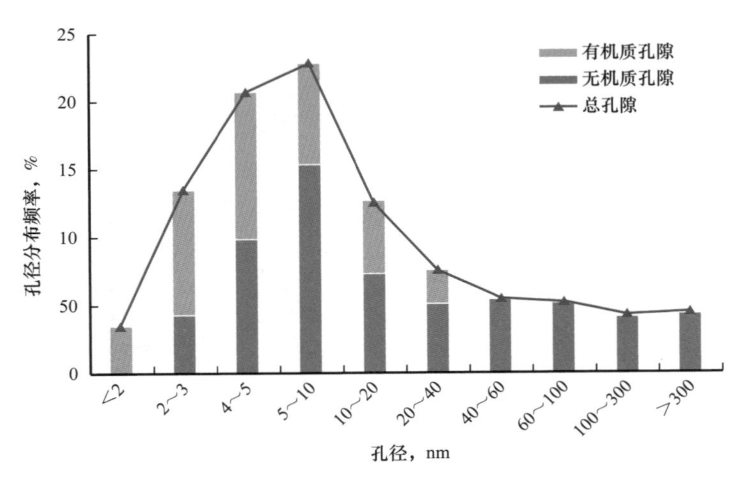

图 3-116　XB 井页岩孔径分布

图 3-117 为压后缝网改造相对渗透率曲线，从图中可以看出，XB 井岩样为水湿，缝网气相和水相有效渗透率都小于岩石的绝对渗透率。在压裂水平井返排投产后，随着储层含水饱和度的下降，改造区气相有效渗透率逐渐增加，水相有效渗透率逐渐减小。

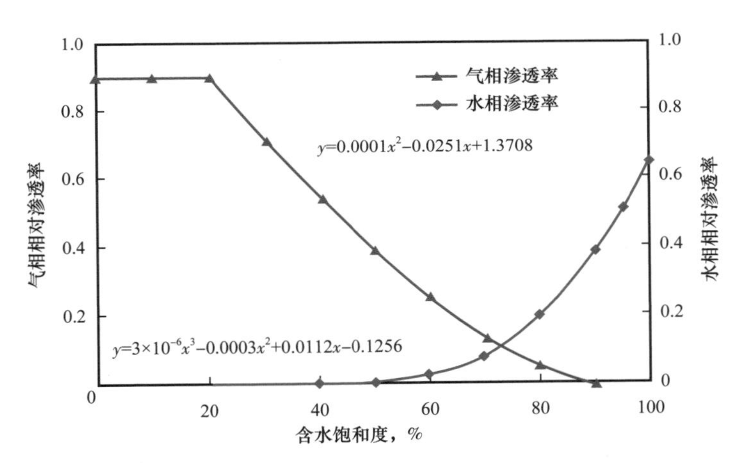

图 3-117　XB 井缝网改造区相对渗透率曲线

将表 3-10、表 3-11 中的气藏基础参数和图 3-117 中的缝网相渗曲线代入页岩气压裂水平井气水两相渗流模型，分析储层表观渗透率变化规律和产量分布特征。

图 3-118 反映了页岩气井地层压力和储层表观渗透率随生产时间的变化曲线。从图中可以看出，随着生产的进行，页岩储层平均地层压力逐渐逐渐降低，当生产 360 天时，平均地层压力由 30MPa 下降至 22MPa 左右，压力衰减率达 26%。而储层表观渗透率随着地层压力的下降逐渐升高，这是因为地层压力越低，Knudsen 数越大，克努森扩散作用和表面扩散效应越明显，基质储层的表观渗透率越大。

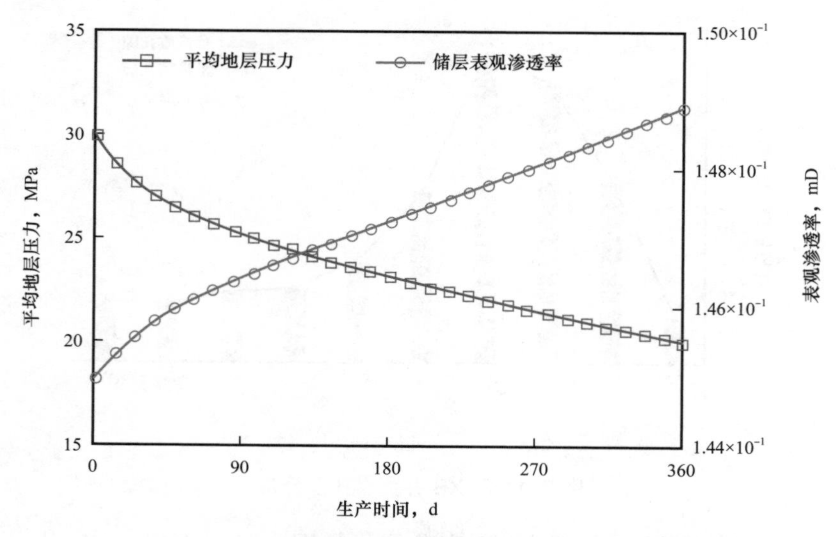

图 3-118　地层压力与储层表观渗透率的变化曲线

分析不同位置、不同生产时间（第 1 天、第 100 天、第 200 天）各条裂缝产量分布特征，其中第 1 条裂缝位于水平段的跟端或趾端，第 7 条裂缝位于水平段的中间（图 3-119）。

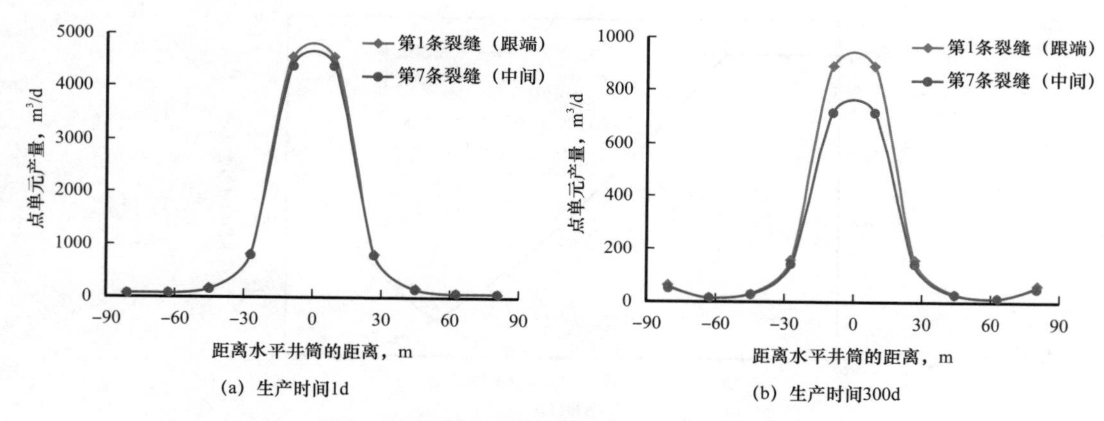

图 3-119　不同位置离散裂缝单元的产量分布

图 3-119 和图 3-120 分别反映了不同位置和不同生产时间下离散裂缝单元的产量分布曲线。可以看出，缝网改造区气相流量沿人工裂缝方向呈“W”形分布，表现为靠近水平井筒处的流量大，远离井筒处的流量呈现先变小后增大（增大幅度较小）。这是因为初始时刻压力波还没有向基质区域传播，地层中各点压力基本相等，为原始地层压力，当开始生产时，缝网中靠近井筒的位置生产压差最大，因此该处点单元流量贡献最大。随着生产的进行，压力波由缝网区域逐渐向外扩散，远离井筒处的流量逐渐增大。

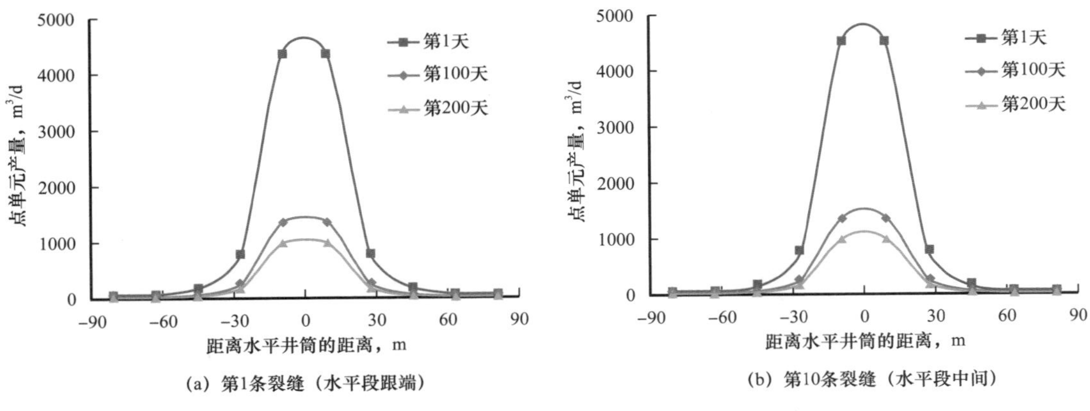

图 3-120 不同生产时间离散裂缝单元的产量分布

此外，从图 3-120 中还可以看出，在生产初期，不同位置裂缝上的流量分布差异较小，生产 300 天时，不同位置间裂缝差异增大。这是因为初始时刻不同位置裂缝间干扰不明显，流量差异较小。随着生产的进行，压力波向外扩散，各裂缝之间相互干扰增强，不同位置裂缝的流量差异逐渐增大。

3）气体产量影响因素分析

（1）高速非达西效应。

分别对考虑缝内高速非达西效应和不考虑主缝内高速非达西效应情况进行分析。从图 3-121 和图 3-122 中可以看出，考虑缝内高速非达西效应的日产气量和累计产气量均低于不考虑非达西效应的压裂水平井的产量，缝内非达西效应使累计产气量减小 8.6% 左右。这是因为缝内高速非达西效应增加了气体在裂缝内的流动压降，使得裂缝的导流能力减小。

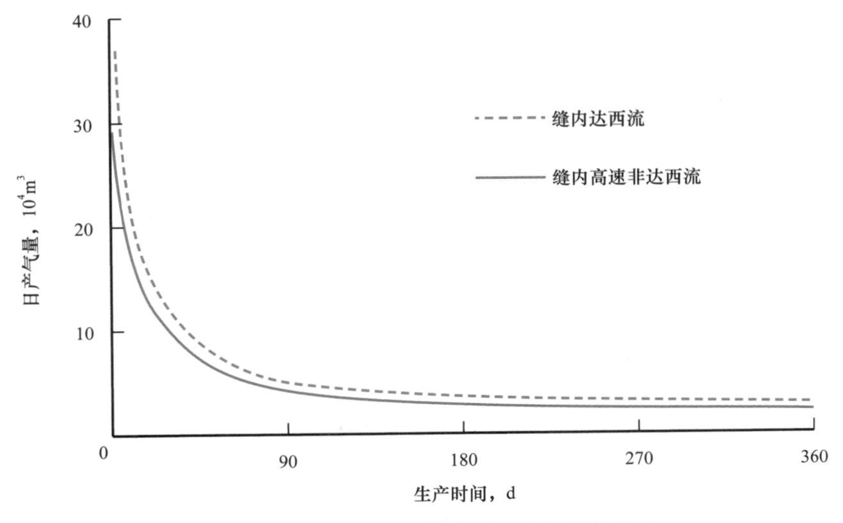

图 3-121 高速非达西效应对日产气量的影响

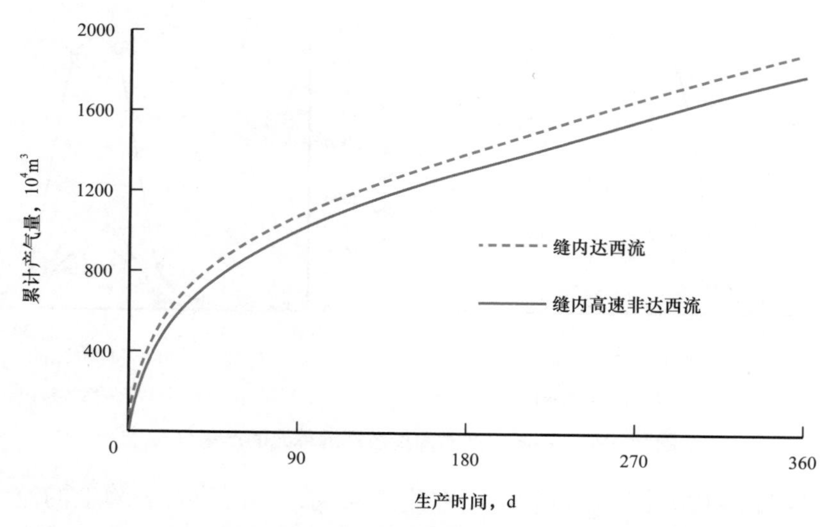

图 3-122 高速非达西效应对累计产气量的影响

（2）地层参数。

① 储层厚度。

储层厚度决定了气藏原始地质储量的大小，也影响着压力波在储层中的传播。取储层厚度 30m、40m、50m、60m，分析储层厚度对日产气量和累计产气量的影响。

图 3-123 和图 3-124 反映了储层厚度对页岩气压裂水平井的日产气量和累计产气量的影响。可以看出，在其他条件相同的情况下，压裂水平井的日产气量和累计产气量随着储层厚度的增加而明显增大，总体上来看，压裂水平井的产气量和气藏厚度呈正相关关系。此外，在其他条件不变时，储层越厚，水平井的日产气量越高，产量下降速度越慢。这是因为储层厚度越大，气藏容积越大，地层压力下降速度越慢，气井日产气量和累计产气量越高。

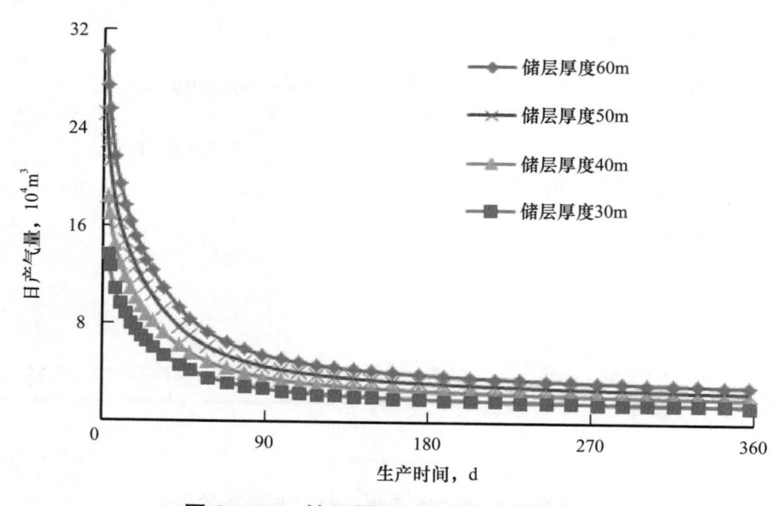

图 3-123 储层厚度对日产气量的影响

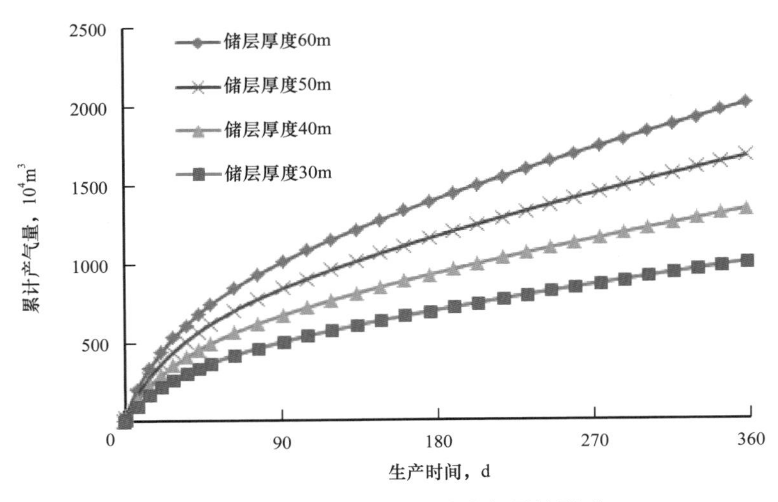

图 3-124　储层厚度对累计产气量的影响

② Langmuir 体积。

分别取 Langmuir 体积 $0.005m^3/m^3$、$0.01m^3/m^3$、$0.015m^3/m^3$，计算不同 Langmuir 体积下的压裂水平井的平均地层压力和产量的变化，并与不考虑脱附的情况做比较，分析页岩气脱附能力对气井产量的影响。

图 3-125 反映了不同 Langmuir 体积下储层平均地层压力的变化曲线。从图中可以看出，不考虑脱附效应时储层平均压力下降较快，而考虑页岩气脱附效应时，生产过程中吸附气逐渐脱附，补充储层气量，减缓地层压力的下降速度。Langmuir 体积越大，吸附气量越大，相同压差下脱附气量越多，生产相同时间储层平均地层压力越高。

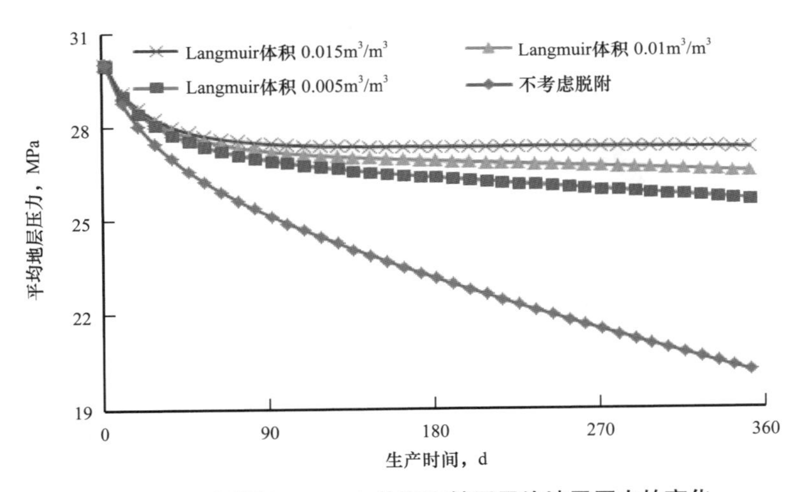

图 3-125　不同 Langmuir 体积下储层平均地层压力的变化

图 3-126 和图 3-127 反映了不同 Langmuir 体积对压裂水平井产气量的影响。可以看出，当不考虑页岩气藏基质脱附效应时，压裂水平井日产气量和累计产量都明

显偏低；相同情况下 Langmuir 体积越大，页岩气解吸气量越多，压裂水平井日产气量和累计产气量越高，但产量增加幅度逐渐减小。此外，从图 3-127 中还可看出，Langmuir 体积主要影响压裂水平井生产中后期产量，对生产初期产量影响较小。在生产初期，气井产出气量主要来自裂缝系统中的自由气，吸附气解吸较少，随着生产时间的增加，压力波由储层向基质传播，页岩气逐渐从黏土矿物和有机质表面脱附出来，补充游离气量，降低日产量的下降速度。

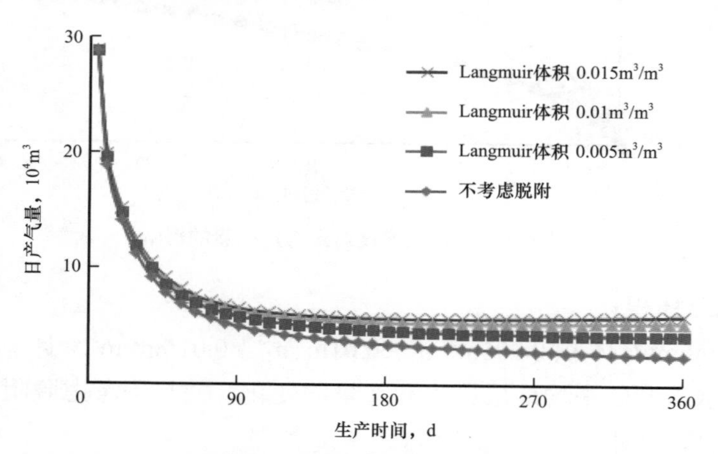

图 3-126 Langmuir 体积 V_L 对压裂水平井日产气量的影响

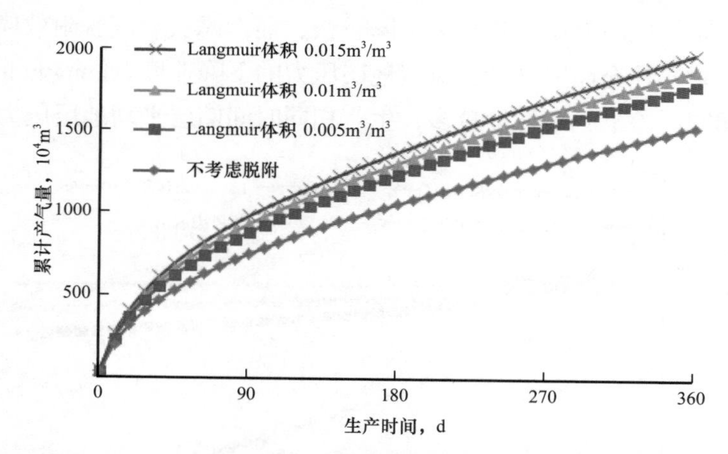

图 3-127 Langmuir 体积 V_L 对压裂水平井累计产气量的影响

③ Langmuir 压力。

图 3-128 反映了不同 Langmuir 压力下储层平均地层压力的变化曲线。从图中可以看出，考虑页岩气解吸附效应，储层平均地层压力下降缓慢，而不考虑页岩气解吸附效应时储层平均压力下降很快。说明在页岩气开发的过程中，解吸附的气量补充了地层亏空，极大地减缓了地层压力的下降。Langmuir 压力越大，相同条件下解吸附气量越多，地层压力下降越慢。

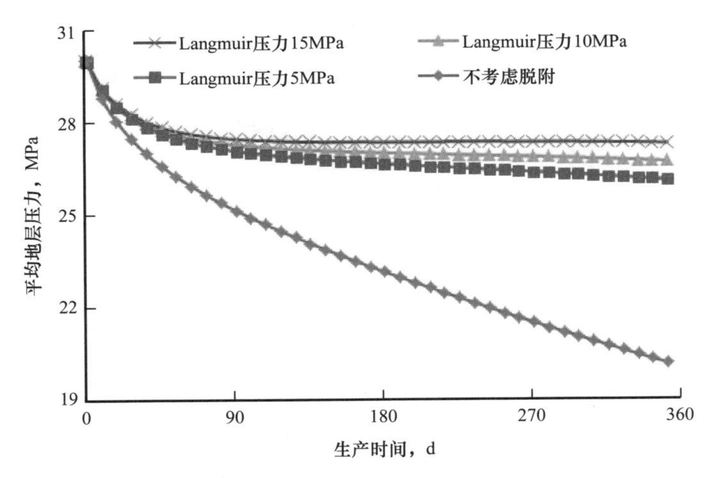

图 3-128　Langmuir 压力下储层平均地层压力的变化

图 3-129 和图 3-130 分别表示不同 Langmuir 压力下页岩气水平井压裂后日产气量和累计产气量随时间的变化曲线。从图中可以看出，Langmuir 压力越大，日产气量和累计产气量越大，但增长幅度逐渐减小。这是因为在其他条件相同时，Langmuir 压力越大，相同压差下储层解吸出的气体越多，压裂水平井日产气量和累计产气量也更高。

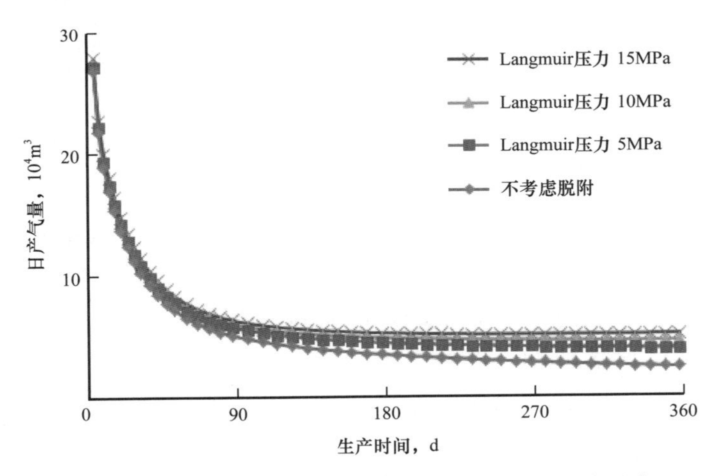

图 3-129　Langmuir 压力对压裂水平井日产气量的影响

（3）缝网参数。

在页岩气藏水平井压裂后，缝网参数（缝网段数、改造区宽度、改造区渗透率、主裂缝长度等）对压裂后水平井产量具有重要影响（图 3-131）。

① 缝网段数。

缝网段数会直接影响页岩气藏改造区体积，从而对压裂水平井产量产生显著影响。设置压裂缝网段数为 10 段、13 段、16 段、19 段，分别计算页岩气压裂水平井日产量和累计产量。

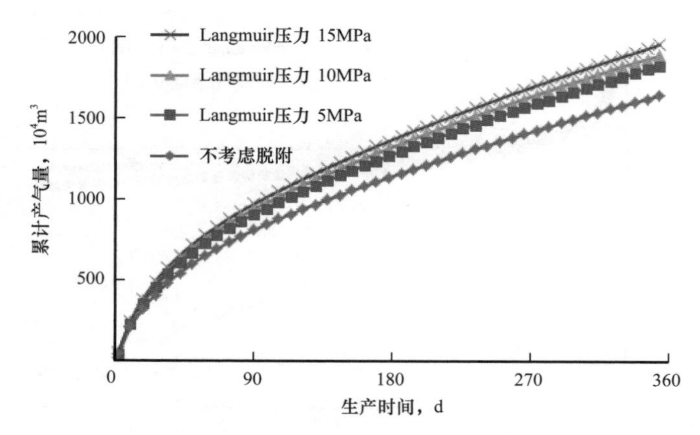

图 3-130　Langmuir 压力对累计产气量的影响

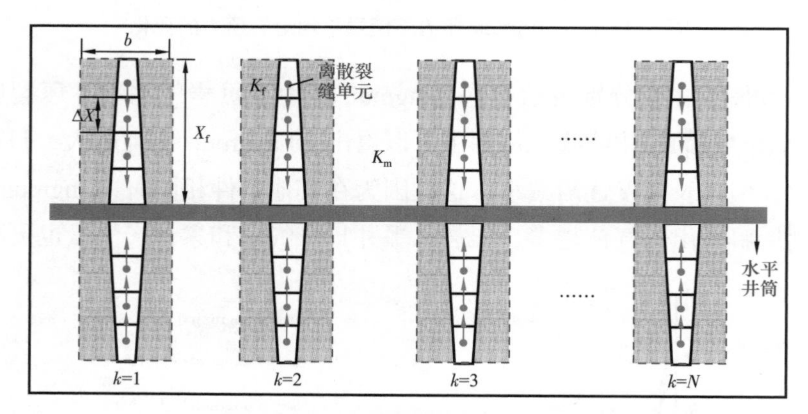

图 3-131　页岩气藏压裂水平井缝网示意图

图 3-132 和图 3-133 分别反映了缝网段数对水平井日产气量和累计产气量的影响。可以看出，不同缝网段数日产气量的差异较大，且在生产初期尤为明显，随着生产时间的延长，缝网段数对水平井日产量的影响逐渐减小，这是由于生产初期气井主要产量来自缝网改造区造成的。缝网改造段数对产量影响较大，中后期页岩气井产量更多来自基质中的吸附气和游离气，储层渗流逐渐变为拟径向流，缝网段数对产能的影响逐渐减弱。

② 改造区宽度。

缝网改造区宽度直接影响页岩气井体积压裂的改造体积（SRV），从而对压裂水平井的产量产生显著影响。当压裂水平井的段间距为 50m 时，分别取缝网改造区宽度为 10m、20m、30m、40m，分析体积压裂改造体积对水平井生产过程的影响。

图 3-134 和图 3-135 分别反映了缝网改造区宽度对产量的影响。可以看出，缝网改造区宽度越大，水平井日产量和累计产量越大，且增加幅度逐渐增大。此外，缝网改造区宽度对初期水平井产量的影响较大，随着生产的进行产量迅速降低，且改造区宽度越大，产量下降越快。这是因为缝网改造渗透率远大于基质渗透率，压力波在缝

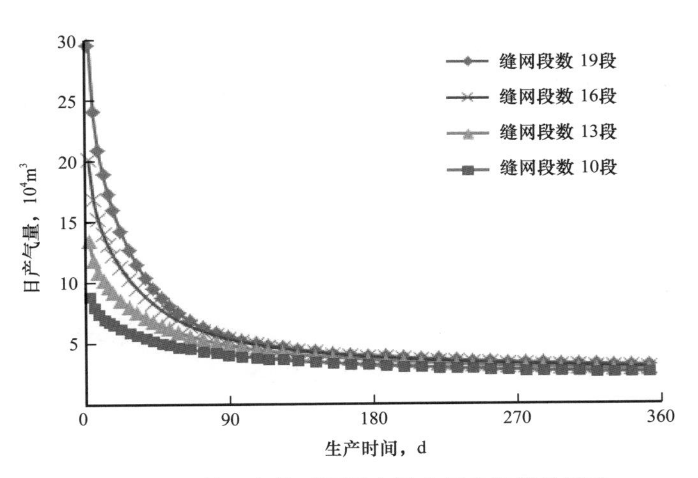

图 3-132 缝网段数对压裂水平井日产气量的影响

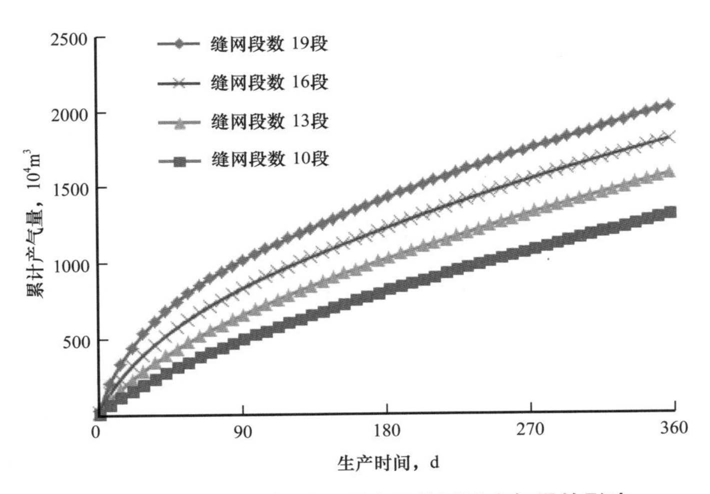

图 3-133 缝网段数对压裂水平井累计产气量的影响

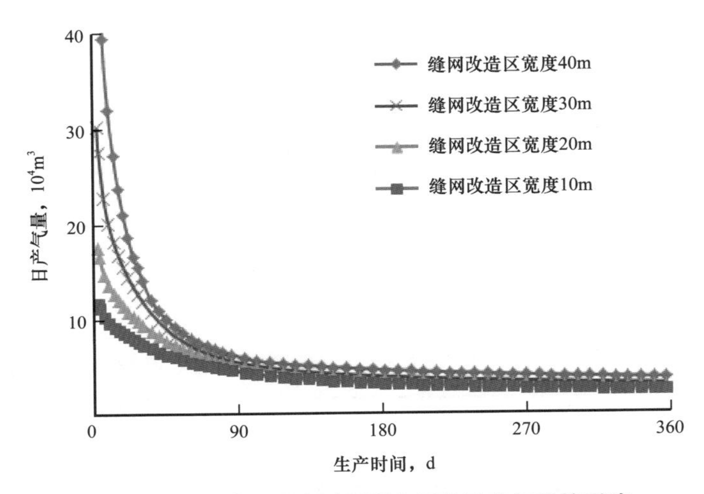

图 3-134 改造区宽度对压裂水平井日产气量的影响

网改造区域的传播速度比基质区域快得多，气体渗流阻力小，因此产量高但下降快。随着生产时间的延长，压力波由缝网区域向基质扩散，扩散速度逐渐减缓，此时缝网改造区对产量贡献减少，生产逐渐趋于稳定。

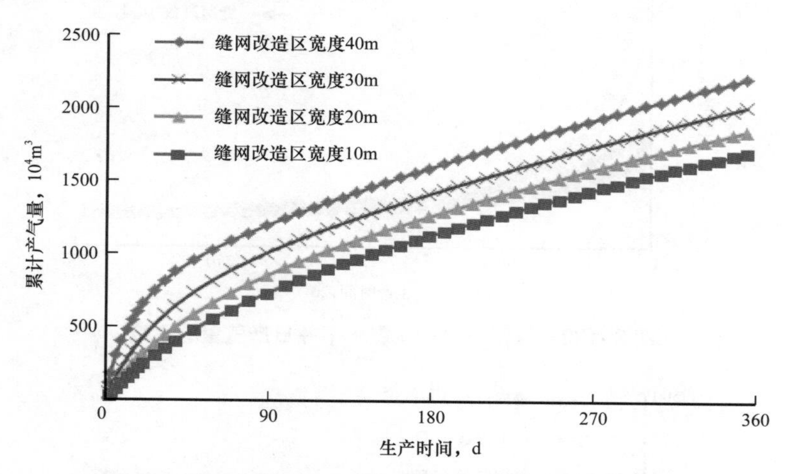

图 3–135　改造区宽度对压裂水平井累计产气量的影响

③ 改造区渗透率。

改造区渗透率直接影响缝网区域气体渗流能力，从而影响压裂水平井产能。取缝网改造区渗透率为 10mD、20mD、30mD、40mD，分析其对压裂水平井产量的影响。

图 3–136 和图 3–137 分别反映了改造区渗透率对产量的影响。可以看出，缝网改造区渗透率越大，压裂水平井的日产气量和累计产气量越大，但增加幅度逐渐减小。同时在生产初期，不同改造区渗透率的水平井日产气量差异较大，随着生产时间的增加，日产气量差异逐渐缩小。说明改造区渗透率主要影响压裂水平井初期产量，当压力波在

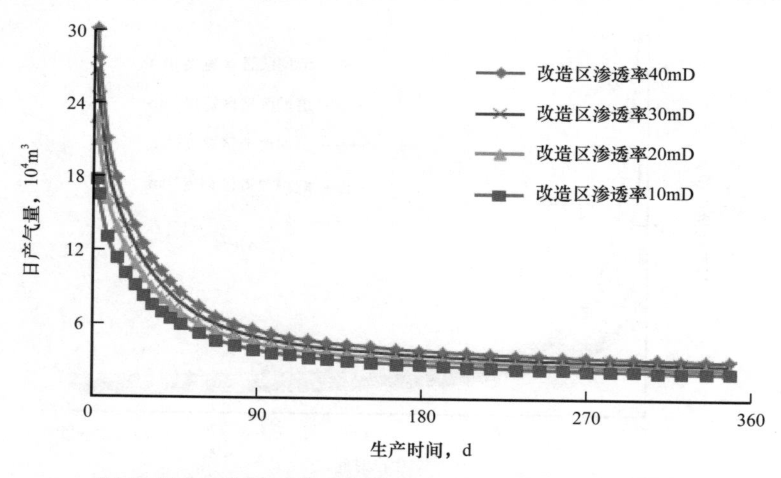

图 3–136　改造区渗透率对压裂水平井日产气量的影响

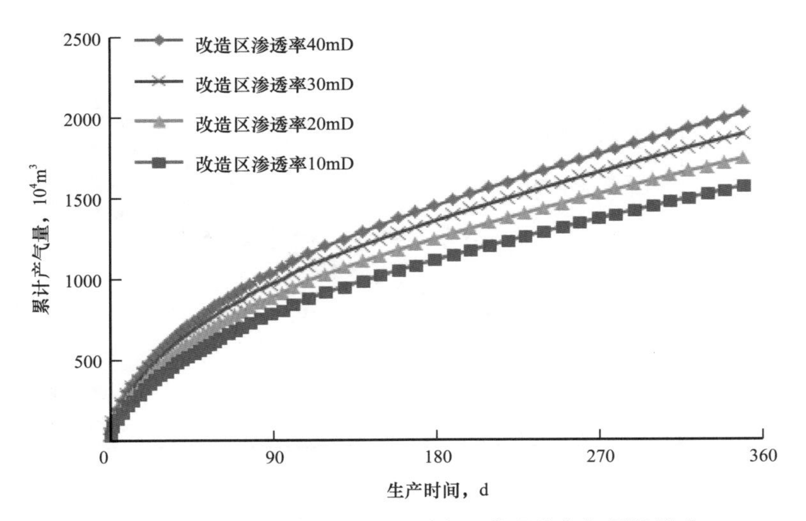

图 3-137　改造区渗透率对压裂水平井累计产气量的影响

基质区域向外传播时，改造区渗透率对产量的影响逐渐减小。同时，与改造区宽度相比，缝网改造区渗透率对产量的影响相对较小。因此，在对页岩气藏进行体积压裂时，没必要追求过高的缝网渗透率。

④ 主裂缝长度。

图 3-138 和图 3-139 反映了主裂缝长度对压裂水平井产量的影响，从图中可以看出，主裂缝长度越大，日产气量和累计产气量越大，且幅度逐渐增加。这是因为缝网改造区域越大，压裂水平井初期产量越高。随着生产的进行，压裂波逐渐由改造区向基质传播，人工裂缝长度对水平井产气量的影响程度逐渐减小，不同改造区缝长的水平井产量逐渐趋于一致。

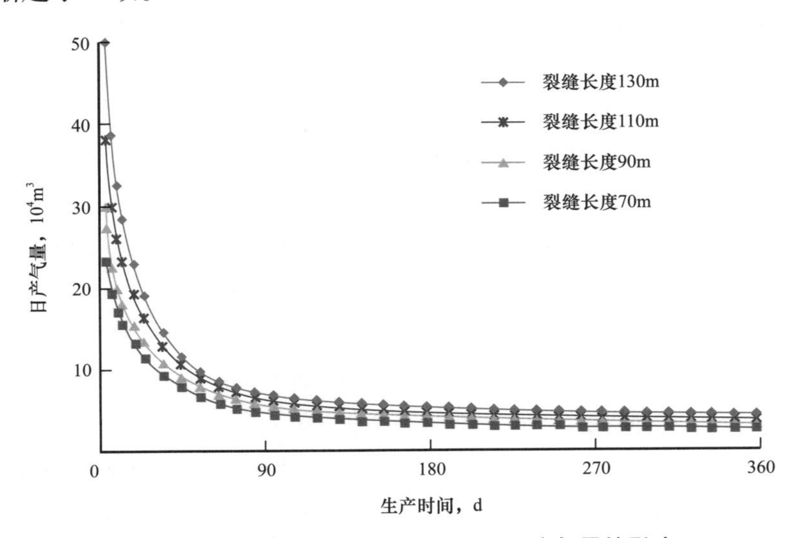

图 3-138　主裂缝长度对压裂水平井日产气量的影响

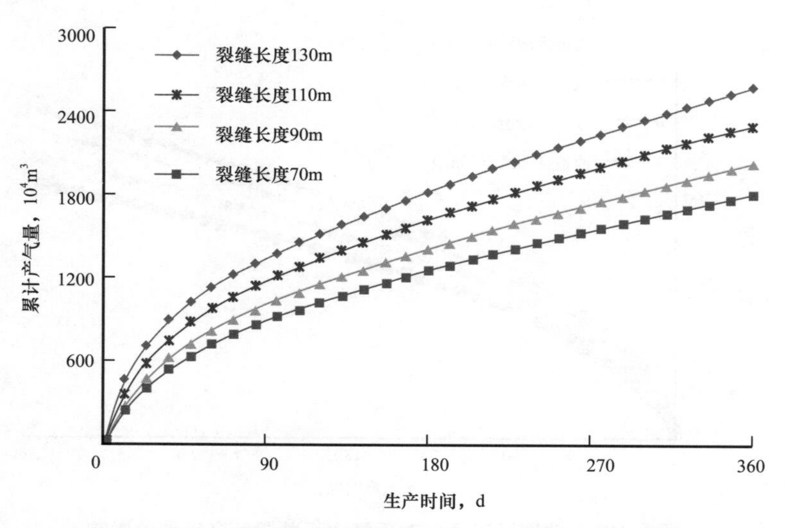

图 3-139　主裂缝长度对压裂水平井累计产气量的影响

参考文献

[1] 谢军．长宁——威远国家级页岩气示范区建设实践与成效［J］．天然气工业，2018，38（2）：1-7.

[2] 谢军，鲜成钢，吴建发，等．长宁国家级页岩气示范区地质工程一体化最优化关键要素实践与认识［J］．中国石油勘探，2019，24（2）：174-185.

[3] Zeng F，Zhang Y，Guo J，et al. Optimized completion design for triggering a fracture network to enhance horizontal shale well production［J］. Journal of Petroleum science and Engineering，2020，190：107043.

[4] 黄超．水平井分段压裂多裂缝扩展规律研究［D］．成都：西南石油大学，2017.

[5] Weng X，Kresse O，Cohen C，et al. Modeling of hydraulic-fracture-network propagation in a naturally fractured formation［J］. SPE Production & Operations，2011，26（4）：368-380.

[6] 陈作，李双明，陈赞，等．深层页岩气水力裂缝起裂与扩展试验及压裂优化设计［J］. 石油钻探技术，2020，48（3）：70-76.

[7] 柳占立，庄茁，孟庆国，等．页岩气高效开采的力学问题与挑战［J］．力学学报，2017，49（3）：507-516.

[8] Taleghani A D，Olson J E. Numerical modeling of multistranded-hydraulic fracture propagation：Accounting for the interaction between induced and natural fractures［J］. SPE Journal，2011，16（3）：575-581.

[9] Warpinski N R，Teufel L W. Influence of geologic discontinuities on hydraulic fracture propagation［J］. Journal of Petroleum Technology，1987，39（2）：209-220.

[10] Zhao Hai-feng，Chen Mian，Jin Yan，et al. Rock fracture kinetics of the fracture mesh system in shale gas reservoirs［J］.Petroleum Exploration and Development，2012，39（4）：465-470.

[11] 陈勉．页岩气储层水力裂缝转向扩展机制［J］．中国石油大学学报（自然科学版），2013，37（5）：

88–94.

［12］蒋廷学，贾长贵，王海涛，等．页岩气网络压裂设计方法研究［J］．石油钻探技术，2011，39（3）：36–40.

［13］Msalli A Alotaibi，Jennifer L Moskimins. Slickwater proppant transport om complex fractures：New expermental finding & scalable correlation［C］. SPE 174828–MS，2015.

［14］龙川．基于多尺度非线性渗流的页岩气压裂水平井产量研究［D］．成都：西南石油大学，2017.

［15］Zeng F，Zhang Y，Guo J，et al. A unified multiple transport mechanism model for gas through shale pores［J］. Geofluids，2020，17（4）：635–664.

［16］Adzumi H. Studies on the flow of gaseous mixtures through capillaries. Ⅲ. the flow of gaseous mixtures at medium pressures［J］. Bulletin of the Chemical Society of Japan，1937，12（6）：292–303.

［17］Shahri M R R，Aguilera R，Kantzas A. A new unified diffusion–viscous flow model based on pore level studies of tight gas formations［J］. SPE Journal，2012，18（1）：38–49.

［18］孔祥言．高等渗流力学［M］．合肥：中国科学技术大学出版社，1999.

［19］Klinkenberg L J. The permeability of porous media to liquids and gases［J］. Socar Proceedings，1941，2（2）：200–213.

［20］Javadpour F，Fisher D，Unsworth M. Nanoscale gas flow in shale gas sediments［J］. Journal of Canadian Petroleum Technology，2007，46（10）：55–61.

［21］Civan F，Rai C S，Sondergeld C H. Shale–gas permeability and diffusivity inferred by improved formulation of relevant retention and transport mechanisms［J］. Transport in Porous Media，2011，86（3）：925–944.

［22］王才．致密气藏压裂气井产能计算方法研究［D］．北京：中国地质大学（北京），2016.

［23］Deng J，Zhu W，Ma Q. A new seepage model for shale gas reservoir and productivity analysis of fractured well［J］. Fuel，2014，124（15）：232–240.

［24］盛茂，李根生，黄中伟，等．考虑表面扩散作用的页岩气瞬态流动模型［J］．石油学报，2014，10（2）：347–352.

［25］Nobakht M，Clarkson C R. A new analytical method for analyzing linear flow in tight/shale gas reservoirs：Constant–rate boundary condition［J］. SPE Reservoir Evaluation and Engineering，2012，15（1）：51–59.

第四章

水平井分段压裂工艺及工具

随着页岩气、致密油气等非常规油气资源的不断开发，由于直井分层压裂技术受到工艺水平限制，致使储层改造仅以小型酸化解堵、小规模加砂为主，表现出了加砂压裂成功率低、增产效果差、作业时效低等缺点，导致该技术已不能适应现场施工作业，水平井分段加砂压裂成为该类油气资源储层改造的主要手段[1-6]。本章围绕川南页岩气藏体积压裂特点，从主体工艺原理、作业工序、关键工具及工艺特点等方面进行详细阐述。

第一节　桥塞分段压裂工艺与配套工具

桥塞分段压裂技术起源于20世纪60年代，20世纪80年代末开始引入我国石油行业。现场施工中，为解决桥塞下入、坐封及后期生产等方面存在的技术问题，提出了一种水力泵送、射孔与桥塞联作分段压裂工艺，具有不受分段层数限制、管串结构简单、大排量施工、不易造成砂卡等优点，已成为国内外页岩气藏开发的主体技术[7-11]。

一、工艺原理

在进行第一段主压裂之前，利用连续油管下入射孔枪对第一施工段进行射孔，或通过井口施加绝对压力的方式开启第一段套管趾端滑套，建立第一段压裂通道，通过套管进行第一段压裂施工作业。随后，利用电缆下入桥塞和射孔枪联作工具管串，点火实现桥塞的坐封与丢手，暂堵第一段，上提射孔枪至第二施工段进行分簇射孔。完成第二段射孔后，起出电缆，通过套管对第二段进行压裂施工作业。后续层段压裂施工可重复第二段施工步骤，直至所有层段全部压裂完成（图4-1）。

二、作业工序

（1）井筒准备。

地面设备准备，连接井口设备，连续油管钻磨桥塞管串模拟通井。

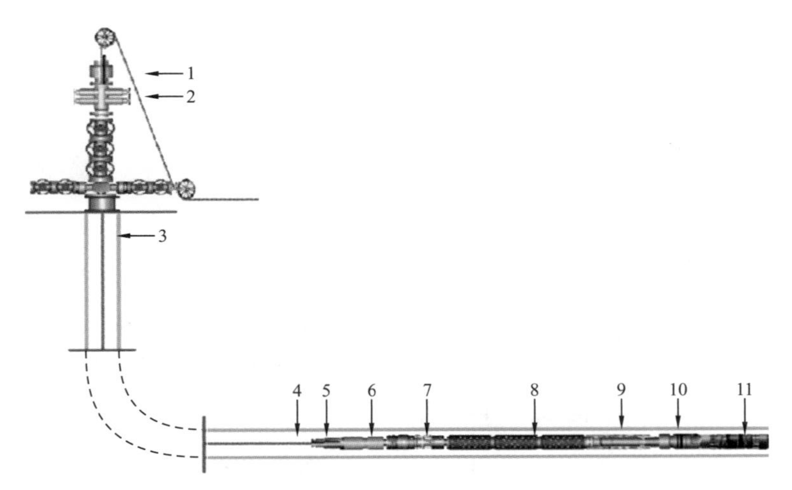

图 4-1　电缆分簇射孔 + 桥塞联作分段压裂工艺

1—防喷盒；2—防喷器；3—套管；4—电缆；5—打捞头；6—加重杆；7—节箍定位器；
8—射孔枪；9—坐放工具；10—适配器；11—桥塞

（2）第一段压裂施工作业。

采用连续油管拖动射孔枪或打压开启趾端滑套，完成第一段压裂通道的开启作业；取出射孔枪，通过套管进行第一段压裂作业。

（3）下放第一支桥塞。

加砂压裂施工完成以后，利用电缆作业下入桥塞及射孔枪联作工具串，水平段开泵泵送桥塞至预定位置。

（4）坐封第一支桥塞。

通过井口电缆车发送指令，点火坐封桥塞，桥塞丢手。

（5）分簇射孔作业。

上提射孔枪至第二段预定位置，通过井口电缆车发送指令，点火完成射孔。

（6）上提分簇射孔工具。

通过井口电缆车上提射孔枪及桥塞联作工具串至井口。

（7）第二段压裂施工作业。

大通径桥塞、可溶桥塞分段压裂过程中，投可溶性球至桥塞球座，封隔第一段，通过套管进行第二段加砂压裂施工作业；快钻桥塞分为投球式、单流阀式和全堵塞式，投球式快钻桥塞施工时需要投球封隔下层，进行第二段加砂压裂作业；单流阀式和全堵塞式快钻桥塞施工时可直接进行第二段加砂压裂作业。

（8）整口井的压裂施工作业。

重复步骤（4）～步骤（8），直至完成所有层段的压裂施工作业。

（9）连续油管钻磨桥塞。

分段压裂完成后，快钻桥塞分段压裂需采用连续油管钻除桥塞，排液求产（大通径桥塞、可溶性桥塞跳过该步骤)。

(10)进行后续测试作业及排液投产。

三、关键工具

1. 快钻桥塞

1)工具原理

快钻桥塞主要由中心管、上接头、上卡瓦、下卡瓦、上下椎体、复合片、组合胶筒、下接头等部件组成,结构如图 4–2 所示。

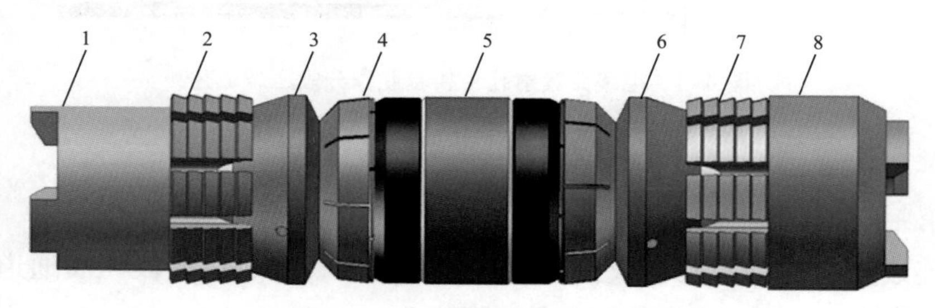

图 4–2 快钻桥塞结构示意图

1—上接头;2—上卡瓦;3—上椎体;4—复合片;5—组合胶筒;6—下椎体;7—下卡瓦;8—下接头

通过中心管与外套件的相对运动,使推筒运动压缩胶筒和上下卡瓦,胶筒胀开贴紧套管壁,达到封隔上下段的目的。上下卡瓦在锥体上裂开紧紧啮合套管,当胶筒、卡瓦与套管配合达到一定值时,剪断释放销钉,坐封工具与快钻桥塞脱开,完成丢手工作。快钻桥塞上下卡瓦锚定在套管内壁上,使桥塞始终处于坐封状态。压裂时,需投入可溶压裂球达到封隔下部已施工段的目的。

2)工具优缺点

(1)主要优点。

① 除锚定卡瓦和极少量配件外,快钻桥塞主体部件均采用类似硬性塑料性质的复合材料制成,其强度、耐压、耐温与同类型金属桥塞相当;

② 快钻桥塞整体可钻性强、密度较小,且磨铣后产生的碎屑不会发生沉淀,容易循环带出地面,解决了斜井、水平井中桥塞钻铣困难、沉淀卡钻等难题;

③ 快钻桥塞钻除后,保持了井筒全通径,便于后期生产测试。

(2)主要缺点。

① 由于后期需要采用连续油管钻除快钻桥塞,施工时间长,作业成本高,同时存在连续油管作业 HSE 风险;

② 由于受连续油管作业能力限制,深井长水平段桥塞钻磨比较困难。

2. 大通径桥塞

1）工具原理

大通径桥塞主要由中心管、上接头、复合片、组合胶筒、椎体、卡瓦、下接头等结构组成，结构如图 4–3 所示。

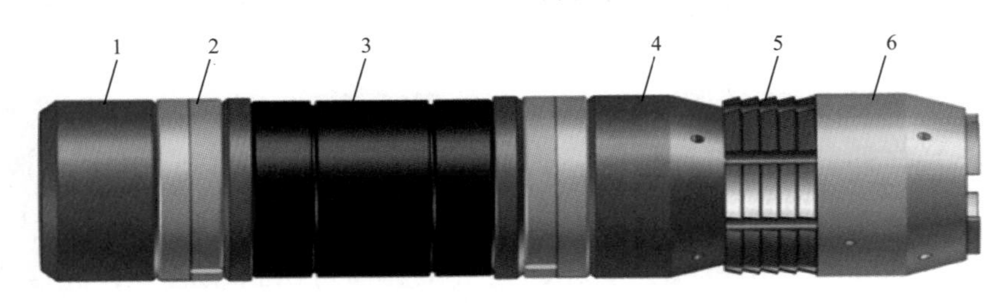

图 4–3　大通径桥塞结构示意图

1—上接头；2—复合片；3—组合胶筒；4—椎体；5—卡瓦；6—下接头

通过中心管与外套件的相对运动，推动坐封筒压缩胶筒和卡瓦，胶筒胀开贴紧套管壁，卡瓦在锥体推动下张开紧紧啮合套管，当胶筒、卡瓦与套管配合达到一定值时，剪断释放销钉，坐封工具与大通径桥塞脱开，完成丢手工作。大通径桥塞卡瓦始终锚定在套管内壁上，使桥塞保持坐封状态。压裂时，需投入可溶压裂球达到封隔下部已施工段的目的。

2）工具优缺点

（1）优点。

① 大通径桥塞具有大通道、可过流的特点，后期可实现快速投产；

② 无需连续油管钻磨，比传统快钻桥塞更高效，可降低作业成本和 HSE 风险；

③ 大通径桥塞坐封井深可大于连续油管传统磨铣工具作业井深，有效提高了压裂段长度，增加泄流面积，满足了深井长水平段页岩气井压裂作业需求。

（2）缺点。

① 由于井筒内大通径桥塞导致井筒完整性较差，影响后期生产测试工具的下入；

② 受井筒内部沉砂的影响，大通径桥塞后期打捞比较困难；

③ 大通径桥塞主体采用金属材料，后期需要钻磨时难度较大；

④ 压裂后全井筒存在多个缩径，会导致生产后期井筒沉砂。

3. 可溶桥塞

1）工具原理

可溶桥塞主要由中心管、上卡瓦、下卡瓦、上锥体、下锥体、组合胶筒、卡瓦牙、下接头和卡瓦箍环等部件组成，结构如图 4–4 所示。

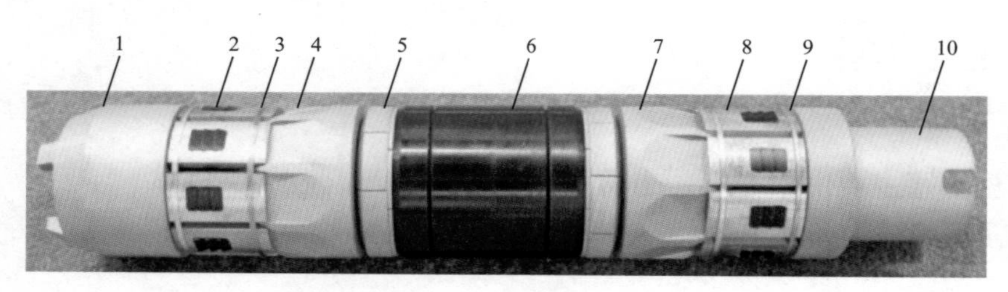

图 4-4　可溶桥塞

1—下接头；2—卡瓦牙；3—下卡瓦；4—下椎体；5—护环；6—组合胶筒；7—上椎体；8—上卡瓦；9—卡瓦箍环；10—中心管

通过中心管与外套件的相对运动，推动坐封筒压缩胶筒和上下卡瓦，胶筒胀开贴紧套管壁，上下卡瓦在锥体推动下张开紧紧啮合套管，当胶筒、上下卡瓦与套管配合达到一定值时，剪断释放销钉或丢手环，坐封工具与可溶桥塞脱开，完成丢手工作。可溶桥塞上下卡瓦始终锚定在套管内壁上，使桥塞保持坐封状态。压裂时，需投入可溶压裂球达到封隔下部已施工段的目的。

2）工具优缺点

（1）优点。

压裂后，可溶桥塞可溶部分在井筒内全部溶解，随返排液一同排出井筒；可溶桥塞溶解后，可保持井眼全通径，免除后期连续油管钻磨桥塞作业，避免了连续油管钻磨产生的 HSE 风险；根据现场实际需求，可溶桥塞溶解时间可调；溶解产物绿色环保，不伤害储层；提前坐封或者下入遇卡时可快速解除。

（2）缺点。

受制于地层环境条件影响，可溶桥塞实际溶解速率和时间难以准确掌握；受制于可溶桥塞溶解程度影响，后期仍需采用连续油管进行通井和打捞。

4. 配套工具

1）坐封工具

按照坐封方式的不同，坐封工具可分为电缆坐封工具和液压坐封工具。

（1）电缆坐封工具。

电缆坐封工具配套电缆作业使用，为目前页岩气井分段压裂施工常用坐封工具，主要由点火头、燃烧室、上活塞、下活塞、张力芯轴等部件组成，结构如图 4-5 所示。

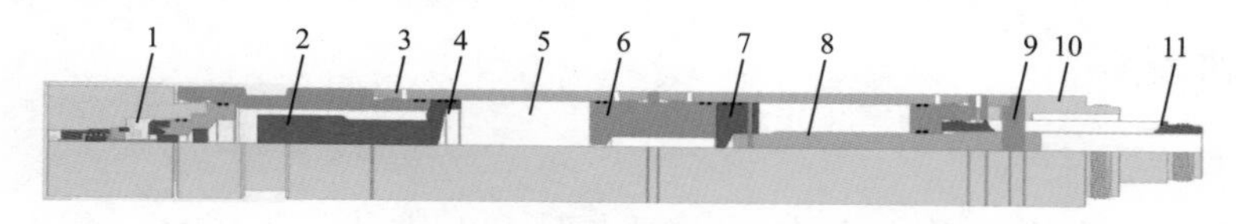

图 4-5　电缆坐封工具结构示意图

1—点火头；2—燃烧室；3—放压孔；4—上活塞；5—液压油室；6—缓冲延时节流嘴；7—下活塞；8—推力杆；9—推筒；10—推筒连接器；11—张力芯轴

通过点火引燃火药，燃烧室产生高压气体，上活塞下行压缩液压油；液压油通过延时缓冲嘴流出，推动下活塞，使下活塞连杆推动推筒下行；外推筒下行，推动挤压上卡瓦，外推筒与芯轴之间发生相对运动；芯轴通过中心拉杆带动活塞中心管向上挤压下卡瓦；在上行与下行的夹击下，上下椎体各自剪断与中心管的固定销钉，压缩胶筒使胶筒胀开，达到封隔目的；当胶筒、卡瓦与套管配合完成后，压缩力继续增加将剪断释放销钉，投送坐封工具与桥塞脱开，形成丢手。

（2）液压坐封工具。

液压坐封工具与连续油管作业配套使用，主要由连续油管接头、球座、上活塞、下活塞、循环孔、下接头、剪切销钉、十字连杆接头等部件组成，如图 4–6 所示。

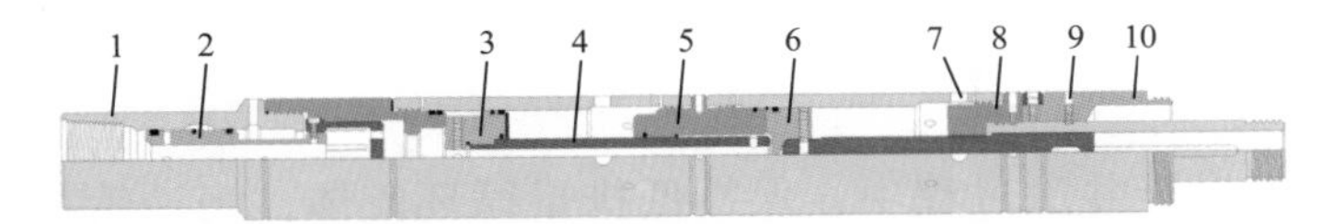

图 4–6　液压坐封工具结构示意图

1—连续油管接头；2—球座；3—上活塞；4—活塞杆；5—中间接头；6—下活塞；
7—循环孔；8—下接头；9—剪切销钉；10—十字连杆接头

采用连续油管将液压坐封工具连同桥塞一起缓慢下入井中，至预定坐封深度；投入钢球，缓慢泵送到球座；连续油管内泵入液体，憋压剪短销钉；液体推动活塞、活塞杆向下运动；通过十字连杆接头推动坐封筒向下运动，压缩桥塞胶筒实现坐封；停止打压，通过连续油管上提到剪断丢手杆，液压坐封工具上提至井口。

2）分簇射孔器

射孔作为桥塞分段压裂施工的一个重要工序，主要有三个方面的要求：

（1）作业效果要求：射孔作业应为后续的增产措施创造良好的孔道条件。页岩气井射孔后要实施大规模的压裂改造，要求射孔孔眼必须清洁。

（2）作业成本要求：为实现非常规气藏经济开采，必须实施低成本开发战略。常规的油管传输射孔作业成本高，不能适应页岩气等非常规气藏射孔作业要求。

（3）作业时效要求：页岩气井等非常规气资源改造层段多，作业时间较长，射孔作业必须尽可能地提高作业时效，实现页岩气的高效开采。

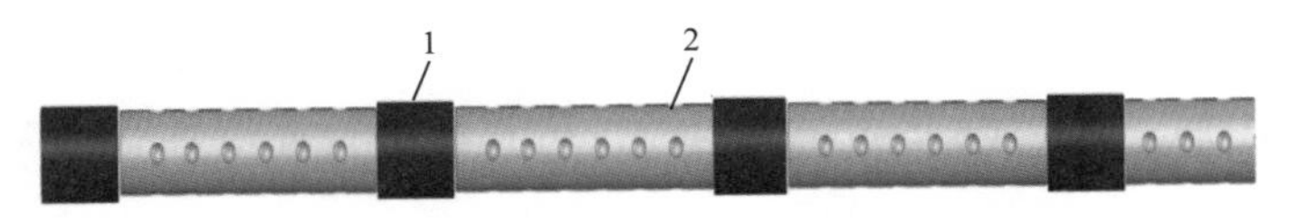

图 4–7　分簇射孔管串示意图

1—控制器；2—射孔枪

分段多簇射孔技术及工具作为新兴工艺技术，在井口带压的情况下，能够一次下井完成多个产层的电缆射孔作业，或一次下井完成一次桥塞坐封和多次射孔作业，实现了页岩气井低成本、高效射孔作业要求，为后续大规模压裂改造创造有利条件。

3）磨铣管串

压裂施工完成以后，需要对快钻桥塞进行钻磨作业，实现套管的全通径，便于后期生产测井、试井等作业。目前，钻磨作业一般采用连续油管带井下动力工具及磨鞋对快钻桥塞进行钻磨，如图 4-8 所示。

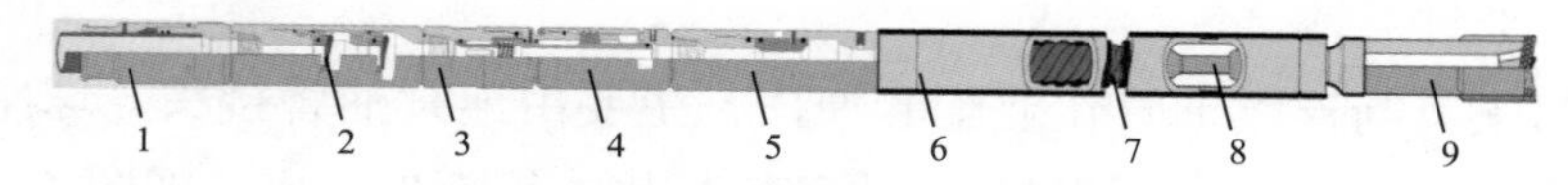

图 4-8　磨铣管串结构示意图

1—连续油管接头；2—双回压阀；3—液压丢手接头；4—非旋转扶正器；5—双启动循环阀；6—双向震击器；7—应急丢手工具；8—螺杆钻具；9—磨鞋

连续油管下入设计井深过程中，保持低排量循环流体；当油管接近快钻桥塞时，加大排量至螺杆钻具最佳扭矩和钻速的允许排量；循环压力稳定后，连续油管下钻至快钻桥塞，螺杆钻具通过扭矩增加钻压到桥塞，钻磨开始。依据上述方式，将井筒中所有桥塞钻除，并下探到人工井底，泵入瓜尔胶液清洗井筒内碎屑。井筒清洗干净后，起出连续油管完成作业。

四、工艺特点

1. 工艺优点

（1）封隔可靠性高。通过桥塞实现下层封隔，可靠性较高。

（2）压裂层位精确。通过射孔实现定点起裂，裂缝布放位置精确；通过多级射孔，实现体积压裂。

（3）受井眼稳定性影响较小。采用套管固井完井，井眼失稳段对桥塞坐封可靠性无影响，优于裸眼封隔器分段压裂工艺。

（4）分层压裂段数不受限制。通过逐级泵入桥塞进行封隔，与级差式投球滑套相比，分层级数不受限制，理论上可实现无限级分层压裂。

（5）下钻风险小，施工砂堵容易处理。与裸眼封隔器相比，管柱下入风险相对较小；施工砂堵发生后，压裂段上部保持通径，可直接进行连续油管冲砂作业。

2. 工艺局限性

（1）分层压裂施工周期相对较长。施工过程中，需要通过电缆作业逐级坐放桥塞和射孔作业，耗费较长时间；对于低压气井，压后需下入小直径油管投产。

（2）施工动用设备多，费用高。分段压裂施工过程中，除正常压裂设备外，需动

用连续油管作业设备、电缆作业设备及井口防喷设备等进行配合作业。

（3）连续油管作业能力受限。桥塞分段压裂施工中，需多次采用连续油管进行通井、钻塞作业，受连续油管自锁影响，深井长水平段连续油管作业能力受限。

第二节　套管固井滑套分段压裂工艺及配套工具

套管固井滑套与套管相连入井，按照预先设计下至对应的目的层，最后完成固井作业。该工艺无需后期井筒处理，保持井眼全通径，省去绳索作业、连续油管钻磨桥塞等工序，提高了施工效率，降低了作业成本[12-15]。

一、工艺概要

1. 工艺原理

根据油气藏产层情况确定固井滑套安放位置，将多个不同产层的固井滑套与套管一趟下入井内，然后实施常规固井。通过特定方式逐级打开各层固井滑套，沟通固井滑套内外空间，建立井筒与地层之间的流体通道，进行分段压裂作业（图 4–9）。

图 4–9　套管滑套分段压裂工艺示意图

1—套管滑套；2—碰压总成；3—套管鞋

2. 工艺特点

与桥塞分段压裂工艺相比，套管固井滑套分段压裂工艺具有以下特点：

（1）依靠固井水泥实现压裂段间封隔，封隔效果不受胶筒和井眼影响，安全可靠。

（2）具有施工压裂级数不受限制、管柱内全通径、无需钻除作业、利于后期液体返排及后续工具下入、施工可靠性高等优点。

（3）若采用可开关滑套或智能固井滑套，后期可通过特定方式开启或关闭滑套，实现选择性封堵水层和分层开采。

3. 工具类型

国内外公司在套管滑套分段压裂技术的研究上取得较大进展，并已形成了一系列具有优势和特色的工艺技术与配套产品。按照开启方式和主要功能的不同，可分为有级差投球固井滑套、无级差投球固井滑套、智能固井滑套和套管趾端固井滑套。

二、有级差投球固井滑套

1. 工作原理

有级差投球固井滑套与套管相连入井，按照预先设计下至对应的目的层，完成固井作业。工具下入前，内部预制有不同尺寸的球座，压裂时通过地面投入从小到大不同尺寸的压裂球，球到达球座后憋压打开滑套，最终完成整口井的分段压裂施工作业。后续通过返排将压裂球带出井口，进行排液及投产[16-18]。

2. 工具结构

有级差投球压裂滑套主要由上接头、内滑套、球座、外套筒、下接头、压裂孔和配套压裂球等部件组成，如图 4-10 所示。

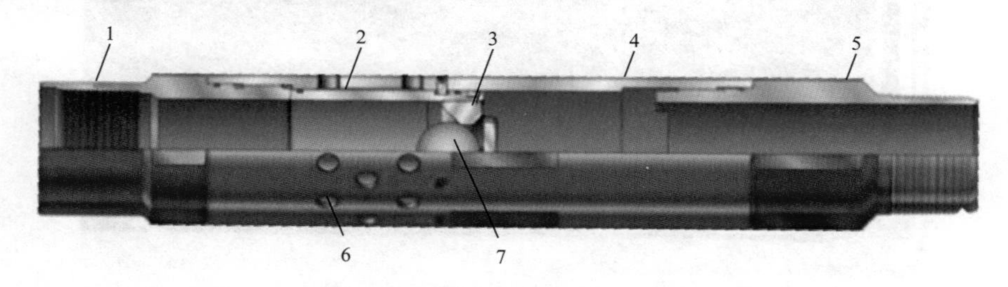

图 4-10　有级差投球固井滑套

1—上接头；2—内滑套；3—球座；4—外套筒；5—下接头；6—压裂孔；7—压裂球

压裂过程中，在井口依次投入尺寸由小到大的憋压球，当憋压球到达滑套位置时与滑套内的球座形成密封，实现憋压；当井筒内的压力达到一定值时剪断剪钉，球座下行，打开泄流孔，为压裂液提供过流通道，随后完成压裂施工作业。

3. 作业工序

（1）井眼准备，下完井管柱前通井、循环，保证有级差投球固井滑套顺利下入；

（2）下入固井压裂一体化管柱；

（3）固井施工作业；

（4）安装井口，通过井口套管打压开启趾端滑套，进行第一段的压裂作业；

（5）第一段压裂施工结束后，通过井口投入最小尺寸配套压裂球，泵送球至第一个投球固井滑套球座，封堵第一段产层；

（6）通过井口打压剪短限位销钉，内滑套向下移动，露出压裂孔眼，开始第二段压裂施工作业；

（7）第二段压裂施工结束后，通过井口依次投入不同尺寸的配套压裂球，逐级打开投球滑套，直至完成不同层段的压裂施工作业；

（8）通过返排，将配套压裂球带出井口；

（9）进行后续测试作业及排液投产。

4. 工具优缺点

1）优点

（1）工具整体结构简单紧凑，降低了工具成本，减小了管柱受力；

（2）无需使用爆炸物射孔，现场施工作业更加安全；

（3）压裂施工后无需井筒处理工作，节约了施工时间，降低了作业成本；

（4）与传统的桥塞分段压裂工艺相比，无需多次起下管柱，施工周期短、难度低；

（5）可在深井长水平段页岩气井分段压裂施工作业中使用。

2）缺点

（1）由于可溶压裂球和球座存在尺寸限制，不能实现无限级压裂；

（2）球座为下行打开方式，胶塞通过时存在提前打开固井滑套的风险；

（3）由于球座内径小于套管内径，在水泥浆顶替过程中，胶塞通过球座时，胶碗变形较大，容易造成胶塞损伤，影响顶替效果；

（4）球座下方处易残留水泥浆，影响固井滑套的打开性能；

（5）由于滑套内沉砂，低密度球不能顺利进入球座，造成滑套不能打开；

（6）若球座不是可钻材料，且固井滑套内滑套与外筒之间无周向固定，无法实现有效钻磨，影响油井排液以及后续生产。

三、无级差投球固井滑套

1. 工作原理

无级差投球固井滑套与套管相连入井，按照预先设计下至对应目的层，完成固井作业。压裂施工时，通过地面投入相同尺寸的可溶压裂球，逐次打开不同滑套，最终完成整口井的分段压裂。后续可溶压裂球溶解后，进行排液及投产[19，20]。

2. 工具结构

无级差投球压裂滑套主要由计数滑套、球笼、内滑套、可收缩球座、弹簧等部件组成，如图 4-11 所示。

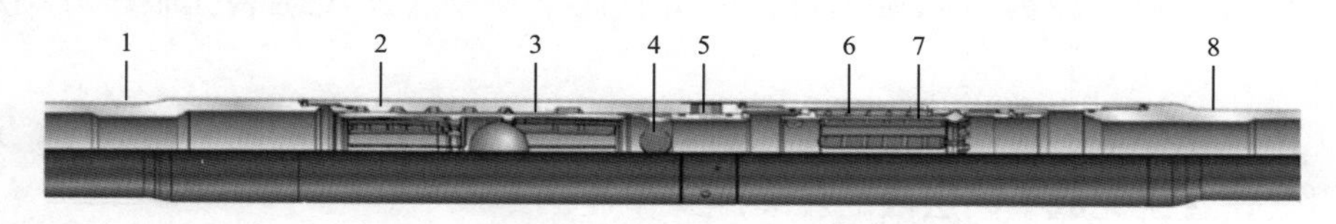

图 4-11　无级差投球固井滑套

1—上接头；2—计数滑套；3—球笼；4—压裂孔；5—内滑套；6—弹簧；7—可收缩球座；8—下接头

当井口投入第一个配套压裂球运动到计数滑套时，推动球笼向前行进一个单元，压裂球通过收缩球座后依次推动后续压裂滑套向前行进一个单元。以计数为 5 的固井滑套为例，当第五个压裂球通过球笼后，推动内滑套和可收缩球座向前运动到收缩位置，压裂球不能通过形成坐封，此时可进行压裂作业。完成压裂后，继续投入相应个数的球，开启不同层位的滑套，最终完成整口井的压裂施工作业。

3. 作业工序

（1）井眼准备，下完井管柱前通井、循环，保证无级差投球固井滑套顺利下入；

（2）下入固井压裂一体化管柱；

（3）固井作业；

（4）套管打压开启趾端滑套，进行第一段的压裂作业；

（5）第一段结束后，投入可溶压裂球，泵送压裂球逐次通过各级固井滑套，并触发计数装置，到第二级固井滑套处，使计数装置向前移动，激活球座，压裂球落到球座上，封堵下一段；

（6）继续打压打开第二段固井滑套压裂孔，开始第二段压裂施工作业；

（7）第二段压裂完成后，按照上述步骤，依次投入压裂球，逐级打开固井滑套，直至完成所有层段的压裂施工作业；

（8）可溶压裂球溶解后，进行后续测试作业及排液投产。

4. 工具优缺点

1）优点

（1）可适用于裸眼完井或套管固井；

（2）施工流程简单、费用低廉、压裂级数不受限制、管柱保持全通径等特点；

（3）减少了连续油管钻磨作业，节约了成本，提高了效率，降低了施工风险。

2）缺点

（1）工具结构较复杂，可靠性难以保证；

（2）滑套球座为下行打开方式，胶塞通过时存在提前打开滑套的风险；

（3）计数滑套、球座下方处易残留水泥浆，后期对滑套的打开构成一定影响。

四、智能固井滑套

1. 工作原理

智能固井滑套与套管连接并一趟下入井内，实施常规固井，下完管柱后，所有固井滑套处于关闭位置。压裂施工时，通过井口施加压力控制打开趾端滑套，完成第一段压裂施工作业，随后向井筒依次投入编程好的射频识别（RFID）标签，逐次开启对应的固井压裂滑套，最终完成整口井的压裂施工作业。

2. 工具结构

智能固井滑套主要由上接头、落下—通过—挡板（FTF）闸阀、水动力单元、下接头等结构组成，结构如图 4–12 所示。

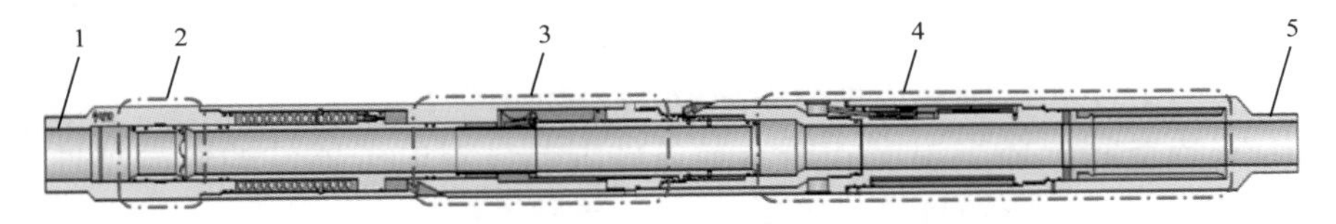

图 4–12　RFID 智能固井滑套结构示意图

1—上接头；2—压裂滑套；3—FTF 闸阀；4—水动力单元；5—下接头

当 RFID 标签通过固井滑套时，安装在里面的天线捕获 RFID 标签携带的控制信号和层地址信号后，触发相对应的滑套动作。如果本层位固井滑套关闭，那么相邻的上一级固井滑套延时开启。当固井滑套打开后，“下落—通过—挡板”接近障碍位置，穿过固井滑套较低的尾端和分隔较低的区域。固井滑套控制调节采用程序化时间延迟序列，延时过后，将打开挡板允许较低区域的流体流入。

3. 作业工序

（1）井眼准备，下完井管柱前通井、循环，保证套管和固井滑套顺利下入；

（2）下入固井压裂一体化管柱、注水泥、碰压、候凝；

（3）采用连续油管射孔或打压开启趾端滑套的方式打开第一段压裂通道，完成第一段压裂；

（4）投入 RFID 标签至第一个智能固井滑套处，开启第二段压裂通道，随后完成第二段压裂施工；

（5）逐次投入相同尺寸的RFID标签，逐次打开对应的固井滑套和关闭对应的下一级固井滑套，直至完成所有段的压裂施工作业；

（6）通过返排，将配套的RFID标签带出井口；

（7）进行后续测试作业及排液投产。

4. 工具优缺点

1）优点

（1）每个智能固井滑套内径保持一致，保证了井筒全通径，便于后期作业；

（2）每个智能固井滑套拥有一个独特电码地址（层地址），有效避免了误开启；

（3）能提供一种实质上较快和有效的连续作业；

（4）智能固井滑套可以按设计要求同时打开和关闭；

（5）当电池电力不再可用时，可采用连续油管下入专用开关工具开启或关闭固井滑套；

（6）装备和人员需求大大减少，缩短了施工周期，大幅降低了作业成本。

2）缺点

（1）相比常规机械压裂滑套，成本偏高；

（2）通过电子标签控制，可能存在无法打开的情况；

（3）因安装空间、环境温度和压力等条件限制，对电子器件的耐温特性、电池放电特性等要求较高，导致工具设计、制造和安装的难度较大。

五、套管趾端固井滑套

1. 工具原理

作为第一级压裂滑套，套管趾端固井滑套与套管连接并一趟下入井内，实施常规固井作业。压裂施工时，通过井口向套管内打压，当压力达到设定的开启压力时（设定压力可调），破裂盘被击穿或剪切销钉被剪断，内滑套发生相对位移，滑套打开，连通套管和地层，建立起第一段压裂通道，持续加压，直到完成第一段压裂施工作业，如图4–13所示。

2. 工具结构

套管趾端固井滑套按照开启方式的不同，主要分为绝对压力开启型套管趾端固井滑套、降压开启型套管趾端固井滑套和延时开启型套管趾端固井滑套。

图 4–13　套管趾端固井滑套管串结构示意图

1）绝对压力开启型

绝对压力开启套管趾端固井滑套主要由上接头、内滑套、破裂盘、空气腔、销钉及压裂孔等组成，如图 4–14 所示。

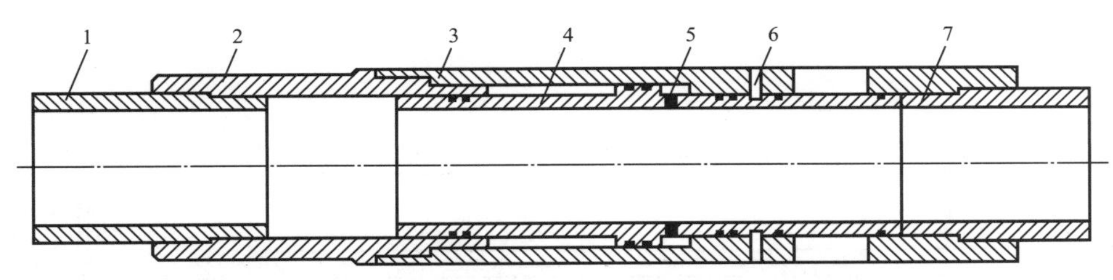

图 4–14　绝对压力开启型套管趾端固井滑套结构示意图

1—上提升短节；2—上接头；3—外阀体；4—内滑套；5—定压阀；6—剪切销钉；7—下提升短节

通过井口憋压方式在滑套位置形成前后压差，当压差达到一定值后击穿定压阀，打通进液通道；持续在井筒内加压，推动内滑套向上运动，开启滑套，建立井筒第一段与地层之间的流体通道。

2）降压开启型

降压开启型套管趾端固井滑套主要由上接头、弹环、降压环、滑套阀体、压裂内筒、降压内筒、密封挡环、降压弹簧和下接头等组成，结构如图 4–15 所示。

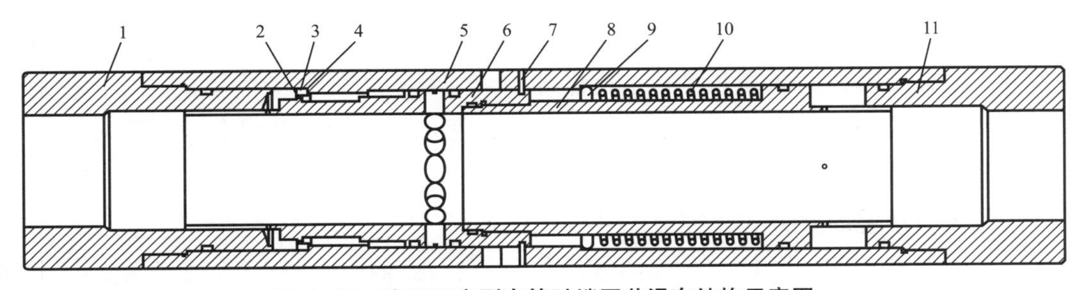

图 4–15　降压开启型套管趾端固井滑套结构示意图

1—上接头；2—弹环；3—降压环；4—二次剪切销钉；5—滑套阀体；6—压裂内筒；7— 一次剪切销钉；8—降压内筒；9—密封挡环；10—降压弹簧；11—下接头

第一次井筒试压时，剪断一次剪切销钉，压裂内筒、降压环和降压内筒一起向上运动，达到预定位置后，开始进行井筒试压。第一次试压完成后泄压，压裂内筒与降压内筒在降压弹簧的作用下向右移动，同时剪断二次剪切销钉，此时滑套仍处于关闭状态。进行第二次井口打压，压裂内筒、降压环与降压内筒一起向左运动，达到预定位置后，开始进行第二次井筒试压，弹环与降压环分离，落入压裂内筒外壁上，降压弹簧再次处于压缩状态。第二次试压完成后泄压，压裂内筒、降压环、弹环与降压内筒在降压弹簧作用下向右移动。当移动至压裂内筒上压裂喷砂孔与滑套阀体上压裂喷砂孔重合后，滑套开启，建立压裂通道，进行第一段压裂施工作业。

3）延时开启型

延时开启型套管趾端固井滑套主要由上接头、固定外筒、滑动内筒、延时机构、双公短节、剪切销钉和下接头等组成，结构如图 4–16 所示。

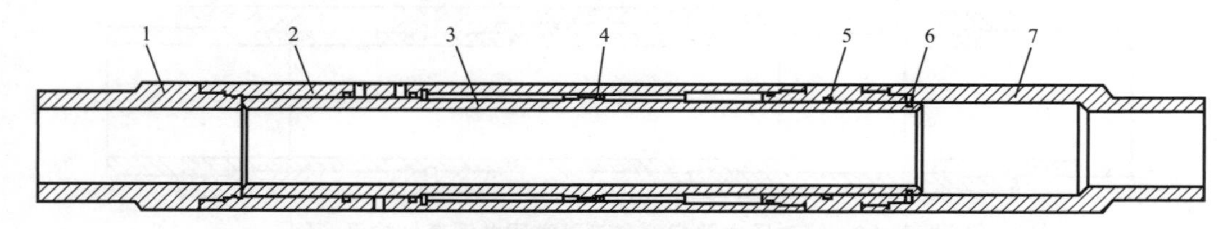

图 4–16　延时开启型套管趾端固井滑套结构示意图

1—上接头；2—固定外筒；3—滑动内筒；4—延时机构；5—双公短节；6—剪切销钉；7—下接头

由于滑动内筒左右两端存在面积差，在井筒液压作用下，滑动内筒有产生右移动趋势，当井筒压力达到一定值后，剪断预置的剪切销钉，井筒压力继续增大至井筒试压压力，此时井筒压力大于延时机构中限压阀额定压力，滑动内筒缓慢向右移动，此时延时型启动滑套始终处于关闭状态；当井筒试压完成后，滑动内筒继续向右移动，延时型启动滑套成功开启，达到建立第一段压裂流通通道的目的。

3. 作业工序

（1）搜集资料，完成完井管柱结构设计；

（2）井眼准备，下完井管柱前通井、循环，保证套管和固井滑套顺利下入；

（3）套管趾端固井滑套和套管一起下入；

（4）按照常规固井方式，完成固井施工作业；

（5）压裂施工前，通过在井筒内部施加泵压，按照指定方式开启套管趾端固井滑套，建立第一段压裂通道；

（6）持续加压，完成第一段压裂施工作业。

4. 工具优缺点

1）优点

（1）激活压力可调，可以使用不同工况；

（2）具有延时开启功能，可以提供完整的套管试压测试；

（3）配合桥塞使用，可延长水平段压裂的深度，不受连续油管作业能力限制；

（4）通过井筒绝对压力打开滑套，取消连续油管第一段射孔作业，提高了施工作业效率，降低作业成本。

2）缺点

（1）相对常规固井滑套，工具制造成本偏高；

（2）固井后，套管趾端固井滑套内表面可能存在水泥环，影响工具的开启。

第三节 其他水平井分段压裂工艺

一、水力喷射分段压裂

水力喷射分段压裂是含砂流体通过喷射工具，管柱中的高压能量被转换成动能，产生高速流体冲击岩石形成射孔通道，完成水力射孔。射流继续作用在喷射通道中形成增压（$p_{增压}$），环空中泵入流体增加环空压力（$p_{环空}$），当$p_{增压}+p_{环空}\geqslant p_{破裂}$时，地层破裂形成水力裂缝，整个过程与水力喷射泵作用十分相似，每一个射孔孔道就形成了“射流泵”，如图 4-17 所示。根据伯努利方程，射流出口附近的流体速度最高，压力最低，使裂缝得到充分延展流体不会“漏”到其他地方。环空液体则在压差作用下被吸入地层，维持裂缝的延伸，如图 4-18 所示。整个过程利用水动力学原理实现水力封隔，不需要其他机械封隔措施，从而实现分段改造。

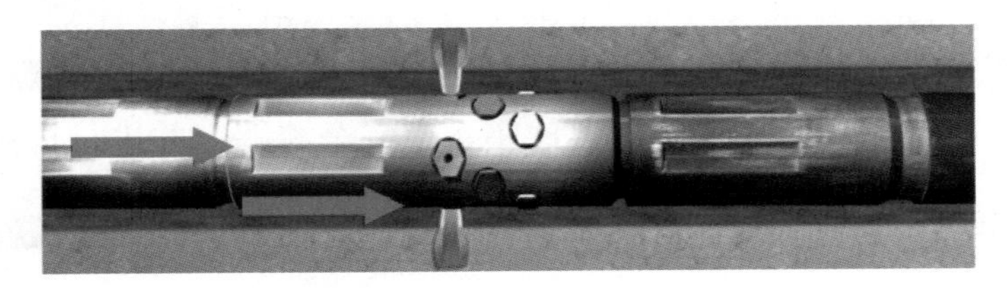

图 4-17 水力喷射射孔示意图

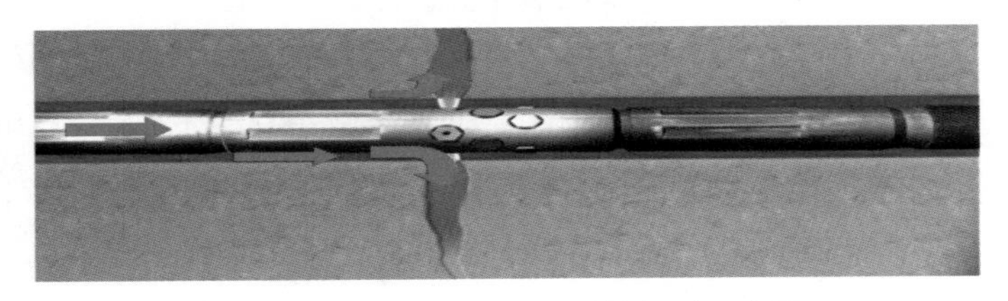

图 4-18 水力喷射压裂裂缝起裂示意图

通过油管或连续油管将水力喷射器下放至第一段射孔位置，通过向连续油管内、油套环空泵入高压流体，在水力喷射器喷嘴处形成高压射流，完成一段储层改造，如图 4-19 所示。随后，通过上下拖动管柱，将水力喷射器放至下一个需要改造的层段，逐次完成所有层段的储层改造[21-25]。

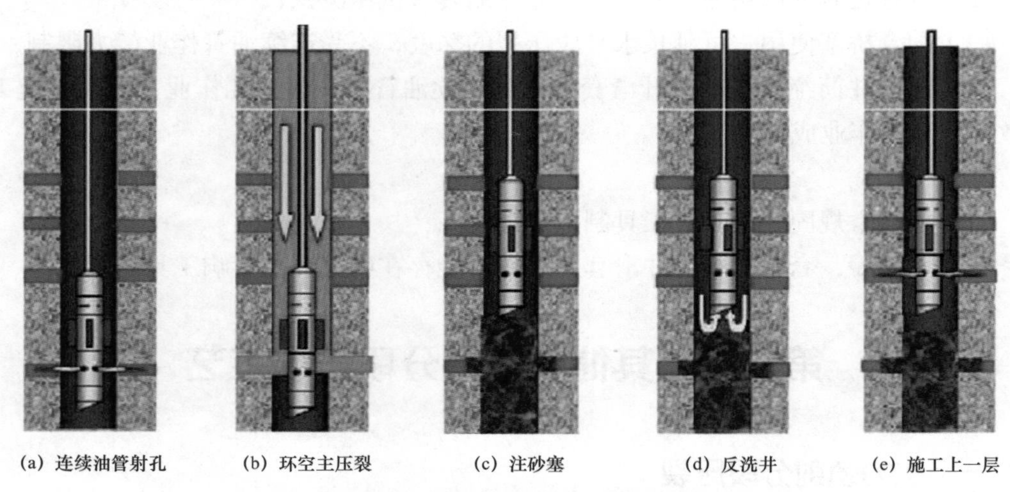

图 4-19 连续油管拖动水力喷射分段压裂示意图

二、可溶球座分段压裂

可溶球座分段压裂是一种无需后期干预作业的无限级全可溶增产改造新工艺[26]，使用完全可降解的可溶压裂球座来代替常规桥塞用于实现各层段间的有效封隔，结构管串如图 4-20 所示。固井时，可溶压裂球座定位筒与套管相连后入井，按照预先设计下至对应目的层，通过常规方式完成固井作业。压裂时，采用电缆将射孔工具串 + 可溶压裂球座下放至定位筒处，点火坐封可溶压裂球座，上提射孔枪至预定位置完成射孔作业；通过井口投入可溶性球，泵送至可溶压裂球座处，开始压裂施工作业。随后，依照上述作业方式，分别下入相同可溶性球座，完成整口井的压裂施工作业。待压裂改造完成后，可溶压裂球座实现完全溶解，并进行排液生产。

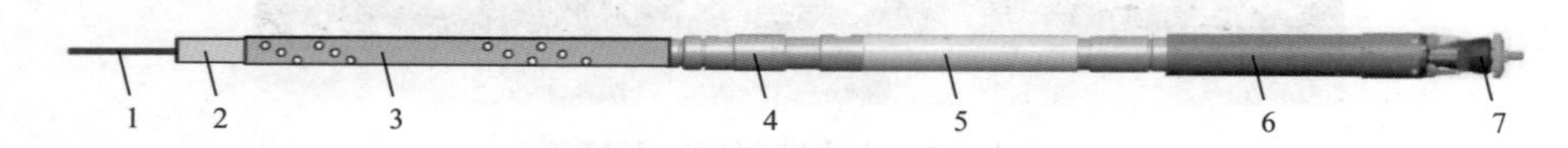

图 4-20 可溶压裂球座管串结构示意图

1—电缆；2—磁定位；3—射孔枪；4—点火头；5—BK-20 坐封工具；6—适配器；7—可溶球座组件

该工具主要包括预置在套管上的定位筒和可溶解分体式球座，其中分体式球座由四瓣组成，通过特殊的支撑架将四瓣球座连接、支撑，并与送入坐封工具相连。入井时，分体式球座外径小于坐封短节最小内径，如图 4-21 所示。

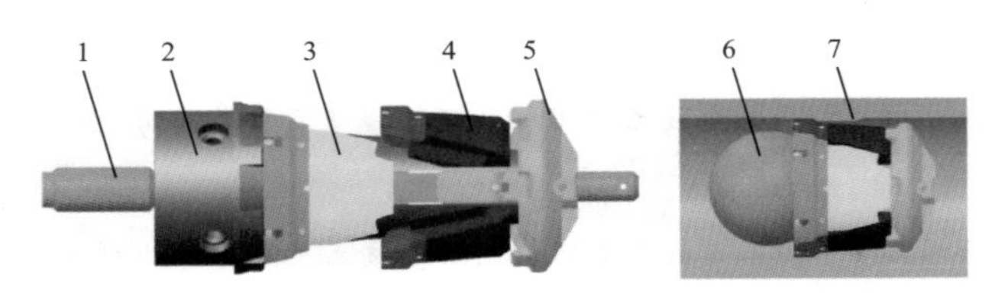

图 4-21　可溶压裂球座结构示意图

1—连接杆；2—适配器；3—上分瓣座；4—下分瓣座；5—底座；6—可溶性球；7—定位筒

该工艺主要特点：

（1）设计简便，结构简单，稳定可靠，下入性能好，避免下入过程中的遇阻风险；

（2）与传统的桥塞作业相似，采用标准桥塞坐封工具，无需下入专用工具；

（3）无需磨铣，减少作业时间，简化作业流程，避免钻磨作业风险，节省成本；

（4）无限级，对水平段长度及井深没有限制；

（5）整体 99.7% 可溶解，减少了井筒中的碎屑，降低了堵塞风险；

（6）溶解后实现全通径，为后期措施提供保障；可以直接排液生产，避免井筒受压裂液长时间浸泡，影响产能；

（7）没有卡瓦和胶筒部件，避免了使用硬质合金或陶瓷等不溶材料；

（8）可用于预酸洗的井；

（9）可溶球座与接收环通过倒螺纹锁死，避免在反排过程中上行而堵塞井筒。

参考文献

[1] 薛承瑾．页岩气压裂技术现状及发展建议［J］．石油钻探技术，2011，39（3）：24–29.

[2] 郭娜娜，黄进军．水平井分段压裂工艺发展现状［J］．石油机械，2013，32（11）：1–3.

[3] 曲丛峰，王兆会，刘硕琼，等．页岩气分段压裂完井工具初探［J］．石油机械，2012，40（9）：31–35.

[4] Themig D. Advances in OH multistage fracturing systems–areturn to good frac–treatment practices［J］. Journal of Petroleum Technology，2010，62（5）：26–29.

[5] Themig D. New technologies enhance efficiency of horizontal，multistage fracturing［J］. Journal of Petroleum Technology，2011，63（4）：26–31.

[6] Feng Y, Blancton E, Palmer C, et al. Is it possible to do unlimited multistage fracturing economically［C］. SPE 167791，2014.

[7] 刘统亮，施建国，冯定，等．水平井可溶桥塞分段压裂技术与发展趋势［J］．石油机械，2020，48（10）：103–110.

[8] 王海东，王琦，李然，等．可溶桥塞与分簇射孔联作技术在页岩气水平井的应用［J］．钻采工艺，2019，42（5）：113–114.

[9] 杨小城，李俊，邹刚．可溶桥塞试验研究及现场应用［J］．石油机械，2018，46（7）：94-97.

[10] 钟诗宇，关馨，王小红．水平井分段压裂用桥塞研究现状及发展趋势［J］．新疆石油科技，2018，28（3）：35-38.

[11] 王海东，陈锋，李然，等．四川页岩气井压裂用桥塞技术及泵送作业分析［J］．钻采工艺，2018，41（3）：114-116.

[12] Castro L，Watkins T，Bedore B A，et al. Reducing operational time，fluid usage，hydraulic horsepower，risk and downtime：Targeted fracs using ct-enabled frac sleeves［C］. SPE 154391，2012.

[13] 屈静，刘斌．水平井全通径分段压裂工艺的研究和应用［J］．油气田开发，2014，32（5）：61-63.

[14] 安伦，何东升，张丽萍，等．国内外水平井压裂滑套技术研究进展［J］．石油矿场机械，2016，45（2）：84-88.

[15] 韩永亮，刘志斌，程智远，等．水平井分段压裂滑套的研制与应用［J］．石油机械，2011，39（2）：64-65.

[16] 吕玮，张建，董建国，等．水平井固井预置滑套多级分段压裂完井技术［J］．石油机械，2013，41（11）：88-90.

[17] 罗懿，周勤．水平井分段压裂可开关滑套的研制与应用［J］．特种油气藏，2013，20（4）：131-133.

[18] 赵小龙，董建国，伊西锋，等．固井开关滑套多级分段压裂完井工艺技术分析［J］．特种油气藏，2014，21（4）：145-147.

[19] Feng Y，Blancton E，Convey B A，et al. Unlimited multistage frac completion system：A revolutionary ball-activated system with single size balls［C］. SPE 166303，2013.

[20] 郭朝辉，魏辽，马兰荣．新型无级差套管滑套及其应用［J］．石油机械，2012，40（10）：91-94.

[21] 刘亚明，黄波，王万彬，等．水力喷射压裂机理分析与应用［J］．新疆石油科技，2012，22（2）：45-47.

[22] 朱正喜，曹会，陈沙沙．国内水力喷射压裂工艺技术应用研究进展［J］．石油矿场机械，2014，43（12）：82-87.

[23] 钱斌，朱炬辉，李建忠，等．连续油管喷砂射孔套管分段压裂新技术的现场应用［J］．天然气工业，2011，31（5）：67-69.

[24] 张康，王永伟，姬君蔼．新型不动管柱水力喷射分层压裂技术现场应用［J］．石化技术，2020（9）：172-173.

[25] 单鑫．水力喷射压裂技术的工艺研究［J］．云南化工，2018，45（12）：73-74.

[26] 付玉坤，喻成刚，尹强，等．国内外页岩气水平井分段压裂工具发展现状与趋势［J］．石油钻采工艺，2017，39（4）：514-520.

第五章

压裂入井材料

压裂入井材料主要指压裂液和支撑剂，在水力压裂中起着传递压力、形成和扩展裂缝，支撑已形成的裂缝等作用。针对复杂地层和压裂工艺加入具有特殊功能的压裂材料能够起到有利于裂缝起裂、改善裂缝扩展形态、改善支撑剂运移沉降、改变井筒压裂液流入分布等作用。压裂材料和压裂工艺相互促进，压裂材料的发展和性能的改善能够有效地促进压裂技术的进步和压裂效果的提升；压裂工艺的发展也需要压裂新材料的配套和完善。页岩的特征决定了页岩的压裂有别于常规油气水井的压裂，因此页岩气压裂入井材料要求也与常规油气井压裂有较大的差异。

第一节　压　裂　液

压裂液在压裂过程中起到传递能量、扩展裂缝和携带支撑剂的作用。由于页岩气储层具有超低孔隙度、超低渗透率、天然裂缝发育、脆性较好的特征，为了更好地沟通天然裂缝，扩大储层改造体积，滑溜水压裂液在页岩气压裂中得到了广泛的应用。为了满足携带高浓度支撑剂、处理井筒及地层的复杂情况或其他工艺的需要，线性胶和冻胶压裂液也被用于页岩气压裂作业。

一、滑溜水

滑溜水压裂液是指在清水中加入少量的降阻剂、助排剂、黏土稳定剂等添加剂的一种压裂液，简称滑溜水。滑溜水最早在 1950 年被引进用于油气藏压裂中，但随着交联聚合物冻胶压裂液的出现很快淡出了人们的视线。在最近的一二十年间，由于非常规油气藏的开采得到快速发展，滑溜水再次被应用到压裂中并得到发展。1997 年，Mitchell 能源公司首次将滑溜水应用在 Barnett 页岩气的压裂作业中并取得了很好的效果，此后，滑溜水压裂在美国的压裂增产措施中逐渐得到了广泛应用，到 2004 年滑溜水的使用量已占美国压裂液使用总量的 30% 以上[1]。

早期应用的滑溜水不携带支撑剂，产生的裂缝导流能力较差，后来的现场应用及实验表明，滑溜水携带支撑剂后的压裂效果明显好于不携带支撑剂时的效果，支撑剂能够让裂缝在压裂液返排后仍保持开启状态[2]。

滑溜水最显著的特点是摩阻低、黏度低、对储层伤害小、成本低以及支撑剂携带能力差等。同清水相比，滑溜水摩阻降低 70% 以上。与传统的线性胶、冻胶压裂液相比，滑溜水中只含有少量的降阻剂等添加剂（表 5–1），其毛细管阻力小，返排容易，且残渣含量极低，对地层及裂缝的伤害低。由于滑溜水黏度较低，因此其支撑剂携带能力较差，主要依靠紊流、砂坝和（或）砂床来传送支撑剂[3]。此外，滑溜水的添加剂用量少，且大部分为价廉易得材料，使得其成本较低。

表 5–1　滑溜水中的主要添加剂

添加剂名称	一般化学成分	一般含量，%	作用
降阻剂	水溶性高分子聚合物	0.02～0.1	降低压裂液泵注时的摩阻，降低压力损耗
助排剂	表面活性剂	0～0.2	降低压裂液表面张力
黏土稳定剂	季铵盐	0～0.1	防止黏土水化膨胀
杀菌剂	DBNPA、THPS 、棉隆	0～0.005	杀菌
阻垢剂	膦酸盐	0～0.05	防止结垢

1. 滑溜水的配方、性能

目前，在国外页岩压裂施工中广泛使用的滑溜水成分以水为主，总含量可达 99% 以上，其他添加剂主要包括降阻剂、表面活性剂、黏土稳定剂、杀菌剂等，部分地区还加入了阻垢剂等物质，但添加剂的总含量在 1% 以下[2]。尽管添加剂含量较低，但却发挥着重要作用。

1）常规滑溜水

在页岩储层的加砂压裂施工中，由于储层和理念上的差异，不同公司、不同地区的滑溜水配方组成也不尽相同。

表 5–2 为国内外公司在长宁—威远页岩气示范区应用的滑溜水配方。由于页岩气藏储层改造主要采用大液量、大排量的作业方式，低摩阻是滑溜水最主要的性能指标，因此所有公司在滑溜水配方中都添加了降阻剂，用以提高滑溜水的降阻性能；同时，考虑到加入助排剂可提高压裂液的返排率，因此部分公司在滑溜水配方中添加了助排剂，通过降低表界面张力、增大与岩石的接触角来降低压裂液返排时的毛细管阻力。杀菌剂可有效抑制地面流体中的硫酸盐还原菌、铁细菌被带入地层后，在地层环境下产生硫化氢腐蚀及沉淀堵塞储层；对部分水敏性较强的页岩储层，可加入黏土稳定剂以减小储层黏土膨胀和运移；部分公司还加入阻垢剂，防止配液用水中的成垢离

子在地层条件下结垢，堵塞微细裂缝（实际应用很少）。此外，考虑到降阻剂作为一种高分子物质，即使加量极少，对地层也存在一定的伤害。因此少数公司添加了破胶剂来降解滑溜水中的高分子物质，进一步降低滑溜水对地层的伤害。

表 5-2　滑溜水常用配方

编号	配方
1	0.022% 降阻剂 +0.22% 助排剂 +0.22% 黏土稳定剂 +0.005% 杀菌剂 + 破胶剂（按实际需要添加）
2	0.075% 降阻剂 +0.075% 破胶剂 +0.0007% 杀菌剂 +0.05% 助排剂
3	0.05% 降阻剂 +0.05% 杀菌剂
4	0.07%～0.1% 降阻剂 +0～0.2% 助排剂 +0.005% 杀菌剂
5	0.1% 降阻剂

根据现场的施工经验，结合室内评价方法，滑溜水的性能通常需要考虑以下几个方面：一是降阻性能；二是与现场配液的配伍性能；三是与岩心的防膨性能；四是返排性能等。此外还需考虑其结垢趋势、细菌含量以及 pH 值、黏度、破乳性（含油页岩）等。

2）其他滑溜水

除常规滑溜水外，近年来，国内外相继开发了一些新型滑溜水，主要是从降低滑溜水对储层的伤害，以及采用返排液配制滑溜水时滑溜水的耐盐性等方面考虑。

（1）低伤害滑溜水。滑溜水中降阻剂浓度尽管很低，但泵入地层液量大，降阻剂也将对地层产生伤害。现有降阻剂的 C—C 主链很难被常规氧化剂打断，难以降解。2010 年，H.Sun 和 R.F.Stevens 等认为即便使用氧化型破胶剂，这些降阻剂还是会对地层造成一定伤害。H.Sun 和 Benjamin Wood 等提出有两种方法可以解决高分子降阻剂造成的地层伤害问题[2]。

一是研发更有效的降阻剂，它应含有更高效的聚合物，或者具有更好的水化分散性以缩短降阻剂水化前的潜伏期，使得其在泵入过程中较早地发挥作用，从而降低降阻剂的浓度，达到降低伤害的目的。

二是研发极易降解的降阻剂，使得其在井底条件下便降解，并留下极少残渣。据此，H.Sun 等研发了一种新型的易被降解的降阻剂，其主要特点如下[2]：

① 以液态传输，使运输和现场作业更方便；

② 水化分散较快，能在泵入过程中更早发挥作用；

③ 与清水、KCl 溶液、高浓度盐水，以及返排液配伍性强，能够在剪切作用下保持稳定；

④ 泵入过程中与破胶剂以及其他处理剂（阻垢剂、杀菌剂、黏土稳定剂、表面活

性剂等）兼容；

⑤ 更加高效，大大减少了现场聚合物的用量；

⑥ 由于该降阻剂对油田使用的氧化型破胶剂更加敏感，使得其降解更加容易，且在一般地层温度下比传统降阻剂降解更迅速、更彻底，因而能最大限度地降低地层伤害。

中国石油西南油气田分公司天然气研究院开发了一种可降解的降阻剂及滑溜水。降阻剂因在主链上引入了易降解的酯类结构，在温度高于 70℃时逐渐分解成小分子，大幅降低了高分子降阻剂对地层的伤害。同时，该滑溜水的助排剂采用微乳增能的纳米表面活性剂粒子，通过减少地层对表面活性剂的吸附和改变压裂液在地层中的气液驱替特性，提高了压裂液的返排速率和返排率，进一步降低滑溜水对地层的伤害，岩心渗透率恢复率提高了 5%～10%[4]。

（2）耐盐滑溜水。随着页岩气的大规模开发，压裂返排液多次重复利用，在地层条件下与岩石接触造成的盐溶解、离子交换，使得压裂返排液的矿化度以及硬度均呈上升趋势。压裂返排液中的盐（特别是高价金属盐）易造成降阻剂分子链卷曲，大幅降低滑溜水的降阻效果[5]。对于页岩气压裂返排液，有研究表明细菌、悬浮物以及矿化度（特别是高价金属离子）是影响其回用的主要因素[6]。细菌可以通过杀菌剂灭菌，悬浮物可以通过絮凝沉降、过滤等措施去除，但降低矿化度的处理成本非常高，现场难以接受。因此，人们研发了耐盐降阻剂及耐盐滑溜水对压裂返排液进行回用。

Javad Paktinat 等通过对比降阻剂在盐水中的降阻效果和在清水中的降阻效果，研究了含盐量对降阻剂降阻性能的影响规律。他们通过环流试验以及对油管摩阻变化的观察，证明具有较高盐浓度和硬度的配液用水严重影响降阻剂的性能。Javad Paktinat 认为这是由于水中的离子会跟一些聚合物分子发生反应，并会导致聚合物分子的自身反应，引起聚合物分子在静态条件下体积减小，从而降低聚合物分子的增黏能力[7]。

当盐水的硬度达到 50mg/L 时就会导致降阻剂性能降低，且当硬度超过降阻剂所能承受的范围时，可能对聚合物产生永久性的破坏。此外，当盐水中含盐成分为 1∶1 结构（一价盐）时，盐分产生的离子强度也会对聚合物造成不利影响。

一般来说，硬水所含离子（比如钙离子、镁离子）会导致聚合物构造的不可逆变化，然而 1∶1 结构的一价盐（比如氯化钠、氯化钾）溶液对降阻剂的影响是可逆的。因此，一价氯化盐所造成的影响不是永久的，即用某种办法稀释一价氯化盐的盐水，可以使聚合物重新获得性能。这说明聚合物的吸引力不是由化学键决定的，而是受聚合物分子与溶液中离子之间的电磁力影响较大。

鉴于盐水中离子对降阻剂效果产生的不利影响，人们便开始关注抗盐降阻剂的研发，这种类型降阻剂的研究及发展开始于2009年。C.W. Aften首先通过实验证明了盐对乳液降阻剂性能的影响，并提出了一类耐盐降阻剂，在含盐量较高的返排液中，其性能不会受到影响或是受影响很小。

这类降阻剂应该具备以下特点：

① 乳液降阻剂在盐溶液中具有很好的分散性，使其内部分子完全释放到外相中；

② 聚合物分子在盐溶液中仍保持较好溶解性及柔韧性。

耐盐降阻剂的出现一方面可以在满足操作需求的条件下减少用量，从而节省压裂成本且避免了使用大量降阻剂而导致的地层伤害风险；另一方面，耐盐降阻剂使返排液代替清水用作压裂液成为可能，从而保护了匮乏的水资源。

3）现场应用

中国页岩气现场压裂作业始于2010年的威201井。中国页岩气开发初期采用的是常规滑溜水，添加剂包括降阻剂、助排剂、黏土稳定剂和杀菌剂等。关键的降阻剂采用反相乳液聚合的聚丙烯酰胺及其衍生物。由于受制于当时国内降阻剂的技术水平，其加量大（1%～2%），降阻率通常在60%～65%。随着技术的进步，乳液降阻剂逐渐被高效降阻的粉剂所替代。采用高分子的聚丙烯酰胺及其衍生物固体粉末作为降阻剂，降阻率提高到70%，用量降至0.1%，但需要预先配制。进入页岩气大规模开发阶段，粉剂类降阻剂难以满足连续混配的需要，因此又转向采用乳液降阻剂。同时技术的进步使得乳液降阻剂的分子量和降阻率大幅提高，在满足连续混配的条件下，降阻率仍能达到70%以上，用量为0.07%～0.1%。此外，进一步的研究也发现南方海相页岩气在体积压裂过程中并不需要专门添加黏土稳定剂进行防膨，滑溜水的CST比值能满足标准要求，且助排剂的作用也不是助排，而是更多地改善液体的渗析作用。由于乳液降阻剂含有大量的油相和乳化剂等，使得其降阻、增黏作用的有效成分低，实际的应用成本偏高。因此，具备速溶功能的固体降阻剂又重新回到人们的视野，配套研发了一些连续混配装置，实现了固体降阻剂的连续混配，液体成本大幅降低。随着勘探开发的不断深入，一些裂缝发育储层要求滑溜水必须具备一定的黏度，避免大幅滤失带来的砂堵风险，且每一段压裂施工后需要高黏液体清洁井筒避免沉降的砂影响后续压裂工具入井等，因此变黏滑溜水逐渐应用于南方海相页岩气体积压裂，通过增大降阻剂用量和添加交联剂等方式实现滑溜水黏度的大幅提升，从而避免裂缝发育储层压裂液的大幅滤失问题。变黏滑溜水主要采用乳液降阻剂，固体降阻剂受制于连续混配工艺，主要用于低黏滑溜水（表5–3）。

表 5–3　中国页岩气滑溜水基本配方与性能

滑溜水类型	配方	性能
低黏滑溜水	0.1% 乳液降阻剂 +0.1% 助排剂 +0.005% 杀菌剂	降阻率≥70%、表面张力＜28mN/m、SRB 含量≤25 个 /mL、毛细管黏度 1～3mm²/s
	0.02%～0.03% 固体降阻剂 +0.1% 助排剂 +0.005% 杀菌剂	降阻率≥70%、表面张力＜28mN/m、SRB 含量≤25 个 /mL、毛细管黏度 1～3mm²/s
变黏滑溜水	0.1%～1% 乳液降阻剂 +0～0.2% 交联剂 +0.1% 助排剂 +0.005% 杀菌剂 +0～0.01 破胶剂	降阻率≥70%、表面张力＜28mN/m、SRB 含量≤25 个 /mL、表观黏度 1～100mPa·s

2. 滑溜水的检测与现场配制工艺

1）滑溜水的检测

滑溜水的检测按照能源行业标准 NB/T 14003.1—2015《页岩气　压裂液　第 1 部分：滑溜水性能指标及评价方法》[8] 执行，性能指标见表 5–4。

表 5–4　滑溜水性能指标

序号	项目	指标
1	pH 值	6～9
2	运动黏度，mm^2/s	≤5
3	表面张力 [a]，mN/m	＜28
4	界面张力 [b]，mN/m	＜2
5	结垢趋势	无
6	SRB，个 /mL	＜25
7	FB，个 /mL	$<10^4$
8	TGB，个 /mL	$<10^4$
9	破乳率 [c]，%	≥95
10	配伍性	室温和储层温度下均无絮凝现象，无沉淀产生
11	降阻率，%	≥70
12	排出率 [d]，%	≥35
13	CST 比值	＜1.5

注：（1）a、d：助排性能可任选表面张力或排出率评价；

（2）b、c：不含凝析油的页岩气藏不评价。

表 5-4 中最关键的是降阻率指标。滑溜水在一定速率下流经一定长度和直径的管路时都会产生一定的压差，根据滑溜水与清水（实验室即为自来水）压差的差值和与清水压差的比值来计算滑溜水的降阻率，测试装置示意图如图 5-1 所示。

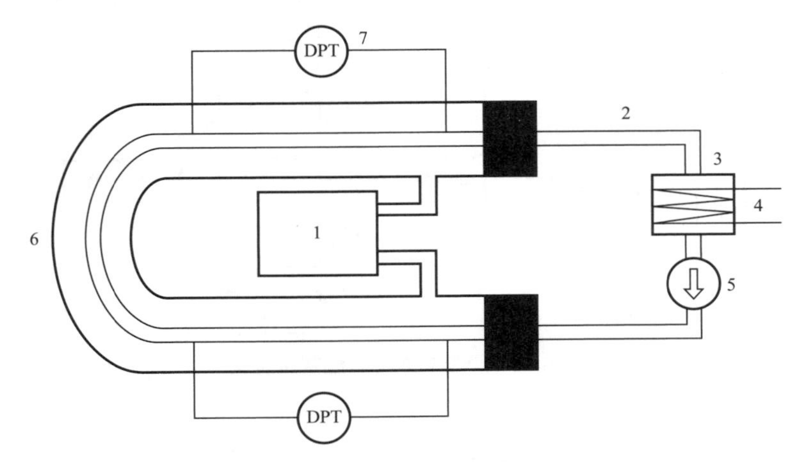

图 5-1　滑溜水降阻率测试装置示意图

1—循环恒温水浴；2—测试管线；3—储液罐；4—储液罐加热器；5—循环泵；6—加热套；7—差压传感器

根据图 5-1 的测试装置示意图，先在储液罐中加入测试所需量的自来水，缓慢调节动力泵的转速，使整个测试管路充满测试液体；然后设定测试温度，启动加热系统，并低速循环；待温度到设定温度，调节排量至设定流速，从计算机读取该速度下清水的压差，1min 内压差变化小于 1% 时，求取这 1min 内压差的平均值作为清水摩阻压差（Δp_1）；再按照相同程序和条件（与清水实验的排量变化幅度小于 1%，温度差小于 2℃）测试滑溜水流经该管路的摩阻压差（Δp_2）；最后根据式（5-1）降阻率计算公式，计算滑溜水降阻率。

$$DR = \frac{\Delta p_1 - \Delta p_2}{\Delta p_1} \times 100 \qquad (5\text{-}1)$$

式中　DR——室内滑溜水对清水的降阻率，%；

Δp_1——清水流经管路时的压差，Pa；

Δp_2——滑溜水流经管路时的压差，Pa。

2）滑溜水现场配制工艺

滑溜水的现场配制按照配制方式可以分为连续混配和预先配制两大类。

（1）连续混配。

连续混配主要是在压裂施工时，一边泵注配液用水，一边按照滑溜水配方比例加注各种添加剂。连续混配主要是在压裂施工时，采用计量泵将液体添加剂泵入混配橇中与配液用水混合，然后直接泵入地层或采用连续混配车等固体加注装置将固体添加剂泵入混配橇中与配液用水混合，然后直接泵入地层。连续混配不需要大量的液罐，按照实际施工的需求量实时配制滑溜水，可以满足不同规模的施工要求，现已成为页岩气压裂液配制的主要模式，被广泛应用于页岩气“工厂化”作业中。

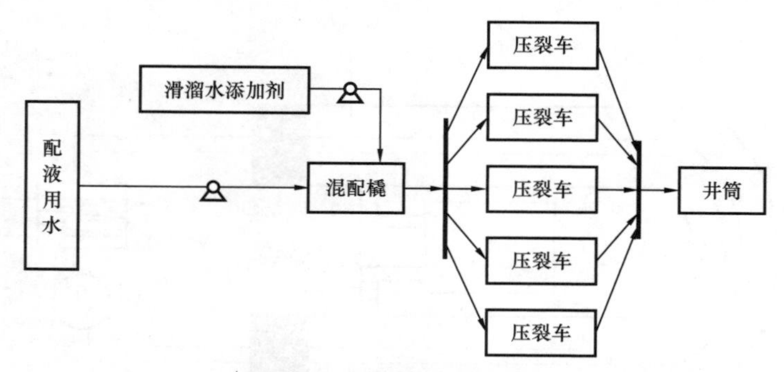

图 5-2　滑溜水连续混配基本工艺

（2）预先配制。

预先配制主要是在压裂施工前，按照滑溜水配方提前用液罐将压裂所需的滑溜水配制好。压裂施工时，将滑溜水从液罐经混砂车、压裂车泵入地层。预先配制需要较多的液罐，在我国页岩气开发初期的直井中应用较多，但随着页岩气压裂技术的发展和施工规模的不断扩大，这种配制方式已不能满足页岩气“工厂化”作业需要，现已基本停用。

二、线性胶及冻胶压裂液

线性胶、冻胶压裂液是以水为溶剂或分散介质，向其中加入稠化剂和其他添加剂配制而成的高黏度压裂液或冻胶压裂液。线性胶、冻胶压裂液具有黏度高、悬砂能力强、滤失低、摩阻较低等优点。

1. 线性胶及冻胶的配方、性能

目前，国内外使用的线性胶、冻胶压裂液分以下几种类型：天然植物胶压裂液，包含瓜尔胶及其衍生物羟丙基瓜尔胶，羟丙基羧甲基瓜尔胶，延迟水化羟丙基瓜尔胶；多糖类有半乳甘露糖胶，如田箐及其衍生物，甘露聚葡萄糖胶；纤维素压裂液，包含如羧甲基纤维素，羟乙基纤维素，羧甲基—羟乙基纤维素等；合成聚合物压裂液，包含如聚丙烯酰胺，部分水解聚丙烯酰胺，甲叉基聚丙烯酰胺及其共聚物。这几类高分子聚合物在水中溶胀成溶胶，本身具有较高的黏度，交联后更能形成黏度极高的黏弹性冻胶。

1）天然植物胶类线性胶、冻胶压裂液

天然植物胶压裂液以天然植物胶为稠化剂。植物胶主要成分是多糖天然高分子化合物即半乳甘露聚糖。不同植物胶的高分子链中半乳糖支链与甘露糖主链的比例不同。

2）纤维素衍生物线性胶、冻胶压裂液

纤维素是一种非离子型聚多糖。纤维素大分子链上的众多羟基之间的氢键作用使纤维素在水中仅能溶胀而不溶解。当在纤维素大分子中引入羧甲基、羟乙基或羧甲基羟乙基时，其水溶性得到改善。

纤维素的衍生物羧甲基纤维素（CMC）、羟乙基纤维素（HEC）、羟丙基纤维素（HPC）和羧甲基－羟乙基纤维素（CMHEC）均可用于水基压裂液。

目前，纤维素衍生物应用较少，因为其压裂液不耐细菌，不能耐高温，限制了其应用。

3）合成聚合物线性胶、冻胶压裂液

合成聚合物压裂液主要是以聚丙烯酰胺（PAM）、部分水解聚丙烯酰胺（HPAM）、丙烯酰胺—丙烯酸共聚物、甲叉基聚丙烯酰胺或者是丙烯酰胺－甲叉基二丙烯酰胺共聚物等为稠化剂。这些聚合物与瓜尔胶、田菁、纤维素的衍生物不同，它们不是天然生长的而是由人工合成的，可通过控制合成条件的办法调整聚合物的性能来满足压裂液性能指标。

通常线性胶、冻胶压裂液中均包含：稠化剂、交联剂（线性胶不包括）、助排剂、杀菌剂、黏土稳定剂、破胶剂等，其配方为：0.2%～0.6% 稠化剂 +0.2%～0.6% 交联剂 +0.2%～0.5% 助排剂 +0.005%～0.01% 杀菌剂 +0.5%～1% 黏土稳定剂 +0.02%～0.1% 破胶剂等。不同的体系，其配方的种类和添加剂用量有所不同，需根据实际井况进行调整。

4）现场应用

页岩气开发初期采用的瓜尔胶压裂液用作线性胶和冻胶。不交联的瓜尔胶基液为线性胶，交联的瓜尔胶为冻胶，现场降阻率在 60%～65%，需要预先配制基液。由于瓜尔胶类线性胶、冻胶的成本较高，且对于现场配液水质要求高，现场压裂返排液回用的水质难以满足配液要求，因此在 2015 年后基本不再使用，转而使用聚丙烯酰胺及其衍生物的溶液和交联液用作线性胶和冻胶。这类压裂液最初也采用粉剂聚丙烯酰胺及其衍生物配制，受溶解速度的限制，需要预先配制。随着变黏滑溜水的出现，预先配制线性胶、冻胶的模式逐步被取代，直接采用变黏滑溜水，中黏时用作线性胶，高黏时用作冻胶。

2. 线性胶及冻胶的检测与现场配制工艺

1）线性胶及冻胶的检测

线性胶及冻胶的检测执行石油天然气行业标准 SY/T 5107—2016《水基压裂液性能评价方法》[9] 和能源行业标准 NB/T 14003.3—2017《页岩气　压裂液　第 3 部分连续混配压裂液性能指标及评价方法》[10]，性能指标见表 5-5 和表 5-6。

表 5-5　线性胶性能指标

序号	项目		指标	
			植物胶线性胶	合成聚合物线性胶
1	表观黏度，mPa·s		≥15	
2	增黏速率，%		≥85	
3	破胶液性能	破胶液表观黏度，mPa·s	≤5.0	
		破胶液表面张力，mN/m	≤28.0	
		破胶液与煤油界面张力，mN/m	≤2.0	
4	残渣含量，mg/L		≤400	≤50
5	与地层水配伍性		无沉淀，无絮凝	
6	破乳率，%		≥95	
7	降阻率，%		≥60	
8	排出率，%		≥35	
9	CST 比值		<1.5	

注：（1）破胶液与煤油界面张力、破乳率：不含凝析油的页岩气藏不评价。

（2）助排性能可任选表面张力和排出率评价。

表 5-6　冻胶性能指标

序号	项目		指标	
			植物胶线性胶	合成聚合物线性胶
1	交联性能		与配套交联剂交联，呈弱凝胶状或冻胶状	
2	破胶液性能	破胶时间，min	≤720	
		破胶液表观黏度，mPa·s	≤5.0	
		破胶液表面张力，mN/m	≤28.0	
		破胶液与煤油界面张力，mN/m	≤2.0	
3	残渣含量，mg/L		≤400	≤50
4	与地层水配伍性		无沉淀，无絮凝	
5	破乳率，%		≥95	
6	降阻率，%		≥60	
7	排出率，%		≥35	
8	CST 比值		<1.5	

注：（1）破胶液与煤油界面张力、破乳率：不含凝析油的页岩气藏不评价。

（2）助排性能可任选表面张力和排出率评价。

2）线性胶及冻胶现场配制工艺

线性胶及冻胶现场配制工艺与滑溜水类似，不同的是需要单独用计量泵加注破胶剂、交联剂等滑溜水未有的添加剂。

第二节　支　撑　剂

支撑剂是在压裂过程中被压裂液携带入裂缝，用来支撑裂缝，使之不再闭合的一种固体颗粒，确保支撑裂缝具有一定的导流能力，达到提高单井产量目的。

常用的支撑剂主要包括石英砂、陶粒、覆膜支撑剂，目前页岩气井压裂支撑剂主要为石英砂与陶粒。近年来，随着材料技术的进步和压裂工艺的需求，自悬浮支撑剂、超低密度支撑剂等新型压裂支撑剂开始在页岩气井中进行应用。

一、石英砂

石英砂是一种分布广、硬度较大的天然支撑剂，20 世纪 60 年代开始现场使用并逐步推广应用，是目前应用最广泛的支撑剂。石英砂主要化学成分是氧化硅（SiO_2），同时伴有少量的铝、铁、钙、镁、钾、钠等化合物及少量杂质。石英含量是衡量石英砂质量的重要指标，我国石英砂的石英含量一般在 80% 左右；国外优质石英砂的石英含量可达 98% 以上。

（1）石英砂的特征。

石英砂多产于沙漠、河滩或沿海地带，其中内蒙古、河北、甘肃、福建和湖南等地是我国石英砂的主要产地。石英砂具有以下特点：石英砂密度相对低，沉降速度慢，便于泵送；小粒径石英砂可作为压裂液降滤剂，充填与主裂缝沟通的天然裂缝；石英砂的强度较低，闭合压力约为 20MPa 时开始破碎，破碎后将大大降低裂缝的导流能力，而且受嵌入、微粒运移、堵塞、压裂液伤害及非达西流动影响，裂缝导流能力可降低到初始值的 10% 以下；石英砂价格便宜，部分地区可以就地取材。

（2）石英砂性能。

石英砂颗粒的视密度一般在 $2.65g/cm^3$ 左右，体积密度一般为 $1.60 \sim 1.65g/cm^3$。外观为无色透明块状，颗粒或白色粉末，莫氏硬度 7.0，pH 值 6.0，熔点 1750℃。普通石英砂 $SiO_2 \geqslant 90\% \sim 99\%$、$Fe_2O_3 \leqslant 0.06\% \sim 0.02\%$，耐火度 1750℃。

普通石英砂一般采用天然石英矿石，经破碎、水洗、烘干、二次筛选而成的一种支撑剂，典型石英砂性能参数见表 5-7。

表 5-7　石英砂支撑剂性能指标要求

实验项目	技术要求	性能参数范围
筛析，%	大于顶筛的样品的质量≤0.1	0.2～1
	留在中间范围内的样品的质量≥90	85～99
	留在底筛上的样品的质量≤1.0	0～1.2
球度	≥0.6	0.6～0.7
圆度	≥0.6	0.6～0.7
酸溶解度，%	≤7.0	0.5～5.0
浊度，FTU	≤150	50～150
体积密度，g/cm^3		1.40～1.50
视密度，g/cm^3		2.60～2.65
破碎率，%	＜9（35MPa 应力下）	7.2～11.6

石英砂在页岩气开发中应用较为广泛，早期主要使用的为 70/140 目石英砂，用于打磨孔眼，支撑或者封堵微裂缝，一般使用比例占支撑剂用量的 30%～40%。近年来，北美广泛采用石英砂替代陶粒压裂技术，同时采用高强度加砂工艺，实现了降低成本和提高单井产量的目标。此外国外还广泛使用 200～300 目小粒径石英砂，同时在压裂后期也采用 40/70 目或 30/50 目的石英砂。国内目前也开始提高石英砂在支撑剂中的比例，开展了石英砂替代陶粒的现场试验，并取得了较好的生产效果，但未全面推广。

二、陶粒

陶粒是为满足深层高温、高闭合压力储层压裂要求而研制的一种人造支撑剂，在 20 世纪 70 年代后期研制并逐步推广应用。陶粒的生产工艺分为电解和烧结两种，主要由铝矾土烧结、成型、造粒制成。

国内人造陶粒主要产自四川攀枝花、河南郑州、山西垣曲、山西阳泉、贵州贵阳和江苏宜兴等多个厂家。

（1）陶粒的特点。

同石英砂相比，陶粒支撑剂具有更高的强度，在相同的闭合压力下具有更低的破碎率，可以提供较高的裂缝导流能力。随着闭合压力增加和承压时间延长，陶粒的破

碎率比石英砂低得多，导流能力递减也慢得多。陶粒具有耐盐、耐高温、耐腐蚀等性能，在150～200℃含10%盐水中陈化240h后抗压强度不变。陶粒密度较大，在压裂液中沉降快，长距离运移困难；特别是采用滑溜水压裂液，由于黏度低，陶粒沉降速度快，很难被输送至裂缝远端；陶粒生产工艺复杂，因此价格较贵，大规模使用时压裂作业成本较高。

（2）陶粒的性能。

陶粒支撑剂按照密度可分为三类，低密度、中等密度和高密度，其中低密度陶粒支撑剂是体积密度不大于1.65g/cm^3、视密度不大于3.00g/cm^{3}的陶粒；中等密度陶粒支撑剂是体积密度为1.65～1.8g/cm^3、视密度在3.00～3.35g/cm^{3}的陶粒；高密度陶粒支撑剂是体积密度大于1.8g/cm^3、视密度大于3.35g/cm^{3}的陶粒。

Al_2O_3含量是衡量陶粒性能的重要指标，一般而言Al_2O_3的含量越高，密度越大，抗压强度越高。高强度支撑剂的Al_2O_3含量达80%～85%。支撑剂用陶粒性能指标要求见表5-8。

表5-8　陶粒支撑剂性能指标要求

实验项目	技术要求	性能参数范围
筛析，%	大于顶筛的样品的质量≤0.1	0～0.1
	留在中间范围内的样品的质量≥90	89～98
	留在底筛上的样品的质数≤1.0	0～1.0
球度	≥0.7	0.7～0.9
圆度	≥0.7	0.7～0.9
酸溶解度，%	≤7.0	2.5～8.0
浊度，FTU	≤100	20～50
体积密度，g/cm^3		1.50～1.80
视密度，g/cm^3		2.70～3.0
破碎率，%	＜9（69MPa应力下）	3.5～7.0
	＜9（86MPa应力下）	8.0～11.0

在页岩气层压裂中，陶粒应用较为广泛，其中70/140目、40/70目陶粒应用最广，大粒径如30/50目陶粒使用较少。近年来，北美页岩气压裂中广泛采用石英砂替代陶粒，陶粒的使用比例大幅降低。

三、覆膜支撑剂

为了满足较高闭合压力下减少支撑破碎对导流能力的影响和满足防砂和减少支撑剂回流的影响，研发了覆膜支撑剂。覆膜支撑剂主要有覆膜石英砂和覆膜陶粒两类。

（1）覆膜石英砂。

覆膜石英砂是将树脂薄膜包裹到石英砂的表面上，经热固处理制成，其视密度约2.55g/cm^3。在低应力下，覆膜石英砂性能与石英砂接近，而在高应力下，覆膜石英砂性能优于石英砂。

树脂覆膜石英砂（图5–3）具有表面光滑的特性，可以减少支撑剂表面的摩擦阻力，促进油气流通支撑剂充填层。树脂覆膜石英砂的抗破碎能力比石英砂高，在高闭合压力下不易破碎，产生的碎屑少；同时树脂包裹了大多数在高闭合压力下破碎了的砂粒，砂粒即使被压碎，所产生的碎屑、细粉包裹在树脂壳内，防止了碎屑和细粉的运移，确保了支撑剂充填层的导流能力。石英砂覆膜树脂后，具有更好的圆球度和韧性，提高了支撑剂的导流能力，因为支撑剂颗粒韧性越好，表面应力易分布均匀，球体能承受更高的载荷而不易破碎；同时支撑剂的颗粒越圆，颗粒间的孔隙越大，有利于支撑剂的导流。石英砂覆膜树脂后，视密度下降6%左右，低密度有利于支撑剂运移到裂缝深处，提高铺置浓度，增加裂缝的导流能力。

图5–3　压裂用覆膜砂

在涪陵焦石坝地区页岩气的开发过程中使用了覆膜石英砂作为压裂的支撑剂。涪陵页岩气储层闭合应力为52MPa，要求支撑剂抗破碎能力高，因此选择了密度为1.6g/m^{3}的树脂覆膜砂。经性能评价，在闭合压力52MPa条件下，破碎率低于5%，导流能力在220D·cm，能够为后期生产过程中提供较高的导流能力[11]。

（2）覆膜陶粒。

压裂后返排过程中由于返排制度不合理或者其他因素，压裂过程中注入的支撑剂常常发生回流。对于疏松砂岩气藏而言，压裂后生产制度不合理还可能导致地层出砂。为了防止支撑剂回流，科研工作者研发了可固化树脂覆膜陶粒。覆膜陶粒是根据地层温度选择与之相匹配的树脂材料预包裹在陶粒支撑剂表面。当携带进入地层裂缝中后，随着地层温度的逐渐恢复，在闭合压力和温度的作用下，预先固化的树脂材料逐渐软化，将陶粒粘结在一起，从而形成一个有机整体，起到防止支撑剂回流的作用

（图 5–4）。

图 5–4　覆膜陶粒固化后形态

覆膜陶粒能有效防止支撑剂返吐、表面剥落以及减少储层微粒向支撑剂填塞带的运移；同时，陶粒覆膜高分子树脂后，具有密度低、强度高、圆球度高和耐酸性好的特性。覆膜陶粒的成本更高，一般在压裂过程中后期注入，目前在页岩气压裂中应用相对较少。

四、新型压裂支撑剂

近几年，随着化学、材料技术的进步，也出现了一些新类型的支撑剂。国内外已有柱状支撑剂、自悬浮支撑剂应用的实例。国内外也在开展液体支撑剂的研究和试验，通过注入的化学剂在地层温度等复杂条件下而形成固体颗粒，从而实现对裂缝的有效支撑。

（1）自悬浮支撑剂。

自悬浮支撑剂作为一种新型支撑剂，可实现携砂液聚合物稠化剂零添加，减少了聚合物对储层的伤害，同时降低压裂液成本。该技术在支撑剂骨料表面添加一层可膨胀的水凝胶层，能够在水中溶胀而不溶解，增大支撑剂体积进而降低了支撑剂自身的密度，保证支撑剂在裂缝中均匀分布，显著提高了支撑剂的铺置效率和增大裂缝的表面积，实现压裂后的增产和稳产。

自悬浮技术可以大大减少水力压裂砂和陶粒支撑剂在到达裂缝顶端之前出现脱砂现象，从而不需要额外提高压裂液的黏度和泵注速度。自悬浮支撑剂技术简化了井下化学组分，从而避免使用一些必要的压裂液添加剂，比如瓜尔胶、交联剂和减阻剂。借助该技术，作业时就可以输送真正所需粒径的支撑剂，并且可以均匀地铺设到裂缝内部，起到更好的裂缝支撑效果，可显著提高增产效果。

图 5–5　自悬浮支撑剂在清水中悬浮状态

自悬浮支撑剂具有以下特点：自悬浮支撑剂从技术上实现了压裂液与支撑剂二合一，压裂液稠化剂零添加，减少储层伤害，节省了成本，简化了施工流程。自悬浮支撑剂各项技术指标良好，能大幅度提高页岩压裂大规模造缝的有效性，克服支撑剂沉降带来的裂缝失效问题，甚至可将支撑剂输送至裂缝尖端（图 5–5）。自悬浮支撑剂能彻底破胶，破胶液黏度和残渣很低，对储层伤害小。在水中自悬浮所需要时间不超过 1min，能满足页岩大排量大液量施工作业要求。与国外自悬浮产品相比，成本上具有很大优势，完全能适应页岩低成本高效开采的需要。

目前，页岩气压裂主体采用滑溜水。滑溜水黏度低，采用常规的石英砂和陶粒作为支撑剂，支撑剂运移的距离较短，难以获得较长和较高的支撑裂缝。自悬浮支撑剂因其自身特性，因此在滑溜水压裂下也能确保较长的运移距离，对于提高增产效果具有重要意义。自悬浮支撑剂对于采用滑溜水压裂工艺的油气井改造具有较大的应用前景。自悬浮支撑剂已经在川南页岩气井进行了先导性试验并取得了较好的增产效果。

（2）超低密度支撑剂。

图 5-6 超低密度支撑剂在密度 1.04g/cm^3 的清水中悬浮

一般认为，体积密度不大于 1.65g/cm^3、视密度不大于 3.00g/cm^3 的支撑剂称为低密度支撑剂，对于超低密度支撑剂尚无专门的密度划分界限。这里指的超低密度支撑剂是指视密度跟清水相当，能在清水中悬浮的支撑剂。

超低密度支撑剂是采用具有较高强度、低密度的新型材料制成的，能够在清水中悬浮的支撑剂。超低密度支撑剂的优点跟自悬浮支撑剂类似，主要通过降低支撑剂密度来提高支撑剂运移距离，从而达到油气井增产的目的。

目前，有报道视密度 1.05g/cm^3、体积密度 0.625g/cm^3 的超低密度支撑剂产品，在 86MPa 的压力下破碎率满足行业标准的要求。图 5-6 为超低密度支撑剂在清水中的悬浮情况。

目前，超低密度支撑剂的成本远高于常规支撑剂产品，在一定程度上限制了该类支撑剂在页岩气井压裂中的大规模推广应用。若能进一步降低成本，该类型支撑剂应用前景广阔。

第三节 其他压裂材料

压裂过程中，为了降低破裂压力、满足特殊压裂工艺需要、确保裂缝有效扩展，还会使用一些具有特定功能的压裂材料。常常使用的压裂材料有酸液、暂堵剂、暂堵球和纤维等。

一、酸液

在页岩气井压裂过程中，由于钻井液污染等多方面原因，采用滑溜水压裂初期很难建立较大的施工排量。通过在压裂初期注入少量稀盐酸能够有效地降低破裂压力。

页岩气压裂过程使用的酸液主要为浓度 10%～15% 的稀盐酸，其作用在于溶蚀地

层中部分可酸溶性矿物，从而降低地层破裂压力。稀盐酸酸液添加剂主要包括酸液缓蚀剂、铁离子稳定剂、助排剂及黏土稳定剂等，其配方见表5–9。

表5–9 稀盐酸酸液配方

HCl浓度，%	缓蚀剂浓度，%	铁离子稳定剂浓度，%	助排剂浓度，%	黏土稳定剂浓度，%
10～15	0.5～1.0	0.5～1.0	0～0.2	0～0.5

针对部分深层页岩气井，地层破裂压力较高，储层岩石中硅质含量较高，采用常规的稀盐酸预处理效果较差，现场工程师也尝试过采用土酸进行预处理来降低破裂压力。

二、暂堵转向剂

暂堵剂也称转向剂，是一种广泛应用于油田生产中的处理剂，在油气田开发钻井、压裂酸化、修井、堵水、洗井等作业中应用较为广泛。

压裂过程中的暂堵剂主要作用是暂堵前期压裂形成的裂缝、井段或者孔眼，在储层中开启新的裂缝，改造新的区域或者井段。在施工过程中加入暂堵剂后，注入遵循流体向阻力最小方向流动的原则，最先进入高渗透带，产生滤饼封堵，使缝内净压力增加，产生新的裂缝。后续工作液可不间断进入新的裂缝，达到形成复杂裂缝或者转向改造新的井段的目的。施工结束后，暂堵剂溶于地层水或工作液，不对地层产生伤害。

一般而言，在压裂施工中所使用的暂堵剂需要具有一定的抗压强度，承压能力强，封堵效果好；在工作液中可以完全溶解，不带来新的伤害，且最终可以返排出地层；现场使用简单，通过混砂车直接加入，无需其他设备。

暂堵剂在油气田开发中使用的历史较长，也形成了不同性能的暂堵剂产品（图5–7）。近年研究的适用于油田压裂的暂堵剂为惰性有机树脂、固体有机酸、遇酸溶胀的聚合物、惰性固体（硅粉、碳酸钙粉、岩盐、油溶性树脂、封堵小球等），其中使用最广泛的为聚合物和封堵小球[12]。

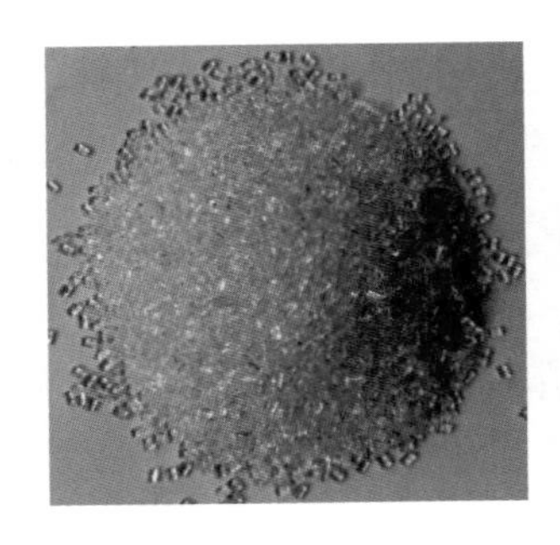
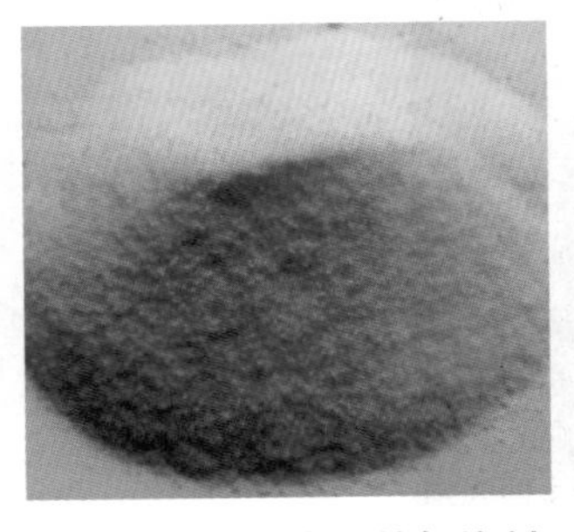
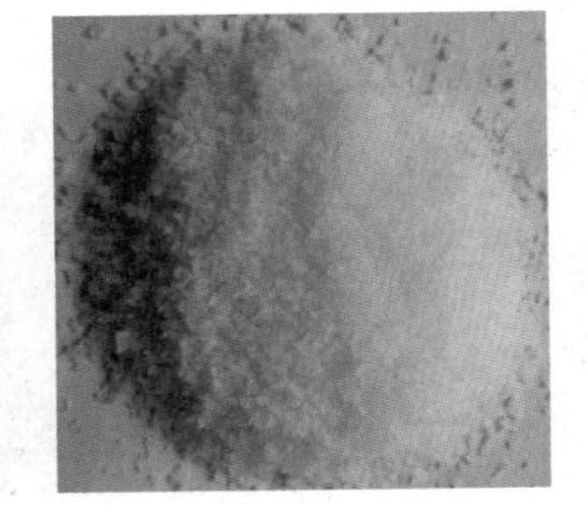

图5–7 不同类型的暂堵剂

三、暂堵球

暂堵球是一种具有一定强度和耐磨性的可溶性材料制成的圆球状颗粒。在压裂过程中主要用于封堵前期已压裂井段的射孔孔眼，从而迫使后续进入井筒的液体转向进入前期未改造的射孔井段，从而达到不用机械封隔工具而实现分段改造的目的。当压裂完毕以后，前期投入的压裂球在地层温度或者地层离子的作用下溶解，确保前期改造井段的地层流体能够流到井筒中（图 5–8）。

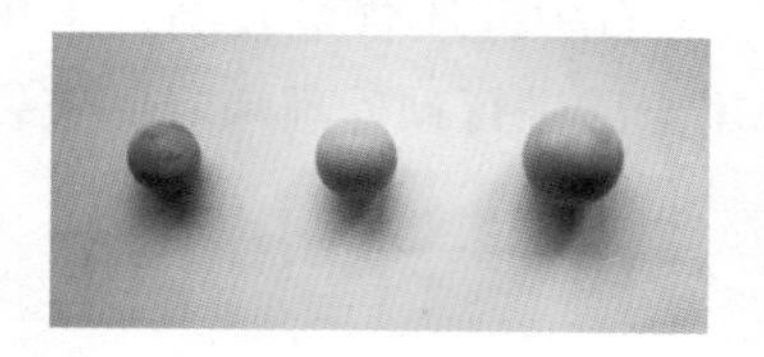
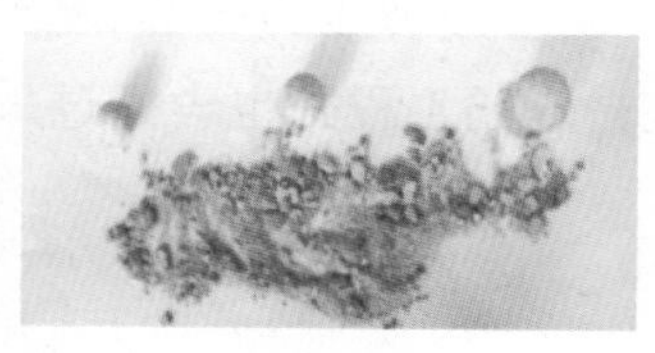
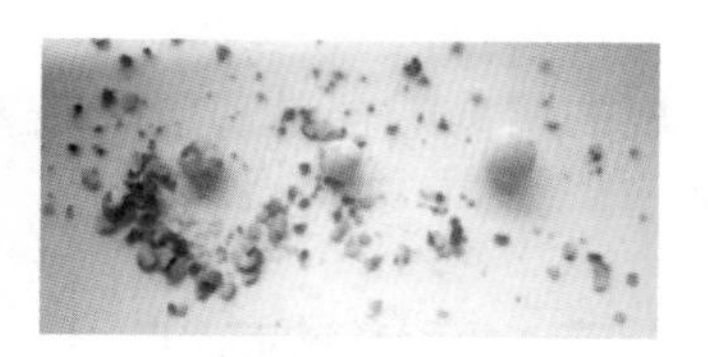

图 5–8　暂堵球及其溶解状态

一般而言，暂堵球要求具有一定的承压能力、可溶性好、弹性变形能力好、粒径和溶解时间可调。目前广泛使用可溶性暂堵球，一般可满足耐压差 70MPa，溶解时间可调，能够满足不同暂堵需求。

目前，国内外页岩气井压裂广泛采用段内多簇压裂工艺，单段射孔簇数一般为 6～12 簇，为了确保每个射孔簇都能有效改造，压裂过程中大多会采用暂堵球转向技术。目前暂堵球在页岩气井压裂中应用较为广泛。对于部分套管变形井，桥塞不能通过变形处下入指定位置，现场工程师也常采用暂堵球转向压裂工艺来对变形井段进行改造。

四、压裂用纤维

纤维是指天然或人工合成的细丝状物质（图 5–9）。在现代生活中，纤维的应用无处不在。压裂用纤维是通过在压裂过程中加入纤维达到减缓支撑剂沉降速度，增加支撑剂运移距离、减少压裂后排液及生产过程中支撑剂回流等作用，从而达到提高增产效果的目的。

图 5–9　压裂用纤维

纤维压裂在致密砂岩等压裂中得到了较为广泛的应用，美国 Barnett 页岩气开发过程中也多有应用，并表现出极大的改造优势。与传统清水压裂相比，纤维压裂的有效裂缝体积更大，改造效果更明显，投产后日产量明显高于传统方法[13]。

目前，对于压裂用纤维没有相关的评价标

准，根据工艺的需要，一般通过加入纤维以后的携砂性能、支撑裂缝导流能力、伤害性能、溶解时间等来评价纤维是否满足压裂需要。

压裂用纤维种类较多，有玻璃纤维、聚丙烯、聚丙烯腈纤维等，目前应用比较广泛的多为生物可降解纤维，如聚乳酸纤维等。

参考文献

[1] 杨春鹏，陈惠，雷亨，等．页岩气压裂液及其压裂技术的研究进展［J］．工业技术创新，2014，1（4）：492–497.

[2] 蒋官澄，许伟星，李颖颖，等．国外减阻水压裂液技术及其研究进展［J］．特种油气藏，2013，20（1）：1–6.

[3] 温庆志，胡蓝霄，翟恒立，等．滑溜水压裂裂缝内沙堤形成规律［J］．特种油气藏，2013，20（3）：137–139.

[4] 陈鹏飞，刘友权，王小红，等．降阻剂、包含该降阻剂的降阻水及其应用：中国，ZL201410433259.5［P］．2017–06–06.

[5] 熊颖，刘友权，梅志宏，等．四川页岩气开发用耐高矿化度滑溜水技术研究［J］．石油与天然气化工，2019，48（3）：62–65，71.

[6] 熊颖，刘雨舟，刘友权，等．长宁—威远地区页岩气压裂返排液处理技术与应用［J］．石油与天然气化工，2016，45（5）：51–55.

[7] 杜凯，黄凤兴，伊卓，等．页岩气滑溜水压裂用降阻剂研究与应用进展［J］．中国科学：化学，2014，19（11）：1696–1704.

[8] 国家能源局．页岩气 压裂液 第1部分：滑溜水性能指标及评价方法：NB / T 14003.1—2015［S］．北京：中国电力出版社，2016.

[9] 国家能源局．水基压裂液性能评价方法：SY / T 5107—2016［S］．北京：石油工业出版社，2016.

[10] 国家能源局．页岩气　压裂液　第3部分　连续混配压裂液性能指标及评价方法：NB/T 14003.3—2017［S］．北京：石油工业出版社，2017.

[11] 王志刚．涪陵焦石坝地区页岩气水平井压裂改造实践与认识［J］．石油与天然气地质，2014，35（3）：425–430.

[12] 马如然，刘音，常青．油田压裂用暂堵剂技术［J］．天然气与石油，2013，13（6）：79–82.

[13] 李庆辉，陈勉，金衍，等．新型压裂技术在页岩气开发中的应用［J］．特种油气藏，2012，19（6）：1–7.

第六章

山地环境工厂化压裂

北美地区页岩气开发的成功，在全球范围内掀起一股页岩气勘探的热潮，为进一步降低开发成本，开发者把工厂的概念应用到页岩气的开发中，促进了工厂化压裂模式的形成。工厂化压裂技术源自北美，工厂化压裂是通过应用系统工程的思想和方法，集中配置人力、物力、投资、组织等要素，采用类似工厂流水线施工作业方式，通过现代化的生产设备、先进的技术和现代化的管理手段，科学合理地组织压裂（包括试气）等施工和生产作业，实现整体资源的合理配置，以加快施工速度、缩短投产周期、降低开采成本。

第一节　山地环境工厂化压裂模式

一、工厂化压裂的特点

水平井组工厂化压裂根据其作业理念、作业方式具有以下“三高”特点。

（1）作业衔接要求高：工厂化压裂将工具下入、射孔、压裂液泵注以及压后排液测试等作业工序按工厂流水线的作业方式紧密衔接，实现快速、流程化的压裂施工，从而保证整个井场合理有效地进行。

（2）压裂设备要求高：由于页岩气压裂具有规模大、排量大、施工时间长的作业特点，对压裂设备的大型作业、持久作业能力提出了更高的要求；同时针对同一井场压裂多口井的作业模式，对压裂设备及管线流程的安装也提出了更高的要求。

（3）后勤保障要求高：要求必须有周密的施工组织，协调一致的工作安排，物资供应及时，以保证连续施工。

二、国内外工厂化压裂概况

1. 国外工厂化压裂

北美地区压裂井场和道路条件好，井场大，可以摆放大型设备，其使用的压裂尤

其是辅助设备较国内种类多，更能满足工厂化压裂的需求[1]。北美地区页岩气压裂现场及工厂化压裂地面流程如图 6–1 和图 6–2 所示。

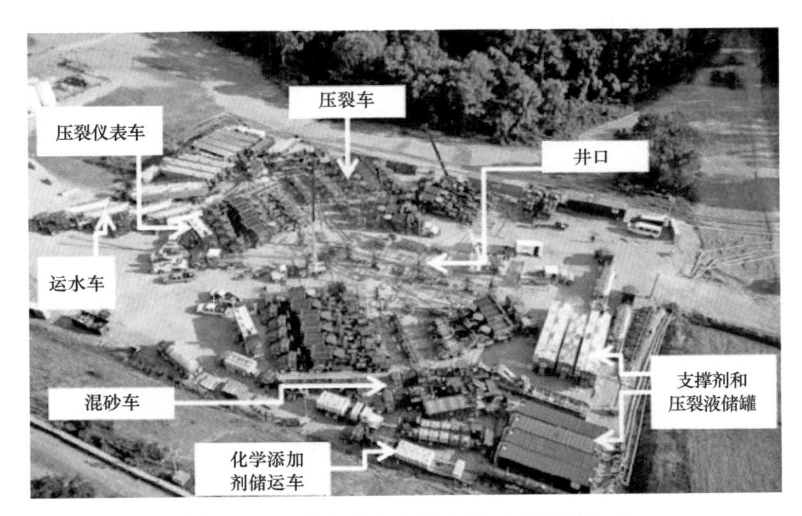

图 6–1　北美非常规油气藏工厂化压裂作业

图 6–2　工厂化压裂作业井场及设备布局

在北美加拿大的霍娜河盆地的页岩气开发中对工厂化压裂作业技术的应用极具典型性，同时也具有世界级的规模。在该地区的 70–K 丛式井组，共钻 16 口水平井，2010 年 1 月到 5 月，通过 111 天 24 小时不间断工厂化作业，总共完成 274 段水力压裂，实现平均每天压裂 2.5 段，每口井压裂 17 段。整个工厂化压裂期间共使用清水 $8.9\times10^5m^3$，平均每段 $3250m^3$，支撑剂 5×10^4t，平均每段 183t。

工厂化压裂作业施工规模大、液量多。因此，大量压裂液的储备或提供是实施工厂化压裂的前提。早期的大型水力压裂作业普遍使用的是水基交联冻胶压裂液，需在施工前配制好（简称批混），普遍采用液罐储存压裂液，需要拖车拉运大量的压裂液罐，并在井场配制压裂液。

随着施工规模的不断扩大，使用压裂液罐储存压裂液将占据很大的井场空间，从而限制了其在部分山区地区的应用。此外，随着丛式井钻井的增加，同个井场有多口井需要进行水力压裂改造，使用液罐储液将占用大量的液罐和多次的动复原，增加了整个完井作业的复杂程度。因此，近年来在北美地区开始大量采用储液池储集清水，在压裂施工中通过连续混配技术实时配制压裂液，大大减少了现场所需的设备及罐群[2]。

国外的工厂化压裂作业技术已经相当完善，特别是专用的井口及控制闸门、高低压管汇、连续混配系统、输砂系统、低压地面流程、仪表控制系统（解决仪表车同时控制 2 台混砂车和 10 台以上压裂车的控制系统）。

工厂化压裂高压作业时间长，对施工设备的连续作业能力和稳定性能提出了较高的要求。因此，施工设备的配套技术是确保工厂化压裂施工成功的关键技术之一。工厂化压裂连续泵注设备主要包括压裂车、混砂车、支撑剂罐和压裂液储罐、仪表车、高低压管线、阀件及其他辅助设备，与常规压裂施工中动用的设备类似。但是为满足工厂化压裂施工对液量、排量的要求，对大型作业泵注设备、供液设备、高低压管汇及压裂井口提出了更高的要求[3]。

国外使用的压裂设备大都是拖车式，其压裂泵车以 2250HHP 为主。混砂车的输出排量有 $16m^3/min$ 和 $20m^3/min$ 两种，输砂能力分别为 7200kg/min 和 9560kg/min。高低压管汇上带增压泵，解决了混砂车远离泵车时供液压力不足的问题。羊角式井口内径与套管相同，方便下入各种尺寸的工具，液控闸门使得开关井口安全方便。内径 102mm 的高压主管线，大大减小管线的磨损，延长使用寿命，保证压裂的连续性。

国外的连续供水系统由水源、供水泵（图 6–3）、污水处理机等主要设备及输水管线、水分配器、水管线过桥等辅助设备构成。

图 6–3　大排量水泵向过渡液罐转水

水源可以利用周围河流或湖泊的水直接送到井场的水罐中或者在井场附近打水井做水源，挖大水池来蓄水。对于多个丛式井组可以用水池，压裂后放喷的水直接排入水池，经过处理后重复利用。

水泵把水送到井场的水罐中。污水处理机用来净化压裂放喷出来的残液水，利用臭氧进行处理沉淀后重复利用。

通常采用大直径低压管线（12in）由井场边的储水池或过渡液罐向混砂车供液，在混砂车的准备上需要满足大型施工的排量要求，通常 2 台供液排量为 100bbl/min 的混砂车即可满足工厂化压裂需求。在混砂车排出与高低压分配器之间，采用多条低压管线连接方式来满足大排量持续稳定供液的要求。

国外工厂化压裂的连续供砂系统主要由巨型储砂罐［图 6–4（a）］、大型输砂器、密闭运砂车［图 6–4（b）］和除尘器组成。巨型储砂罐分 4 个车厢，它的容量大，特别适用于大型工厂化压裂；每个车厢容量不同，可满足不同粒径支撑剂存放。大型输砂器实现大规模连续输砂，自动化程度高，具有双输送带，独立发动机，与巨型固定砂罐连接后，利用风能把支撑剂送到固定砂罐中。除尘设备与巨型固定砂罐顶部出风口连接，把砂罐里带粉尘的空气吸入除尘器进行处理。混砂车支撑剂供给，则由输砂器传送带输送到混砂车掺和罐（图 6–4）。

（a）大型储砂罐

（b）带吹扫功能的密闭运砂车

（c）工厂化压裂现场连续供砂

图 6–4　国外工厂化压裂连续供砂

北美地区的工厂化压裂施工中通常使用拖车拖载高低压管汇，一台高低压管汇装置可满足 10 台压裂车作业需求，两台高低压管汇装置可满足 16m³/min 的作业需求，基本可满足现在大多数工厂化压裂施工作业的要求。此外，地面高压流程也必须满足大排量压裂施工的要求，目前主要是采用多路高压管线注入（图 6–5 和图 6–6）。

图 6–5　一台高低压管汇装置连接 10 台压裂车

图 6–6　Eagle Ford 一口页岩井大型压裂作业六条高压管汇

2. 国内工厂化压裂

四川盆地大部分地区都是以山区、丘陵为主，四川地区主要的页岩气勘探开发区块长宁、威远也属于低山、中山丘陵地带（图 6–7）。长宁页岩气勘探开发区地处云贵高原与四川盆地边缘山地过渡区域的斜坡地带，属于高—中山地地貌，区域内沟谷纵横，地形崎岖，地面海拔一般在 400～1300m，最大相对高差约 900m。威远区块区域上地势西北高、东南低，自西北向东南倾斜，分为低山、丘陵两大地貌区。低山区

一般海拔 500～800m。丘陵区一般海拔 200～300m，地形为低山、中丘陵区，森林占 40%。

图 6–7　长宁区块地表构造高程图

相较于北美的地势平坦，四川盆地复杂的山地、丘陵地形特征（图 6–8）以及稠密的人居环境限制了页岩气平台工厂化作业场地的布置，从而限制了对设备、作业场地要求更高的同步压裂模式在川南推广应用（表 6–1）；同步压裂所用设备是拉链式压裂的 2 倍，形成的噪声也是导致同步压裂难以广泛应用的重要因素。

(a) 国外地势平坦

(b) 国内山地丘陵

图 6–8　国内外页岩气区块地形对比图

表 6–1　四川地区开展工厂化压裂与北美的差异

地区	地质背景			开发条件				
	构造演化	埋藏深度，m	储层特征	地貌条件	水源条件	人居环境	道路	井场条件
中国	多期强改造	1500～5000	非均质性较强	山地丘陵	缺乏	复杂	山路，限高、限重	狭小
北美	构造稳定地层平缓	1000～3500	均质性相对较好	平原为主	充足	简单	好	宽敞

根据四川盆地页岩气工厂化压裂作业经验总结，初步形成了一套页岩气工厂化压裂标准化作业流程（图 6–9），主要包括：（1）试前工程及供水系统；（2）安装地面测试流程；（3）通井、洗井；（4）第一段连续油管射孔；（5）拉链 / 同步压裂作业（包括泵送桥塞、分簇射孔作业）；（6）连续油管钻磨桥塞；（7）排液测试（含返排液处理）；（8）不压井下生产油管（可选）；（9）完井等步骤。

图 6–9　页岩气工厂化压裂标准化作业流程

根据前期工厂化压裂实践，以最大化提高设备占用率、压裂返排液回收利用、压裂—排采一体化及快速投产为目的，探索形成三套适应不同区块的工厂化压裂作业模式。

（1）3+3 模式：以快速建产和提高效率为首要目标，采用“上半支 3 口井拉链式压裂 + 下半支 3 口井拉链式压裂”模式，以最大限度地加快井的投产周期，单井遇到复杂情况不会严重影响平台整体作业效率（图 6–10）。

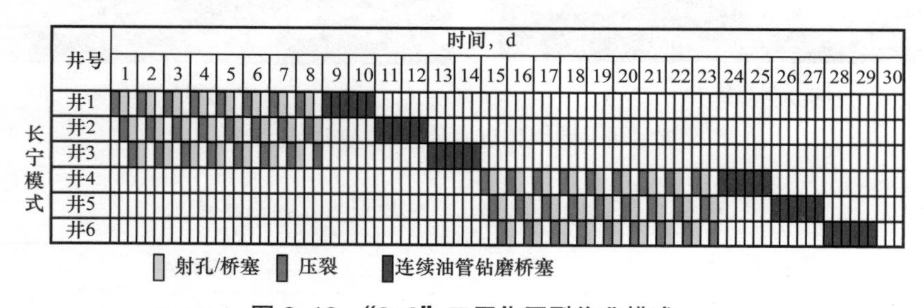

图 6–10　“3+3”工厂化压裂作业模式

（2）3+2+1 模式：探索优化压裂模式，合理规划压裂进度，形成“3 口井拉链式压裂 +2 口井拉链式压裂 +1 口井单独压裂”等作业模式，以最大限度实现返排液的重复利用为目标（图 6–11）。

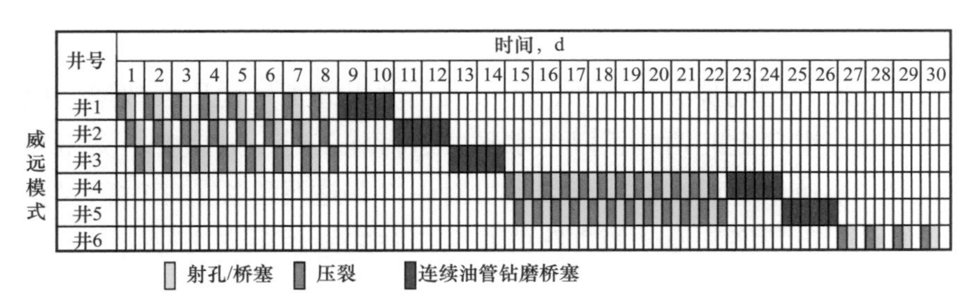

图 6-11 “3+2+1”工厂化压裂作业模式

（3）2+1 模式：用 1 口井开展井下微地震监测，大多采用“2 口井拉链式压裂 +1 口井单独压裂”（若平台有直井做监测井，则 3 口井拉链式压裂），通过实施微地震裂缝监测对压裂施工进行优化（图 6-12）。

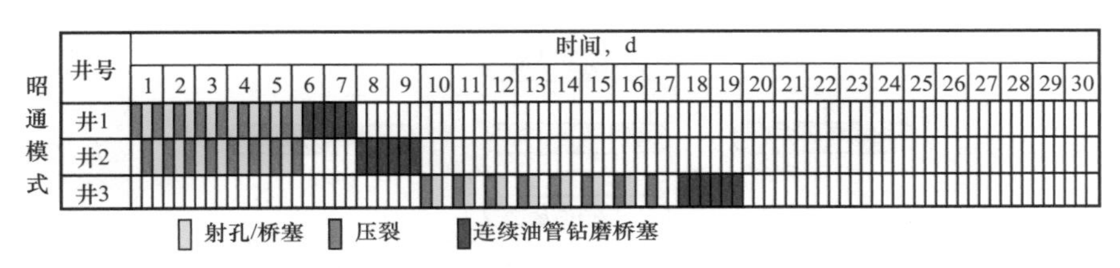

图 6-12 “2+1”工厂化压裂作业模式

执行“三标一规范”，做到现场标准化，操作标准化，管理标准化，风险受控；设置备用件摆放区域、废料堆放区、休息区、紧急集合点等功能性区域。制定大型压裂施工标准化操作手册与管理手册、企业标准规范，明确作业程序，对现场工艺风险进行目视化提示（图 6-13）。

中国石油天然气集团公司反违章禁令
中油安【2208】（第58号）

为进一步规范员工安全行为，防止和杜绝“三违”现象，保障员工生命安全和企业生产经营的顺利进行，特制定本禁令。
一、严禁特种作业无有效操作证人员上岗操作；
二、严禁违反操作规程操作；
三、严禁无票证从事危险作业；
四、严禁脱岗、睡岗和酒后上岗；
五、严禁违反规定运输民爆物品、放射源和危险化学品；
六、严禁违章指挥、强令他人违章作业。
员工违反上述《禁令》，给予行政处分；造成事故的，解除劳动合同。
本禁令自发布之日起施行。

井下作业安全“保命”条款
1.严禁发现溢流和疑似溢流不立即关井；
2.严禁未经批准进行开工作业；
3.严禁擅自进入高压施工作业区域；
4.严禁使用检验过期和不合格的高压管汇；
5.严禁不泄压拆卸管件；
6.严禁不上锁挂签进行检维修作业；
7.严禁不办理作业许可进行高危作业。

危险物品安全“保命”条款
一、严禁携带非防爆电器和火种进入涉爆场所；
二、严禁不按规定运输危险物品；
三、严禁不办理作业许可进行放射性作业、民爆品作业；
四、严禁不正确穿戴防护用品接触危险物品；
五、严禁性质相抵触的危险物品混放。

中央企业安全生产禁令
国务院国有资产监督管理委员会令（第24号）
一、严禁在安全生产条件不具备、隐患未排除、安全措施不到位的情况下组织生产。
二、严禁使用不具备国家规定资质和安全生产保障能力的承包商和分包商。
三、严禁超能力、超强度、超定员组织生产。
四、严禁违章指挥、违章作业、违反劳动纪律。
五、严禁违反程序擅自压缩工期、改变技术方案和工艺流程。
六、严禁使用未经检验合格、无安全保障的特种设备。
七、严禁不具备相应资格的人员从事特种作业。
八、严禁未经安全培训教育并考试合格的人员上岗作业。
九、严禁迟报、漏报、谎报、瞒报生产安全事故。

起重（汽车）作业“十不吊”
一、无专人指挥、指挥信号不明不吊；
二、设施有安全缺陷、支撑不安全不吊；
三、吊物固定状态未消除、有附着物不吊；
四、吊物未拴引绳、无人牵引不吊；
五、吊物上站人、危险区有人不吊；
六、吊物内盛有过多液体不吊；
七、斜拉不平、超载不吊；
八、吊物棱刃未加衬垫不吊；
九、与输电线路无安全距离不吊；
十、环境恶劣、光线不足不吊。

平台压裂施工公示牌
当日工况施工要求
通知/公告

图 6-13 工厂化压裂风险目视化提示

1）拉链式压裂

拉链式压裂原理与同步压裂相似，能够大幅度提高工厂化压裂效率。拉链式压裂工作模式是对同一平台上的两口及以上水平井进行施工时，只需要一支压裂队伍和一支射孔队伍即可快速地完成作业。压裂人员对一口井进行压裂施工时，射孔人员可以在邻井进行射孔、下桥塞作业。两支队伍在两口井之间短距离交替施工，可以高效完成两口井的作业（图 6–14 和图 6–15）。如果在一个区域内同时对超过两口井进行压裂施工，可以通过同步压裂产生高密度缝网。例如，4 口井进行压裂施工，两支队伍先对外侧的两口井进行施工，再对内侧的两口井进行施工，可以产生密度更高的裂缝网络。施工规模可以结合井距、地质构造、水力裂缝长度及其密度来进行调整。

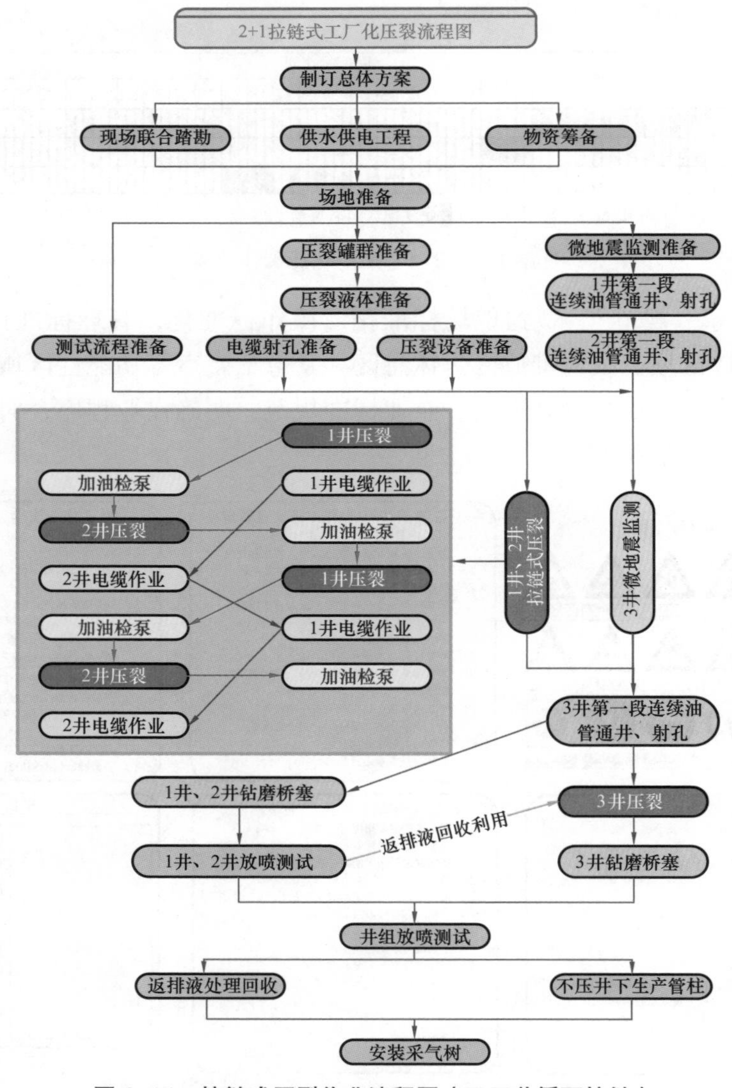

图 6–14　拉链式压裂作业流程图（三口井循环拉链）

图 6-15　工厂化拉链式压裂现场

2）同步式压裂

同步压裂技术是体积压裂的另一种思路，同步压裂是对两口或两口以上的配对井同时进行体积压裂，压裂过程中通过裂缝的起裂改变原地应力场，借助应力的相互干扰以增加水力压裂裂缝网络的密度及表面积，达到初期高产和长期稳产的目的（图 6-16 和

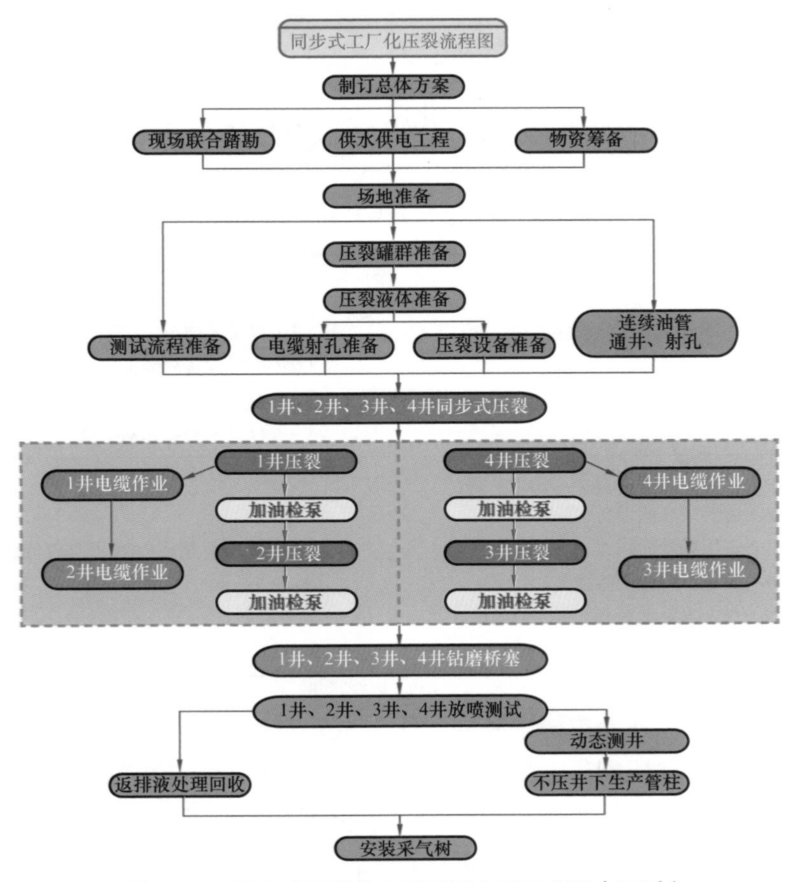

图 6-16　同步式压裂作业流程图（四口井同步压裂）

图 6–17)。最初同步压裂是对两口相邻且平行的水平井同时压裂，由于技术的进步，目前已发展成三口井甚至四口井同时压裂。同步压裂对环境伤害较小而且设备利用率很高，压裂效益翻倍，节省了压裂成本，因此它的收效很大。采用该技术的页岩气井短期内增产非常明显，是页岩气开发中后期比较常用的压裂技术。

图 6–17　工厂化同步压裂现场

3）两种方式对比

拉链式压裂和同步压裂是国内工厂化压裂的两种方式。在设备需求、施工场地和供水要求、压裂效果等方面有所差异（表 6–2)。

表 6–2　同步式压裂与拉链式压裂对比

作业模式	同步压裂	拉链压裂
优点	（1）时效更高； （2）同时压裂，应力干扰强，形成裂缝更复杂	（1）设备使用量少； （2）应对设备故障能力更强； （3）占用场地少；现场协调组织容易； （4）对供水要求相对更低
缺点	（1）设备及配套设施多，至少 2 套； （2）需要较高的设备保障能力； （3）占用场地面积大； （4）现场组织协调难度大； （5）对供水要求更高； （6）噪声污染更严重	与同步压裂相比时效相对较低，形成的缝间干扰较小

通过两个平台分别开展拉链式和同步压裂试验对比（表 6–3)，两者工厂化压裂方式的效率明显高于单井压裂。而同步压裂的施工效率又高于拉链式压裂，即施工效率相当。但同步压裂对场地大小和供水能力要求更高，且对周边居民的噪声影响大，设备花费也增加，因此拉链式压裂方式更适合于四川盆地的山地条件。

表 6-3 不同作业方式压裂时效分析对比

井号	作业模式	压裂段数，段	平均每天压裂段数，段	单天最多压裂段数，段
CNH3-1、CNH3-2	拉链式压裂	24	3.2	4
长宁 H2 井组	同步压裂	48	4.0	6
长宁 H3-3 井	单井压裂	8	2	2

现场试验表明，拉链式压裂通过井间和段间应力干扰有助于裂缝转向，能够形成更加复杂的缝网和动用更多的页岩气资源，实现体积改造的需要。

第二节 关键工具装备

与常规水力压裂相比，页岩气水平井施工具有大排量、大液量、长时间等特点。而山地环境工厂化压裂因地势受限，道路普遍存在狭窄、崎岖、陡峭等特点。因此，在设备选择上主要以车载式的设备为主，同时在井场及道路具备条件的情况下，可选择橇装设备。

一、压裂装备

1. 压裂泵注装备

目前压裂泵注装备根据其动力源分为柴油压裂泵与电驱压裂泵两种，其中采用压裂泵即传统的车载式压裂泵注设备，简称压裂车（图 6-18）。压裂车主要由装载底盘（带发动机驱动液压油泵）、液压系统、动力系统（包含发动机和传动箱）、散热系统、压裂泵总成、排出管汇、吸入管汇、安全管汇、气路系统、压裂泵动力端润滑系统、压裂泵液压端润滑系统、控制系统、加热系统、传动轴等几大部分组成（图 6-19）。

图 6-18 2500 型压裂车

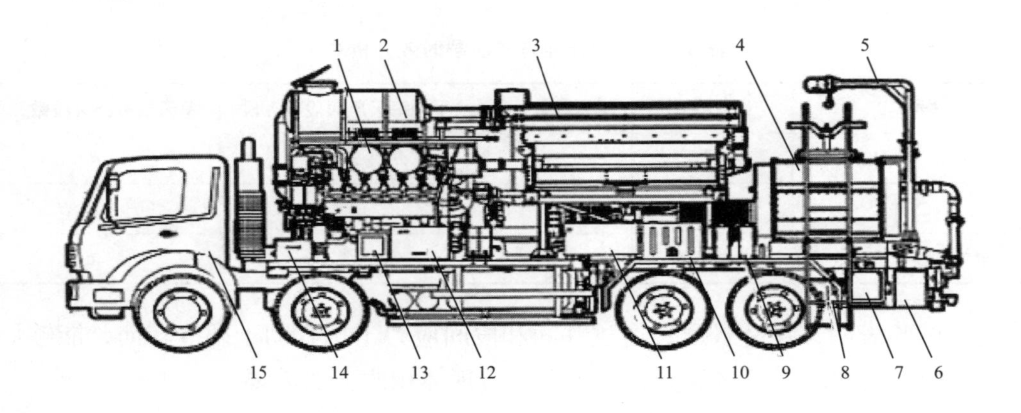

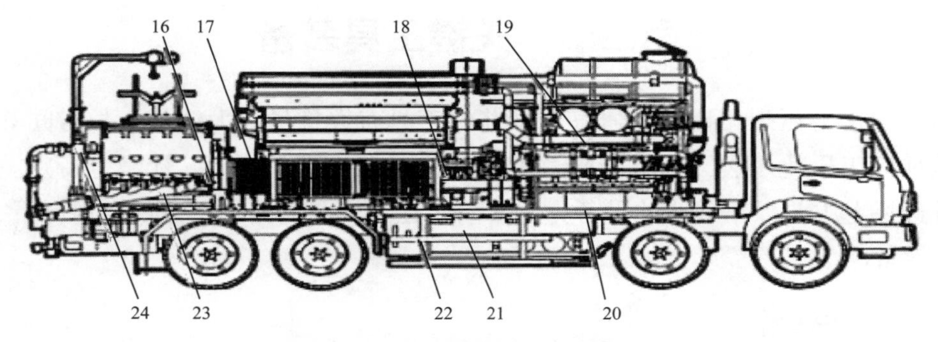

图 6-19 2500 型压裂车结构示意图

1—空气滤子；2—消音器；3—散热器材；4—动力端 SPM 泵；5—备胎架；6—大泵润滑油箱；7—柱塞润滑油箱；8—柱塞润滑油气压调节阀；9—灭火器；10—工具箱；11—液压油箱；12—车载控制箱；13—直感压力、温度表；14—台上电源箱；15—驾驶室；16—柱塞润滑油油压调节阀；17—传动轴；18—台上刹车控制器；19—防冻液循回管汇；20—加热器；21—柴油箱；22—工具箱；23—吸入管汇；24—高压端

压裂车工作原理是通过底盘车驱动车台发动机的启动马达，使车台发动机工作；车台发动机所产生的动力，通过传动箱和传动轴传到压裂泵动力端，驱动压裂泵工作；混砂车供给的压裂液由吸入管汇进入压裂泵，经过压裂泵增压后由高压排出管排出，注入井下实施压裂作业。

电驱压裂泵最早源于美国的 U.S.Well Service（简称 USWS）公司，动力源由天然气发电，在 2014 年开始在现场应用。近年来随着国内页岩气勘探开发规模的不断扩大，加大了对压裂泵注装备的需求，国内电动压裂泵也应运而生。国内电动压裂泵在 2018 年首次应用于页岩气开发中。

电驱压裂泵是通过机电融合及电机驱动技术，将电机与压裂泵组合设计（图 6-20）。工作方式：通过电源、变压器、变流器、电动机、压裂泵等环节控制功率变流器来控制电机的电压，从而控制电机转速，驱动压裂泵工作。电驱压裂泵取消了传统压裂车车载底盘、柴油机组、液力变矩器和变速箱方式。

图 6-20　6000hP 电动压裂泵

电驱压裂泵较传统的压裂车具有无级调速、低噪声等优点，克服了传统压裂车不能无级变速、成本高、超限及液压油污染等问题。一台 3000 型传统压裂车工作每小时消耗柴油 300L，噪声 103dB；而一台 4500 型电动压裂泵，每小时耗电 2400kW·h，噪声仅为 90dB，100m 外电动压裂设备噪声可低至 60dB 以下，具备夜间压裂施工条件；且不产生任何氮氧化合物、二氧化硫等有害气体。据测算，一套电动压裂泵可以替代 1.5 台 3000 型传统压裂车，功率可达到 6500hP。而且比柴油机驱动的压裂车寿命更长、过载能力更强。另外，电驱压裂橇占地面积较同等水马力燃油压裂车节约 30% 左右。

目前，电驱压裂橇已在页岩气压裂作业中广泛应用（图 6-21）。电驱压裂橇的应用，不仅降低了因规模开发页岩气对压裂设备的需求，同时从环保、经济效益等方面均起到了积极的作用。

图 6-21　电动压裂泵施工现场

2. 混砂车

混砂车（图 6-22 和图 6-23）主要由底盘、分动箱、车台发动机、液力传动箱、传动轴、柱塞泵、吸入管汇、高能水力旋流混排装置、排出管汇、密度计、控制箱、操作室、上下水管汇、液添泵、台上柴油发动机、混合罐、绞笼、油泵、液压控制系统等组成。混砂车的自动控制系统由主机和显示仪表组成。其工作原理为：通过吸入、排出双泵将压裂液罐或者混配车在线配制的压裂液排出给压裂泵车。同时，通过混砂车自带的液添泵完成化学添加剂的加注，使用输砂绞笼将支撑剂举升到混合罐按照一定比例与压裂液混合，提供给压裂泵车。

图 6-22　混砂车

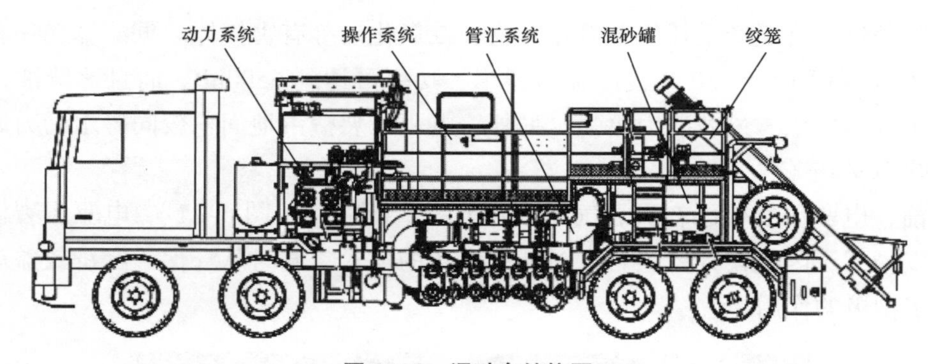

图 6-23　混砂车结构图

3. 压裂液混配车

压裂液混配车主要由底盘、动力系统、液压系统、粉体计量系统、混合系统、搅拌系统、液添系统、自动控制系统等组成（图 6-24）。

图 6-24　压裂液混配车

压裂液混配车在压裂施工过程中为混砂车连续提供符合设计要求的液体（可以是清水、基液级液体）和液体添加剂，并按一定比例均匀混合，满足不同黏度的压裂液的连续混配，适用于油井、气井的压裂施工作业。

4. 储罐

（1）液灌。

液罐主要由罐体、出口管汇、搅拌器、转液泵、电机组等组成。液罐主要用于储存清水、压裂液及其他中性液体等。作业前用低压管汇将液罐串联，并由低压分配器连接混砂车。施工中对混砂车提供工作液体。

（2）酸罐。

酸罐主要由罐体、出口管汇、标油管等组成。酸罐主要用于储存各类酸液。作业前用低压管汇将酸罐串联，并由低压分配器连接酸化泵橇。作业中对酸化泵橇提供工作液体。

（3）免破袋储供砂设备。

免破袋储供砂设备（图 6-25）由电气控制系统、储砂罐、皮带输送机、自动吊装系统等组成。用于施工过程中连续供砂、储砂。

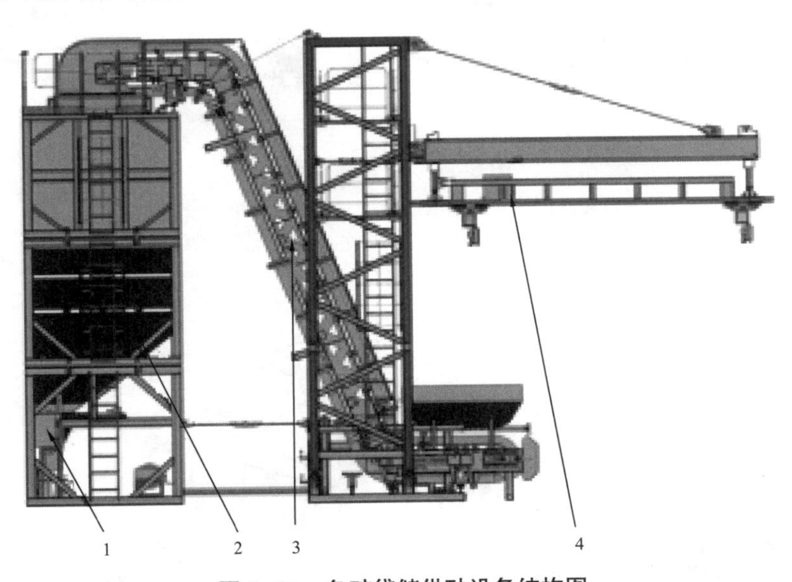

图 6-25　免破袋储供砂设备结构图

1—电气控制系统；2—砂罐总成；3—皮带输送机；4—自动吊装系统

设备自带吊装装置将砂袋运送到输砂机的喂料斗上方，自动解袋，给输送带喂料；输送带输送砂子到砂罐顶部的下料口完成投料；喂料结束后，操作人员手动将吊钩收回到货车车厢合适位置，继续吊装工作。

砂罐内安装有高位和低位物位传感器，一旦检测到高位传感器报警，则操作人员可以通过遥控器将皮带输砂机运行到下一个下料口位置，继续输砂；砂罐底部的下料口闸板通过电动缸实现开关，可以由操作人员站在混砂车上通过遥控器操控。

二、连续油管装备

连续油管作业机为两车装，其基本功能是在作业时向油气井中的生产油管或套管内下入和起出连续管进行特定的井下作业，并把连续管紧紧地缠绕在滚筒上以便移运，有良好的运移性能和现场作业的适应性能。主车及辅车主要结构及布局如图 6–26 和图 6–27 所示，实物如图 6–28 和图 6–29 所示，现场作业如图 6–30 所示。

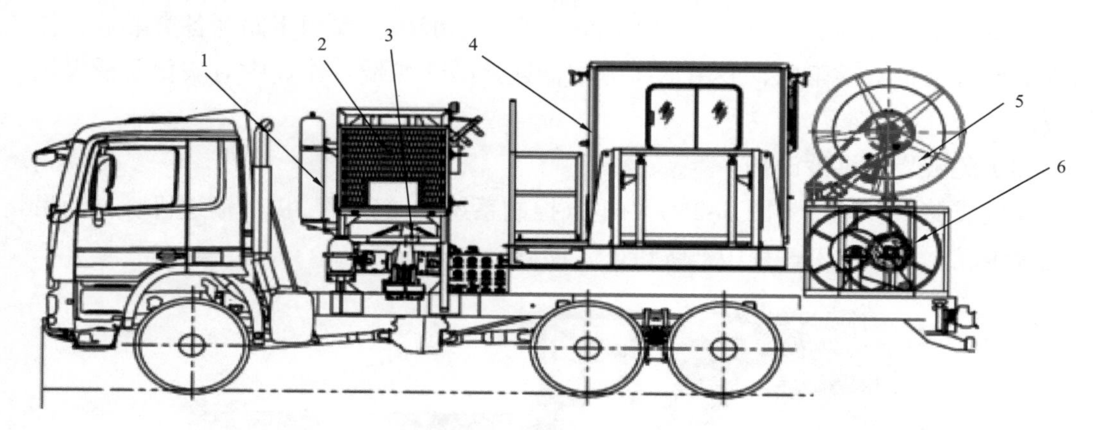

图 6–26　主车布置图

1—防喷蓄能器；2—液压油散热器；3—柴油发电机；4—操作室；5—防喷器液压管线缠绕滚筒；6—注入头控制管线缠绕滚筒

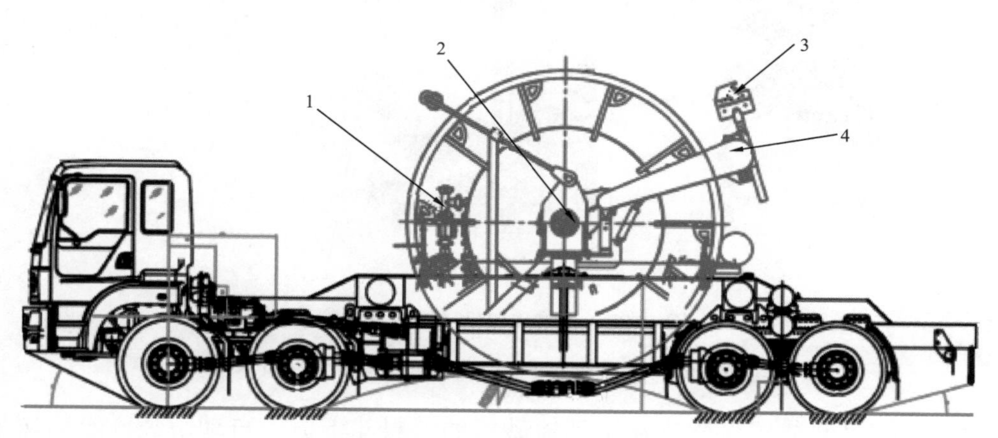

图 6–27　辅车布置图

1—高压管汇；2—旋转接头；3—计数器总成；4—滚筒排管器

图 6-28　主车实物照片

图 6-29　辅车实物照片

（1）主车、辅车。

主车主要由底盘车、控制室、滚筒、软管滚筒、液压传动与控制系统、发电机等组成。辅车主要由底盘车、注入头、导向器、防喷器、防喷盒、工具箱、随车起重机及随车起重机控制系统组成。

图 6-30　现场作业照片

（2）滚筒。

滚筒是连续管作业机的重要部件之一（图 6-31），它决定连续管作业机的运输尺寸和连续管的容量。连续管作业机滚筒采用下沉筒体结构，增大缠绕连续管容量。滚筒筒体支承在轴上，由液压马达和减速器直接提供驱动动力。其上的排管器有自动排管和强制排管两种方式，可以将连续管整齐紧密地缠绕在滚筒上面。滚筒的主要作用：① 存放和运输连续管；② 整齐紧密缠绕工作中连续管。

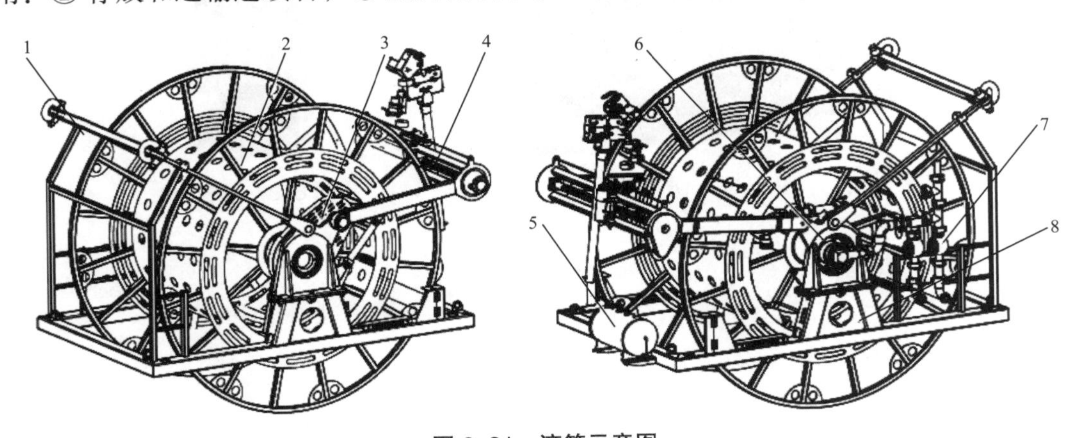

图 6-31　滚筒示意图

1—吊架总成；2—滚筒焊接总成；3—自动排管链轮组；4—排管装置总成；5—滚筒润滑系统；6—滚筒轴总成；7—高压管汇总成；8—滚筒底橇总成

图 6-32 注入头

（3）注入头。

注入头是连续管下入和起出井筒的关键设备（图 6-32）。在注入头工作过程中，三组夹紧液缸带动夹紧梁运动，夹紧梁作用在推板上，最终由推板推动固定在链条上的夹持块夹紧连续管，同时，在液压马达的驱动下，驱动链轮带动链条及链条上的夹持块上 / 下运动，从而实现注入头起 / 下连续管的功能。注入头下部有两组张紧液缸推动被动链轮使链条张紧，以保证链条的正常工作。注入头的主要作用：① 提供足够的提升、注入力以起下连续管；② 控制连续管的下入速度；③ 承受连续管的重量。

（4）防喷系统。

防喷器组仅在设备安装或紧急情况下，作为附加的油气井控制设备。图 6-33 防喷器组为整体组合式结构，由四个具有独立功能的防喷器组成。防喷器根据井眼尺寸和额定压力可以有不同的配置。防喷盒（图 6-34）是连续管作业的主要井控屏障，用于在起下连续管时隔离井筒压力，防止井喷事故的发生；并可以在作业过程中，在不起出连续管的情况下更换胶芯。

图 6-33 防喷器

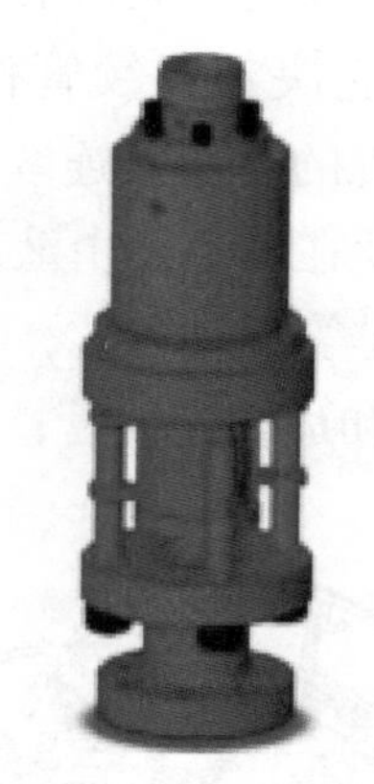

图 6-34 防喷盒

三、射孔装备

1. 电缆防喷器

电缆防喷系统由电缆封井器、捕集器（防落器）、防喷管、注脂密封控制头、抓卡器、电缆防喷器、注脂液控系统等部分组成（图 6-35）。电缆防喷系统为电缆起下油气井提供必要的安全性和可靠性，并且确保油气井处于压力控制中。

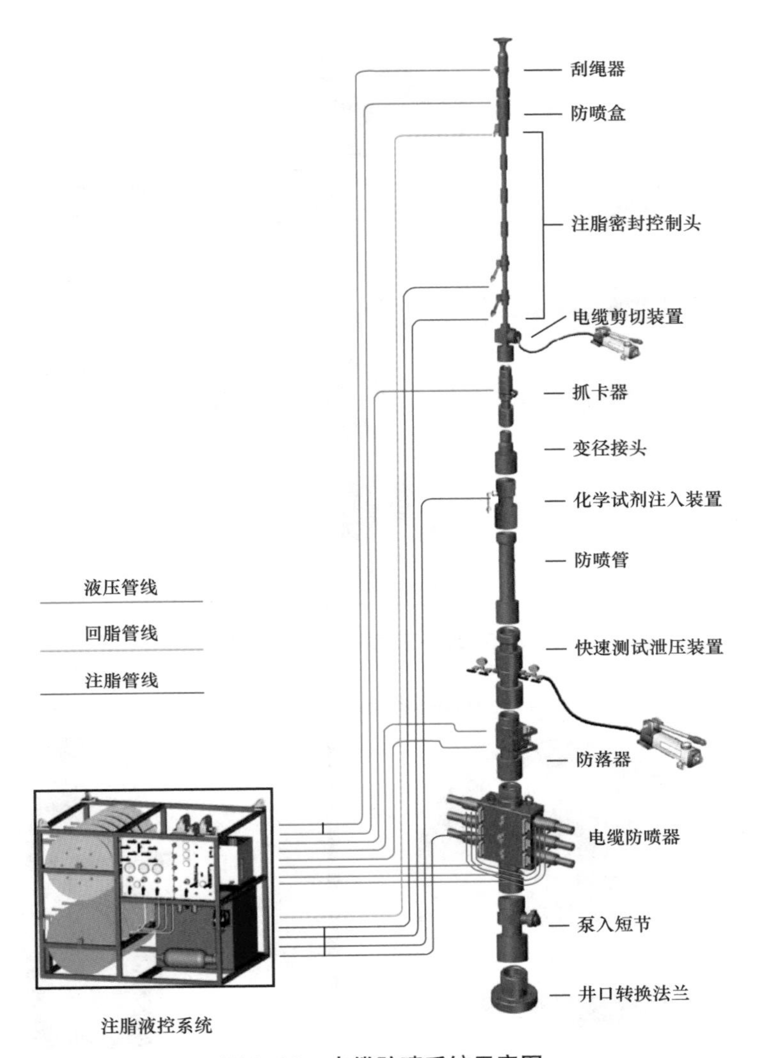

图 6-35 电缆防喷系统示意图

电缆防喷器通常称为封井器，英文简称 BOP，是电缆防喷系统的一个重要组成部分，主要用于各种规格的电缆封井、盲闸板封井及剪断电缆等功能，可有效地防止井喷事故发生，实现安全施工。使用半封闸板在保证不损伤电缆的前提下关闭井口，是处理井下事故的必要设备（图 6-36）。闸板开关由液控系统的换向阀控制，一般在 8～15s 内即可完成开关动作。可用手动泵或液控系统实现关井，并可手动实现锁定。

2. 捕集器

捕集器又称防落器，是一种安装在电缆防喷器上方的安全装置，其作用是防止电缆头意外脱落时管串掉井，防落器一般根据防喷管和防喷器型号进行选择（图 6-37 和图 6-38）。

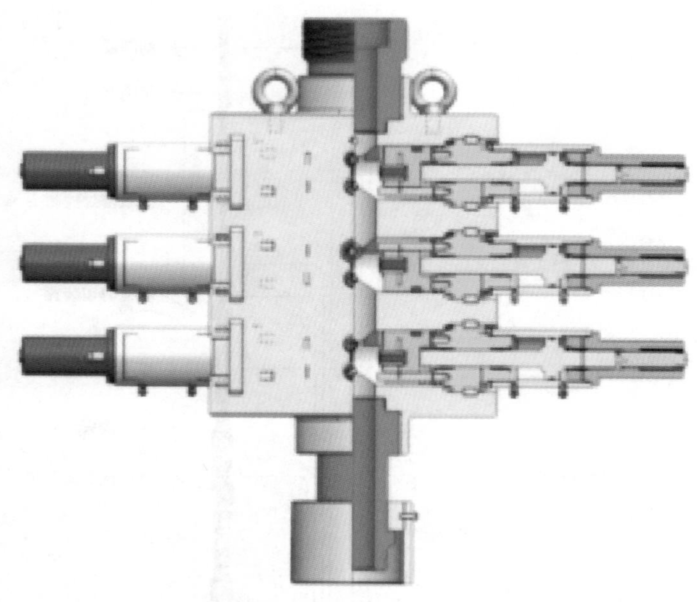

图 6-36　三闸板电缆防喷器

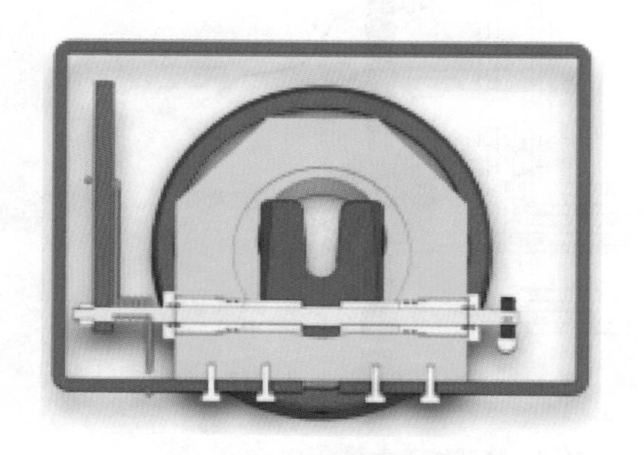

图 6-37　捕集器横剖图

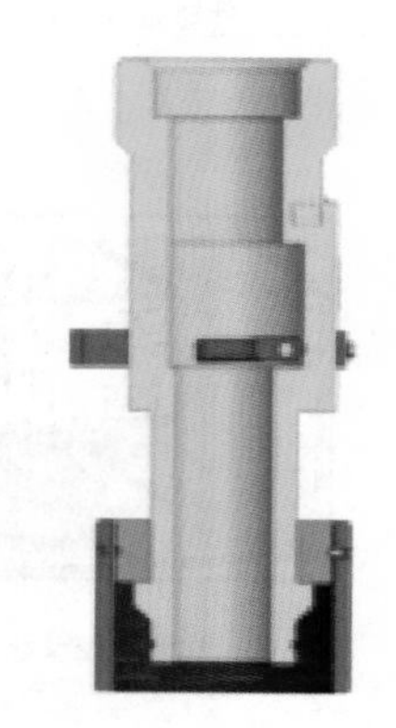

图 6-38　捕集器纵剖图

3. 防喷管

防喷管串安装在防落器上方，既用于容纳下井管串，又要起井口密封作用。防喷管串总长度可以根据下井仪器的组合长度进行调节，一般要求防喷管串的总长度至少比下井仪器和射孔器连接长度大 1m，以确保管串能全部安全进入防喷管内。另外由于受井况条件与提升设备高度限制，防喷管连接长度一般不超过 20m。防喷管有耐压 70MPa、105MPa、140MPa 三种规格。

4. 注脂密封控制头 / 注脂液控装置

注脂密封控制头安装在防喷管上方，由防喷盒和阻流管部件组成。由注脂泵通过

高压注脂管线向阻流管与电缆之间注入高黏度密封脂，可平衡大部分井口压力，防止井内流体泄漏，从而实现电缆动密封。

注脂液控装置由注脂泵通过高压注脂管线向注脂密封控制头的阻流管与电缆间隙输送高黏度的密封脂、远距离液压操纵和控制井口电缆防喷设备（图 6–39）。通过该装置将密封脂注入密封脂控制头，能在高压力状态下密封电缆，对井内流体或溢流进行可靠密封。

图 6–39　注脂液控装置

为了提高生产效率，整套系统安装在一个橇装框架上。该橇装装置集成了液控管线、注脂管线、防喷器控制面板等，集中控制实现密封脂注入、废液回收、阀门机械动作等操作。

四、测试流程装备

为适应大规模加砂压裂后的测试需要，地面测试流程须满足压裂应急、桥塞钻磨、捕屑、除砂、连续排液、多井组同步计量等工艺要求（图 6–40）等。

图 6–40　页岩气地面测试流程

1. 捕屑器

捕屑器由多只 PFF78—105MPa 平板阀、捕屑器本体、双滤砂筒组成，安装位置在井口并联模块之后（图 6–41）。捕屑器在页岩气等非常规气井桥塞或水泥塞钻磨作业中担任捕屑角色。井筒返出的携砂流体，首先进入滤筒内部，通过内置滤筒拦截钻塞过程中井筒流体带出的桥塞等碎屑，经滤筒过滤后的流体再从侧面流出，碎屑被滤筒挡在其内部，从而实现碎屑和流体的分离，避免桥塞碎屑等固体颗粒大量进入下游，能有效地防止流程油嘴被堵塞或节流阀被刺坏，保障作业过程中流程设备和管线的安全，保证作业的连续性。

图 6-41　130-105MPa 捕屑器

捕屑器内置滤筒可根据需要更换合适的尺寸，当捕屑器一端滤筒填满时，可立刻调整另一端继续捕屑作业，保证井内流体返出不间断，滤筒取出的杂物可以收集分析钻磨桥塞情况和效果。在井况异常，套管内有杂物的情况下也可使用捕屑器来捕捉。若无捕屑器，井内返出的杂质会堵塞冲蚀油嘴，增加风险和加大工作量。

2. 旋流除砂器

旋流除砂器由耐磨外筒、内部螺旋分离原件、阀门、仪表和旁通管线等组成，安装位置在捕屑器之后（图 6-42）。旋流除砂器工作原理是利用离心力和重力分离清除固相颗粒。即井内流体切向进入砂分离器后沿内部螺旋分离原件流动，并依靠由此产生的离心力和重力，大部分液体及所有固相颗粒沉淀在砂分离器底部的漏斗中，并通过底部排砂口排出，气体及小部分液体通过螺旋分离原件的中心管向上运动，并从顶部的导流管排出。排砂口排出的砂粒及液体进入专门的储存罐，顶部排出的不含砂流体则进入测试流程进行计量和求产。

图 6-42　旋流除砂器、双筒管柱式滤砂器

旋流除砂器主要用于页岩气等非常规气藏分离并除去砂粒，利用离心力与重力分离清除固相颗粒，能安全地除掉天然气中的携砂返排液和泥砂颗粒，能有效地减少对下游设备的损坏，保证在地层脱砂或外力作用下减少固相颗粒对测试流程的冲蚀。

3. 双筒管柱式滤砂器

双筒管柱式滤砂器由滤砂筒、旁通管线和阀门等组成，滤砂筒内安置可更换式专用滤网。双筒管柱式滤砂器利用离心力和重力分离清除固相颗粒，流体进入除砂筒后冲击到止退环上，流体被折射到各个方向，依靠由此产生的离心力和重力，固相颗粒沉淀在滤网的底部。过滤后的流体经过滤网与除砂筒之间的环空排出。此系统利用不同等级的加固滤网过滤固相颗粒。滤网是由不同等级的滤网筒和加固外层复合而成。滤网放入耐压的工作筒中，能提供更可靠的结构支撑。过滤后的流体经过滤网与除砂筒之间的环空排出。双筒管柱式滤砂器的砂筒结构采用一个工作一个备用的方式，当使用中的滤砂筒砂量装满时，打开另一个滤砂筒进出口，关闭前一个滤砂罐的进出口，在充分卸压后，取出滤网进行清洗即可。双筒管柱式滤砂器可采用上提滤网或在线排砂两种除砂方式进行排砂。

4. 探砂仪

探砂仪以超声波智能传感器技术为基础，将探砂仪安装固定在正对来流的管道弯头处，探砂仪即可探测管道内砂粒撞击管壁的超声波脉冲，智能传感器通过智能数字信号引擎和过滤技术即可向电脑终端实时输出管道内含砂量（图 6–43）。

图 6–43　探砂仪

探砂仪功能包括：（1）砂噪声采集功能。将探砂仪固定在正对来流的管道弯头处，接入数据采集系统即可获取管道内背景噪声值；（2）出砂监测功能。通过调用瞬时液量、气产量、温度、压力、管道尺寸等参数，及监测管道内是否出砂，并输出瞬时出砂量；（3）砂量累计计量功能。探砂仪接入到数据采集系统中，可计量累计出砂量，输出单井或平台的累计出砂量。

5. 动力油嘴

动力油嘴（图 6–44）是一种通过液压远程面板控制的可调油嘴（可手动），主要由动力总成、油嘴总成、油嘴本体、防磨护套、入口法兰短节、出口法兰短节组成，其中动力总成主要由液压马达、蜗轮、蜗杆、壳体组成，壳体通过螺栓与油嘴本体连接，液压马达由远程液压控制系统驱动；油嘴总成主要由油嘴阀芯、油嘴套、油嘴阀座、连接杆等组成。油嘴总成安装在油嘴本体内，动力总成通过蜗轮心部的螺杆与油嘴总成中的连接杆相连，防磨护套安装于出口法兰短节内。

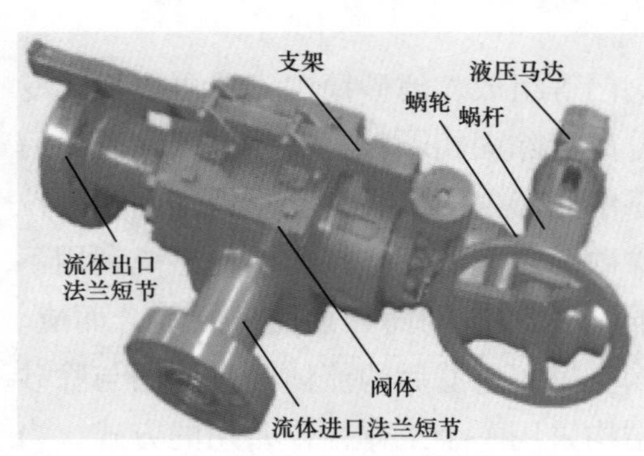

图 6–44 动力油嘴结构

流程上游流体通过入口法兰短节进入阀体，通过油嘴阀芯与阀座之间的环形间隙后流经出口法兰至下游。环形间隙大小通过动力总成来实现调节，动力总成与远程液压控制系统相连，远程液压控制系统带动动力总成液压马达工作，驱动蜗杆蜗轮并带动螺杆前进与后退。由于螺杆与油嘴连接杆相接，螺杆的运动将带动油嘴连接杆和油嘴的前后运动，达到增加或减少油嘴阀芯与油嘴阀座之间间隙的目的，实现节流开度的任意调节。

6. 复式油嘴管汇

复式油嘴管汇是 12 只 PFF65—105MPa 平板阀、固定油嘴套、法兰三通、弯头和短节的集合体，安装位置在旋流除砂器之后，其作用是将井内高压流体通过材料为硬质合金的固定油嘴进行降压处理，并实现井筒流体的低压分配（图 6–45）。

复式油嘴管汇可同时作业于两口井，相比传统单一的油嘴管汇，利用率更高，更节约使用空间，适用于页岩气多井眼同时作业，可以将节流降压后的流体方向导向不同的分离器，提高了分离器的使用效率。

7. 三相分离器

三相卧式分离器包括分离器容器及内部元件、液体涡轮流量计、孔板流量计、无线数据采集系统、安全系统等（图 6–46），应用重力分离的原理将油气水三相分开。在分离器的内腔上部是气室，气的出口在上部；堰板又将容器的下部分成油室和水室，进入分离器的流体首先到达水室上部，在重力的作用下，最下部是水，水上面是油，油上部的空间为天然气。堰板的高度出厂时设在容器高度的 1/2 处，工作过程中

要保证水的液位低于堰板的高度，油的液位最高在液位计的 3/4 处，水上面的油就会漫过堰板进入油室，从而实现油水分离。

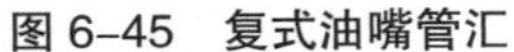
图 6–45　复式油嘴管汇

图 6–46　三相分离器

第三节　场地标准化布置

一、页岩气平台场地布置

山地环境工厂化压裂区域主要划分为高压泵注区、水罐区、射孔作业区、地面测试作业区、连续油管作业区等。

1. 压裂泵注区

（1）根据工程设计的施工压力、排量，按照压裂泵枪设备单车间歇使用功率不应超过额定输出功率的 60%，压裂施工连续使用功率不应超过额定输出功率的 55%。施工设计限压 80MPa 及以下的连续拉链式压裂，压裂泵送设备的功率储备系数不低于 1.8；施工设计限压 80MPa 以上的连续拉链式压裂，压裂泵送设备的功率储备系数不低于 2.0in 原则，配备相应的泵注设备。

（2）页岩气压裂用高压管汇根据工程设计压力，按照连续施工压力不高于管汇额定工作压力 80% 的原则进行选择。

（3）混砂车（橇）、仪表车（橇）的配置应满足工程设计要求，并在区域内备用混砂车、仪表车各一套。

（4）供砂优先使用连续输砂装置，能满足现场连续施工需求。储砂罐至少能存储 3 种类型的支撑剂，各类型支撑剂的储量不低于压裂设计单段用量的 1.25 倍，供砂速度达到施工最高砂比要求。

（5）压裂用井口的额定工作压力不低于压裂施工设计最高泵压的 1.25 倍。

（6）连续混配车（橇）至少能够满足3种干粉和液体添加剂的配制要求，配液质量符合施工设计要求，配液速度保证施工排量要求。配液速度若达不到施工排量要求，应配备适量缓冲罐。

2. 水罐区

（1）水源满足压裂施工的日用水需求及供水速度。

（2）从水源地通过管道泵送至蓄水池及井场过渡罐、或从蓄水池泵送到井场过渡罐的供液系统，应统筹考虑蓄水池、过渡罐、管道、用电建设及配置，使总供液能力满足日压裂用水量，并配备应急供液设备。

（3）井场内直接为压裂设备供给工作液的供液系统，供液排量不小于压裂施工设计最大泵注排量的1.25倍，并配备应急供液设备。

（4）根据蓄水池容量及供水能力匹配合理数量的过渡罐，满足连续压裂施工用水要求。

3. 射孔作业区

分簇射孔功能的地面仪器、电缆绞车、电缆防喷装置，及其满足提升高度和吨位要求的提升设备。

4. 地面测试作业区

（1）压裂前期地面流程应满足通井、洗井、试压、射孔等工序的排液、泄压要求。

（2）压裂期间地面流程应满足井筒砂堵返排、钻塞捕屑、节流降压等工艺要求。

（3）排液测试和试采期间能满足平台井钻塞捕屑、井口高压除砂、节流降压、气液分离、试采计量等工艺要求。

5. 连续油管作业区

（1）具备分簇射孔功能的地面仪器、电缆绞车、电缆防喷装置，及其满足提升高度和吨位要求的提升设备。

（2）满足电缆分簇射孔的其他配套：操作台或升降机、照明设备等。

二、页岩气平台场地规模

（1）山地环境工厂化压裂场地规模。

受地形影响，四川地区的页岩气平台工厂化拉链、同步压裂作业井场尺寸：120m（长）×80m（宽）。

（2）压裂作业区。

压裂车距离施工井口不小于 10m；同向每 3～5 辆压裂车为一组，组与组之间间距不小于 3m，同组相邻压裂车之间间距不小于 0.8m；现场指挥中心距离压裂高压管线不小于 30m；液罐区域距离井场内沟不小于 3m，作为低压管汇区；压裂车车头前有不小于 13m 的应急通道，保持畅通（图 6–47）。

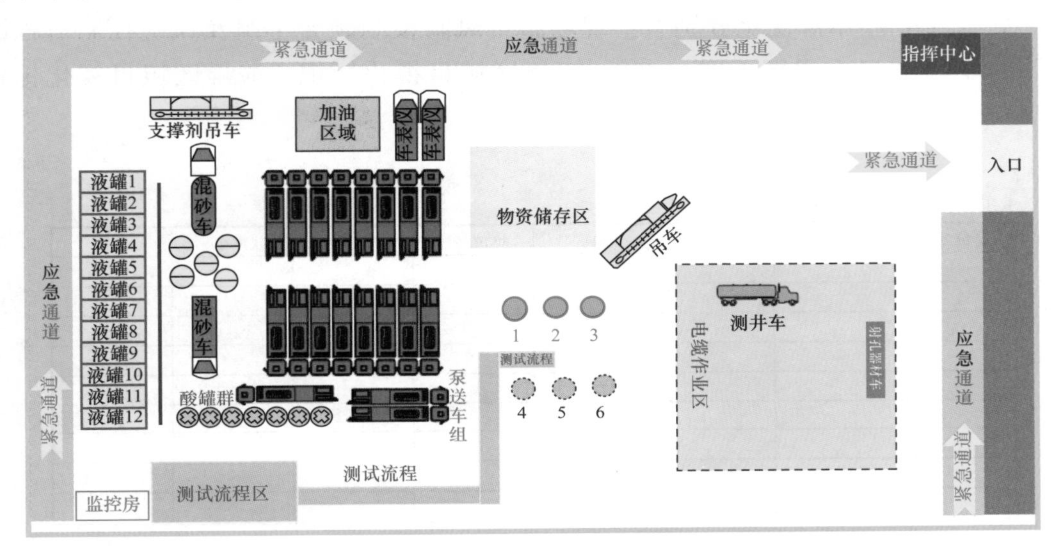

图 6–47　工厂化作业规模示意图

（3）射孔作业区。

电缆作业区域为 30 × 15m；注脂控制系统距离施工井口不小于 5m；空气单元距离施工井口不小于 10m；电缆绞车滚筒距离施工井口不小于 25m；射孔器材车临时停靠距离压裂高压管线不小于 30m；射孔枪装配作业区距离压裂高压管线不小于 30m。

（4）连续油管作业区。

连续油管作业区域为 35m × 15m；连续油管工作滚筒距离施工井口不小于 20m；配合连续油管作业的压裂车距离连续油管操作室不小于 5m；连续油管作业工程师房距离施工井口不小于 30m。

（5）地面测试作业区。

地面测试作业区域需求为：1 井组 1 套流程 39m × 5m、2 井组 2 套流程 40.5m × 8m、3 井组 2 套流程 41m × 10m、4 井组 3 套流程 42m × 15m、5 井组 3 套流程 43m × 18m、6 井组 4 套流程 45m × 20m，压裂设备及其他相关方设备与地面测试流程距离不小于 2m；分离器距离施工井口不小于 15m；密闭燃烧器安置在井场边缘，并距离井口不小于 30m。

（6）其他要求。

现场除压裂车车头前的其他区域，应具备有效宽度不小于 3.5m 的安全通道，保持畅通；设置逃生路线、紧急集合点等，并标识清楚；消防器材房、材料房距离压裂高压管线不小于 20m；井口液动平板阀远控装置距离井口不小于 25m；储液池周围安装安全防护围栏、配置救生器材，设置警示标识。

三、页岩气平台目视化布置

页岩气平台井目视化分别有：现场施工风险控制领导小组及风险控制流程图（图 6–48）、井场布局图（图 6–49）、高压区域目视化标识、酸罐区域目视化标识（图 6–50 和图 6–51）。

一、风险控制领导小组

1.压裂施工主要负责人及应急联系方式

单位名称	姓名	联系电话	职责	单位名称	姓名	联系电话	职责

2.地方政府、救援机构主要负责人及应急联系方式

单位名称	联系电话	单位名称	联系电话
珙县安监局	0831–8824626	珙县环保局	0831–4312345
曹营镇卫生院	0831–4488083	珙县消防队	0831–48821119
安全环保节能部	028–86019123	报警电话	110
生产运行部电话（公司应急管理办）	028–86019199，028–86019299	火警电话	119
装备部	028–86019186	交通事故报警	122
查号台	114	急救电话	120

二、风险控制流程图

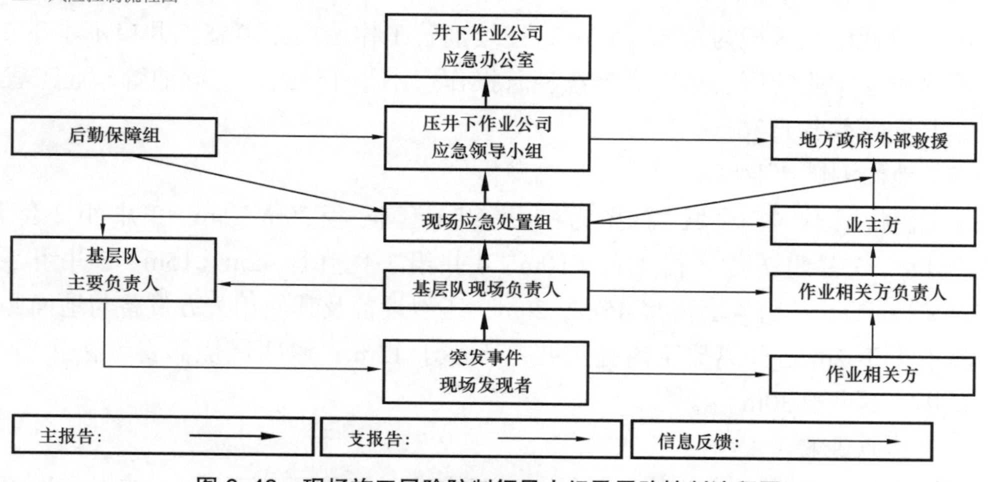

图 6–48　现场施工风险防制领导小组及风险控制流程图

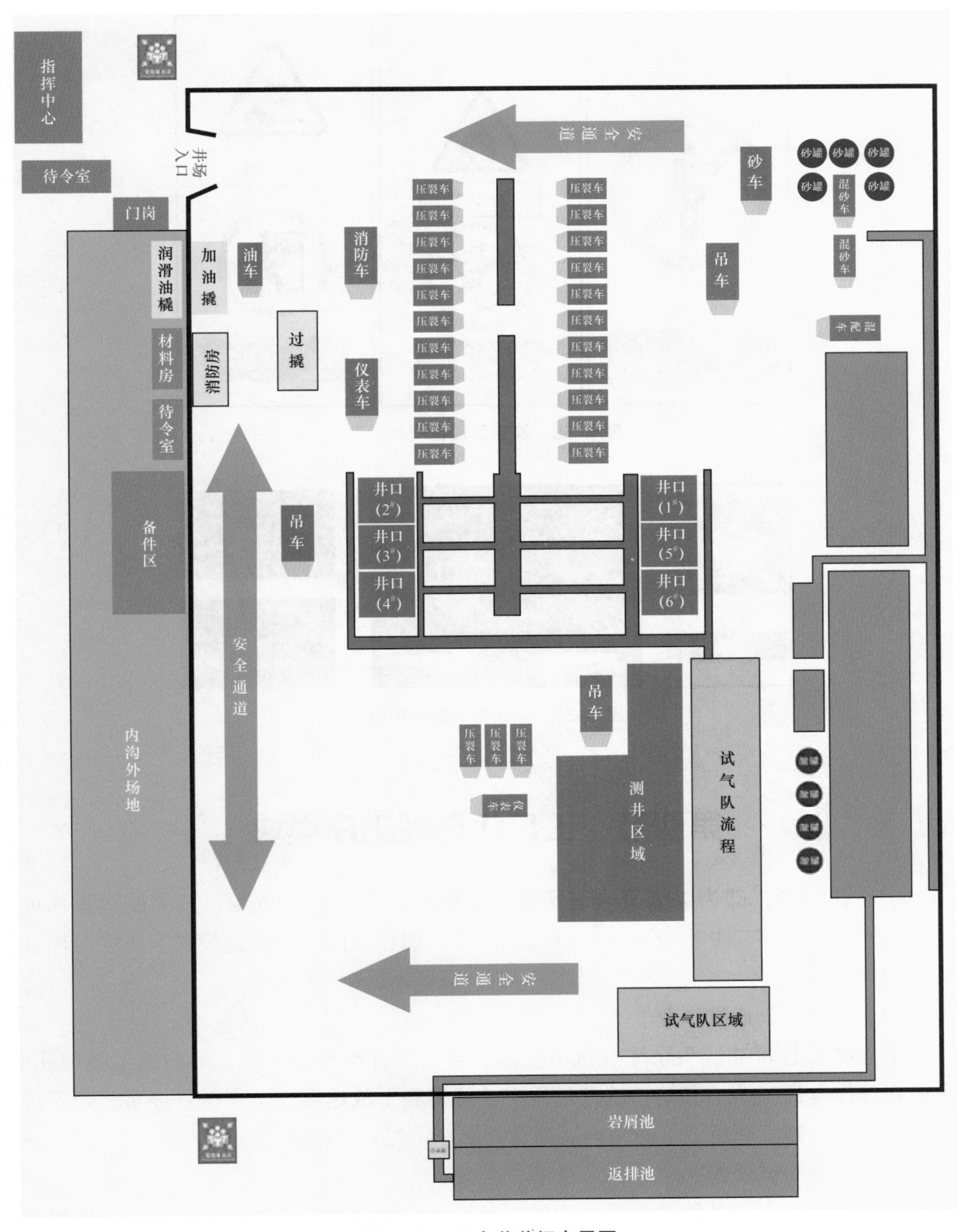

图 6-49　平台井井场布局图

图 6–50　高压区域目视化标识

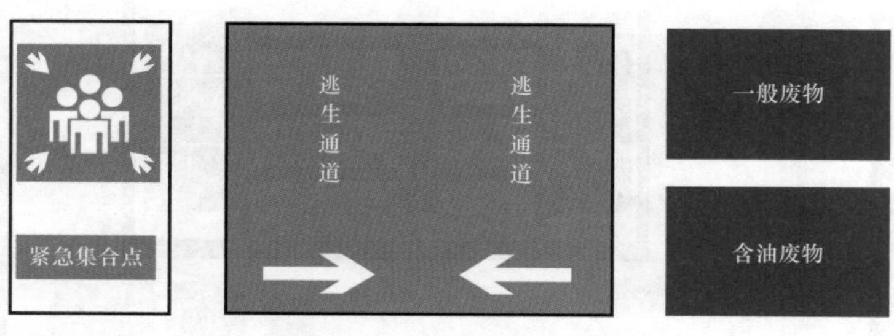

图 6–51　酸罐区域目视化标识

第四节　工厂化压裂工序模块

工厂化压裂，即为提高页岩气压裂作业效率，降低生产成本，按照流程化作业集中对同一井场多口井批量进行拉链式或同步压裂作业的增产改造模式。工序顺序如图 6–52 所示。

（1）连续油管通洗作业。

下连续油管带冲洗头泵注有机清洗剂大排量洗井至预定井深，为后续电缆射孔、下桥塞等作业提供清洁井筒。洗井过程中注意控制下放速度，不得擅自停泵，若不得不暂时停泵，则应坚持上下活动连续油管，防止卡钻。

（2）全井筒试压作业。

在连续油管完成井筒的通洗作业后，开始对全井筒进行试压作业，检验及确保流程、井筒、井口气密封完整性和可靠性。若井筒试压达到试压要求，泄压至 0MPa，关闭井口阀门，待前期准备工作完成后，便可以进行压裂施工作业。

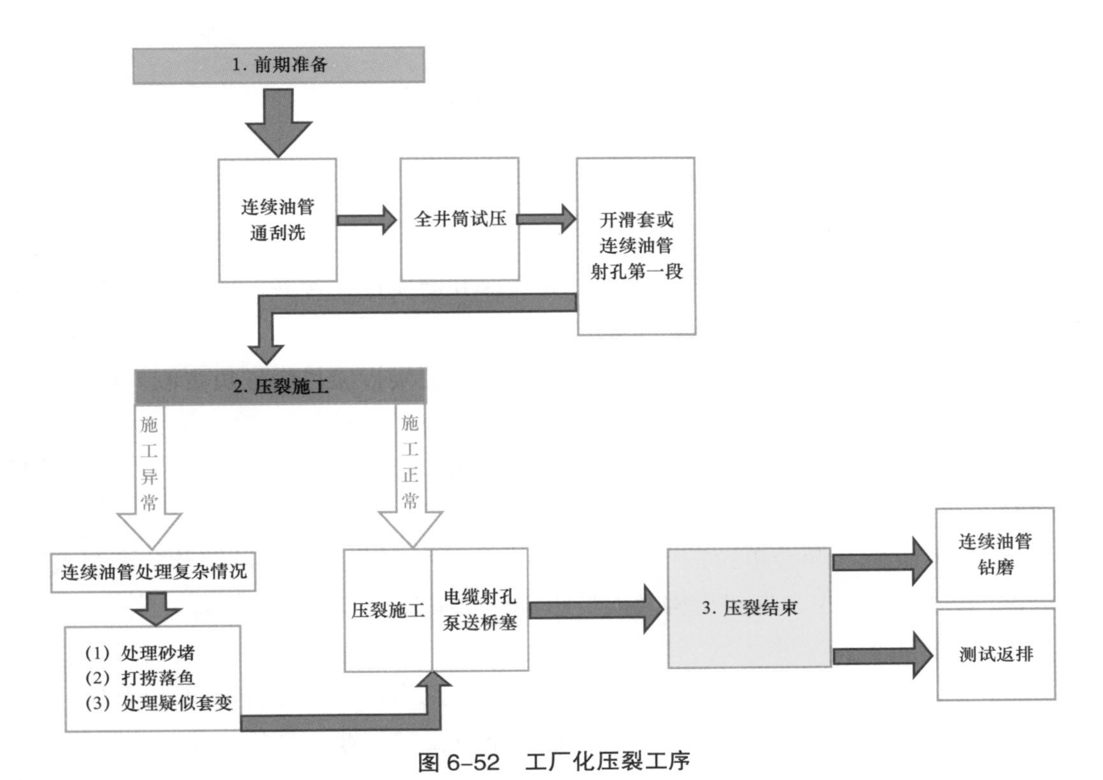

图 6-52 工厂化压裂工序

（3）开趾端滑套或第一段射孔作业。

根据趾端滑套工具性能进行开启作业，若开启成功，则可直接进行压裂作业，若没开启，则用连续油管对第一段进行射孔作业。

（4）压裂施工作业、电缆射孔作业、桥塞钻磨作业。

工厂化压裂施工期间，按照每段总液量 $1800m^3$，排量 $12～14m^3/min$ 计算，送球 0.5h，主压裂需 2.5h，单段压裂累计用时 3h，压裂准备 1h（关井、泄压、压裂车加油，倒、立电缆防喷管、打平衡压、开井），测井电缆射孔作业时间 4～6h（平均按 4.5h 计）。桥塞钻磨作业详见第七章第四节。

（5）测试返排作业。

按照《页岩气试气排采作业规范》要求，采取“控制、连续、稳定”的排液方式，根据区域地质及邻井排液特征确定开井排液时间，初期采用不大于 3mm 油嘴开井控制排液，连续排液 24h 以上，观察井口压力、排液、出砂及见气等情况。整个排液过程保持连续稳定，避免压力、排液速度的突然变化。生产制度发生变化需要减小油嘴时，以 1mm 的级差减小油嘴，排液期间若没有出砂或除砂器出砂较少时，则保持油嘴大小不变。再次开井时，初期用 3mm 油嘴，在没有显著出砂或其他异常情况时，以不高于每小时 2mm 的速度逐级放大油嘴。

第五节　施工组织

一、压裂前期组织

做好钻井转完井试气压裂过程监督。为确保井筒质量，接井前监督通、洗井等工作，确保关键工序到位，满足后期压裂要求。

钻井转试气压裂后，页岩气平台（井）试气压裂实行项目经理负责制。由主体施工单位牵头成立平台（井）试气压裂项目部（以下简称项目部），在页岩气平台（井）现场联合办公（接井）至试气压裂结束（交井）期间履行属地管理职能，以强化项目日常管理。

施工主体单位、配合单位按照项目部组成及职责要求选配项目部及各小组人员，确保人员能够履职到位，并将机构及人员组成情况报公司相关部门备案。

项目部参加平台（井）现场联合办公及办公会，并按照施工方案和运行大表组织压前各项准备工作，每天组织例会协调相关各方工作，解决准备期间出现的各种问题，确保各项工作按期准备到位。项目部在多单位交叉作业、高危作业、特殊工艺作业等专项作业前组织相关单位召开交底会，明确专项作业主体方、配合方及各方职责和注意事项。

压前准备到位后，首先由项目部按照公司规定自行组织验收，验收合格后报请甲乙方联合验收组进行验收，合格后方可开始施工。开工前，项目部适时开展高压爆管、消防等应急演练，确保应急物资、器材准备到位，应急处置方案合理。

二、压裂施工组织

压裂施工期间，压裂队负责主压裂施工，支撑剂、酸液、油料均由压裂队负责通知到场，并进行协调。首先是开工验收组织。然后，在压裂施工期间，射孔作业同时交替进行，确保拉链式压裂作业。同时采用连续混配装置供液。连续输砂装置，在施工过程中及时补充砂，提高补砂效率。供水能力与施工排量持平，保证供液能力；微地震实时监测，提供裂缝扩展数据，及时指导泵序调整；第三方检测单位负责对液体、支撑剂性能进行实时监测，确保入井材料质量。施工结束后对物料进行补充，利用快速加油橇提高加油时效，并及时保养设备，若设备无法及时恢复则隔断，保证施工时效。按照相关要求，完成6段施工后，需进行高压设备的例行检查及井口装置的紧固。

三、射孔作业组织

压裂施工期间，射孔队负责桥塞坐封、电缆射孔等专项作业，所有配合射孔作业

的相关单位均听从射孔队的指令。

压裂与射孔同时作业时，一口井射孔工具下入井内100m测试正常后，另一口井方可开泵压裂。泵送射孔枪过程中如发现泵注压力或电缆张力发生异常波动，则应确认本井未受压裂影响后方可继续同时作业；如难以判断压裂井，则应停止加砂，转入顶替，顶替完后停泵关井，终止同时作业。

四、返排测试组织

（1）首先是返排测试施工设计编制。施工设计编写以工程和地质设计为依据，设计的地面测试设备性能应满足施工要求，满足取全、取准测试资料需要，同时保证测试施工处于受控状态，能满足处理异常情况的要求。根据现场作业的工艺、甲方要求或者相关工程设计要求选择合适的地面测试设备。

（2）绘制地面测试流程图。图中应具备放喷、测试、数据采集、取样、返排液回收、压井等基本功能；对高压、高产气井，流程还应具备紧急关断、紧急泄压等功能。

（3）设备、资料、人员和作业的准备。① 地面测试队长根据施工设计建立上井设备台账，台账应有明确设备的规格型号、上井数量；所有测试设备必须按设计要求进行试压，试压合格才能使用。作业队长或工程师逐一检查落实设备的完好性。② 地面测试队长根据该井设计编制应急预案、HSE计划书等；地面测试队长将应急预案和HSE计划书等资料提交主管领导审批；数据采集操作员负责上井所有资料的整理并装箱，上井准备资料清单。③ 根据作业要求和难度，提前做好人员安排；检查所有上井人员证件，并填写上井人员证件登记表，无证件或者证件已经过期的人员不能上井作业。对作业而言，专人指挥逐一将设备卸下，设备之间摆放距离满足安全规定要求。

（4）流程安装、试压与验收。根据地面测试流程图进行安装，放喷、测试管线及分离器的安装符合试油技术操作规程和《井下作业井控实施细则》要求，且地面流程具备该平台每口井进行单独测试和计量的要求。地面流程连接完后，按照相关要求进行流程固定。按照先低压后高压的原则，对流程进行分级试压，试压合格后，整理试压资料，由现场监督签字确认。试压结束后，队长申请甲方对地面流程进行验收。验收合格后，双方在验收表上签字，一式两份。

（5）现场作业。

① 配合连续油管通洗测井、第一段射孔作业。在作业前检查套管阀门、地面紧急关断阀、压力表 / 传感器旋塞阀状态是否开启。连续油管作业前检查流程走向，连续油管在通洗测作业时返排流程敞开并安排专人值守出口观察有无液体返出，防止连续油管超压导致其他误操作。连续油管在射孔作业时返排流程敞开并安排专人值守出口有无液体返出，防止连续油管下放时超压导致射孔枪异常引爆。连续油管下到射孔位

置后，听从连续油管指令操作井口。

② 配合全井筒试压。全井筒试压完成后，将井口压力传递至油嘴套进行泄压，在泄压时出口专人值守，在泄压时检测好下游压力，防止泄压时下游超压。

③ 配合分段加砂压裂。加砂压裂之前，巡检地面流程，确保地面流程的设备、阀门处于正常状态，并随时做好冲砂准备。加砂压裂期间，数采岗应在数据房待命，做好冲砂准备，并配合相关单位开关井口液动平板阀。在加砂压裂期间，数采岗监测环空压力，有异常情况及时汇报。压裂过程中可能出现砂堵，冲砂时，防止管线刺漏；控制好出口，防止管线憋抬。

④ 钻磨桥塞。钻磨桥塞作业，要在排量和回压控制之间找到一个动态平衡。钻磨桥塞期间，必须做到：a. 地面流程各岗位人员密切巡查地面流程，出现紧急情况立即汇报；b. 利用捕屑器对返排碎屑进行捕获和计量；c. 密切观察捕屑器和除砂器的上下游压差变化，及时清理捕屑器；d. 通过地面流程控制回压，并计量返排液；e. 监测地层出砂情况。

⑤ 排液测试作业。在开井之前再次检查地面流程，确认设备处于正常状态，阀门的开关正确。进行返排作业时应时刻观察地面流程各监测点的压力情况，做好地面流程巡查工作，一旦发现异常立即进行汇报和处理，紧急情况先关井后汇报。采取“控制、连续、稳定”的排液方式，控制支撑剂的回流，达到排液连续，井口压力相对稳定的目的。气井测试可采用临界速度流量计或标准孔板流量计进行计量，稳定求产要求：

a. 日产气量波动范围小于 5%；

b. 当日产气量不小于 $50\times10^4m^3/d$ 时，井口压力平均日波动幅度不大于 0.7MPa；

c. 当日产气量在（20～50）$\times10^4m^3/d$ 时，井口压力平均日波动幅度不大于 0.5MPa；

d. 当日产气量小于 $20\times10^4m^3/d$ 时，井口压力平均日波动幅度不大于 0.3MPa；

e. 井口压力和产量稳定时间要求不小于 5 天。

求产期应专人观察分离器压力变化，适时排放分离出的液体。更换油嘴时，取气、水样至少各 3 个送化验室做全分析。数据采集系统按测试有关规定录取资料，对测试全过程压力、温度进行监测，采集数据，记录曲线，确保数据采集的连贯性、完整性。报警装置超过预设值时及时报警。开井期间随时注意各级压力、温度的变化，派专人负责巡回检查整个地面测试流程，发现异常及时整改。

⑥ 试采输气开井前，检查流程闸门的开关情况，确认进入输气橇各闸门的开关状态，保证通道的畅通。试采输气时，流体温度应在 0℃以上，防止冰堵。分离器压力控制在 7MPa 以内。

第六节　保障措施

一、供液保障措施

页岩气压裂井场摆放满足施工设计一段液量的液罐群，并优化胶液罐和清水罐数量，以满足施工设计要求。水源地可安装大功率离心泵，用于保障水源地至井场清水池的供液量满足压裂施工与泵枪同时作业的需求。井场清水池至液罐群可安装大功率供液设备，用于保障液罐群供液能力满足混砂车、混配车、供液橇同时施工要求。

水源地的离心泵、井场清水池的大功率供液设备应满足“一用一备”原则，随时做好应急的准备。

二、支撑剂保障措施

按照满足施工设计两段砂量的情况，作为供应支撑剂的负责人须在现场进行值守，确保支撑剂正常、安全使用。

三、酸液保障措施

在页岩气平台压裂作业现场，酸液的用量有限，一般情况下，采取按照满足施工设计酸液进行储备，同时备用一定数量的酸罐，作为应急罐，酸液亦可随时补充。

酸罐区域使用防渗膜铺垫，同时每个酸罐底部都摆放独立的整体式围堰，在酸罐区域边沿采取围堰进行隔离。在酸罐区域，配备洗眼器、苏打水、中和碱等应急处理的药品和器材。

四、油料保障措施

在油料供给方面，目前已使用集中供油装置，大大缩短了油料补充时间。每天施工结束前，提前通知第二天油料到井时间和需求量，确保油料的充足使用。

在补充油料的时候，集中供油装置的区域内应摆放独立的整体式围堰，在集中供油装置区域边沿，应对围堰进行隔离。同时应配备一定数量的泡沫灭火器。

五、设备物质保障措施

根据页岩气平台作业工作量，在前期准备的时候，针对设备物质进行富余量考虑，并在主压裂施工前到达现场，摆放在配件区域。在施工期间，根据设备物质的使用量及时补充和协调。

六、后勤物质保障

根据页岩气平台井作业时间久、周期性长的特点，专门成立了后勤物质保障组，并设立组长。后勤组成员员必须保持24小时通信畅通，编写应急方案，遇到紧急情况时，必须启动应急方案，在安全可靠的情况，完成物质的保障。

七、安全保障措施

作为生产单位，安全是重中之重的问题。要时刻提醒安全问题。首先是行车安全。配合页岩气平台井的车辆必须遵守单位的行车管理制度，尤其在山地地区要对行车车速进一步控制，确保在山地地区车辆行驶的安全。其次，在页岩气平台井作业现场，要严格遵守作业前的交底会；进行各项作业前，严格执行“先开票后作业”的流程。

八、环保保障措施

在环保要求日益严格的当下，做好环保工作是每个页岩气平台井负责人的首要任务。首先，井场区域内须有内、外沟，从地理环境上解决了油污外泄的问题。其次，在内、外沟须安装潜水泵，避免了沟内积水外溢。在压裂设备摆放区域，严格执行先铺设防渗膜，独立设备下再铺设整体式围堰，在防渗膜边沿再砌筑围堰的措施。

在压裂区域出现积水时，第一时间用抽水泵将积水抽走，避免积水外渗。对于压裂设备更换的机油，采取集中收集，统一处理的模式，含油物料绝不带出井场的要求。对于其他固体废弃物，采取施工结束后，统一集中收集，由具有资质的第三方单位统一处理。

参考文献

[1] Tolman R C，Simons J W. Method and apparatus for simultaneous stimulation of multi-well pads [C]. SPE 119757，2009.

[2] Mutalik P N，Bob Gibson. Case history of sequential and simultaneous fracturing of the Barnett shale in Parker county [C]. SPE 116124，2008.

[3] George Waters，Barry Dean，Robert Downie. Simultaneous hydraulic fracturing of adjacent horizontal wells in the Wood ford shale [C]. SPE 119635，2009.

第七章

页岩气压裂现场作业

目前，页岩气压裂作业均采用工厂化压裂作业的模式，工厂化压裂作业的一个基本理念是有序地组织各种作业工序，以保障整个大型作业实现高效。页岩气水平井压裂改造普遍采用套管完井、桥塞分段、分簇射孔的工艺技术，因此整个压裂作业过程包括泵送桥塞与分簇射孔联作、主压裂施工、连油钻磨桥塞及通井、压后返排等作业流程[1]。

第一节　井筒准备

一、井筒清洁

页岩气完井虽然均采用套管完井，但是目前页岩气钻井通常都选择携砂能力强、抑制性强和润滑性好的油基钻井液体系。在固井候凝期间，井筒静止的油基钻井液中的固相物质易在水平段中沉降、粘附在套管壁。同时无论是采用连续油管传输或者是电缆传输分簇射孔，以保障桥塞及工具能顺利达到设计位置、不挂不卡，都需要一个清洁的井筒，因此保障井筒的清洁是整个压裂作业的第一步。页岩气压裂前井筒清洁主要采用清洗液对井筒进行清洗，是页岩气试油过程的常规工序。

1. 清洗液组成

清洗液通常由渗透剂、破乳剂、洗油剂、悬浮剂等成分组成。渗透剂和破乳剂均属于表面活性剂物质，洗油剂一般是有机溶剂，悬浮剂主要是一些具有增黏作用的高分子物质。

破乳剂在渗透剂的协同作用下，快速进入油包水乳化液界面，替换原有油基钻井液用乳化剂，能使油基钻井液快速破乳；洗油剂与油基钻井液油相极性相似，可与油相溶，且可在水介质中快速增溶油相，使被油粘结的固体物质充分分散，分散开后的固体物质在水溶液中也不再聚结；悬浮剂在适当提高清洗液的黏度，有效携带固相物质的同时，还可降低清洗过程液体在管柱中的摩阻，保证清洗液能建立大排量的紊流冲刷作用。

清洗液如果不含洗油剂，清洗效果就会受到影响。但洗油剂这类有机溶剂存在安全风险，因此可利用微乳增溶原理，将清洗液调配成微乳液，既保证了洗油剂对油泥的清洗作用，又避免了洗油剂存在的安全风险。

通常，微乳液采用聚氧乙烯型非离子表面活性剂作为增溶表面活性剂。但这类微乳液不耐温，高温下易失稳，对高温深井的清洗效果较差。这是由于在低温下非离子表面活性剂单层膜的自发曲率是正值，在高温下变为负值，导致高温失稳。由于离子型表面活性剂随着温度的升高变得更加亲水，表面活性剂自发曲率在所有温度下都是正的，倾向于形成 O/W 乳液。因此，选择合适的离子型 / 非离子型表面活性剂的复配，两种类型表面活性剂随温度变化发生的自发曲率变化相互抵消，形成了耐温型清洗液配方（图 7–1）。

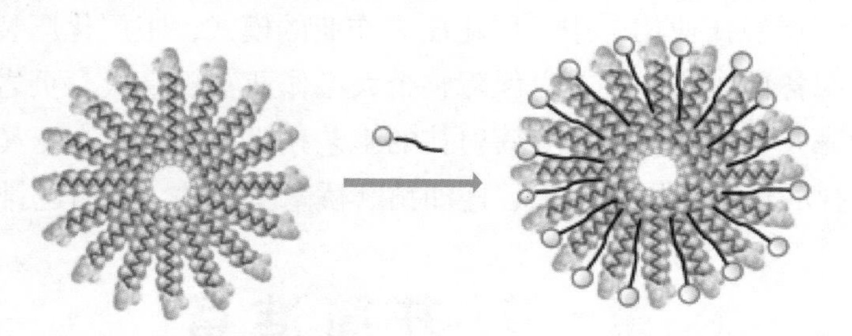

图 7–1 聚氧乙烯型非离子表面活性剂和阴离子表面活性剂的混合胶束示意图

2. 清洗液性能

清洗液为一种透明或半透明微乳液体，长时间放置均不会出现分水分油现象。清洗液属于 Winsor Ⅳ型微乳液体系，可以回收再利用，闪点高，耐温 150℃，清洗效率高达 95% 以上（图 7–2 为清洗前后转筒图片）。清洗液在清洗前是棕色澄清液体，清洗钻井液后变成黑灰色，油泥可以很好地在清洗液中进行溶解分散（图 7–3）。

(a) 清洗前　　(b) 清洗后

图 7–2 粘附油基钻井液的转筒清洗前后对比图

(a) 清洗前

(b) 清洗后

图 7-3　清洗液清洗前后的状态图

表 7-1　清洗液基本性能

项目	指标
3min 清洗率，%	≥95
耐温，℃	150
闪点，℃	＞73
可回收，次	≥7

二、压前预处理

酸预处理可起到清除近井筒伤害，与炮眼处岩石发生反应，降低页岩地层的破裂压力和设备水马力等作用。酸预处理方法工艺简单、操作方便，首先将前置酸液以低排量的方法注入地层中，使酸岩反应及裂缝的初始扩展形态得以控制，使前置酸液与近井筒污染物及炮眼处储层岩石发生充分反应，清除堵塞物并降低施工压力，满足页岩气压裂的工艺要求，获得更好的压裂施工效果。

现场施工表明，酸液具有较好的降低破裂压力的作用，为保证施工顺利进行，一般每段主压裂前注入 10m^3 酸液进行预处理。从前期长宁—威远已完成井的施工情况来看，每口井第一段施工时井筒相对较复杂，施工难度较大，施工压力较大，加砂较为困难，可在第一段施工时注入 20m^3 酸液。前期施工情况表明，注入浓度为 15% 的 HCl 即能降低破裂压力的作用，推荐中浅层页岩气井预处理酸液浓度为 15%。

而在深层页岩气水平井压裂中常伴随施工压力高、加砂难度大等问题。中国石化发明了一种能有效降低深层页岩气施工压力、加强酸岩反应、控制裂缝扩展形态的前置酸液及酸预处理方法。所述前置酸液包括10～20体积份的土酸及1～10体积份的添加剂，所述添加剂选自黏弹性表面活性剂、缓蚀剂、防膨剂、稳定剂或助排剂中的至少一种。前置酸液的组分及配比整体上解决了钻井液堵塞、进液孔眼数少、管套腐蚀过快、黏土矿物水化膨胀及液滞留地层等问题。通过酸液与近井筒污染物及炮眼处储层岩石充分反应，能彻底清除堵塞物起到降压效果，同时，在酸岩反应过程中炮眼周围的液体矿化度、温度及反应后的物质黏度均会升高，此时对已有酸液进入的炮眼起到暂堵效果，再次注酸时，将迫使酸液向未进液或进液效果不好的孔眼处流动完成酸岩反应，有效增加了进酸炮眼孔数，使酸与储层岩石充分反应，进一步起到降压效果。

第二节　分簇射孔

一、电缆泵送分簇射孔

1. 工艺原理

电缆泵送分簇射孔技术是在井筒和地层有效沟通的前提下（前期通过连续油管射孔或压裂启动滑套建立了井筒与地层间的流体通道），采用井口电缆防喷装置，运用电缆输送方式将射孔管串和桥塞下入井内。入井管串在直井段依靠重力下行，到达一定井斜后，压裂车和测井绞车按照泵送设计程序将入井管串泵送至目的层。校深定位后，通过地面控制系统与井下选发控制器建立通信，进行井下寻址和智能选发点火，完成桥塞坐封。上起射孔枪串，使其对准拟射孔井段，再次进行井下寻址和智能选发点火，完成后续多簇射孔。

分簇射孔技术作为非常规油气开发的“临门一脚”，为水力压裂创造清洁、高导流的射孔通道，并控制裂缝的走向，为非常规油气资源高效、安全、低成本开发提供技术保障。

2. 射孔器材

1）射孔枪

射孔枪是分簇射孔作业器材的重要组成部分，它为枪内的射孔弹导爆索、雷管等部件提供一个完全密闭的保护环境，使火工品不受井下高压、酸碱液及施工时产生的振动撞击等复杂环境的影响。

射孔枪通常是采用32CrMo4材质的无缝钢管加工制成，其结构如图7–4所示。单根射孔枪长度通常为0.5m、0.8m、1.3m、1.8m，以满足水力压裂设计要求。外径有ϕ89mm、ϕ83mm、ϕ73mm、ϕ60mm、ϕ51mm五大系列，根据套管尺寸选择合适的射

孔枪枪型（参见表 7–2）。页岩气井使用最多的是 73 型和 89 型射孔枪，承压指标一般为 105MPa、140MPa。

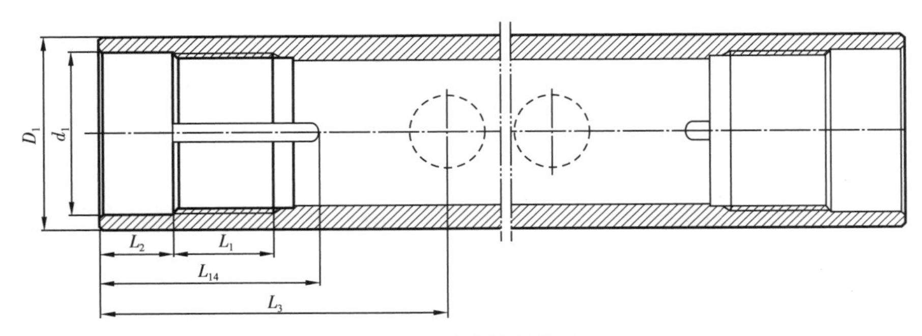

图 7–4 射孔枪结构图

射孔枪两端加工有内螺纹和密封面，以便于与接头连接，同时在 O 形密封圈的作用下，可以在枪管内部形成一个密闭内腔，确保枪内火工品不受外界井下环境影响。

射孔枪外表面加工有盲孔结构，其作用是降低毛刺高度，同时能提高射孔穿深。通常盲孔为螺旋状分布在枪管外表面，盲孔与盲孔之间的角度称为相位角，一般为 60 型枪或 90 型射孔枪。盲孔密度一般为 16 孔 /m 或 20 孔 /m。不同的套管尺寸对应不同的枪型，见表 7–2。

表 7–2 分簇射孔枪型选用推荐表

套管	推荐枪型	可选枪型
7in	102 型	114 型、127 型
$5^1/_2$in	89 型	102 型
5in	83 型	86 型、89 型
$4^1/_2$in	73 型	—
4in	60 型	68 型
$3^1/_2$in	51 型	60 型

射孔枪型号通常由射孔枪外径—孔密—相位角—耐压指标等组成，例如 89–16–60–140 表示外径为 89mm、孔密为 16 孔 /m、相位角 60°、耐压值为 140MPa 的射孔枪。

2）射孔弹

根据施工要求和射孔枪型来选择射孔弹型号。射孔弹炸药类型的选择遵循表 7–3 准则。

表 7-3　射孔弹炸药类型选择表

温度 / 时间	射孔弹炸药类型
＜140℃ /12h	RDX
140～170℃ /12h	HMX
170～250℃ /12h	HNS 或 PYX

在选择射孔弹时，主要考虑 API 混凝土靶穿深、套管入口孔径、炸药类型、耐温指标、药量等参数。

3）定面射孔

要实现在垂直于套管轴向同一横截面的圆周上形成多个射孔孔眼，就需要在现有射孔枪结构上做出相应的改变。令相邻的三发射孔弹为一组，其中中间一发为大孔径射孔弹，其发射方向垂直于弹架轴线；两边为深穿透射孔弹，它们的发射方向与弹架轴线成一定的夹角。通过对这两发深穿透射孔弹发射方向角度的设计，就能实现在射孔时，使这一发大孔径射孔弹和两发深穿透射孔弹形成的三个孔眼分布在垂直于套管轴向同一横截面的圆周上[4]（图 7–5）。

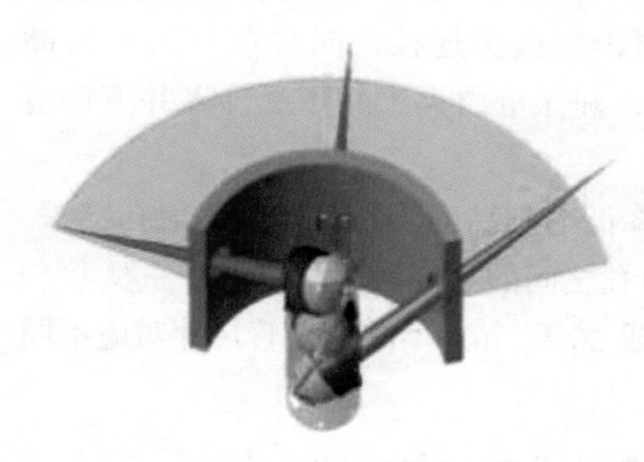

图 7–5　定面射孔示意图

目前有两种结构可以实现深穿透射孔弹发射角度的调整。一种是采用模块式弹托结构，配合特殊结构的弹架，通过不断调整设计弹托装弹内腔倾角实现射孔定面，如图 7–6 所示。另一种是采用悬臂梁式弹托结构，采用卡片弹托配合特殊结构设计的弹架，通过不断调整悬臂梁的角度实现射孔定面，如图 7–7 所示。

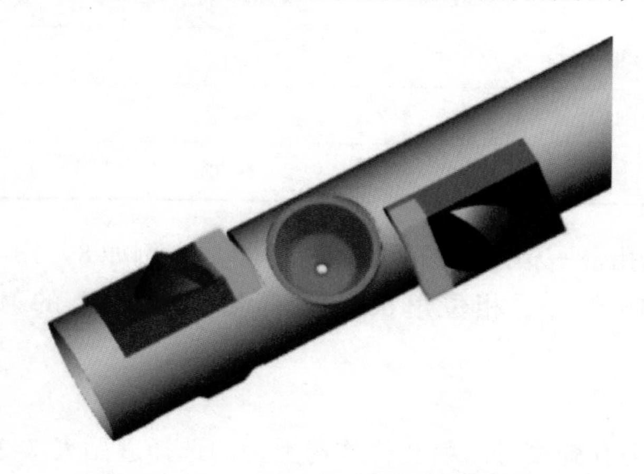

图 7–6　模块式弹托定面射孔枪弹架结构

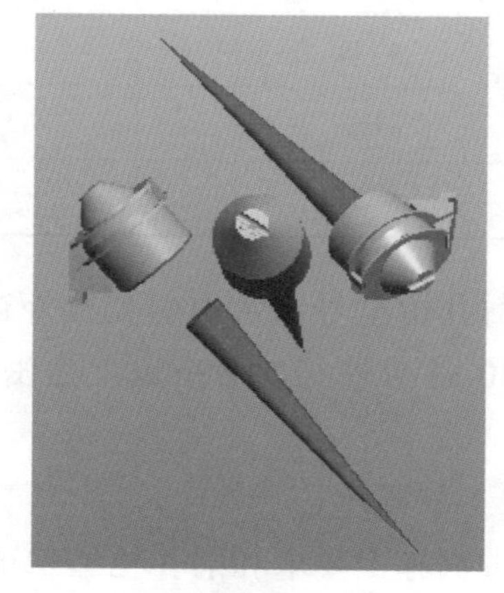

图 7–7　悬臂梁式弹托定面射孔枪弹架结构

4）定向射孔[5-9]

在页岩气水平井钻井时，由于受地质条件和工艺水平限制，导致井眼轨迹偏离气层。为解决上述问题，在分簇射孔技术与定向射孔技术相结合，使射孔枪在泵送电缆分簇射孔作业时，能转向气层方向射孔，压裂使控制裂缝沿射孔孔眼方向延伸，减少无效缝网。但是现有分簇射孔系统采用导线传输方式，与水平井重力定向旋转射孔技术存在着不可调和的矛盾，难以同时实现分簇射孔和定向射孔。因此，通过设计特殊的动态导电结构（图 7–8），实现了水平井分簇射孔定向功能。

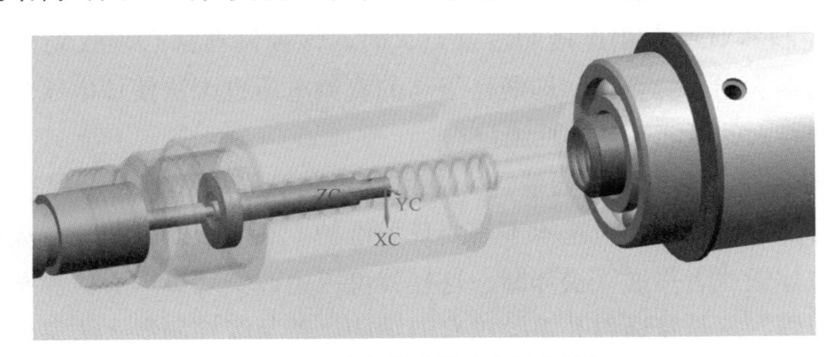

图 7–8　定向射孔枪动态导电结构

该结构能确保水平井分簇射孔施工作业时，射孔枪内电子选发器在器材动态转动时接地良好，绝缘、导电、寻址、簇间密封均正常。

5）选发控制系统

选发控制系统（图 7–9）是一个能实现单趟下井多次选发射孔点火的智能控制系统。单趟下井最多点火可达 20 次。

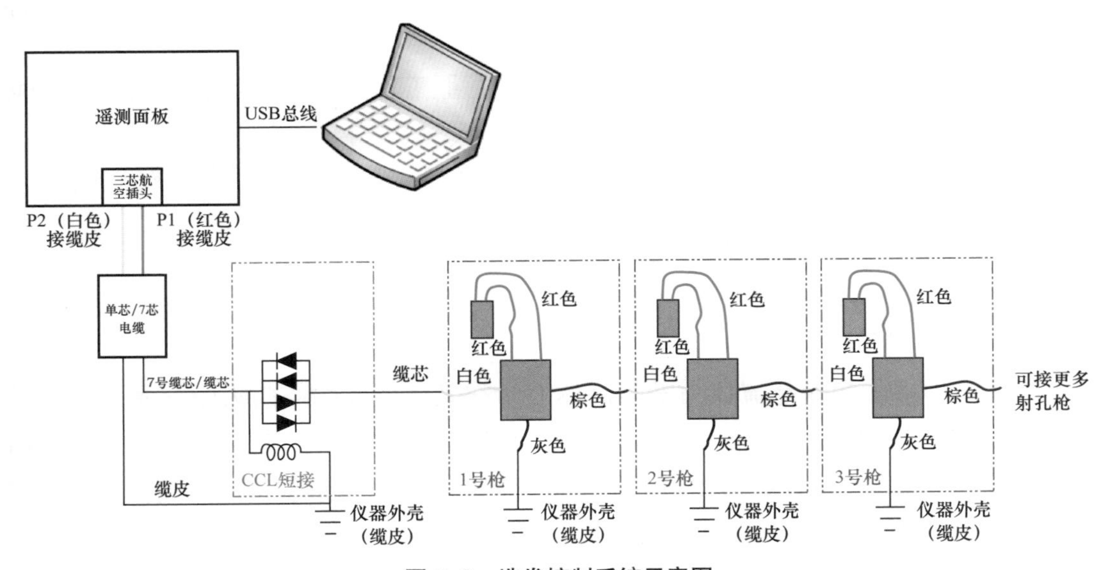

图 7–9　选发控制系统示意图

该系统地面硬件主要由一台笔记本电脑和一个遥测控制面板组成。遥测控制面板通过 2 根缆芯和井下控制器相连，至多可以接 20 级点火控制器，每一级都可以单独寻址和选发。

每个控制器都有一个区别于其他控制器的唯一的地址，每次点火都由一个点火控制器单独控制。

控制器可以和地面设备进行双向通信，一方面，它在电源接通的几百毫秒时间后，将自己的状态及地址发送给地面系统；另一方面，它可以接受地面系统的指令。

每一个控制器对与它相连接的雷管点火时，该控制器都必须收到来自地面的带有响应地址的点火指令。否则，即便是很高的直流电压也无法使该电压加到雷管的两端，这使得误点火的可能性基本杜绝。

每一级控制器，由单根贯通线连接，实现了装配简单化。每个控制器的成本也被控制在非常低的范围之内，基本不需要现场维护。某一级的控制器点火后，其中的控制器随即被炸毁或者贯通线被炸断，这样就可以由此实现爆炸后检测某一级的控制器是否顺利引爆，这是普通射孔系统没有的功能。若某级控制器无法实现点火，则可以在操作软件控制下对上面一级控制器实施点火，从而有效提高现场施工的效率和可靠性。

6）入井管串

典型的桥塞与分簇射孔联作管串结构示意图如图 7-10 所示，桥塞与分簇射孔联作如图 7-11 所示。

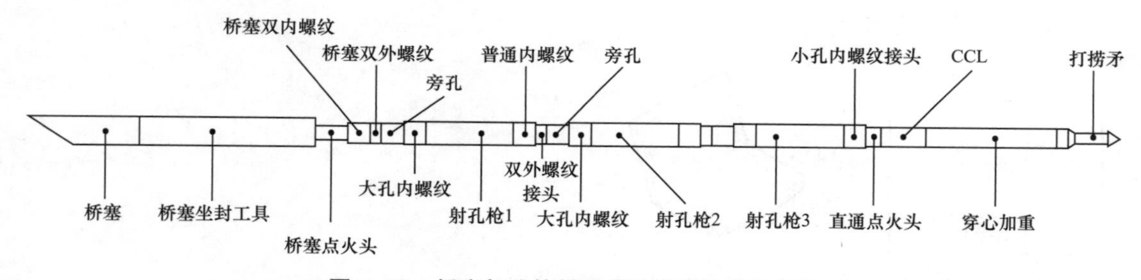

图 7-10 桥塞与分簇射孔联作管串结构示意图

3. 泵送设计

流体结构耦合问题是流体力学与固体力学交叉而形成的一门力学分支，它是研究固体变形在流场作用下的各种行为和固体形变对流场的影响，以及这二者相互作用的一门科学。固体在流体载荷作用下会产生变形或运动，变形或运动反过来又影响流动，从而改变流场内载荷的分布和大小。

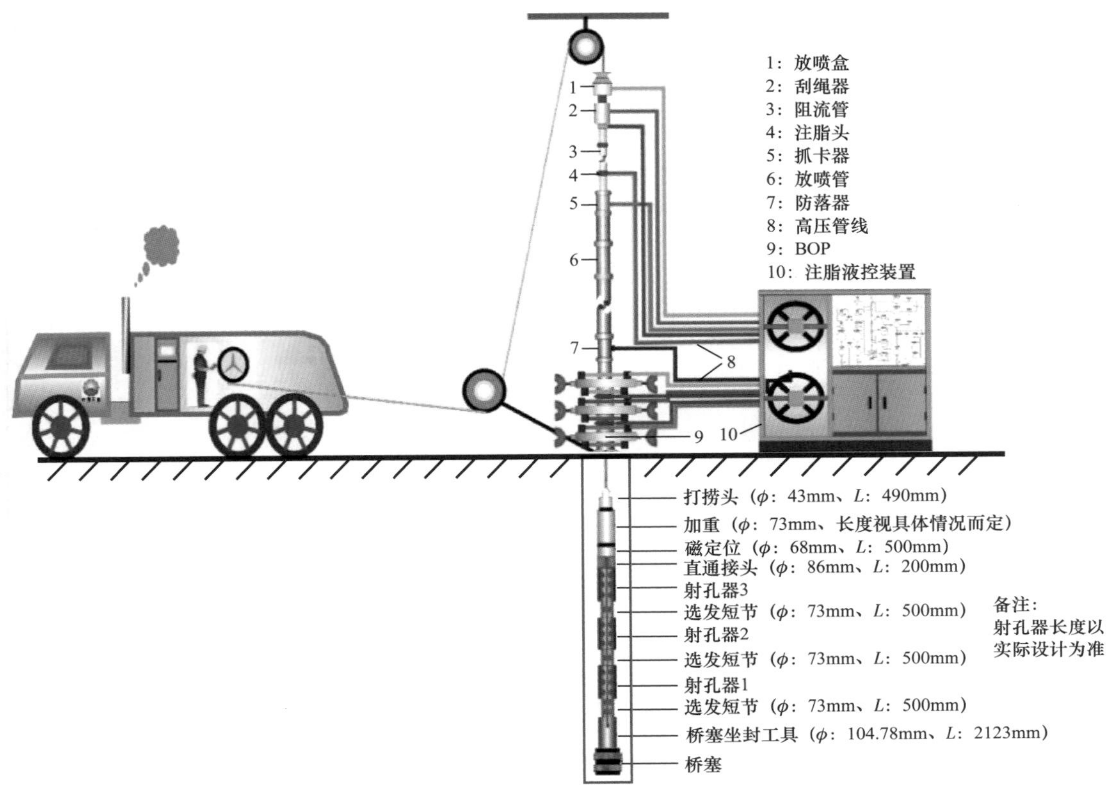

图 7–11　桥塞与分簇射孔联作示意图

根据论公式数学模型和有限元数值模型分析，可以得到泵入流体排量、套管与桥塞间隙、桥塞长度、井斜角、水平段长度与流体驱动力的关系。其中排量的增加直接导致流体驱动力的增加。在保持排量不变的情况下，流体驱动力开始增幅较缓，之后随套管与桥塞间隙的减小而增大。当套管与桥塞减小到桥塞外径快接近套管内径时，流体驱动力急剧增大。这是由于随着套管与桥塞间隙逐渐减小，导致泵送管串前后端的压差逐渐增大造成的。在达到一定流体驱动力的情况下，泵送所需排量随桥塞与套管间隙的减小而减小。

因此，在现场设计泵送排量时，需要根据井况首先确定桥塞外径，也就是确定套管与桥塞间隙。然后利用数学模型或者有限元数值模型计算排量与流体驱动力数值关系。通常首先使用相邻井的经验排量程序进行计算，如果某排量下的流体驱动力突然增大，其后果会对电缆头弱点造成一定的损伤或破坏。这时就要改变排量，再进行计算。

以某页岩气井为例，介绍经上述方法设计出的排量程序对现场施工的指导作用。该井井况见表 7–4。选用外径 ϕ89mm 射孔枪进行分簇射孔施工，外径 ϕ99.6mm 的桥塞作为分段工具，套管与桥塞间隙为 14.7mm，通过前述计算方法开展理论计算或仿真分析，并最终设计出泵送程序成功进行现场分簇射孔作业。

表 7–4 某页岩气水平井井况

水平段长度，m	1300.00
完井套管，mm	139.70
斜深，m	5091.00
垂深，m	3700.00
最大井斜，(°)	90.11
最大井斜井深，m	5010.45
压裂分段，段	23

图 7–12 为泵送过程现场记录的工程数据。设计的泵送排量程序为 1～2.5m³/min。在进入水平段前，随着排量逐渐加大，泵送推力和泵送阻力不断增加。进入水平段后，排量缓慢增加，其中在井斜增加的井段，井口张力和泵送速度总趋势在减小，在井斜减小的井段，井口张力和泵送速度总趋势在增加。

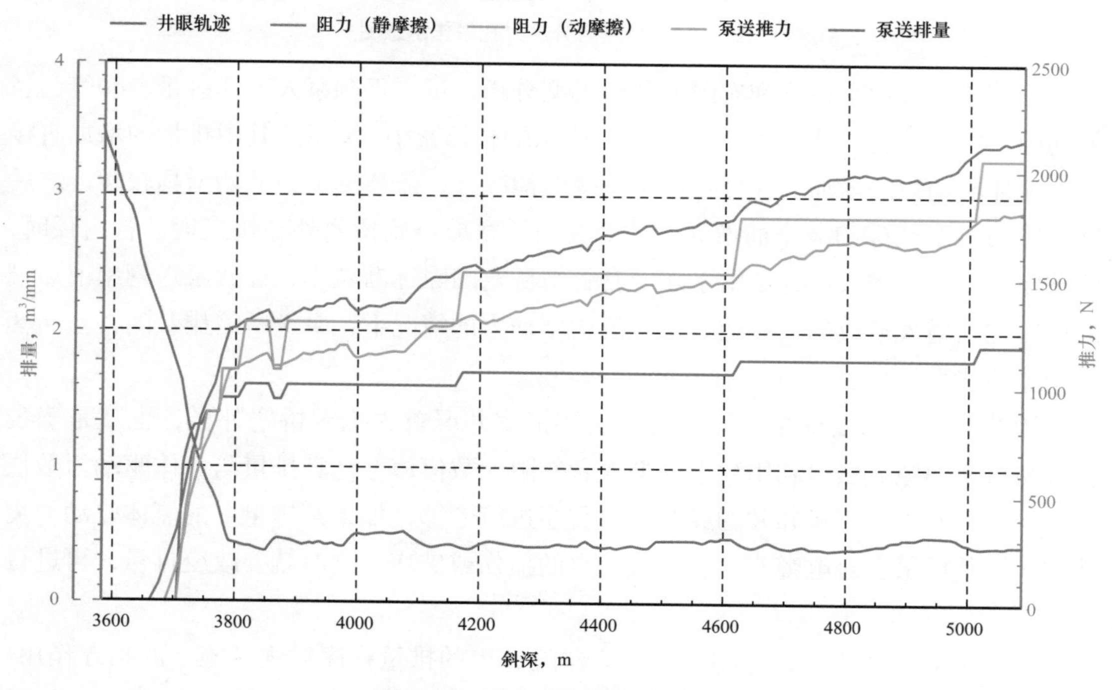

图 7–12 泵送过程相关工程数据

4. 作业工序

（1）井口按试油规程要求试压合格。

（2）按 SY/T 5587.5—2018《常规修井作业规程第 5 部分：井下作业井筒准备》的要求，采用与桥塞同样或稍大尺寸的通井规（或者根据标准通径尺寸制作）对井筒进行通井和洗井，保证井筒通畅。在坐封位置反复刮管，通井深度应深于桥塞坐封深度 20m，通井后灌满压井液。

（3）地面按要求连接防喷管、电缆密封控制头等电缆密封设备。

（4）将绞车电缆从密封控制头顶部穿入，并穿过防喷管，从打捞头、穿心加重中心穿过，检查电缆的绝缘、通断性能，并制作电缆头。

（5）按规定组装桥塞坐封工具。

（6）组装射孔枪严格按电缆射孔标准化作业程序（SOP）规定执行。

（7）连接多级点火电子选发开关，连接各段射孔枪和桥塞工具。

（8）下井管串连接电缆头，测量各簇射孔枪首发射孔弹至套管接箍定位器（CCL）的距离，预测量桥塞标线至 CCL 的距离，详细记录零长数据。

（9）将下井管串送入防喷管内，吊车将防喷管吊起至井口附近，绞车下放电缆，连接桥塞。

（10）吊车将防喷管吊起至防落器［位于井口电缆防喷器（BOP）上端］上方适当位置，井口操作工将防喷管下端与防落器通过活接头连接。

（11）绞车工根据工具串重量调校张力系数，使张力显示值与实际值一致；下放电缆，将下井管串在防落器处对零，然后缓慢上起电缆，将下井管串起入防喷管。

（12）启动电缆防喷装置的密封操作，按照射孔后预计最高井口压力的 1.2 倍对井口装置试压合格。

（13）试压合格后，根据井口压力给防喷管泄压，直至上下压力平衡，缓慢打开井口阀门，开始下放下井管串。

（14）在直井段，下井管串依靠自身重力下井，电缆下放速度不超过作业规定。

（15）下至校深短套位置（通常起泵点以上），上提校深，根据已知数据进行短套节箍深度校深。

（16）下至泵送起始位置（通常在井斜角 30° 位置），通知泵车平稳起泵（不能对下井管串产生剧烈冲击），并根据泵送设计及现场作业实际情况，在各个阶段通知泵车平滑均匀地提升排量，泵送程序原则上是从井斜 30°～80° 将排量逐步从 0 提升至临界排量。泵送过程中，应实时监测工具串运行情况、电缆张力、泵送排量和压力变化，若出现异常情况，则应降低泵注排量或停泵处理。泵送到位后，必须在确认停泵之后才能停止绞车下放电缆，否则将直接导致电缆头受力过大而管串掉井。一般做法是至少泵送过该段施工需要的深度以深1～2个套管长度才缓慢停泵，确认停泵后指挥绞车缓慢停止下放电缆。

（17）绞车上起电缆，深度校深，完成桥塞坐封和分簇射孔。当管串接近预定桥塞坐封或射孔深度时，降低电缆速度并缓慢地在该深度停止绞车动作。当水平段存在上倾角度时，过于快速的电缆上起速度或刹车动作将导致管串因惯性继续往回“滑动”，从而导致桥塞坐封或射孔深度偏差。

（18）起出射孔枪串，检查射孔枪发射情况。电缆上起过程中注意井口压力变化，调节控制头泵注压力，保证井口压力控制，同时密切注意电缆的运行状态及深度、张力变化情况，若有异常则应停车检查处理，并在滚筒上将电缆排整齐。管串上起至距井口200m位置时减速并确认防落器处于复位状态以保证安全。工具串起出井口，关闭封井器，泄压后拆卸防喷管，起出工具管串，检查坐封工具是否启动、射孔枪发射率是否为100%。

（19）根据施工设计要求，完成下一段桥塞与分簇射孔管串的组装连接、根据电缆头使用情况确定是否重新制作电缆头等准备工作。

（20）后续层段按射孔设计的步骤，完成每层的桥塞坐封、射孔作业。

二、连续油管分簇射孔

连续油管分簇射孔是指采用连续油管输送射孔管串一次下井完成多簇射孔或是桥塞坐封与多簇射孔联作的工艺技术。该技术可以克服电缆下入困难、套管变形井无法进行电缆泵送施工的困难，是复杂井、套变井射孔完井的高效手段。

目前，国内外均开展了连续油管分簇射孔技术研发，按照其基本原理或工艺特征，可分为“连续油管隔板延时分簇射孔”“连续油管内穿电缆分簇射孔”“连续油管智能电子起爆分簇射孔”三种类型。

受作业成本、现场操作方便性、作业可靠性等因素的影响，连续油管内穿电缆分簇射孔技术和连续油管智能电子起爆分簇射孔技术现场应用较少。连续油管隔板延时分簇射孔技术以其操作简单、功能可靠、作业成本低等优势在页岩气水平井进行了推广应用。

1. 工艺原理

连续油管隔板延时分簇射孔是采用连续油管多级延时起爆装置来实现分簇射孔的一项工艺技术。多级延时起爆装置包括隔板传爆装置和延时起爆装置两部分，装在上、下级射孔枪之间。连续油管传输射孔枪串到位后，加压起爆第1簇射孔枪及其上端的隔板传爆装置，隔板传爆装置起爆后输出爆轰，引燃延时起爆管，进入延时阶

段。延时期间（一般为 8～10min）上起管串至第 2 簇射孔位置等候，待延时结束，延时起爆管引爆第 2 簇射孔枪，起爆确认后，连续油管上起至预定位置，准备第 3 簇射孔。以此类推，最终完成多簇射孔。

2. 射孔器材

典型的连续油管隔板延时分簇射孔（5 簇）管串结构示意图如图 7–13 所示：

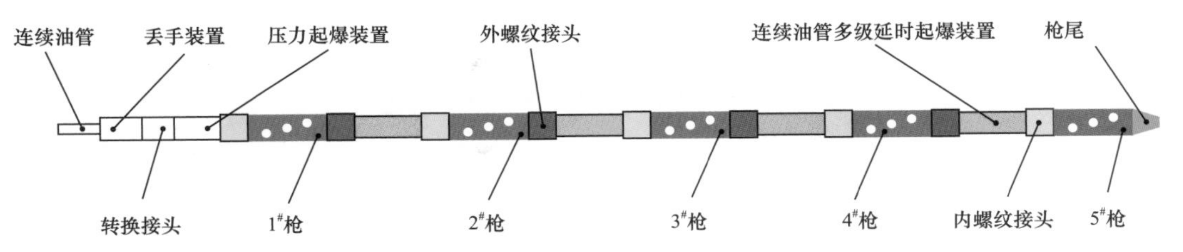

图 7–13　连续油管隔板延时分簇射孔（5 簇）管串结构示意图

压力起爆装置（图 7–14）为第一级起爆使用，依靠井底压力作用撞击活塞顶部，当作用力达到预设的销钉剪断力时，固定撞击活塞的销钉会被剪断，然后撞击活塞冲击起爆药饼产生爆轰并起爆射孔枪。

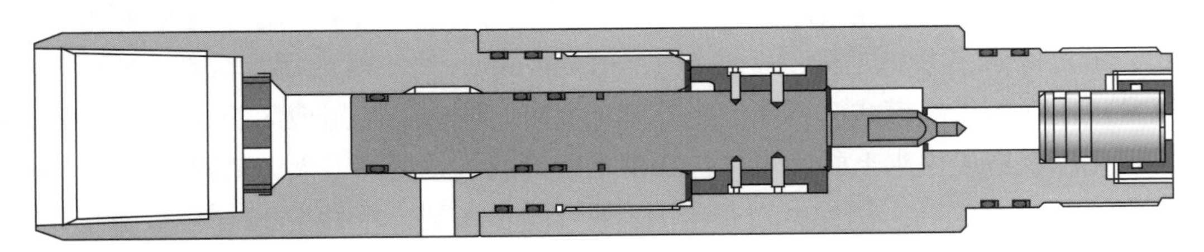

图 7–14　压力起爆装置

压力起爆器具有 43 型、51 型、73 型和 93 型，根据不同的射孔枪外径选配不同型号的压力起爆器。起爆器压力销钉需要根据井筒液柱压力、连续油管安全压力、起爆附加安全压力、井底温度等参数进行设计。

连续油管多级延时起爆装置依靠密封隔板传爆，安装在射孔枪与枪之间，当上一级射孔枪起爆后会自动引爆下一级，下一级接收到爆轰能量后依靠延时火药延迟一定时间（8～10min）再起爆下一级射孔枪。延时期间拖动连续油管，完成多层射孔。该装置有 51 型、60 型、73 型、89 型等型号，耐压 120MPa、140MPa。施工中根据射孔枪外径选配相应的多级延时起爆装置。

3. 作业工序

连续油管分簇射孔作业工序主要有以下步骤：

（1）施工准备；

（2）组装射孔管串；

（3）连接下井管串；

（4）管串入井；

（5）井口加压引爆第一簇；

（6）分别上提定位等候后续各簇起爆；

（7）起出下井管串。

第三节 压裂施工

一、页岩气压裂特点

（1）连续供液。

工厂化压裂相对单井压裂，其每天施工段数更多、单段施工规模更大，对压裂液的需求量更大，按目前采用的拉链式工厂化作业模式，每天压裂 3 段，平均每段压裂液规模为 1800～2000m^3，共需要 6000m^3 压裂液，继续采用以前通过水车不断补水的方式无法满足其工厂化连续施工的高效模式。而且页岩气水平井均采用大排量的注入方式，示范区水平井施工排量一般在 12～14m^3/min，每小时的用水量在 800m^3 左右，所以常规压裂的供水模式已不能满足其施工要求。同时，四川地区的山地地形特点也给工厂化压裂造成供水上的困难，包括供水距离远，井场高差大，沿程摩阻高，施工规模大，排量要求高。例如针对长宁 H2 平台同步压裂，单井按 12m^3/min 排量计算，用水量 1440m^3/h，以 6 段 /d 进度计算需 12960m^3/d。若单考虑从河道抽水则水电工程规模过大，费用较高。

为保证每天的施工效率，充分发挥工厂化压裂的高效作用，采用了水源—蓄水池—过渡液罐的三级供液模式（图 7–15），并利用相邻平台的蓄水池进行集中统一调配，保障其压裂供水。首先在工区邻近水源处（河道、水库）修建一级泵站，通过管线与各平台的蓄水池连接，随后通过蓄水池转向过渡液罐，再对压裂施工供液（图 7–16 和图 7–17）。整个三级供水流程中加入过渡罐是为了加砂压裂施工时供液平稳，同时降阻剂溶胀时间更长，液体性能更加稳定。施工时，在液罐上对滑溜水的黏度进行及时检测，确保滑溜水的性能满足要求。同时由于蓄水池中的水主要从河流、水库等水源地进行取水，里面难免会存在大量的杂质、固体微粒，为了尽量保证入井液体的质量，采用一定的措施使液罐水中的固体微粒自由沉降。同时各平台之间蓄水池也通过修建管线相互连接，便于施工期间液体的相互补充。通过采用这种三级供水模式，井场供水能力达到 1300～1450m^3/h。

图 7-15　长宁区块三级供水示意图

图 7-16　工厂化压裂水池供液转液图

图 7-17　地面低压供液流程图

（2）连续供砂。

目前在川渝地区的工厂化压裂施工中支撑剂的储存仍采用 30m³ 立式砂罐，适用于西南丘陵地区，不同类型的支撑剂使用不同的砂罐存储（示范区页岩气水平井压裂所用支撑剂类型主要为 100 目石英砂和 40/70 目陶粒两种类型）。根据施工规模的不同，在水平井大型分段压裂施工过程中，可在段间作业间隙吊装补充支撑剂，以满足施工需要（图 7–18）。

图 7–18　地面供砂

（3）连续混配。

大排量连续混配技术是解决页岩气压裂过程中对大规模压裂液体的要求，其技术关键是压裂液各种添加剂在压裂施工过程中实时、精确的加入。长宁—威远示范区页岩气水平井改造过程中，根据滑溜水压裂液添加剂溶解性能特征，形成了前添加式连续混配技术和后添加式连续混配技术（图 7–19）。

形成连续混配滑溜水技术后，与原滑溜水技术相比具有以下优点：

① 配液准备时间大大缩短，连续混配节省了配液、备水时间，加快了作业进度。

② 减小了井场占用面积，节省了长途运输液罐时间和费用，液罐用量仅为原来的 1/6～1/5，为以后页岩大规模施工做了储备。

③ 防止滑溜水浪费，根据施工情况调整液量，降低施工成本，减少废液对环境污染。

连续混配的首要条件就是将添加剂和降阻剂的黏度降低以便于泵的吸取。连续混配工艺过程：首先将降阻剂和添加剂加注到添加剂罐和降阻剂罐中，施工时大功率泵从蓄水池中抽水进入主管线中，同时将添加剂和降阻剂通过泵注入主管线中，使添加剂和降阻剂在主管线中充分混合、溶解。降阻剂和添加剂的加量通过在线流量计实时控制，使其满足设计的要求，然后进入缓冲罐。整个工艺中加入缓冲罐是为了加砂压

裂施工时供液平稳，同时降阻剂溶胀时间更长，液体性能更加稳定。施工时，在液罐上对滑溜水的黏度进行及时检测，确保滑溜水的性能满足要求。

（4）大排量、持续高压。

施工排量在保证成功施工的前提下，尽可能地提高裂缝内的净压力和确保井筒完整性。净压力大于水平应力差，即可实现裂缝转向，形成的缝网更复杂。排量是提高净压力的主要手段，较大排量有利于突破页岩发育的层理，增大缝网体积。在尽可能设计高排量的同时，考虑结合现场设备、井口及套管。

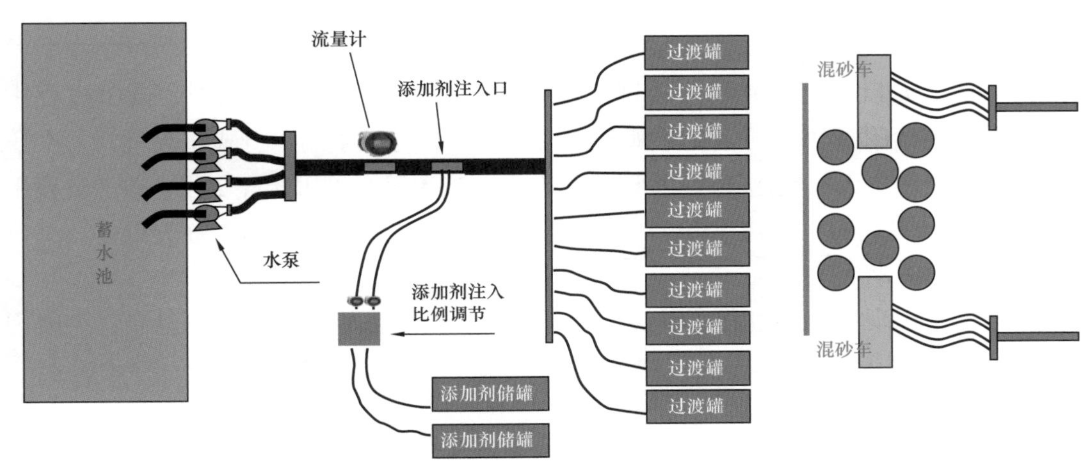

图 7–19　连续混配示意图

根据川南各地区裂缝延伸压力梯度、垂深（长宁、威远按 3000m 计算）、油层套管参数、井口装置参数、水平井参数水平段长 1500～2000m，按平均 1800m 计算；靶前距按 300m 计算，施工压力按照 95MPa 控制，预测川南各地区施工排量能达到 12～14m^3/min。

（5）时间长。

① 单段作业时间长。

目前，页岩气体积压裂采用“大排量、大液量”的改造思路。施工排量一般达到 12～14m^3/min，单段施工规模达到 1800～2000m^3。按此计算单段连续施工作业时长达到 2.5～3h。且压裂施工工厂化作业工序复杂，其中包括泵送桥塞、检泵等。

② 平台整体施工周期长。

为了缩短投产周期、降低投资成本，采用工厂化作业（图 7–20）。拉链压裂采用 1 套车组对

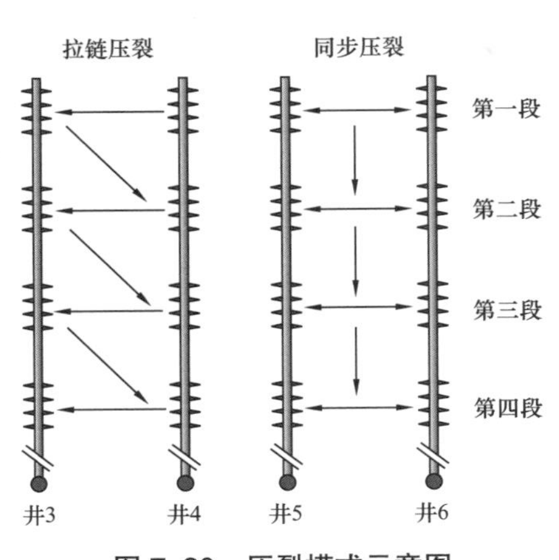

图 7–20　压裂模式示意图

2口井交互施工、逐段压裂；同步压裂2套车组同时压裂。对比两种工厂化作业方案同步压裂对施工设备、施工场地和供水等要求很高，实施难度较大。如果采用同步压裂模式，则对井场大小、供水能力等要求更高。不同工厂化压裂作业方式的对比见表7–5。

表7–5 拉链式压裂与同步压裂对比表

作业方案	压裂车组，套	施工场地	日用水量，m^3	日施工段数
拉链式压裂	1	90m × 76m	4000	2
同步压裂	2	162m × 76m	8000	4

川南地区人口稠密，井场附近都有较多居民。如果采用同步压裂，施工过程中较大的噪声将给附近居民的生活带来较大的影响。故主体采用拉链式压裂模式，在压裂时效方面，在每天仅能施工12小时的情况下，按单日平均可压裂2段、单井分段平均20段、平台平均布6口井计算，一个页岩气平台整体施工周期长达60天以上。

（6）压力波动大。

页岩气压裂现场施工过程中，压力异常波动会造成砂堵等多种井下复杂，主要因素可以分为三种情况：

① 降阻剂性能不稳定。

页岩气压裂液采用连续供液和连续混配的方式，且返排液也需要回收利用。这样就会因返排液矿化度高、降阻剂比例不正常等因素影响降阻剂性能不稳定，造成压力异常上升，影响加砂作业。

② 压裂施工参数不合理。

压裂施工参数主要指施工排量、砂浓度和砂量三个方面。泵注排量的大小对裂缝延伸和扩展产生较大影响。在现场施工中，有时因为某种情况，施工泵注排量达不到设计要求，造成裂缝实际参数达不到预期值，当泵入砂浓度较高的压裂液时，高浓度的支撑剂就会堆积在裂缝中，造成压力迅速上升。

③ 地质因素。

由于地层渗透率过大导致缝端脱砂而引起压力异常上升，在施工中比较常见。页岩气区块普遍天然裂缝发育，在施工中容易导致压裂液滤失量过大或者无法形成有效主裂缝，导致脱砂现象发生。

二、压裂施工异常处理

1. 暂堵转向

威远地区属于高应力差储层，最大水平主应力与最小水平主应力差值达到18.7MPa，

仅仅依靠低黏滑溜水难以形成复杂裂缝网络。在WYH3-1现场试验暂堵转向技术。技术原理是在施工过程中加入一定量暂堵剂（图7-21），封堵已经形成的裂缝，造成缝内憋压，压力不断上涨，从而开启新的裂缝。

在WYH3-1井现场应用，以该井第17段压裂施工为例。该段在压裂过程中加入600kg暂堵剂，通过微地震监测可以发现（图7-22），在加入暂堵剂后，前期井筒周围的空白区域出现大量新的事件点，这就说明采用暂堵转向技术可以增加裂缝的复杂程度。

图7-21　暂堵剂实物图

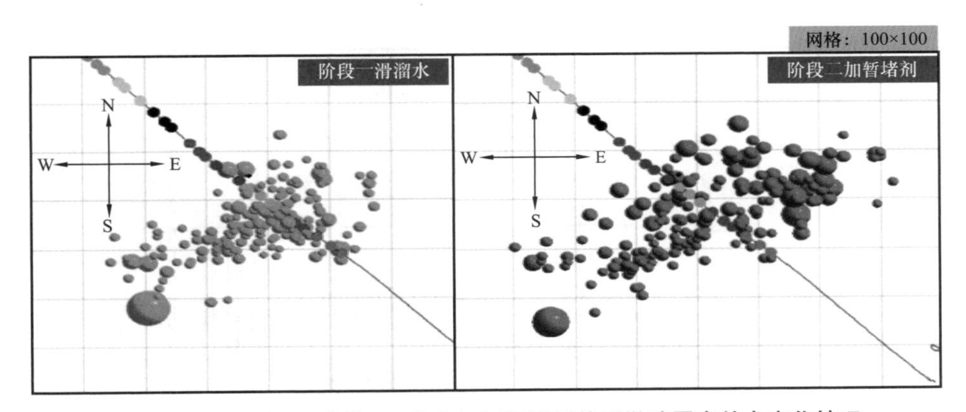

图7-22　WYH3-1井第17段在加入暂堵剂前后微地震事件点变化情况

2. “高黏液体+阶梯排量”技术

若近井地带天然裂缝发育，当主裂缝起裂时天然裂缝张开的条数过多，可能会加大前置液的滤失，引起近井弯曲摩阻过高，同时多裂缝竞争会引起近井裂缝缝宽变窄，造成施工压力高和脱砂的风险。对于裂缝发育区域，为了处理近井地带裂缝，可以压裂前期少量使用线性胶或交联液，确保后期施工过程中施工顺利。而后期沿用滑溜水体系，能够在远井地带形成复杂缝网，保证压裂改造效果。

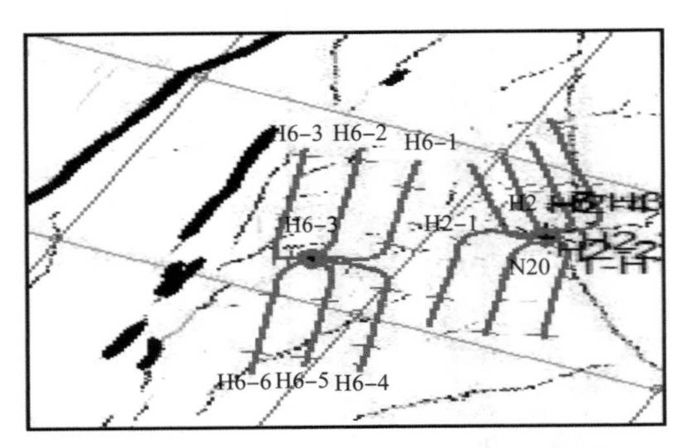

图7-23　五峰组底部向上10ms蚂蚁体预测图

在长宁H6平台施工加砂困难，根据蚂蚁体预测显示（图7-23）该平台天然裂缝发育，导致压裂特征差异大，地层对支撑剂敏感。

在该平台探索性运用“高黏液体+胶液前置”压裂技术，利用高黏压裂液容易形成简单裂缝的特点，同时考虑排量对裂缝形态的影响及扩大波及体积的需要，对于裂缝发育区域的压裂需要达到近井简单缝，远井复杂缝的目标。施工时（图 7-24）酸液注入完毕后以 $6.0m^3/min$ 的排量注入 $40m^3$ 交联液，后期逐级将排量提高至 $14m^3/min$，利用交联液和低排量造缝有效地减小了近井裂缝复杂，为支撑剂的进入提供了较好的通道。从而实现了近井简单缝，远井复杂缝的目标。

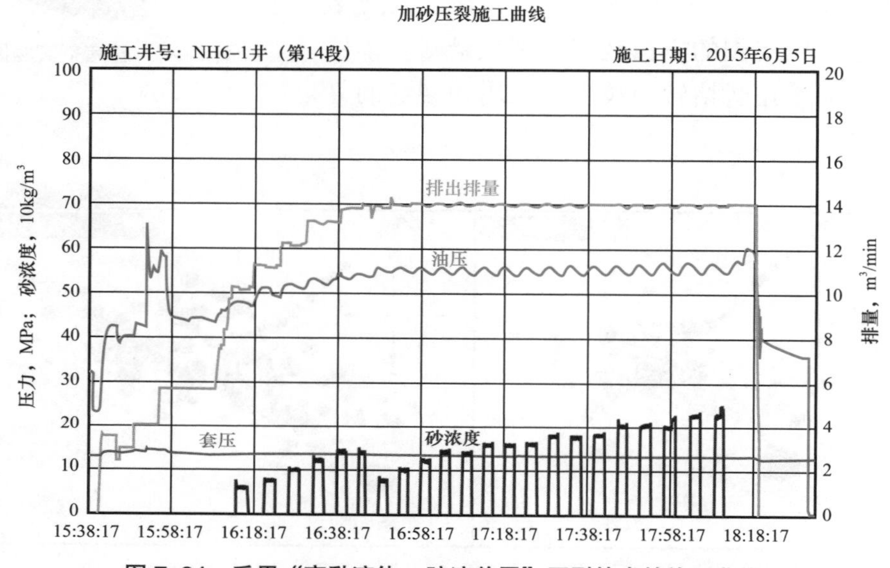

图 7-24　采用“高黏液体+胶液前置”压裂技术的施工曲线

长宁 H6 平台实施“高黏液体+胶液前置”压裂技术后（图 7-25）各段平均加砂量大幅提高，CN H6-4 井单段平均加砂量达 100t，CN H6-5 井单段平均加砂量达 90.4t。同时有效地降低了砂堵发生的概率，减少了压裂施工复杂的发生。

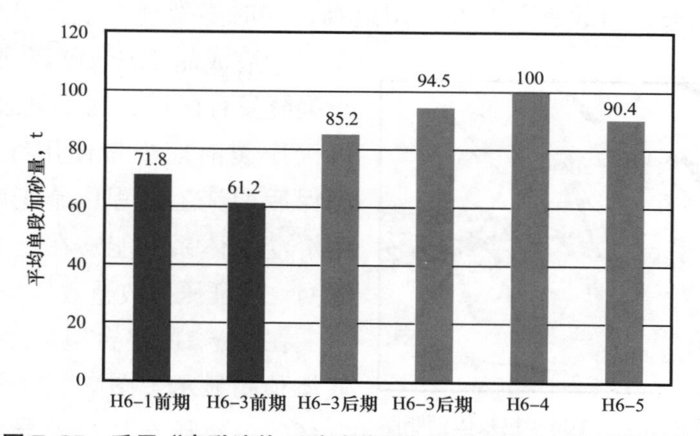

图 7-25　采用“高黏液体+胶液前置”压裂技术前后加砂量对比

三、砂堵处理

1. 砂堵的原因

砂堵主要可以分为脱砂和桥堵两种。脱砂是指支撑剂过早沉降而形成的堵塞，这类砂堵的作用过程比较缓慢，受沉降速度的控制；桥堵是指支撑剂在通过宽度较窄的裂缝时在裂缝壁面“架桥”形成的堵塞，其作用过程较脱砂快得多。砂堵是造成压裂施工达不到设计要求的重要原因，导致页岩气压裂施工砂堵的因素较多，主要包括以下几部分。

（1）地层因素。

① 页岩储层天然裂缝及层理缝极其发育，压裂液的滤失量大影响缝内净压力，使得平均裂缝宽度不足，当大粒径的支撑剂进入裂缝内易导致砂堵。

② 裂缝扭曲。在近井筒地带由于井斜或射孔方位的影响，裂缝可能是非平面的或“S”形，裂缝弯曲位置易造成支撑剂沉积，导致砂堵。

③ 近井筒裂缝太多且整体几何尺寸偏小，无法形成优势主缝，支撑剂在井筒附近沉积，堵塞近井筒的裂缝，易导致砂堵。

（2）设计因素。

盲目追求加砂量或高砂浓度：设计加砂量过大或高砂浓度容易造成砂堵；前置液量少，且滑溜水黏度低滤失量大，造缝不够，使后期加砂困难。设计支撑剂粒径大：页岩储层裂缝尺寸较小，大粒径进入较窄的裂缝后易发生砂堵；页岩气压裂所用滑溜水黏度较低（25℃、$170s^{-1}$ 时黏度为 5～8mPa·s），设计施工排量小，不能将支撑剂携带至裂缝远端，使支撑剂在近井筒地带快速沉积，容易造成砂堵。

（3）现场施工因素。

未根据压力变化及时调整泵注程序。页岩气压裂主体采用段塞式加砂模式，部分采用阶梯状连续加砂模式。储层对砂浓度的提升非常敏感，施工中提升 $40kg/m^3$ 的砂浓度即可能造成压力剧烈变化。未根据压力变化情况及时调整砂浓度易造成砂堵；施工中设备故障使排量降低，支撑剂在地层内快速沉降易导致砂堵。

2. 砂堵后现场处理

在页岩气压裂施工出现砂堵后，处理方法分为以下三种。

（1）放喷试挤。

当确认发生砂堵后，也可采用大尺寸油嘴放喷，并在出口计量放喷液量。当累计放喷液量达到 1.5～2.0 个井筒容积后，可停止放喷。试挤时可建立起排量，表明采用此方法成功解堵。

（2）顶酸试挤。

发生砂堵后在不超过限压的情况下，可采用较低的排量将 10～20m³ 浓度为 15% 的盐酸注入井内；酸液注完后采用相同排量的滑溜水将酸液完全顶替进入地层；等待出现明显酸蚀压降后，逐级提高排量进行试挤，实现解堵的目标。

（3）连续油管冲砂。

连续油管冲砂作业在页岩气井应用比较普遍，运用连续油管携带冲砂工具下到指定位置用一定排量进行解堵。一般选用与连续油管等外径，或小一点规格的冲砂工具，以减少遇卡的风险。但连续油管冲砂作业大大延长了施工周期，增加了施工成本。

四、套管变形井段压裂

套管变形（图 7–26）机理复杂，对套管变形井统计分析表明，断层、天然裂缝发育区域发生套管变形概率较高。大规模压裂改变井周地应力场，破坏原地应力平衡，致使存在岩性界面、非均质地层、层理发育地层产生滑移，可能是引起套管变形的主要原因；同时井眼轨迹、固井质量、温度效应等也可能对套管变形带来不利影响。大型水力压裂施工套管变形机理复杂，影响因素多，变形时机预测难，因此针对该区域探寻页岩气水平井套管变形后的有效改造工艺显得尤为重要。

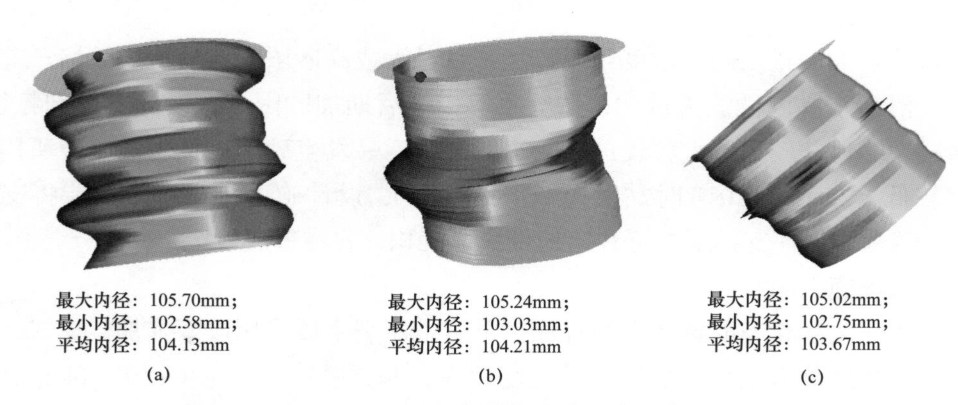

图 7–26　W202–H3 井套管变形后多臂井径仪测井成果图

套管变形后，原始尺寸的桥塞将难以通过变形段。如果套管变形程度较小，可以根据套管内径在桥塞坐封尺寸范围内选择外径较小的桥塞进行施工，对水平井的压裂改造影响不大。大多数情况下，套管变形后将很难找到合适的分段工具，水力喷射工具也难以满足入井要求，采用井筒内填砂的方法在水平井中不易实施，因此必须探索新的分段改造工艺。目前，广泛采用缝内砂塞压裂和暂堵球分段压裂两种工艺。

1. 缝内砂塞分段压裂

缝内砂塞分段压裂是在目的层段压裂完毕后，注入高砂浓度或大粒径支撑剂在裂

缝内形成堵塞，随后再向井筒内注入压裂液或者携砂液时，液体进入堵塞段难度大，从而进入新的未改造层段，达到分段压裂改造目的。

一般而言，在压裂施工中除排量和液体性能的影响可能在裂缝或井筒中形成砂塞以外，当压裂形成的裂缝宽度与支撑剂浓度和粒径不匹配也可能在裂缝中形成砂塞。实施缝内砂塞时，要力求达到支撑剂全部进入地层后再形成砂塞，防止支撑剂未全部进入地层即超压停泵，导致井筒内沉砂。现场实施过程中，通过加入高砂浓度的短段塞来实现，若一次不能实形成砂塞，则可在前一个砂浓度基础上再提高砂浓度直至形成缝内砂塞且压力明显上涨后停止施工。

为了提高分段的可靠性，可以采用缝内砂塞压裂方式，采用连续油管逐段射孔、逐段压裂的方式实施。缝内砂塞分段在压裂砂塞形成时会造成短时间内施工压力剧增，容易进一步加剧套管变形；压裂后如果套管进一步变形，射孔枪无法下入时则会导致未改造井段无法继续进行改造。如果高浓度砂塞未全部顶替进入裂缝中，则会导致井筒内沉砂，需进一步处理。

图 7-27 是某井采用缝内砂塞分段压裂的施工曲线图。该井施工后期达到设计液量后注入了一个 30m^3 砂浓度为 160kg/m^3 的段塞，压力增加后快速降低，砂塞未形成。随后提高砂浓度注入了一个 25m^3 砂浓度为 180kg/m^3 的段塞，段塞全部进入裂缝后压力从 62MPa 迅速上涨至 79MPa 停止泵注。为了验证砂塞的可靠性，停泵后再次起泵在 1.5m^3/min 的排量下泵压从 40MPa 迅速增大至 54.2MPa，表明成功实现砂塞封堵，施工成功。

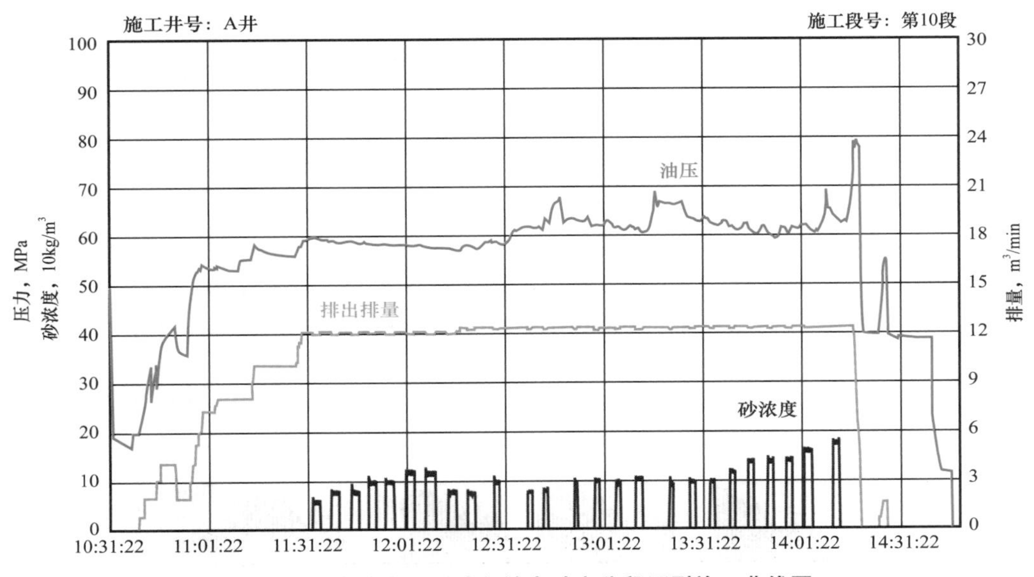

图 7-27 套管变形影响段缝内砂塞分段压裂施工曲线图

2. 暂堵球分段压裂

暂堵球分段压裂是利用已压开井段吸液能力较大的特点，在完成一个压裂段的施工后，通过地面流程投入一定数量的暂堵球，暂堵球随压裂液一起进入已压裂段射孔孔眼处堵塞孔眼，迫使压裂液进入其他未改造的射孔段，从而实现分段改造。为防止投入的暂堵球对后期排液的不利影响，可选择可溶性暂堵球来封堵孔眼（图 7–28）。暂堵球的数量主要根据需要堵塞的射孔孔眼个数确定，一般按照 1∶1.2 的比例确定投球个数。为了使暂堵球能够较好地在孔眼处入座，暂堵球的直径根据射孔孔眼的尺寸确定，一般以略大于孔眼直径为宜。为了确保暂堵球能够入座到已改造段的射孔孔眼上，一般需要建立一定的排量后再投入暂堵球。为了使暂堵球能够较好地在孔眼处入座，暂堵球的直径根据射孔孔眼的尺寸确定，一般以略大于孔眼直径为宜。为了确保暂堵球能够入座到已改造段的射孔孔眼上，一般需要建立一定的排量后再投入暂堵球。

图 7–28　可溶性暂堵球

暂堵球分段压裂工艺一般是先用连续油管对变形段进行全部射孔，然后实施压裂作业。暂堵球施工过程中压力相对平稳；压裂段数较多时，需要堵塞的孔眼数量较多，分段可靠性相对较差；由于压裂之前已对变形影响段全部射孔，即使压裂过程中进一步变形也能完成对变形影响井段的改造。

图 7–29 是 B–5 井套管变形影响段暂堵球分段压裂施工曲线图。该井发生套管变形后对套管变形影响段一次射孔，投入暂堵球分段压裂。该井套管变形影响段共注入液量 5600m^3，砂量 300 余吨。

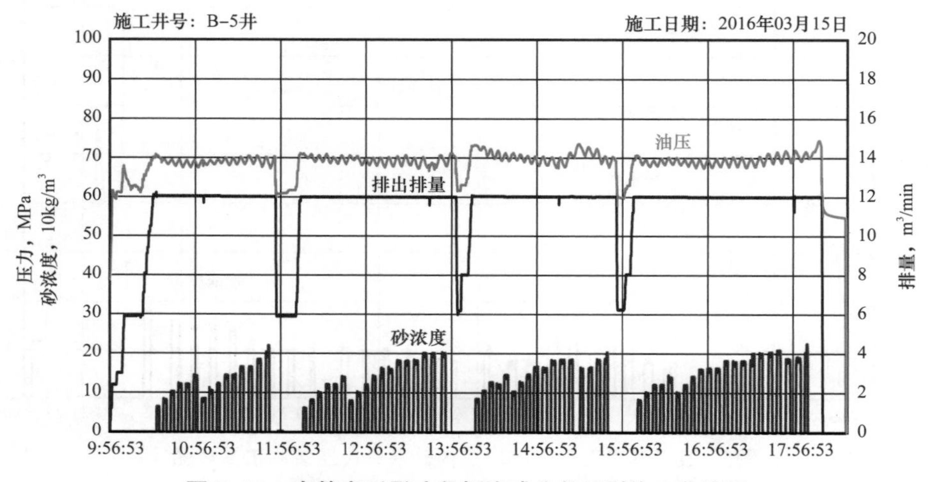

图 7–29　套管变形影响段暂堵球分段压裂施工曲线图

与该井相邻的有 B–4 井和 B–6 井，井间距 500m，三口井压裂过程中采用拉链式压裂作业。B–5 井套管变形影响段施工期间，B–4 井压力上升 0.19MPa，B–6 井上涨 0.18MPa（表 7–6），未发生明显干扰。同时压裂过程中采用了井下微地震监测，微地震监测成果表明（图 7–30），暂堵球分段压裂期间改造井段附近有新的事件点出现。综合微地震监测、邻井压力监测表明，采用暂堵球分段工艺实现了对套管变形影响段分段压裂。

表 7–6　B–5 井施工期间邻井压力监测情况

井号	施工前关井压力，MPa	施工结束时关井压力，MPa	压力变化，MPa
B–4 井	40.83	41.02	+0.19
B–6 井	36.86	37.04	+0.18

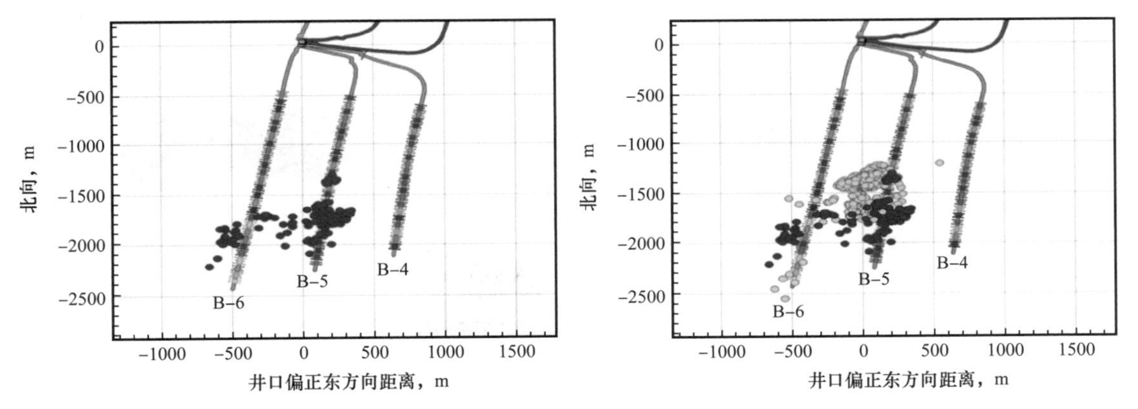

图 7–30　B–5 井套管变形影响段暂堵球分段压裂前后微地震监测对比图

综上所述，采用缝内砂塞分段压裂和可溶性暂堵球压裂工艺能够实现对套管变形影响段的有效改造，后期建产过程中，根据套管变形情况，可以选择相应的改造工艺，不同工艺优缺点对比见表 7–7。

表 7–7　套管变形段分段压裂工艺对比表

方案	优点	缺点
小直径桥塞	能够最大限度上对水平段进行改造	桥塞通径小，后期排液需要钻磨
缝内砂塞	能最大限度对水平段进行改造，有利于压后效果	可能压裂 1～2 段后进一步变形，后续井段难以实施；形成缝内砂塞可能导致高施工压力进一步加剧套管变形
逐级射孔 + 暂堵球	能最大限度对水平段进行改造，有利于压后效果	可能压裂 1～2 段后进一步变形，后期段难以实施；越往后压裂投球数量越多，不易确保对压裂段的改造
一次射孔 + 暂堵球	风险最小	压裂效果难以保证

第四节 桥塞钻磨

一、钻磨桥塞作业流程

连续油管钻磨桥塞作业地面流程主要由低压过滤器、高压过滤器、节流管汇和碎屑捕集器等装置构成，详细连接流程图如图 7-31 所示。低压过滤器用于泵注设备入口端钻磨工作液低压粗滤，高压过滤器用于泵注设备出口端、工作管柱入口端钻磨工作液高压精滤。节流管汇用于钻磨作业过程中井口回压控制。钻屑捕集器用于过滤、捕集钻后井筒返出的桥塞碎屑。

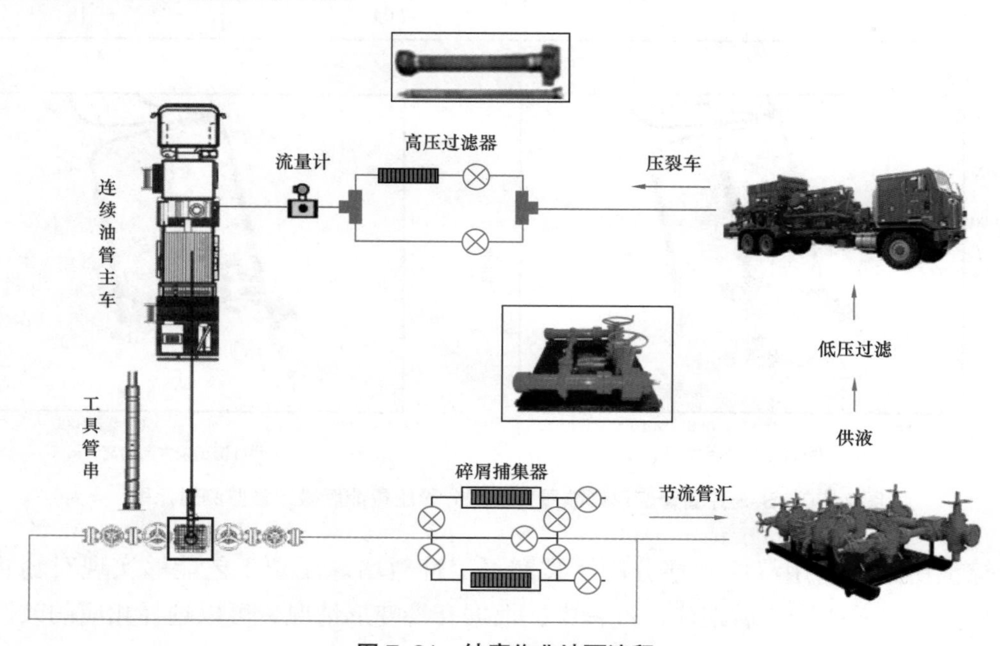

图 7-31 钻磨作业地面流程

二、钻磨工具

1. 螺杆钻具

小尺寸螺杆钻具（图 7-32）作为连续油管用井下旋转工具，通过地面向连续油管内泵注工作液，驱动螺杆钻具内转子旋转，根据不同排量为连续油管井下作业提供大小不同的扭矩。目前，连续油管使用的小尺寸钻具包括 ϕ43mm、ϕ54mm、ϕ60mm、ϕ73mm 和 ϕ79mm。主体以 ϕ73mm 为主，主要应用在打捞、钻磨、切割、通洗井等工艺。

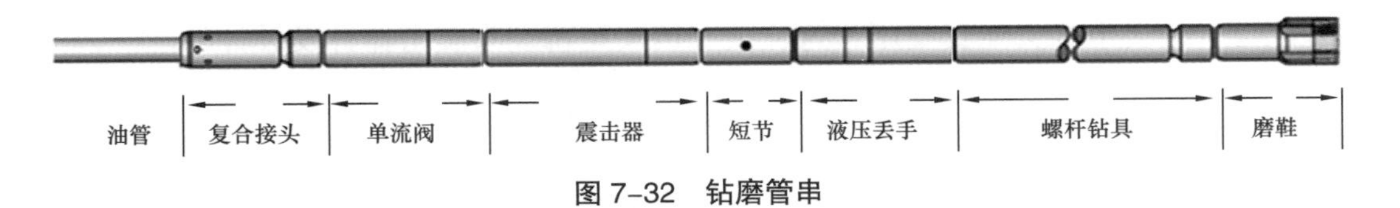

图 7-32　钻磨管串

螺杆钻具是一种基于莫锗原理的水力驱动钻具，输出扭矩与钻具压降成正比，转速与流量成正比。容积式螺杆钻具是连续油管钻磨桥塞核心工具，用于提供连续油管钻磨动力，要求螺杆钻具能承受和提供高扭矩。连续油管使用的小尺寸钻具包括 ϕ43mm、ϕ54mm、ϕ60mm、ϕ73mm 和 ϕ79mm。主体以 ϕ73mm 为主，主要应用在打捞、钻磨、切割、通洗井等工艺。

2. 磨鞋

磨鞋是连续油管钻磨桥塞工具管串中另一个核心工具（图 7-33），要求磨鞋外径尺寸应与套管规格及复合桥塞外径相匹配，国外标准一般控制漂移内径在 92%～95% 之间。例如套管内径为 3.875in，漂移内径 93% 较为合适。根据螺杆钻具及复合桥塞情况，也可控制漂移内径在 94%～96% 之间。这有助于改进机械转速和环绕磨鞋流体的运动形式，从而改进钻塞作业期间的磨屑清除方式。

图 7-33　硬质合金平底磨鞋

3. 震击器

震击器是一种把通过它的液流转换成多重向下的震击力的连续油管工具（图 7-34），可以不用挪动管柱。震击器通过临时重力和连续油管的控制流激活联合一起，把液压转换为机械力。

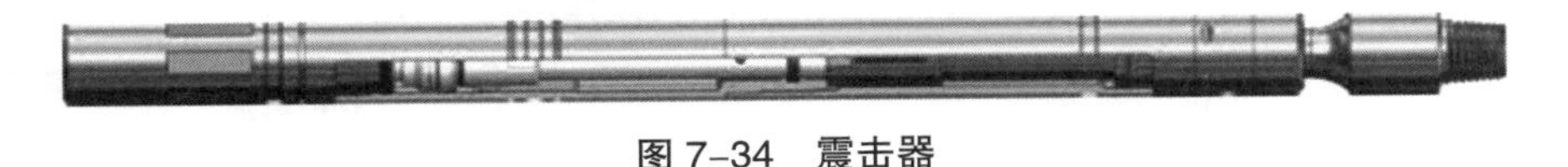

图 7-34　震击器

使用震击器有一个非标准的动力部分，这个部位并不依靠橡胶件来做有效动力。操作员除了可以向井中泵水用作循环，还可以泵氮，泡沫，苯，柴油。工具中的液体循环通道不是通孔，因此震击器必须连接在任何需要投球作业的工具的下方。震击器还通常与重型丢手接头配套使用，这种丢手接头是特别为震击器开发设计的。

4. 水力振荡器

水力振荡器（图 7–35）能通过自身产生的纵向振动来提高钻进过程中钻压传递的有效性和减少管串与井眼之间的摩阻，可以在所有的钻进模式中，特别是在有螺杆的定向钻进过程中改善钻压的传递，减少扭转振动。在钻进过程中，有效提高机械钻速，减少牙轮钻头钻具起下钻次数，减少钻具组合粘卡，钻进更加容易和有效。

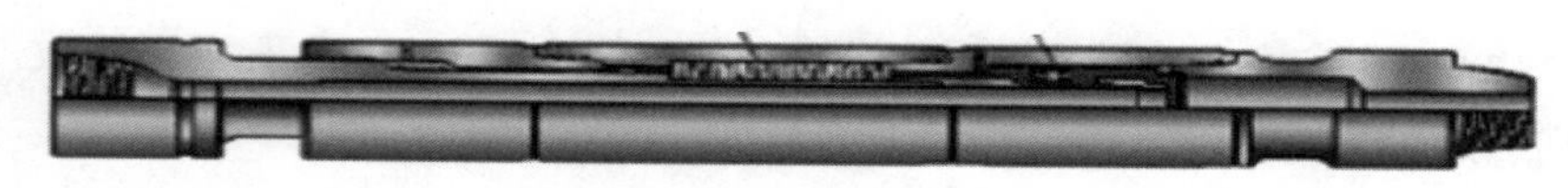

图 7–35　水力振荡器

5. 强磁打捞

强磁打捞作为连续油管打捞专用工具（图 7–36），主要用于钻磨后的铁屑打捞。其结构主要由打捞工具本体开槽，其间镶嵌专用磁铁，打捞在钻磨时未能循环出井口的大块卡瓦颗粒、金属块状物，减少井内金属碎屑的残留。单根工具长度为 1m，一般根据需要连接 2～3 根强磁打捞工具进行打捞作业。

图 7–36　强磁打捞工具

三、钻磨工作液

1. 钻磨循环液

钻磨循环液一般分为胍系胶液、滑溜水。用于在钻磨桥塞过程中通过螺杆钻具提供扭矩动力，冷却磨鞋温度，携带钻磨碎屑出井口。钻磨液应满足连续油管低摩擦阻力、低泵注压力要求，主要性能参数见表 7–8。

表 7–8　钻磨液主要性能参数表

项目	性能参数
固相含量，%	＜1
密度，g/cm^3	1.0～1.02
表观黏度（$170s^{-1}$），mPa·s	＞3～4
降阻率，%	＞65

2. 金属降阻剂

金属降阻剂在所有的液体助剂中，属于独立性相对较强的一类添加剂。由于连续油管是一种绕性管，在井筒下入过程中与套管壁接触存在较大的摩擦阻力，导致连续油管“自锁”现象发生。在连续油管环空内加入降阻剂是预防和解决连续油管发生锁定问题的主要技术手段之一。

金属降阻剂除要求具备减少摩擦与磨损这两项最重要的润滑功能外，还应具备较高的溶解性，并且利于现场溶液配制，对储层不产生伤害。此处，还要具有良好的热稳定性、防变性，安全环保等特点。

四、钻磨工艺

1. 施工设计

施工井应具备地质设计、工程设计和施工设计。施工设计内容应包括：施工井的基础数据、井身结构与示意图、井内管串及示意图、井口装置及规格、前期作业简况、井场周边环境、施工参数的模拟计算、施工设备—辅助设备—工具—工作介质及井场等准备、施工步骤、HSE 注意事项、应急预案、资料录取要求等。

2. 工艺流程

首先，设备摆放、安装及试压。包括摆放连续油管施工设备；连接地面流程；安装连续油管导向器、注入头，插入连续油管，并测试防喷器功能；安装井口变径法兰，连接注入头、防喷盒、防喷器及防喷管，完成井口安装；防喷器，防喷盒，防喷管，单流阀试压等。

其次，开展钻磨作业。试压合格后，按以下地面组合钻磨工具串测试，下入连续油管，钻磨桥塞，循环碎屑，强磁打捞程序钻磨桥塞。

最后，冲砂作业，钻磨进尺明显减慢，起钻磨管串检查并下连续油管冲砂管串冲砂。

3. 技术措施

技术措施包括前期施工准备、地面测试及施工参数控制。

（1）根据施工井深度要求，准备能够达到目的层深度的连续油管作业管串。

（2）对连续油管井口装置进行试压。

（3）进行地面测试，选取合适油嘴控制回压。

（4）钻磨桥塞与泵注胶液交替进行，确保钻屑返出。

（5）钻磨全部桥塞后，视情况进行打捞或全井筒洗井，后起连续油管出井口。

4. 复杂处理

作业前了解施工井存在的复杂情况以及潜在的风险，提前制定复杂情况及应急预案，有利于降低风险事件的发生率，减少风险事件造成的人员经济损失。钻磨桥塞作业风险主要来自下连续油管过程中可能出现井控及卡钻风险，相应的应急措施包括以下方面：

（1）达不到目的深度时，井下工具串加装水力振荡器、加入减阻剂，降低金属与金属间的摩擦等措施。

（2）连续油管损坏时，在现场控制住变形或泄漏后，作业监督与领队确定是否继续作业。如果不作业，通过变形、泄压控制住油管泄漏，起出并盘回油管，卸载设备，结束作业。

（3）连续油管遇卡应急预案，上下活动解卡，泵注金属减阻剂解卡，环空反挤解卡，投球脱手。

（4）连续油管挤毁时，以防喷盒为界，防喷盒以上发生挤毁关上防喷器剪切闸板，关闭井口主阀，井口防喷装置泄压后，释放防喷盒自封压力；防喷盒以下发生挤毁，确认连续油管完好部分下至防喷器半封以下，关上防喷器卡瓦闸板和半封闸板，进行压井，防喷管内泄压，释放防喷盒自封压力。

（5）连续油管下放失速时，增加注入头夹紧力，打开防喷器半封和卡瓦闸板，尝试上提连续油管。

（6）井控失效时，表现为连续油管作业防喷系统失控，出现井涌、井喷等情况。在向现场负责人汇报的同时，停止连续油管起下，关闭防喷器半封闸板，再关闭卡瓦闸板，泵操作手立即停泵，关闭连续油管入口旋塞阀；立即进行个人防护，穿戴好正压呼吸器，同时报告给现场工程师、施工指挥及现场应急小组。

第五节　压后返排

压裂实践中，发现压后返排以及生产过程中井筒长期处于气液两相流动且裂缝容易出砂。目前对于页岩气井支撑剂回流方面，主要集中在单相气流与控制技术研究上，裂缝内气液两相流动状态以及支撑剂回流机理研究较少。因此，围绕页岩气井返排过程中气液两相流动支撑剂回流机理，系统开展缝内支撑剂受力状态、井筒气液两相流压力分布、井口油嘴动态特征等研究。以压力为纽带，建立了裂缝—井筒—油嘴耦合模型，实现通过改变地面油嘴尺寸大小来控制井底压力，合理开采速度，从而防

止支撑剂回流。

一、返排制度优化

在页岩气井压裂后，如何选择合适的油嘴返排生产一直是困扰现场施工人员的难题。油嘴过小不能保证日产量，油嘴过大，井口油压过小，井底生产压差增加，有可能会造成支撑剂的回流，不利于页岩气的增产。因此，在页岩气返排后期乃至生产过程中有必要及时调整井口油嘴尺寸大小。

1. 井口油嘴流动模型

由于气液两相油嘴流动（以下简称嘴流）理论比单相气体复杂，而且也没有统一的理论公式能准确描述各个气田区块的实际生产情况，一般都是根据现场测试数据得出经验公式，再回归实际情况指导现场生产施工。根据嘴流特性可知，嘴流动态分为临界流与亚临界流两种，在临界流动下，嘴流下游压力变化对流体流量没有影响。页岩气返排时嘴流下游压力较小，其嘴流为临界流动，产量的变化主要取决于油嘴前压力（油压）。

$$p_t=\frac{aR_p^b}{d^c}q_w \tag{7-1}$$

式中　p_t——油压（油嘴前压力），MPa；

R_p——生产气液比，m^3/m^3；

d——油嘴直径，mm；

q_w——产液量，m^3/d；

a，b，c——经验系数，无量纲。

1954 年 Gilbert、1960 年 Ros、1961 年 Achong 根据不同油田大量的现场数据统计分析，得到经验系数见表 7–9。

表 7–9　气液两相流经验系数

模型	*a*	*b*	*c*
Gilbert	0.194	0.546	1.89
Ros	0.282	0.500	2.00
Achong	0.0897	0.650	1.88

这三种方法来源于大量的现场数据，但是不具有普适性，当研究某一具体的区块时，有可能会造成较大的偏差。下面利用长宁地区排液资料，使用线性回归法计算嘴流经验常数。

将式（7–1）两边取对数得

$$\ln p_t - \ln q_w = \ln a + b\ln R_p - c\ln d \tag{7-2}$$

整理得

$$Y = AX_1 + BX_2 + CX_3 \tag{7-3}$$

其中，$Y=\ln p_t-\ln q_w$，$A=\ln a$，$B=b$，$C=-c$，$X_1=1$，$X_2=\ln R_p$，$X_3=\ln d$。

采用最小二乘法多维回归将式（7–3）两边分别对 A、B、C 求导，然后令导函数等于 0，可以求解 A、B、C，进而可以求得系数 a、b、c，以长宁区块为例，选取该区块某平台典型井 H13–5 井返排数据，得到回归常数 a=0.07035，b=0.65912，c=1.77415，适合该井的经验公式为

$$p_t = \frac{0.07035R_p^{0.65912}}{d^{1.77415}}q_w \tag{7-4}$$

利用式（7–4）对该井数据进行验证，并与前人方法进行对比，如图 7–37 所示。

通过对现场页岩气井 H13–5 井 400 个实际生产数据点进行分析，得出适用于该井的嘴流公式，并与 Achong 模型、Gilber 模型、Ros 模型对比，如图 7–37 和图 7–38 所示，结果表明本模型误差最小，本模型能更准确地描述长宁区块页岩气嘴流特性。

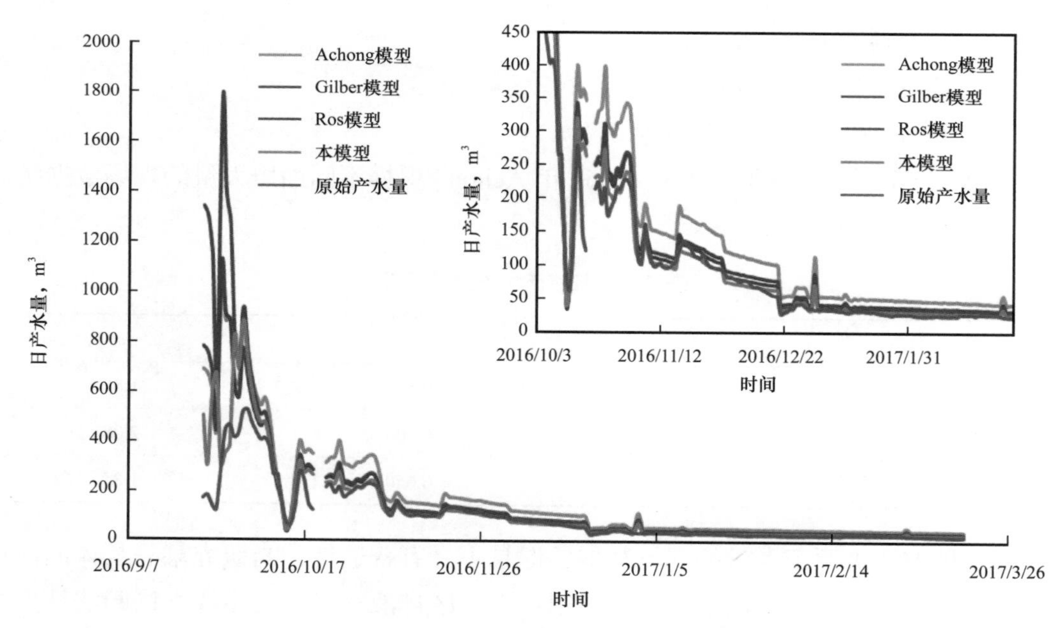

图 7–37　长宁地区 H13–5 井日产水量曲线图

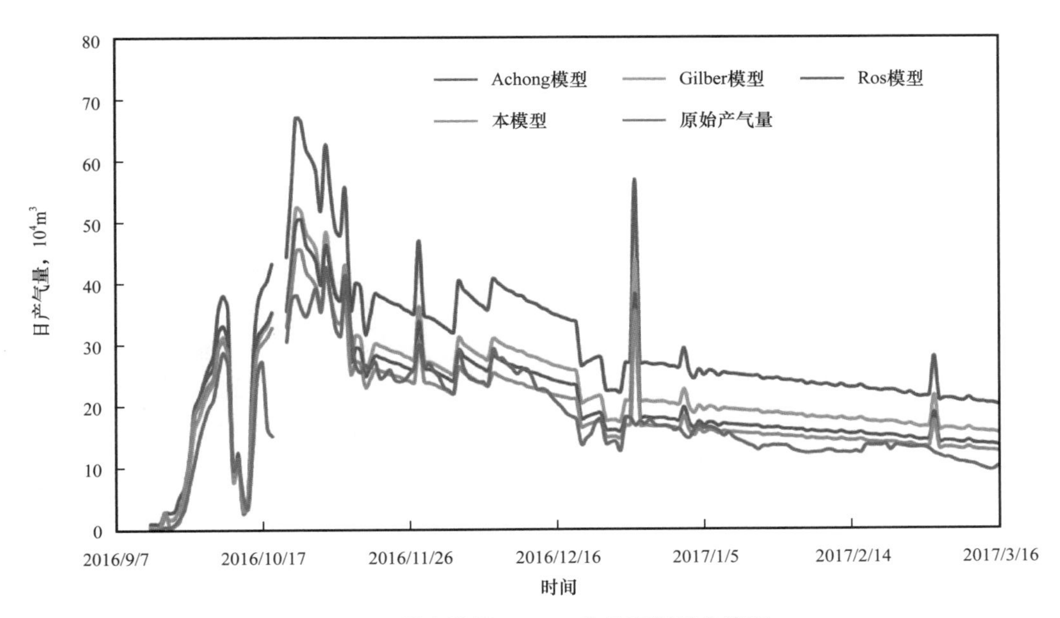

图 7-38 长宁地区 H13-5 井日产气量曲线图

利用嘴流新模型再次选取了长宁区块另一口典型井 H13-2 井（伴有出砂）的数据进行分析，结果如图 7-39 和图 7-40 所示。

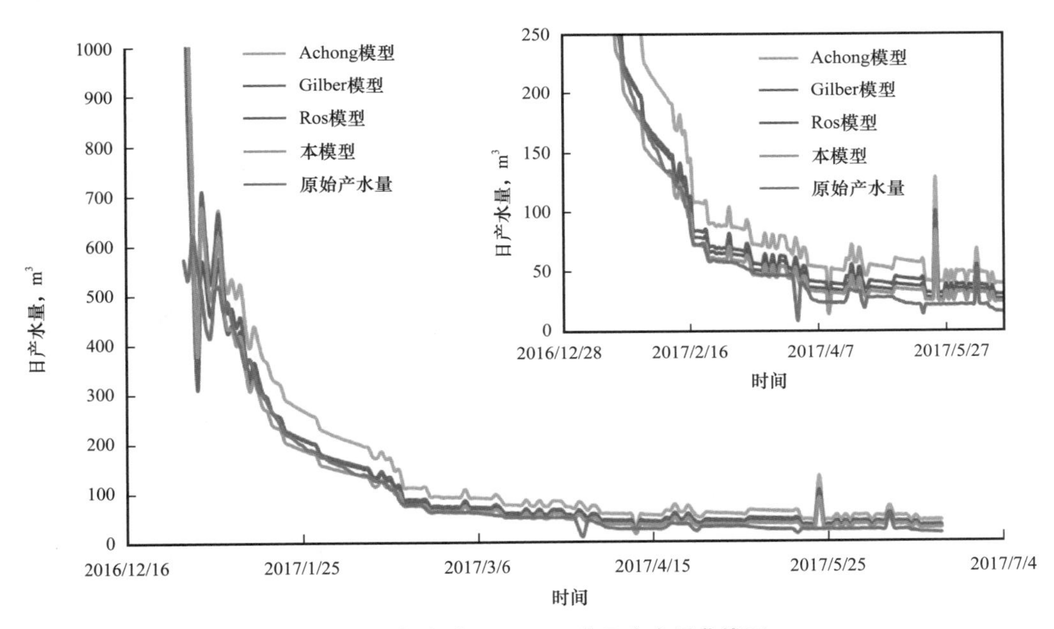

图 7-39 长宁地区 H13-2 井日产水量曲线图

可以看出，采用的嘴流模型在 H13-2 井具有更好的适应性，更接近原始生产情况。

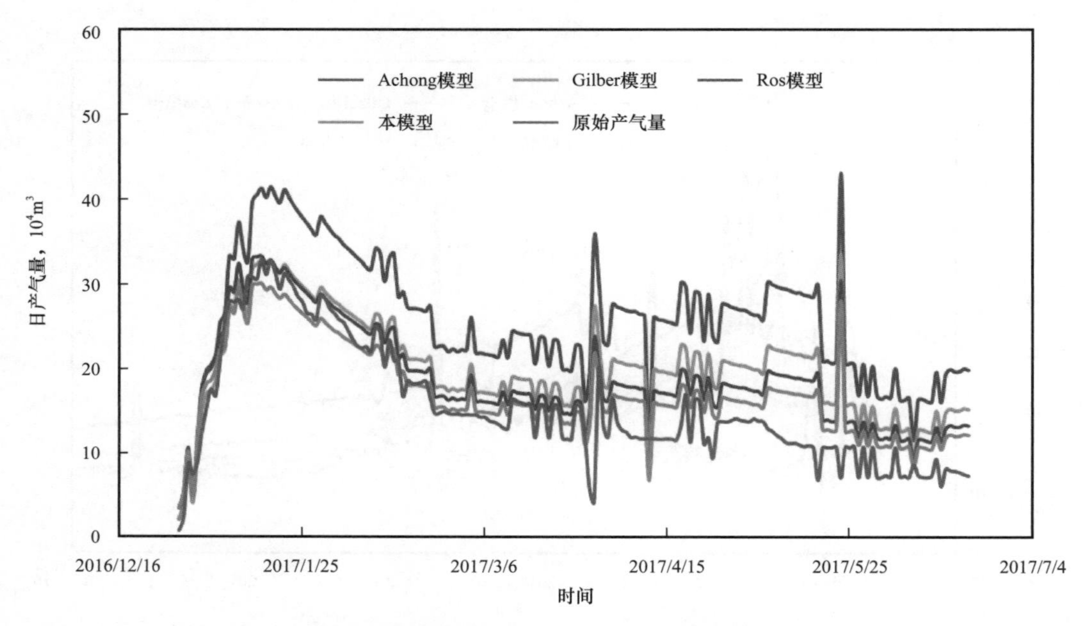

图 7-40　长宁地区 H13-2 井日产气量曲线图

2. 油嘴尺寸优化模型

国内外学者通过对支撑剂回流的研究，建立了支撑剂回流、井筒压降以及油嘴节流、裂缝—井筒—油嘴耦合等模型。以井筒与井筒裂缝位置处为节点，忽略页岩气射孔孔眼处压降，将气井系统隔离为两部分：节点流入部分是从油层 $\overline{p}_r$ 计算到射孔处岩面油压 p_{wfs}；另一部分从井口油嘴压力 p_0 计算到油管吸入压力 p_{wfs}，这两条曲线之间的交点反映了在当前油嘴尺寸下气井的产气量 q_g，再结合支撑拱破坏准则，以及井筒内临界携液流速，得到页岩气井不出砂临界产气量 q_{glin}。就可以实现通过调节地面油嘴尺寸大小来调节流入、流出曲线协调点对应的产气量 q_g，让产气量保持在不出砂临界产气量之内，有效控制页岩气井返排过程中裂缝内支撑剂回流，其具体步骤与方法如图 7-41 所示。

3. 返排制度优化

由于页岩气水平井分段多簇压裂后一次返排，返排量较大，返排过程中容易出砂。即便是在返排后期生产过程中，若过分加大油嘴尺寸，也会有出砂的风险，如长宁地区 H13-2 井在压后一个月时发现连续出砂 20min。以长宁地区 H13-2 井为例，通过计算该井的临界流速，并合理优化井口油嘴尺寸。

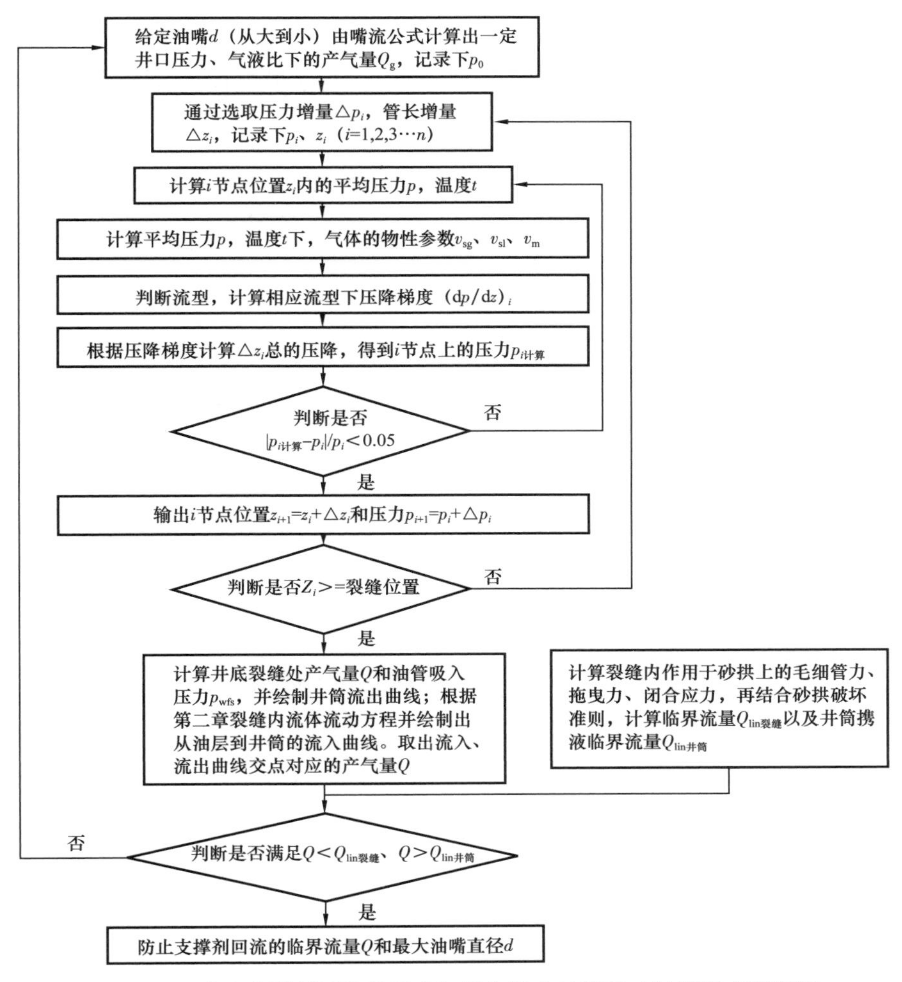

图 7-41　防止支撑剂回流临界产气量与最大油嘴尺寸计算程序流程图

表 7-10　H13-2 井基本数据

参数	数据	参数	数据	参数	数据
直井段垂深，m	2517	水平段长度，m	1450	造斜段长度，m	423
压裂液密度，kg/m^3	1050	支撑剂直径，mm	0.4	压裂液黏度，mPa·s	1.5
套管直径，mm	139.7	天然气相对密度	0.65	管壁粗糙度，μm	0.06
偏差因子	0.93	气液表面张力，N/m	0.04	闭合应力，MPa	30
井口温度，K	288	井底温度，K	370.5	生产气液比，m^3/m^3	3165
井口油压，MPa	25.4	裂缝宽度，mm	4	充填层孔隙度，%	20
裂缝高度，m	40	最大水平主应力，MPa	50.7	最小水平主应力，MPa	30
支撑剂摩擦系数	0.1	支撑剂不均匀系数	1	裂缝条数，条	20
气相有效渗透率，D	80				

（1）井筒压降分析。

利用表 7–10 表中基本数据，对 H13–2 井垂直段、水平段、造斜段井筒压降进行了计算分析，如图 7–42 所示。

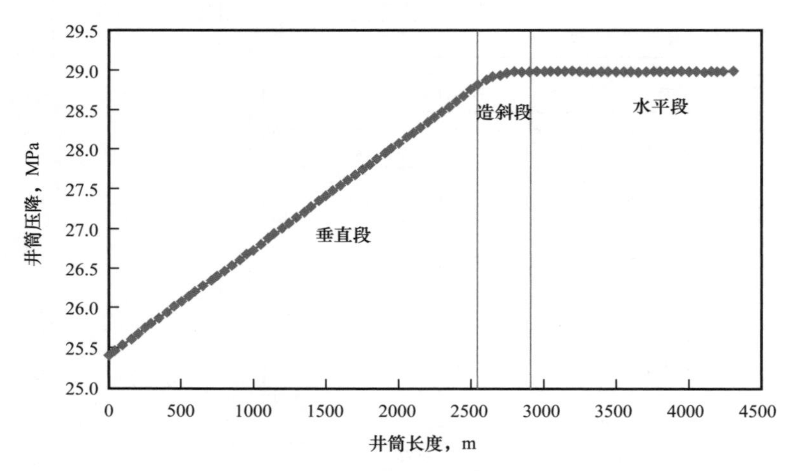

图 7–42　H13–2 井整段井筒压降分布曲线

由图 7–42 可知：在垂直段井筒压降随井筒长度增加而增加得较快，在水平段与造斜段增加较慢，垂直段井筒压降大约占整个井筒压降的 70%。这是因为在垂直段，流体存在势能压降，而势能压降远远大于流体与管壁的摩阻压降；在造斜段压降增加幅度由快变慢，原因是流体在造斜段起始点到 A 靶点这段井段中，其势能压降的主导作用逐渐变弱，当在 A 靶点时，势能压降消失。而占次要作用的摩阻压降在整个井段中变化不大，因此造斜段井筒压力随井筒长度变化的曲线成“凸”形。

（2）井口油嘴优化。

通过建立的裂缝内气体高速非达西流动方程式计算出 H13–2 井从油层到井筒的流入曲线，再绘制出井筒流出曲线如图 7–43 所示。调节井口油嘴尺寸大小（从大到小），

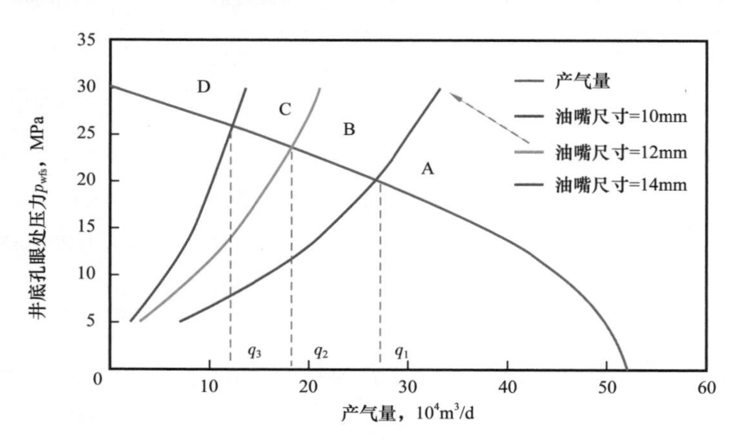

图 7–43　井筒射孔处上下游压力与产量之间的关系

并将两曲线的交点对应的产气量与计算的临界产气量对比，直到小于或者等于回流临界产气量为止，再将此流量与井筒临界携液流量对比，若此流量大于井筒临界携液流量，输出此时的油嘴尺寸，该油嘴尺寸即为临界油嘴尺寸（图 7–44）。

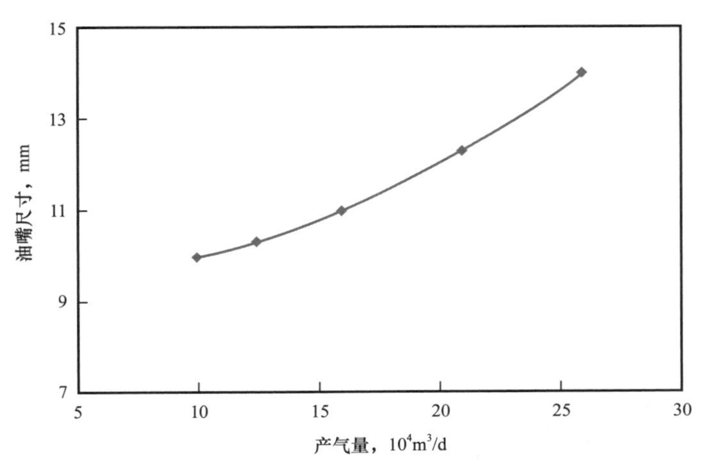

图 7–44　油嘴尺寸与产气量之间的关系

（3）油嘴优化软件现场验证。

抽取 H13–2 井生产数据点，并与气井实际出砂情况进行对比，结果见表 7–11。

通过对表 7–11 数据统计分析，得到饼状图，如图 7–45 所示。

表 7–11　H13–2 井返排过程中随机时间点对比分析

日期	油压 MPa	产气量 $10^4m^3/d$	气水比 m^3/m^3	不出砂油嘴尺寸 mm	实际油嘴尺寸 mm	现象
2016/12/29	25.40	0.68	12.00	9.0	8	不出砂（匹配）
2017/1/5	25.50	17.45	345.00	10.3	11	出砂 2%（匹配）
2017/1/12	25.02	33.60	93.34	12.4	13	出砂 0.5%（匹配）
2017/3/11	11.95	12.80	2500.00	10.3	10	不出砂（匹配）
2017/3/27	11.00	15.36	3333.00	10.5	10	不出砂（匹配）
2017/4/8	10.60	11.80	5000.00	10.2	10	不出砂（匹配）
2017/4/27	9.07	13.65	5000.00	10.7	11	不出砂（不匹配）
2017/1/12	23.52	33.16	863.70	12.1	13	出砂 0.1%（匹配）
2017/5/18	8.25	6.70	5000.00	12.6	12	不出砂（匹配）
2017/6/3	8.05	7.13	3333.00	9.6	10	不出砂（不匹配）
2017/6/8	7.90	8.56	1666.00	11	10	不出砂（匹配）
2017/6/16	7.90	7.85	5000.00	10.5	10	不出砂（匹配）

续表

日期	油压 MPa	产气量 $10^4m^3/d$	气水比 m^3/m^3	不出砂油嘴尺寸 mm	实际油嘴尺寸 mm	现象
2017/2/13	12.30	23.28	2000.00	13.3	13	不出砂（匹配）
2016/12/22	28.92	0.14	2.33	6.8	7	出砂 0.2%（匹配）
2016/10/2	35.45	9.42	174.40	8.1	9	出砂 2%（匹配）
2016/10/7	34.03	27.28	631.50	10.2	11	出砂 2% 油嘴堵取出可溶球（匹配）
2016/10/9	32.09	28.12	808.30	10.8	11	出砂 0.02% 产气量波动（匹配）

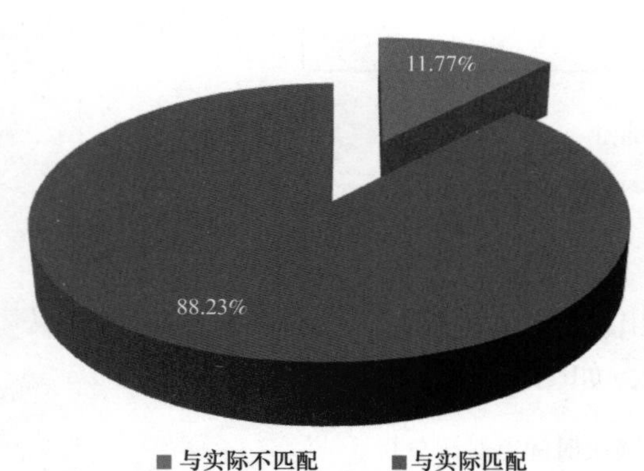

图 7-45　支撑剂回流预测值与实际值对比统计图

从表 7-11 中可以看出，在 H13-2 井返排与生产过程中，通过预测值与实际值对比分析，其总匹配率高达 88.23%，出砂预测匹配率高达 100%。

（4）影响因素分析。

根据表 7-11 中的基础数据，计算了不同井口油压，不同气水比情况下 H13-2 井支撑裂缝内不出砂的井口临界产气量与对应的临界油嘴尺寸，并分析了闭合应力沿流速方向的分力、气液比、压裂液黏度、裂缝宽度、井口油压对缝内不出砂临界产量与临界油嘴尺寸的影响。

① 闭合应力沿流速方向的分力。

通过图 7-46 可知，在同一气液比下，井口临界油嘴尺寸随闭合应力增加而增加，因为闭合应力增加，支撑拱抵御回流动力造成其破坏的趋势就增加，支撑拱临界流速就增加，这就意味着，在页岩气井返排过程中，相比于低闭合应力的情况，高闭合应力可以用更大的油嘴进行放喷，让压裂液快速排出地层，减小其对储层的伤害。

② 裂缝宽度。

图 7-47 表示临界油嘴尺寸与裂缝宽度之间的关系。由图 7-47 可知：当压裂液黏度相同时，临界油嘴尺寸随裂缝宽度增加而减小。这是因为裂缝宽度增加，临界流速减小，支撑拱稳定性降低，此时在返排或者生产过程中就必须减少井口油嘴尺寸来降低返排速度，防止支撑拱破坏造成支撑剂回流；当裂缝宽度一定时，临界油嘴尺寸随压裂液黏度增加而减少，因为压裂液黏度增加，流体产生的拖曳力增加，支撑拱稳定性降低，临界油嘴尺寸减小。

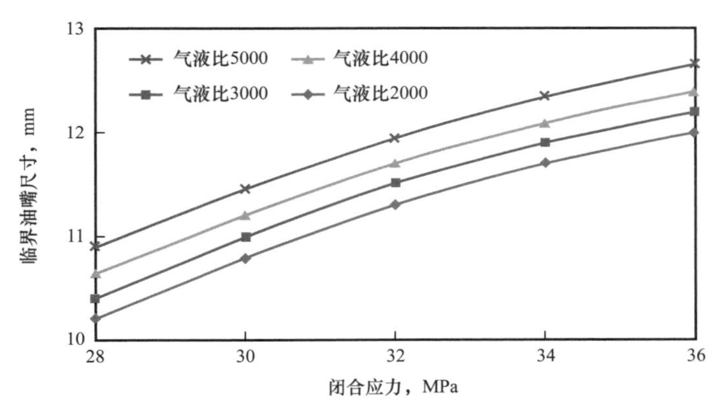

图 7-46　油嘴尺寸与闭合应力的关系

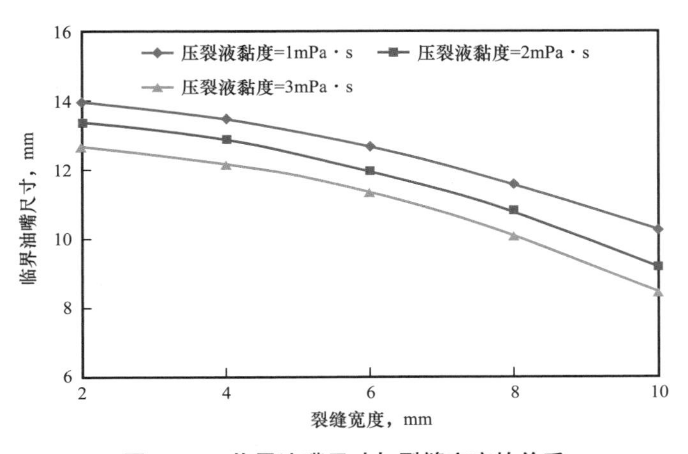

图 7-47　临界油嘴尺寸与裂缝宽度的关系

③ 支撑剂颗粒直径。

图 7-48 表示的是井口临界油嘴尺寸与支撑剂颗粒直径之间的关系，由图 7-48 可知：当气液比相同时，临界油嘴尺寸随支撑剂颗粒直径增加而稍有增加，但并不敏感。这是因为支撑剂颗粒直径增加，临界流速增加，支撑拱稳定性增加，此时允许采用更大油嘴尺寸进行放喷。

④ 井口压力。

图 7-49 至图 7-51 分别为气液比为 2500、3000、5000 时，实际产气量、不出砂理论临界产气量和实际油嘴尺寸、不出砂理论最优油嘴尺寸与井口油压的关系曲线。可以看出：预测的最优临界油嘴尺寸、理论临界产气量基本上都大于现场实际油嘴尺寸、实际产气量，且与现场的变化趋势一致。

a. 在气液比相同时，随井口油压的增加，临界油嘴尺寸减小。因为井口压力增加，井底压力也增加，会降低流体在裂缝与井筒中的流速，但是也会增加气体的压缩性，产气量总体上呈下降趋势。

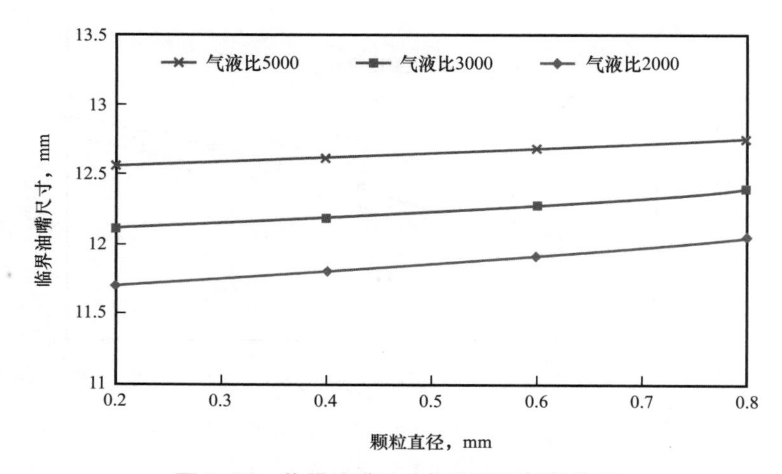

图 7-48　临界油嘴尺寸与颗粒直径的关系

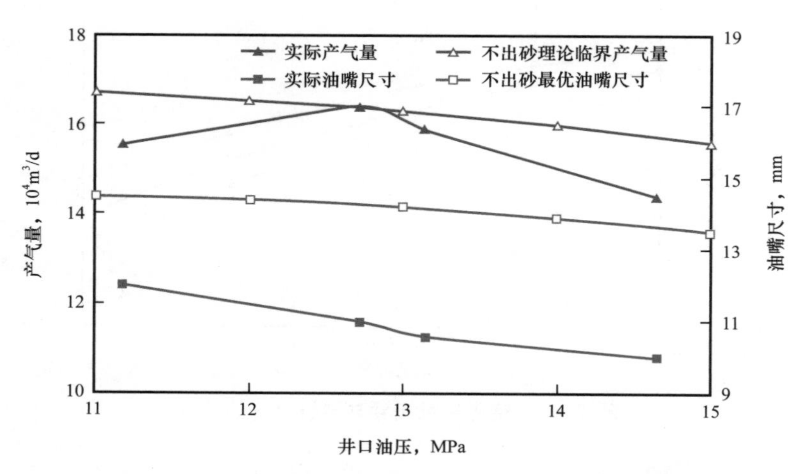

图 7-49　气液比为 2500，产量、油嘴与井口油压关系

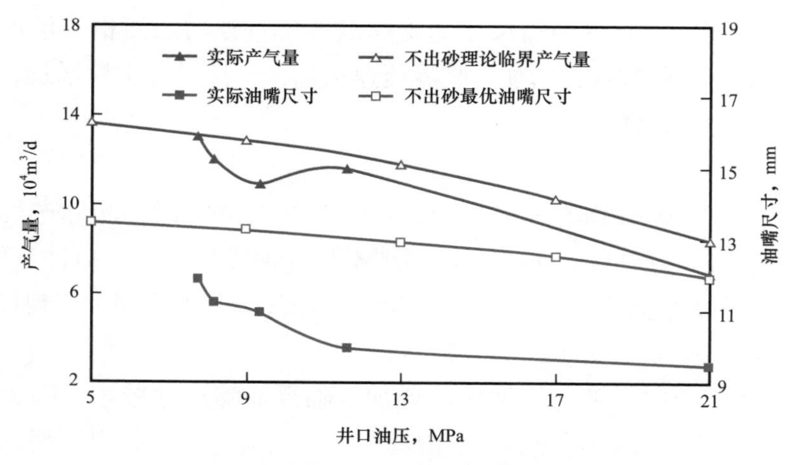

图 7-50　气液比为 3000，产量、油嘴与井口油压关系

b. 井口压力相同时，随气液比的增加，临界油嘴尺寸增大，临界产气量也相应增加。

c. 井口油嘴尺寸随井口油压、气液比、闭合应力变化较大，随支撑剂颗粒直径、压裂液黏度变化较小。

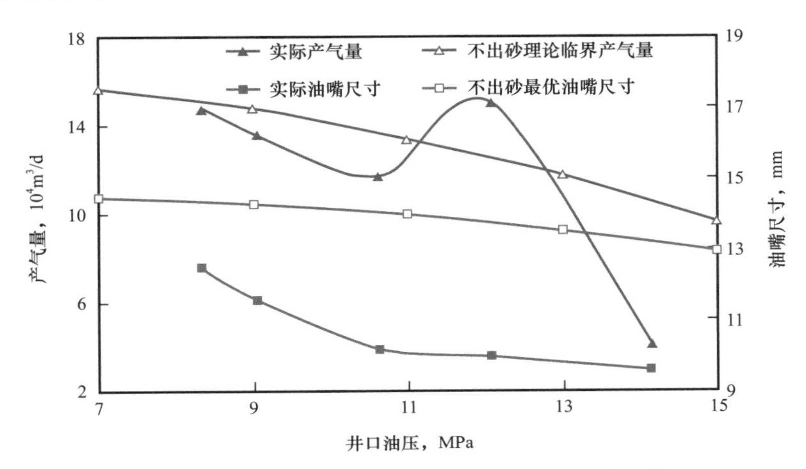

图 7-51　气液比为 5000，产量、油嘴与井口油压关系

第六节　页岩气井排采及完井投产

页岩气井分段压裂完成后，为充分发挥气井产能，矿场常采用闷井提高改造气藏系统渗透率；连续油管钻磨桥塞及通井，确保井筒通畅，为页岩气由储层流向地面创造良好条件；带压下油管，实施控压生产，提高气井预测最终可采储量（EUR）。

一、闷井作业

闷井即在大规模分段改造后，通常需要进行一段时间的关井，其主要目的为提高改造效果、减少支撑剂回流。页岩亲水性强，纳米级孔隙与微裂缝发育[10, 11]，且页岩储层通常具有超低含水饱和度特征[12, 13]，压裂后压裂液极易渗吸进入页岩基质中[14]，传统油气开发理论认为闷井使压裂液滞留储层将导致水相圈闭、裂缝应力敏感、黏土矿物水化膨胀等储层伤害。而矿场实践显示闷井可提高页岩气井改造效果[15, 16]。部分学者认为压裂液的逆向渗吸不但能“置换”出基质内部更多的吸附气，增加气井早期产量[17]，而且由于页岩黏土矿物含量高，页岩—压裂液作用后还会诱发页岩储层裂缝起裂扩展或产生新生微裂缝，提高储层整体渗透率[18-23]，各种作用相互耦合使闷井有利于提高单井产量。

闷井作业的关键是闷井时间的确定，闷井过程为储层岩石与压裂液相互作用过程，同时亦是细微裂缝扩展的过程，闷井时间受岩石矿物组分、岩石力学特征、微观孔隙特征、润湿性等地质特征及压裂液原始矿化度等参数影响，不同页岩气开发区块具有不同的最佳闷井时间。最佳焖井时间常利用室内实验进行确定，部分学者认为，当出现地层与压裂液充分反应特征时即为最佳闷井时间，即返排液矿化度变化趋缓的时间点（图 7–52）。亦有部分学者通过室内岩石力学实验明确裂缝起裂阈值压力，当矿场井井底压力降落至裂缝起裂阈值压力的时间即为页岩气井最佳闷井时间（图 7–53）[24]。

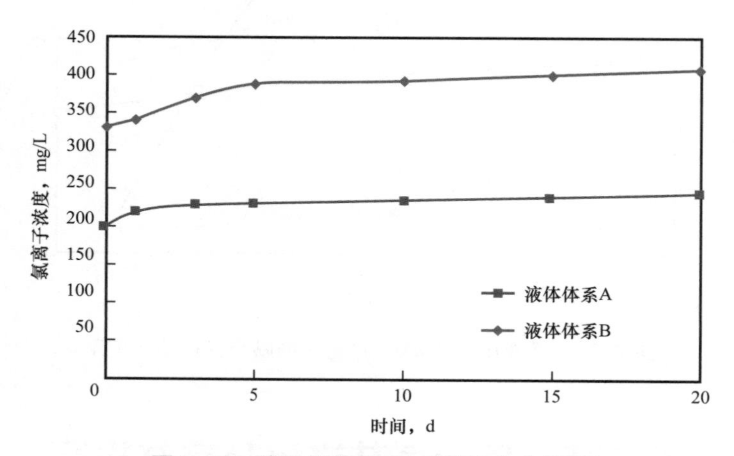

图 7–52　渗吸实验中 Cl^- 浓度变化曲线图

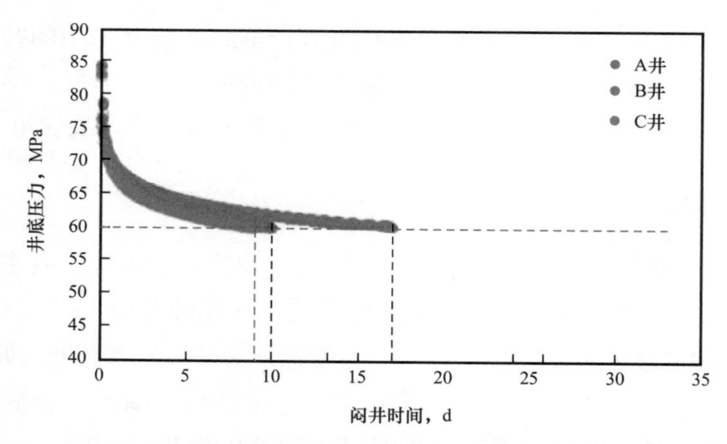

图 7–53　基于室内实验与矿场生产的最佳闷井时间确定方法

二、带压下油管作业

带压作业工艺也叫不压井作业工艺，是指在井筒内有压力的情况下，利用特殊修井设备，在油、气、水井井口实施起下管柱、井筒修理及增产措施的井下作业工艺技术。带压作业具有不压井、不放喷、不泄压，可避免油气层伤害、保持地层能量、缩

短作业周期、零污染等优点。

1. 带压作业装备

1928 年，北美第一次采用机械式带压作业，使用钢丝绳和滑轮系统连接到钻机绞车上提供下压力，1990 年后，出现了模块化的橇装设备，以适应海上作业。2000 年后，钻、修、带压作业一体机出现。

国内 20 世纪 60 年代曾研制过钢丝绳式带压作业机，80 年代，研制开发出可用于井口压力 4MPa 以下的橇装式液压带压作业机。2001 年华北石油荣盛石油机械制造有限公司开始生产不压井作业设备，分别在大庆、吉林、新疆、辽河、中原、华北等油田应用，现场最高作业压力达 16MPa。

1）国外带压作业设备

从轻型车载设备到重型橇装设备，带压作业设备设计多种多样。带压作业工作范围决定了设备的尺寸以及结构的复杂程度。根据作业方式分为辅助式带压作业装备、独立式带压作业装备、齿轮齿条式带压作业装备、长冲程带压作业装备，根据液缸能提供的最大提升力（单位 lb），将带压作业机划分为 95K、150K、225K、340K 等，常见的带压作业设备规格见表 7-12 及图 7-54 至图 7-57 所示。

表 7-12　带压作业设备

参数	辅助式			独立式					齿轮齿条	长冲程
	95K	150K	170K	225K	240K	340K	460K	600K		
最大举升力，t	43.1	68.0	77.1	102.1	108.8	154.2	208.7	272.2	113.4	102.1
最大下推力，t	20.9	38.5	37.4	49.9	54.40	74.8	102.1	129.2	54.4	43.1
最大行程，m	2.4	3	3.6	3	3.6	3	3	3	10	10
通径，mm	180	180	180	280	280	280	356	356	356	280

图 7-54　辅助式带压作业装备

图 7-55　独立式带压作业装备

图 7–56　齿轮齿条式带压作业装备

图 7–57　长冲程带压作业装备

2）国内带压作业设备

近年来国内加大对带压作业装备方面研究力度，烟台杰瑞石油服务集团股份有限公司（简称杰瑞公司）、中国石化江汉石油管理局第四机械厂（简称江汉四机厂）、四川宝石机械钻采设备有限责任公司（简称钻采厂）等设备制造公司已具备了气井带压作业设备制造能力（图 7–58）。表 7–13 给出了国内带压作业设备性能参数。

表 7–13　国内带压作业设备性能表

厂家	杰瑞公司		江汉四机厂		钻采厂	
型号	170K	240K	225K	340K	150K	240K
设备最大提升力，tf	74	113	108	154	68	113
设备带压下压力，tf	48	68	68	74	43	68
液缸模式	2	4	4	4	2	4
井口最大压力，MPa	35	70	70	70	35	70
管径范围，mm	60.3～114.3	60.3～114.3	60.3～114.3	60.3～177.8	60.3～114.3	60.3～114.3

2. 带压下油管关键工程参数计算

带压下油管是通过控制作业管柱的起下、旋转来实现的，管柱受力较为复杂，这些力必须用卡瓦来加以控制，防止油管的飞出或落井。最大下压力、最大举升力、无支撑长度、中和点深度及重管柱和轻管柱转换点等工程参数计算是带压下油管工程设计、施工设计的重要内容。

杰瑞240K一体化液压式　　四机厂225K模块化液压式　　钻采厂240K一体化液压式

图 7–58　国内带压作业设备

1）油管受力分析

带压作业时，作用在油管上的力包括：井内压力作用在管柱最大密封横截面上的上顶力，管柱在井内流体中的重力，油管通过防喷器时所受的摩擦力，带压起下作业装置所施加管柱的力，管柱在井筒内运动时套管对管柱产生的摩擦力。其中，防喷器和套管产生的摩擦力与管柱运动方向相反，套管对管柱产生的摩擦力在工程计算中常忽略不计，如图 7–59 所示。

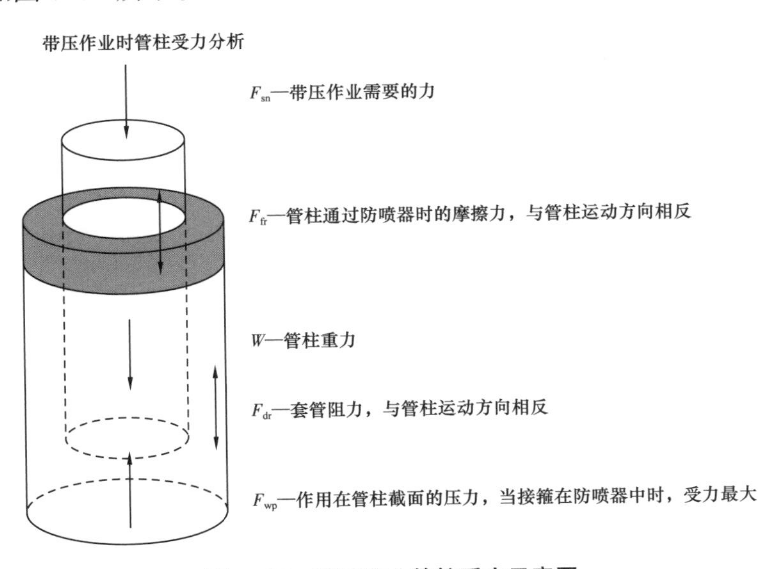

图 7–59　带压作业管柱受力示意图

2）带压作业工程力学计算

（1）管柱截面力。

截面力是指井内压力作用在管柱密封横截面积上的上顶力，用符号 F_{wp} 表示，计算公式为

$$F_{wp}=\frac{\pi d^2 p}{4000} \tag{7-5}$$

式中 F_{wp}——管柱截面力，kN；

d——防喷器密封油管外径，mm；

p——井口压力，MPa。

（2）防喷器对管柱的摩擦力。

防喷器对管柱的摩擦力用 F_{fr} 表示，摩擦力的计算非常复杂，油管通过密封防喷器时所受的摩擦力大小与防喷器类型和井口压力有关。为简化计算，通常取管柱上顶力的 20%。

$$F_{fr}=0.2F_{wp} \tag{7-6}$$

（3）最大下推力。

在带压下入管柱时，带压作业机移动防顶卡瓦施加给管柱的垂直向下的力称为下压力。

液压缸下推力计算：

$$F_{sn}=F_{wp}-W-F_{fr}-F_{dr} \tag{7-7}$$

式中 F_{sn}——液压缸的下推力，kN；

F_{wp}——管柱的截面力，kN；

W——管柱在流体中的重力，kN；

F_{fr}——防喷器对管柱产生的摩擦力，kN；

F_{dr}——井筒对管柱的摩擦力，kN。

液压缸的最大下推力等于井内压力作用在管柱最大密封横截面上的上顶力。

（4）最大举升力。

最大举升力计算是对管柱最大上提拉力的计算，是管柱强度计算的重要内容，也是设置上提液缸压力的重要参数。最大举升力计算时需要结合以下几种参数计算。

① 带压作业条件下管柱的临界弯曲载荷。

油管本体屈服强度计算：

$$P_y=0.7854\left(D^2-d^2\right)Y_P \tag{7-8}$$

式中 P_y——油管本体屈服强度，MPa。

② 油管的抗外挤强度。

a. 无轴向应力时油管挤毁压力计算：

$$p_{\mathrm{YP}}=2Y_{\mathrm{P}}\left[\frac{(D/\delta)-1}{(D/\delta)^2}\right] \tag{7-9}$$

式中　p_{yp}——管柱无轴向应力时，油管挤毁压力，MPa；

Y_{p}——油管屈服应力，MPa；

D——油管外径，mm；

δ——油管壁厚，mm。

b. 轴向拉伸应力作用下，油管的挤毁压力计算：

$$p_{\mathrm{pa}}=\left[\sqrt{1-0.75\left(\frac{S_{\mathrm{a}}}{Y_{\mathrm{p}}}\right)^2}-0.5\frac{S_{\mathrm{a}}}{Y_{\mathrm{p}}}\right]p_{\mathrm{yp}} \tag{7-10}$$

式中　p_{pa}——管柱在轴向应力下油管挤毁压力，MPa；

S_{a}——管柱轴向应力，MPa。

如果井内管柱处于硫化氢、二氧化碳等腐蚀环境中，应根据油管腐蚀程度进行检测和评价，根据油管机械性能的降低程度，相应降低允许的压力和负荷。

③ 管柱内屈服强度。

管柱内屈服强度即抗内压强度，用符号 p_{in} 表示，即

$$P_{\mathrm{in}}=0.875\left(\frac{2Y_{\mathrm{p}}\delta}{D}\right) \tag{7-11}$$

式中　P_{in}——管柱最小内屈服强度，MPa。

④ 管柱中和点计算。

管柱在井筒内的自重等于截面力时的管柱长度称为中和点，又称平衡点。

管柱轴向力计算：管柱轴向力 = 油管浮重 − 管柱的截面力。当管柱轴向力为零时的管柱长度称为管柱的中和点，即

$$F_{\mathrm{wp}}=W+\Delta W \tag{7-12}$$

式中　W——管柱浮重，kN；

F_{wp}——管柱截面力，kN；

ΔW——管柱内流体重量，kN。

管柱浮重是管柱井筒流体中的重量，即

$$W=mgl-\rho_1 g\pi LD^2/4 \tag{7-13}$$

式中 m——管柱线重，kg/m；

D——管柱外径，m；

g——重力加速度，m/s^2；

L——中和点长度，m；

ρ_1——井筒内流体密度，kg/m^3。

管柱内流体重量计算公式：

$$W=L\rho_2 g\pi d^2/4 \tag{7-14}$$

式中 d——管柱内径，m；

ρ_2——管柱内流体密度，kg/m^3。

如果管柱内为空气，重量可忽略不计。

结合现场应用，将公式整理后，得出中和点长度计算公式，即

$$L=\frac{7.845\times10^{-2}p_{wh}D^2}{m-7.845\times10^{-4}\rho_1 D^2+7.845\times10^{-4}\rho_2 d^2} \tag{7-15}$$

式中 L——中和点长度，m；

p_{wh}——井口压力，MPa；

D——管柱外径，mm；

d——管柱内径，mm；

ρ_1，ρ_2——分别为井筒内流体密度与管柱内灌入流体密度，$10^3kg/m^3$。

辅助式带压作业装备，在中和点以下的管柱可使用大钩起下，中和点以上的管柱使用液压缸起下。当油管上顶时可用带压作业机的防顶卡瓦控制油管起下。不同尺寸的油管在不同压力等级井筒内中和点的深度不同，如图 7-60 所示。

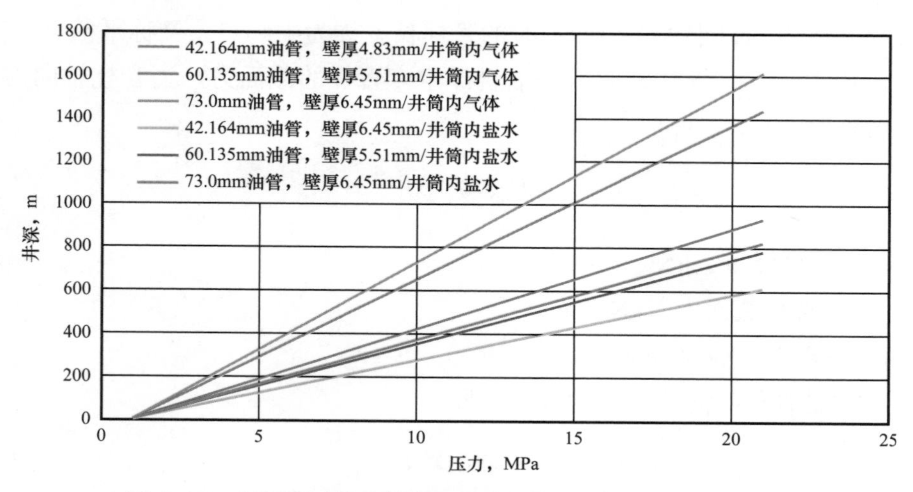

图 7-60 不同尺寸的油管在不同压力等级井筒内中和点的深度

⑤ 最大无支撑长度计算。

最大无支撑长度计算是指带压下入管柱时，管柱在轴向上受压不产生弯曲变形的长度，它与下压力和管柱强度度有关。根据材料力学知识可知，横截面和材料相同的压杆，由于杆的长度不同，其抵抗外力的性质将发生根本的改变，细长的压杆问题属于稳定问题，下油管或钻杆均属于细长杆。

由于油管或钻杆是在防喷器关闭的情况下下钻，这个关闭的防喷器和井筒压力产生的截面力会阻碍管柱下入，这样就在管柱上形成了两个类似两端铰支细长压杆，对于两端为铰支座的理想压杆、失稳状态在线弹性范围内的压杆，临界压力 F_{cr} 可采用欧拉公式计算：

$$F_{cr} = \frac{\pi^2 EI}{l^2}$$

$$I = \frac{\pi}{64}\left(D^2 - d^2\right) \tag{7-16}$$

式中　F_{cr}——压杆失稳的临界压力，MPa；

E——压杆钢级下的弹性模量，一般取 200GPa；

I——压杆惯性矩，mm；

D，d——压杆的外径与内径，mm；

l——细长杆的长度，mm。

在带压下入管柱时，只要井口压力、管柱尺寸确定，管柱的最大下压力就可以确定，此时压杆失稳的临界压力 F_{cr} 就是最大下入压力 F_{sn}，通过欧拉公式变形得到无支撑长度计算公式：

$$l = \sqrt{\frac{\pi^2 EI}{F_{sn}}} \tag{7-17}$$

在计算最大下压力时，不能只计算通过管体的最大下压力，还需要计算经过管柱接箍的最大下压力。目前下压力的计算多采用经验公式计算，为保证安全，对无支撑长度的计算要采用一定的安全系数。参考加拿大 IRP15《带压作业推荐做法》，一般按以下三种方式选取安全系数。

a. ϕ33.4mm、ϕ42.2mm、ϕ48.3mm、ϕ52.4mm 等较小外径的管柱一般采用整体接头。其中 ϕ33.4mm、ϕ42.2mm、ϕ48.3mm 的整体接头强度大概为管体强度的 83%，这三种管柱尺寸采用 60% 的安全系数；ϕ52.4mm 整体接头强度大概是管体强度的 95%，因此 ϕ52.4mm 管柱采用 65% 的安全系数。

b. ϕ60.3mm、ϕ73.0mm、ϕ8.9mm 等较大外径的管柱一般采用外加厚（EUE）或特殊螺纹接头。外加厚和特殊螺纹接头的强度与管体强度相同，因此这三种尺寸采用

70% 的安全系数。

c. 如果油管为 N80 旧油管，井筒压力大于 35MPa 或者 H_2S 浓度高于 1.0%（体积分数）时，则还要把无支撑长度减小 25%，即取计算值的 52.5%。

3. 不压井作业压力控制工艺

1）油管内压力控制工艺

油管内压力控制按照安全的不同状态分为工作状态压力控制、安全保障压力控制及紧急情况下的压力控制三级。

第一级：工作状态压力控制。根据施工目的和井况选用合适的油管堵塞器对管柱进行封堵。通常选用的堵塞器包括：油管桥塞、堵塞器、单流阀及其他特殊油管压力控制工具与技术。依据井筒压力不同，需要选用不同的堵塞器和堵塞方式，井筒压力为 0～14MPa 可以选用钢丝桥塞、固定式堵塞器、电缆桥塞和油管盲堵，采用坐封 1 只堵塞器的方式；井筒压力为 7～21MPa 可以选用固定式堵塞器、电缆桥塞和油管盲堵，采用坐封 1 只堵塞器的方式；井筒压力为 21MPa 以上只能选用固定式堵塞器，并且要采用坐封 2 只堵塞器的方式来实现井筒压力控制。

第二级：安全保障的压力控制。为防止油管堵塞器失效而采取的保障措施，主要包括：当内堵工具坐封后，向管柱内注入水及其他介质，保障内堵工具处于良好工作状态；如果井下管内堵塞器发生泄漏会提前发现溢流，可以抢装旋塞阀。

第三级：紧急情况下的压力控制。为防止一级和二级压力控制失效而采取的应急手段，包括两种方式：第一是利用压裂车向井筒内注压井液，实行压井控制井筒压力；第二是使用封井器的剪切闸板，剪断管柱，实施关井。

2）油套环空压力控制工艺

油套环空压力控制按照安全的不同状态同样分为工作状态压力控制、安全保障压力控制以及紧急情况下的压力控制三级。

第一级：工作状态压力控制。为保证工作状态下能安全平稳地起下管柱，根据压力等级、产量、介质等配备环型防喷器、闸板防喷器等，依据井筒压力的不同，采取不同的压力控制方式。井筒压力 0～7MPa 时，利用不压井作业装备的环形防喷器控制油套环空压力进行管柱的起下作业；井筒压力在 7～21MPa 时，由于油管接箍在过环形防喷器时，不能有效地控制井筒压力，同时，在此压力下，环形防喷器胶芯极易破坏，因此，必须借助于不压井作业装备的闸板防喷器来协助控制井筒压力。井筒压力在 21MPa 以上时，由于环形防喷器不能对管柱实现动密封，因此，任何时候都必须采用闸板加环形双级控制模式来控制油套环空压力。

第二级：安全保障的压力控制。在一级环空压力控制失效时采取的压力控制措施，主要是根据井筒压力等级、产量、介质等配备闸板防喷器，数量根据管柱规格进

行配套。在一级环空压力控制失效后，采用闸板防喷器来实现油套环空压力控制，以维护一级油套环空压力控制元件。

第三级：紧急情况下的压力控制。和油管内压力控制一样，为防止一级和二级压力控制失效而采取的应急手段，同样包括两种方式。第一是利用压裂车向井筒内注压井液，实行压井控制井筒压力。第二是使用封井器的剪切闸板，剪断管柱，实施关井。

4. 施工作业工艺

不压井下油管作业程序及控制如下：

（1）下油管堵塞器。

根据井况条件、井口压力、作业内容等选择相适应的堵塞器下入油管内。

（2）换装井口。

① 拆除采气树，在油管悬挂器上安装旋塞阀，旋塞阀处于关闭状态。

② 安装不压井作业地面装置及不压井作业装备。从下到上依次为试压四通 + 双闸板封井器 + 单闸板封隔器 + 升高法兰短节 + 不压井作业装备，连接好地面流程，如图 7-61 所示。

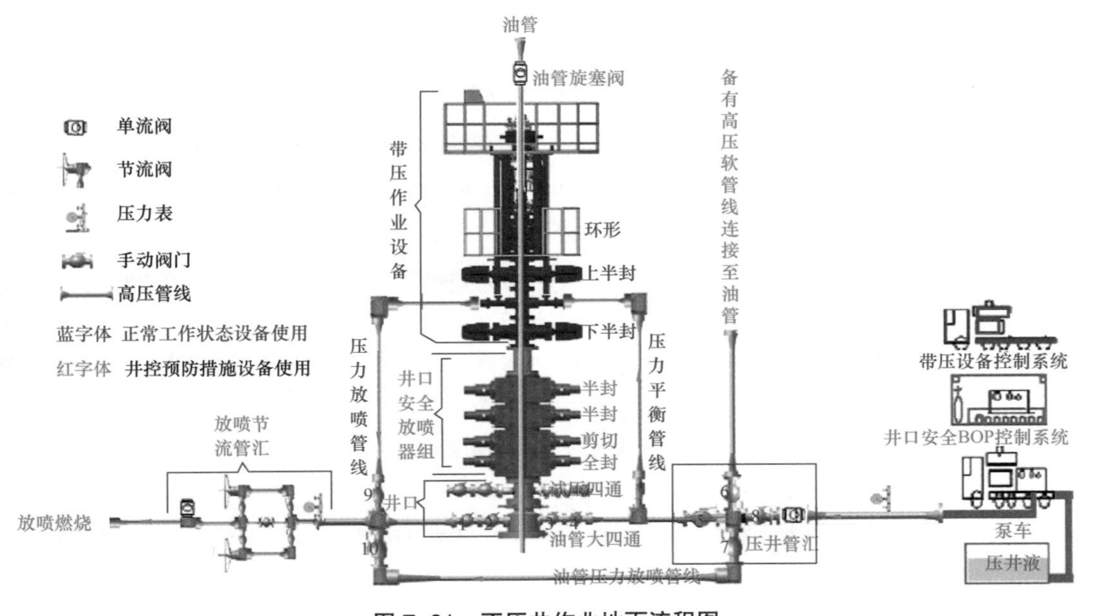

图 7-61　不压井作业地面流程图

③ 试压。从下到上依次按低压到高压进行逐次试压，低压为 1.5MPa，高压为井筒最大关井压力。

（3）下油管。

① 下油管前，要在最后一根油管上接坐落接头（带堵塞器，堵塞器下井前要进行

前后试压，试压值为堵塞器的额定工作压力）。

②下管柱。

将油管鞋下至全封闸板防喷器上面，关闭移动防顶和移动承重卡瓦，关闭环形防喷器，平衡全封闸板防喷器的上下压差，打开全封闸板，下入油管和工具。

中和点以前的管柱用举升液缸和移动、固定防顶加压卡瓦、移动重力卡瓦共同配合下入，到中和点后，用修井机提升系统下入管柱，刚开始用修井机下前20～30根油管时速度要慢，特别是当接箍通过环形防喷器时要缓慢下放。将管柱下至设计深度。

③坐油管悬挂器。

下完井生产管柱，在最后一根油管上端接好悬挂器，关闭下闸板防喷器，放空下闸板防喷器和环形防喷器间的压力，打开环形防喷器，下入悬挂器至下闸板防喷器和全封防喷器之间后，关闭环形防喷器，平衡下闸板防喷器的上下压力，打开下闸板防喷器，坐好悬挂器，并紧上顶丝，检查悬挂器的密封情况，密封合格后，卸掉并提出提升短节，关闭全封防喷器。

④拆除设备及双闸板防喷器，装采油树。

用钢丝设备提出堵塞器，完井。

参考文献

[1] 王中华.2013年国内页岩气钻采技术综述[J].中外能源，2014，19（6）：34-41.

[2] Andy Martin，Larry Behrman. Perforation requirements for fractire Stimulation [C].2012 International Perforation Symposium，2012.

[3] Lan Walton. Optomal perforating design for hydraulic fracture and wellbore connectivity in gas shale [C].2009 International Perforating Symposium，2009.

[4] 唐凯，陈建波，陈华彬，等.定面射孔技术在四川盆地致密气井中的应用[J].测井技术，2014，38（4）：495-498.

[5] 史吉辉，李庆超，李强，等.页岩气储层定向射孔压裂裂缝转向影响因素分析[J].中国科技论文，2020，15（5）：528-535.

[6] 朱海燕，邓金根，刘书杰，等.定向射孔水力压裂起裂压力预测模型[J].石油学报，2013，34（3）：556-562.

[7] 刘海龙，张磊，谢涛，等.定向射孔水力压裂起裂压力研究[J].石油机械，2018，46（9）：63-68.

[8] Hossain M M，Rahman M K，Rahman S S. Hydraulic fracture initiation and propagation：Roles of well-bore trajectory，perforation and stress regimes [J]. Journal of Petroleum Science and Engineering，2000，27（3/4）：129-149.

[9] Fallahzadeh S H，Shadizadeh S R，Pourafshary P，et al. Modeling the perforation stress profile for analyzing hydraulic fracture initiation in a cased hole [C]. SPE 136990，2010.

［10］纪文明，宋岩，姜振学，等．四川盆地东南部龙马溪组页岩微—纳米孔隙结构特征及控制因素［J］．石油学报，2016，37（2）：182–195.

［11］韩超，吴明昊，吝文，等．川南地区五峰组—龙马溪组黑色页岩储层特征［J］．中国石油大学学报（自然科学版），2017，41（3）：14–22.

［12］刘洪林，王红岩．中国南方海相页岩超低含水饱和度特征及超压核心区选择指标［J］．天然气工业，2013，33（7）：140–144.

［13］方朝合，黄志龙，王巧智，等．富含气页岩储层超低含水饱和度成因及意义［J］．天然气地球科学，2014，25（3）：471–476.

［14］Paktinat J，Pinkhouse J，Johnson N，et al. Case studies：Optimizing hydraulic fracturing performance in Northeastern fractured shale formations［J］. 2006.

［15］刘乃震，柳明，张士诚．页岩气井压后返排规律［J］．天然气工业，2015，35（3）：50–54.

［16］Ghanbari E，Dehghanpour H. The fate of fracturing water：A field and simulation study［J］. Fuel，2016，163：282–294.

［17］Cheng Y. Impact of water dynamics in fractures on the performance of hydraulically fractured wells in gas shale reservoirs［J］. Journal of Canadian Petroleum Technology，2012，51（2）：143–151.

［18］钱斌，朱炬辉，杨海，等．页岩储集层岩心水化作用实验［J］．石油勘探与开发，2017，44（4）：615–621.

［19］Dehghanpour H，Lan Q，Saeed Y，et al. Spontaneous imbibition of brine and oil in gas shales：effect of water adsorption and resulting microfractures［J］. Energy & Fuels，2013，27（6）：3039–3049.

［20］马天寿，陈平．基于CT扫描技术研究页岩水化细观损伤特性［J］．石油勘探与开发，2014，41（2）：227–233.

［21］Makhanov K，Habibi A，Dehghanpour H，et al. Liquid uptake of gas shales：A workflow to estimate water loss during shut–in periods after fracturing operations［J］. Journal of Unconventional Oil & Gas Resources，2014，7（7）：22–32.

［22］康毅力，杨斌，李相臣，等．页岩水化微观作用力定量表征及工程应用［J］．石油勘探与开发，2017，44（2）：301–308.

［23］石秉忠，夏柏如，林永学，等．硬脆性泥页岩水化裂缝发展的CT成像与机理［J］．石油学报，2012，33（1）：137–142.

［24］韩慧芬，杨斌，彭钧亮．压裂后焖井期间页岩吸水起裂扩展研究——以四川盆地长宁区块龙马溪组某平台井为例［J］．天然气工业，2019，39（1）：74–80.

第八章

压裂后评估

页岩储层地质特征复杂、区域差异性明显，为取得较好的压裂改造效果，压后评估是必不可少的工作。它是评价压裂效果、优化压裂方案、支撑现场作业不可或缺的重要基础。页岩气井的压后评估工作主要有四类，分别是裂缝监测、施工压力分析、产出测试和大数据分析。

第一节 裂缝监测

水力压裂中准确获得水力裂缝空间展布对评价压裂效果和优化压裂设计至关重要。裂缝监测技术是获得水力裂缝扩展规律的重要手段。目前水力裂缝现场监测的方法主要包括三种。（1）间接监测方法。包括净压力分析、试井和生产动态分析。该方法主要缺点是分析结果常具有非单一性，需要用直接裂缝监测结果进行校正；（2）井筒附近的直接监测：包括放射性示踪剂、温度测井、生产测井和井径测量等。该方法主要缺点是只能获得井筒附近 1m 以内的裂缝参数；（3）直接的远场监测：包括微地震技术、地面测斜仪和井下测斜仪，远场监测技术从临井或地面进行监测，可获得裂缝在远场的扩展。

一、微地震裂缝监测

随着页岩气、致密油气和煤层气等非常规资源的开发，水力压裂微地震监测技术有了突飞猛进的发展。微地震监测提供了目前储层压裂中最精确、最及时、信息最丰富的监测手段。可根据微地震“云图”实时分析裂缝形态，对压裂参数（如压力、砂量、压裂液等）实时调整，优化压裂方案，提高压裂效率，客观地评价压裂工程的效果。

1. 微地震监测技术

水力压裂改变了原位地应力和孔隙压力，导致脆性岩石的破裂，使得裂缝张开或者产生剪切滑移。通过水力压裂、油气采出等石油工程作业时诱发产生的地震波，由

于其能量与常规地震相比很微弱，通常震级小于0，故称“微震”。微地震监测技术理论基础是声发射和天然地震，与地震勘探相比，微地震更关注震源的信息，包括震源的位置、时刻、能量和震源机制等。水力压裂微地震监测主要有井下监测和地面监测两种方式。

1）井下微地震监测技术

井下微地震裂缝监测是目前应用最广泛、最精确的方法，井中微地震监测接收到的信号信噪比高、易于处理，但费用比较昂贵，并且受到井位的限制。

现场常用的井下微地震波监测试验如图8-1所示，井中监测仪器通常为三分量检波器，三个地震波检波器布置成互相垂直，并固定在压裂井邻井相应层位和层位上下井段的井壁上，一般检波器能检测到水力压裂微地震的最远距离为2km。首先将仪器下井并固定，同时确定下井的方向进行压裂。记录在压裂过程中形成大量的压缩波（纵波P波）和剪切波（横波S波）波对，确定压缩波的偏差角以及压缩波和剪切波到达的时差。由于介质的压缩波和剪切波的速度是已知的，所以，可将时间的间距转化为信号源的距离。当监测多个微地震事件并绘制在三维空间中，就能得出水力裂缝的几何尺寸，测出裂缝高度和长度，再根据记录的微地震波信号，绘制微地震波信号数目和水平方位角的极坐标图，以此确定水力裂缝方位（图8-2）。井中监测可以采用单井或多井同时监测，井数和级数越多，微地震事件定位精度越高。

图8-1 井下微地震波测试示意图

2）地面微地震监测技术

地面微地震监测是将地震勘探中的大规模阵列式布设台站与基本数据处理手段移植到压裂监测中来，在压裂井地面布设点安装一系列单分量或三分量检波器进行监测（图8-3），采用噪声压制、多道叠加、偏移、静校正和速度模型建立等方法处理数据。通常地面检波器排列类型主要有三种：星型排列、网格排列和稀疏台网。布设点达到几百个，每点又由十几到几十单分量垂直检波器阵组成，检波器总数可以有万至数万个。

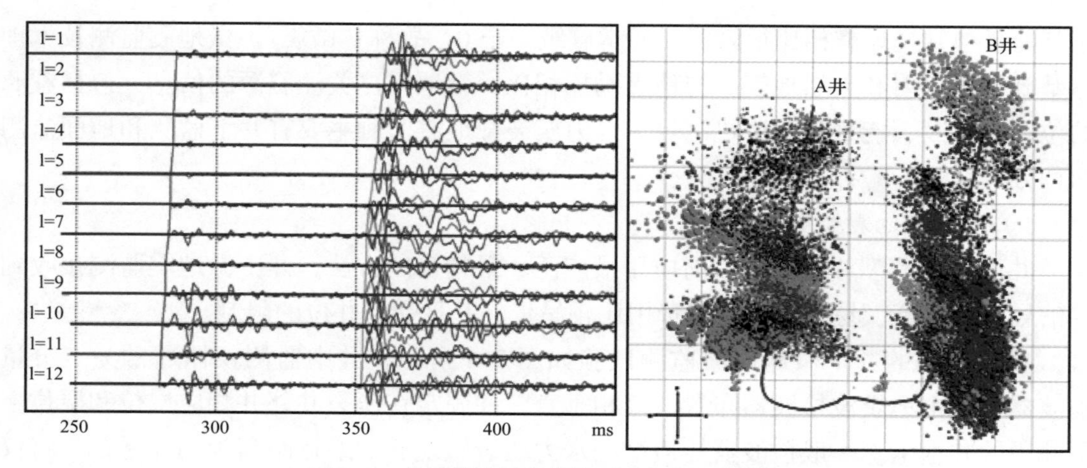

图 8-2 典型微地震事件波形图和定位效果图

图 8-3 地面监测时采用的 FracStar 阵列图

此法施工条件要求低，数据量大，具有大的方位角覆盖，有利于计算震源机制解，但易受地面各种干扰的影响，信噪比低，干扰大。地面微地震监测在国内外油气田的生产实践中得到了越来越多的应用，其监测结果可确定裂缝分布方向、长度、高度等参数，用于评价压裂效果。

3）浅井微地震监测技术

浅井监测（图 8-4）采用 100～600 个三分量检波器埋置于某一深度（10～50m），主要为了避免地表随机噪声的影响和地震波能量的吸收，这种方式适合对大范围的油田区块进行工厂化作业的丛式井组和长期储层开发动态监测。该方法结合了地面监测的低成本和深井观测的高信噪比优点，可以更好地获得高信噪比数据，同时也能满足求解震源机制的需求。

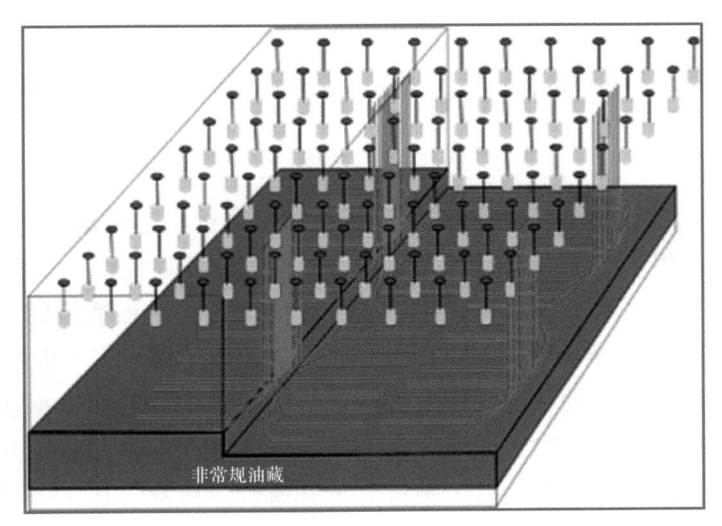

图 8-4　浅井监测时采用的平面阵列图

仪器井的深度主要根据信号的信噪比确定，深度越深，采集信号的信噪比越高。仪器井距压裂井越远，波形时差越大，到时精度越高，但信噪比随距离的增加而降低，一般间距为 0～3km。

2. 微地震处理与解释

微地震常规数据处理包括确定微地震特征参数（如能量、事件数、*G*—*R* 统计的 *b* 值、发震时间等参数）和精确定位，再根据精确定位的微地震事件“云图”边界，确定有效储层改造体积（SRV）。其中影响定位精度的因素包括波形信噪比、P 波 S 波时拾取精度、速度模型和定位算法。

1）到时自动拾取

到时拾取是精确定位的关键。由于微地震数据量较大，通常采用自动拾取到时的方法，常用的到时拾取方法为短长时间平均比法（STA/LTA）、修订能量法（MER）和 AIC 准则。常用的速度模型为均匀各向同性介质模型、时变均匀各向同性介质模型、横向各向同性介质模型、时变横向各向同性介质模型和射线追踪。

利用自回归模型进行震相初至拾取主要有两种方法。一是用 AIC 准则，首先确定 AR 模型阶数，然后根据 AR 表示形式的变化来确定初至时间；另一种是利用微地震记录建立 AR 预测模型来区别信号与背景噪声，达到识别初至时间的目的。AR-AIC 将地震数据分成依据自回归过程确定的两个局部统计时段，这两个时段的划分以检测震相到时为界。

AIC 法通过找到全局最小值即为初至点，需要判断一段记录中是否存在微地震有效信号。如果存在一个比较清晰的初至信号，在起跳点会出现一个全局最小的 AIC

值。在信噪比较低的情况下，初至起跳点不明显时，AIC 会出现多个局部最小点，但全局最小点仍然可能是初至起跳点。因此，信噪比低的微地震信号影响初至拾取的精度。

2）极化旋转分析

微地震事件的定位中，一个重要步骤就是偏振分析确定微地震事件的发生方位。极化分析的基本思想是寻找一定时窗内的质点位移矢量的最佳拟合直线（图 8-5）。如果时窗内的波形被确认为 P 波，则该拟合直线方向即为波的传播方向；如果时窗内的波形被确认为 S 波，则该拟合直线的方向与波的传播方向垂直，极化分析的时窗选择对分析结果的可靠性至关重要。其中矢端曲线分析法是判断质点振动方向的有效手段，矢端曲线是地震波传播时，介质中每个质点振动随时间变化的空间轨迹图形，它反映地震波的偏振情况。在微震监测数据处理和解释中极化分析主要目的是确定波的传播方向；另一个用处是研究波的类型。

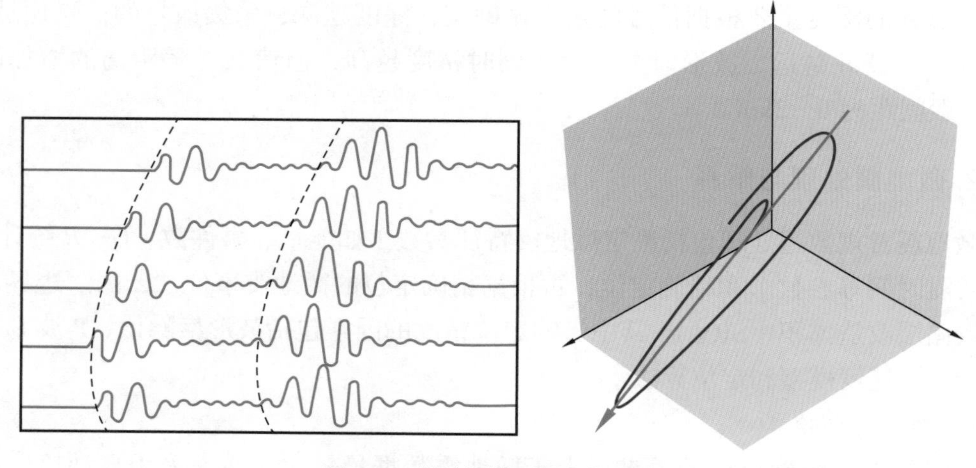

图 8-5　微地震波形图和偏振图

3）速度模型建立

速度是微地震精确定位的关键参数，因此建立速度模型是微地震数据处理必需的一个环节，根据工区条件和数据采集设备条件，有不同的速度模型建立方法，所得速度模型精度也各不相同。

为建立速度模型首先要在水力压裂前作辅助放炮，即在压裂井中目的层段人工激发地震波，在监测井中进行记录。当设备条件有限，监测井中只有少量几个检波器时，通常在压裂井中布置少量几个炮点激发，或仅仅在监测井中记录水力压裂前射孔时激发的地震波，然后根据监测井中的地震记录，读取纵横波初至时间。由于震源位置和接收点位置都是已知的，按直射线假设便可计算出压裂井和监测井间的平均速度，从而建立起速度模型。此时的声波等测井资料、录井或岩心资料都应充分收集和

分析，以对速度模型进行标定。

4）微地震事件定位

（1）双差算法：双差定位法是一种相对定位法，如果两个地震间的距离相对于地震到台站的距离以及介质速度变化的尺度足够小，则两条射线的路径可以近似相同，在同一站台记录到的两事件的走时之差就可以归结为两事件的空间位置的差异。

（2）Geiger 算法：天然地震震源定位中应用最为广泛的一种方法，大部分微地震事件线性定位方法都是在 Geiger 算法的基础上发展起来的。Geiger 方法解决初始时间 t_0、震源位置（x_0，y_0，z_0），残差平方和最小，残差 r 是观测时间减初始时间 t_0 点（x_0，y_0，z_0）的计算时间。该算法用时间导数（在时间上 x、y、z 变化小）迭代到正确的位置。用奇异值分解（Singular Value Decomposition）反演 P 波或 S 波到时。Geiger 算法的优点：① 条件数评估反演的稳定性；② 协方差矩阵优势分析可以做成误差椭球体（x、y、z 的误差估计）。

（3）纵横波时差法：在井中观测微地震事件，接收的信号信噪比高，纵波和横波信息清晰。在多种定位方法中，纵横波时差法能较充分利用清晰有效信号，较准确地对微地震事件进行定位处理。其原理是，对三分量信号进行极化旋转，确定微地震事件来源方向，再利用 P 波、S 波时差确定微地震事件的空间位置。

（4）网格搜索法：直接网格搜索法虽然工作量很大，但是对求解具有相对少量参数的反演问题是行之有效的方法。它可以准确地收敛到最优解，而且在计算均匀介质或水平层状等地层情况下，搜索速度也可以接受。而当地层模型比较复杂时，单纯使用直接网格搜索法则需要耗费巨大的工作量和计算时间，使得此方法不能满足实际使用的要求。而且由于地层复杂的缘故，解的收敛过程常常不是一个单峰函数，整个搜索过程是在震荡中趋于最优解。

5）震级计算

震级 M 测定方法，用地震面波质点运动最大值（A/T）max 测定地震震级 M。计算公式为

$$M=\lg(A/T)\max+\sigma(\Delta) \tag{8-1}$$

式中 A——地震面波最大地动位移，取两水平分量地动位移的矢量和，μm；

T——相应周期，s；

Δ——震中距，(°)。

6）SRV 及 ESRV 分析

SRV 是有效水力压裂导致油气井产量增加的油藏体积（图 8-6）。在低渗透率油气藏，通过水力压裂产生新的裂缝网络增加油气产量，所以使用 SRV 可以有效描述水力压裂的效率。

大部分 SRV 的估算是所有检测到的微地震事件体积和，然而，这种方法计算的 SRV 是不准确的，因为并非所有的微地震事件都能增加油气产量，只有与压裂缝连通的有效岩石破裂产生的微地震事件才对 SRV 计算有贡献。

确定微地震事件中由有效破裂引起的微震是比较困难的，但是还是可以根据微震事件的纵、横波波形相似性、走时差、能量比及发生时间等综合进行分类，剔除无法有效分类的弱微震事件，将同一簇微震事件进行裂缝拟合进而得到较为可靠的有效 SRV 估算结果（图 8–6）。

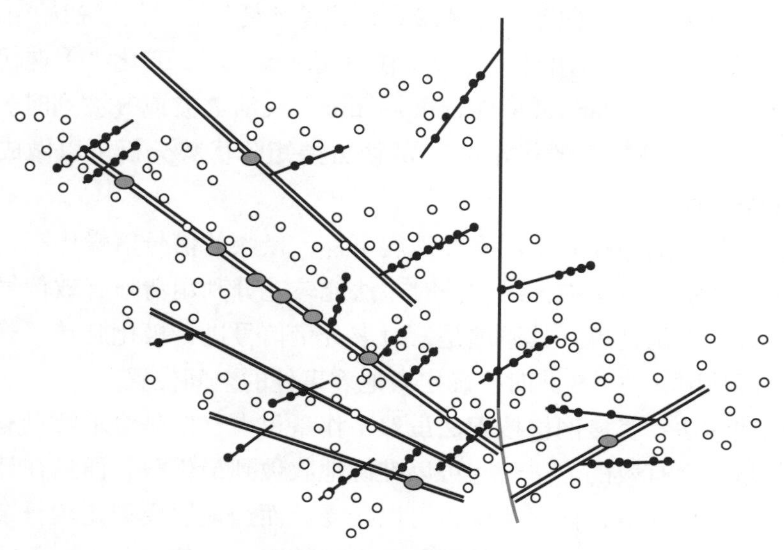

图 8–6　SRV 体积示意图

通过比较识别同一裂缝簇上的微地震事件（绿色为较大微地震事件，黑色为裂缝簇的微地震事件，空心灰色为孤立的微地震事件）。对储层改造体积（SRV）的准确估算和精细描述压裂缝隙解释有一定的帮助。在实际 SRV 计算中，孤立的弱事件定位结果应剔出，不参与计算，这样得到的 SRV 结果更为真实可靠（图 8–7）。

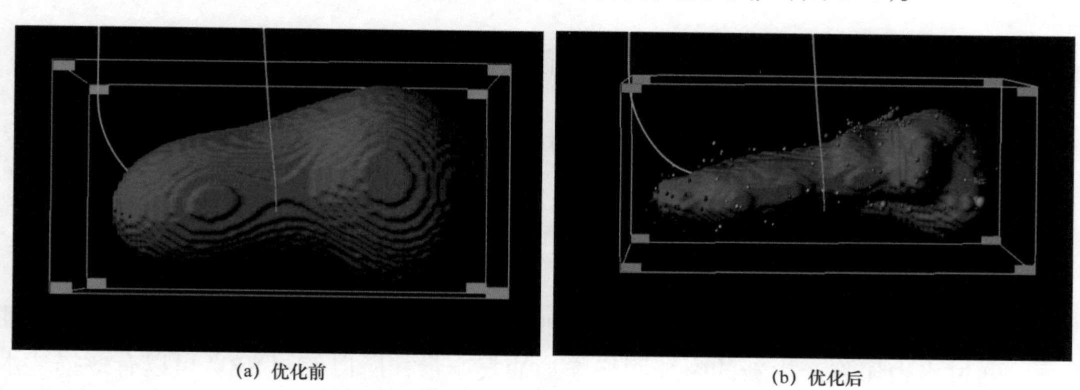

(a) 优化前　　(b) 优化后

图 8–7　SRV 计算优化前后对比

3. 震源机制解释

微地震监测已经成为一种重要的油藏流体流动监测方法。只单独由微地震事件位置描述水力压裂中岩石的破裂过程往往很难。其震源机制包括原有裂缝面上的滑动（孔隙度没有增减）和拉张作用产生新的裂缝（孔隙度增加）。通过远场地震观测可靠地识别这些震源机制的类型，有利于更好地利用微地震资料，特别是水力压裂的监测[3]。

微地震事件震源机制的求取主要借鉴于天然地震学中的相关方法。天然地震学中震源机制求取方法主要有利用 P 波初动极性求取、矩张量反演和利用 P/S 波振幅比求取三种方法。根据微地震监测的特点，目前常用的微地震震源求取方法主要是前两种。

1）P 波初动解研究震源机制

震源机制解最简单的求解方法是根据 P 波初动方向的观测资料来进行求解。检波器记录的初至 P 波的振动方向，有的向上（即压缩波，记为正号），有的向下（即拉伸波，记为负号）（图 8–8）。求震源机制解时，需要将检波点的记录标在震源球面的相应位置上。震源球面是包围震源的一个球面。若将每个检波点所记录到的 P 波初动方向都标到震源球面上的相应位置后，可以发现，只要记录足够多，并且在球面上的分布范围足够广，则可以找到过球面中心的两个互相垂直的平面，将震源球面上的正负号分成 4 个象限，这两个平面就是上述双力偶震源的两个节平面。

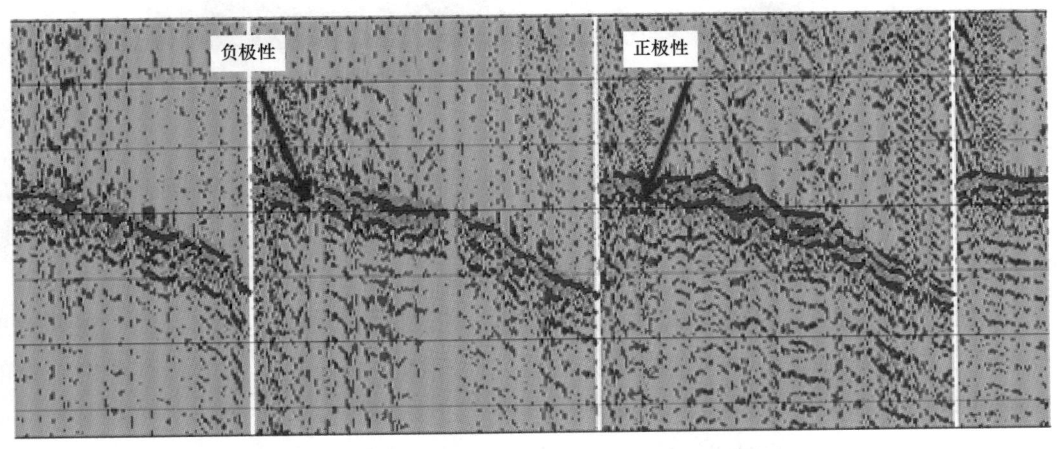

图 8–8　具有 P 波极性相反情况的典型微地震数据

当震源球面确定之后，其下半球初动分布投影到通过球心的平面内，就形成了震源机制解的沙滩球显示（图 8–9）。张力轴所在的象限用阴影或彩色表示，压缩轴所在象限无色。

图 8–10 是一地面监测反演的微地震震源属性，显示了压裂裂缝的滑动方向。如果微地震事件信号强将可以反演所有微地震事件的机理，对描述裂缝的破裂机制将起较大作用。

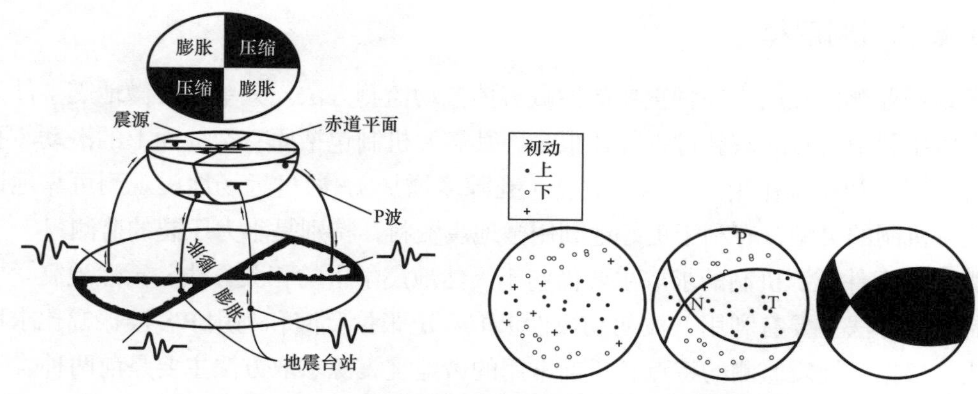

图 8-9　利用 P 波初动极性求解震源机制示意图

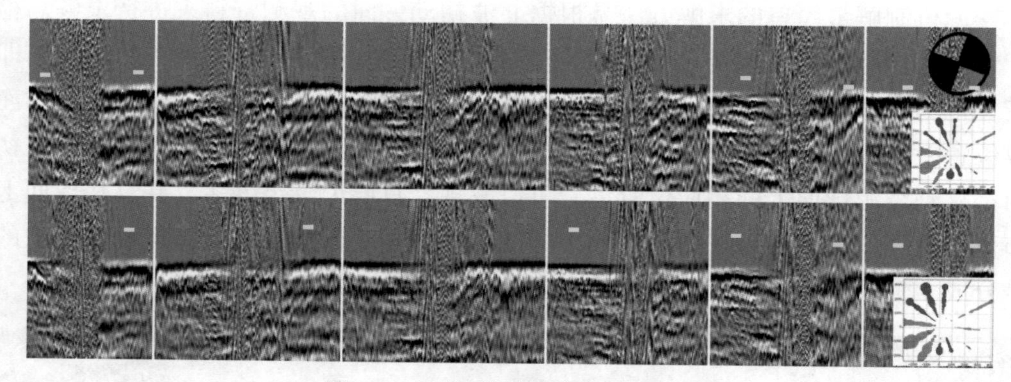

图 8-10　反演微地震事件震源参数

2）矩张量反演震源机制

利用 P 波极性进行震源机制解释常常受到 P 波极性无法拾取、P 波极性相互矛盾等问题的影响。此外利用该方法解释出的震源机制解往往具有 5°～10° 的不确定性。相比而言，矩张量能够提供关于震源机制更准确更全面的描述。

微地震矩张量以力偶的形式对点震源进行一般性数学描述（图 8-11）。在天然地震研究中，矩张量估算是一项常规研究内容。而在微地震研究中，虽然有严格约束的矩张量解可用于确定微地震的震源类型，但研究较少（图 8-12）。

微地震矩张量可以表述为归一化为单位振幅的一个 3 × 3 阵列：

$$M = M_0 \begin{bmatrix} M_{xx} & M_{xy} & M_{xz} \\ M_{yx} & M_{yy} & M_{yz} \\ M_{zx} & M_{zy} & M_{zz} \end{bmatrix} \tag{8-2}$$

上式中，M_0 代表地震力矩，而每一个元素 M_{ij} 代表一个力偶。这个力偶由 i 方向上和无限小距离之外相反的 j 方向上的两个单位力构成。

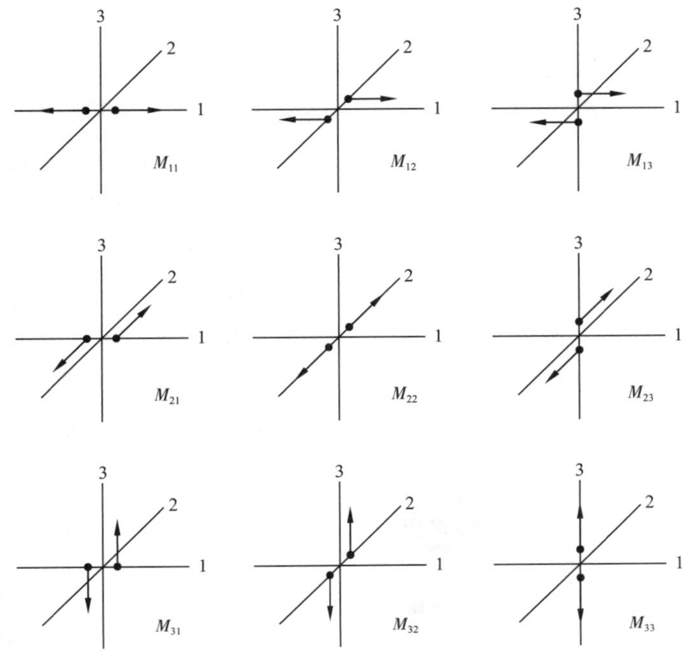

图 8-11　力偶描述的矩张量元素

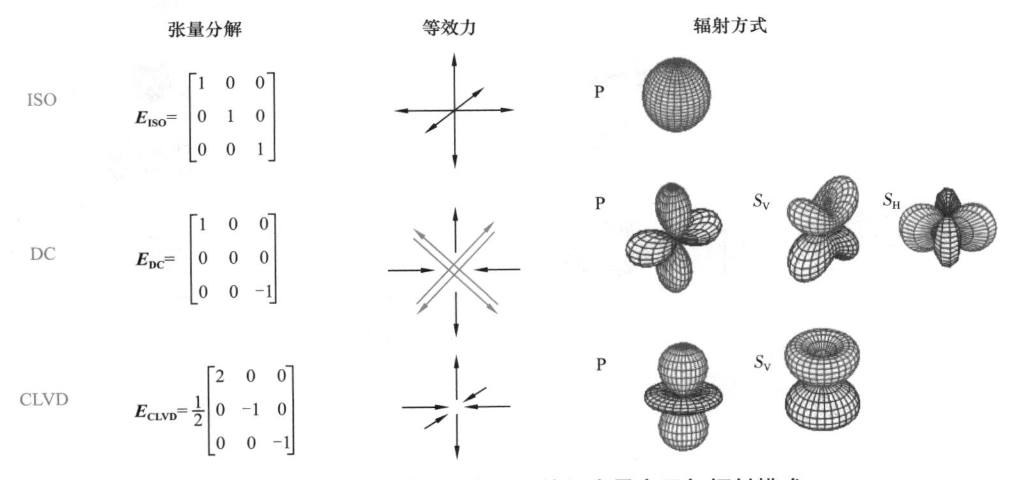

图 8-12　三种代表性震源机制的矩张量表示与辐射模式

经过一定推导和简化，点震源所激发的波场可以表达为

$$u_n\left(r,t,r_S\right)=\partial_i^S G_{nj}\left(r,t,r_S\right)M_{ij} \tag{8-3}$$

式中　M——矩张量；

G_{nj}——格林函数；

r，r_S——分别代表接收点和源点的空间坐标；

t——时间；

上标 S——偏导算子作用于震源空间坐标 r_S 上。

可以看到，在得到源点与接收点之间的格林函数之后，将格林函数微分并与震源的矩张量做点乘，便可获得由该震源激发传播至接收台站处的理论波形。理论上只要知道记录波形和对应的格林函数就可计算出震源点对应矩张量解。实际生产中由于噪声和速度模型复杂等影响，记录波形和模拟波形总存在着一些差异。通过一定规则和计算找出使记录波形和计算波形之间差异最小的矩张量即为震源机制的反演求解过程（图 8-13）。相对于井中监测而言，使用了众多数量检波器、观测范围更广的地面监测能够反演得到更加稳健的矩张量解。图 8-14 和图 8-15 为矩张量的具体应用。

瞬时张量	沙滩球	瞬时张量	沙滩球
$\frac{1}{\sqrt{3}}\begin{pmatrix}1&0&0\\0&1&0\\0&0&1\end{pmatrix}$		$-\frac{1}{\sqrt{3}}\begin{pmatrix}1&0&0\\0&1&0\\0&0&1\end{pmatrix}$	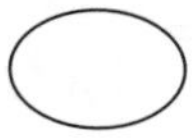
$-\frac{1}{\sqrt{2}}\begin{pmatrix}0&1&0\\1&0&0\\0&0&0\end{pmatrix}$	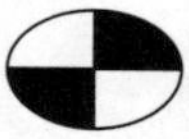	$\frac{1}{\sqrt{2}}\begin{pmatrix}1&0&0\\0&-1&0\\0&0&0\end{pmatrix}$	
$\frac{1}{\sqrt{2}}\begin{pmatrix}0&0&-1\\0&0&0\\-1&0&0\end{pmatrix}$		$\frac{1}{\sqrt{2}}\begin{pmatrix}0&0&0\\0&0&-1\\0&-1&0\end{pmatrix}$	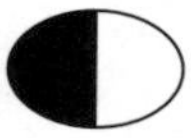
$\frac{1}{\sqrt{2}}\begin{pmatrix}-1&0&0\\0&0&0\\0&0&1\end{pmatrix}$		$\frac{1}{\sqrt{2}}\begin{pmatrix}0&0&0\\0&-1&0\\0&0&1\end{pmatrix}$	
$\frac{1}{\sqrt{6}}\begin{pmatrix}1&0&0\\0&-2&0\\0&0&1\end{pmatrix}$		$\frac{1}{\sqrt{6}}\begin{pmatrix}-2&0&0\\0&1&0\\0&0&1\end{pmatrix}$	
$\frac{1}{\sqrt{6}}\begin{pmatrix}1&0&0\\0&1&0\\0&0&-2\end{pmatrix}$		$-\frac{1}{\sqrt{6}}\begin{pmatrix}1&0&0\\0&1&0\\0&0&-2\end{pmatrix}$	

图 8-13　震源机制解矩张量及沙滩球对应关系

4. 应用实例

1）储层情况

X 井为四川龙马溪组页岩储层，该区域经历多期构造运动，地层应力系统复杂，不同构造层系的应力系统有较大差异。为了获得更丰富的压裂效果数据，反映真实的压裂裂缝特征进行地面微地震压裂裂缝监测工作。

2）建立观测系统

采集技术方案：接收线数 8 线，道距 30m，最远距离 3450m，总接收道数 790 道，检波器串为每道 10 只，采集仪器为 428 仪器。根据实际地表及地下地震地质条件，接收道数可能会增加到 800～1000 道（图 8-16）。

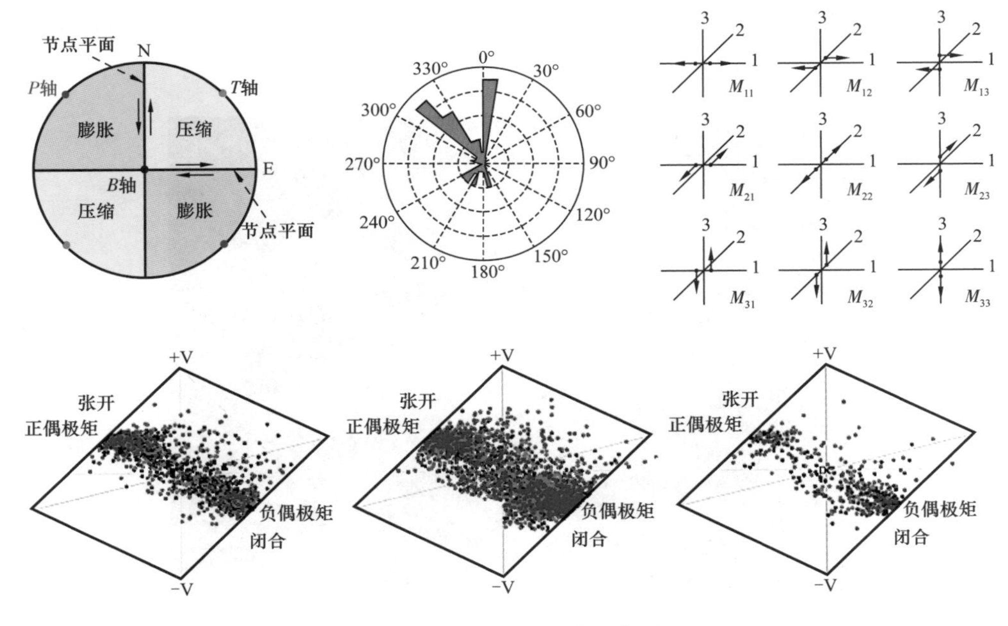

图 8-14　矩张量反演项目应用一

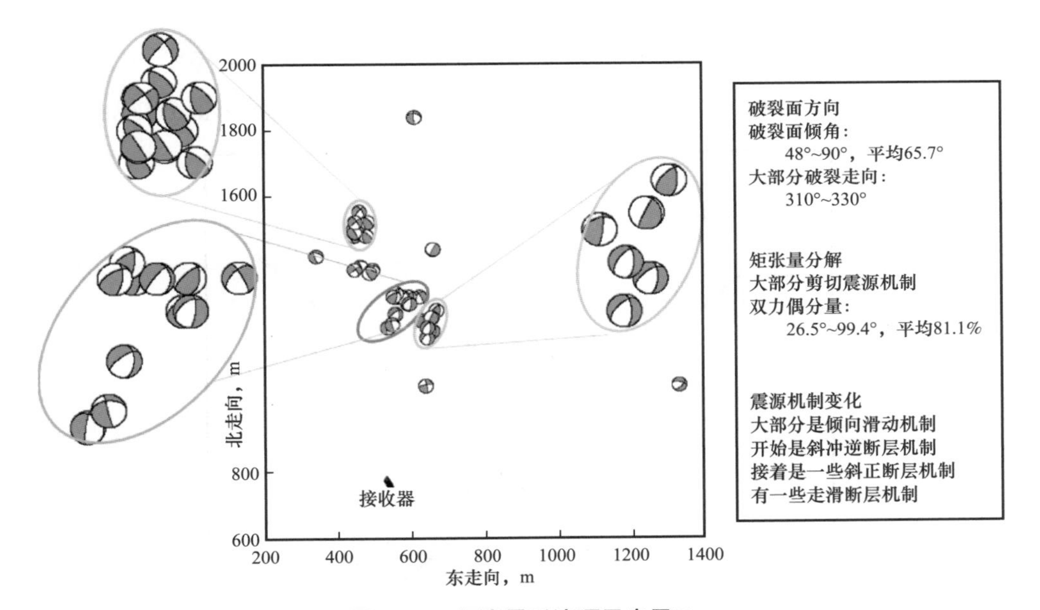

图 8-15　矩张量反演项目应用二

3）微地震数据处理

（1）速度模型标定。

如果未得到可见射孔事件，采用压裂开始后较早事件作为射孔事件。对事件的处理主要包括两方面，一是验证速度模型的正确性并进行必要的优化调整，二是根据射孔记录、较强的压裂事件和确定的速度模型，算出精确的静校正量并应用到压裂监测得到的数据中。速度模型经过计算后最终使用一个恒定速度。

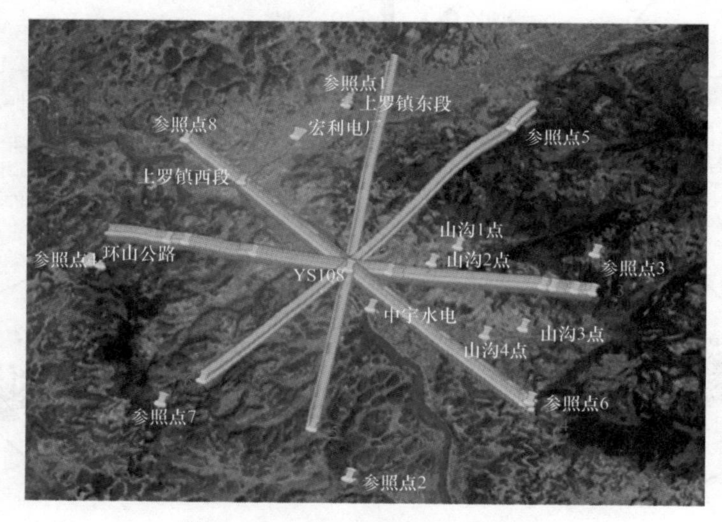

图 8-16　X 井地面监测测线位置图

（2）静校正处理。

图 8-17 为 X 井观测系统的平面显示，不同的颜色表示不同高程。可以看到由于山体陡峭部分测线高差较大。这种地表剧烈起伏给后续处理造成了很大影响。

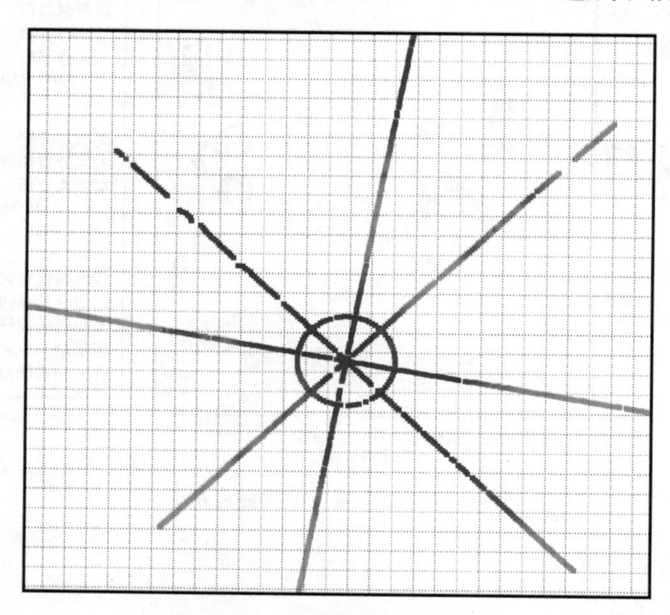

图 8-17　X 井观测系统平面图

图 8-18 左右分别为 X 井观测系统高程量及计算出的静校正量。不同颜色代表不同测线，横坐标对应测线道号。可以看到高程量随偏移距变化非常剧烈；静校正量与

高程量存在一定对应关系。由于静校正量还受到近地表影响，高程量曲线比静校正量曲线更加平滑。

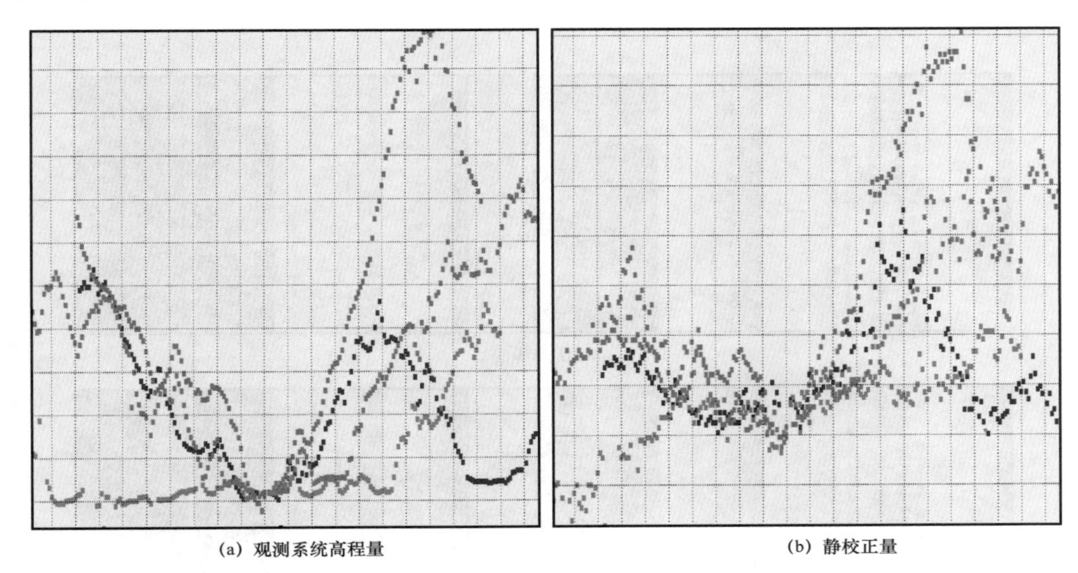

图 8-18　X 井观测系统高程量及静校正量

图 8-19 为典型事件静校正处理前后对比，可以看到计算出的静校正量将原先起伏的有效事件同相轴校正为符合透射波走时的双曲线形状，处理后的数据信噪比得到了明显提高，处理后结果不再存在走时局部抖动。利用确定后的速度模型和静校正量对射孔事件进行动校正和静校正处理，可以看到有效事件同相轴已被拉平。

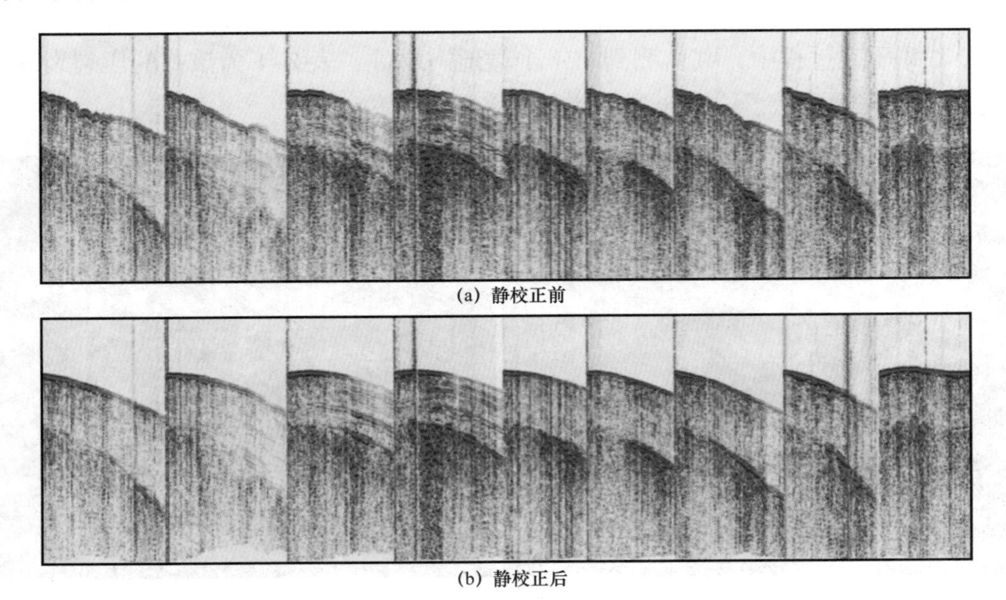

图 8-19　典型事件静校正前后对比

（3）事件去噪。

图 8–20 为一微震事件记录去噪处理前后结果对比，可以看到部分干扰得到了很好的压制。

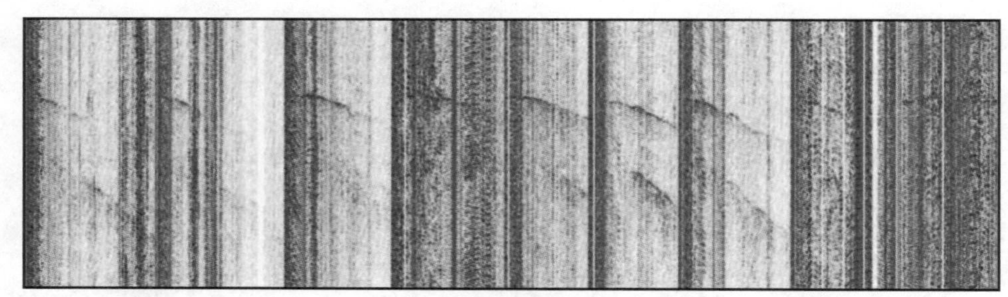

(a) 去噪前

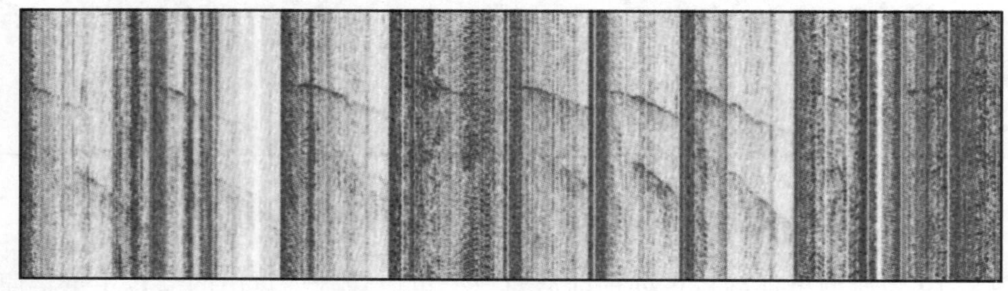

(b) 去噪后

图 8–20　压裂破裂事件去噪前后结果

4）微地震处理解释成果

（1）精确定位。

在 X 井压裂过程中，共监测到 121 个微地震事件，表 8–1 为该井的压裂裂缝网络属性表。图 8–21 显示了这次压裂监测微地震事件定位结果。

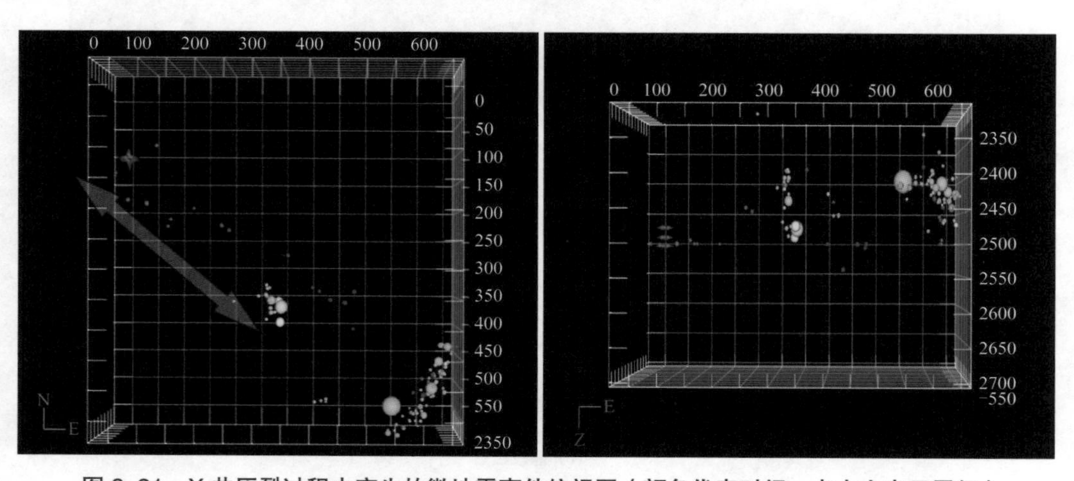

图 8–21　X 井压裂过程中产生的微地震事件俯视图（颜色代表时间，点大小表示震级）

表 8-1 压裂裂缝网络属性表

	裂缝网络长	裂缝网络宽	裂缝网络走向	裂缝网络高度	微地震事件数目
监测结果	710m	40m	东偏南 35°	168m	121

（2）SRV 计算。

图 8-22 为 X 井压裂过程中微地震事件破裂波及体积及密度显示三维图。本次压裂裂缝破裂走向为东偏南 120º～135º，破裂长度 710m，破裂高度 168m。计算波及 SRV 体积为 $6.18\times10^6m^3$，去除沟通断层影响其有效 SRV 体积为 $3\times10^6m^3$。

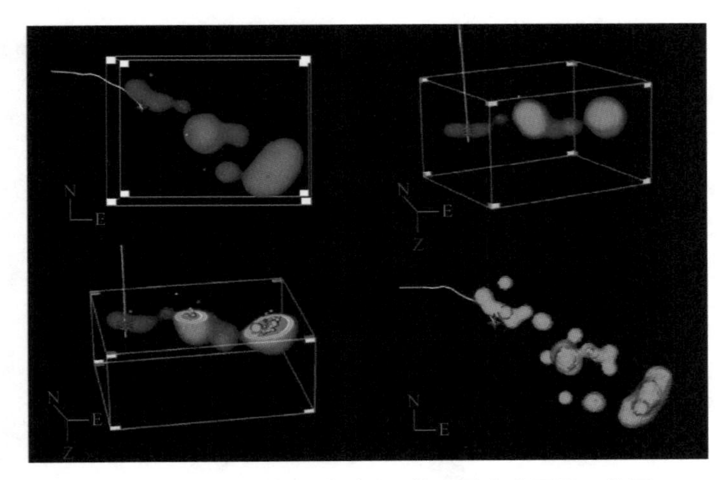

图 8-22 微地震事件破裂波及体积及密度显示三维图

（3）震源机理分析。

微地震的震源机制包括原有裂缝面上的滑动（孔隙度没有增减）和拉张作用产生新的裂缝（孔隙度增加）。通过观测数据可靠地识别这些震源机制的类型，有利于更好地利用微地震资料，特别是水力压裂的监测。在地面微地震监测中，不同的微震震源机制在测线之间、测线内部之间会表现为不同的初至起跳极性变化。由此可通过统计微震初至极性信息，分析微震事件的震源机理。

图 8-23 为一典型的微地震记录测线显示，可以看到测线与测线之间初至起跳极性存在着差异。正号表示向上起跳，负号表示向下起跳。它对应着特定的震源机理。

利用初至清晰的微地震事件进行震源机制分析，从定位的 121 个有效事件中选择了能量大的 80 个事件进行震源机制分析，达到定位事件总数 70%，具有较强的代表性。震源机理分析显示 X 井压裂过程中主要破裂为逆倾走向破裂，破裂走向北偏东 35°，破裂倾角 59°，如图 8-24 所示。

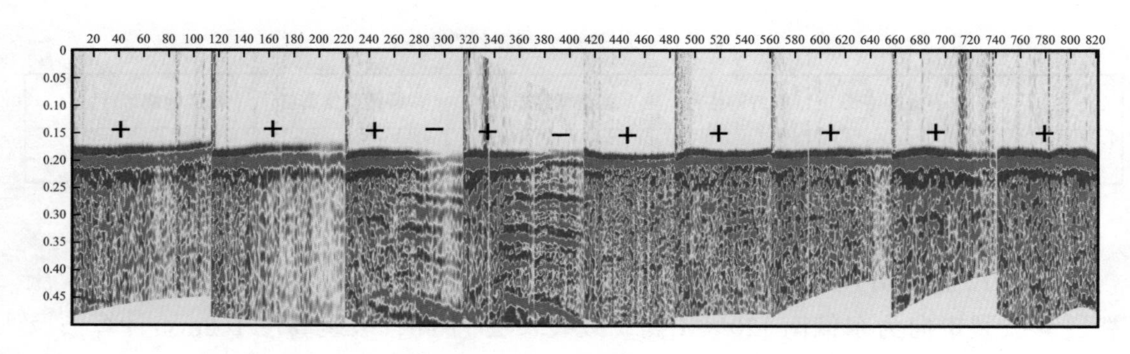

图 8-23　典型微地震记录测线显示

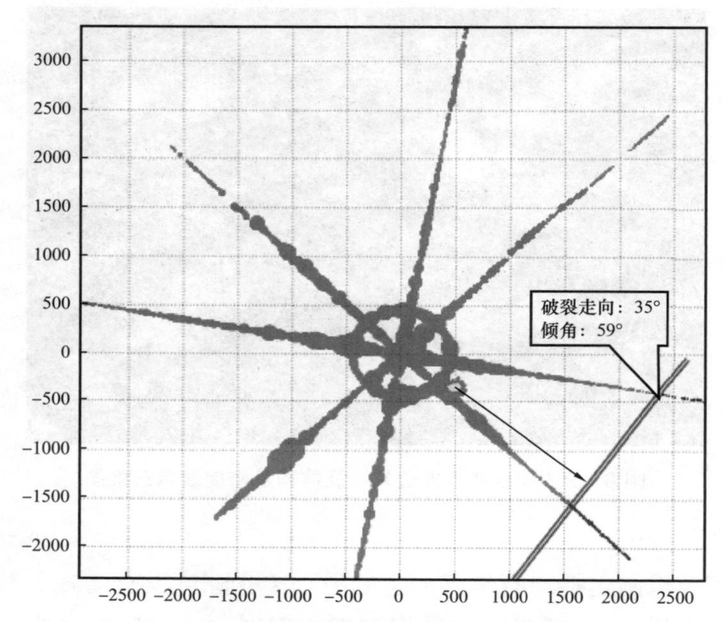

图 8-24　X 典型微地震记录及对应放射状阵列显示

红色部分表示向上运动，蓝色部分表示向下运动，点的大小表示起跳能量

二、微形变裂缝监测

1. 微形变裂缝监测及解释原理

水力压裂诱发了地层特有的倾斜变形模式，诱发的这种地层倾斜反映了水力裂缝的几何尺寸形态和方位变化。测斜仪水力裂缝测量的原理是利用类似于“木匠水平仪”一样的仪器（图 8-25）测量裂缝所造成的岩石形变，并以此来推算出水力压裂的几何形状和方位。裂缝所造成的岩石形变场向各个方向辐射，通过电缆将一组测斜仪布置在井下和将一组测斜仪布置在地面就可以测量这种形变（图 8-26）。不同裂缝产生不同的形变特征，如图 8-27 所示。

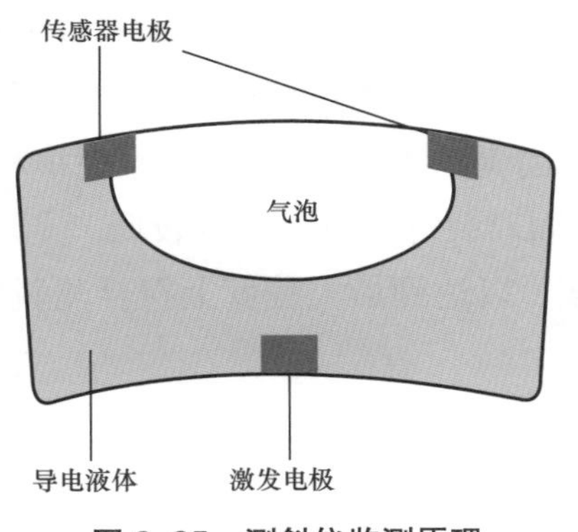

图 8-25 测斜仪监测原理

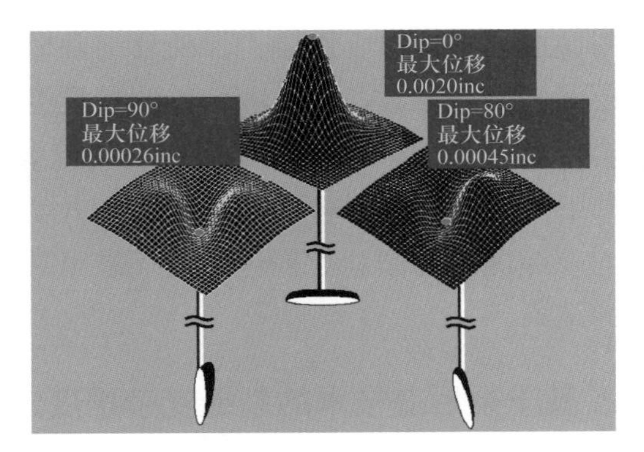

图 8-26 裂缝引起的地层变形

1）地面测斜仪测量原理

地面测斜仪（图 8-28）是用来测量在裂缝位置以上并接近地面的多点处压裂导致的地层倾斜，然后通过地球物理的反演，来确定造成大地变形场的压裂参数。当仪器倾斜时，在充满可导电液体的玻璃腔室内的气泡产生移动，精确的仪器探测到安装在探测器上的二个电极之间的电阻变化，这种变化是由气泡的位置变化所导致。最新一代的高灵敏度测斜仪能够探测到一纳弧度的倾斜角变化。

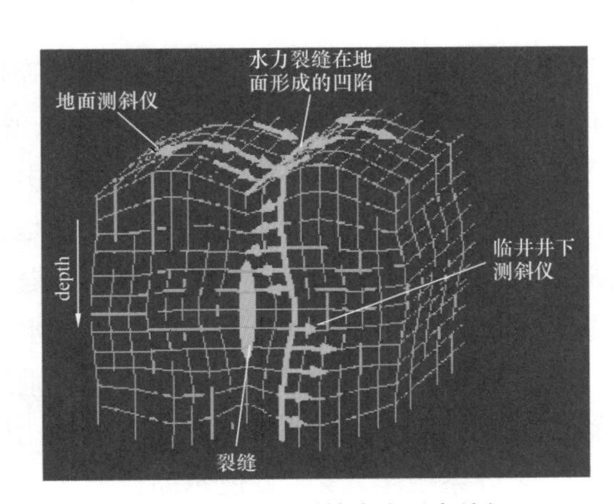

图 8-27 不同裂缝产生形变特征

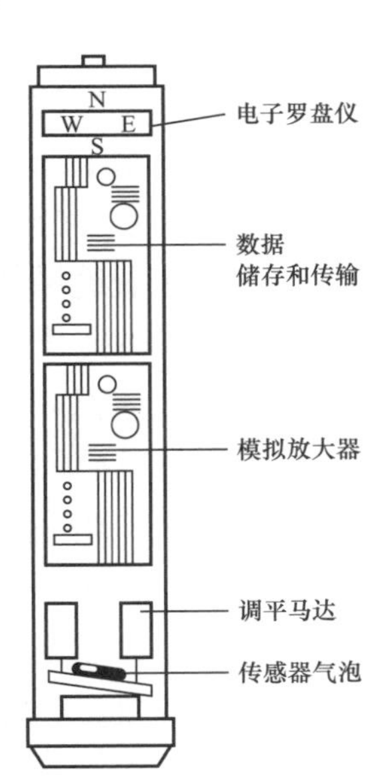

图 8-28 测斜仪结构示意图

地面测斜仪通过所观测到的信号参数与理论上的模型矢量进行比较，然后得到最佳拟合结果并以此来确定裂缝参数。

2）井下测斜仪测量原理

井下测斜仪压裂测量要在一口井中使用多支测斜仪（一般 7～14 支），使用常用的单芯电缆车下到井内，在某些情况可在两个邻井中下入。井下测斜仪要下到水力压裂相对应的同一地层，用磁力器使其与井壁紧紧连接，压裂过程中这些测斜仪连续记录地层倾斜信号参数。井下测斜仪测量裂缝所造成的倾斜可通过地球物理和岩石力学的拟合求解，从而确定导致变形场的裂缝参数，其原理与地面测斜仪的原理很相似。但是井下测斜仪的排列对测量裂缝尺寸非常敏感，而对裂缝方位灵敏度较低。

对反演测得的倾斜数据进行迭代求出裂缝参数，以达到最大程度上符合测斜仪所测得的结果。

2. 基于微形变技术的裂缝复杂程度定量表征方法

1）建立新的参数表征裂缝复杂性

页岩和煤岩等非常规储层的水力裂缝诱发的地面形变特征与砂岩完全不同，砂岩一般形成垂直裂缝，形变场是双隆起，页岩和煤岩则由于储层天然特征的影响，水力压裂裂缝比较复杂，水平缝和垂直缝同时存在，形变相互叠加，最终的形变场多表现为单峰凸起。同时，对比页岩气和煤层气，单从形变场的图形来看，它们是相似的，但通过这两类储层压裂施工曲线及施工方式等可以知道两类储层的水力裂缝是有明显区别的。为了能表征这类储层水力裂缝的复杂程度，并使测斜仪技术更好地应用于非常规储层裂缝监测，通过分析煤岩和页岩的监测结果不难发现，这类复杂裂缝有两个突出特点，一个是非常高的等效裂缝容积，可能远高于施工注入的总体积；另一个是像页岩这样的储层，水平分量和垂直分量的比例接近。通过对等效裂缝容积与施工液量、水力裂缝系统中水平分量与垂直分量大小和所占比例的相对关系分析建立了两个新的参数，分别是多裂缝系数 R 和裂缝复杂指数 β。多裂缝系数是模型拟合的等效裂缝体积与施工用液量的比值见公式（8–4）。当水力压裂过程中产生多条裂缝时，需要通过更大的解释裂缝体积来进行拟合，多裂缝系数可以表征多裂缝发育程度。由于多裂缝发育造成形变场的叠加，该值越大，代表裂缝条数多。复杂裂缝系统往往是水平缝与垂直缝交互共生，当一种形态的裂缝所占比例越高或接近于100%时，裂缝形态的复杂性将降低，如水平分量所占比例接近于100%，则可以认为施工形成了水平裂缝。反之，则可以认为形成了垂直裂缝。定义裂缝系统中，水平分量的体积与垂直分量的体积差值与总等效裂缝容积的比值越小，表明垂直裂缝与水平裂缝所占的比例接近。裂缝系统中水平缝与垂直缝交互存在，裂缝系统越复杂，β 值越高；反之，复杂程度越低，β 值越低。

$$R = \frac{V_e}{V_i} \tag{8–4}$$

式中 R——多裂缝系数，无量纲；

V_e——模型拟合的裂缝容积，m^3；

V_i——施工注入体积，m^3。

$$\beta = 1 - \frac{|V_v - V_h|}{V_v + V_h} \tag{8-5}$$

式中　β——裂缝复杂指数，无量纲；

V_v——模型解释垂直分量体积，m^3；

V_h——模型解释水平分量体积，m^3。

通过上述参数的应用，可以解释非常规储层复杂裂缝的特点，判断复杂裂缝系统是以多裂缝发育为主（R 高）还是产生了形态复杂，水平缝和垂直缝交互存在的裂缝系统（β 高）。图 8-29 为上述情况裂缝复杂特征的示意图。

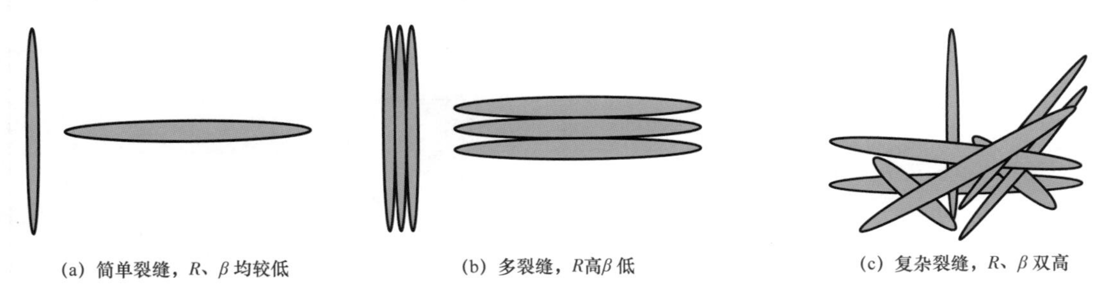

(a) 简单裂缝，R、β 均较低　(b) 多裂缝，R高β 低　(c) 复杂裂缝，R、β 双高

图 8-29　裂缝复杂特征示意图

2）新参数在不同岩性储层结果对比

为了验证新的参数，我们在不同岩性的储层中进行应用对比，表 8-2 给出了砂岩、煤层气、页岩气三种类型储层水平井分段压裂测斜仪监测解释结果，以及计算得到的 R、β 值。

表 8-2　三种岩性储层水平井分段压裂测斜仪监测结果对比

岩性	序号	施工用液量 m^3	等效裂缝容积 m^3	水平缝占比 %	垂直缝占比 %	R	β
砂岩 S-H1 井	1	500.0	887.0	23.0	77.0	1.8	0.5
	2	434.0	683.0	22.0	78.0	1.6	0.4
	3	421.0	535.0	25.0	75.0	1.3	0.5
	4	416.0	625.0	27.0	73.0	1.5	0.5
	5	424.0	520.0	23.0	77.0	1.2	0.5
	6	419.0	658.0	25.0	75.0	1.6	0.5
	7	419.0	790.0	4.0	96.0	1.9	0.1
	8	90.0	90.4	7.0	93.0	1.0	0.1

续表

岩性	序号	施工用液量 m^3	等效裂缝容积 m^3	水平缝占比 %	垂直缝占比 %	R	β
砂岩 S-H1 井	9	110.0	111.5	19.0	81.0	1.0	0.4
	10	95.0	104.9	10.0	90.0	1.1	0.2
	11	61.0	129.5	12.0	88.0	2.1	0.2
	12	125.0	190.4	20.0	80.0	1.5	0.4
	13	110.0	88.4	2.0	98.0	0.8	0.0
	14	112.0	168.3	15.0	85.0	1.5	0.3
	15	120.0	170.0	16.0	84.0	1.4	0.3
	小计					1.4	0.3
煤层气 J-H 井	1	1017.0	2207.6	97.5	2.5	2.2	0.1
	2	1096.0	2394.7	100.0	0.0	2.2	0.0
	3	1012.0	2008.9	98.2	1.8	2.0	0.0
	4	1049.0	2939.0	81.0	19.0	2.8	0.4
	5	1144.0	1975.0	50.0	50.0	1.7	1.0
	6	1086.0	3517.0	49.0	51.0	3.2	1.0
	7	1042.0	2235.0	38.0	62.0	2.1	0.8
	8	1016.0	1966.0	100.0	0.0	1.9	0.0
	9	1020.0	1569.0	100.0	0.0	1.5	0.0
	小计					2.2	0.4
页岩气 Y-1 井	1	1968.0	4044.0	78.0	22.0	2.1	0.4
	2	1958.0	9653.0	48.0	52.0	4.9	1.0
	3	1941.0	8399.0	53.0	47.0	4.3	0.9
	4	1983.0	2922.0	93.0	7.0	1.5	0.1
	5	1978.0	4552.0	58.0	42.0	2.3	0.8
	6	1991.0	4954.0	50.0	50.0	2.5	1.0
	7	1962.0	5088.0	54.0	46.0	2.6	0.9
	8	2034.0	6034.0	76.0	24.0	3.0	0.5
	小计					2.9	0.7

从表 8-2 中数据我们可以知道，砂岩、煤岩、页岩的多裂缝系数分别比 1.4、2.2、2.9，裂缝复杂指数 β 则为 0.3、0.4、0.7。可见，砂岩裂缝单一，多裂缝不发育，R、β 均较低；煤岩以多裂缝发育为主，裂缝形态复杂程度低，表现为 R 高 β 低；页岩多裂缝发育程度高、裂缝形态复杂度高，R、β 双高。综合对比表明砂岩压裂裂缝最为简单，页岩最为复杂，煤岩次之。

3）不同裂缝扩展特征的压裂技术建议

对于 R、β 均较低的储层，比如常规砂岩，裂缝为单一平面裂缝，该类储层应采用常规的水力压裂技术。R 高 β 低的储层，比如文中提到的煤岩，多条水平缝扩展，此时多条裂缝排列可能非常近，不能充分发挥每条裂缝的作用，同时，多条裂缝的条件下，单条裂缝宽度窄，可能会造成携砂液阶段加砂困难。针对这种情况，建议在施工前置液阶段采用低黏度液体和多级支撑剂段塞技术打磨与合并裂缝，有利于施工后期支撑剂的加入。R、β 双高的储层，如页岩储层，裂缝系统是水平裂缝和垂直裂缝共存的状态，非常复杂，此类储层适合采用低黏度的液体大规模改造，由于裂缝网络复杂，加砂难度很大，因此以采用小粒径支撑剂、低砂比、不连续加砂等技术提高施工的成功率。

3. 基于微形变监测技术的 SRV 评估方法

1）SRV 评估方法的建立

超低渗页岩储层需要大范围的裂缝网络来提高页岩气产能。微地震检测结果显示，在许多页岩储层中，大规模水力压裂都能够产生复杂缝网。在常规储层和致密砂岩中，水力压裂产生对称双翼裂缝，裂缝半长和导流能力是这类储层改造后进行产能评价的主要参数。在页岩储层中，水力压裂产生复杂缝网，单缝半长和导流能力不足以描述体积改造效果，因此需要用储层改造体积（Sitmulated Reservoir Volume，SRV）这一概念作为一个关联参数来进行气井产能分析。

M. J. Mayerhofer 等给出了从微地震事件点评估 SRV 的方法，如图 8-30（a）所示微地震事件俯视图，作者在水平井中两边，沿主裂缝方向设置长短不一的一系列矩形条，矩形条宽度恒定，这一系裂矩形条将所有微地震事件点囊括在其中，叠加所有矩形条面积，得到微地震监测的储层改造面积（Stimulated Reservoir Area，SRA）。三维 SRV 计算方法同上述方法类似，不过需要考虑矩形条中裂缝网络的高度，在矩形条内，裂缝网络高度是微地震事件最高点与最低点之差，同时要保证微地震事件在页岩储层之内，如图 8-30（b）所示。

微地震监测技术的一个不足之处是无法区分地震事件的真正诱因是否为裂缝扩展引起，根据微形变裂缝监测技术所反演的垂直裂缝和水平裂缝参数，提出了基于裂缝网络的 SRV 计算方法，其算法基本流程如下：

（1）将裂缝等效为圆盘，通过微形变裂缝监测反演裂缝网络；

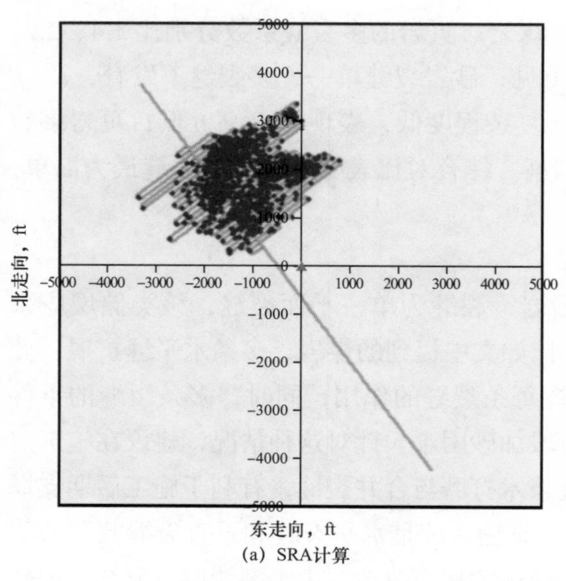

(a) SRA计算

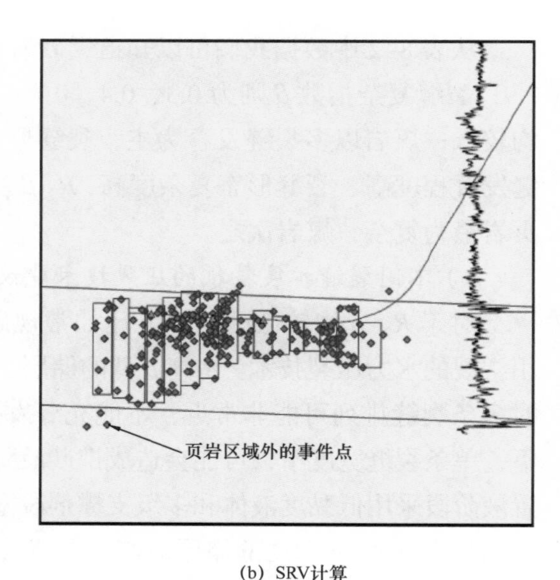

(b) SRV计算

图 8-30　从微地震事件点评估 SRA 及 SRV

（2）计算各个圆盘裂缝的轮廓点，构造形成裂缝网络的三维点阵坐标数组；

（3）构造三维点阵的凸包，该凸包由一系列三角形面拼接而成，并计算凸包的体积，即为 SRV。

图 8-31 给出了两相交圆盘裂缝及其凸包的可视化结果。

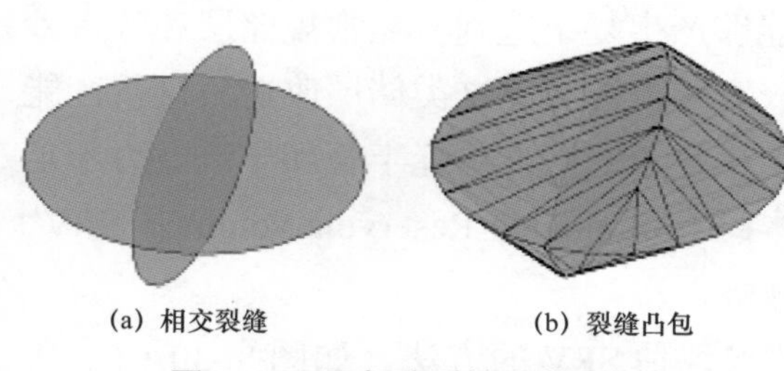

(a) 相交裂缝　　(b) 裂缝凸包

图 8-31　两相交裂缝及其凸包

2）SRV 评估方法的应用

将上一节所介绍的基于微形变裂缝监测的 SRV 评估方法，应用到页岩气水力压裂压后评估中，给出页岩气水平井分段压裂的等效裂缝网络及其 SRV 评估。

以 WYH3-1 井为例，该页岩气水平井分 19 段进行压裂，深井微地震事件监测结果如图 8-32 所示，其 SRV 计算结果为 $1.56\times10^8m^3$；基于微形变裂缝监测的 SRV 评估方法所得裂缝网络及其 SRV 分布如图 8-33 所示，SRV 大小为 $1.75\times10^8m^3$。微地震监测所得 SRV 与微形变裂缝监测所得 SRV 处于同一个数量级，所建立的微形变 SRV 分析法为页岩气水力压裂储层改造体积评估提供了一种新思路。

4. 微形变裂缝监测技术应用实例

1）H3 平台水平井组基本情况

H3 平台是四川盆地长宁—威远国家级页岩气示范区一个“工厂化”试验平台，是长宁区块继直井探井、水平井评价井后部署的水平井平台，层位为志留系龙马溪

组。该平台成2排共布置6口水平井，此次压裂监测的为首先完钻上倾的CN H3-1井、CN H3-2井、CN H3-3井。

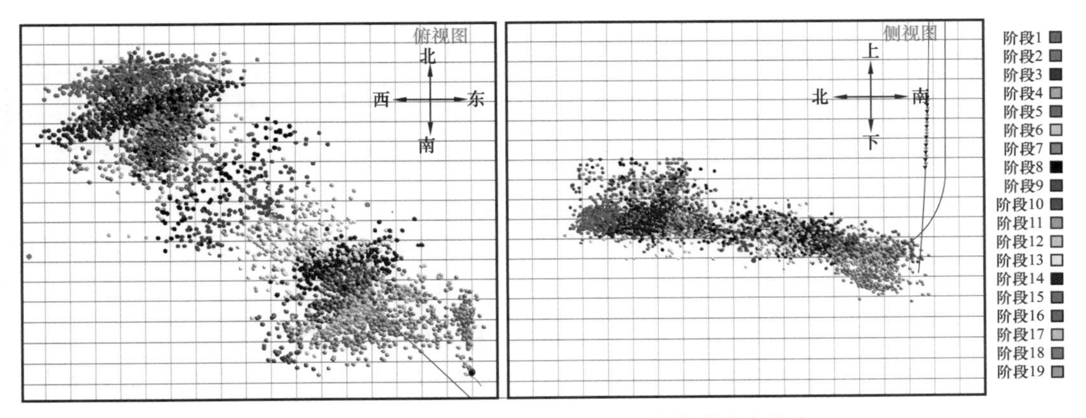

图 8-32 WY H3-1 井水力压裂 19 段微地震事件点

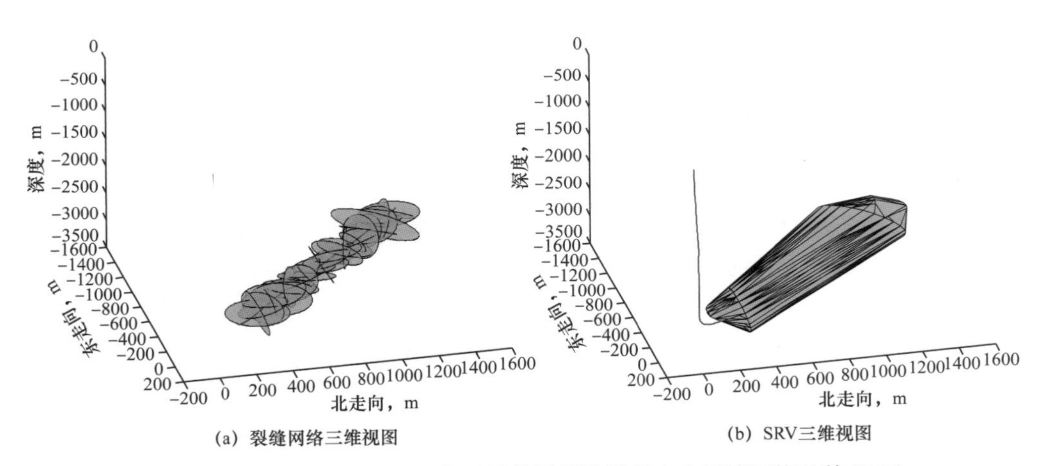

图 8-33 WY H3-1 井微形变裂缝监测反演所得水力裂缝网络及其 SRV

H3平台CN H3-1井、CN H3-2井两口水平井采取"拉链式"压裂的作业模式，即同一井场一口井压裂，另一口井进行电缆桥塞射孔联合作业，两项作业交替进行无缝衔接，之后单独对CN H3-3井进行压裂作业。

表 8-3 H3 平台水平井基本数据

井号	井间距，m	水平段方位	垂直深度，m	改造段长度，m	压裂段数，段
CN H3-1	与CN H3-2井相距300	N12°E	2491	1000	12
CN H3-2		N12°E	2475	1000	12
CN H3-3	与CN H3-2井相距400	N12°E	2465	1000	8

2）地面测斜仪监测方案及现场监测

一般来说，监测单一压裂层段时，监测所需仪器的数量与压裂井欲压层的垂直深度和压裂规模有关，一般需在地面布置30～40支监测仪器，布置的方式是以压裂井预压层射孔段在地面垂直投影为圆心，以压裂井预压层平均垂深的25%～75%为半径范围内随机布置监测井，避免径向连成直线，并使观测点密度分布大致均匀。对于丛式水平井组，测点的数量和布置范围要根据3口井压裂段的位置进行优化设计。因此测点布置范围要远大于单一压裂层段的范围，测点数量也比单一压裂层段要多，要使得所有的压裂层段都有足够数量和范围的测点来覆盖。考虑压裂排量、每段液量和压裂段垂直深度，50支地面测斜仪可以满足H3平台监测要求；3口井压裂段平均垂直深度2477m，水平段长度1000m，CN H3-1和CN H3-3相距700m。因此H3平台3口井地面观测点布置范围4700m×4400m，50个观测点随机、大致均匀地布置在观测范围内，并根据地面实际地形地貌条件进行调整观测点位置。根据设计方案并结合H3平台现场实际地形条件，50个地面观测点实际布置如图8-34所示。

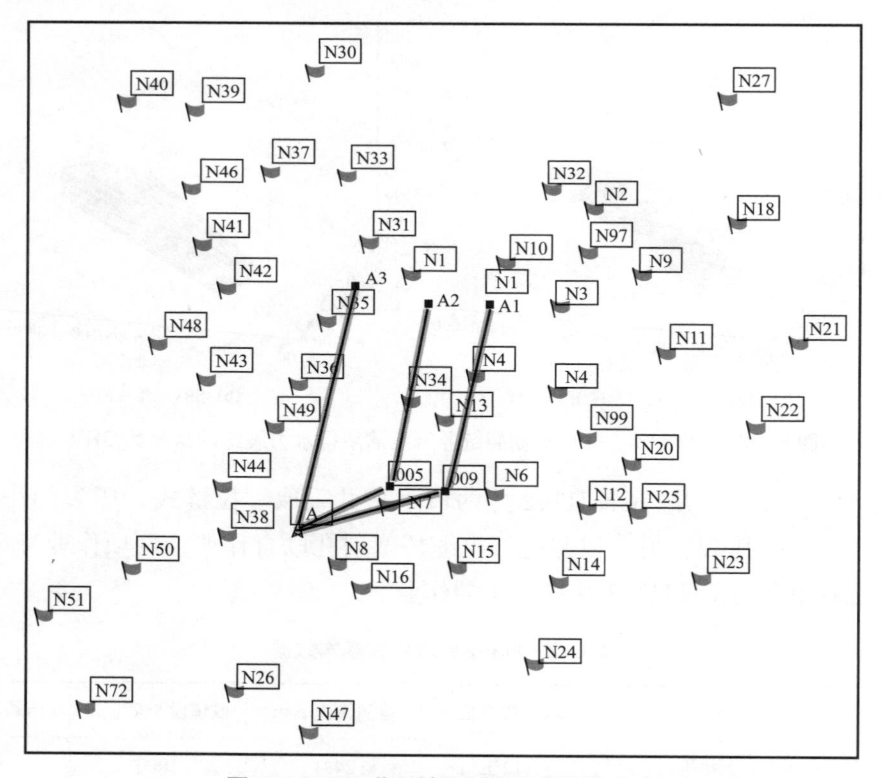

图8-34　H3井组地面测斜仪监测点分布

根据现场压裂进度安排，在压裂前5～7天把仪器下入提前构筑好的地面观测井，以便更好地稳定和采集背景信号。通过电缆把地面测斜仪下入观测井PVC管中，并往管中下入沙子使沙子刚好埋没测斜仪（图8-35），这样地面倾斜信号通过沙子传给

测斜仪。通过电池给仪器供电，仪器连接完成后，通过软件启动仪器，仪器工作正常后，封好 PVC 管头。由于采用电池供电，仪器一直处于数据采集状态并把数据存储在仪器内的数据存储装置内，3 口井全部压裂完成后继续采集一天压后信号，然后关闭仪器下载数据。

3）监测结果及分析

压裂过程中，采用地面测斜仪对平台 3 口井进行了压裂裂缝监测。这 3 口水平井共压裂 32 段，得到了 32 个压裂裂缝监测结果，包括垂直裂缝方位、裂缝半长、垂直裂缝体积百分比和裂缝引起的地面变形。

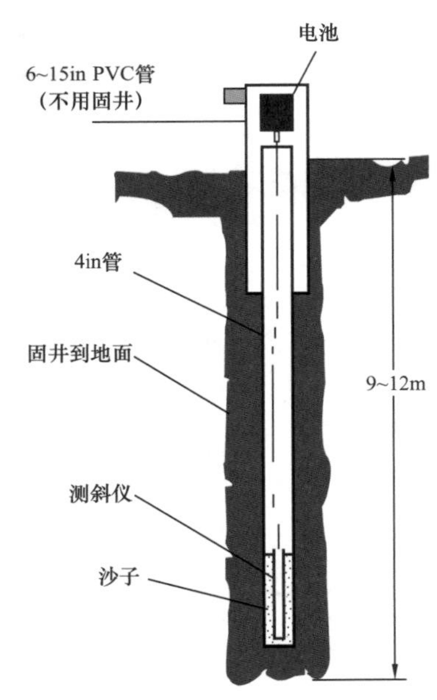

图 8-35 地面测斜仪观测井结构

图 8-36 为 3 口井压裂裂缝形态和方位示意图，反映了每段裂缝的形态、方位和延伸范围。具体裂缝参数结果见表 8-4 至表 8-6。

裂缝监测结果表明，CN H3-1 井压裂裂缝以垂直裂缝为主，垂直裂缝体积分数范围为 55%～100%，垂直裂缝半长 106～406m；CN H3-2 井压裂裂缝也以垂直裂缝为主，垂直裂缝体积分数范围为 72%～100%，垂直裂缝半长 235～355m；CN H3-3 井压裂裂缝中垂直裂缝和水平裂缝同时发育，水平裂缝与垂直裂缝所占比例接近。3 口井垂直裂缝方位北偏西 20°～50° 为主，与该区块最大水平主应力方位相近。

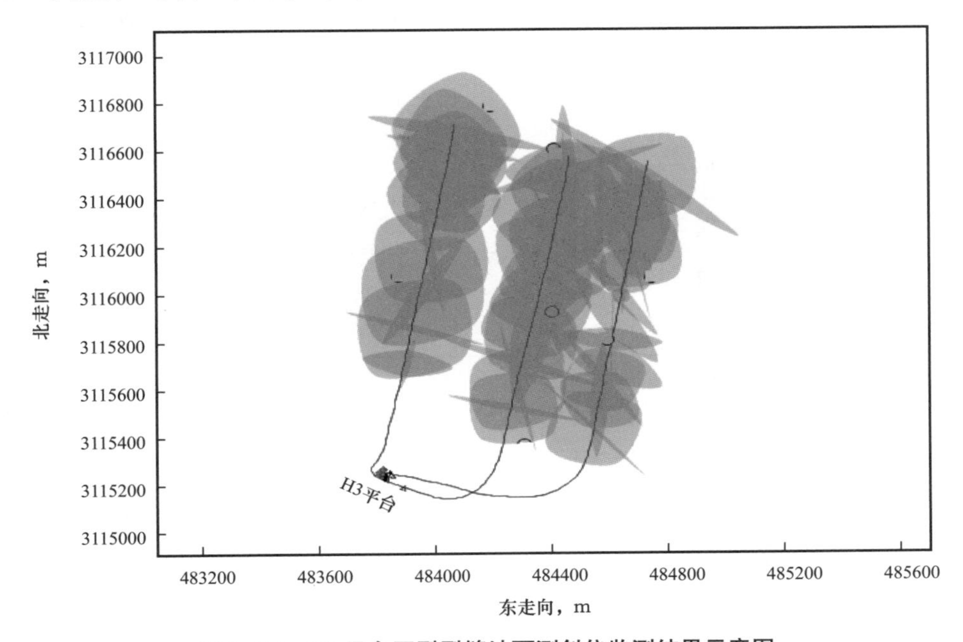

图 8-36 H3 平台压裂裂缝地面测斜仪监测结果示意图

表 8-4 H3-1 井 12 段测斜仪裂缝监测结果

压裂段	垂直缝方位	垂直缝倾角	垂直缝半长，m	水平缝半长 / 垂直缝半长	垂直缝体积分数，%
1	N53°W	95	406	0.53	87
2	N47°E	77	106	0.93	55
3	N0.5°W	61	230	0.83	64
4	N12°W	89	313	0.63	80
5	N5°E	89	175	0.58	95
6	N36°W	82	206	0	100
7	N37°W	75	229	0	100
8	N84°W	75	174	0	100
	N2°E	89	270		
9	N57°W	67	216	0	100
10	N33°W	85	238	0.62	79
11	N3°E	98	247	0.68	81
12	N41°W	91	269	0.53	76

表 8-5 H3-2 井 12 段测斜仪裂缝监测结果

压裂段	垂直缝方位	垂直缝倾角	垂直缝半长，m	水平缝半长 / 垂直缝半长	垂直缝体积分数，%
1	N71°E	84	334	0.66	78
2	N2°W	83	355	0.60	82
3	N1°E	81	332	0.76	70
4	N21°W	88	293	0.66	78
5	N1°E	82	312	0.69	74
6	N27°W	86	297	0.53	87
7	N16°W	86	294	0.62	81
8	N1°E	87	283	0.69	75
9	N10°E	76	276	0.71	74
10	N70°W	86	298	0	100
11	N12°W	87	275	0.73	72
12	N77°W	86	235	0.73	72

表 8-6　H3-3 井 8 段测斜仪裂缝监测结果

压裂段	垂直缝方位	垂直缝倾角	垂直缝半长，m	水平缝半长 / 垂直缝半长	垂直缝体积分数，%
1	N77°W	84	316	0.81	65
2	N76°W	85	235	1.07	45
3	N54°W	82	216	1.04	47
4	N20°W	69	180	0.83	63
5	N10°W	86	235	0.94	54
6	N33°E	83	261	0.98	52
7	N73°W	86	245	0.97	52
21	N83°W	69	157	0	100
	N15°E	85	110		
22	N85°W	72	188	0.81	59

注：H3-3 井第 8 段第一次压裂注入液体 490m^3 后，由于施工压力高停泵，记为 21；第二次压裂记为 22。

对 32 段压裂裂缝所造成的地面形变场的形态和形变数值分别进行了拟合。H3-1 和 H3-2 井大部分裂缝以垂直裂缝为主，地面变形表现为具有两个鼓包的“马鞍”形，如图 8-37 中的 H3-1 井的第 5 段和 H3-2 井的第 2 段地面形变图，这是垂直裂缝引起的地面形变特征，图中颜色越深表示地表的形变越大，即垂向位移越大。H3-3 井水平裂缝体积比例与垂直裂缝的接近，由于相同体积的水平裂缝在地面引起的垂向位移是垂直裂缝的三倍，水平裂缝体积比例超过 30% 时，地表的形变表现为仅有一个峰值（单一隆起），如图 8-37 中 H3-3 井第 3 段形变图。

对 3 口水平井不同级数裂缝的垂直裂缝分量和水平裂缝分量延伸对比研究发现，页岩气储层水平层理及天然裂缝发育情况将很大程度影响压裂裂缝形态与延伸距离，如图 8-38 所示，地震勘探显示 H3 平台井区层理发育，但 H3-1 井和 H3-2 井与水平段近似正交的高角度天然裂缝发育，H3-3 井高角度天然裂缝发育程度低。监测结果显示，H3-1 井和 H3-2 井压裂裂缝以垂直裂缝为主，裂缝延伸距离大；H3-3 井压裂裂缝延伸距离较近（图 8-39），水平裂缝和垂直裂缝同时发育，垂直裂缝体积比例低于 H3-1 井和 H3-2 井（图 8-40）。原因是水力裂缝形态受地应力、水平层理和天然裂缝的综合影响。H3 平台三口井地应力状态相同，水力裂缝形态的差别主要受水平层理和天然裂缝发育程度的影响。H3 平台 3 口井水平层理发育，但 H3 井处天然裂缝欠发育，则水力裂缝主要为水平裂缝和垂直裂缝共同发育，水平裂缝比例与垂直裂缝接近，说明水平层理对垂直裂缝的扩展具有明显的限制作用，同时在相同压裂规模下，水平裂缝扩展范围小于垂直裂缝，H3-3 井水力裂缝延伸距离小于 H3-1 井和 H3-2 井；H3-1 井和 H3-2 井地应力状态和水平层理发育程度与 H3-3 井相同，但由于 H3-1 井

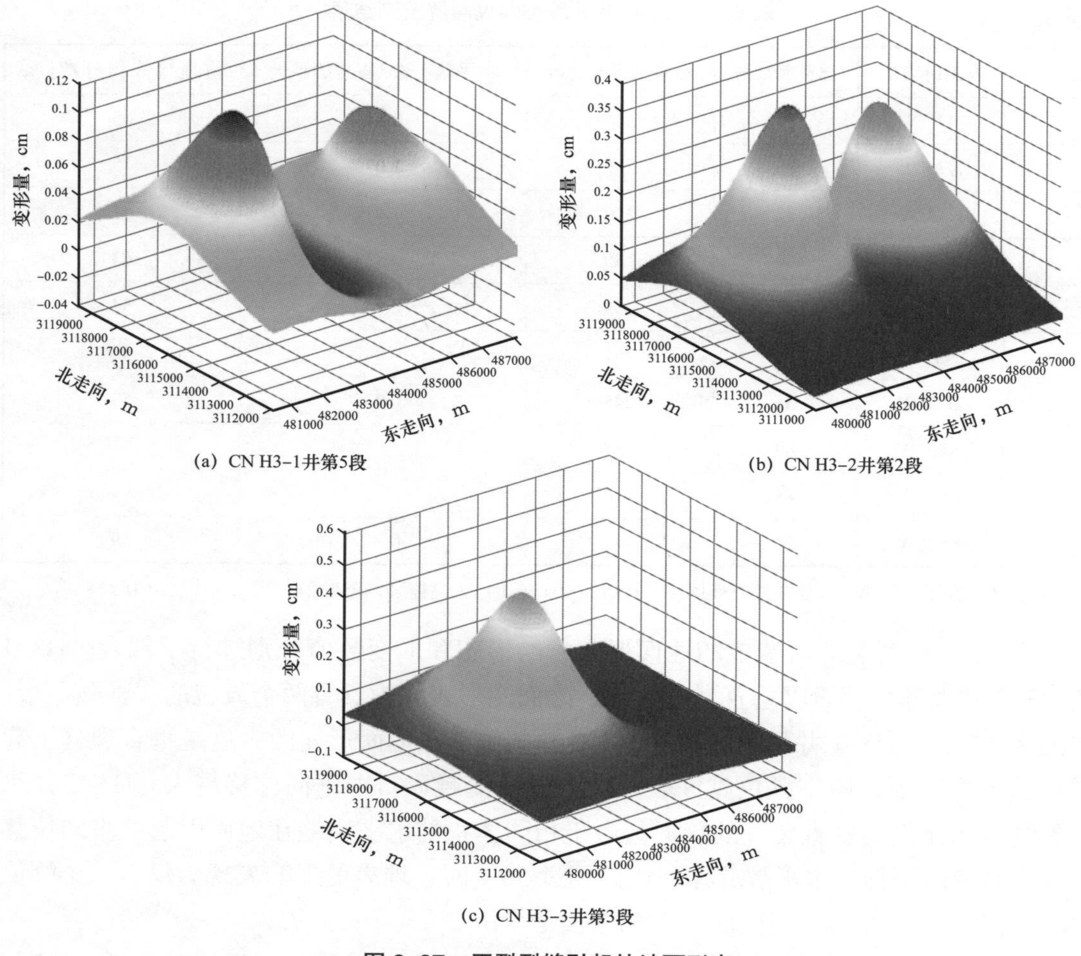

(a) CN H3-1井第5段

(b) CN H3-2井第2段

(c) CN H3-3井第3段

图 8-37　压裂裂缝引起的地面形变

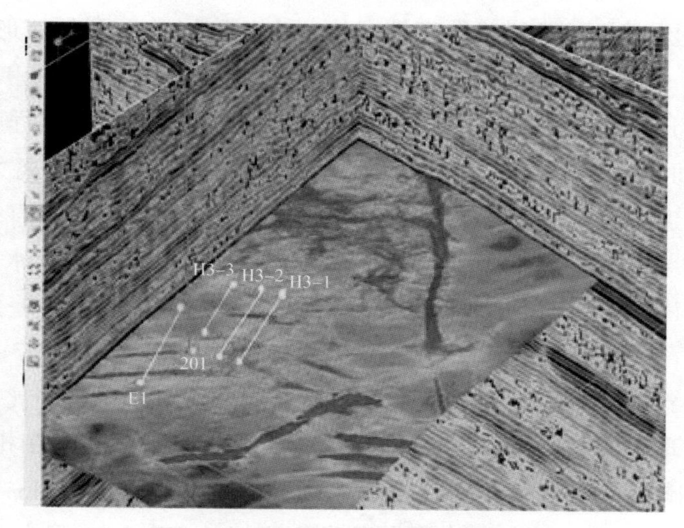

图 8-38　H3 平台天然裂缝发育情况

和 H3-2 井高角度天然裂缝发育，水力裂缝形态与 H3-3 井有很大不同，监测结果显示 H3-1 井和 H3-2 井水力裂缝以垂直裂缝为主，水力裂缝延伸距离远。

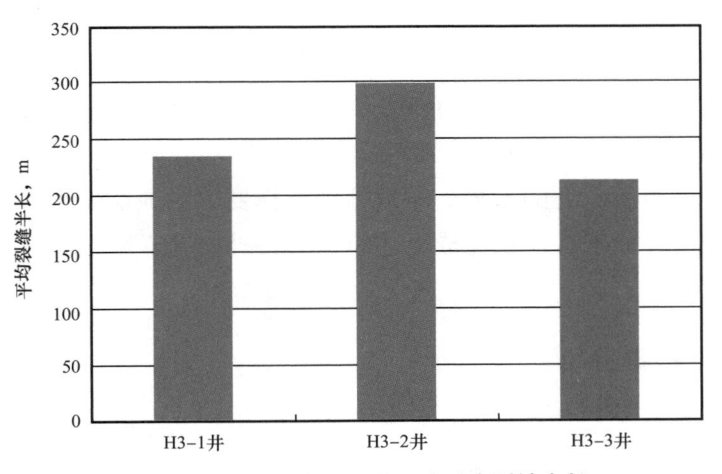

图 8-39 H3 平台 3 口井平均垂直裂缝半长

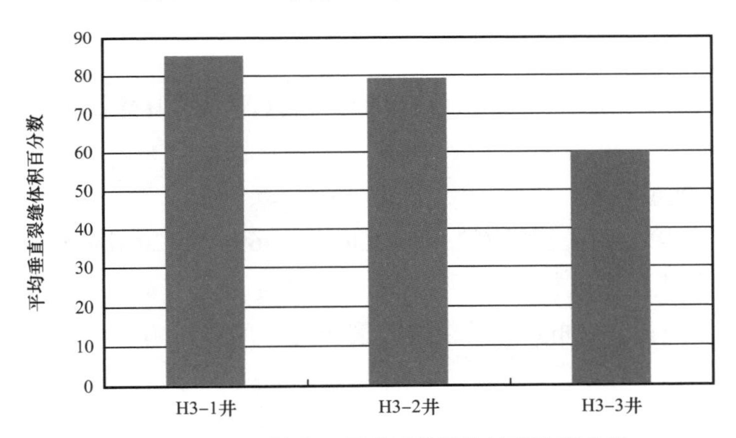

图 8-40 H3- 平台 3 口井平均垂直裂缝体积分数

微地震数据处理技术和监测实例分析资料均来自中国石油集团东方地球物理勘探有限责任公司

第二节 压裂压力分析

一、微型注入测试

1. 微型注入测试原理

与常规的小型测试压裂不同，微型注入测试是一种介于小型测试压裂与试井之间的方法，微型注入测试（DFIT，Diagnostic Fluid Injection Tests）是通过关井阶段出现的拟线性流或拟径向流阶段求取储层压力，采用改进的梅耶霍夫方法（M-method）

解释储层渗透率等参数。

2. 微型注入测试设计

针对水平井微型注入测试设计时，需要先射开一簇，保证地面管汇与井筒无漏的条件下以较低排量速度泵注液体，直到井筒中完全是液体。停泵，关高压管汇上的节流阀，观察压力变化情况。试压合格后按DFIT泵注程序泵注，延长关井时间，再根据压力变化曲线分析所需要的参数。压裂液的选择要求对地层低伤害，可从降低水锁及考虑黏土种类两方面考虑。在完成上述步骤后再补射孔，继续进行下一步的小型测试压裂工序等。

3. 微型注入数据分析

通过这种低排量少量液体的DFIT测试，可以获取储层可动流体渗透率、破裂压力、ISIP和闭合压力及地层压力等。

4. 应用实例

井A是位于西山中奥顶构造的一口评价井，以评价西山背斜构造西北翼志留系龙马溪组—五峰组页岩分布及含气性。

（1）DFIT实施过程。

① 用电缆射开第一射孔段的0.3m（4368.7～4369m），20孔/m，共6孔。

② 按DFIT泵注程序进行泵注；

③ 关井测压降时间120h，然后求取破裂压力、闭合压力、地层压力等参数。

表8–7　DFIT泵注程序

步骤	排量，m^3/min	注入时间，min	累计体积，m^3
1	0.3	1	0.3
2	0.5	2	1.3
3	0.6	2	2.5
备注	关井测压降时间120h		

（2）DFIT施工过程。

DFIT实际射孔位置4368.7～4369m，与设计一致，孔密20孔/m，相位60°；DIFT累计注入滑溜水3.4m^3，最高注入排量0.5m^3/min，最高压力73.27MPa；破裂压力：73.27MPa，排量0.36m^3/min，注入1.3m^3滑溜水；瞬时停泵压力58.12MPa，4小时后，压力降至52.7MPa，压力降5.42MPa。具体施工曲线如图8–41和图8–42所示。

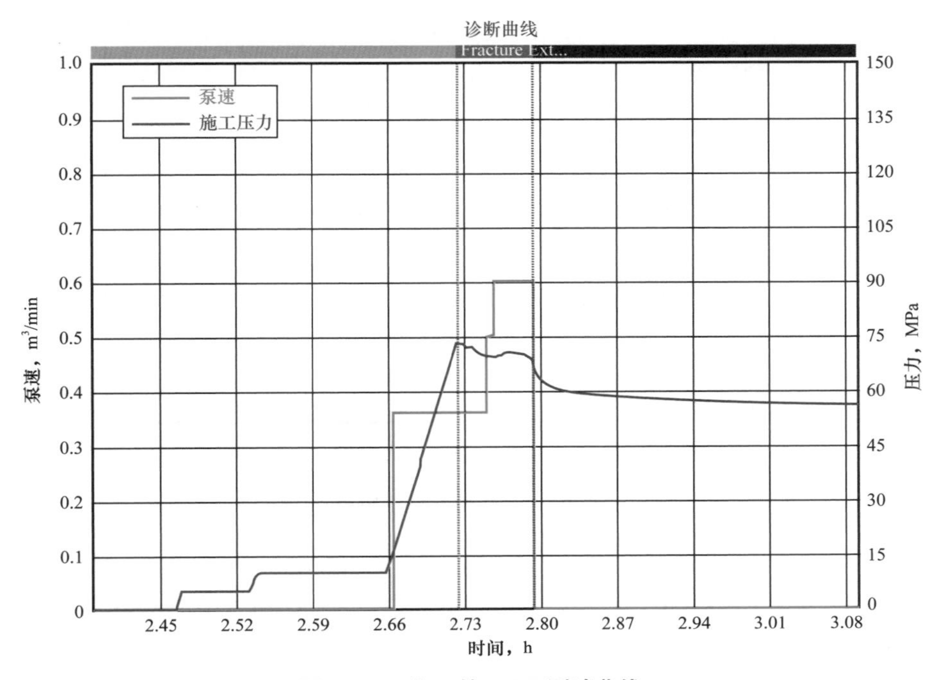

图 8-41　井 A 的 DFIT 测试曲线

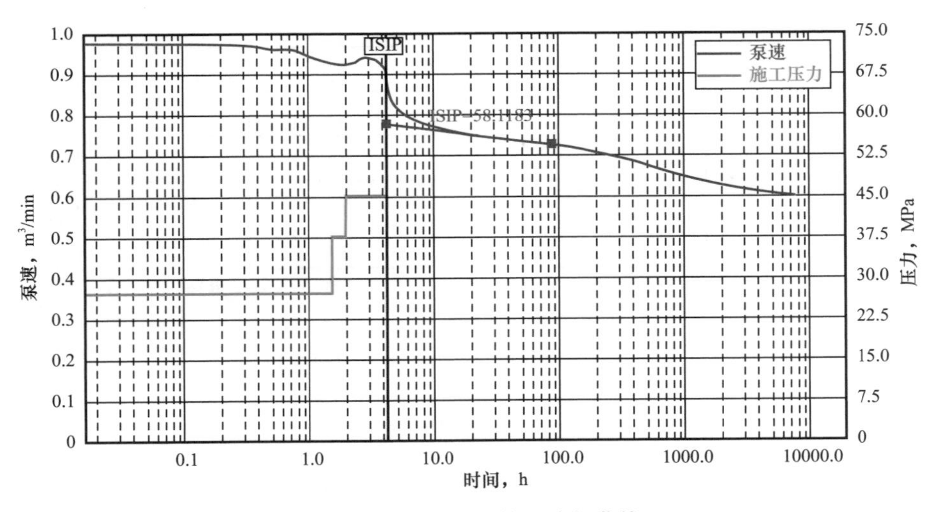

图 8-42　井 A 瞬时停泵分析曲线

图 8-43 是井 A 的双对数分析曲线图，双对数曲线分析结果表明：具有典型的径向流斜率特征。

图 8-44 是井 A 的 ACA 径向流曲线分析图，分析结果表明：压力特征曲线上显示出径向流斜率的特征。

图 8-45 是井 A 的 Horner 曲线分析图及孔隙压力解释分析结果。

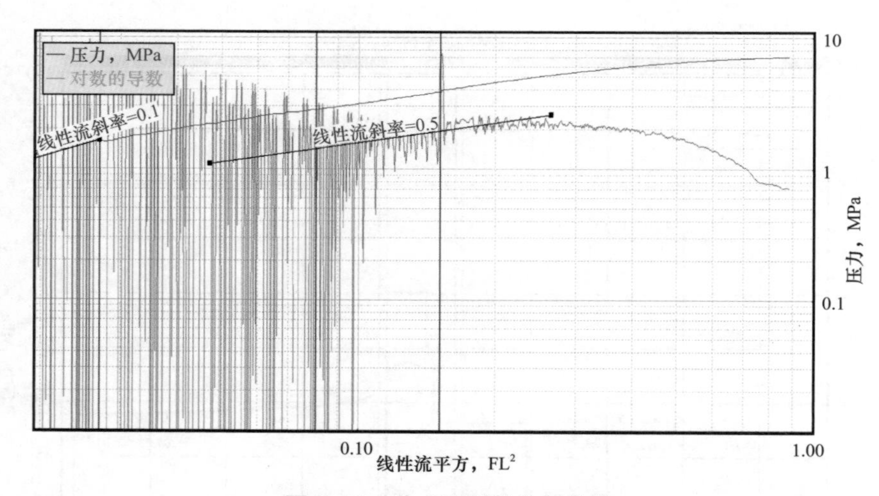

图 8-43　井 A 双对数分析曲线

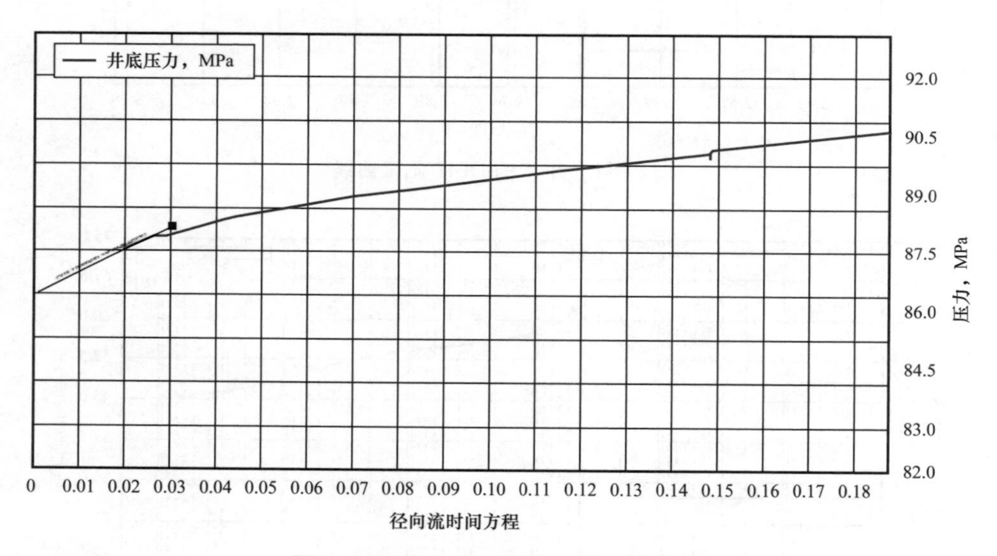

图 8-44　井 A 的 ACA 径向流曲线分析

综合上述曲线分析，测试分析结果见表 8-8。

表 8-8　井 A 的 DFIT 测试分析结果

参数	数值	参数	数值
射孔段中深，m	4368.8	射孔段中深，m	4368.8
井底破裂压力，MPa	116.67	井底破裂压力梯度，MPa/m	0.0267
井底瞬时停泵压力，MPa	101.8	井底延伸压力梯度，MPa/m	0.0233
井底闭合压力，MPa	93.46	井底闭合压力梯度，MPa/m	0.0214
闭合时间，h	19.59	线性流结束时间，h	24.1

续表

参数	数值	参数	数值
线性流结束时间，h	42.6	径向流开始时间，h	124
分析储层孔隙压力，MPa	86.4	储层孔隙压力系数，MPa/m	0.0198
储层渗透率系数 *Kh*，mD·m	0.00376	储层渗透率，mD	0.0025
漏失类型	压力控制型 PDL+ 缝高减退型 HR		

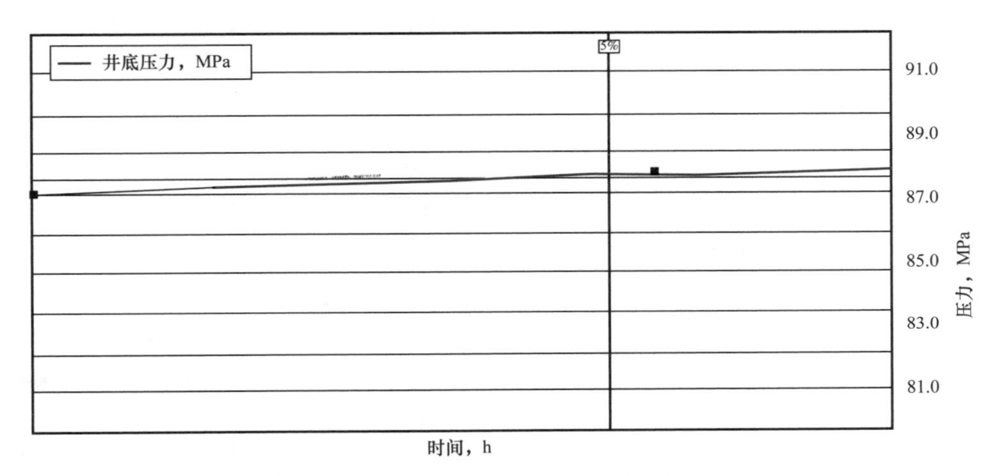

图 8-45 井 A 的 Horner 曲线分析

二、小型测试压裂

1. 小型测试压裂原理

小型测试压裂的目的是获得对于优化压裂施工设计非常关键的储层、液体和施工参数。这些参数对于不同的地层和不同的井是不尽相同的。假设的或者不精确的参数将导致主压裂没法按设计完成。小型压裂测试解释的基础在于注入—流动过程中的物质平衡和压力响应特征。通过一定量的液体注入、升降排量及停泵试验获得地层及施工参数，对主压裂的正常施工及压裂设计的验证与调整具有较好的指导性和现场应用价值。

2. 小型测试压裂设计

小型测试压裂设计程序包括阶梯升降排量，限压条件下的最大泵注排量及压力测试、停泵压降测试等。常用的小型压裂设计工艺过程为阶梯升排量—稳定注入测试—阶梯降排量—停泵测压降过程，控制施工泵压不超过最高限压，试挤阶段压开地层，根据压力显示决定最终泵注液量，排量提升迅速；在阶梯升、降排量测试时，每个排量必须当泵压稳定后方能进入下一个排量；测试完停泵记录压力降，测试直至裂缝闭合，记录压降时间也根据具体压力降情况而定。

3. 小型测试压裂数据分析

与 DFIT 测试方法类似，通过小型测试压裂能得到较准确的地层参数：施工最大排量、近井筒摩阻、液体摩阻、天然裂缝发育情况、推测裂缝高度可能延伸情况、液体效率、闭合压力等。根据测试压裂结果就可对主压裂设计方案和泵注程序进一步优化和调整。

4. 应用实例

应用井 A 的实例，根据 DFIT 实施结果对测试压裂、主压裂泵注程序进行调整，测试压裂设计泵注程序见表 8-9。

表 8-9　井 A 测试压裂设计泵注程序

序号	泵注阶段	排量 m^3/min	时间 min	体积 m^3	泵注液体类型	目的	备注
1	替井筒	1.5	30	45	交联冻胶	顶替井中滑溜水	井筒容积 44.7m³；管外环空打平衡 25MPa
2	阶梯升	0.5	3	1.5	交联冻胶	造主缝，阶梯升，看压力与排量的关系	
3	阶梯升	1.0	2	2.0	交联冻胶		
4	阶梯升	1.5	2	3.0	交联冻胶		
5	阶梯升	2.0	2	4.0	交联冻胶		
6	阶梯升	2.5	2	5.0	交联冻胶		
7	阶梯升	3.0	2	6.0	交联冻胶		
8	阶梯升	3.5	2	7.0	交联冻胶		
9	阶梯升	4.0	1	4.0	交联冻胶		
10	阶梯升	4.5	1	4.5	交联冻胶		
11	阶梯升	5.0	1	5.0	交联冻胶		
12	阶梯升	6.0	1	6.0	交联冻胶		
13	阶梯升	7.0	1	7.0	交联冻胶		
14	阶梯升	8.0	1	8.0	交联冻胶	测孔眼摩阻和近井筒地层摩阻；测 ISIP	
15	阶梯降	6.0	1	6.0	交联冻胶		
16	阶梯降	4.0	1	5.0	交联冻胶		

续表

序号	泵注阶段	排量 m^3/min	时间 min	体积 m^3	泵注液体类型	目的	备注
17	阶梯降	2.0	1	4.0	交联冻胶	测孔眼摩阻和近井筒地层摩阻；测 ISIP	井筒容积 44.7m^3；管外环空打平衡 25MPa
18	阶梯降	1.0	1	1.0	交联冻胶		
19	顶替			45	滑溜水		
20	停泵	测压降 0.5～1h					
	总液量		169				

测试压裂实际共使用压裂液 280.15m^3，冻胶 235.15m^3，滑溜水 45m^3，最大施工排量 12m^3/min，对应施工压力 84.8MPa，施工排量超过了预期值 10m^3/min，施工曲线如图 8–46 所示。

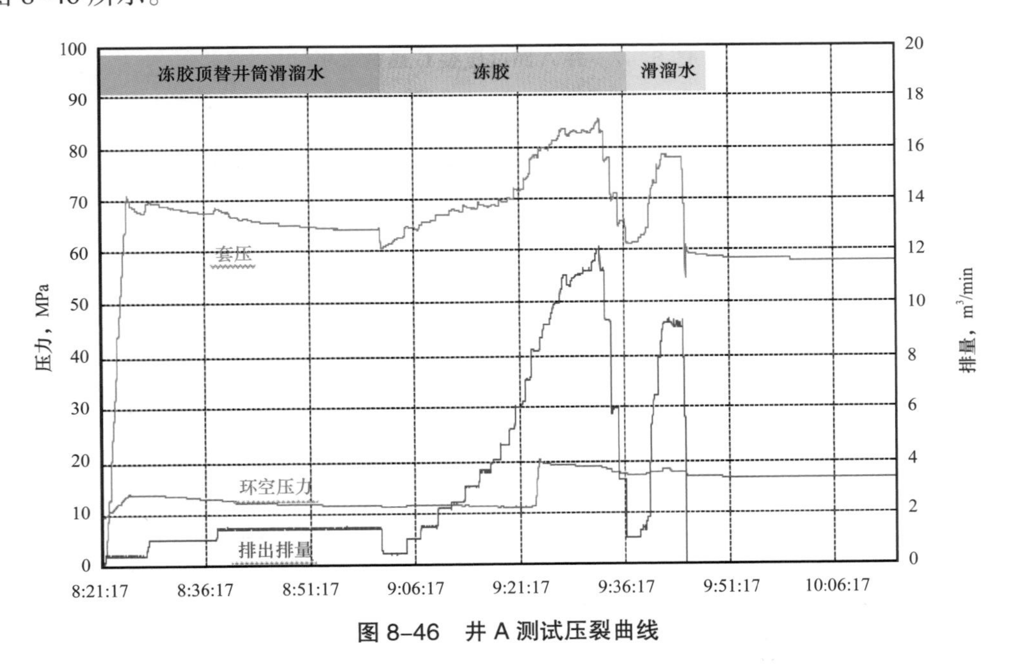

图 8–46　井 A 测试压裂曲线

由于测试压裂记录压降时间较短（30min），裂缝未闭合，未能分析闭合压力及地层压力等参数，可结合 DFIT 测试结果辅助分析，确定本井的主压裂施工参数，如图 8–47 所示。

从阶梯降排量结果来看，孔眼摩阻较大，近井摩阻较小，如图 8–48 所示。

通过计算可得：破裂压力 70MPa，瞬时停泵压力 60MPa；最高排量 12m^3/min，对应泵压 84.8MPa；孔眼摩阻 12.5MPa，近井摩阻 1.5MPa；在排量 10m^3/min 下，胶液摩阻 22MPa，滑溜水摩阻 7.8MPa；射孔数 40，开孔数 25，开孔率 63%。

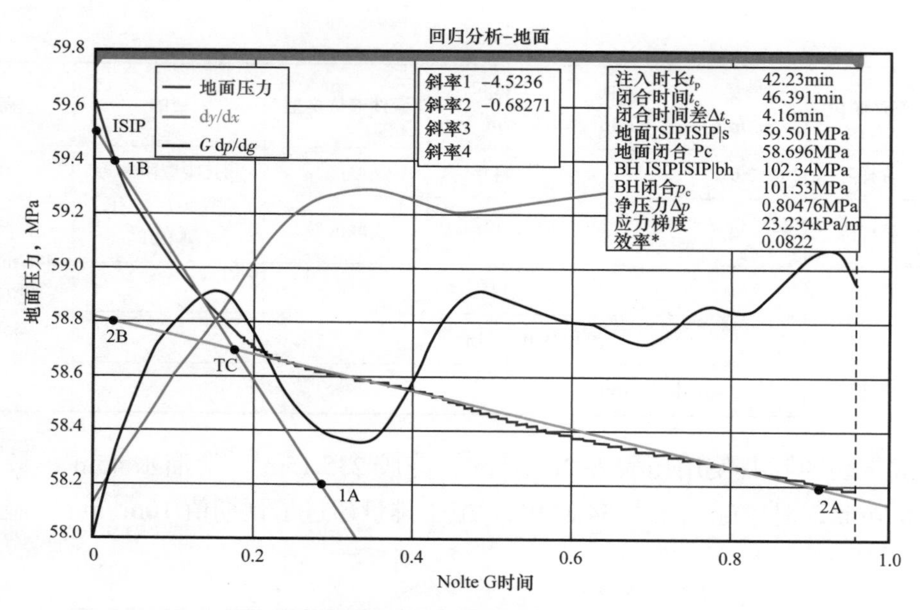

图 8-47　井 A 测试压裂 G 函数分析

本次测试压裂分析确定了井 A 对应的页岩储层在限压下压开是可行的，主压裂施工排量可达 10m^3/min 左右。通过合理的造缝技术，可以明显降低施工压力，提升施工排量，为页岩气加砂压裂的施工提供了技术基础。

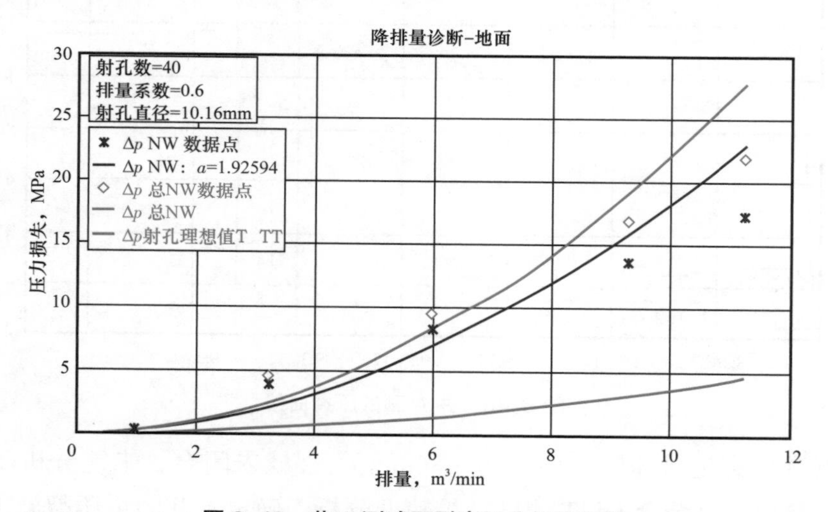

图 8-48　井 A 测试压裂摩阻分析结果图

三、主压裂分析

1. 泵注曲线分析

通过对设计泵注程序与泵注曲线的分析，可为后续井段的施工提供一定借鉴意

义，如图 8-49 所示为井 A 第一段主压裂施工曲线。

从施工曲线上（图 8-50）可见压力波动较大的事件（以绿色圆圈为提示）：（1）新地层开启现象。测试压裂 80min 后，液体没直接走原先的裂缝，而是从新的孔眼起裂，然后与原裂缝连通；（2）降阻剂液添设备供液不畅；（3）降阻剂液添设备供液问题解决；（4）地层对 100kg/min 的 40/70 目支撑剂较为敏感，在近井地带有堵塞现象；（5）切换成冻胶后，堵塞现象解除；（6）在冻胶加砂阶段砂浓度 270kg/m^3 时砂堵，此时，泵入地层液量 1300m^3（加砂压裂设计液量 1430m^3），入井砂量 44t，其中 100 目 18t，40/70 目 26t。

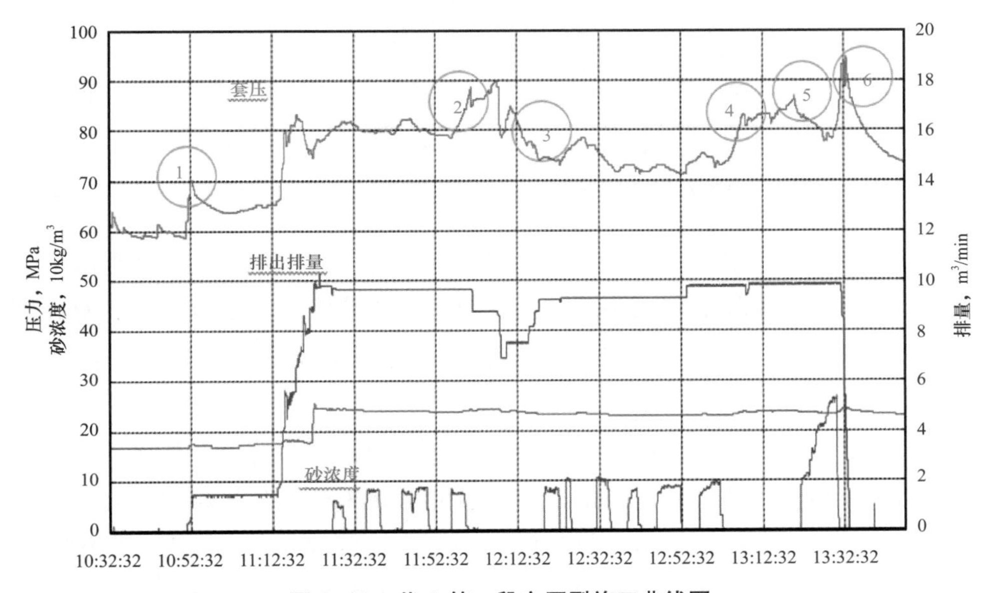

图 8-49　井 A 第一段主压裂施工曲线图

对整个施工的认识：主压裂在 10m^3/min 排量下，段塞式加砂没有问题，冻胶连续性加砂程序需要微调；入井压裂液性能对施工安全影响很大，在化学品性能没问题的情况下，液添设备和相关单位密切协作尤为重要；在长时间滑溜水压裂下，地层对 40/70 陶粒的砂浓度接受范围在 100kg/m^3 左右。在滑溜水切换至冻胶连续性加砂前，必须要有较大的前置液量。

2. 施工压力拟合

压裂压力拟合分析是最简单的定量描述裂缝延伸、估算压裂参数的方法，常用的辅助软件有 FracPro PT、StimPlan、Meyer 等。包括压裂裂缝模拟、复杂的裂缝诊断、压后压降分析及压裂实时监控（在施工过程中可实时调整），为后续压裂方案设计提供参考。

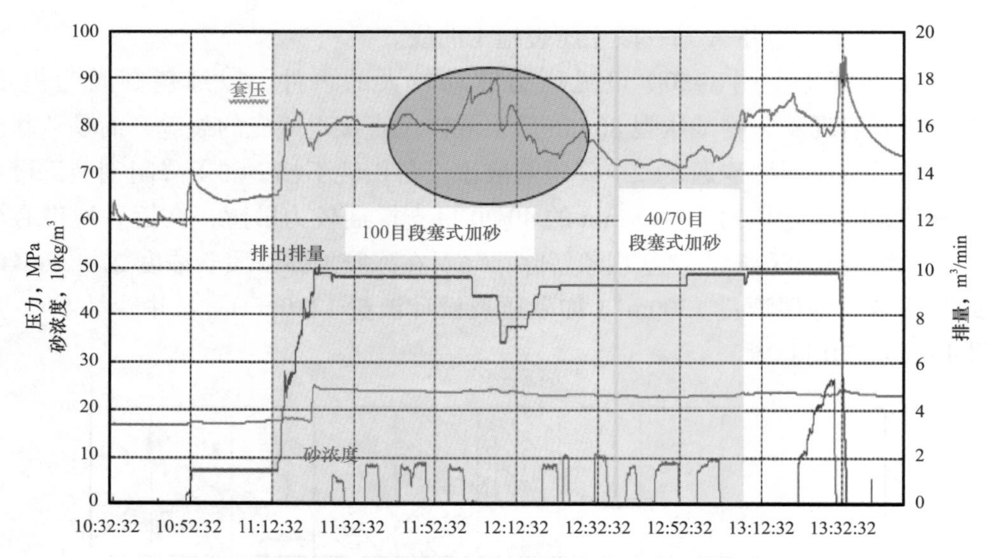

图 8-50 井 A 第一段主压裂施工曲线备注图

通过排量不变的压力降可以估算地层的破裂压力；由阶梯升排量测试结果可以计算地面延伸压力，孔眼摩阻大小反映射孔效率，弯曲摩阻反映近井是否存在裂缝扭曲或多裂缝起裂，净压力拟合分析结果定性、半定量表征压裂形成的裂缝网络复杂程度。

很久以来，油气行业一直在分析压裂施工过程中的压力特点和初期的裂缝扩展特征。Nolte 与 Smith（1981）率先根据压力响应的形状来解释分析裂缝的几何形状，其压力分析类型包括两类：（1）闭合前分析——考察泵送过程中的压力。用施工压力减去闭合压力是确定裂缝几何尺寸与滤失情况的关键参数；（2）闭合分析——压裂泵注过程结束后，压力开始降低，这和传统的不稳定试井压降测试很相似。由于储层压裂产生裂缝，裂缝又处于动态，经过一段时间后张开的裂缝会重新闭合。闭合前裂缝在压裂过程中存储的能量驱动下继续扩展。裂缝闭合的压力分析会给出裂缝和多孔介质体系综合的滤失特性，裂缝闭合后对压力特征的连续分析也可以提供渗透率及其他储层特征信息。

上述两类分析都需要知道或确定闭合压力 p_c 及相关信息，Nolte（1986）引入了一个无因次函数，G 函数（有时也叫 G 时间）。Castillo（1987）发现在压裂泵注测试后用 G 函数对压力降进行绘图，理想情况下为一条直线，其斜率可用来计算压裂液滤失系数。

压力拟合是一个反问题，其输入（如压裂施工程序）和输出（如压裂压力）用于确定未知模型参数（如产层应力、滤失系数）。任何一反问题其固有的限制是非唯一解产生的重要原因。多数控制裂缝特性的参数具有非线性，在压力拟合过程中，在使

用一些不确定参数来预测未知参数时会造成错误的结果；参数的非唯一性会造成裂缝几何模型预测的错误及不当的加砂施工设计。

现在大多数压裂施工使用Nolte-Smith曲线（通常称之为净压力曲线），经典的Nolte-Smith分析的目的是用来解释以二维模型设计的压裂施工中某点的净压力，并且假设人工裂缝是垂直的。

研究表明，缝高增长主要由岩石就地应力和其他岩石力学特性控制。在某些情况下类似的岩性存在非常大的差别，而实际岩石力学特性可能变化不大，这说明人造垂直裂缝垂向增长可能会超过横向裂缝延伸。在Nolte-Smith曲线分析时假设为PKN模型，净压力的解释假定流体的压力随裂缝的延伸而增加。由于裂缝增长或过多的滤失使净压力降低。Nolte和Smith建立了典型的净压力曲线特征，如图8-51所示。裂缝的几何形状可以用这些曲线的斜率或斜率模型进行解释，最重要的是几何形状可以表示“临界压力”或脱砂压力都是可能的。

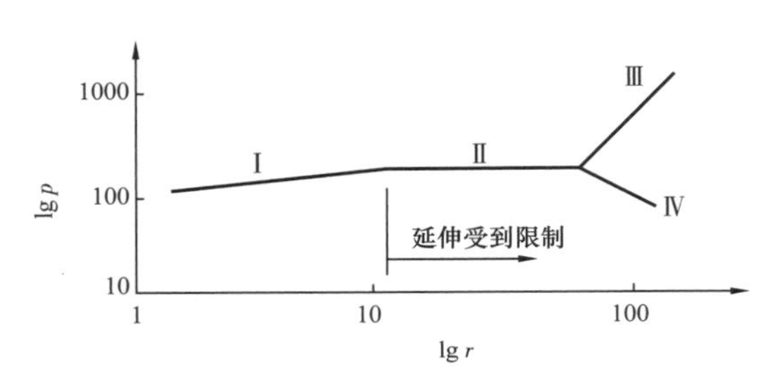

图8-51　Nolte-Smith典型压力曲线特征

在压裂施工中，过分依赖净压力曲线可能导致施工过程决定困难，虽然净压力能够作为水力压裂施工过程中的基本假设，但了解净压力曲线的局限性也是很重要的，特别是结合其他解释分析时。净压力值的计算需要求取储层的闭合压力，在缺少测定的闭合压力条件下，通常在施工前假设一个闭合压力值，这对净压力的双对数曲线影响很大，导致施工过程中净压力分析不可靠，因此建议施工前通过小型压裂测试或者其他方法来求取储层的闭合压力值。

根据井A测试压裂和第二段的瞬时停泵压力估算施工过程中的缝内压力，两段施工的净压力在10MPa左右，大于室内实验测量的水平应力差值（5MPa），但小于测井解释水平应力差值（14MPa）证实了压裂压力分析的重要性和必要性。

表8-10　井A净压力计算参数

段号	停泵压力，MPa	井底处理压力，MPa	最小主应力，MPa	净压力，MPa
测试压裂	59.7	103.4	93.1	10.3
第二段	62.0	105.5	93.6	11.9

3. 生产动态曲线拟合

生产动态拟合是借助油气藏数值模拟方法，通过对生产动态历史拟合来确定压裂改造的裂缝特性，进而对压裂方案设计与压后评估提供依据。图 8–52 为一实际水平井 C 的生产动态拟合曲线，初期由于生产制度的影响未拟合上，而后期的生产曲线与实际的符合较好。在拟合过程中，考虑了两种裂缝延伸状态，一种是沿井筒全射开（图 8–52 中红色框内），另一种是在主裂缝处射开（图 8–52 中绿色框内）。结果表明只有当射孔在主裂缝处射开时才能拟合上，而射开整个井筒产量曲线要高于实际产量，由此可间接推论可能的裂缝起裂延伸实际。

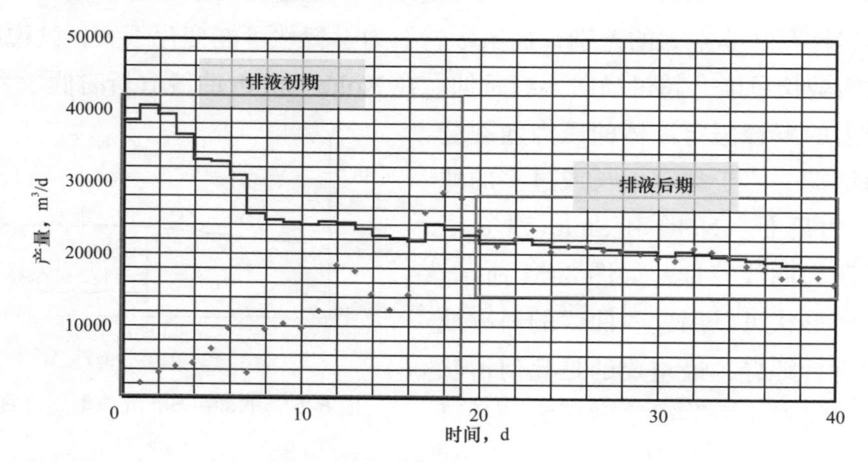

图 8–52　井 C 生产拟合结果

在生产动态拟合基础上，通过油气藏模拟方法可以对油气藏的各项参数进行敏感性分析。考察 SRV 大小，主裂缝长度、主裂缝条数、主裂缝导流能力、压裂裂缝高度、裂缝网络渗透率等裂缝参数对产量的影响；也可以考察基质网络细分，井底流压，储层厚度，基质渗透率，储层压力，吸附气比例，总含气量等储层参数对产量的影响。模拟结果显示在裂缝参数对产量的影响中压裂裂缝高度对产量的影响最大，网络裂缝渗透率次之，主裂缝导流对产量的贡献最小；储层参数中，地层压力系数对产量的贡献最大，总含气量次之，基质渗透率影响最小。

第三节　产 出 测 试

一、产出剖面测试

传统的生产测井仪器能测量直井中油、气、水各相持率和流体流度。但是，水平井中由于油、气、水存在密度差，在重力作用下井中流体流动是以油、气、水各自分层的流动为主要特征，其中还有各种不同的流态，如段塞、泡状流动等。同时，实际上并不存在绝对水平的井，井斜必然会影响各相流态的分布。由于相的分离，在水平井中使用中心取样的生产测井仪器来获得真实的各相持率、流量参数是很困难的。水

平井的完井方式、井眼轨迹、井径变化等因素的综合作用导致井筒中流体分布不对称、重质相回流，使地层水多分布于井筒的低凹处或水平井段下部，流型复杂多变性和仪器响应片面性加剧。这些因素对产气剖面测井系列的选择、测井资料的综合评价都有很大的影响。

常规生产测井仪器一般为单个持率仪和流量仪，采用居中测量，测量不能充分描述复杂的多相流动状态，因为包涵多相流动状态的重要信息分布于油管径向范围内。水平井、大斜度井由于井身倾斜以及井筒周围空间的非对称性，使井下流体流动状态与垂直井差异极大。用常规的持率仪器（如流体密度仪、电容持水率仪）在水平井、大斜度井中测井，由于仪器探测半径小，并且受井斜、流型、含水率、矿化度等因素的影响，往往给出模糊不清甚至不正确的结论。水平管气水两相流中普遍存在层流和波状层流，随着含水率的变化，常规居中测量的仪器将只浸没于气相或水相中，导致不能真实反映井中流体的分布状态。在直井和井斜小于 20° 的井中，混合的气和水沿着油管流动，同时气、轻质相升高至井筒上部。这种状态流体的流速剖面很平滑，持水率剖面沿油管逐渐变化。流速和持率的平均测量值就能满足对直井流体特性描述的要求。然而，一旦井斜超过 20°，居中测量的常规仪器就不适合多相流体剖面描述。当井斜为 20°～85° 时，井眼的一部分就会有单相流体存在。水和重质相被分离于管线底部，充满泡状液滴的混合层处于管线的顶部。因此为解决以上问题，目前主要有以下几种针对水平井产出剖面的测试仪器。

1. 生产测井仪器及原理

在水平井中进行生产测井作业，目前主要采用两种仪器系列，即 MAPS 阵列成像仪器系列和 FSI 阵列成像仪器系列。除此之外，还有一种分布式温度 DTS 及声波 DAS 光纤也开始逐渐应用于产出剖面测井中。

1）MAPS 阵列成像仪器系列

MAPS 阵列成像仪器系列由电容式阵列测持水率仪 CAT（图 8-53）、电阻式阵列测持水率仪 RAT（图 8-54）和阵列涡轮流量仪 SAT（图 8-55）三支仪器短节组成。测井时，除组合这三种短节外，还需要组合自然伽马、接箍、温度、压力等通用的仪器短节。为了计算出各相产出剖面，MAPS 阵列成像仪器的设计思路是测量井筒横截面上的流体持率和速度。每支仪器短节上设计了弹簧笼，同一深度的每个弹簧片内壁安装有持率探头或涡轮转子，测井时采用居中测量。其中 CAT、RAT 均采用 12 根弹簧配 12 探头，CAT 的阵列电容式微传感器通过测量周围靠近套管的流体的电容，根据油、气和水具有不同的电介常数，来确定某一深度处井筒截面的相态，能清楚地分辨出油和水。RAT 的阵列电阻式微传感器通过鉴别水和碳氢化合物的不同电导率，判断流体性质，确定井眼截面的持水率，能清楚地辨出油气和水。

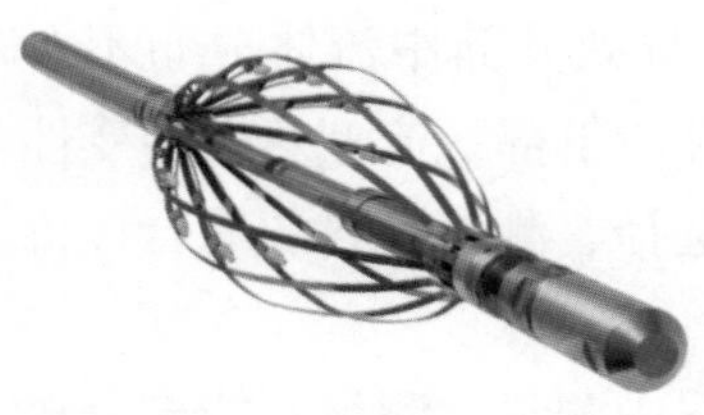

图 8–53　CAT 示意图

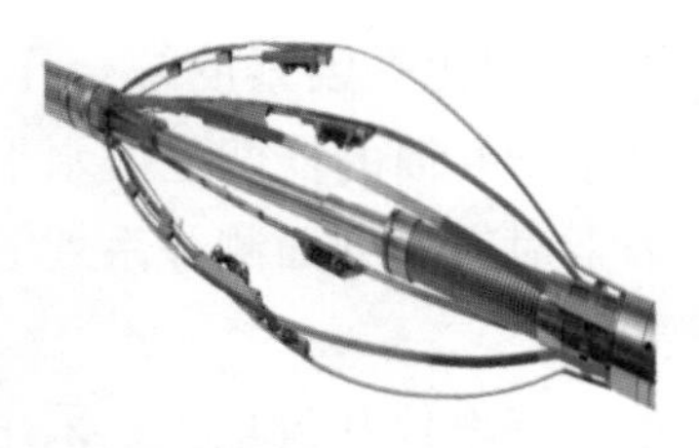
图 8–54　RAT 示意图

图 8–55　SAT 示意图

MAPS 阵列持水率仪器测井效果如图 8–56 所示。图 8–56（a）中，水平段测量时，在弹簧笼的作用下，探头位于井筒横截面的四周，这有别于“传统”生产测井仪器只能位于井筒中间，从而能够准确测量水平段井筒横截面上高端到低端的不同持水率。图 8–56（b）是阵列电阻持水率 RAT 实测的水平段流态的横截面图，RATMN01～RATMN12 是 12 个探头在截面上所处的位置，处理成像图中红色为气，蓝色为水，二者间的颜色为气水混相，实测结果中可以明显地看到气水分层流动的特征。

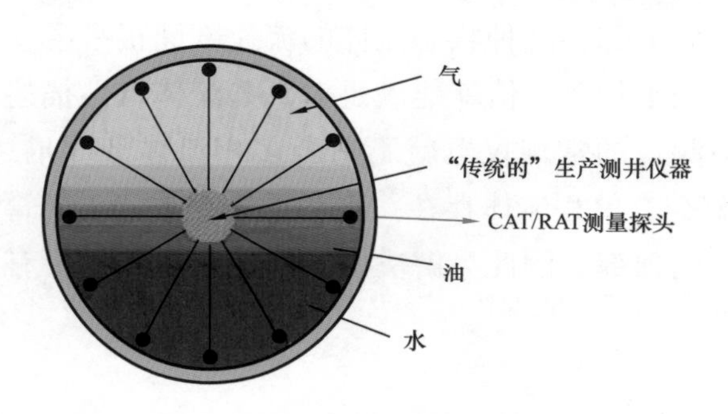

(a) 持水率探头在水平段横截面上位置关系图

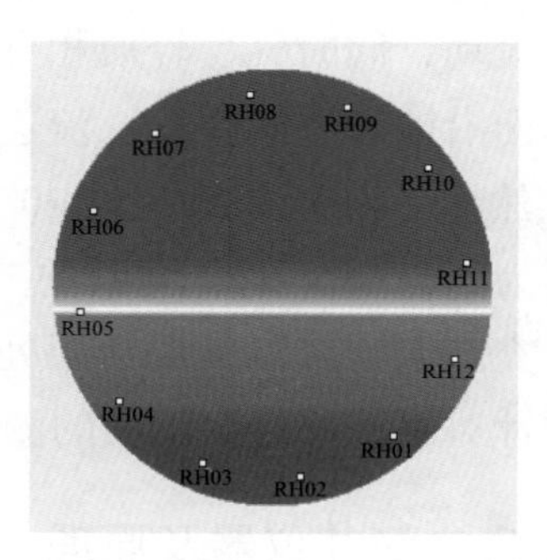

(b) 阵列持水率RAT实测的流态横截面图

图 8–56　MAPS 阵列持水率仪器测井效果图

MAPS 阵列涡轮仪器测井效果图如图 8–57 所示。SAT 采用 6 根弹簧片配 6 个涡轮转子，同样位于井筒横截面的四周，如图 8–57（a）所示。SAT 采用高灵敏度的宝石轴承转子，有利于采集井筒高端到低端的不同流速。图 8–57（b）为上测时水平段流体流速的截面图，SPIN1～SPIN6 是 6 个涡轮转子位置，成像着色定义是红色越深表明涡轮正转越快，蓝色越深表明涡轮负转越快。图 8–57（b）中，3、4 号涡轮位于井筒横截面的高端，涡轮转子在正转，1 号和 6 号涡轮位于低端，涡轮转子略有负转，井筒横截面顶部的流速最快，这与该段气水两相，且位于上坡流井段的特征是吻合的。故 CAT、RAT、SAT 三者组合测量，就能提供比较清晰和真实的井下流态。

2）FSI 阵列成像仪器系列

FSI 阵列成像仪器与 MAPS 阵列成像仪器测量原理近似，差别在于除了舍弃易受高矿化度地层水或高含水流体影响的电容式持水率探头，配备直接测持气率的光栅式探头外，探头数量和布局上存在较大差异。其设计思路为仪器沿线采集井筒从高端到

低端的不同持率和流速，如图 8–58 和图 8–59 所示。因此仪器设计为三角形测量臂形式，一个臂上有五个电阻式持水率探针和五个光学式持气率探针，另一个臂上有四个微转子流量计，仪器壳体上还有第五个转子流量计和第六对电探针和光学探针，测量井筒底端的流动，其测量方式为偏心测量。

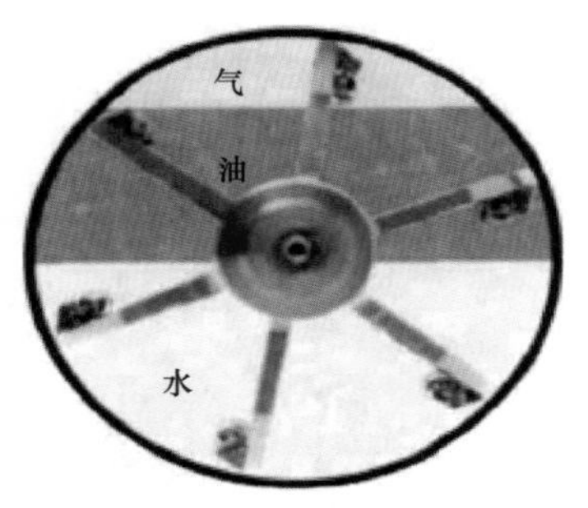

(a) 阵列涡轮在水平段横截面上位置关系图

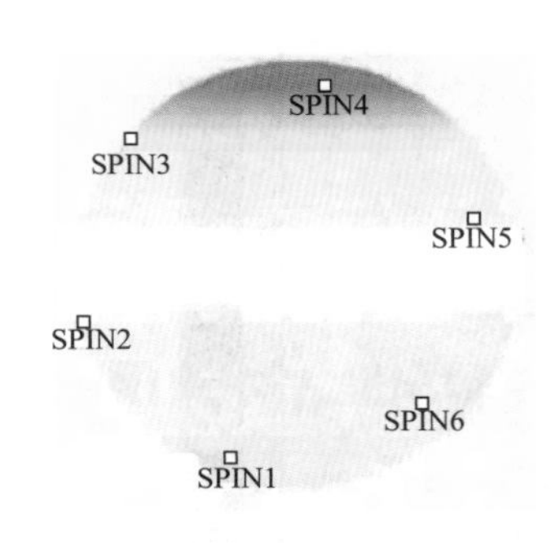

(b) 阵列涡轮实测的流速横截面图

图 8–57 MAPS 阵列涡轮仪器测井效果图

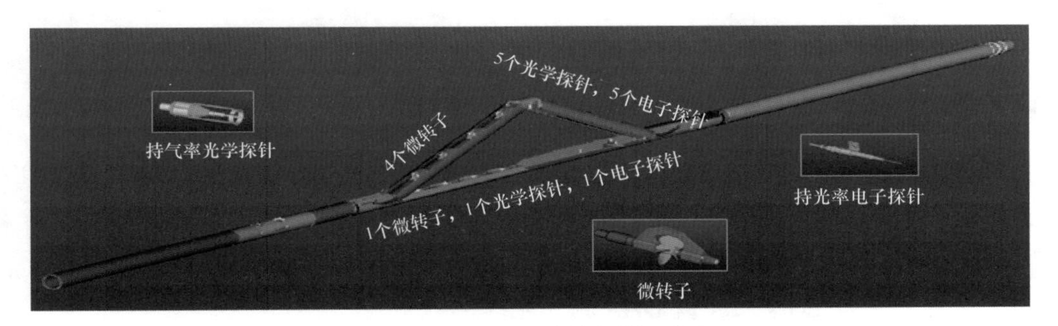

图 8–58 FSI 阵列成像仪器示意图

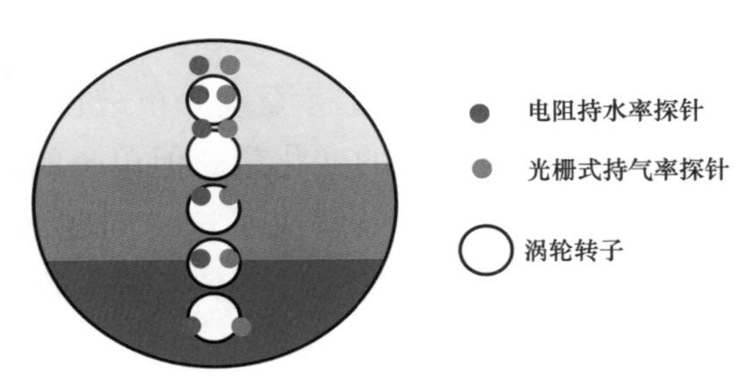

图 8–59 FSI 阵列生产测井仪在水平段横截面上位置关系示意图

持水率通过电阻探针进行测量（图 8–60）。探针测量流体的导电率，利用二进制进行数据传输。如果探针接触的是水（导电介质），则电路接通；如果探针接触的是油或气，则电路断开。根据电路单位时间内接通的时间可计算出持水率 Y_w= 接通时间 / 总时间。

持气率通过光学探针进行测量（图 8–61），利用光学原理测量从探针尖端反射回来的光线强度并利用二进制传输数据。当探针接触气体时，光线几乎 100% 反射；当探针接触油或水时，反射回来的光线很弱。根据单位时间内光线强弱反射的时间比即可计算出持气率（Yg）= 强反射时间 / 总时间。

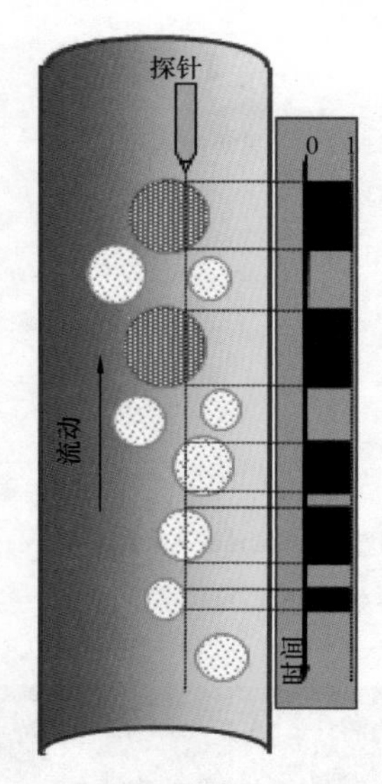

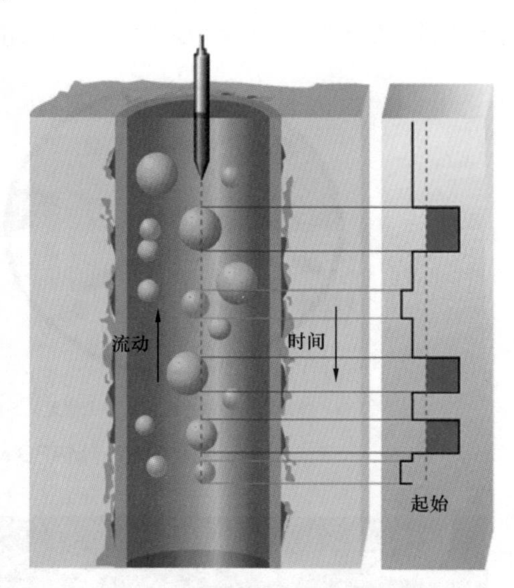

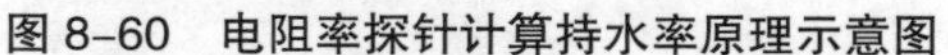

图 8–60　电阻率探针计算持水率原理示意图　　图 8–61　光学探针计算持气率原理示意图

FSI 的流量计在流动截面上有 5 个微转子流量计，利用悬置于流体中的转子在流体的推动下转动，可反映被测流体的瞬时流量和累计流量，从而计算出流速。每个涡轮所测的流速即视为该区域的平均流速。

3）分布式温度 DTS 及声波 DAS 测井光纤

分布式光纤测温系统（DTS）结合地层—井筒流动耦合模型拟合的技术可以实现产层贡献率的量化测试，分布式光纤测温系统（DTS）的优点在于能够提供整个井筒连续的实时井筒温度分布信息。该技术通过将流量分布进行定量化分析，通过一种类似于压力瞬态分析的方法来确定复合层的变化量。但单一的温度传感存在多解性，声波传感 DAS 与温度传感 DTS 的组合有效解决了这一问题，使得准确定量获得各段、簇产层的气水产量得以实现。测试原理是大功率窄脉宽激光脉冲 LD 入射到传感光纤后，产生微弱的背向散射光，根据波长不同分别是瑞利（Rayleigh）、反斯托克斯（Anti–stokes）和斯托克斯（Stokes）光。声波传感 DAS 利用窄线宽光源干涉在光纤中所产生的瑞利散射，通过在光谱强度上的区别来分辨声源位置；温度传感 DTS 根据反斯托克斯温度敏感即为信号光，斯托克斯温度不敏感即为参考光，从而利用两者的光强比值计算出温度。

测井设备主要由光纤、DTS 分布式温度设备和 DAS 分布式声波设备组成（图 8–62）。测井光纤本身就是探头，一段 6000m 长的光纤相当于有 24000 个传感器。

DTS 分布式温度设备的监测范围为 20km，最小空间分辨率 1m，温度偏差 0.01℃；DAS 分布式声波设备的监测范围在 10m～40km，监测频率在（1～2）$\times 10^4$Hz。

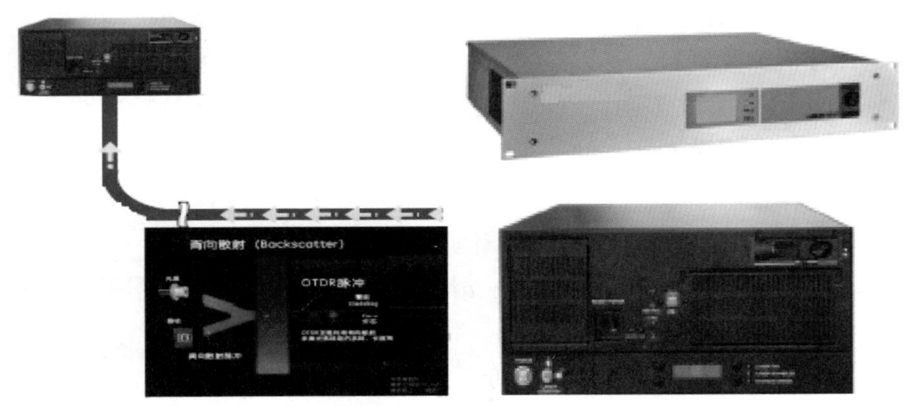

图 8-62 分布式温度 DTS（右上）及声波 DAS（右下）测井设备及测井原理示意图

2. 测井资料解释

流动剖面测井解释的首要工作是取全、取准测井及相关资料，然后对测井资料进行整理和定性分析，正确判断测量井段流体的相态和流型。通过单条测井曲线不同部位响应特征、测量读数的比较，各条测井曲线之间的相互比较，测井资料与其他资料之间的对应分析，便可以从整体上了解和认识流动剖面的基本情况。

（1）曲线质量控制及资料收集预处理。

① 现场验收：发现问题及时补测或反复测量验证，如实记录测量过程异常情况。

② 二次验收：室内仔细对比验收核实各测量曲线质量。

③ 备份原始资料。

④ 曲线编辑：剔除不良曲线，对个别不良点进行编辑修正。

⑤ 校深。

⑥ 了解实际井况与设计收集到的资料是否有差别。

⑦ 测量仪器的参数及现场刻度数据。

（2）测井解释层段划分。

用于测井解释读值和定量计算的井段，其特征是每一个解释层段内流量计、密度计、持水率计各条测井曲线的读数基本稳定不变，温度计和压力计的测井曲线按一定梯度变化。特别是较厚的射孔井段内如果测井曲线出现时变时不变的情况，为了评价地层的非均质性，也应该划分出若干解释层来。由于气、液的转动力矩不同，流动速度相同但涡轮流量计的每秒转数并不相同，因此在积水界面附近应特别注意综合分析涡轮流量计和流体密度、持水率测井曲线的变化。

（3）分层读取测井数值。

逐层读取各条测井曲线的平均值，填入解释数据表或制成解释数据文件。由于流动剖面测井是在动态条件下完成的，分层解释可以消除部分非常规扰动影响。

（4）定性分析测井资料。

根据划分的解释层段，逐层判断确定流体的相态和流型，分析曲线的形态和读数，找出主要的产出或吸入气、油、水的层段，估计流量剖面。

（5）计算流体性质参数。

虽然有时可以拿到PVT分析资料，但一般情况下必须计算求出流体性质参数。确定流体相态与物理性质：在计算流量、滑脱速度、地表和井下流量转换过程中，都需要气、水的高压物性参数。

天然气：偏差因子、体积系数、密度、黏度、压缩系数；

地层水：体积系数、密度、黏度、溶解气水比、压缩系数。

（6）选择确定解释参数。

使用的解释参数除上述流体性质参数外，还会用到套管内径、井斜角度、速度剖面校正系数等常数。

（7）计算流体视速度。

对于涡轮流量计测井资料，同时用作图法和线性回归计算求出流体视平均速度，并用回归直线的斜率和相关系数检查是否正确。

（8）计算各相持率。

气水或气油两相流动解释常用流体密度测井资料计算持气率和持液率，持液率较低时也可用持水率测井资料计算。油水两相或气油水三相流动测井解释一般必须同时用流体密度和持水率测井资料计算各相持率。

（9）确定流体总平均速度。

总平均速度由速度剖面校正系数与流体视平均速度的乘积求出。速度剖面校正系数一般作为解释参数，可以根据理论分析或流动实验结果取值，也可以通过井场刻度或根据经验确定。

（10）计算各相表观速度。

根据选定的解释模型，计算或查图版求出。

（11）计算管子常数。

管子常数是为计算和转换的方便而设定的。

（12）计算井下流体流量。

解释层的总流量和各相流量分别由总平均速度和相表观速度与管子常数的乘积求出。

（13）计算地面流体流量。

地面条件下的各相流量等于井内条件下的各相流量除以相应的体积系数，总流量等于各相地面流量之和。

（14）计算流量剖面。

如果整个测量井段的流体相态和解释参数相同，可重复步骤（7）至步骤（13）各步骤，自上而下计算出各解释层的总流量和各相流量。如果测量井段过长且不同井段的温度、压力变化过大，或者各解释层的流体相态和解释模型不同，则应从第（5）步开始重新计算确定有关参数进行解释，然后采用“递减法”，自上而下计算出相邻解释层间各产出或吸入层段的总流量及各相流量。

（15）检查修正解释结果。

首先，要认真检查解释过程是否有疏漏，仔细分析解释结果是否正确。分析的方法一是与定性分析结果对比，粗略检查是否有较大出入和问题；二是将全流量层的计算流量与井口的计量流量对比，如果井口计量准确，二者不应该有大的偏差，这也可以检查解释精度；三是分析是否符合逻辑，比如说如果井下流动压力低于各层的地层压力，产出剖面就不应该有吸入层段出现，下面解释层的流量就不能高于上面解释层；四是与裸眼井测井解释结果对比，看解释的流量剖面是否与岩性、物性剖面相对应；五是与井下作业或其他测试资料对比，看是否有互相矛盾或不一致的地方。

然后，要针对发现的问题，修正测井解释结果。修正的方法可能是重新计算和选择解释参数，也可能是重新分层调整测井数据，还可能是更换新的解释模型。不管采用何种修正方法，重新计算的结果仍然需要进一步检查分析。因此，检查修正解释结果是一个反复进行的过程，必须直到取得正确、合理、可靠的最终结果为止。

（16）总结报告解释成果。

每口井的流动剖面测井解释后，需要整理出数据表和绘出成果图，并要撰写出解释报告，经主管技术领导审核签字后，报送生产和研究有关单位。

3. 产出剖面分析（实例展示）

图 8-63 和表 8-11 是 CH13-1 井的测井解释成果，该井设计进行 21 段压裂，压裂完毕后开始排液。排液见气后在生产制度为 10mm 油嘴情况下产量稳定后，以 20m/min 速度下测。由于该井井眼轨迹上翘，下测到 4180m 时连续油管发生自锁，泵注 8m^3 金属降阻剂后继续下测在 4520m 处自锁，未下至井底。由于继续下入难度较大，随后以 20m/min 开始上测。从解释成果可以看出每个射孔簇均有产能贡献，各簇产能贡献占总产气量的比例在 0.002%～5.45%，表明各射孔簇均进行有效改造，射孔参数合理，达到了分簇限流射孔的目标。通过采用产期剖面测试进一步清晰了各小层、各射孔簇的产能贡献，为该区储层改造方案制定提供了有力支撑。

表 8-11　CH13-1 井 FSI 测井解释成果表

地质分层	压裂段	射孔深度 m	产气量 m^3/d	产气量 m^3/d	各簇产气百分比 %	各段产量占总产量百分比 %
五峰组	21	3441.5～3442.5	5029.12	689.31	0.46	3.38
		3464.5～3465.5		3687.25	2.48	
		3487.5～3488.5		652.56	0.44	
龙一$_1^1$	20	3511.5～3512.5	4634.56	1427.05	0.96	3.12
龙一$_1^2$		3530.5～3531.5		1608.519	1.08	
		3549.5～3550.5		1598.99	1.08	
	19	3581.5～3582.5	8427.59	35.251	0.02	5.67
		3602.5～3603.5		4925.98	3.31	
		3620.5～3621.5		3466.36	2.33	
	18	3651.5～3652.5	5574.67	844.28	0.57	3.75
		3674.5～3675.5		921.03	0.62	
		3697.5～3698.5		3809.36	2.56	
五峰组	17	37200～37210	10701.40	1507.31	1.01	7.20
		37400～37410		6914.32	4.65	
		3760～3761		2279.76	1.53	
	16	3787.5～3788.5	3360.07	2954.02	1.99	2.26
		3822.5～3823.5		112.41	0.08	
		3857.5～3858.5		293.64	0.20	
五峰组	15	3886.5～3887.5	3673.82	2929.76	1.97	2.47
		3909.5～3910.5		469.89	0.32	
龙一$_1^1$		3932.5～3933.5		274.17	0.18	
	14	3956.5～3957.5	3711.53	362.21	0.24	2.50
龙一$_1^2$		3979.5～3980.5		3140.28	2.11	
		4002.5～4003.5		209.04	0.14	
	13	4026.5～4027.5	18080.10	8102.37	5.45	12.16
		4049.5～4050.5		7918.05	5.33	
		4072.5～4073.5		2059.68	1.39	

续表

<table>
<tr><th>地质分层</th><th>压裂段</th><th>射孔深度
m</th><th>产气量
m^3/d</th><th>产气量
m^3/d</th><th>各簇产气百分比
%</th><th>各段产量占总产量百分比
%</th></tr>
<tr><td rowspan="2">龙一$_1^2$</td><td rowspan="3">12</td><td>40970～40980</td><td rowspan="3">8626.74</td><td>3473.21</td><td>2.34</td><td rowspan="3">5.80</td></tr>
<tr><td>41210～41220</td><td>622.98</td><td>0.42</td></tr>
<tr><td rowspan="2">龙一$_1^1$</td><td>41450～41460</td><td>4530.55</td><td>3.05</td></tr>
<tr><td rowspan="3">11</td><td>41690～41700</td><td rowspan="3">3920.19</td><td>828.36</td><td>0.56</td><td rowspan="3">2.64</td></tr>
<tr><td rowspan="14">龙一$_1^2$</td><td>41930～41940</td><td>674.564</td><td>0.45</td></tr>
<tr><td>42170～42180</td><td>2417.26</td><td>1.63</td></tr>
<tr><td rowspan="3">10</td><td>4241.5～4242.5</td><td rowspan="3">4077.03</td><td>197.13</td><td>0.13</td><td rowspan="3">2.74</td></tr>
<tr><td>4264.5～4265.5</td><td>484.65</td><td>0.33</td></tr>
<tr><td>4287.5～4288.5</td><td>3395.25</td><td>2.28</td></tr>
<tr><td rowspan="3">9</td><td>43110～43120</td><td rowspan="3">10494.1</td><td>3083.37</td><td>2.07</td><td rowspan="3">7.06</td></tr>
<tr><td>43330～43340</td><td>2547.37</td><td>1.71</td></tr>
<tr><td>43550～43560</td><td>4863.36</td><td>3.27</td></tr>
<tr><td rowspan="3">8</td><td>43760～43770</td><td rowspan="3">3193.28</td><td>1674.36</td><td>1.13</td><td rowspan="3">2.15</td></tr>
<tr><td>43980～43990</td><td>413.46</td><td>0.28</td></tr>
<tr><td>44200～44210</td><td>1105.46</td><td>0.74</td></tr>
<tr><td rowspan="3">7</td><td>44400～44410</td><td rowspan="3">3919.58</td><td>850.34</td><td>0.57</td><td rowspan="3">2.64</td></tr>
<tr><td>44540～44550</td><td>1254.36</td><td>0.84</td></tr>
<tr><td>44690～44700</td><td>1814.88</td><td>1.22</td></tr>
<tr><td>龙一$_1^2$</td><td rowspan="3">6</td><td>44940～44950</td><td>1528.95</td><td>1528.95</td><td>1.03</td><td>1.03</td></tr>
<tr><td rowspan="2">龙一$_1^1$</td><td>45090～45100</td><td rowspan="3">49680.1</td><td rowspan="3">49680.10</td><td rowspan="3">33.42</td><td rowspan="3">33.42</td></tr>
<tr><td>45240～45250</td></tr>
<tr><td>五峰组、龙一$_1^2$</td><td>1–5</td><td>—</td></tr>
<tr><td colspan="3">解释总产量</td><td>148632.8</td><td>148632.80</td><td>100.00</td><td>0.00</td></tr>
</table>

二、产出动态测试

产出动态测试是指通过在压裂过程中注入相应的示踪剂，通过压后返排或生产过程中取样分析示踪剂的变化情况来确定各个压裂井段的产出贡献或者邻井的产出情况来确定井间干扰情况。

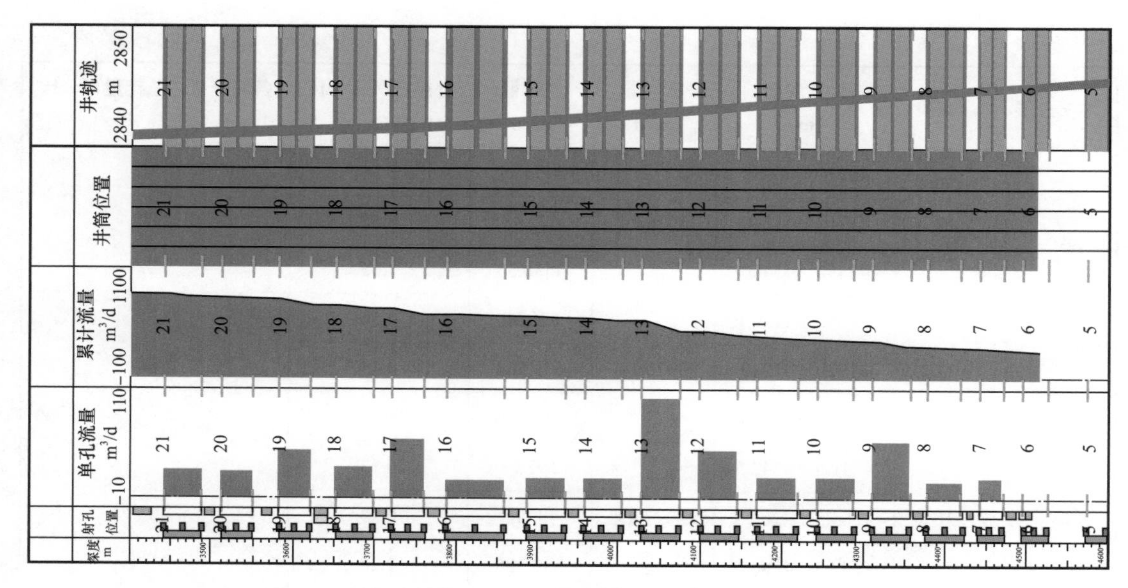

图 8-63　CH13-1 井 FSI 测井解释成果图

产出动态测试相对于产出剖面测试而言最大的优点就是可以在压后或返排过程中的不同时间进行取样分析，从而研究生产过程中一段时间内各压裂段的产出贡献变化情况。目前广泛应用的产出动态测试技术有液相示踪剂和气相示踪两类。

1. 非放射性液相示踪剂

液相示踪剂按一定比例配制后，随携砂液注入地层。水平井不同层段加入不同种类的示踪剂，不同层段产液量不同，示踪剂的产出浓度就不同。一般在压后排采阶段按照前 20 天采用 1 次 /12h 取样方法，后 10 天采用 24 小时 / 次取样方法进行取样分析，能够得出各压裂各层段储层返排情况及与之对应各段返排趋势，并且分析三口井间的连通性。

图 8-64 为 CH12-3 井非放射性液相示踪剂解释结果，该井设计进行 20 段压裂改造，Ⅰ类储层钻遇率 90.12%，压裂期间注入了气相示踪剂，压后排液期间见气后进行了连续 30 天的取样。解释结果表明，各层段间返排量相差悬殊，第 15 段、5 段和 19 段返排量相对较高；而后因能量释放速度不同，各段产出曲线存在一定的交叉；前 8 天返排整体呈现快升快降等特点，后面时间变化较为平稳，与 CH12 平台整体返排特征相吻合。

2. 非放射性气相示踪剂

气相示踪剂按一定比例配制后，随携砂液注入地层。水平井不同层段加入不同种类的示踪剂，不同层段产气量不同，评价各段及层位压裂后的产量贡献。排采阶段气

样采集开始于见气，前 10 天采用 8h/ 次取样方法，后 20 天采用 12h/ 次取样方法进行取样分析，能够得出各压裂各层段储层返排情况及与之对应各段返排趋势，并且分析井间的连通性。

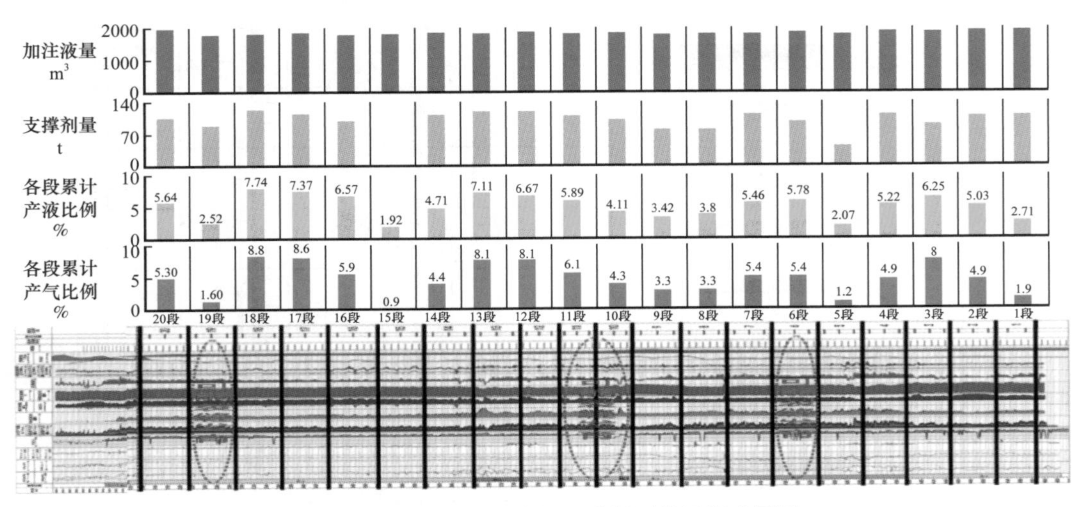

图 8-64　CH12-3 井液相示踪剂测井解释成果图

图 8-65 为 CH11-2 井的非放射性气相示踪剂解释成果，该井设计进行 21 段压裂改造，Ⅰ类储层钻遇率 90.12%，压裂期间注入了气相示踪剂，压后排液期间见气后进行了连续 30 天的取样。根据解释成果，各压裂段均有产出贡献，表明各段均进行了有效改造。不同段的累计产出贡献在 0.1%～11%，产出贡献差异较大。该井第 3 段、第 16 段、第 18 段、第 19 段压裂过程中加砂量较少，测试期间产出贡献也相对较少，特别是第 18 段和第 19 段累计产气贡献仅占 0.1%。同时从各段不同时间段的产气比例变化可以看出，各压裂段产气量在不同阶段有一定的变化。

第四节　数 据 挖 掘

随着页岩气勘探开发的历程不断推进，页岩气勘探开发数据库中存储的数据量急剧增大（呈超指数上升），如何对海量的数据加以学习及利用，如何在堆积如山的数据中提取有用知识，利用数据仓库及数据挖掘技术来对数据集成、数据综合、数据分析找到影响钻井、压裂、产量和 EUR 等因素的关键参数，甚至可以通过地质和工程参数预测井的产量，已经成为目前研究的重要课题。

一、数据挖掘概述

数据挖掘又称数据库中的知识发现（Knowledge Discover in Database，KDD），是

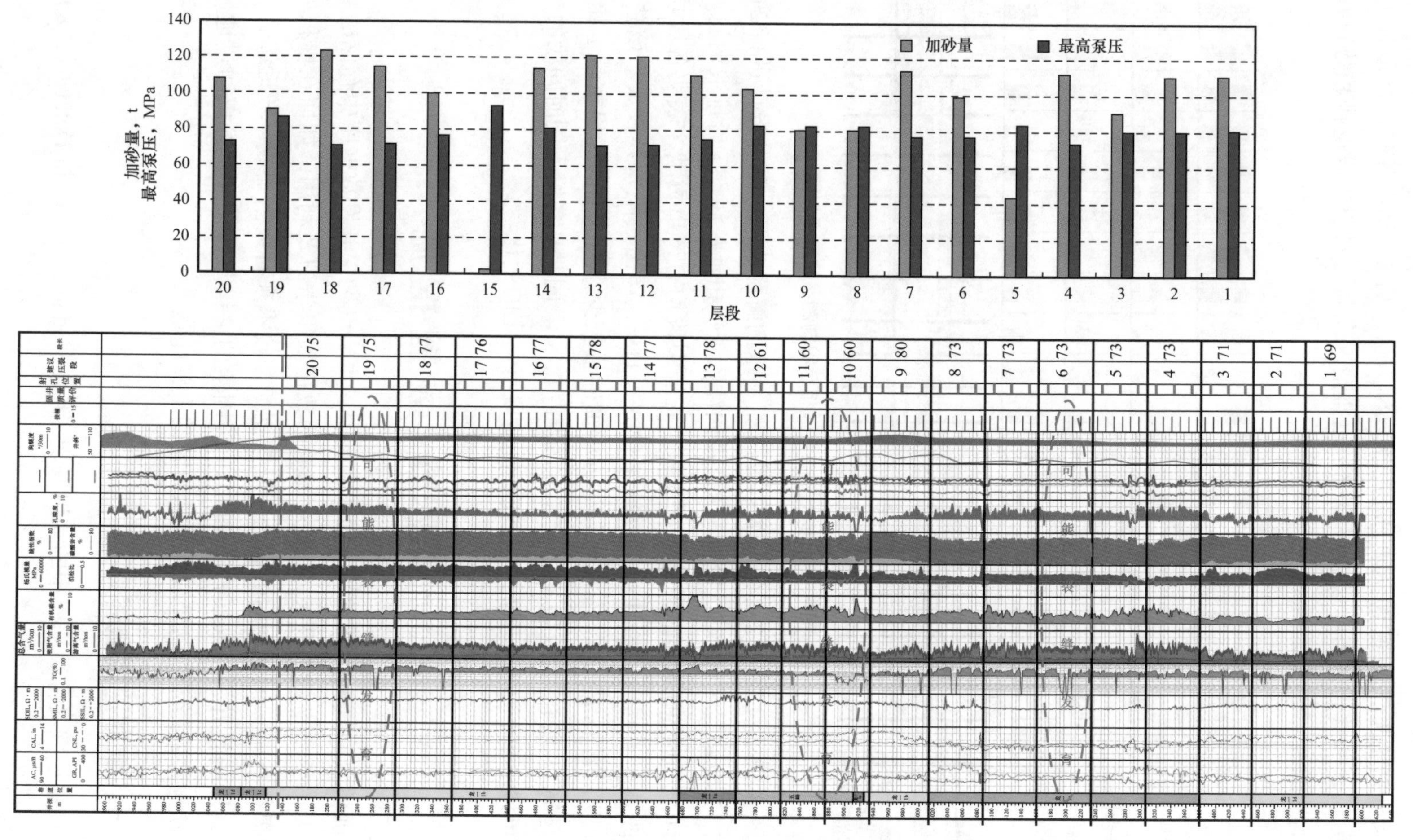

图 8-65 CH11-2 井气相示踪剂解释成果图

目前人工智能和数据库领域研究的热点问题，所谓数据挖掘是指从数据库的大量数据中揭示出隐含的、先前未知的并有潜在价值信息的非平凡过程。数据挖掘是一种决策支持过程，它主要基于人工智能、机器学习、模式识别、统计学、数据库、可视化技术等，高度自动化地分析企业的数据，做出归纳性的推理，从中挖掘出潜在的模式，帮助决策者调整市场策略，减少风险，做出正确的决策。

1. 数据挖掘的定义

从广义角度定义，数据挖掘（Data Mining）就是从大量的、不完全的、有噪声的、模糊的、随机的实际应用数据中，提取隐含在其中的、人们事先不知道的、但又是潜在有用的信息和知识的过程。这个定义包括好几层含义：数据源必须是真实的、大量的、含噪声的；发现的是用户感兴趣的知识；发现的知识要可接受、可理解、可运用；并不要求发现放之四海皆准的知识，仅支持特定的发现问题。

从商业角度定义，数据挖掘是一种新的商业信息处理技术，其主要特点是对商业数据库中的大量业务数据进行抽取、转换、分析和其他模型化处理，从中提取辅助商业决策的关键性数据。

简而言之，数据挖掘其实是一类深层次的数据分析方法。数据分析本身已经有很多年的历史，只不过在过去数据收集和分析的目的是用于科学研究。现在，由于各行业业务自动化的实现，商业领域产生了大量的业务数据，但所有企业面临的一个共同问题是：企业数据量非常大，而其中真正有价值的信息却很少，因此从大量的数据中经过深层分析，获得有利于商业运作、提高竞争力的信息，就像从矿石中淘金一样，数据挖掘也因此而得名。

因此，数据挖掘可以描述为：按企业既定业务目标，对大量的企业数据进行探索和分析，揭示隐藏的、未知的或验证已知的规律性，并进一步将其模型化的先进有效的方法。

2. 数据挖掘常用的方法

利用数据挖掘进行数据分析常用的方法主要有分类、回归分析、聚类、关联规则、特征、变化和偏差分析等，它们分别从不同的角度对数据进行挖掘[1-6]。

（1）分类。

分类是找出数据库中一组数据对象的共同特点并按照分类模式将其划分为不同的类，其目的是通过分类模型，将数据库中的数据项映射到某个给定的类别。它可以应用到主控因素的分类、地质和工程参数的属性和特征分析、体积压裂效果、测试产量预测等，如将不同地质工程参数根据对压裂效果或产量影响比值不同划分成不同的类，这样页岩气开发过程中可以针对主控因素进行精细设计和优化，从而大大增加了单井 EUR。

（2）回归分析。

回归分析方法反映的是事务数据库中属性值在时间上的特征，产生一个将数据项映射到一个实值预测变量的函数，发现变量或属性间的依赖关系，其主要研究问题包括数据序列的趋势特征、数据序列的预测以及数据间的相关关系等。它可以应用到页岩气井全生命周期的各个方面，如钻井周期、风险预测、测试产量、首年平均日产量等。

（3）聚类。

聚类分析是把一组数据按照相似性和差异性分为几个类别，其目的是使得属于同一类别的数据间的相似性尽可能大，不同类别中的数据间的相似性尽可能小。

（4）关联规则。

关联规则是描述数据库中数据项之间所存在的关系的规则，即根据一个事务中某些项的出现可导出另一些项在同一事务中也出现，即隐藏在数据间的关联或相互关系。在高产因素分析中，通过对页岩气勘探开发数据库里的大量数据进行挖掘，可以从大量的记录中发现有趣的关联关系，找出影响体积压裂改造效果的关键因素，为分段射孔方案、压裂工艺、入井材料优选、新工艺试验等决策支持提供参考依据。

（5）特征。

特征分析是从数据库中的一组数据中提取出关于这些数据的特征式，这些特征式表达了该数据集的总体特征。

变化和偏差分析。偏差包括很大一类潜在有趣的知识，如分类中的反常实例，模式的例外，观察结果对期望的偏差等，其目的是寻找观察结果与参照量之间有意义的差别。在页岩气水平井压裂效果评估中，研究者更感兴趣的是那些意外规则。意外规则的挖掘可以应用到各种异常信息的发现、分析、识别、评价和预警等方面。

3. 数据挖掘的功能

数据挖掘通过预测未来趋势及行为，做出前摄的、基于知识的决策。数据挖掘的目标是从数据库中发现隐含的、有意义的知识，主要有以下五类功能。

（1）自动预测趋势和行为：数据挖掘自动在大型数据库中寻找预测性信息，以往需要进行大量手工分析的问题如今可以迅速直接由数据本身得出结论。一个典型的例子是产量预测问题，数据挖掘使用过去有关地质和工程，以及测试产量的数据来寻找最佳的甜点区。

（2）关联分析：数据关联是数据库中存在的一类重要的可被发现的知识。若两个或多个变量的取值之间存在某种规律性，就称为关联。关联可分为简单关联、时序关联、因果关联。关联分析的目的是找出数据库中隐藏的关联网。有时并不知道数据库中数据的关联函数，即使知道也是不确定的，因此关联分析生成的规则带有可信度。

（3）聚类：数据库中的记录可被划分为一系列有意义的子集，即聚类。聚类增强了人们对客观现实的认识，是概念描述和偏差分析的先决条件。聚类技术主要包括传统的模式识别方法和数学分类学。20 世纪 80 年代初，Mchalski 提出了概念聚类技术，其要点是，在划分对象时不仅考虑对象之间的距离，还要求划分出的类具有某种内涵描述，从而避免了传统技术的某些片面性。

（4）概念描述：概念描述就是对某类对象的内涵进行描述，并概括这类对象的有关特征。概念描述分为特征性描述和区别性描述，前者描述某类对象的共同特征，后者描述不同类对象之间的区别。生成一个类的特征性描述只涉及该类对象中所有对象的共性。生成区别性描述的方法很多，如决策树方法、遗传算法等。

（5）偏差检测：数据库中的数据常有一些异常记录，从数据库中检测这些偏差很有意义。偏差包括很多潜在的知识，如分类中的反常实例、不满足规则的特例、观测结果与模型预测值的偏差、量值随时间的变化等。偏差检测的基本方法是，寻找观测结果与参照值之间有意义的差别。

二、神经网络法

1. GA–BP 神经网络理论

1）BP 神经网络基本理论

BP（Back propagation）神经网络是一种多层前馈神经网络，其最突出的优点是具有很强的非线性映射能力和泛化能力，可从大量复杂的数据中学习知识，抽象出一般性规律。其主要特质是信号前向传播，误差反向传递。在前向传播中，输入信号从输入层经隐含层逐层处理，直至最终的输出层，且每一层的神经元状态只影响下一层神经元状态。如果输出层得不到期望输出，则转入反向传递，利用预测误差调整网络权值和阈值，最终使 BP 神经网络预测输出不断逼近期望输出。

典型 BP 神经网络结构由输入层、隐含层和输出层组成，其中隐含层可以设定多层。在工程预测中，经常使用的是三层 BP 神经网络结构，如图 8–66 所示。

值得注意的是，尽管 BP 算法具有计算量小、并行性强等优点，但也有许多不足之处。例如，BP 神经网络收敛速度慢，学习效率低，在寻优过程中由于其非线性结构导致其内部存在大量局部极值点，而传统的梯度下降法训练很有可能会收敛于局部极值点，造成神经网络性能变差，甚至无法使用。因此，需要通过遗传算法对其进行优化。

2）遗传算法基本理论

遗传算法（Genetic Algorithms，GA）是一种全局优化搜索的迭代算法，其优点是不要求目标函数具有连续性，易得到全局最优解或次优解。在遗传算法中，待求的问题解集由一个种群表示，种群由经过基因编码的一定数目染色体组成，每个染色体实际上是多个基因的集合，基于生物进化的“优胜劣汰、适者生存”原理，通过选择的适应度函数并利用遗传操作（选择、交叉和变异）对每个染色体进行处理，储存适应度值较好的染色体，舍弃适应度值差的染色体，新种群的信息继承了上一代，同时好于上一代。反复如此循环，直到达到条件要求。其基本关系如图 8-67 所示。

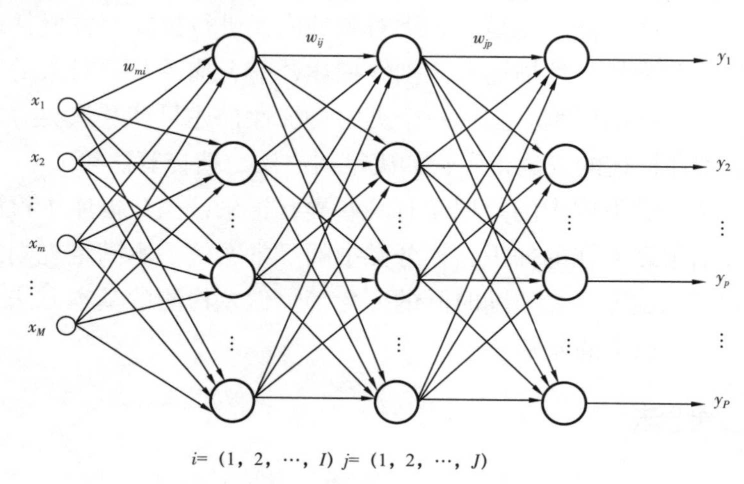

图 8-66 经典 BP 神经网络结构示意图

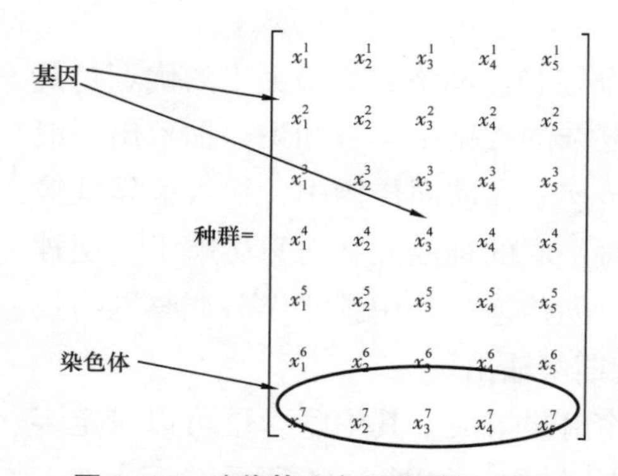

图 8-67 遗传算法参数关系示意图

3）GA-BP 基本理论

GA-BP 神经网络充分利用遗传算法和神经网络的优点，在神经网络的初始权值和阈值计算阶段，利用遗传算法对其进行优化，获得更加准确的模型初值，避免发生收敛速度慢、局部最小值等问题。优化后的神经网格可以更好地反映出输入数据与输出数据之间的关系，达到精确预测的目的。GA-BP 神经网络优化权值阈值的算法流程主要包括以下几个步骤：

步骤 1：编码并生成初始种群。对问题空间的相关解进行编码处理，建立初始种群。

步骤 2：确定适应度函数。在 GA-BP 神经网络中，求出 BP 网络的输出值 O_k 与期望值 Y_k 之间的误差平方和 $E(i)$，设定适应度函数为 $E(i)$ 的倒数，误差平方和越小，则适应度越大，网络收敛性能越好。

$$f(i)=\frac{1}{E(i)}=\frac{1}{\sum_{k=1}^{n}\left(O_k-Y_k\right)^2} \tag{8-6}$$

式中　$E(i)$——误差平方和；

O_k——输出值；

Y_k——期望值。

步骤 3：选择操作。首先计算种群中全部个体的适应度之和 F，并由式（8-6）得到每个个体的相对适应度 p_k，并以此作为该个体遗传到下一代种群中的概率。

$$F=\sum_{k=1}^{n}f\left(X_k\right) \tag{8-7}$$

$$p_k=\frac{f\left(X_k\right)}{F}\left(k=1,2,\cdots,n\right) \tag{8-8}$$

式中　p_k——相对适应度；

F——适应度之和；

k——格本样式。

步骤 4：交叉操作。交叉操作采用算术交叉算子，以一定概率将两个父代个体的部分基因进行交换，继而生成新的个体，构成子代解的合集。交叉操作示意图如图 8-68 所示。

步骤 5：变异操作。为模拟种群多样性，采用变异算子产生新个体，对于选中的个体随机产生变异点，通过改变其对应的基因座上的基因值，为产生新个体提供机会，变异操作示意图如 8-69 所示。

步骤 6：输出优化结果并产生 BP 网络初始权值与阈值。设定算法中止的条件有两种，满足其中一个即可停止计算：一是设定最大遗传代数，迭代到最大代数时算法自动停止；二是设定误差界限，当迭代达到所要求的误差极限时，算法自动停止。此时输出的末代种群内最优个体的解码值即为遗传算法优化后的 BP 网络初始权值与阈值。

综上，GA-BP 神经网络算法流程图如图 8-70 所示。

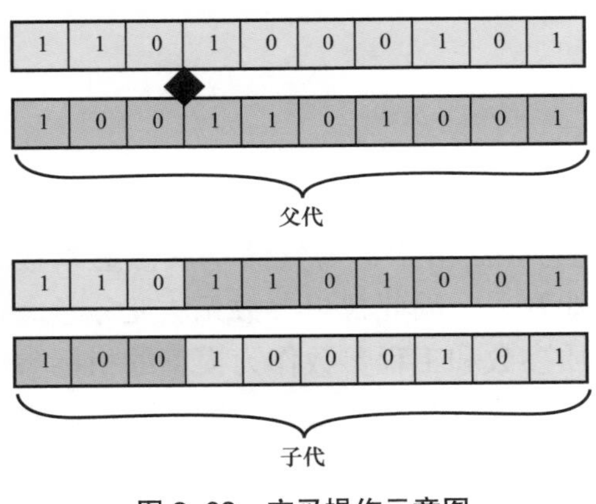

图 8-68　交叉操作示意图

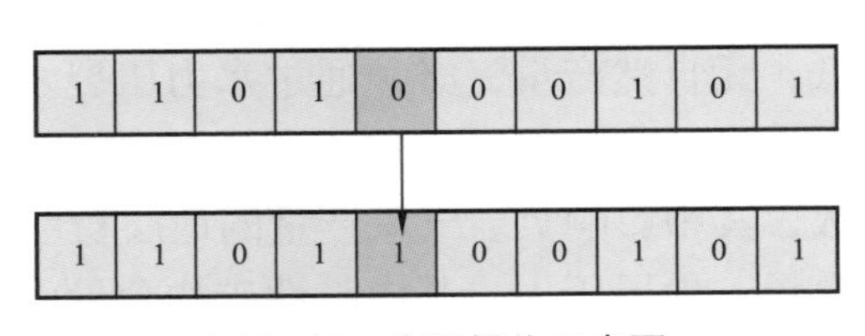

图 8-69　变异操作示意图

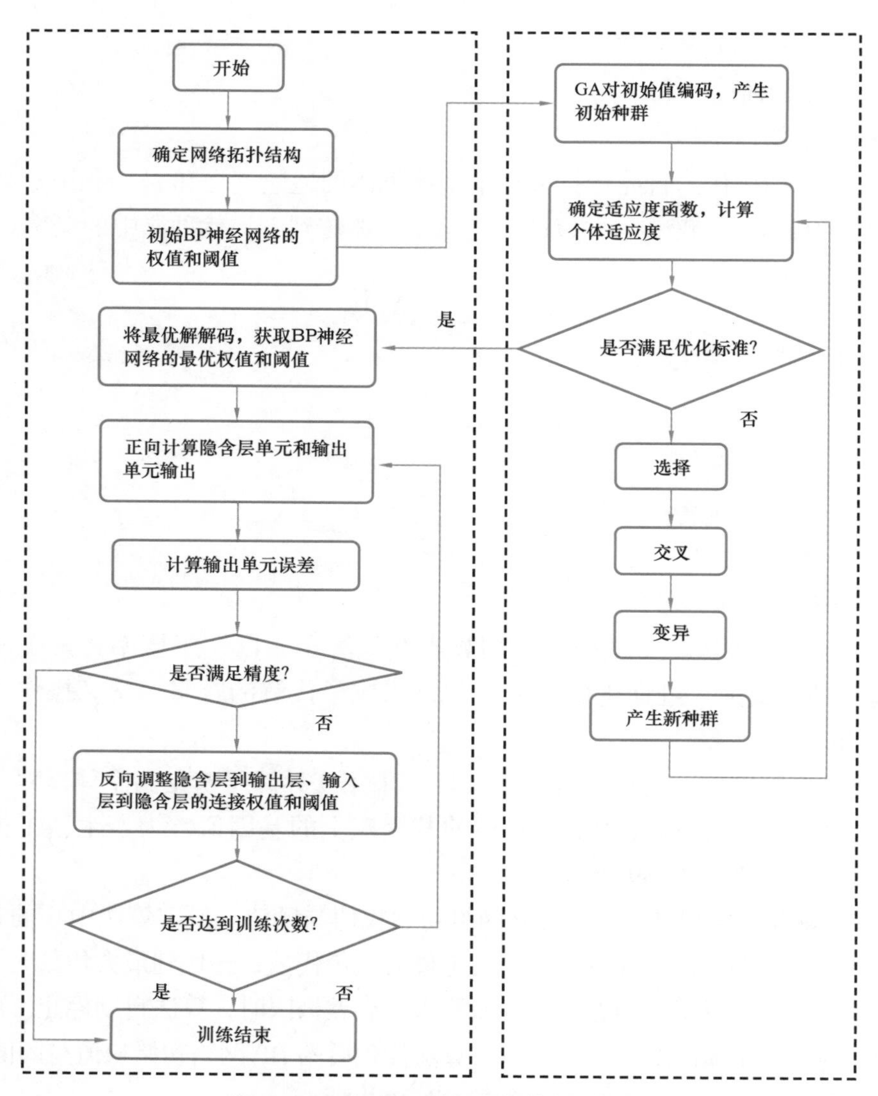

图 8-70　GA-BP 神经网络算法流程图

2. 应用神经网络法预测产量

1）GA-BP 模型建立

常规气藏压裂后影响产量的主要参数是储层厚度、渗透率、孔隙度、泄流面积、水平段长、裂缝条数、裂缝半缝长、裂缝导流能力。而由于页岩气藏基质渗透率极低，无自然产量，必须通过水力压裂才能实现商业开采，因此常规参数无法充分考虑页岩气井产量特征，选取影响页岩气井产量是地质参数和工程参数作为模型的指标参数，其中影响页岩气藏产量的地层物性指标为 TOC、含气量、有效孔隙度、脆性矿物含量、地层压力。其中脆性矿物含量由脆性矿物指数替代，由于水平井段的钻井液密

度同地层压力存在相关，地层压力可由钻井液密度替代；影响页岩气水平井体积压裂改造效果的重要工程参数为巷道位置距离优质页岩底部距离、I类储层钻遇长度、有效改造段长度、平均分段段长、泵压、总液量、总砂量、平均单段砂量、100目粉砂总量、40/70目陶粒用量、平均停泵压力、井筒完整性。

确定网络结构后，下一步应设定具体网络训练参数和遗传算法参数，这些参数的选择十分重要，将直接影响页岩气水平井体积压裂产量预测模型的性能（图8-71）。根据模型调试计算的结果和经验，模型设定最大训练次数为10000次，训练要求精度为0.00001。

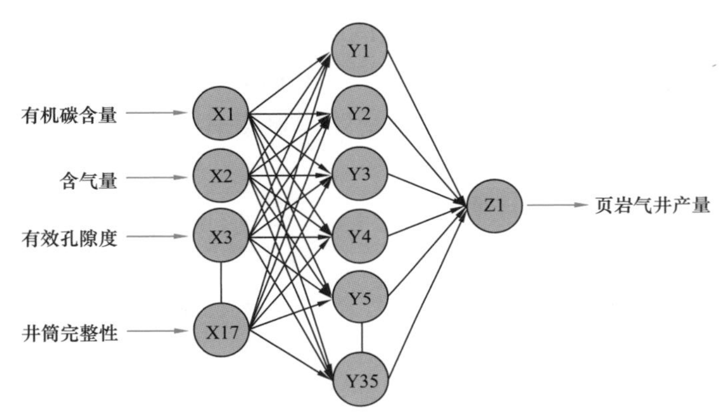

图8-71 GA-BP神经网络算法结构图

学习速率决定每一次循环中所产生的权值变化量，学习速率过大会导致系统不够稳定，过小则相应的学习时间较长，收敛速度较慢，但是能保证网络的误差值最终趋于最小误差值。因此，一般情况下倾向于选择较小的学习速率来保证系统的稳定性，学习速率范围一般选取在0.01～0.7，综合考虑模型的精度和稳定性要求，将学习速率设定为0.05。

对于遗传算法参数，设定种群规模为80，进化次数（即迭代次数）为20，交叉概率为0.4，变异概率为0.2。采用实数编码方式对权值和阈值进行编码，通过遗传算法优化获得个体最优解，作为BP网络的初始权值和阈值。

综上，基于MATLAB软件平台，选用经典三层BP神经网络模型，利用遗传算法对各层间权值和层内阈值进行了优化，结合长宁地区已生产井的地质、工程参数和产量数据，构建了页岩气水平井体积压裂产量预测模型。

2）产量预测

利用训练后的页岩气水平井体积压裂产量预测模型对宁201井区H6-1井、H9-6井和H13-2井进行了产量预测，将这三口井的地质、工程参数输入到软件中，开展测试产量预测，并将预测结果与现场实测数据以及多元回归法得到的数据进行了对比，结果见表8-12。

表 8-12 预测数据同实际数据对比表

井名	预测结果，$10^4m^3/d$	实际数据，$10^4m^3/d$	误差，%	多元回归法，$10^4m^3/d$	误差，%
CN H6-1	25.072	26.65	5.921201	12.41357	53.42
CN H9-6	25.387	30.80	17.57468	9.316275	69.75235
CN H13-2	30.832	30	2.773333	16.05319	46.48935

由表 8-12 可得，训练后的页岩气水平井体积压裂产量预测模型最大相对误差为 17.57%，平均误差 8.76%；多元回归模型预测结果最大相对误差为 69.752%，平均误差 56.55%。这表明，基于 GA-BP 神经网络建立的页岩气产量预测模型可以很好地表达测试产量与各个影响因素之间的内在规律和联系。同时，与多元回归模型预测值进行对比发现，该 GA-BP 神经网络预测精度明显提升，为页岩气产量预测提供了一个有效、可行的方法。

三、支持向量机法

传统统计学所研究的是当样本趋于无穷多的极限性质，但实际生活中，样本是有限的，所以一些以传统统计学为基础的方法表现效果较差。统计学习理论是一种研究小样本情况下学习规律的理论，该理论被认为是目前针对小样本统计估计和预测学习的最佳理论。系统选用经典 3 层神经网络构建页岩气藏体积压裂产量预测模型。17 个与产量相关的地质及工程参数作为输入参数，则输入层节点个数为 17；页岩气井压裂后测试产量作为输出参数，则设定输出层节点个数为 1。隐含层节点个数的确定对神经网络的训练效果影响较大，隐含层节点数过少则无法拟合出较复杂的非线性关系，节点数太多又会导致过拟合。采用试凑法，经多次试验发现训练平均误差会随隐含层节点个数增加呈现先减后增的趋势，最终确定本网络隐含层节点数为 35，网络隐含层采用 tansig 传递函数，输出层采用 purelin 传递函数，训练函数采用 trainlm 函数（L-M 优化算法），最终构建的网络拓扑结构图。

研究统计学习理论本质之后，Vapnik 首次提出了用于解决模式识别问题的支持向量机方法。在实际应用中，该算法表现出了良好的性能。支持向量机以统计学习理论基础，为研究样本有限情况下数据方法奠定基础；支持向量机模型是一个凸二次规划问题，得到的解是全局最优解，解决了在神经网络方法中无法避免的局部极值问题；对于非线性模型问题，通过非线性变换转换到高维特征空间，在高维空间构造线性判别函数来实现原空间中的非线性判别函数，巧妙地解决了维数灾难问题。

1. 支持向量机理论

支持向量机（SVM）是建立在统计学习理论基础上的一种数据挖掘方法，能非常

成功地处理回归问题和模式识别问题，其中回归问题主要是时间序列分析，模式识别问题主要是分类问题和判别分析等诸多问题，在油气田勘探开发预测和综合评价等领域中得到了广泛应用。

支持向量机的理论最初来自对两类数据分类问题的处理。支持向量机考虑寻找一个超平面，以使训练集中属于不同分类的点正好位于超平面的不同侧面，并且还要使这些点距离该超平面尽可能远。即寻找一个满足分类要求的最优分类超平面，使得该超平面在保证分类精度的同时，能够使超平面两侧的空白区域最大化。如图 8-72 所示为二维两类线性可分模式，图中的实心圆和空心圆分别表示两类训练样本，H 为把两类正确分开的分类线，H_1、H_2 分别为各类样本中离分类线最近的点且平行于分类线的直线，那么 H_1 和 H_2 之间的距离即为两类的分类间隔（margln）。所谓最优分类线，就是要求分类线不仅要将两类训练样本无错误地分开，而且还要使两类的分类间隔最大。推广到高维空间，最优分类线就成为最优超平面。

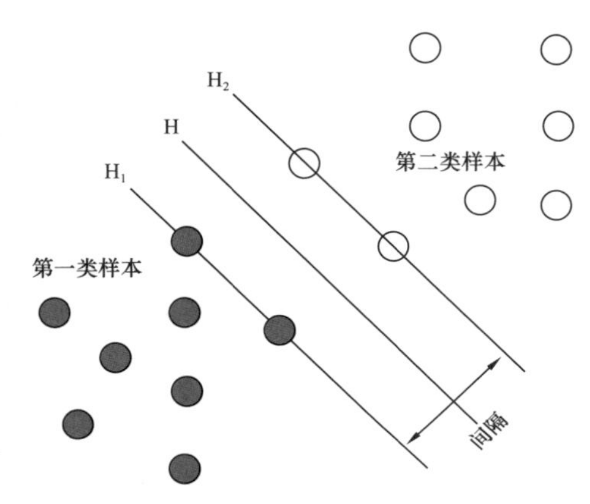

图 8-72　最优超平面示意图

设训练样本输入为 x_i, i=1, ⋯, 1，对应的期望输出为 $y_i \in \{+1\ \ -1\}$，其中，+1 和 −1 分别代表两类类别标识。支持向量机的目标就是，根据结构风险最小化原则，构造一个目标函数，从而将两类模式尽量正确地区分开来。通常，可将其分为两种情况进行讨论：线性可分与线性不可分。

1）线性可分情况

对上面的训练样本，在线性可分的情况下，就会有一个超平面将两类样本完全分开，该超平面可描述为

$$\omega x + b = 0 \tag{8-9}$$

式中　ω——n 维向量；

b——偏移量。

最优超平面可以通过解下面的凸二次优化问题获得

$$\min \Phi(\omega) = \frac{1}{2}\|\omega\|^2 \tag{8-10}$$

满足约束条件：

$$y_i[\omega x_i + b] - 1 \geqslant 0, i = 1, \cdots, l \tag{8-11}$$

式中　ω——n 维向量；

x——输入向量；

y——期望值。

为了解决约束最优化问题，引入式（8–12）所示的 Lagrange 函数：

$$L=\frac{1}{2}\|\omega\|^2-\sum_{i=1}^{l}\alpha_i y_i\left(\omega x_i+b\right)+\sum_{i=1}^{l}\alpha_i \tag{8–12}$$

式中　$\alpha_i>0$ 为 Lagrange 系数，则求解上述问题后得到的最优分类函数为

$$f(x)=\operatorname{sgn}\left[\sum_{i=1}^{l}y_i\alpha_i^*\left(xx_i+b^*\right)\right] \tag{8–13}$$

2）线性不可分情况

对于线性不可分情况，SVM 的主要思想是将输入向量映射到一个高维的特征向量空间，并在该特征空间中构造最优分类面。

假设有非线性映射中 Φ：Rn—H 将输入空间的样本映射到高维特征空间 H 中，当在特征空间中构造最优超平面时，训练算法仅使用特征空间中的点积，即 Φ（x_i）Φ（x_i）。根据泛函的有关理论，在最优分类面中采用满足 Mercer 条件的适当的内积函数 K（x_i，x_j），使得 K（x_i，x_j）=Φ（x_i）Φ（x_i），可以实现非线性变换后的线性分类，计算难度没有提高。此时，决策函数变为

$$f(x)=\operatorname{sgn}\left[\sum_{i=1}^{l}v_i\alpha_i^*K\left(x,x_i\right)+b^*\right] \tag{8–14}$$

2. 应用支持向量机法预测产量

为了能够把支持向量机回归预测方法同以往预测方法的结果进行比较，基础数据取自文献[7]中 19 口井的数据。

1）气井产量影响因素的确定及特征参数选取

在气田开发中，影响气井产量的因素有很多，可通过采用灰色关联分析法对这些影响因素进行筛选；最后确定气井产量的主控因素有储层渗透率、孔隙度、含水饱和度、储层有效厚度、原始地层压力和井的表皮系数。

2）训练集和检验集的建立

建立训练集是为了由训练样本经过反复训练得出预测模型；建立检验集是为了检验所建模型对气井产量预测的准确性。整个过程当中，检验集的数据不参与训练学习及参数筛选等建模过程。训练集和检验集均由两部分构成，即输入参数和输出参数。将储层渗透率、孔隙度、含水饱和度、储层有效厚度、原始地层压力和井的污染系数作为模型的输入参数，将气井的无阻流量作为模型的输出参数。

将文献[7]中的数据进行整理，可分成两部分：第 1 至第 15 口井的数据作为训练集，第 16 至第 19 口井的数据作为检验集，具体数据见表 8–13。

表 8–13　19 口井所组成的样本集

样本类别	井序号	储层渗透率，mD	孔隙度%	含水饱和度，%	储层有效厚度，m	原始地层压力，MPa	井的污染系数	气井无阻流量，$10^4m^3/d$
训练样本	1	0.02	2.25	24.67	7.2	20.654	–2.4	12.696
	2	0.264	2.87	21.25	9.2	22.456	–4.101	29.642
	3	0.221	5.92	21.96	6	20.59	–2.8	10.702
	4	0.106	5.05	25.86	6.8	20.56	–2.12	4.56
	5	0.147	4.66	19.80	9.0	22.26	28.22	79.46
	6	0.171	4.2	29.27	4.6	20.48	–2.88	9.92
	7	0.407	6.0	19.98	4.0	21.68	–6.43	24.04
	8	0.152	6.46	46.59	6.4	22.10	–4.40	49.76
	9	0.124	5.2	25.00	4.6	21.28	–4.50	121.56
	10	0.185	5.46	22.49	5.8	21.29	–6.40	15.79
	11	0.092	4.28	24.84	7.6	21.60	–5.00	9.52
	12	0.202	5.13	17.96	2.6	24.61	–5.20	4.90
	13	0.102	4.99	24.22	8.2	22.16	–5.20	26.23
	14	0.826	4.4	21.22	6.4	22.69	12.50	20.67
	15	0.272	6.1	25.94	7.0	20.17	–4.50	5.53
检验样本	16	0.442	5.62	20.20	6.8	20.16	–5.00	22.08
	17	0.038	5.38	35.70	9.0	31.31	–3.50	37.50
	18	0.009	4.31	30.51	6.13	30.93	–1.50	33.85
	19	0.62	4.58	22.88	4.6	22.28	–1.66	21.80

为了消除各输入参数量纲不同对计算造成的影响，需要对输入参数进行归一化处理，将其统一到 0～1，具体见式（8–15）。

$$X=\frac{x-x_{\min}}{x_{\max}-x_{\min}} \tag{8-15}$$

式中　X——归一化后的数值；

$x_{\max}$——变量的最大值；

$x_{\min}$——变量的最小值。

3）产量预测模型的建立

惩罚参数 C 与核函数基宽 γ 的合理选择是影响产量预测模型精度和推广能力的关键步骤。使用最为普遍的计算推广误差的方法之一——交叉验证网格搜索方法来确定优化参数，方法如下：训练样本集随机分为 n 个集合，通常分为 n 等份，对其中的 $n-1$ 个集合进行训练，得到一个决策函数，并用决策函数对剩下的一个集合进行样本测试，该过程重复 n 次。直到所有子集都作为测试样本被预测一遍，取 n 次过程中测试错误的平均值作为推广误差。因此可以避免人为选取 C 和 γ 所带来的主观误差。

根据已定的输入和输出参数构建建模数据（X_i，Y_i）（i=1，2，…，K），然后寻找输入参数（X）和输出参数（Y）之间的非线性映射关系：$Y_i=f(X_i)$［f：$R^n \to R$］。选取适当的精度参数 C、γ 及 ε，并代入 RBF 核函数，通过求解一个二次规划问题得出 α_i、α_i^*、α_i、α_{*i} 和 b 之后，即可得到所需要的预测模型。然后代入 4 个检验样本进行预测，其结果见表 8-14。

表 8-14　预测数据同实际数据对比表

井序号	实际产量 $10^4m^3/d$	支持向量机法 $10^4m^3/d$	误差 %	神经网络法 $10^4m^3/d$	误差 %
16	22.082	20.672	6.38	22.862	3.53
17	37.5	37.005	1.32	38.651	3.07
18	33.85	33.356	1.46	31.353	7.37
19	21.798	21.415	1.76	22.956	5.31
平均误差		2.73		4.82	

四、灰色关联度法

1. 灰色关联度理论

灰色系统理论由我国著名学者邓聚龙教授于 1982 提出。灰色关联分析是灰色系统理论的一个分支，应用灰色关联分析方法对受多种因素影响的事物和现象从整体观念出发进行综合评价是一个被广为接受的方法。

灰色关联分析方法是一种多因素数理统计方法，主要以灰色系统理论为基础，对一个系统的发展变化趋势做定量描述和比较。灰色关联分析通过计算比较数列和参考数列之间的关联系数来衡量因素间的关联程度，如果两个系统变化趋势一致，则说明两系统间关联程度较强，反之则关联程度较低。

因此，灰色关联度分析为一个系统发展变化态势提供了一种量化的度量，非常适

合动态历程变化的分析。其具体分析步骤为：一是先确定比较数列和参考数列；二是需要将各数列进行无因次化；然后再求出参考数列和比较数列中各参数之间的灰色关联系数；最后求出每个数列的关联度并进行敏感性排序。

设 $X_0=\left\{X_0(k)\middle|k=1,2,\cdots,n\right\}$ 为参考数列，$X_i=\left\{X_i(k)\middle|k=1,2,\cdots,n\right\}(i=1,2,\cdots,m)$ 为比较数列，其中 m 表示因素个数，n 表示每个因素的实验次数。具体计算步骤为

数据无因次化

$$\bar{X}_i=\frac{X_i(k)-\min\limits_k\left\{X_i(k)\right\}}{\max\limits_k\left\{X_i(k)\right\}-\min\limits_k\left\{X_i(k)\right\}}=\left\{\bar{X}_i(1),\bar{X}_i(2),\cdots,\bar{X}_i(n)\right\},(i=0,1,\cdots,m) \tag{8-16}$$

（1）求差序列。

$$记\Delta\bar{X}_i(k)=\left|\bar{X}_0(k)-\bar{X}_i(k)\right|,(i=1,2,\cdots,m)$$

$$\Delta\bar{X}_i(k)=\left\{\Delta\bar{X}_i(1),\Delta\bar{X}_i(2),\cdots,\Delta\bar{X}_i(n)\right\} \tag{8-17}$$

（2）计算两级最大差与最小差。

$$M=\max_i\max_k\Delta\bar{X}_i(k) \tag{8-18}$$

$$m=\min_i\min_k\Delta\bar{X}_i(k) \tag{8-19}$$

（3）计算关联系数。

$$\zeta_{0i}(k)=\frac{m+\xi M}{\Delta_i(k)+\xi M} \tag{8-20}$$

式中　$\xi\in(0,1)$，一般 $\xi=0.5$。

（4）计算灰色关联度。

$$\gamma_{0i}=\frac{1}{n}\sum_{k=1}^{n}\zeta_{0i}(k) \tag{8-21}$$

2. 应用灰色关联度法分析产量影响因素

灰色关联度分析考虑影响页岩气水平井体积压裂产量的主要地质参数和工程参数具体有：TOC、含气量、孔隙度、脆性矿物指数、巷道位置距离优质页岩底部、Ⅰ类

储层钻遇长度、有效改造段长、平均分段段长、排量、总液量、总砂量、平均单段砂量、平均停泵压力、井筒完整性等 14 个参数，收集了长宁地区 57 口井的相关数据。为避免页岩气水平井体积压裂改造段长对压裂工程参数和产量的分析干扰，对每一个与改造段长相关的参数都进行归一化处理，最终参数为 TOC、含气量、孔隙度、脆性矿物指数、巷道位置距离优质页岩底部、Ⅰ类储层钻遇长度、平均分段段长、排量、单井百米液量、单井百米砂量、平均停泵压力、井筒完整性等 12 个参数。

根据式（8–17）求出差序列，然后再由式（8–18）和式（8–19）求出两极最大差和最小差，最后利用式（8–21）求出各参数与单井累计产气量之间的关联系数，按数值大小得到权值排序，具体计算结果如图 8–73 所示。

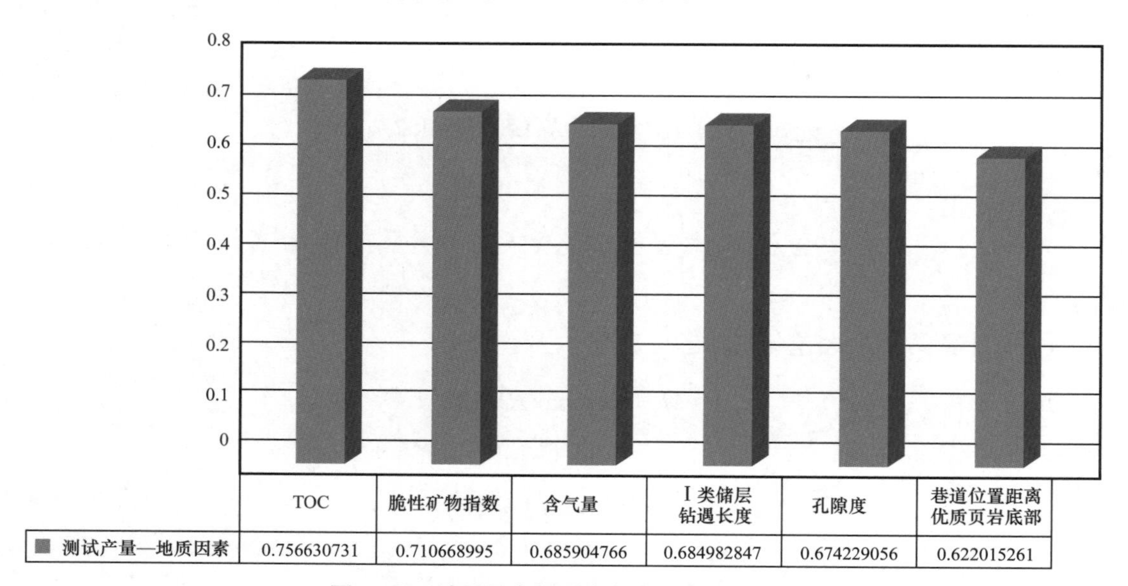

图 8–73　地质因素与测试产量的关联度排序

1）储层参数关联度排序

将 TOC、含气量、孔隙度、脆性矿物指数、巷道位置距离优质页岩底部、Ⅰ类储层钻遇长度等 6 个地质因素与测试产量的关联度进行排序，如图 8–73 所示。通过计算得到的各因素对单井测试产量的影响程度由大到小排序依次为：TOC＞脆性矿物指数＞含气量＞Ⅰ类储层钻遇长度＞孔隙度＞巷道位置距离优质页岩底部；关联度最高为 TOC，关联度最小的为巷道位置距离优质页岩底部位移；关联度在 0.7 以上只有 TOC 和脆性矿物指数，这说明在同测量产量相关的地质参数中，TOC 和脆性矿物指数更为关键，TOC 最主控因素。

将 TOC、含气量、孔隙度、脆性矿物指数、巷道位置距离优质页岩底部、Ⅰ类储层钻遇长度等 6 个地质因素与测试产量的关联度进行排序，如图 8–74 所示。通过计算得到的各因素对单井 3 个月累计产气量的影响程度由大到小排序依次为：TOC＞脆

性矿物指数>巷道位置距离优质页岩底部位移>含气量>孔隙度>Ⅰ类储层钻遇长度；关联度最高为TOC，关联度最小为Ⅰ类储层钻遇长度；关联度在0.7以上的只有TOC和脆性矿物指数，这说明在同3个月累计产量相关的地质参数中，TOC和脆性矿物指数更为关键，TOC是主控因素。值得注意的是，同测试产量相比，巷道位置距离优质页岩底部位移与3个月累计产量关联度更大，说明其对3个月的累计产量影响更大。

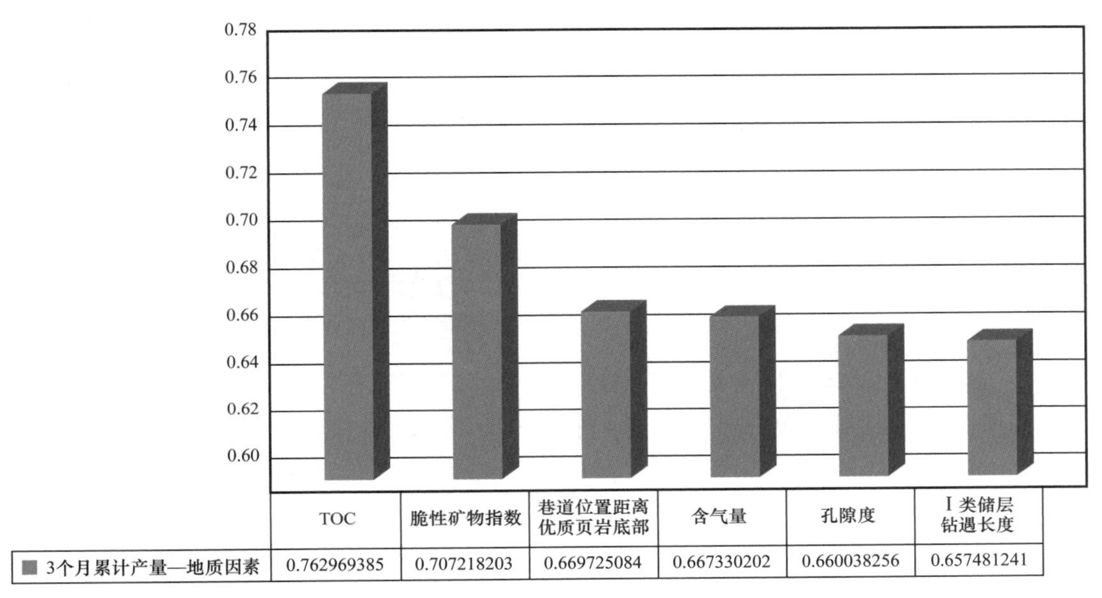

图 8-74 地质因素与3个月累计产量的关联度大小排序

将TOC、含气量、孔隙度、脆性矿物指数、巷道位置距离优质页岩底部、Ⅰ类储层钻遇长度等6个地质因素与测试产量的关联度进行排序，如图8-75所示。通过计算得到的各因素对单井12个月累计产气量的影响程度由大到小排序依次为：TOC>Ⅰ类储层钻遇长度>孔隙度>含气量>脆性矿物指数>巷道位置距离优质页岩底部位移；关联度最高为TOC，关联度最小为巷道位置距离优质页岩底部位移；关联度在0.7以上的只有TOC和Ⅰ类储层钻遇长度。这说明在同12个月累计产量相关的地质参数中，TOC和Ⅰ类储层钻遇长度更为关键，TOC是主控因素。值得注意的是，同测试产量相比，Ⅰ类储层钻遇长度同累计产量关联度迅速增大，说明其对12个月的累计产量影响更大。

综合地质参数同测试产量、3个月累计产量、12个月累计产量的关联度关系，可以发现，TOC含量同产量的大小密切相关，因此，TOC是影响单井产量的主控因素。与工程因素相关的地质参数包括脆性矿物指数和巷道位置距离优质页岩底部位移，都是在页岩气水平井开采初期同产量的关联性更强，而在页岩气稳产阶段（1年后）相关性相对较弱。同开发初期相比，Ⅰ类储层钻遇长度在12个月累计产量中关联度显著增大。

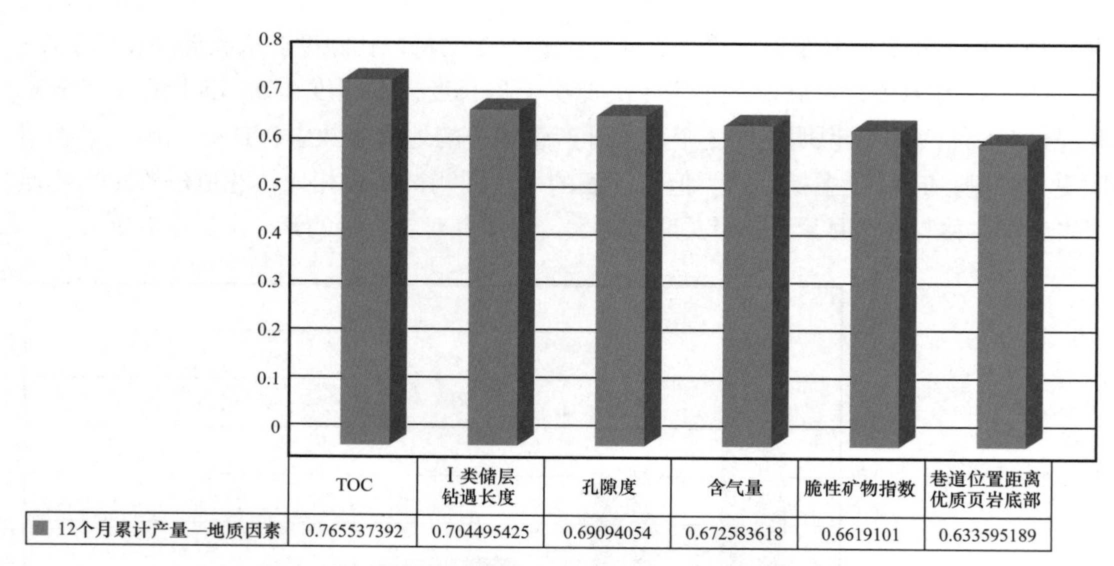

图 8-75　地质因素与 12 个月累计产量的关联度大小排序

2）影响压裂的工程因素关联度排序

将单井百米液量、单井百米砂量、平均分段段长、排量、脆性矿物指数、巷道位置距离优质页岩底部、平均停泵压力、井筒完整性等 8 个工程相关的参数与测试产量的关联度进行排序，如图 8-76 所示。通过计算得到的各因素对单井测试产量的影响程度由大到小排序依次为：单井百米液量＞单井百米砂量＞脆性矿物指数＞平均停泵压力＞巷道位置距离优质页岩底部＞排量＞平均分段段长＞井筒完整性；单井百米液量的关联度最高，井筒完整性的关联度最小；关联度在 0.7 以上的有单井百米液量、单井百米砂量、脆性矿物指数等三个参数，这说明在同测量产量相关的工程参数中，单井百米液量、单井百米砂量、脆性矿物指数相对更为关键，单井百米液量、单井百米砂量是最主控因素。可能的原因是，在页岩气水平井开发初期，主要是页岩孔隙中的游离气产出，而游离气更易受储层改造体积、裂缝导流能力和复杂程度等压裂工程参数的影响，所以相关性更强。由于井筒完整性显著影响水平井筒有效改造段长，而归一化处理后，未能充分考虑该因素的影响，所以井筒完整性相关性最低。

将单井百米液量、单井百米砂量、平均分段段长、排量、脆性矿物指数、巷道位置距离优质页岩底部、平均停泵压力、井筒完整性等 8 个工程相关的参数与测试产量的关联度进行排序，如图 8-77 所示。通过计算得到的各因素对单井测试产量的影响程度由大到小排序依次为：单井百米液量＞脆性矿物指数＞单井百米砂量＞巷道位置距离优质页岩底部＞平均停泵压力＞平均分段段长＞排量＞井筒完整性；单井百米液量的关联度最高，井筒完整性的关联度最小；关联度在 0.7 以上的还是单井百米液量、单井百米砂量、脆性矿物指数这三个参数，但是值得注意的是，同测试产量相比，这三个参数的相关性已经小幅下降。

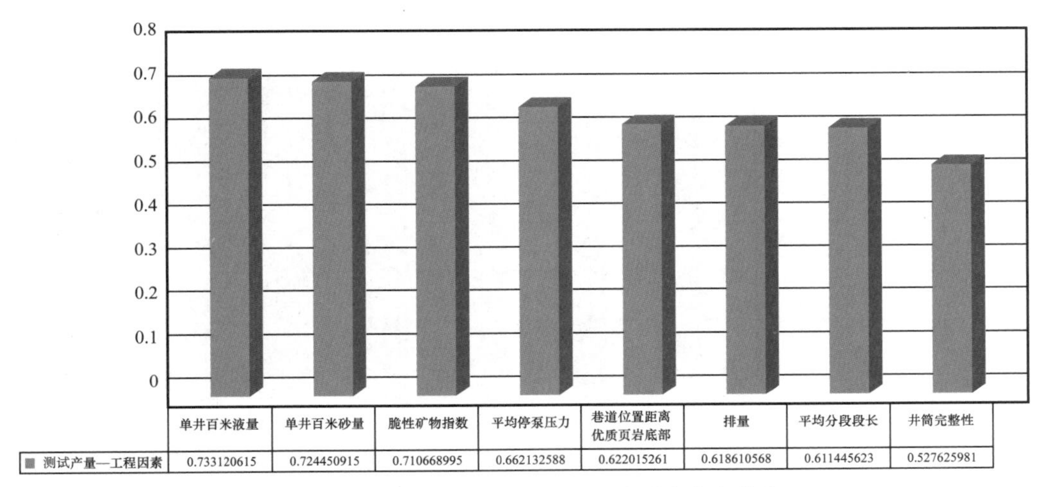

图 8-76 工程因素与测试产量的关联度大小排序

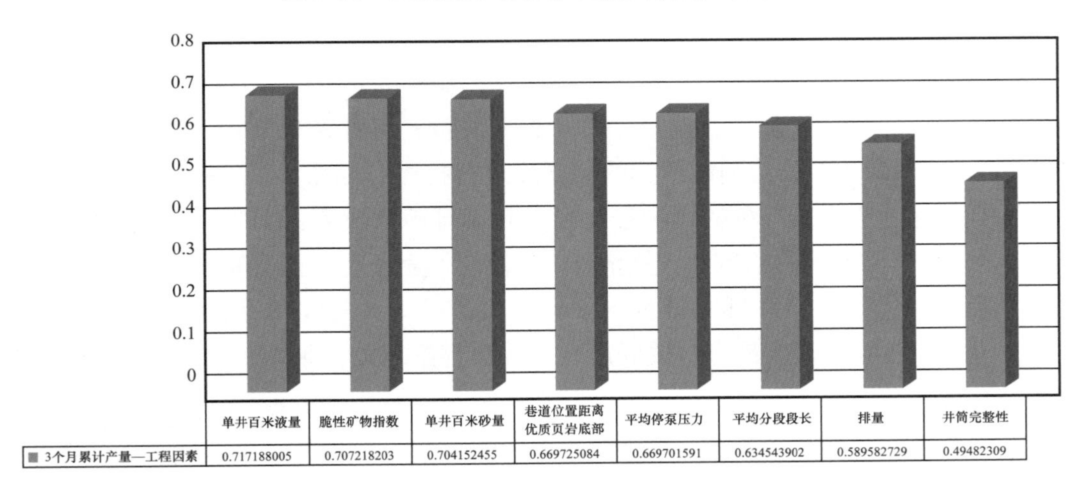

图 8-77 工程因素与3个月累计产量的关联度大小排序

将单井百米液量、单井百米砂量、平均分段段长、排量、脆性矿物指数、巷道位置距离优质页岩底部、平均停泵压力、井筒完整性等 8 个工程相关的参数与测试产量的关联度进行排序，如图 8–78 所示。通过计算得到的各因素对单井测试产量的影响程度由大到小排序依次为：脆性矿物指数＞平均停泵压力＞单井百米砂量＞巷道位置距离优质页岩底部＞排量＞单井百米液量＞平均分段段长＞井筒完整性；脆性矿物指数的关联度最高，井筒完整性的关联度最小。没有关联度在 0.7 以上相关参数，这可能是因为页岩气稳产阶段，工程参数与产量的相关性较差，地质参数在此阶段起主导作用。

综合工程参数同测试产量、3 个月累计产量、12 个月累计产量的关联度关系可以发现，在页岩气水平井测试阶段和开采初期（3 个月内），与储层改造效果密切相关的工程参数相关度较高，其中单井百米液量、单井百米砂量两个参数关联性最大，而在页岩气稳产阶段（1 年后）相关性相对较弱。

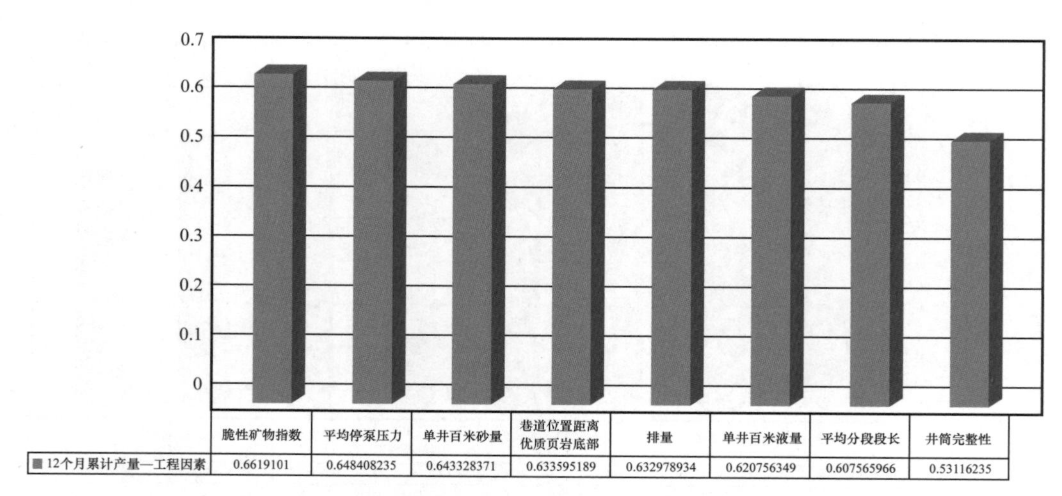

图 8-78　工程因素与 12 个月累计产量的关联度大小排序

3）产量影响因素关联度排序

将 TOC、含气量、孔隙度、脆性矿物指数、巷道位置距离优质页岩底部、Ⅰ类储层钻遇长度、平均分段段长、排量、单井百米液量、单井百米砂量、平均停泵压力、井筒完整性等 12 个参数与测试产量的关联度进行排序，如图 8-79 所示。通过计算得到的各因素对单井测试产量的影响程度由大到小排序依次为：TOC＞单井百米液量＞单井百米砂量＞脆性矿物指数＞含气量＞Ⅰ类储层钻遇长度＞孔隙度＞平均停泵压力＞巷道位置距离优质页岩底部＞排量＞平均分段段长＞井筒完整性；TOC 的关联度最高，井筒完整性的关联度最小；关联度在 0.7 以上有 TOC、单井百米液量、单井百米砂量、脆性矿物指数 4 个参数。据推断，在同测量产量相关的地质工程参数中，TOC 含量非常关键，同时页岩气水平井体积压裂的规模和复杂程度对页岩气水平井的开发初期影响更大。

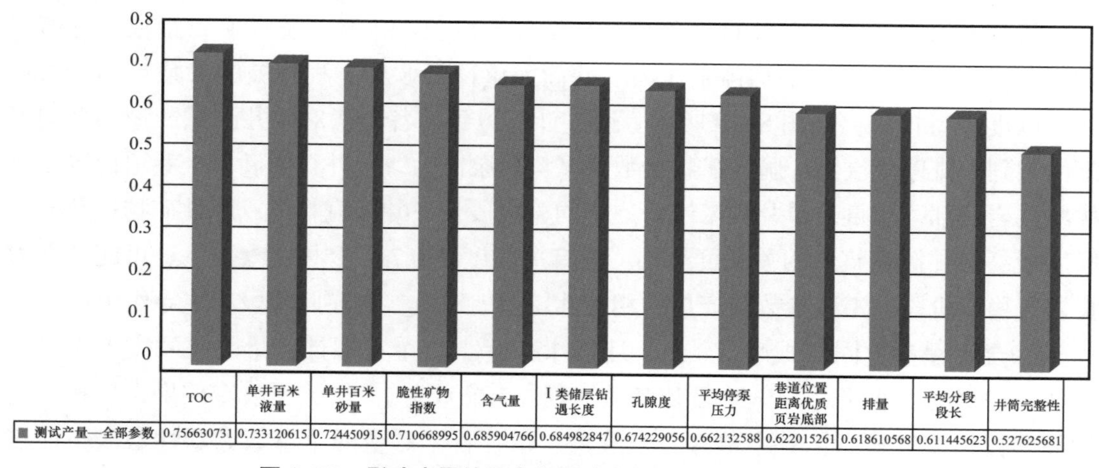

图 8-79　影响产量的因素与测试产量的关联度大小排序

将 TOC、含气量、孔隙度、脆性矿物指数、巷道位置距离优质页岩底部、Ⅰ类储层钻遇长度、平均分段段长、排量、单井百米液量、单井百米砂量、平均停泵压力、井筒完整性等 12 个参数与测试产量的关联度进行排序，如图 8–80 所示。通过计算得到的各因素对单井测试产量的影响程度由大到小排序依次为：TOC＞单井百米液量＞单井百米砂量＞脆性矿物指数＞巷道位置距离优质页岩底部＞平均停泵压力＞含气量＞孔隙度＞Ⅰ类储层钻遇长度＞平均分段段长＞排量＞井筒完整性。TOC 的关联度最高，井筒完整性的关联度最小。关联度在 0.7 以上有 TOC、单井百米液量、单井百米砂量、脆性矿物指数 4 个参数。其中，TOC 含量相关性还是最高。与地质参数相比，压裂工程参数在此阶段同 3 个月累计产量的相关性更大。据推断，页岩气水平井体积压裂的规模和复杂程度对页岩气水平井的开发初期影响更大。

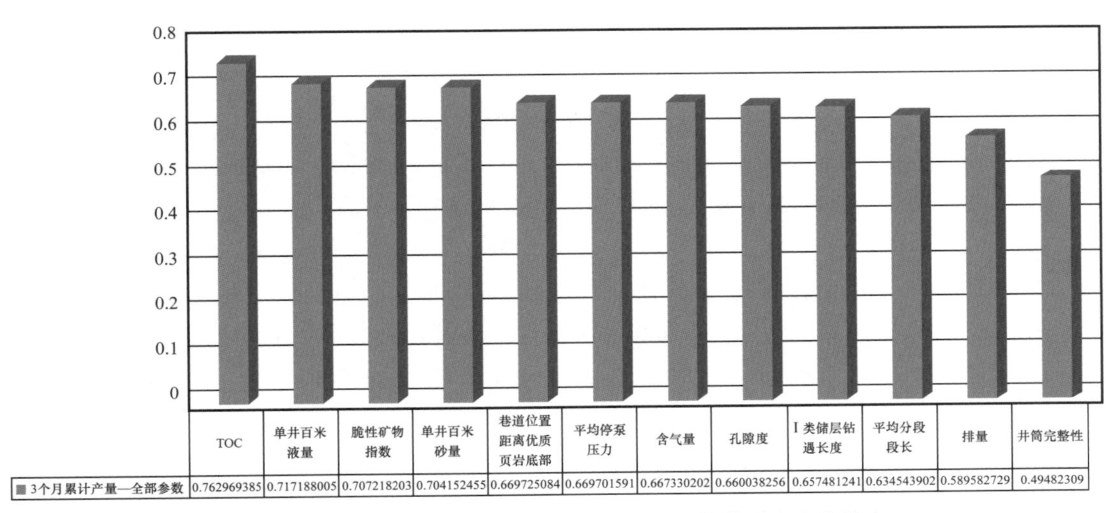

	TOC	单井百米液量	脆性矿物指数	单井百米砂量	巷道位置距离优质页岩底部	平均停泵压力	含气量	孔隙度	Ⅰ类储层钻遇长度	平均分段段长	排量	井筒完整性
■ 3个月累计产量—全部参数	0.762969385	0.717188005	0.707218203	0.704152455	0.669725084	0.669701591	0.667330202	0.660038256	0.657481241	0.634543902	0.589582729	0.49482309

图 8–80　影响产量的因素与 3 个月累计产量的关联度大小排序

将 TOC、含气量、孔隙度、脆性矿物指数、巷道位置距离优质页岩底部、Ⅰ类储层钻遇长度、平均分段段长、排量、单井百米液量、单井百米砂量、平均停泵压力、井筒完整性等 12 个参数与测试产量的关联度进行排序，如图 8–81 所示。通过计算得到的各因素对单井测试产量的影响程度由大到小排序依次为：TOC＞Ⅰ类储层钻遇长度＞孔隙度＞含气量＞脆性矿物指数＞平均停泵压力＞单井百米砂量＞巷道位置距离优质页岩底部＞单井百米液量＞平均分段段长＞排量＞井筒完整性；其中 TOC 的关联度最高，井筒完整性的关联度最小；关联度在 0.7 以上有 TOC 和Ⅰ类储层钻遇长度 2 个参数。与地质参数相比，压裂工程参数在此阶段同 12 个月累计产量的相关性显著下降，基本处于关联度排序的后半段。据推断，页岩气藏地质条件对页岩气水平井的开发稳产阶段影响更大。

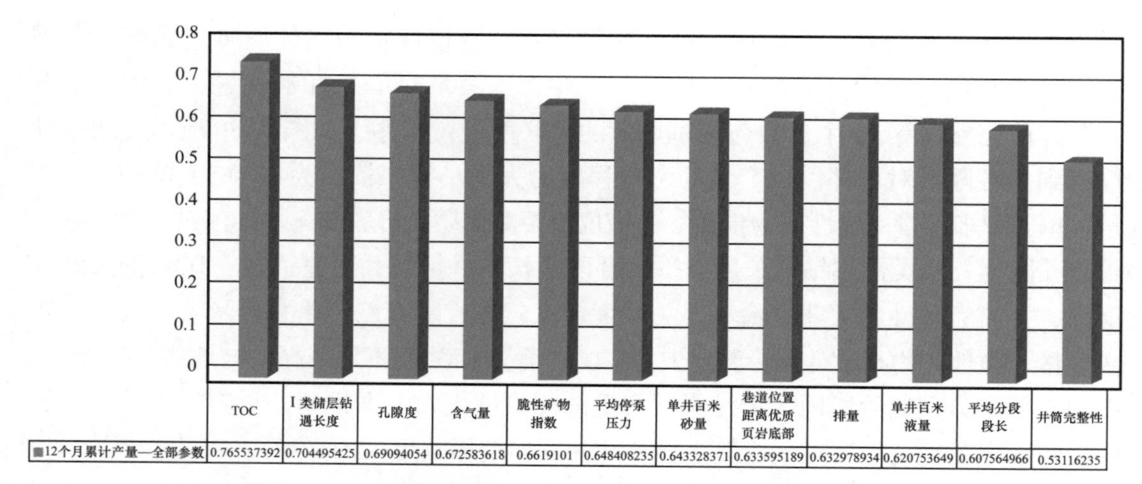

图 8-81　影响产量的因素与 12 个月累计产量的关联度大小排序

参考文献

[1] Arabjamaloei，S. Shadizadeh. Modeling and optimizing rate of penetration using intelligent systems in an Iranian Southern oil field（Ahwaz oil field）[J]. Petroleum Science and Technology，2011，29（16）：1637–1648.

[2] Zhao R，Shi J，Zhang X，et al. Research and application of the Big Data analysis platform of oil and gas production [C]. Beijing：International Petroleum Technology Conference，2019.

[3] 田亚鹏，鞠斌山. 基于遗传算法改进 BP 神经网络的页岩气产量递减预测模型 [J]. 中国科技论文，2016，11（15）：1710–1715.

[4] 朱红，孔德群，钱旭. 基于 ATD–BP 神经网络的页岩气产量预测方法 [J]. 科学技术与工程，2017，17（31）：128–132.

[5] Manshad，Abbas Rostami，Habib Toreifi，et al. Optimization of drilling penetration rate in oil fields using artificial intelligence technique [J]. Production and Emerging Technologies，2017，17（31）：255–269.

[6] 张远汀，龚伟伟，叶钰，等. 应用机器学习技术预测强雨雪天气过程中的积雪 [J]. 科学技术与工程，2019，19（15）：57–69.

[7] 许玲，陈德民，赖枫鹏. 气井新井产能预测的神经网络方法研究 [J]. 油气井测试，2008，17（3）：12–14.

第九章
页岩气水平井压裂技术应用

中国页岩气开采技术经过十多年的发展，主要在长宁、威远、涪陵、昭通等区块实现了商业开发和规模建产，不同区块的压裂技术发展带动了压裂技术的持续进步和开发效益的稳步提升。本章以长宁、威远区块和涪陵区块为例，介绍其压裂技术发展和应用情况，同时以部分区块的典型平台或井为例介绍压裂技术的实际应用情况与效果。

第一节　典型区块压裂技术发展及应用情况

一、长宁及威远区块压裂技术发展及应用

1. 长宁及威远区块压裂技术发展历程

长宁及威远区块压裂自 2010 年完成了第一口井的压裂作业，先后经历了技术引进及先导性试验、自主创新及规模试验、技术完善及规模建产三个阶段。

1）技术引进及先导性试验

我国第一口页岩气井 W201 井于 2010 年经过压裂改造成功获得工业气流，当时我国的页岩气压裂实验评价、研究等刚刚起步，主要采用北美的压裂模式和技术，特别是页岩气水平井分段压裂的工具、射孔技术、微地震监测技术都以引进为主。第一批试验的三口水平井 W201-H1 井、W201-H3 井和 N201-H1 井都引进国外技术完成压裂。

在引进北美页岩气压裂技术的同时，依托国家重大科技专项等科研项目，同步开展自主科技攻关和先导性试验，为页岩气储层改造关键技术的国产化奠定了基础。

在页岩气储层改造实验评价方面，初步建立了页岩储层改造实验评价体系，主要包括页岩实验岩样制备技术、应力控制人工造缝实验技术、页岩岩石力学特征分析技术、页岩地应力评价技术、页岩储层脆性指数实验测试技术和流体与储层配伍性“毛细管自吸”评价方法等。

在页岩气水平井分段压裂工艺及工具方面，基本实现了页岩气关键工具、分簇射孔和压裂液的国产化。自主研制的分簇射孔工具满足耐温 140℃，耐压 140MPa，满足最多点火级数 20 级的分簇射孔工具及配套技术。形成了满足不同套管尺寸复合桥塞工具系列，安全可靠，易钻磨。开发了乳液降阻剂，结合微乳增能助排和复合防膨技术，形成了低伤害滑溜水压裂液，降阻率达 60%，可连续混配、可回收利用滑溜水体系，实现了滑溜水国产化，大幅降低了液体成本。

在页岩气水平井压裂作业方面，初步形成了大液量储液技术、大排量供液配套技术、大排量连续混配技术、大型作业综合配套技术。其中大液量储液技术采取因地制宜的选取储液方式，包括液罐储液、近地水源取水、建水池等。大排量供液配套技术包括低压大排量供给配套技术和大排量高压泵注配套技术。大排量连续混配技术采用的连续混配装置，可满足 10～18m³/min 的作业要求，8m³/min 橇装混配装置，可进行滑溜水、线性胶连续混配。大型作业综合配套技术试验满足多工种、多井交叉的工厂化压裂作业，先后在 CN H3 平台（图 9–1）和 CN H2 平台（图 9–2）开展了拉链式压裂和同步压裂现场试验，为开展工厂化压裂作业奠定了基础。

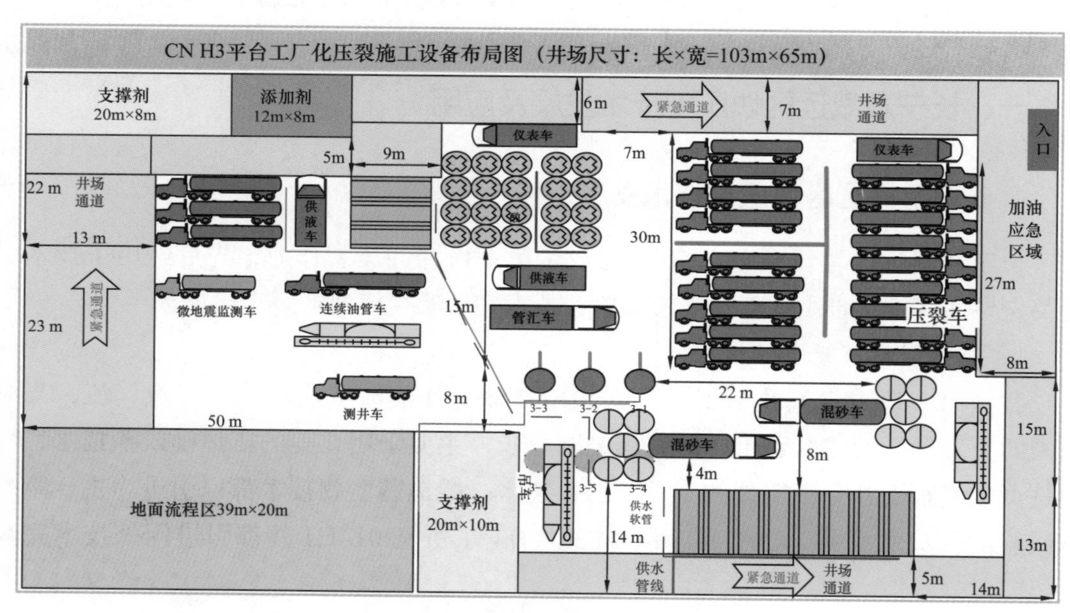

图 9–1　CN H3 平台上半支井拉链压裂

第一阶段实施的页岩气水平井压裂效果较差，主要表现为采用均匀分段、各段采用相同的压裂模式，压裂分段方案不够精细、针对性不强。施工排量较低，普遍在 12m³/min 以下，压裂过程中裂缝内净压力不足，裂缝复杂程度不高。在首批实施的压裂井中，多口井压裂过程中发生套管变形，套管变形后无有效的处理手段，导致压裂丢段，同时部分井套管变形后桥塞钻磨困难，耗时长，影响建产效率。

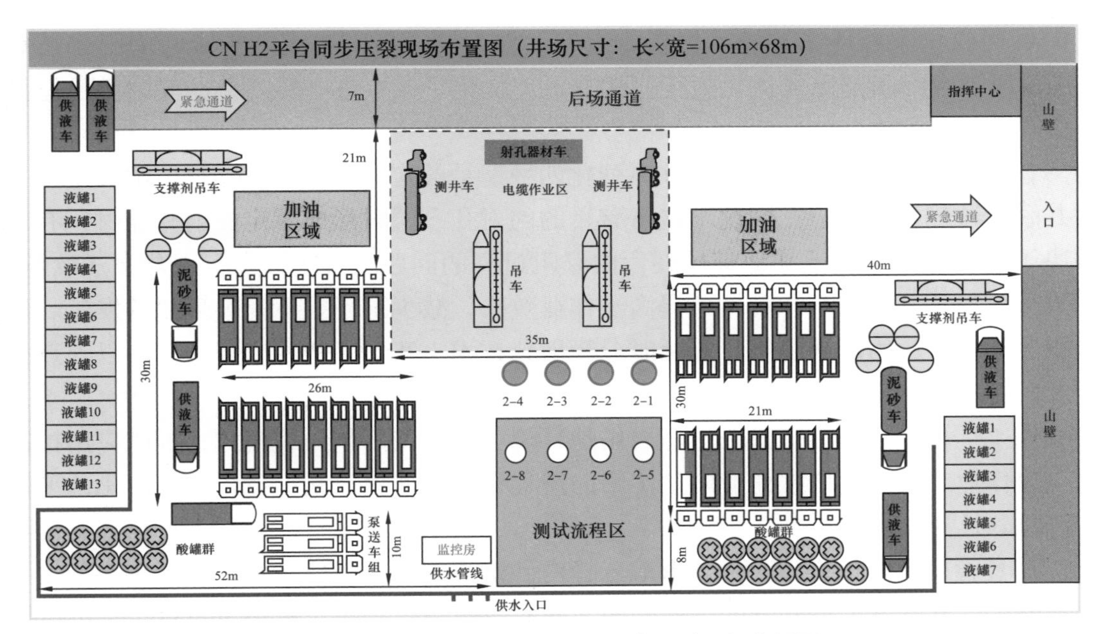

图 9-2　CN H2 平台上半支井同步压裂现场布置图

2）自主创新及规模试验

通过第一阶段的技术引进和先导性试验，对川南页岩储层的地质特征认识进一步清楚，针对川南页岩气储层的地质特征开展了压裂优化和规模试验。

在压裂优化方面，通过前期的试验进一步认识到，川南页岩气水平应力差大、储层压裂形成复杂缝网难度大、层理发育储层水力裂缝缝高受限等问题。通过开展系列物理模拟实验，进一步明确了页岩裂缝扩展机理，明确了应力差对复杂裂缝形成的影响，明确了层理对裂缝纵向延伸的抑制作用，明确了滑溜水压裂更容易形成复杂裂缝，明确了提高排量有利于提高裂缝内净压力和裂缝复杂程度。在室内实验的基础上，在长宁 H3 平台下半支开展了不同压裂液现场对比试验，进一步证实了低黏滑溜水压裂有利于获得更好的压裂效果。

基于室内实验和现场试验的认识，进一步优化压裂方案和水平井部署。将水平井靶体优化至优质页岩附近，距离五峰组底部 3～8m 的范围内。充分利用三维地震预测、测井、录井、固井等成果，进行精细压裂分段和方案设计。物性参数相近、应力差异较小、固井质量相当、同一小层的井段作为同一段；优选脆性高、含气量高、孔隙度高、TOC 高、最小水平主应力低的位置射孔；分段段长由初期的 80～100m 优化至 60～80m；施工排量从初期的 10～12m^3/min 优化至 12～14m^3/min。

在压裂关键工具及液体方面，自主研制了大通径桥塞，桥塞坐封可靠、承压稳定，整体性能与国外工具相当，桥塞成本进一步降低。套管启动滑套基本实现国产化，性能达到国外同类产品水平，为进一步提高压裂作业效率奠定基础。形成可调黏度的可回收压裂液体系，满足现场压裂施工对不同压裂液黏度的需求，降阻率达到70%，滑溜水降阻剂更加优化简化，配方更加优化、成本进一步降低，同时满足返排液回收利用的需求。

在分簇射孔技术方面，定型并系列化四种型号的定向分簇射孔器材，解决了水平井井眼轨迹偏移“甜点”情况下进行有目的的射孔。同时形成了定面射孔器材，有效解决了高破裂压力和近井地带压裂弯曲摩阻过高的问题。自主开发可视化泵送软件，形成分簇射孔泵送可视化技术，提高了作业效率，减少了泵井下复杂事故的发生。形成了连续油管压力起爆隔板传爆延时分簇射孔技术，实现了一次入井分3簇以上点火作业，解决了连续油管多趟作业才能实现多簇射孔的问题。

在工厂化作业方面，形成了适合山地环境页岩气工厂化压裂模式，推广应用拉链式压裂作业，实现了压裂作业施工工序的流程化、标准化，施工设备的模块化，平均作业时效达到2段/天。

在套管变形防控方面，探索形成了缝内砂塞压裂、暂堵球压裂两套压裂工艺，有效地解决了套管变形后套管变形影响段不能有效压裂的难题，避免了套管变形丢段情况的发生。同时形成了压裂施工实时调整技术，针对天然裂缝发育井段加砂难，压裂裂缝扩展不均匀等问题，形成了实时调整技术，有效地确保了压裂施工质量。

通过优化调整和规模试验，基本定型了适合示范区的压裂工艺，压裂效果进一步提升，单井压裂后测试日产量达到$20\times10^4m^3$以上，有力支撑了页岩气的规模效益开发。

3）技术完善及规模建产

通过前期的优化和试验，川南页岩气体积压裂技术基本定型。随着开发建产区块的变化，储层改造的对象储层埋深更深、水平应力差更大，受构造运动影响更大，在前期主体压裂工艺的基础上，结合国外页岩气压裂技术进展，对压裂技术进一步进行了完善，有效支撑了川南页岩气的规模建产。

在压裂优化方面，全面推行地质工程一体化压裂优化和量化设计技术，依靠精细三维地质建模和地质力学建模，建立精细区域地质及地质力学模型。运用地质工程一体化压裂模拟工具，可开展精细方案设计和优化，进一步提升了压裂的针对性和科学性。推广应用段内多簇压裂+高强度加砂压裂模式，压裂簇间距进一步缩短，由早期的15～20m缩短至8～12m，进一步缩短基质到人工裂缝的距离，提高改造效果。单段射孔簇数由早期的3簇为主体发展到以6～8簇为主体。推广应用滑溜水连续高强度加砂压裂模式，提高近井地带裂缝的导流能力，单井最高平均加砂强度达到5t/m，同时开展了石英砂替代陶粒试验。开展了埋藏4000m以深的页岩气水平井压裂先导性试验并取得较好的效果。

在压裂关键工具及液体方面，全面推广应用可溶桥塞分段工具，研发了变黏滑溜水压裂液体系，可满足压裂过程中动态调整黏度的需要。同时，研制了满足试压功能的无限延时套管启动滑套，为长水平段压裂作业提供了支撑。

在分簇射孔工艺方面，引进了快速插拔井口装置和模块化射孔器材，射孔作业效率得到进一步提升。同时配套形成了段内多簇射孔器材，满足一次入井坐封桥塞和12簇射孔作业的需求。

在压裂施工配套技术方面，推广应用电驱压裂橇，压裂施工作业噪声进一步降低，同时相比燃油泵燃料成本也进一步降低。

2. 长宁威远区块压裂技术应用情况

随着压裂技术不断发展完善，页岩气井压后效果得到稳步提升，页岩气水平井压裂作业效率也进一步提高，有力支撑了川南页岩气的规模效益开发。

在压裂工艺方面，通过不断探索，形成了适合不同井段储层特征的压裂工艺（表9–1），同时压裂主体工艺及参数也由早期的1.0版优化至2.0版（表9–2）。单井测试日产量由初期的（10～15）$\times 10^4 m^3/d$，提高到井均$20\times 10^4 m^3/d$以上，最高单井测试日产量达到$103.7\times 10^4 m^3/d$。单井EUR由初期的$0.5\times 10^8 m^3$左右，提高至井均EUR达到$1.2\times 10^8 m^3$。同时随着开发部署优化和压裂技术的不断完善，建产效果也稳步提升。

表9–1　长宁、威远区块不同井段储层特征压裂工艺对比

序号	压裂段特征	工艺措施
1	优质页岩段（五峰—龙一$_1^1$）	低黏滑溜水、大排量、大液量、大砂量
2	远离优质页岩段（五峰—龙一$_1^1$以外）	定向射孔、前置高黏液体＋低黏滑溜水、大排量、大液量、大砂量
3	断层、天然裂缝段	增加射孔簇数、暂堵剂、提高小粒径支撑剂比例、控排量、控液量

表9–2　长宁、威远区块体积压裂技术1.0版与2.0版的对比表

序号	类别	压裂技术1.0版	压裂技术2.0版
1	分段工具	速钻桥塞	可溶桥塞
2	压裂液	低黏可回收利用滑溜水	可回收利用变黏压裂液
3	簇间距，m	20～25	5～10
4	单段簇数，簇	3	6～12
5	加砂强度，t/m	1.5	>3.0
6	石英砂比例，%	30	60
7	施工排量，m^3/min	12～14	>16
8	用液强度，m^3/m	30	25～30
9	配套工艺	无	暂堵球＋暂堵剂

在压裂作业参数方面，最大垂深达到 4246m；压裂最长水平段达到 3050m；单井压裂最大段数达到 44 段；单井作业最高施工排量达到 $19m^3/min$；单段最高加砂强度达到 5.5t/m；单段射孔簇数最大达到 12 簇，单段簇间距最小达到 5m。

在作业效率方面，具备平台拉链式压裂单日作业时间 14 小时情况下压裂 4 段的作业能力，平台单井最高作业时效达到 4 段 /d。

表 9–3　长宁、威远区块不同年度建产效果对比表

区块	长宁			威远		
阶段	2014—2015 年	2016—2017 年	2018—2020 年	2014—2015 年	2016—2017 年	2018—2020 年
井均测试日产量，10^4m^3	10.9	22	24.8	11.6	12.5	23.5
井均首年日产量，10^4m^3	4.8	10.3	12.1	3.8	6.0	11.5
井均 EUR，10^8m^3	0.53	1.05	1.23	0.41	0.56	1.09

二、涪陵区块压裂技术发展及应用情况

1. 涪陵区块压裂技术概况

将国外成熟的长水平井开发模式与中国涪陵页岩储层特殊的脆性及应力特征、小层非均质性特征相结合，中国石化建立了适用于中国页岩气储层的长水平井分段压裂技术。在压裂设计方面，将改造理念由“增产改造体积（SRV）最大化、复杂程度最大化”转变为“提高近井压裂复杂度、增大泄气面积”，提出了“多簇密切割 + 投球转向 + 高强度加砂”的新一代缝网改造新思路，形成了分小层差异化压裂设计方案（表 9–4）。在压裂工艺方面，将国际通用的压裂参数优化方法与中国特有的储层特征相结合，提出适用于中国储层的压裂工艺和压裂参数（表 9–5）[1]。

表 9–4　涪陵分小层裂缝参数优化[1]

层位	特征	施工工艺
五峰组（①小层）	层理缝极发育	前置胶液 + 减阻水增加裂缝网络缝长
龙马溪组（③④小层）	层理缝较发育	减阻水增加裂缝复杂度
龙马溪组（⑤小层）	裂缝发育程度较低	胶液扩展缝宽，减阻水提高裂缝复杂程度

在压裂设备方面，自主研发的裸眼封隔器、桥塞等压裂工具，也打破了国外专业化公司的技术垄断，使同类设备在国内价格降低了 50% 以上[1]。

在工厂化作业方面，焦石坝页岩气田位于四川盆地边缘，深藏于武陵山系西端的

崇山峻岭中，受地理地貌、施工井场、道路等条件限制，难以实现国外超大规模工厂化压裂施工模式，所以选择规模相对较小的丛式水平井组井工厂压裂模式，即在同一井场采用集中丛式布井、压裂机组在多井间交替或同时压裂施工[2]。参考国外页岩气压裂施工经验，针对焦石坝地区页岩气压裂施工现场实践，形成了以主压设备配置技术、高效压裂分流管汇技术、大规模压裂施工高压管汇件安全束缚系统技术、压裂与泵送同步施工技术为一体的丛式水平井组“交叉式”压裂工艺技术。

表 9-5 不同阶段压裂技术对比表[1]

主要参数	一代技术	新一代技术（2017 年）
主体技术思路	大排量 + 变粒径支撑	多簇密切割 + 投球转向 + 高强度加砂
井距，m	600	300
水平段长度，m	1500	2000～3000
段数，段	20	20～30
单段长度，m	80	100
簇间距，m	25～30	8～12
单段簇数，簇	2～4	6～9
单段总射孔数，个	60	60
液体强度，m^3/m	25～30	20～25
支撑剂类型	陶粒、覆膜砂	石英砂为主
加砂强度，t/m	0.8～1.0	1.6～2.5
暂堵工艺	—	暂堵球 + 暂堵剂

JY42 号平台首次井工厂同步压裂，试验在 JY42-aHF 井、JY42-bHF 井、JY42-cHF 井、JY42-dHF 井同一平台 4 口井之间展开（表 9-6）[2]。4 口井水平段方位基本按照南北向走向控制，JY42-aHF 井、JY42-bHF 井水平段方位为正北向。井口东西方向上距离为 48m，JY42-aHF 井、JY42-bHF 井与 JY42-cHF 井、JY42-dHF 井井口在南北向上的距离为 10m，4 口井在钻井过程中按照工厂化的模式进行钻井，井口集中，便于实施“同步压裂”[2]。方案实施过程中，主压裂施工与泵送桥塞需要同步进行，其中 JY42-aHF 井与 JY42-bHF 井具有相近的方位角，JY42-cHF 井与 JY42-dHF 井具有相近的方位角，因此按照 a 井、b 井为一组，c 井、d 井为一组开展同步压裂试验[2]。全井场面积为 88m × 94m，两套独立的压裂机组在液罐区两侧独立布置，泵送桥塞作业也是按照“工厂化”作业模式进行，按照 1 套泵送设备兼顾两口井的施工模式进行[2]。施工中采用两套压裂机组对 JY42-aHF、JY42-bHF、JY42-cHF、JY42-

dHF4 口井实施同步压裂施工，4 口井分两组配对同步压裂（其中 JY42–aHF 与 JY42–bHF 同步压裂，JY42–cHF 与 JY42–dHF 同步压裂）。该平台共 4 口井完成压裂 75 段，加液 132000m^3，加砂 4300m^3，施工周期 17 天，相比单井压裂模式下大大缩短施工周期[2]。

表 9–6　四口同步压裂井基本参数表[2]

井号	目的层 m	水平段长 m	A 靶点		B 靶点		方位角 (°)
			斜深 m	垂深 m	斜深 m	垂深 m	
JY42–aHF 井	2960.0～4446.0	1486.00	3047	2370.06	4446	2391.34	345
JY42–bHF 井	2926.0～4427.64	1501.64	2926	2340.76	4426	2339.72	6
JY42–cHF 井	2643.0～4165.0	1522.00	2643	2380.03	4165	2492.38	167
JY42–dHF 井	2798.0～4562.0	1764.00	2798	2417.13	4562	2511.32	202

2. 涪陵区块压裂技术应用情况

以江东区块某平台 3 口井为例，前期 1 口井采用第一代压裂技术，测试产气量 $14.9\times10^4m^3/d$。后期 2 口井采用新一代缝网改造技术，测试产量提升至（17.0～25.5）$\times10^4m^3/d$，提高 43%（表 9–7）。新一代压裂技术在涪陵开发调整、深层和常压储层应用后，加砂强度等工艺参数显著提升，单井测试产量、估算最终采收量（EUR）得到明显改善（图 9–3）。在涪陵气田施工成功率高达 98%，平均单井无阻流量 $36.73\times10^4m^3/d$。加密调整井的单井平均测试产量由 $20.7\times10^4m^3/d$ 上升到 $31.2\times10^4m^3/d$，上部气层单井平均测试产量由 $9.8\times10^4m^3/d$ 上升到 $20.2\times10^4m^3/d$，深层页岩气单井平均测试产量由 $7.6\times10^4m^3/d$ 上升到 $15.3\times10^4m^3/d$，常压页岩气单井平均测试产量由 $4.9\times10^4m^3/d$ 上升到 $9.4\times10^4m^3/d$，创造了中国石化页岩气压裂多项纪录，包括最多压裂段数 36 段、最长连续油管施工深度 5820m、最高无阻流量 $156\times10^4m^3/d$ 等[1]。

表 9–7　不同压裂方案开发效果对比[1]

井号	压裂段数	平均垂深 m	单段加液量 m^3	单段加砂量 m^3	测试压力 MPa	测试产量 $10^4m^3/d$	备注
E1	24	3612	2146.73	41.3	15.54	14.88	原压裂方法
E2	22	3437	1845.79	48.9	21.26	16.96	新压裂方法
E3	25	3672	1874.11	47.8	23.04	25.49	新压裂方法

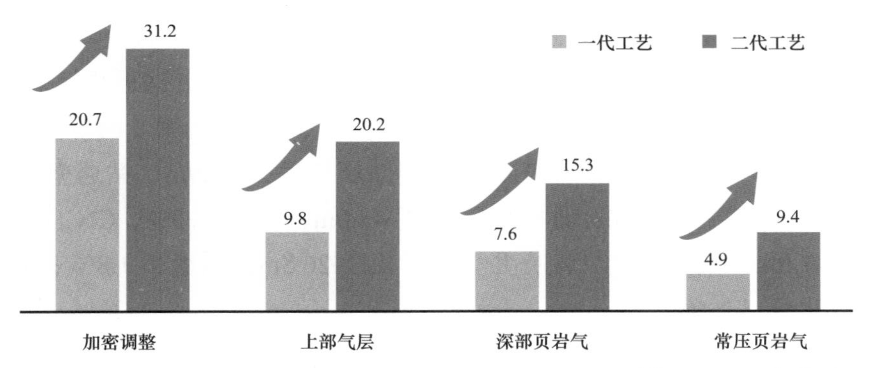

图 9-3　涪陵区块两代压裂技术平均单井测试产量对比图[1]（单位：$10^4m^3/d$）

第二节　典型区块页岩气水平井压裂改造实例

了解典型区块平台或者单井的压裂情况，能够更全面准确地了解压裂工艺的实施情况。本节以长宁区块、威远区块、焦石坝区块的典型平台或者典型井为例，介绍典型区块压裂工艺的实施情况。

一、CN H10 平台压裂实例

1. 平台概况

CN H10 平台位于四川省宜宾市珙县上罗镇，构造位置为长宁背斜构造中奥陶顶构造南翼。本平台共 3 口井，A 点垂深介于 2621～2652.4m，测深为 2830～3300m，实钻水平段长度为 1413～1505m，实钻水平段长度及水平段方位达到设计要求。平台各井均采用三开三完井身结构（图 9-4）。井身结构参数见表 9-8。油层套管为 139.7mm，壁厚 12.7mm，钢级为 BG125V。

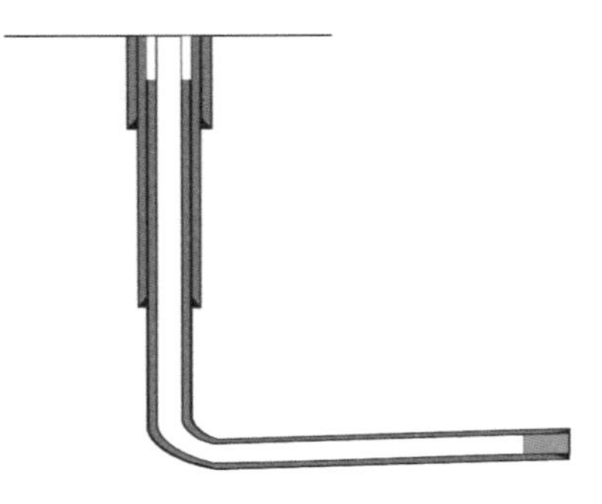

图 9-4　CN H10-1 井井身结构图

表 9-8　CN H10-1 井井身结构参数表

钻头程序 × 深度，mm × m	套管尺寸 × 深度，mm × m	水泥返高，m
444.5 × 649.00	337.9 × 647.05	地面
311.2 × 1746.00	244.5 × 1743.87	地面
215.9 × 4713.00	139.7 × 4710.53	99.20

平台各井钻井情况见表9-9，CN H10-1井完钻地质导向如图9-5所示。平台三口井测井综合解释如下：CN H10-1井Ⅰ类储层长度1283.8m，钻遇率92.83%；Ⅱ类储层长度76.9m，钻遇率5.56%；Ⅲ类储层长度22.3m，钻遇率1.61%。该井测井解释综合成果如图9-6所示。CN H10-2井Ⅰ类储层长度1390.9m，钻遇率93%；Ⅱ类储层长度53.0m，钻遇率4%；Ⅲ类储层长度48.0m，钻遇率3%。CN H10-3井Ⅰ类储层长度1337.0m，钻遇率91.1%；Ⅱ类储层长度26.5m，钻遇率1.8%；Ⅲ类储层长度104.9m，钻遇率7.1%。

表9-9 CN H10平台三口井钻井情况

井名	造斜点，m	A点斜深，m	A点垂深，m	井底深度，m	实际水平段长，m	水平段方位，(°)
CN H10-1	1800	3300	2621.6	4713	1413	18
CN H10-2	1751	3000	2652.4	4505	1505	10
CN H10-3	1740	2800	2620.0	4330	1500	10

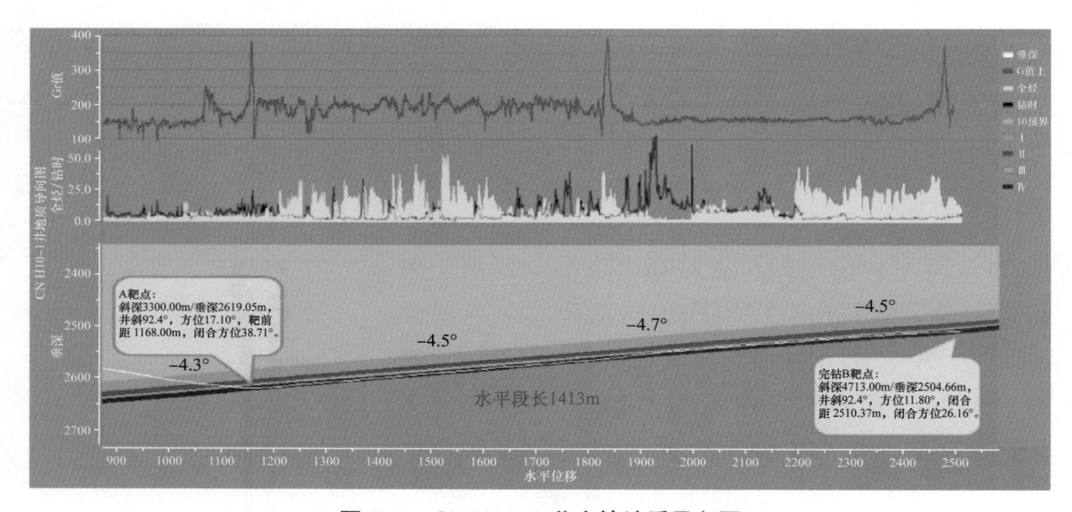

图9-5 CN H10-1井完钻地质导向图

3口井天然裂缝相对发育。根据蚂蚁体裂缝预测结果（图9-7），CN H10-1井在A点到B点之间，预测3300～3400m、3820～3880m可能有微裂缝发育；CN H10-2井在A—B点之间，预测3500～3550m、4120～4190可能有微裂缝发育；CN H10-3井在A—B点之间，预测3150～3250m、3420～3460m、4180～4280m可能有微裂缝发育。

2. 平台压裂方案设计

（1）分段工艺设计。

为了确保水平井段充分改造，采用电缆泵送桥塞分簇射孔分段压裂工艺。

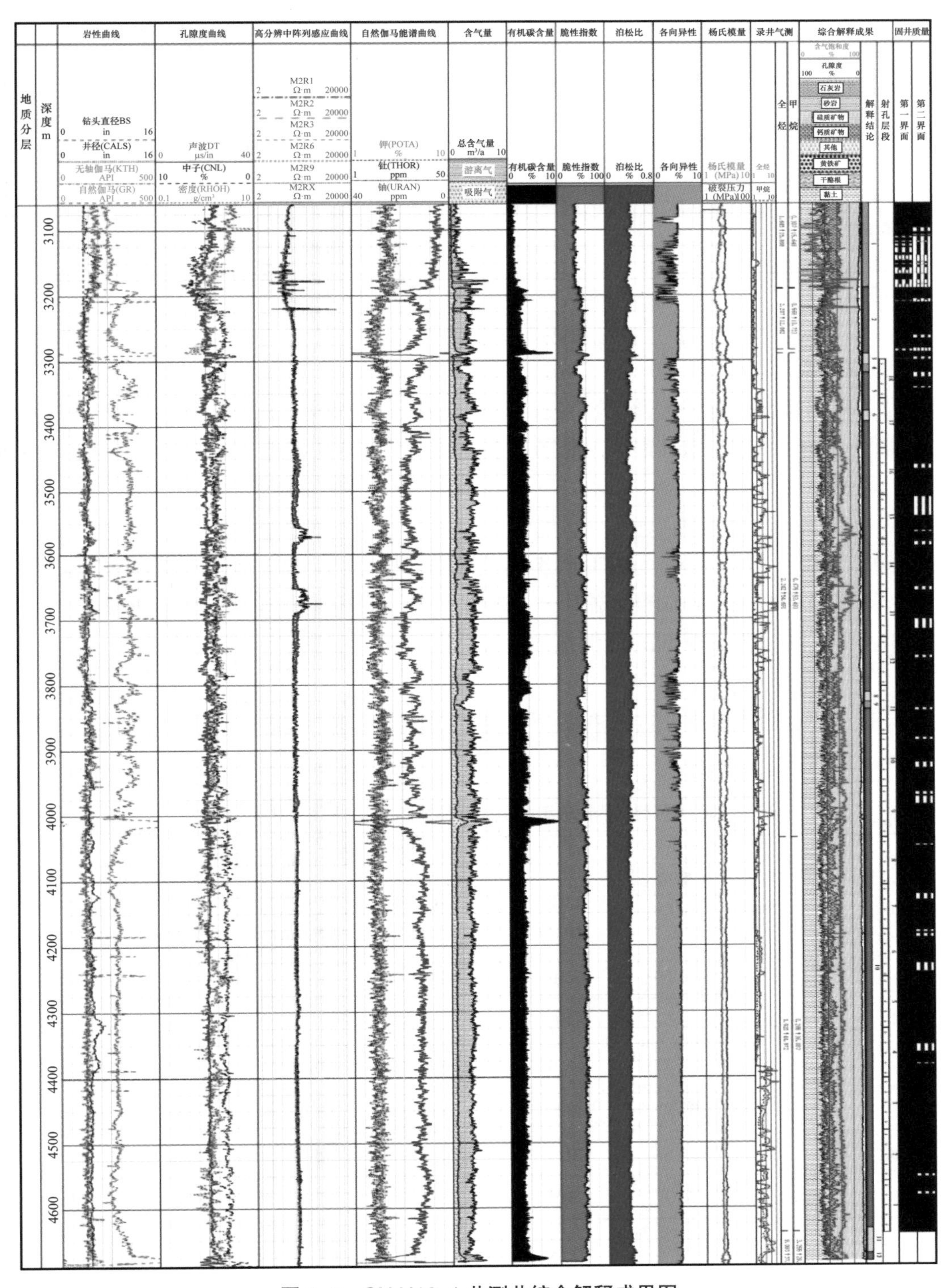

图 9-6　CN H10-1 井测井综合解释成果图

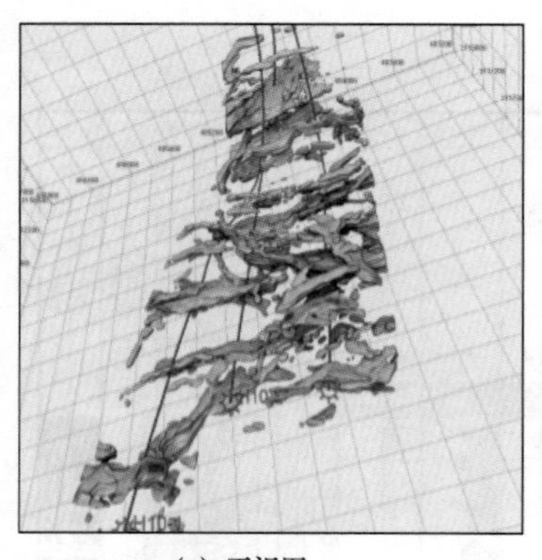

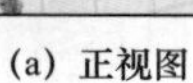
(a) 正视图

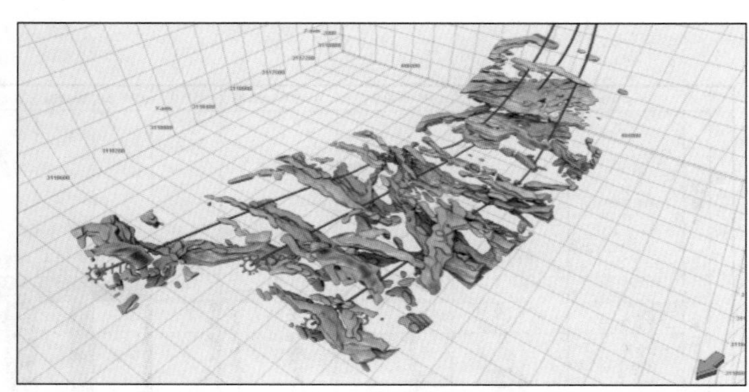
(b) 侧视图

图 9-7　蚂蚁体裂缝预测

（2）压裂液选择。

为了尽可能地沟通天然裂缝，提高裂缝复杂程度和改造体积，采用低黏滑溜水体系，滑溜水黏度为 3～5mPa·s。现场准备一定量的 10% 稀盐酸，用于难压裂井段预处理，降低破裂压力。

（3）支撑剂选择。

选用 70/140 目石英砂 +40/70 陶粒组合支撑剂，其中 70/140 目石英砂主要用于支撑微裂缝，降低滤失；40/70 陶粒用于主裂缝支撑，提高裂缝导流能力。70/140 目石英砂和 40/70 陶粒组合支撑剂的比例按照 3：7 设计。

（4）施工排量设计。

根据不同裂缝延伸压力梯度下的泵压预测结果（表 9-10），设计按照 12～14m^3/min 的排量施工。

表 9-10　CN H10-1 井 B 点不同裂缝延伸压力梯度下的泵压预测

施工排量 m^3/min	液柱压力 MPa	摩阻 MPa	不同裂缝延伸压力梯度下的泵压，MPa				
			0.030 MPa/m	0.031 MPa/m	0.032 MPa/m	0.033 MPa/m	0.034 MPa/m
10	24.54	11.60	62.18	64.68	67.19	69.69	72.20
11	24.54	13.57	64.15	66.66	69.16	71.66	74.17
12	24.54	15.72	66.30	68.80	71.31	73.81	76.31
13	24.54	17.97	68.55	71.06	73.56	76.07	78.57
14	24.54	20.38	70.96	73.46	75.97	78.47	80.98
15	24.54	22.92	73.50	76.00	78.50	81.01	83.51

（5）分段分簇设计。

按照地质工程一体化差异化分段分簇设计，综合考虑固井质量、钻遇小层情况、

天然裂缝发育情况等进行分段，分段段长 50～80m。每段采用分 3 簇射孔，射孔位置选择脆性高、应力低、TOC 高、含气量高、录井气测显示好，避开套管接箍位置。CN H10-1 井分段分簇设计如图 9-8 所示。

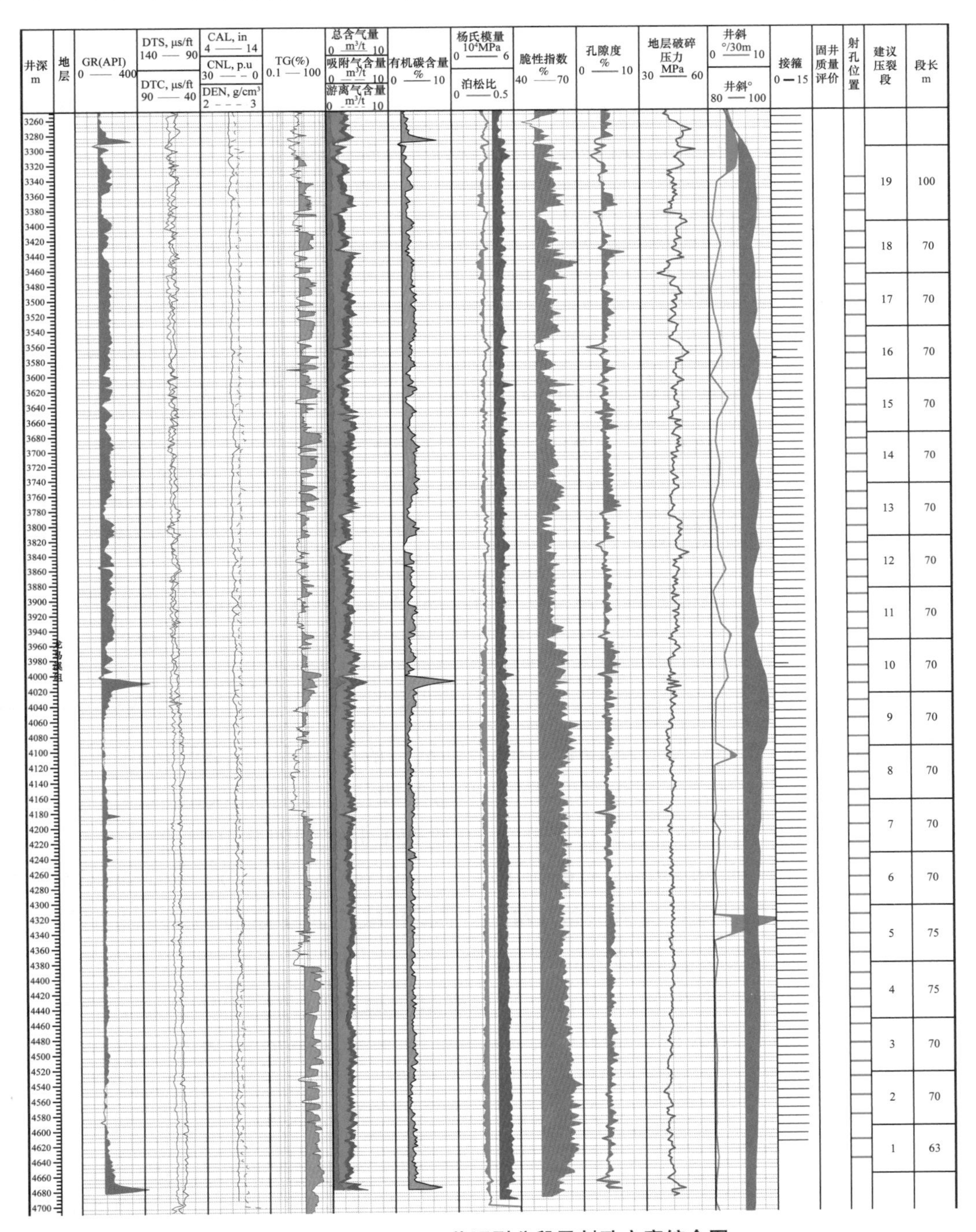

图 9-8　CN H10-1 井压裂分段及射孔方案综合图

（6）射孔参数设计。

根据施工排量预测，按照 12～14m^3/min 的排量施工，射孔孔眼直径 1cm，根据摩阻预测，采用总孔数 48 孔设计能够满足限流和降低施工摩阻的需求。主体设计在按照每簇射孔段长度 1m 设计，孔密 16 孔 /m，相位角 60°。

（7）施工规模。

根据井间距的情况，结合压裂模拟结果，设计按照单段液量 1800m^3，单段支撑剂量 120t 设计，其中 70/140 目石英砂 36t，40/70 目陶粒 84t。

（8）加砂方式。

初期主要采用段塞式加砂模式，设计最高砂浓度 240kg/m^3。

3. 平台压裂施工情况

长宁 H10 平台共完成 3 口井 57 段压裂改造，总共加入压裂液 107197.8m^3，支撑剂 5274.09t，施工排量基本控制在 10～14m^3/min。施工参数统计见表 9–11。

表 9–11　长宁 H10 平台各井压裂施工参数统计

井号	水平段长 m	总段数	施工排量 m^3/min	施工压力 MPa	停泵压力 MPa	总压裂液量 m^3	总砂量 t	平均单段液量 m^3	平均单段砂量 t
CN H10–1	1413	20	10.1～14.2	50～76	48.54	35901	1634.5	1889.5	86.0
CN H10–2	1505	19	9.1～14.7	58～75	47.80	34821	1742.0	1832.7	91.7
CN H10–3	1500	19	11.2～14.3	61～74	50.4	36475	1897.3	1919.8	99.9

CN H10–1 井按设计共压裂 19 段，施工排量一般在 10.1～14.2m^3/min，施工泵压范围 50～76MPa，累计注入砂量 1634.5t，平均单段注入支撑剂 86t；累计注入液量 35901m^3，平均单段液量 1889.5m^3。该井第 10 段施工曲线如图 9–9 所示。

CN H10–2 井设计 20 段，完成压裂 19 段，施工排量范围为 9.1～14.7m^3/min，施工泵压为 58～75MPa，累计注入砂量 1742t，平均单段注入支撑剂 91.7t；累计注入液量 34821m^3，平均单段液量 1832.3m^3。

CN H10–3 井按设计共压裂 20 段，施工排量一般为 11.2～14.3m^3/min，施工泵压为 61～74MPa，累计注入砂量 1897.5t，平均单段注入支撑剂 99.9t；累计注入液量 36475m^3，平均单段液量 1919.8m^3。

4. 平台压裂效果

长宁 H10 平台各井完成压裂后一周之内投产，按照控制、连续、稳定的排液制度进行排液，初期采用 3mm 油嘴开始排液，逐级放大油嘴，防止地层出砂。CN H10–1 井

的排液曲线如图 9-10 所示。CN H10-1 井、CN H10-2 井、CN H10-3 井测试产量分别为 $28.06\times10^4m^3/d$、$32.07\times10^4m^3/d$、$35.00\times10^4m^3/d$，均属于Ⅰ类高产井，各井首年累计产量 $5049\times10^4m^3$、$5201\times10^4m^3$、$7248\times10^4m^3$，首年日产量递减率 47%～69%。

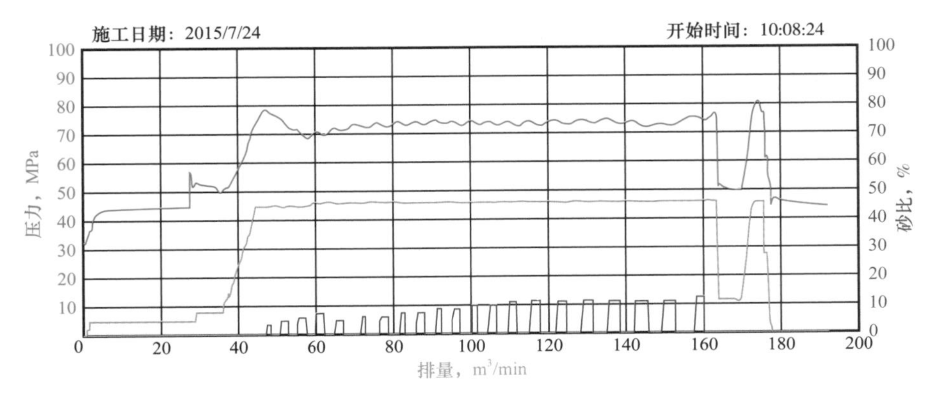

图 9-9 长宁 H10-1 井第 10 段压裂施工曲线图

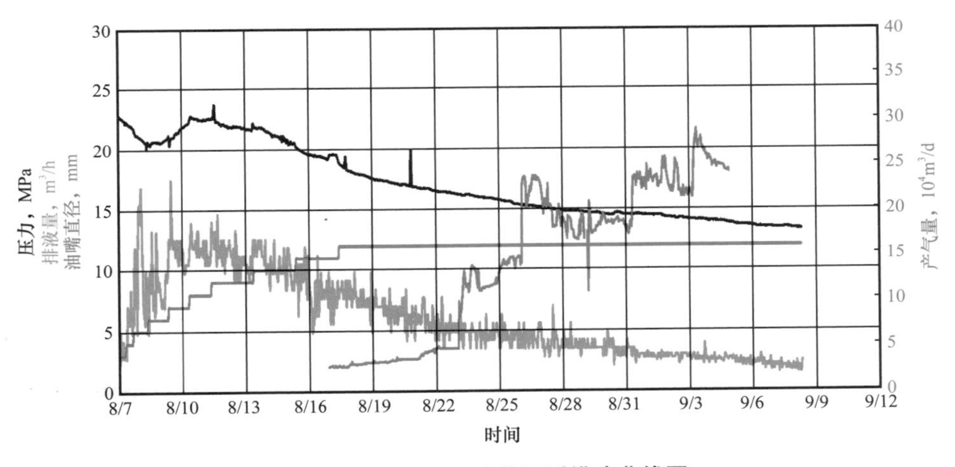

图 9-10 CN H10-1 井压后排液曲线图

该平台三口井生产效果最好的为 CN H10-3 井，该井至 2020 年 11 月，生产 1750 余天，前三年产量递减率 59%、31%、19%，目前日产气量 $1.24\times10^4m^3$，累计产气量 $1.45\times10^8m^3$（图 9-11），EUR 预测 $2.02\times10^8m^3$。

二、长宁区块 N209H36-3 井压裂实例

1. 基本情况

N209H36-3 井位于长宁背斜构造中奥顶构造南翼。该井完钻井深 5850.0m，完钻层位龙马溪组，A 靶点斜深 3850.0m，垂深 3463.75m，B 点斜深 5850.0m，垂深

3051.07m，水平段长 2000.0m。该井采用三开三完井身结构，油层套管为 139.7mm、壁厚 12.7mm、钢级为 BG125SG、抗内压强度 137.2MPa、抗外挤强度 156.7MPa。

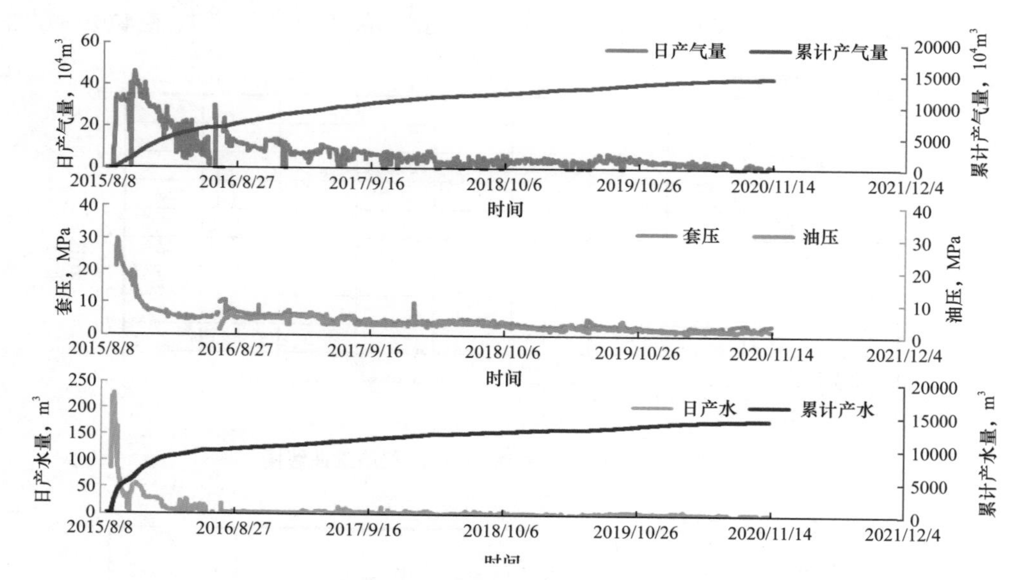

图 9-11　CN H10-3 井生产曲线

N209H36-3 井水平段钻遇龙一$_1^1$（38m）、龙一$_1^2$（1800m）、龙一$_1^3$（74m）、五峰组（88m）共 4 个小层，龙一$_1^{1+2}$ 小层钻遇累计长度 1838m，占比为 91.9%（图 9-12）。在钻进过程中见井漏 2 段，厚 1.82m；气侵 3 段，厚 8.00m；气测异常 19 段，段长 2186.50m。水平段用密度 1.98～2.02g/cm^3 钻井液钻进中见气测异常 6 段，段长 1986.00m，全烃一般为 1.7%～43.7%，甲烷值一般为 0.6%～42.8%。

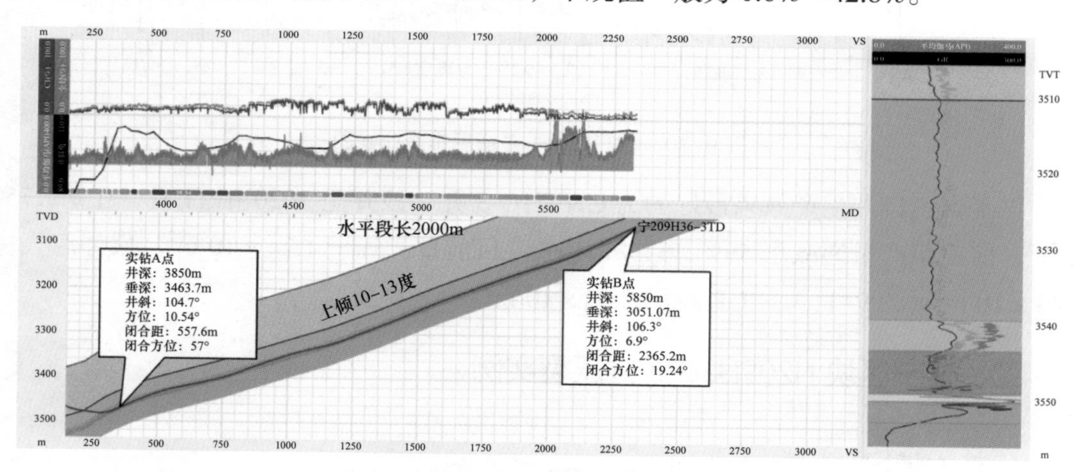

图 9-12　N209H36-3 井地质导向完钻模型图

该井测井解释井段 3850～5824m（段长 1974m），解释 I 类储层钻遇 1974m，钻遇率 100%。测井资料表明（表 9-12），水平段储层孔隙度一般为 4.7%～6.2%，平均

为 5.5%；有机碳一般为 3.5%～6.1%，平均为 4.6%；含气量一般为 5.3%～7.4%，平均为 5.9%；脆性指数一般为 61.6%～77.7%，平均为 76.9%。最大水平主应力一般为 82.4～90.7MPa，平均为 89MPa；最小水平主应力一般为 74～81.5MPa，平均为 80MPa；水平两向应力差平均为 9MPa。水平段整体物性静态参数较好，脆性矿物含量高，水平应力低，有利于压裂形成复杂缝网。

表 9-12　N209H36-3 井各小层测井解释参数统计表

层位	钻遇长度 m	脆性指数 %	孔隙度 %	有机碳 %	含气量 m^3/t	最大主应力 MPa	最小主应力 MPa	应力差 MPa	解释结论
龙一$_1^3$	44.0	66.6	6.2	5.3	6.9	82.4	74.0	8.4	I 类
龙一$_1^2$	1808.0	77.7	5.5	4.6	5.9	89.0	80.0	9.0	I 类
龙一$_1^1$	25.0	61.6	6.3	6.1	7.4	88.1	79.1	8.9	I 类
五峰组	97.0	70.3	4.7	3.5	5.3	90.7	81.5	9.2	I 类
平均		76.9	5.5	4.6	5.9	89.0	80.0	9.0	

基于三维地震和对天然裂缝的解释结果，N209H36-3 井水平段整体微细裂缝发育，其中井段 5770～5480m、5200～5000m、4820～4700m 发育天然裂缝，且天然裂缝方向与井筒呈大角度相交，有利于水力裂缝的扩展延伸，如图 9-13 所示。

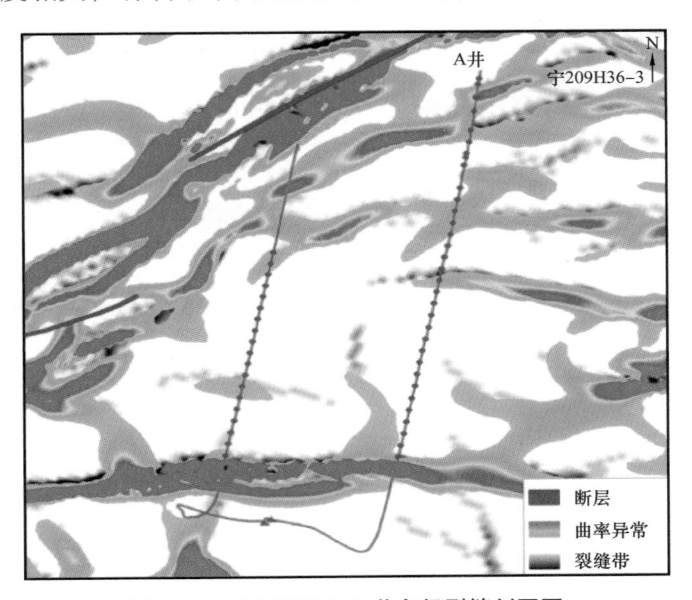

图 9-13　N209H36-3 井多级裂缝刻画图

2. 压裂方案设计

随着压裂工艺的进步和发展，该井采用以“段内多簇＋高强度加砂＋暂堵转向＋

大排量”为特征的体积压裂 2.0 技术进行实施。

（1）分段工艺设计。

为了确保水平井段充分改造，采用电缆泵送桥塞分簇射孔分段压裂工艺。

（2）压裂液选择。

为了尽可能地沟通天然裂缝，提高裂缝复杂程度和改造体积，同时考虑后期高强度加砂需要，选用变黏滑溜水体系，滑溜水黏度 1～100mPa·s 可调。通过灵活调整液体黏度，实现不同粒径支撑剂多尺度支撑裂缝，最高携砂能力达到 300kg/m^3，满足了高强度加砂的作业需要，提高了裂缝导流能力。现场准备一定量的 10% 的稀盐酸，用于难压裂井段预处理，降低破裂压力。

（3）支撑剂选择。

选用 70/140 目石英砂 +40/70 陶粒组合支撑剂，其中 70/140 目石英砂主要用于支撑微裂缝，降低滤失；40/70 陶粒用于主裂缝支撑，提高裂缝导流能力。70/140 目石英砂和 40/70 陶粒组合支撑剂的比例按照 2∶1 设计。

（4）施工排量设计。

根据不同裂缝延伸压力梯度下的泵压预测结果（表 9–13），设计按照 14～16m^3/min 的排量施工。

表 9–13　N209H36–3 井 B 点施工泵压预测（预测参数：垂深 3051.07m，测深 5850.00m）

排量 m^3/min	液柱压力 MPa	摩阻 MPa	不同裂缝延伸压力梯度下的泵压，MPa				
			0.024 MPa	0.025 MPa	0.026 MPa	0.027 MPa	0.028 MPa
12.0	29.90	22.98	66.30	69.35	72.40	75.45	78.51
13.0	29.90	26.44	69.76	72.81	75.86	78.91	81.96
14.0	29.90	30.10	73.43	76.48	79.53	82.58	85.63
15.0	29.90	33.97	77.30	80.35	83.40	86.45	89.50
16.0	29.90	38.04	81.36	84.41	87.47	90.52	93.57
17.0	29.90	42.30	85.63	88.68	91.73	94.78	97.83
18.0	29.90	46.76	90.08	93.14	96.19	99.24	102.29

（5）分段分簇设计。

通过数值模拟研究表明，该区储层基质中心到裂缝面距离为 5m（簇间距 10m）时采出程度能达到 80% 左右。通过理论计算，簇间距为 10m 时基质中心气体渗流到裂缝内的时间为约 20 年，可确保开发期内缝控储量有效动用；为了提高开采效率，

该井设计簇间距为 8m。

在相同的簇间距和压裂参数下，段内簇数增多，单簇的液量和砂量减少，水力裂缝平均长度减小，根据不同簇数下的裂缝参数（图 9–14）和累计产量模拟结果，优选单段 8 簇进行压裂，压裂段长 60m 进行压裂。

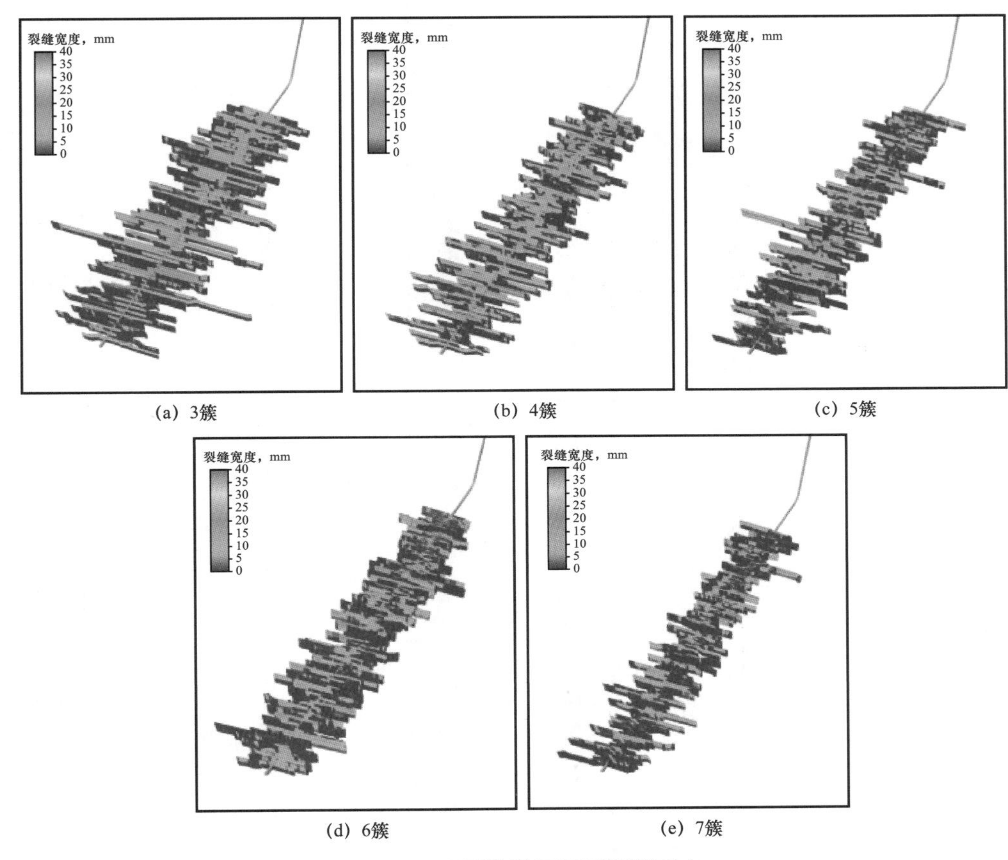

(a) 3簇　(b) 4簇　(c) 5簇　(d) 6簇　(e) 7簇

图 9–14　不同簇数下压裂裂缝形态

结合测井、录井解释、小层划分成果，将层位、天然裂缝、储层参数和地应力相同或相近的井段划分为同一压裂段，避免同一段内由于储层、完井参数差异过大而导致的压裂改造不均匀、不充分；选择高气测值、高孔隙度、高含气量、高脆性、高有机碳、高固井质量、低破裂压力、低应力差、低狗腿度位置进行射孔。N209H36–3 井最终分段方案如图 9–15 所示。平均段长 61m，每段射孔 8 簇（其中第 1 段由于采用连续油管射孔，按照 3 簇设计；第 4 段位于天然裂缝发育井段，按照 11 簇射孔设计），平均簇间距 9.62m。

（6）射孔参数设计。

根据施工排量预测，按照 12～14m^3/min 的排量施工，射孔孔眼直径 1cm。根据不同射孔孔眼数下的裂缝形态和裂缝长度和摩阻预测结果，采用每簇 8 孔，总孔数 48 孔设计（图 9-16 和图 9-17）。主体设计按照每簇射孔段长度 0.4m 设计，孔密 16 孔 /m，相位角 60°。

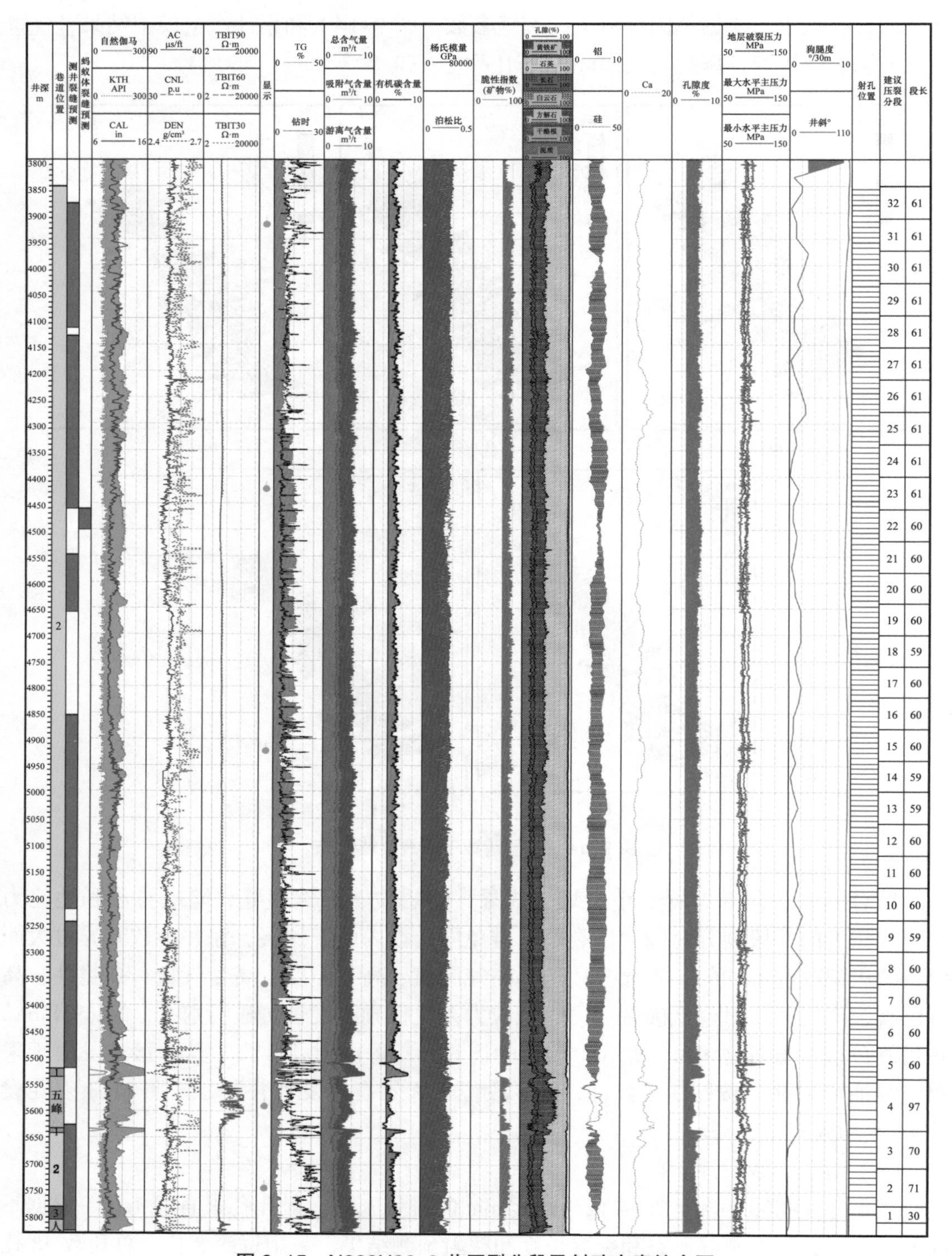

图 9-15　N209H36-3 井压裂分段及射孔方案综合图

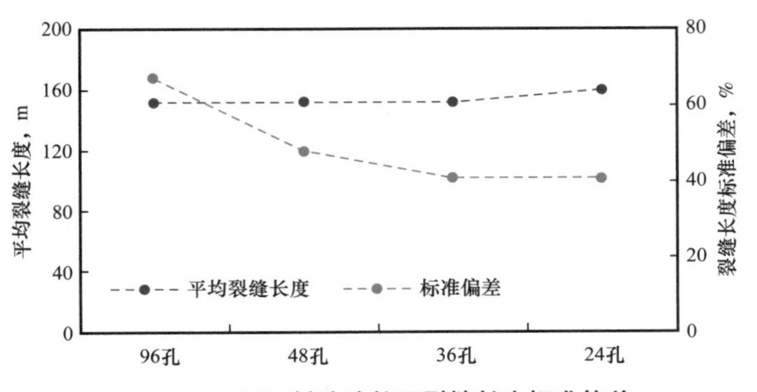

图 9-16　不同射孔孔数下裂缝长度标准偏差

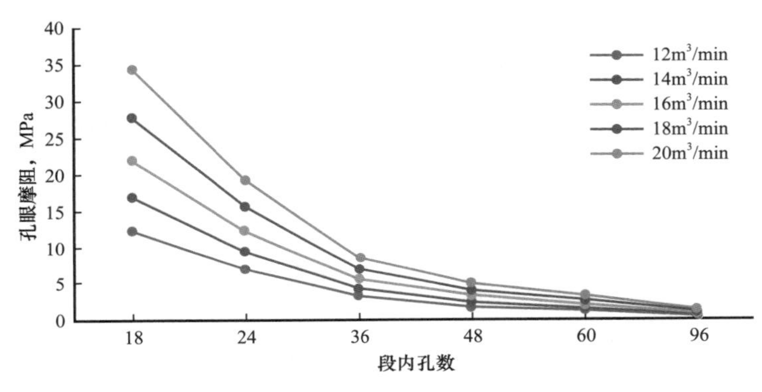

图 9-17　不同射孔孔数下的孔眼摩阻

（7）施工规模。

基于裂缝缝长与井间距匹配关系以及施工规模对产量影响的模拟研究确定合理的施工规模。通过数值模拟得知（图 9-18），用液强度增加，裂缝长度增加；用液强度为 $30m^3/m$ 时，裂缝长度约为 290m，满足 300m 井间距；当用液强度大于 $35m^3/m$ 时，两口井部分段出现了压窜现象。通过产能模拟表明，用液强度增加，累计产量增加；用液强度为 $30m^3/m$ 时，增幅变缓（图 9-19），因此，设计单段压裂液用液量为 $1800m^3$。

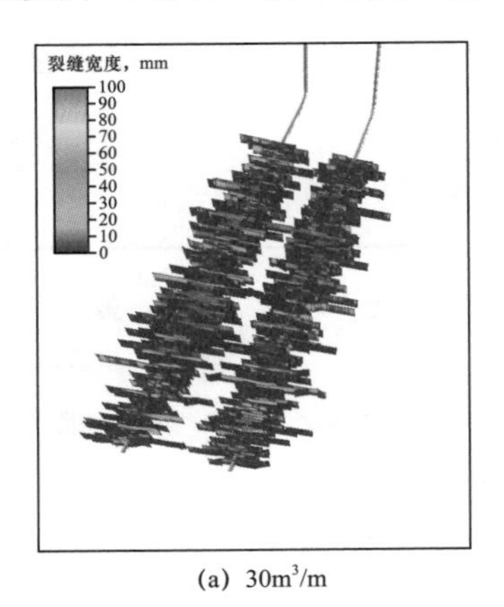

(a) $30m^3/m$

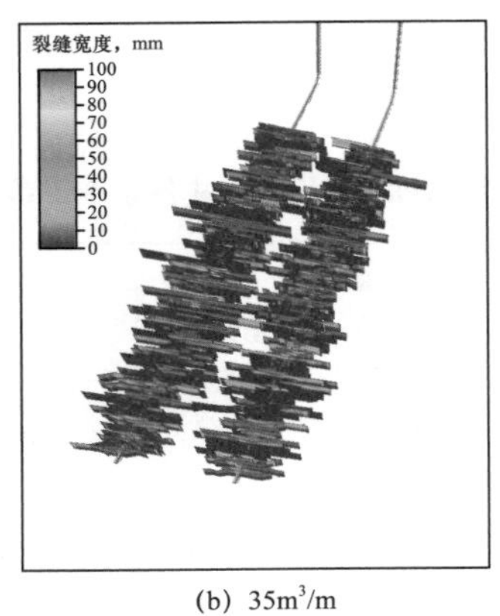

(b) $35m^3/m$

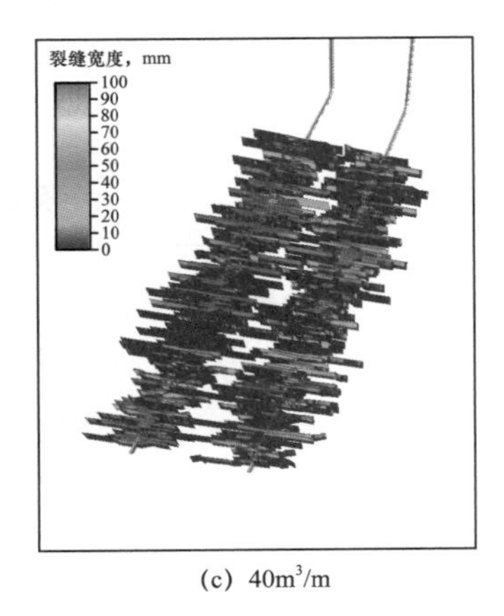

(c) $40m^3/m$

图 9-18　不同用液强度下裂缝形态

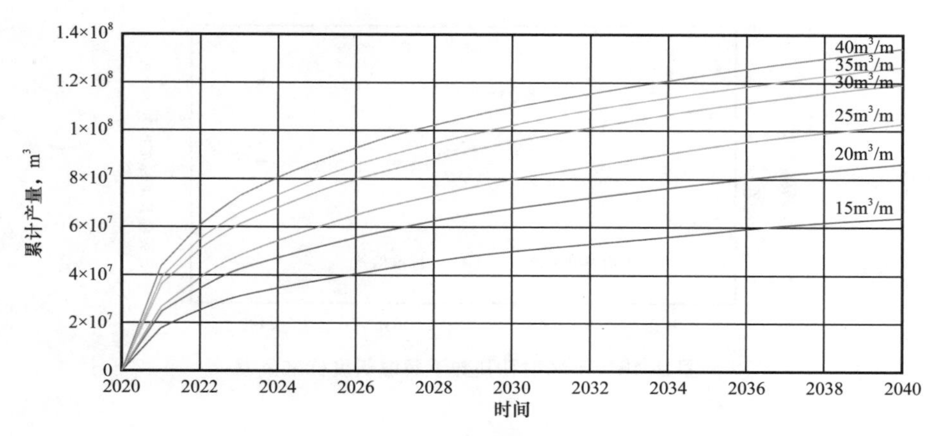

图 9–19 不同用液强度下累计产量

根据井间距的情况，结合压裂模拟结果，按照单段液量 1800m³，单段支撑剂量 300t 设计，其中 70/140 目石英砂 200t，40/70 目陶粒 100t。

（8）加砂方式。

采用连续加砂模式，提高加砂强度和液体效率。

（9）暂堵转向优化。

首先基于多簇裂缝扩展速率对投球时机进行优化设计。通过数值模拟研究表明，段内 50%～65% 的簇裂缝在压裂中后期进液少或不进液，裂缝体积变化小，段内裂缝不均匀扩展，推荐投球时机为注入液量的 50%～60%。

基于压裂中孔眼磨蚀过程确定暂堵球粒径。长宁区块段内多簇井单段平均砂浓度主体为 150kg/m³，注入砂量约 150t，总液量 50% 时投球，孔眼孔径为 14.5～15.9mm，暂堵球粒径应大于 15mm。

（10）差异化设计。

长宁区块压裂过程中容易发生套管变形，针对天然裂缝发育井段，采用适当控制排量、液量和加砂强度的方式防止套变，该井针对天然裂缝发育井段进行了差异化参数设计（表 9–14）。

表 9–14 N209H36–3 井各段施工参数表

序号	段号	液量 m³	加砂强度 t/m	排量 m³/min	配套工艺	备注
1	5～9、14～16、19～32	1800	5.0	16	16 颗 15mm 暂堵球	主体段
2	1～4、10～13、17、18	1500	2.0	14	16 颗 15mm 暂堵球，暂堵剂	天然裂缝段

3. 压裂实施情况

N209H36-3 井按照设计顺利实施，压裂段长 1954m，无套变丢段和压窜发生。该井整体施工排量 16m^3/min，平均停泵压力 49MPa，累计注入支撑剂量 9177t，其中 70/140 目石英砂 6623t，40/70 目陶粒 2554t，平均加砂强度 4.7t/m，累计注入液量 59446m^3，用液强度 30.7m^3/m。该井第 14 段施工曲线如图 9-20 所示。

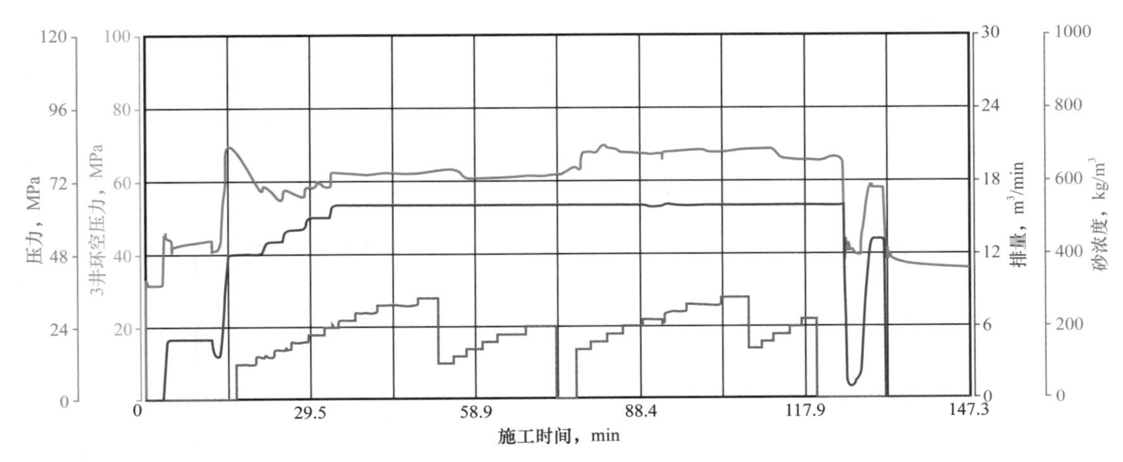

图 9-20 N209H36-3 井第 14 段压裂施工曲线图

4. 压裂实施效果

该井压后测试日产量 36.65×10^{4}m^3/d，投产 90 天时累计产量 2227.7×10^{4}m^3，日产气量 21.46×10^{4}m^3/d，套压 12.19MPa，日产水量 4.55m^3，开采效果较好（图 9-21）。

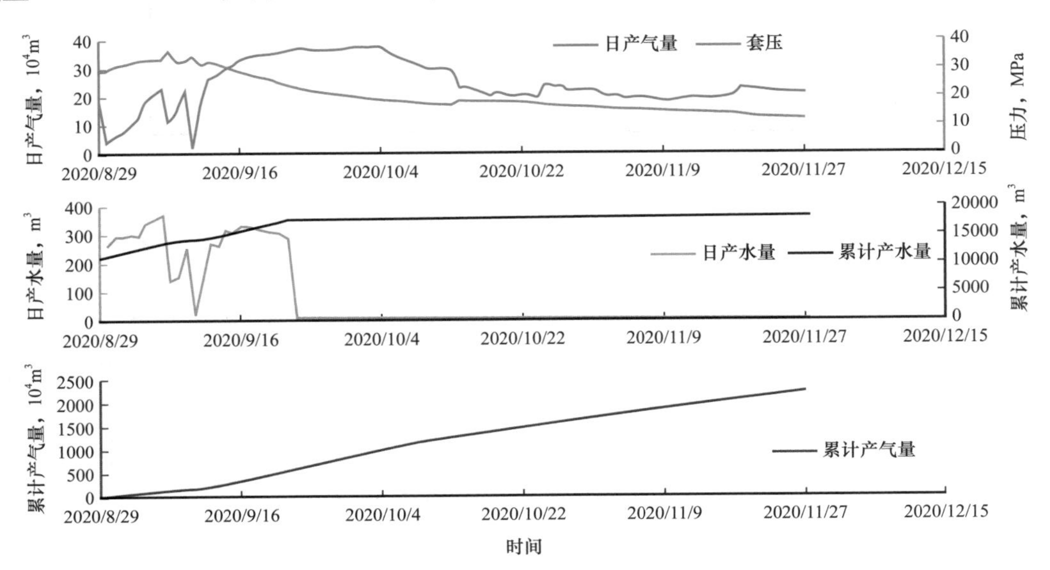

图 9-21 N209H36-3 井压后采气综合曲线图

三、威远区块 W204H10 平台压裂实例

1. 平台概况

W204H10 平台位于四川省内江市威远县高石镇，构造位置位于威远构造中奥陶统顶部构造南翼。威 204 井区构造从浅至深各层与地面构造形态相似，地层倾角由北西向南东逐渐减小，为相对构造平缓区。

该平台共部署 6 口水平井，上半支分别为 W204H10–1、W204H10–2、W204H10–3 井，下半支为 W204H10–4 井、W204H10–5 井、10–6 井（图 9–22）。龙马溪组为该平台主要目的层位，地层压力系数约 1.75。平台上半支水平井段埋深 3095～3317m，地层倾角约 7.5°；下半支水平井段埋深 3450～3510m，地层倾角约 4.7°。

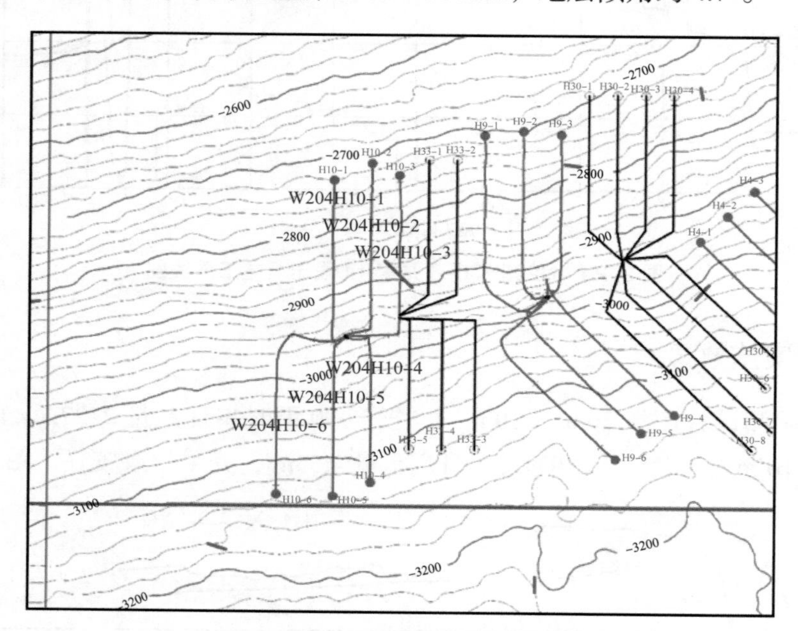

图 9–22　W204H10 平台井位分布图

W204H10–2 井导眼井测井解释表明优质页岩储层主要发育在龙一$_1^1$小层，厚度 7.1m，TOC 含量 4.7%～5.2%。孔隙度 5.6%～5.8%，含气量 5.3～5.6m³/t，脆性指数 63%～65%，均属于 I 类范畴。根据 W204H10–2 井导眼井岩心观察，龙一$_1^1$小层裂缝发育，其余层位欠发育，以龙一$_1^1$小层中下部天然裂缝密度较高，整体以小的水平层理缝为主。蚂蚁体裂缝预测可知，W204H10 平台上半支裂缝相对下半支发育，其中 W204H10–3 井井筒附近裂缝最发育（图 9–23），其次为 W204H10–1 井、W204H10–2 井、W204H10–6 井，第三为 W204H10–4 井、W204H10–5 井。

6 口井均采用三开三完井身结构，油层套管外径 139.7mm，壁厚 12.7mm，内径 114.3mm，抗内压 137.1MPa，抗外挤 142.5MPa，完钻参数见表 9–15。

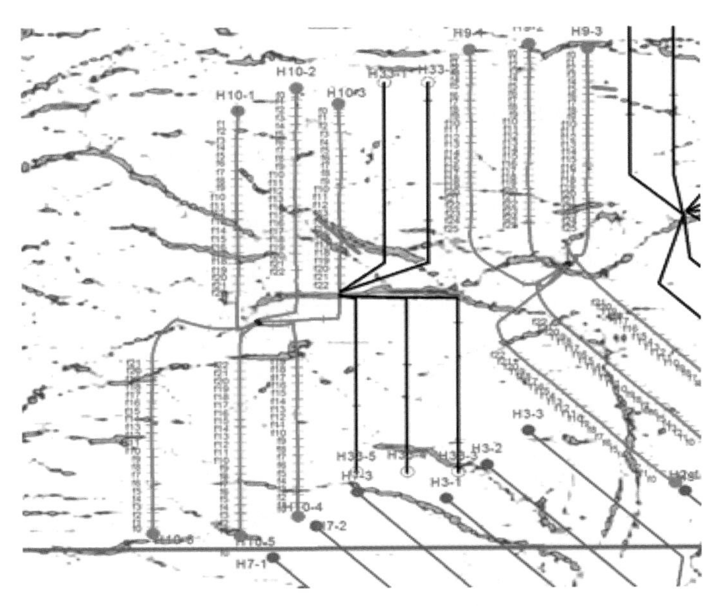

图 9-23　W204H10 平台蚂蚁体裂缝预测图

表 9-15　W204H10 平台完钻参数

井号	水平段长 m	龙一$_1^1$段长 m	龙一$_1^1$段钻遇率 %	水平段井斜角 (°)	水平段狗腿度 °/30m
W204H10-1	1505	1123.8	74.67	86.08～100.94	0.14～6.65
W204H10-2	1560	1560	100.00	91.86～99.56	0～5.87
W204H10-3	1500	1448	96.50	93.5～101.09	0.44～5.63
W204H10-4	1300	1300	100	83.37～86.29	0～3.08
W204H10-5	1520	1520	100	82.57～88.08	0.07～4.73
W204H10-6	1439	1439	100	82.94～86.69	0.31～7.4

2. 平台压裂方案

W204H10 平台 6 口井共分为 3 个批次完成压裂改造，首先对 W204H10-1 井进行单井压裂，根据单井压裂情况完善下半支 W204H10-4 井、W204H10-5 井、W204H10-6 井压裂设计，实施 3 口井拉链式压裂施工，最后再完成 W204H10-2 井、W204H10-3 井压裂。

平台压裂改造以提高储层改造体积为目标，压裂方案优化以钻井和录井资料、测井解释结果、储层物性等综合资料为基础。同时开展不同分段工具、支撑剂比例、液体类型的试验对比，为本区块后续平台井作业提供参考（表 9-16）。

表 9-16 W204H10 平台压裂设计方案表

压裂工艺	W204H10-1 井	W204H10-4 井、W204H10-5 井、W204H10-6 井	W204H10-2 井、W204H10-3 井
压裂模式	单井压裂	3 口井拉链压裂	2 口井拉链压裂
设计改造段数，段	20	19/22/21	24/23
设计规模，m^3	2000	1900	1800
设计砂量，t	120	120	120
支撑剂比例（石英砂：陶粒）	3：7	2：1	7：3
设计施工排量，m^3/min	12～13		
液体体系	滑溜水、弱凝胶压裂液体系	滑溜水、弱凝胶压裂液体系	滑溜水、混合压裂液体系
分段工具	速钻桥塞	4 井：速钻桥塞 5/6 井：大通径桥塞	2 井：可溶 + 大通径桥塞 3 井：大通径桥塞
压裂监测	地面微地震实时监测		

3. 平台压裂施工情况

W204H10 平台共计完成 129 段压裂施工，累计注入压裂液 237137m^3，支撑剂 14194.6t。平均单段液量 1840m^3，砂量 110t（表 9-17）。

表 9-17 W204H10 平台压裂施工参数汇总表

井号	压裂段长 m	平均段长 m	压裂段数 段	总液量 m^3	单段液量 m^3	总砂量 t	单段砂量 t	加砂强度 t/m
W204H10-1	1394.5	69.7	20	39781	1989.1	1858.6	92.9	1.3
W204H10-4	1242	65.4	19	33720	1774.7	2125.9	111.9	1.7
W204H10-5	1452	66.0	22	40884	1858.4	2411.1	109.6	1.7
W204H10-6	1395	66.4	21	38725	1844.0	2107.8	100.4	1.5
W204H10-2	1523	63.5	24	42780	1782.5	2936.8	122.4	1.9
W204H10-3	1478	64.3	23	41247	1793.3	2755.0	119.8	1.9
平均	1414	65.9	129	237137	1840	14194.6	110	1.67

2015 年 8 月 20 日至 10 月 11 日，首先完成 W204H10-1 井 20 段压裂施工，历时 14 天，共注入液量 39906m^3，加砂 1858.6t。施工排量 8.4～12.2m^3/min，泵压 64～90MPa，停泵压力 54.0～61.4MPa。

2017 年 3 月 2—31 日，完成下半支 W204H10-4 井、W204H10-5 井、W204H10-6 井 62 段压裂施工，历时 30 天，共注入液量 $113329m^3$，6644.8t。施工排量 9～$13.1m^3/min$，泵压 65～84MPa，停泵压力 51～60MPa。

2018 年 1 月 16 日至 2 月 4 日，完成上半支 W204H10-2 井、W204H10-3 井 47 段压裂施工，历时 20 天，共注入液量 $84027m^3$，5691.8t。施工排量 12.6～$13.3m^3/min$，泵压 65～74MPa，停泵压力 52～63MPa。

4. 压裂效果

微地震监测结果表明下半支 3 口井整体裂缝延伸范围较上半支大，同时 SRV 较高，W204H10-5 井、W204H10-6 井因井间距较大，整体缝网长度约 360m；W204H10-2 井、W204H10-3 井与邻井相比，整体缝网宽度较 H10-1 井窄，但缝网长度在 310～330m 间，较 W204H10-1 井提高 10%。

压后测试情况表明（表 9-18），下半支 3 口井压裂效果优于上半支。下半支平均测试产量为 $22.1\times10^4m^3/d$，井口压力均值为 33MPa。其中，W204H10-4 井 2017 年 4 月 10 日投产，1 年时间累计产气 $5000\times10^4m^3$。上半支平均测试产量为 $16\times10^4m^3/d$，井口压力均值为 20.7MPa。其中 W204H10-1 井 2015 年 11 月 17 日投产，截至 2017 年底，累计产气超过 $7000\times10^4m^3$。

表 9-18　W204H10 平台压后测试情况汇总表

井号	测试时间	测试产量，$10^4m^3/d$	测试时井口压力，MPa
W204H10-1	2015/11/29—2015/12/12	23.15	22.6
W204H10-2	2018/3/4—2018/3/8	10.35	15.34
W204H10-3	2018/2/22—2018/2/27	14.61	24.4
W204H10-4	2017/5/3—2017/5/18	21.65	34.19
W204H10-5	2017/5/6—2017/5/21	21.29	30.84
W204H10-6	2017/5/4—2017/5/19	23.39	33.98

四、焦石坝区块 JY 1HF 井压裂实例

1. 目的层地质及钻井情况

JY 1HF 井位于重庆市涪陵区焦石镇楠木村四组，构造位置为川东南地区川东高陡褶皱带包鸾—焦石坝背斜带焦石坝构造高部位，目的层为下志留统龙马溪组下部页岩气层。该井在导眼井 JY 1HF 井井深 2020m 开始侧钻，完钻井深 3653.99m，垂

深2416.6m，A靶点斜深2646.09m，垂深2408.36m，B靶点斜深3646.09m，垂深2146m，水平段长1008m。

该井共钻遇1272.77m、14段不同级别的油气显示，均位于龙马溪组。录井解释微含气层3层14m，泥（页）岩微含气层2层14m，泥（页）岩含气层6层742.99m，泥（页）岩气层3层501.78m。该井采用三开三完的井身结构，油层套管为139.7mm、壁厚12.34mm、钢级为TP110T、扣型为TP–CQ型、抗内压强度128MPa、抗外挤强度117.3MPa。

2. 储层特征

导眼井龙马溪组2368.0～2410.0m平均孔隙度为4.58%，平均渗透率为23.63×10^{-4}mD，岩石密度平均值2.59g/cm^3。五峰—龙马溪组储层X射线衍射分析表明，黏土矿物的平均值为40.9%。黏土矿物以伊蒙混层为主，占54.4%，伊利石为39.4%；脆性矿物以石英为主，占37.3%，其次是长石为9.3%，方解石为3.8%。

对龙马溪组29个样品，五峰组2个样品进行测试，解析气量平均值为0.79m^3/t；总含气量平均值为1.97m^3/t。五峰组—龙马溪组泥岩含气量从上往下逐渐增高，龙马溪底部至五峰组含气量最高。

根据岩心描述和FMI成像测井资料显示，高导缝在龙马溪组中、上部有所发育，且主要发育在黏土矿物含量高的泥岩中，集中发育在2137～2320m井段。常规测井资料显示，除炭质泥岩外，一般泥岩层裂缝发育不明显。导眼井测井解释2379～2395m井段孔隙度为3%～6%，平均值为4.6%；总有机碳含量为1.0%～4.5%，平均值为2.8%；吸附气含量为0.85～2.27m^3/t，平均值为1.45m^3/t；总含气量约2.55～5.95m^3/t，平均值为3.86m^3/t。2395～2415m井段孔隙度为2%～7%，平均值为4.5%；总有机碳含量为3.0%～6.0%，平均值为4.5%；吸附气含量为1.42～3.11m^3/t，平均值为2.36m^3/t；总含气量约1.13～8.50m^3/t，平均值为4.64m^3/t。

取心开展岩石力学实验和地应力实验平均杨氏模量为38GPa，泊松比为0.198。2380m处岩心测得最大平均主应力为63.50MPa，最小平均主应力为47.39MPa。

3. 压裂方案设计情况

JY 1HF井选用外径为104.8mm的复合空心桥塞，桥塞耐压70MPa，耐温149℃。压裂液采用降阻水＋活性胶体系。其中降阻水配方采用0.2%高效降阻剂SRFR–1+0.3%复合防膨剂SRCS–2+0.3%复合增效剂SRSR–3+清水，黏度为9～12mPa·s。活性胶配方采用0.3%低分子稠化剂SRFR–CH2+0.3%流变助剂SRLB–2+0.3%复合增效剂SRSR–3+0.05%黏度调节剂SRVC–2+清水，黏度为40～60mPa.s，作为降滤失、扩缝和提高砂液比所用。设计支撑剂采用70/140目粉陶+40/70目树脂覆膜砂+30/50

目树脂覆膜砂。

在射孔位置的选择上，选在 TOC 较高、孔隙度和渗透率高、地应力差异较小、气测显示较好、固井质量好、避开套管接箍和扶正器的位置进行射孔。射孔参数设计主体采用每段分三簇射孔，簇间距 20m、每簇长度 1m，射孔密度 16 孔 /m，相位角为 60°，孔径为 13.9mm，单段总孔数 48 孔。

根据该井的测井解释结果，同时考虑“W”形缝长布局模式，设计了不同层段压裂施工规模。其中，第 1 段、8 段、15 段加大规模，单段液量设计 $1400m^3$，加砂规模 $70m^3$，其余各段单段设计液量 $1200m^3$，加砂规模 $65m^3$。

采用套管注入方式施工，考虑套管材质，施工安全限压、压力安全窗口影响，设计排量为 12～$14m^3/min$，预计施工压力为 60～80MPa。

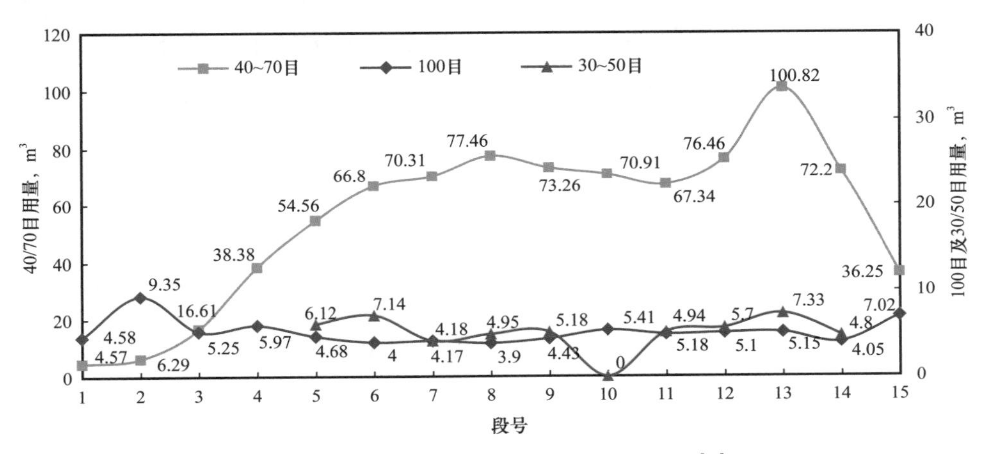

图 9-24　JY 1HF 井各段注入支撑剂量图[3]

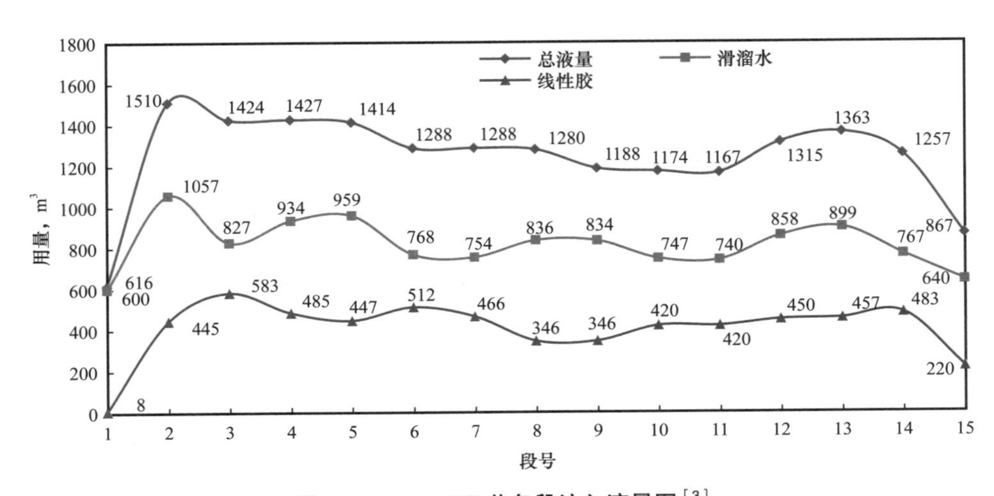

图 9-25　JY 1HF 井各段注入液量图[3]

4. 施工情况

JY 1HF井共分15段施工，受施工因素影响，对射孔方案进行了调整。其中有2段射孔1簇；有5段射孔2簇；有8段射孔3簇；共计射孔36簇。施工排量为8～12m^3/min，施工压力为40～90MPa。施工总液量为20133.7m^3。其中，降阻水为13400m^3，胶液为6500m^3，酸液为120m^3，其他液体用量为161.4m^3。加砂总量为965.8m^3，其中，70/140目粉陶为78.2m^3，40/70目覆膜砂为832.5m^3，30/50目覆膜砂为55.1m^3，平均砂液比为12%。

5. 压后效果

JY 1HF井钻磨完14个桥塞后，从11月28日起采用针型阀控制放喷，至12月10日累计排液750.3m^3，返排率仅为3.76%，之后一直无明显液态水产出，但火焰呈橘红色。进行8个工作制度求产，产量为（10.8～20.3）$\times 10^4 m^3$/d，施工取得较好效果[3]。

参考文献

[1] 孙焕泉，周德华，蔡勋育，等．中国石化页岩气发展现状与趋势[J]．中国石油勘探，2020，25（2）：14-26.

[2] 袁发勇，胡光，曹颖．焦石坝丛式水平井组“井工厂”压裂技术应用[J]．化工管理，2016（20）：141-143.

[3] 蒋廷学，贾长贵，王海涛．页岩气水平井体积压裂技术[M]．北京：科学出版社，2017.

第十章

页岩气压裂面临的挑战及发展方向

1821年，美国钻出第一口页岩气井以来，页岩气压裂经历了硝化甘油爆炸、氮气和二氧化碳泡沫压裂、交联压裂液压裂、低稠化剂浓度压裂、大型滑溜水压裂等多个阶段，现有的丛式井组水平井分段压裂技术取得了巨大成功，支撑了国内外页岩气的规模效益开发[1-3]。但随着油气资源品质劣质化的出现及国家对油气开发高效低成本的要求，页岩气压裂仍面临诸多挑战与难题。

第一节　面临的新挑战

不同于常规砂岩储层高黏压裂液压裂形成的双翼裂缝，页岩体积压裂需要沟通天然裂缝等结构弱面和打碎储层，形成的裂缝形态十分复杂。页岩储层只有通过体积压裂形成复杂裂缝网络才能获得较为理想的产能。体积压裂通过大排量、大液量、大砂量的应用，沟通天然裂缝，打碎有效储集体，创造油气运移的复杂裂缝网络，实现基质油气向裂缝的最短距离渗流。因此，页岩储层复杂缝网如何形成，高导流能力通道如何建立并长期保持等一直是业内人员追求的目标。

一、页岩气缝网压裂机理尚不完善

1. 复杂缝网水平井产量尚未实现精准预测

页岩气复杂缝网水平井产量预测主要有解析法、数值模拟法、数据挖掘法等研究方法。解析法主要从气藏工程的角度出发，研究页岩气渗流机理，建立数学模型进行预测，可以求得气井在任一时刻的产量。由于页岩储层的多重孔隙结构，页岩气在储层中的渗流具有多尺度、非线性特征，同时存在吸附解析作用、应力敏感效应等。在解析法中，考虑到模型求解的难度，一般都会对页岩气流动的具体过程进行简化，不进行完整的描述而针对部分规律进行研究。

数值模拟法是通过计算机模拟，对水力压裂后页岩的变化特征进行数值模拟分析，并对应用效果进行研究。页岩储层经大规模水力压裂后，人工裂缝和天然裂缝连通形成复杂的多级裂缝网络系统，其分布形态和导流能力对产量有着至关重要的影响。由于支撑剂的沉降作用，人工裂缝的渗透率存在各向异性，且随生产的进行动态变化。在数值法中，裂缝网络系统建模是产能研究的前提，如何对实际裂缝网络系统进行精确描述和模拟是产量预测的重点和难点。

数据挖掘法如数理统计法和神经网络法，是针对特定的地区，综合考虑地质和工程因素，定量化评价其对某一因变量（压后测试产量、无阻流量或初期平均产量等）的影响，建立产能预测模型，以一定数量的生产井数据作为样本来求解模型的各个参数，拟合实测数据后做进一步预测。

解析法多用于理论研究，在生产应用中实用性不大。数值法多用于对解析法进行验证，在生产应用中使用门槛高、建模难度大，虽然考虑的要素全面，但需投入大量的人力、物力和时间。数据挖掘法基于页岩气开采实践，适合特定工区的实际开发生产，但需要大量高质量数据，开发初期样本点较少的时候不适用。

2. 尚无符合页岩特征的三维压裂模型

由于采用了大规模多级、多簇的体积压裂工艺，页岩气藏中的裂缝比常规油藏更加复杂。为了更好地理解页岩气采出机理和优化压裂设计，复杂裂缝网络系统的建模和模拟尤为重要。符合页岩特征的三维压裂模型应能有效表征复杂缝网几何特征，模拟缝网的扩展规律和缝网中压裂液流动及支撑剂运移规律，以帮助工程师理解水力压裂中所形成裂缝网络的形状及复杂程度，优化压裂方案与设计。

图 10-1　五峰组—龙马溪组高碳质泥页岩

2009 年，Xu 提出了一种线网模型（Wire mesh）[4]，假设压裂改造体积是对称于井筒的椭球（柱）体，裂缝网络由两组分别沿主应力方向等间距分布的垂直面来模拟。该模型为半解析模型，不能模拟不规则的裂缝形态，没有考虑压裂液滤失，需由

微地震监测结果来确定裂缝间距及改造体积，同时无法考虑裂缝的相互干扰，一般用于对支撑剂位置和裂缝网络尺寸的快速估算。

2011 年，Meyer 等提出离散裂缝网络模型（DFN）[5]，解释裂缝在三个主平面上的拟三维离散化扩展和支撑剂在缝网中的运移及铺砂方式。该模型基于 Warren&Root 双重介质模型，考虑了压裂液滤失、天然裂缝和人工裂缝之间的相互连通作用，缝间干扰等问题，但本质上仍是拟三维模型，且需人为设定次级裂缝与主裂缝的关系，主观性较强约束条件较差。

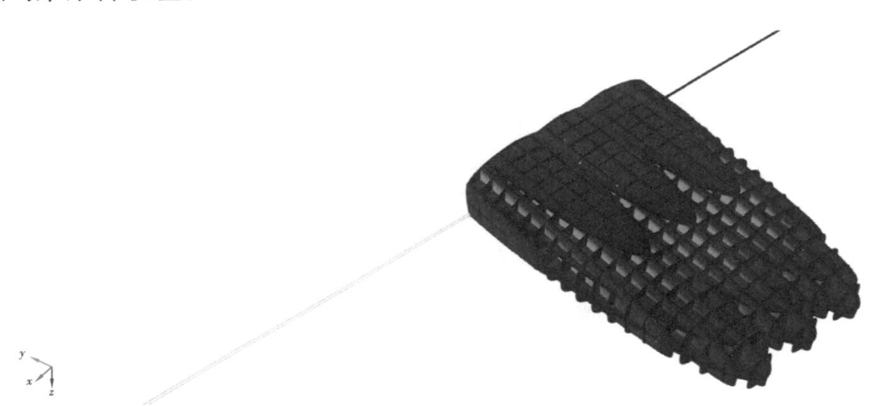

图 10-2 DFN 模型模拟的压裂缝网

2011 年，Weng 在 DFN 基础上提出了非常规裂缝扩展模型（UFM）[6]。该模型通过建立裂缝端部扩展准则模拟存在天然裂缝情况下复杂裂缝网络的扩展，通过计算二维 / 三维应力阴影考虑人工裂缝间的相互作用。非常规裂缝扩展模型的天然裂缝需要离散裂缝地质建模，对输入参数的精确性要求更高。在应用中为降低裂缝相关参数的精度要求和减少计算量，天然裂缝会进行简化，且天然裂缝和水力裂缝均被假设为垂向分布。

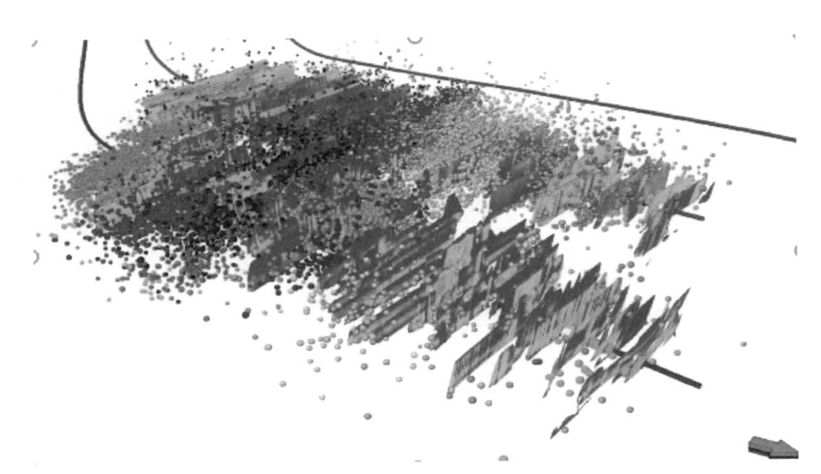

图 10-3 UFM 模型模拟的压裂缝网及微地震校正

实际上真实的裂缝形态很难通过数学计算或模型分析的方法完全模拟，目前只能做到对页岩储层压裂的典型特征进行建模，获得近似或等效的模型以支撑压裂方案及设计优化。由于微地震等裂缝监测技术的精度有限，尚不能满足对体积缝网精细校正的需求，压裂模型得到的裂缝可能与实际裂缝网络存在较大差异，可以预见在很长一段时间里，页岩储层压裂缝网的表征仍将是页岩气开发技术中的主要难题之一。

二、作业成本和施工效率与北美仍有差距

1. 现有工具及工艺作业效率不高

川南页岩气主要采用电缆泵送桥塞与分簇射孔联作工艺，可溶桥塞分段工具，平台采用拉链式压裂模式，段间等候泵送桥塞及射孔需要3～4小时，作业效率不高。目前可溶桥塞尚不能实现真正意义上的全可溶，桥塞碎屑在井筒中堆积，造成井筒堵塞时有发生。滑套分段压裂工艺效率较桥塞高，但川南页岩气水平井套管变形频发，存在滑套受损无法有效封隔风险，且滑套分段工具成本高，目前仅在个别井试验，尚未全面推广。

川南地区人口密集，井场通常邻近乡镇或村庄，传统压裂设备噪声大，夜间不能实施大型作业。连续油管钻通桥塞、处理井下复杂时要求井口压力低于50MPa，对于高井口压力井需较长时间降压才能满足连续油管作业条件。川南页岩储层微幅构造发育，上倾井、特殊井、长水平段井普遍，连续油管作业期间时常发生自锁，影响作业效率与效果。

2. 平台作业费用仍需进一步降低

随着川南页岩气开发由核心区向外围拓展，为保证单井产量，压裂改造规模逐渐提升。2014—2015年，页岩气水平井平均分段段长在71.3～76.5m，用液强度25m^3/m左右，加砂强度1.33t/m。2018年，平均分段段长缩短到56.2m，用液强度提高到35m^3/m，加砂强度增至1.82t/m。平均分段段长越短、改造强度越大，单井需要压裂的段数就越多，消耗的分段和射孔工具、压裂液添加剂、支撑剂等材料就越多，最终导致作业成本增加和建井周期延长。压裂工艺和参数需要在考虑经济性的前提下进一步优化，压裂施工及配套作业费用、关键工具及材料的成本需要进一步降低，工厂化作业效率需要进一步提高，才能实现页岩气压裂的高质量可持续发展。

三、深层页岩气压裂技术尚未全面突破

受岩石成岩压实作用影响，随着埋藏深度的增加，页岩储集层“三高”（高温、高地应力、高地应力差）特征明显。在“三高”环境下，页岩力学性质和强度性质已

发生明显变化，页岩可能从弹脆性转变成延塑性[7-10]，甚至可能伴随着深层蠕变。

压裂工艺方面，页岩塑性越强、地应力差越高，压后单一主裂缝特征越明显，裂缝复杂程度越低。高地应力（闭合压力）条件下，地面施工压力高、施工排量低、缝内净压力不足，裂缝扩展距离有限，压裂形成储层改造体积（SRV）较小，且裂缝中支撑剂更易破碎或嵌入地层，导致支撑缝宽变窄，破损后支撑剂易造成细微喉道堵塞，同时储集层裂缝自支撑优势逐渐降低或消失，导流能力难以维持，从而导致深层页岩气井压后效果难以保证。

埋藏深度增加带来的高压、高温对深层页岩气井压裂装备、工具、液体性能提出了更高的挑战。虽然目前已广泛采用140MPa压力等级的压裂装备，但压裂设备、井口装置、高压管汇仍不能完全满足深层页岩气井为提高改造效果而采用的高排量施工需求；现有技术条件下，常用压裂液液体降阻率难以高于80%，为进一步降低地面施工压力，亟待研发新的压裂液体系，进一步提高降阻性能。同时，为满足深层页岩气井压裂的高强度加砂，压裂液携砂性能有待进一步提高。高井口压力增加了电缆泵送桥塞与射孔联作、连续油管等井口作业的风险及成本，相关工艺技术及装备亟待攻关。井筒高温、高压对可溶性分段工具结构、溶解性提出了新的要求，既要承受泵送期间的高压，主压裂期间的有效封隔，又要满足压后的快速溶解，故深层页岩气井压裂分段工具急需攻关完善。

第二节　页岩气压裂技术发展方向

一、压裂机理研究深化

1. 天然裂缝对水力裂缝起裂与延伸影响规律

大量的物理实验和数学模拟表明，水力裂缝与天然裂缝相交后形成的裂缝网络复杂程度不仅与地应力有关，而且还受到岩石力学参数、天然裂缝性质、压裂施工参数以及工作液物性所影响。目前天然裂缝起裂和延伸相关的室内实验研究已趋于成熟，也取得了丰硕的成果。但是由于室内实验的局限性，实验试样多为人工岩样存在过多假设。理论分析研究大多采用解析法来描述人工裂缝延伸时的受力和施加行为，静态分析人工裂缝与天然裂缝的相互作用，得到了开拓性的成果。应用数值模拟精细天然裂缝存在时人工裂缝动态扩展规律是今后的重点研究方向。

2. 多裂缝诱导应力干扰

在模拟裂缝扩展过程中，非常规裂缝扩展模型一般要考虑诱导应力的影响，常规裂缝扩展模型则不需要。裂缝诱导应力是模拟裂缝在扩展过程中延伸方向判断及缝宽计算的重要因素。裂缝诱导应力的计算方法有很多种，具体可以归结三类：（1）解析法；（2）半解析法；（3）数值法。解析方法求解诱导应力的计算简单、快捷，但是由于忽略了一些因素（地层参数等）导致其计算结果精度不够高。

求裂缝诱导应力的半解析法主要指位移不连续法（DDM），包括二维位移不连续法和三维位移不连续法。位移不连续法属于边界元法的一种，该方法具有以下优点：（1）降低计算维度；（2）在边界离散，故计算误差只在边界附近；（3）前期准备参数较少；（4）易求无限域问题。二维位移不连续法最早由 Crouch[11] 提出，并给出了二维 DDM 的基本解。三维位移不连续法由 Kuriyama、Mizuta[12] 及 Shou[13] 在二维位移不连续法的基础上推导而来，考虑三维地质体在高度方向上的变形及受力情况。随后，马少杰、秦忠诚和王飞利用前人推导的三维 DDM 方程解决岩土工程问题。位移不连续法计算诱导应力的最大优势就是降低维度，且计算效率较高，但是该方法对基本解要求较高。

计算诱导应力的数值法与非常规裂缝模型中的数值方法类似，主要有：离散元法、有限元法、扩展有限元法等。数值法在计算诱导应力场及模拟裂缝扩展中应用广泛，有的已经形成成熟的商业软件。2011 年，Nagel[14] 利用 Frac 3D 软件模拟了多裂缝之间的应力干扰；2014 年，Shimizu[15] 和 Zhao 用离散元方法计算裂缝扩展过程中的诱导应力；2017 年，Li 和孔烈[16] 采用扩展有限元方法计算裂缝产生的诱导应力，为裂缝扩展模拟提供基础。数值法计算诱导应力精度高，但是所需计算机内存大，计算效率不够高，后期在相关方面将是重点发展方向。

3. 非常规裂缝扩展模拟

水平井分段多簇压裂是新兴的水力压裂技术，国外在 2009 年以后才逐步形成针对水平井分段多簇压裂复杂裂缝网络数值模拟的完整思路。

以非常规裂缝模型（unconventional fracture model）为代表的基于位移不连续法研究页岩储层裂缝扩展模拟。Kresse 和 Weng 等在考虑了地层中存在天然裂缝以及裂缝之间的应力干扰建立了非常规裂缝模型。该模型利用位移不连续法计算储层中裂缝产生的诱导应力场，通过裂缝延伸准则和水力裂缝与天然裂缝相交准则共同判断裂缝延伸的方向，同时还利用支撑剂沉降方程模拟支撑剂在裂缝中的密度分布。UFM 模型的优点在于考虑了水力裂缝与天然裂缝随机相交的情况，可以准确地模拟水力裂缝在遇到任意角度的天然裂缝后延伸情况。但是在该模型中天然裂缝均假设为垂直裂缝，并且实际地层中天然裂缝的分布较难获取，对输入参数的要求较高。FPM 模型是 Wu 和 Olson[17] 等在此基础上基于边界元理论对水平井分段压裂的多裂缝扩展进行了模拟，进一步改进了上述缺点，引入流体流动方程与岩体进行部分耦合模拟了裂缝性储层中

多裂缝扩展过程。但在计算时为了提高计算效率，存在一定简化。

基于有限元方法对页岩储层中形成的复杂裂缝进行模拟。由于常规有限元方法能有效处理不规则的裂缝形态，并且离散和求解格式较为固定，有利于算法的推广和应用。但是在常规有限元中流固耦合求解计算量大，网格数量多，且每次计算都需要重新划分网格，难以满足页岩气储层复杂的、多分支裂缝的模拟需求，因此需对常规有限元格式进行改进。Moes[18]等提出了扩展有限元法（XFEM）来模拟不连续体。该方法不需要对整个计算区域进行重新网格划分，大大提高了计算效率，是目前求解不连续问题最有效的方法之一。Dahi-Taleghani[19]等将流体方程融入扩展有限元方法中将缝内流体压力和诱导应力进行部分耦合模拟了裂缝性储层中水力裂缝扩展。模拟发现当地层应力差越大，天然裂缝与最大水平主应力夹角越小时，地层越难形成裂缝网络。同时 Keshavarzi[20]、Gordeliy[21]、Mohammadnejad 等运用扩展有限元法分析在平面应变和准静态情况下天然裂缝与水力裂缝相交时的变化情况。Lamb 等结合双孔双渗模型，将裂缝和岩体划分相同的单元，并利用扩展有限元将流体流动—渗流和岩体应力进行全耦合，模拟了裂缝性储层的岩体形变和裂缝延伸。此外，2013 年 Li 等通过将任意拉格朗日—欧拉（ALE）算法引入常规有限元中，能方便地模拟裂缝扩展流—固耦合及大变形等问题，但是模型计算过程中需要进行网格重划，计算速度和效率较慢。

二、压裂工艺

1. 低成本压裂技术

目前国外主体依靠石英砂替代陶粒、滑溜水液体配方简化等降本技术措施。

1）*石英砂替代陶粒降本技术*

国外，非常规致密油气已经大规模应用石英砂作为支撑剂，降低压裂成本。国内也开展了这方面可行性的论证和先导性试验。

利用数值模拟方法，对生产所需的人工裂缝导流能力进行了分析，结果表明，人工裂缝导流能力需求较低，且分支缝导流对产量的影响小于主缝导流。这里给出某个计算实例进行说明，模拟假设裂缝形态呈现缝网状态，主缝间距 25m，分支裂缝间距 5m，水平段长度 1500m，储层厚度 40m，主裂缝长度 100m，压力系数 2.0，基质渗透率 1.0×10^{-4}mD、2.4×10^{-4}mD、6.0×10^{-4}mD。

模拟结果表明，裂缝导流能力增加到一定值后，当主裂缝导流能力为 0.8～1.0D·cm（图 10-4），分支裂缝导流能力为 0.05～0.10D·cm 时（图 10-5），累计产气量增幅变缓。

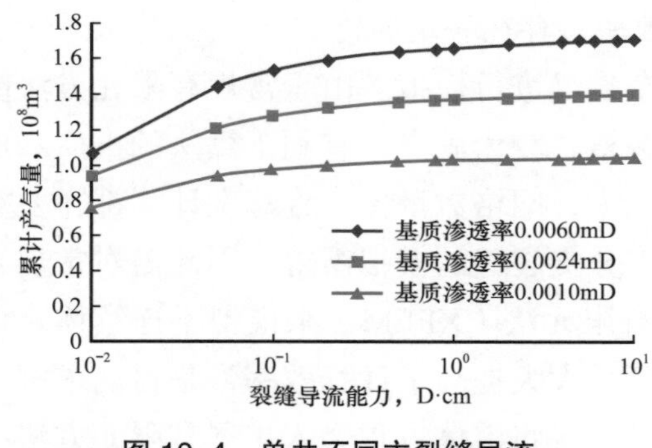

图 10-4 单井不同主裂缝导流3年末的累计产气量图

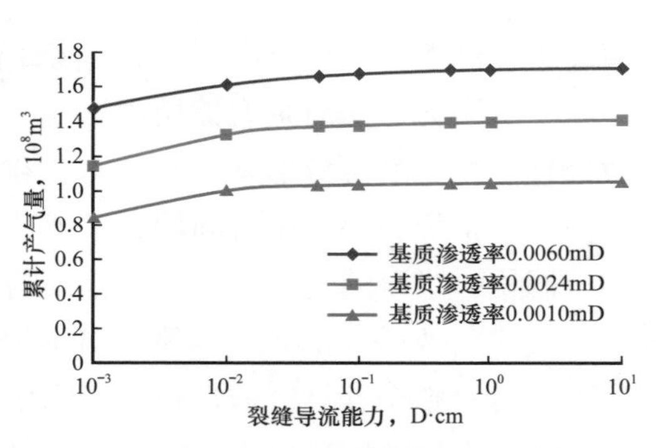

图 10-5 单井不同分支裂缝导流 3 年末的累计产气量图（分支裂缝导流能力 0.05D·cm，主裂缝导流能力 0.10D·cm）

根据现场的实际情况对现有的标准实验方法进行了修改，形成了更符合现场情况的实验方法。国内常规的支撑剂导流能力评价标准是采用约 3.5MPa/min 的应力加载速度，支撑剂铺置浓度为 $5kg/m^2$、$10kg/m^2$，这 2 个参数与长宁—威远地区龙马溪组页岩气现场生产实际值差别较大，为了更符合现场实际情况，对实验方法进行了调整，依据现场数据将铺置浓度调整为 $2.5kg/m^2$，将加载速率调整到 1MPa/min，依据储层的闭合压力情况，结合实际生产过程中的井底压力值分布，将最高加载应力设置在 50MPa（根据产能分析结果，分支裂缝导流影响并不大，因此这里仅模拟论证主裂缝内支撑剂受力）。根据新的实验方法，对现场用的石英砂进行了筛选，并开展了现场试验，应用对比结果表明同平台的两口井 6 个月末的产量，石英砂和陶粒无区别（图 10-6），说明在龙马溪页岩气区 3500m 以浅可以采用石英砂替代陶粒实现压裂降本。

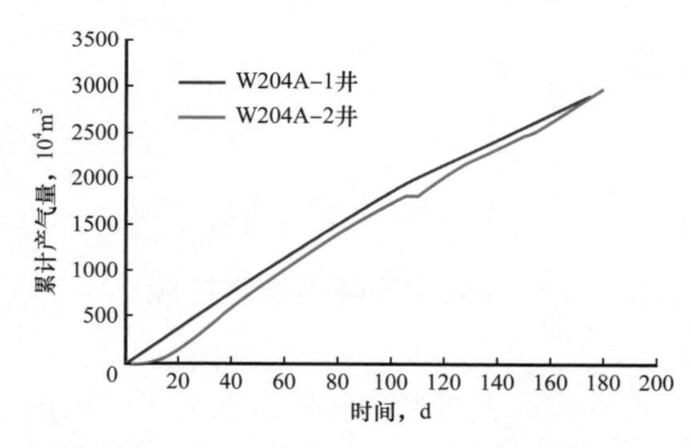

图 10-6 威远区块 2 口水平井累计产气量对比

2）液体配方简化降本技术

页岩气井压裂用液规模大，国内页岩气井压裂主体用滑溜水作为压裂液，主要添加剂成分有降阻剂、防膨剂、助排剂、杀菌剂等。为了进一步降低液体的成本，基于大量室内分析和实验，部分添加剂有优化简化空间。

长宁威远龙马溪组页岩黏土含量虽然较高（21%～33%），但以伊利石和伊蒙混层为主，成岩作用致页岩水敏性低。CST 实验对比分析表明，龙马溪组页岩清水 CST 值均小于 1.2，XRD 法测定页岩膨胀性曲线峰宽而矮，IR 法测定页岩膨胀性双峰比率为 0，整体上理论分析和室内实验均未见明显的黏土膨胀，因此无需加入防膨剂。

室内实验表明，页岩中水的进入并不影响气体的吸附和解吸附，而且在纳米尺度上，气体“流动”能力与甲烷基本相同，不存在“贾敏效应”。同时水的进入会占据气体空间起到“驱替、置换”作用，同时也有一定的增压作用，因此液体的进入并不需急于排出，所以不需要加入助排剂。因此，通过添加剂的简化，可将滑溜水的成本进一步降低。

2. 促裂缝复杂化新工艺技术

1）停泵转向促裂缝复杂化工艺技术

提高缝内的净压力改变地应力状态，突破水平两向主应力差，是形成复杂人工缝网的重要手段之一。近年国内外针对如何在页岩储层形成人工裂缝网络开展了大量研究工作，如通过加入暂堵剂提高缝内净压力突破两向应力差以改变应力状态实现裂缝复杂化的方法，但这些方法或提高施工成本或对操作上有特殊要求。

通过现场试验和室内分析，认识到通过多次停泵也可以实现裂缝的转向，促使裂缝复杂化。两口井的应用实例如下所述。

（1）W2 直井停泵转向促裂缝复杂化应用。在 W2 直井作业过程中，采用滑溜水作为压裂液，一次压裂后，裂缝呈现单一的双翼对称裂缝状态。在二次压裂过程中，施工排量与一次压裂基本一致约 15.9m^3/min（净压力保持基本不变），但微地震事件明显呈现复杂裂缝网络状态（图 10–7）。

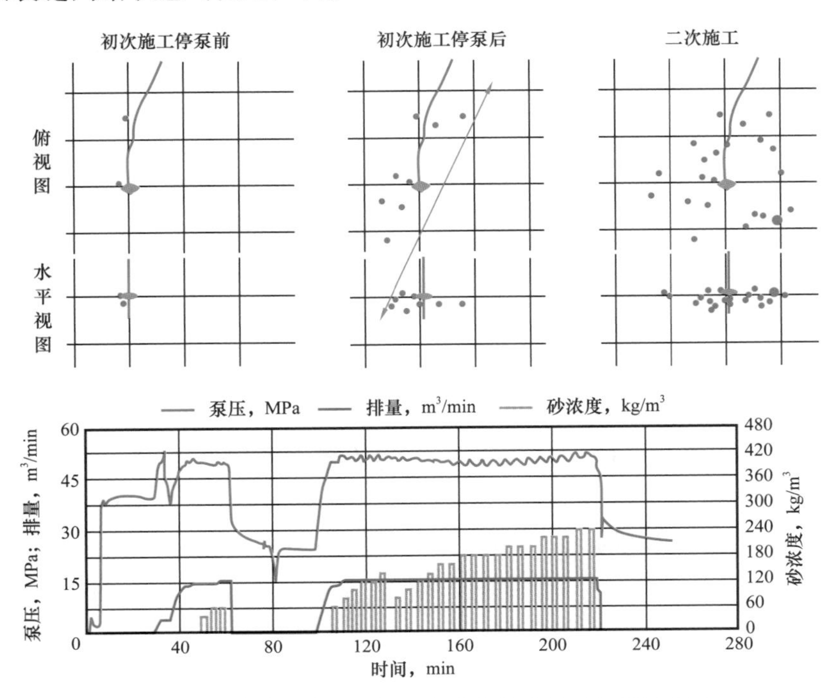

图 10–7 直井两次注入施工曲线和微地震事件监测结果

（2）Y水平井停泵转向促裂缝复杂化应用。在Y水平井某段作业过程中，采用滑溜水作为压裂液，一次压裂后，进行了停泵作业，微地震监测结果表明，停泵作业有效地促使裂缝发生了转向（图10-8），提高了缝网在空间对井间区域的控制，提高了缝网的完善程度。

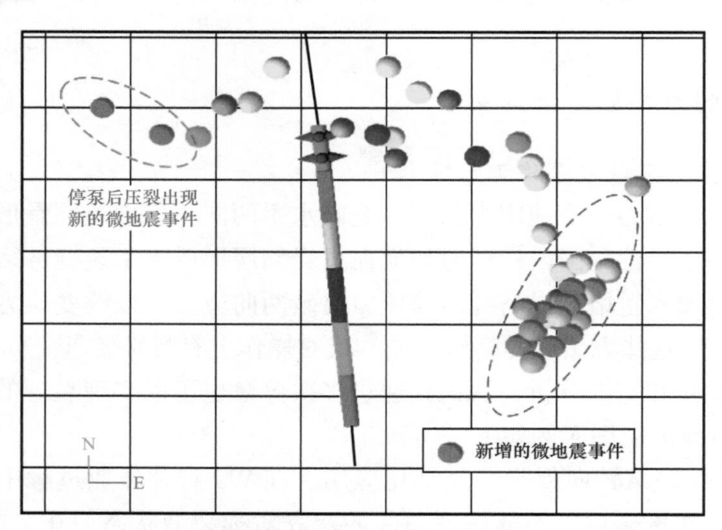

图10-8　Y水平井某段注入停泵前后微地震事件监测结果

2）对称布缝同步压裂作业工艺

在两口平行的水平井段上射孔和布缝，同时进行相对射孔部位的压裂作业，并利用两条缝（网）相对的区域重叠部分产生应力干扰，形成复杂裂缝网络，增加裂缝复杂程度，扩大裂缝控制面积。

3）交错布缝交叉压裂工艺

在两口平行的水平井段上交错布缝，进一步增加裂缝穿透比，并可利用两条缝间区域的诱导应力，改变原有天然裂缝形态，产生次生裂缝，形成复杂缝网结构，增加地层内裂缝的复杂程度，从而扩大裂缝控制面积，且避免对称布缝时，增加裂缝穿透比易导致两口井连通的不利情况。

三、压裂设计

压裂设计未来正在向两个方向发展——更为精细的地质工程一体化正向设计方法和较为粗放的大数据人工智能逆向设计方法。精细的地质工程一体化正向设计方法，就是以地质参数为基础分析各种工程因素对压裂效果的影响，进行地质工程一体化的工程优化，核心是在准确获取地质力学参数基础上，精确刻画人工裂缝的空间分布形态。因此地质力学、人工裂缝模拟是决定正向压裂优化设计科学与否的关键。但由于页岩储层较强的空间非均质性，导致目前的地质力学模型和人工裂缝模拟技术尚无法精确刻画压裂形成的裂缝体系，给后期的产能模拟和效果评估带来巨大的不确定性。

从生产需求角度出发，未来精细地质力学建模和考虑纵向和平面强非均质性的复杂裂缝模拟将是正向压裂优化设计关键技术的主要发展方向。粗放的大数据人工智能逆向设计方法，是根据压后效果采用大数据人工智能的方式，关联工程参数，进行优化的设计方法。它不再依赖于传统的数学建模和模拟技术，但核心是要有大量的压裂及压后效果数据集样本和适应的人工智能算法。该方法是目前也是未来页岩气压裂设计关键技术的重要发展方向之一。

1. 精细地质力学建模

页岩存在大量天然裂缝和层理，物性空间非均质性较强，对地质力学建模挑战巨大。国内外在这方面也进行了一些探索，但尚不成熟。一方面，天然裂缝分布的探测手段不成熟，尤其是深度探测和解释技术不成熟。目前常用的手段可以用成像测井对井筒壁周围的天然裂缝进行分析描述，但对井筒以外的裂缝，尤其是远离井筒几十米、上百米的空间内的裂缝，进行探测和描述尚缺乏有效技术手段。另一方面，精细地质力学建模技术不成熟。将厘米级交互的层理和毫米级宽度的天然裂缝刻画到地质模型中，必然引入海量网格，如何将这些网格粗化到满足工程优化需求的程度，尚缺乏理论和技术。因此未来在天然裂缝的探测硬件工具和解释软件手段上仍任重道远，在能够应用于工程技术的精细地质力学建模方面仍有待新的技术突破。

2. 全三维复杂裂缝模拟技术

页岩储层通常含有大量天然裂缝和层理面，目前在天然裂缝对人工裂缝的影响方面有很多文章发表，但对于层理的影响报道却较少，尤其同时考虑天然裂缝和层理时。

由于垂直层理方向具有明显的弹性形变差异和强度差异。因此，页岩储层的层间界面或层理对水力裂缝网络形态有重要影响。与人工裂缝和天然裂缝作用类似，水力裂缝到达层理面时，可能存在三种情形：（1）水力裂缝直接穿过层理面；（2）层理面的张性开启；（3）层理面的剪切滑移（图 10–9）。

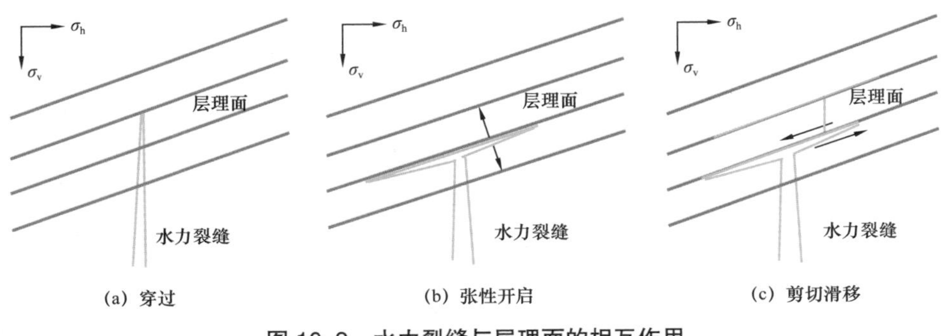

图 10–9　水力裂缝与层理面的相互作用

前期进行了人工裂缝与层理的物理和数值模拟研究，并形成了一些定性认识：（1）由于沉积条件等因素的影响，不同储层中层理面的强度存在差别。随着裂缝强度的变化，层理的开启程度也发生变化。其他条件相同时，低强度层理更容易开启。层理一旦开启并迅速延伸，将限制沟通层理的数量。（2）施工排量是页岩储层压裂改造考虑的主要工程因素之一。在对层理面胶结较弱的倾斜地层进行压裂改造时，以高排量（模拟案例中用 12m^3/min）泵注低黏度压裂液对于裂缝内流体净压力的提升作用不明显，这主要与低黏度压裂液向层理面中的大量滤失有关。（3）一般而言，平行层理方向的渗透率要高于垂直层理方向的渗透率。随着压裂液黏度的增加，压裂液沿着层理面的滤失量降低，裂缝内流体压力能够有效提升。当裂缝内流体压力满足层理面之间基质破裂的条件时，将会产生层理之间垂直方向上的水力裂缝分支。

但由于页岩储层纵向上层理多呈现厘米级发育特征，要实现真实地质状态的人工裂缝与层理的作用模拟，尤其是厘米级层理和天然裂缝共存条件下对裂缝形态模拟，则需要更精细的网格，这将严重拖慢计算速度，导致无法工程应用。因此研发高效的强非均质储层裂缝模拟技术是急需突破的一项技术，也是未来裂缝模拟必须攻克的一项技术。

四、压裂液

1. 高抗盐滑溜水

目前，由于压裂返排液的大规模回用以及采用盐酸降低地层破裂压力，使得压裂返排液的矿化度呈上升趋势。川南地区页岩气压裂返排液的矿化度已达（4～5）×10^{4}mg/L，硬度已达 1000～2000mg/L，且随着回用次数的增多、返排时间的延长以及盐酸降低地层破裂压力的影响，其矿化度和硬度还将继续增大。现有的滑溜水从成本以及与悬浮物带电荷等方面考虑，国内页岩气田均采用阴离子聚丙烯酰胺类降阻剂，其耐盐性还有待进一步提高。因此，需要对高抗盐滑溜水进行研究，开发低成本的高抗盐降阻剂。

2. 黏度可调滑溜水

对于深层页岩气储层改造面临低黏滑溜水携砂困难、高黏滑溜水摩阻高且难以形成复杂缝网等问题，且黏度可调范围较小（通常 1.5～12mPa · s）。

如果需要更高黏度的滑溜水，通常采用线性胶、冻胶压裂液，而线性胶、冻胶压裂液与滑溜水不属于同一体系，需要单独配制，且摩阻较低黏滑溜水高。因此，有必要对黏度大范围调节、可交联的一体化滑溜水进行研究，开发新型的黏度可调低摩阻滑溜水，满足深层页岩气开发需要。

五、压裂工厂作业

页岩气开发掀起的不仅是天然气革命，还有压裂技术的变革。经过不断的学习、吸收、攻关和现场实践，形成了工厂化压裂井场布局设计、工厂化压裂工艺流程设计、工厂化压裂地面设备，以连续施工和降本增效为出发点，通过不断试验摸索，优化工艺流程，初步建立了“工厂化”连续作业模式。从工艺技术来说，历经直井分层压裂、水平井分段压裂和井组工厂化压裂，由单纯追求裂缝长度发展到最大限度寻求储层改造体积。从规模上说，由常规小规模加砂压裂发展到大规模体积压裂；单井次施工规模由原来的“千方液、百方砂”，发展到“万方液、千方砂”，连续施工作业时间由原来数十小时延长至100小时以上。

四川地区与北美页岩气压裂作业环境有很大不同，不能简单照搬北美作业模式，山地丘陵地形限制了北美广泛采用的橇装设备、单边压裂车摆放和24小时连续作业等技术的应用，因此需要完善形成适合中国地貌条件的工厂化压裂作业模式。通过优化页岩气布井方式，发展大井组开发模式，以规模化实现页岩气经济效益开发。系统研发大型压裂配套设备，实现装备的机械化、信息化和智能化，提高现场施工水平与质量控制能力。优选低成本高性能压裂液及支撑剂材料，大幅度降低材料成本。开展返排液的处理、再利用技术研究与应用，降低成本，保护环境，最终实现页岩气有质量有效益可持续发展。

参考文献

[1] 李世臻，乔德武，冯志刚，等．世界页岩气勘探开发现状及对中国的启示［J］．地质通报，2010，29（6）：918–924.

[2] 王永辉，卢拥军，李永平，等．非常规储层压裂改造技术进展及应用［J］．石油学报，2012，33（S1）：149–158.

[3] 刘广峰，王文举，李雪娇，等．页岩气压裂技术现状及发展方向［J］．断块油气田，2016，23（2）：235–239.

[4] Xu W，Thiercelin M J，Ganguly U，et al. Wiremesh：a novel shale fracturing simulator［C］. International Oil and Gas Conference and Exhibition in China，2010.

[5] Meyer B R，Bazan L W. A discrete fracture network model for hydraulically induced fractures – theory, parametric and case studies［C］. The Woodlands，Texas：SPE Hydraulic Fracturing Technology Conference，2011.

[6] Weng X，Kresse O，Cohen C E，et al. Modeling of hydraulic fracture network propagation in a naturally fractured formation［J］. SPE Production & Operations，2011，26（4）：368–380.

[7] 陈勉．我国深层岩石力学研究及在石油工程中的应用［J］．岩石力学与工程学报，2004（14）：2455–2462.

[8] 葛洪魁，黄荣樽．三轴应力下饱和水砂岩动静态弹性参数的试验研究 [J]．石油大学学报，1994，18（3）：41–47.

[9] 葛洪魁，黄荣樽，庄锦江，等．三轴应力下饱和水砂岩动静态弹性参数的试验研究 [J]．石油大学学报（自然科学版），1994（3）：41–47.

[10] 薛永超，程林松．微裂缝低渗透岩石渗透率随围压变化实验研究 [J]．石油实验地质，2007（1）：108–110.

[11] Crouch S. Solution of plane elasticity problems by the displacement discontinuity method. Ⅰ. Infinite body solution [J]. International Journal for Numerical Methods in Engineering，1976，10（2）：301–343.

[12] Li H，Liu C L，Mizuta Y，et al. Realization of analytical integration for triangular crack edge element of 3d ddm [C]. Seattle Washington：4th North American Rock Mechanics Symposium，2000.

[13] Shou K–J，Siebrits E，Crouch S L. A higher order displacement discontinuity method for three-dimensional elastostatic problems [J]. International Journal of Rock Mechanics and Mining Sciences，1997，34（2）：317–322.

[14] Nagel N B，Gil I，Sanchez–Nagel M，et al. Simulating hydraulic fracturing in real fractured rocks-Overcoming the limits of pseudo3d models [C]. The Woodlands，Texas：SPE Hydraulic Fracturing Technology Conference，2011.

[15] Shimizu H，Hiyama M，Ito T，et al. Flow–coupled DEM simulation for hydraulic fracturing in pre-fractured rock [C]. 48th US Rock Mechanics/Geomechanics Symposium，2014.

[16] 孔烈．水平井压裂裂缝扩展数值模拟研究 [D]．成都：西南石油大学，2017.

[17] Wu K，Olson J E. Simultaneous multifracture treatments：Fully coupled fluid flow and fracture mechanics for horizontal wells [J]. SPE Journal，2015，20（2）：337–346.

[18] Moës N，Belytschko T. Extended finite element method for cohesive crack growth [J]. Engineering Fracture Mechanics，2002，69（7）：813–833.

[19] Dahi–Taleghani A，Olson J E. Numerical modeling of multistranded–hydraulic–fracture propagation：accounting for the interaction between induced and natural fractures [J]. SPE Journal，2011，16（3）：575–581.

[20] Keshavarzi R，Mohammadi S. A new approach for numerical modeling of hydraulic fracture propagation in naturally fractured reservoirs [C]. SPE/EAGE European Unconventional Resources Conference & Exhibition–From Potential to Production，2012.

[21] Gordeliy E，Abbas S，Peirce A. Modeling nonplanar hydraulic fracture propagation using the XFEM：An implicit level–set algorithm and fracture tip asymptotics [J]. International Journal of Solids and Structures，2018.